Cognitive Psychology: Mind and Brain

认知心理学：心智与脑

[美] 爱德华·E. 史密斯　Edward E. Smith
斯蒂芬·M. 科斯林　Stephen M. Kosslyn　著

王乃弋　罗跃嘉　等　译

教育科学出版社
·北京·

目 录

Contents

前　言

在过去的十年中，认知科学的研究取得了长足进展，但目前还没有著作对这些新的重大发现和理论进行总结和介绍。我们用新的目光审视这一领域，将其研究现状呈现给读者。本书有两个主要特点。

首先，很多认知研究的最新进展都得益于认知神经科学的出现，这门学科使用神经科学的研究方法和数据来解决心理学问题。本书是第一本将神经科学充分融入认知研究的教科书。我们使用神经科学的发现来解释和激发认知心理学中的重要问题，而不仅仅是为神经科学本身呈现该学科的事实和发现，或是把认知心理学和神经科学的贡献同时列举出来。

具体来说，我们概述了来自神经成像、脑损伤患者研究、单细胞记录、电磁信号研究、关于认知的选择性药理效应等领域关于认知神经机制的研究结果。我们用这些数据来讨论两个不同的任务（例如，想象和知觉）中用到的加工或表征是否相同，以及对特定现象的某些解释的合理性（例如，内隐情绪在"预感"中的作用）。此外，有时我们利用神经科学的发现仅仅是为了使那些看起来很抽象的加工过程（如"编码"）具体化，以讨论它的神经机制及其在整个系统中的运作方式。我们有时也利用神经科学的成果作为看待旧问题的新视角（例如，视觉空间信息和视觉客体信息分别由不同的记忆系统进行加工）。但本书的焦点不是神经科学，我们写的是一本吸收了神经科学知识的**认知心理学**著作。

其次，看待认知的"标准"方式正在逐渐发生变化，包括认知过程出现的顺序，以及某一认知过程的组成部分。我们把这些不断达成的共识作为本书的主线。具体来说，先前所有的教科书实际上都建立在唐纳德·布罗德本特（Donald Broadbent）在 20 世纪 50 年代晚期创建的理论框架的基础上。这种观点认为，信息首先进行知觉加工，然后进入短时记忆，再进入长时记忆，之后当需要时，信息可以从长时记忆中被提取出来，回到短时记忆。然而，这种观点早已被活跃在该领域的研究者推翻。比如我们知道，在我们能够识别一个刺激和该刺激变得"有意义"之前，信息必须进入长时记忆；我们还知道短时记忆中的信息实际上是"有意义的"。因此，短时记忆中的内容通常只能来源于长时记忆，而不是相反。事实上，"短时记忆"的概念已经被"工作记忆"取代，这一概念目前被认为对思维本身极为重要（而不仅仅是另一个记忆系统）。此外，现在我们已经认识到注意和情绪在调节信息加工过程中所起的重要作用（并因而将情绪作为本领域的一部分）；同时，我们终于承认不仅输入很重要，输出也很重要（并因而将运动控制作为本领域的一部分）。

当我们开始为本书构思恰当的提纲时，我们发展出一种启发式的策略，它进一步表明我们需要以一种新的视角看待认知。我们详细分解了"一个学生生活中的两分钟"。具体来说，我们讨论当一个学生打开聚会地点的房门，看到一个有魅力的人时会发生什么情况。通过讨论"现实世界中的认知"，我们意识到本书应该包含关于知觉、注意的章节，以及本书的一个相对特色——关于长时记忆的表征（对输入赋予意义的基础）的章节。我们还意识到，为了进行缜密的思考，有些被激活的信息会被传递到意识中。基于这些观察资料，我们决定先呈现关于长时记忆的编码/提取的章节，接着再呈现关于工作记忆的章节。接下来要考虑的是人们对他人、食物或聚会音乐的喧闹声的情绪反应如何。这正是本书另一突破传统之处——我们认为在一本概括认知研究最新进展的书中，关于情绪的一章应该被放在核心位置。

另外，先前经过编码进入长时记忆的信息被提取到工作记忆中，从而产生了激活的信息群，这些信息使人需要做出决策。如果决策遇到阻碍，人们必须着手计划和问题解决。比如，这个学生决定和某位朋友说话，但其他人挡在了他们中间，他怎样才能绕过且不会撞上中间的人，同时避免被卷入无关的谈话或者冒犯他人？因此，本书包含了关于执行控制（认知心理学教材的另一特色）、决策、问题解决、运动认知和模拟（本书的另一创新）的章节。最后，这个学生走到了朋友身边，开始进行交谈。因此，我们需要考虑语言。

我们最初的构想是把这张"两分钟"快照作为组织整本书的主线。但是经过再三思考，这似乎并不理想。我们在讨论中产生的精彩内容实际上并不适合放进书中，于是，我们在每一章开头使用了不同的活动或事件，以此阐明该章的主题。

　　本书的目标是帮助学生在掌握经典研究的同时了解那些令人振奋的新研究，这两者都对本领域的关键概念进行了阐释，我们的目标并不是**详尽地**回顾认知心理学的每一个领域。为了帮助学生学习，本书充满了日常生活中的例子、当代的解释和生动的类比；在每一章中，我们还开辟了一个**争论**专栏，以此强调该领域具有鲜活、持续的发展；我们还在每一章设立了一个**深度观察**专栏，帮助读者弄清研究的细节；每一章都有学习目标、总结和批判性思考的问题（复习与思考）。

　　本书的写作过程颇不寻常。早期面临的问题是我们并非新认知心理学所有领域的专家，因此我们决定求助于不同领域的杰出研究者，但我们仍然记得撰写本书的初衷是要写一本书而不是编一本独立章节的合集。因此，我们与各章的作者进行了密切的沟通。首先，2002 年我们在纽约同时会见了所有章节的作者，告知他们我们对各章的想法，并得到他们的反馈意见。接着，我们要求每位作者提交一份各自章节的大纲，然后我们对这些大纲进行了修改（删除冗余，确保涵盖各个关键主题，增强教学性）。此后，作者们写出初稿（除了分别由 SMK 和 EES 撰写的第 1 章和第 7 章）。我们修改和编辑了所有章节之后，把书稿送给编辑和文字专家南希·布鲁克斯（Nancy Brooks）审阅。南希经过仔细阅读，要求我们澄清所有她认为不甚明了的地方。她对本书进行了大量的编辑和改写，从而确保了全书统一的写作风格。这个过程中不可避免地产生了很多问题，我们回答了其中的一些问题，另一些则被转给各章的作者。我们根据各章作者的回复再次进行修改，然后南希再进行最后的编辑使行文流畅。最后，我们两人分别通读和修改了整个书稿，确保其连贯性和一致性。

　　因此，我们必须感谢与我们共同撰写本书的合作者，他们撰写的章节如下：

　　第 2 章：安德莱内·E. 赛费特（Adriane E. Seiffert），杰里米·M. 沃尔夫（Jeremy M. Wolfe）和弗朗克·东（Frank Tong）。

　　第 3 章：马莱娜·贝尔曼（Marlene Behrmann）和乔伊·金恩（Joy Geng）。

　　第 4 章：劳伦斯·W. 巴萨卢（Lawrence W. Barsalou）。

　　第 5 章：安东尼·D. 瓦格纳（Anthony D. Wagner）。

　　第 6 章：托德·S. 布拉韦尔（Todd S. Braver）。

　　第 8 章：伊丽莎白·费尔普斯（Elizabeth Phelps）。

　　第 9 章：里德·黑斯蒂（Reid Hastie）和阿仑·桑菲（Alan Sanfey）。

第 10 章：凯文·邓巴（Kevin Dunbar）和乔纳森·福杰桑（Jonathan Fugelsang）

第 11 章：琼·戴西迪（Jean Decety）和杰西卡·萨默维尔（Jessica Sommerville）

第 12 章：玛丽莲·C. 麦克唐纳德（Maryellen C. MacDonald）

接下来，要感谢我们的编辑雅伊梅·黑夫勒（Jayme Hefler）、苏珊娜·莱桑（Susanna Lesan）、杰茜卡·莫舍（Jessica Mosher），尤其要感谢出色的编辑南希·布鲁克斯，她把一个风格迥异的合集变成了一本风格统一的教科书。我们还要感谢莱拉·博格迪特斯基（Lera Boroditsky）在我们处理语言和想法时提供的帮助。感谢阿米·布卢姆·科勒（Amy Blum Cole）、珍妮弗·谢泼德（Jennifer Shephard）、胡利亚·勒萨热（Julia LeSage）和威廉·汤普森（William Thompson）所提供的事无巨细的帮助。感谢谢利·克里杰（Shelley Creager）对本项目出色的管理。最后，还要感谢普伦蒂斯–霍尔（Prentice Hall）出版社的工作人员，他们的耐心使得这个复杂的项目得以开花结果。我们觉得本书是值得期待的，希望作为读者的您有同样的感受！

爱德华·E. 史密斯（Edward E. Smith）
斯蒂芬·M. 科斯林（Stephen M. Kosslyn）

第1章　脑如何产生心智

学习目标

1. 简史：我们如何走到今天
   1.1　开端：意识的内容
   1.2　世界各国的心理学
   1.3　行为主义：可观察的反应
   1.4　认知革命

2. 理解心智：认知理论的形式
   2.1　心智与脑
   2.2　心理表征
   2.3　心理加工
   2.4　为什么要提到脑？

【争论】视觉心理表象的实质是什么？

3. 认知的脑
   3.1　神经元：构建脑的单元
   3.2　神经系统的结构

   3.2.1　周围神经系统
   3.2.2　大脑皮质
   3.2.3　皮质下结构

4. 研究认知
   4.1　分离和关联的趋同证据
   4.2　行为学方法
   4.3　相关性神经方法：定位的重要性
   4.4　因果性神经方法
   4.5　建模
   4.6　神经网络模型

5. 本书概述

复习与思考

你刚刚坐下，准备开始你的第一次工作面试。你坐在一张一尘不染的桌子的一边，面对桌子另一边衣着考究的女士。你在心里问自己：为什么我要来面试？我真的想要经受所有这些压力吗？我可能根本得不到这份工作，就算我得到了这份工作，我可能根本不喜欢它。

那你为什么会去参加面试呢？也许它是你能得到的唯一机会，而且你不想再等待更好的机会。但你为什么选择这种类型的工作，而不是其他类型的工作呢？也许你曾经听别人谈论过这种工作，它听起来很有意思。又或者你在报纸或杂志上看到过一篇文章，讲述的是从事这种工作的某个人的故事。无论你选择这份工作的原因是什么，这份工作必须有足够的薪水让你能够赖以生存，并且有发展的前景。没人喜欢被品头论足，但那毕竟是这个过程的一部分。就这样，你来到了面试现场，想着自己之前应该做而没做的事情，以及如果没来这个地方还有什么别的地方可去面试。

解决类似"是否努力得到一份特定的工作"这样对人生有重要影响的问题是一项极其复杂的活动。从你决定应聘这份工作，到面试，再到如果你被聘用，你做出是否接受这份工作的决定，如果你想了解这些决策或过程背后所有的认知活动，你需要理解以下方面的内容。

- **知觉**，对从感官获得的信息的加工。你需要知觉加工从而看到和听到这份工作的相关信息，当然还包括在面试中倾听面试官说的话，并观察她脸上泄露出来的你表现得如何的信息。

- **情绪**，例如面试带来的焦虑，以及工作带给你的愉悦。情绪可能在你知觉到某个事物（例如，谈话结束时面试官热情的笑容）时产生，而且看似矛盾的是，情绪是很多认知功能的一个核心部分。

- **长时记忆的表征**，你对先前暑期打工和相关课堂经验的记忆，对自己在社团中担任领导角色的记忆，以及对自己所掌握的技能的记忆。

- **编码**，你把新信息输入记忆，例如你对自己描述你在工作场所看到的景象（当你日后考虑是否真的想要这份工作时会回想起这些信息）；以及**从长时记忆里提取信息**（对于要回答面试问题，或者日后想要总结面试过程中的得失，这一点都很关键）的过程。

- **工作记忆**，它使你能够将信息保持在意识中，并对信息进行加工（当你想要深入思考面试问题中的任何主题时，这一点很重要）。

- **注意**，它使你能够关注特定的信息，包括面试官的言语和非言语信号，并使你能够过滤无关信息（例如，外面汽车的声音）。

- **执行过程**，它管理你的其他心理过程，让你可以在讲话之前停顿、阻止自己说出不恰当的话，并使你能够按照自己的决定行动。

- **决策、问题解决和推理**，它们使你能够弄清楚自己可能喜欢哪些工作、怎样更好地申请这些工作，以及在面试中说些什么。

- **动作认知和心理模拟**，这两个认知功能帮助你为反应做好准备，在心里预演这些反应，并预期自己行为的结果（这有助于你提前为面试做好准备，并预测面试官对自己的陈述可能做出的反应）。

- **语言**，这是你用来理解问题和回答问题的工具，你所说的话最终决定面试的成败。

本书将讨论所有这些心理活动，以及其他更多的心理活动。

心理活动（mental activity），也就是**认知**（cognition），是对存储的信息的内部解释或转换。你通过感觉获得信息，并将其存储在记忆中。当你从一个观察资料、事实或事件中推导出含义或产生联想时，认知就发生了。例如，你可能意识到自己不得不为了一份工作而搬到一个新城市，于是你开始考虑这个新城市中夜生活的利弊。同样，当你考虑是否申请某份工作的时候，你会权衡关于薪水、生活开销、升职可能性、获取更好工作所需技能等因素的信息。从某个角度来说，心理活动是让你能够在脑子里对这些相关信息的各种影响进行逐一考虑的基础。

我们怎样研究心理活动？我们思考起来似乎毫不费力，而且常常可以侃侃而谈自己的信念和愿望。也许你知道自己想做一种特定类型的工作，因为你学的就是这个专业，你从高中时代开始就把注意力高度集中在这种职业上。但你是怎么意识到一种特定的工作环境是否适合你的个人情况的呢？实际上，你（而不是你的宠物狗或猫）是如何获得"工作"这个概念的呢？你觉得"心智"指的是什么？是指"意识"，即你清楚知道的事物吗？如果是这样，又是什么导致了有些想法出现在意识中而另一些没有出现呢？无论你、作者还是任何其他人，都对大部分心理活动没有意识。那么我们怎样才能理解心理活动呢？

本章为我们的探讨奠定基础。首先，我们将描述关于心理活动的理论本质，然后，详细介绍科学家发展和评价这些理论的方法。我们将着重讨论以下四个问题。

1. 认知心理学这一领域是如何产生的？
2. 什么是科学的认知理论，关于脑的知识在这些理论中起什么作用？
3. 脑的主要结构有哪些？这些结构对我们的技能和能力起怎样的作用？
4. 研究认知的方法有哪些？

1. 简史：我们如何走到今天

本书以各种方式讨论的大部分主题，对哲学家而言都是老调重弹。他们对各种关于"心智"（mind）的理论的讨论已经远远超过两千年的历史。例如，古希腊哲学家柏拉图（Plato，公元前427—公元前347）认为记忆就像蜡板上的蚀刻版画。每个人"蜡板"的硬度和纯度不同，这就解释了为什么有些人的记忆比其他人更好。这种观点很有趣，部分原因是它没有明确地区分物质基础（蜡板）和其功能（保持记忆）。法国哲学家、数学家勒内·笛卡尔（René Descartes，1596—1650）提出了著名的身心二元论，认为心智与躯体在本质上是不同的，就像热量与发光体本质不同一样。笛卡儿对身心的区分已经渗透到我们的文化中，在很多人看来这是理所当然的。然而事实上，目前的研究发现心智与躯体之间的界限并不像看上去那么清晰（这一点在讨论心智和躯体的相互影响，即讨论情绪时可以看到）。英国哲学家约翰·洛克（John Locke，1632—1704）对心智的内容进行了探讨，认为心智是一系列的心理表象。乔治·伯克利主教（George Berkeley，1685—1753）不同意这种观点，他的部分理由是抽象的概念（比如"公正"和"真相"）不能通过表象很好地表达。这些讨论为当代很多研究课题奠定了基础，比如致力于发现人类存储信息的多种方式的研究。正如伯克利指出的，人类存储信息的方式不可能仅限于心理表象。

尽管哲学家们提出了很多有趣的观点，并提出了很多至今仍未解决的核心问题，但他们的研究方法却无法回答很多有关心理活动的问题。哲学建立在思辨的基础上（这就是为什么哲学系要教授逻辑学的原因），但有时现有的事实并不足以让我们仅仅通过辩论就解决一个问题。科学不同于哲学，它建立在能够产生新事实的方法的基础上，通过发现新的事实依据，可以让所有的研究者在某个问题上达成一致意见。对心智的科学研究始于19世纪晚期，用科学的标准来衡量，这意味着对心智的科学研究仍然处于初级阶段。

1.1 开端：意识的内容

心理科学研究诞生的标志是1879年第一个现代心理学实验室在德国莱比锡的建立。实验室的负责人是威廉·冯特（Wilhelm Wundt，1832—1920），他致力于研究意识的本质（图1-1）。冯特的指导思想是：意识的内容，也就是我们所意识到东西，可以通过类似于研究分子结构的化学方法进行研究。这种方法包括：（1）描述基本感觉（例如，感到热或冷，看见红色或蓝色）和情绪（例如，恐惧和爱）的特征；（2）找出这些元素组合在一起的规则（比如单一的感觉，包括对其形状、质地和颜色的感觉是如何组合在一起，形成对整个物体的知觉的）。冯特的一位美国学生爱德华·铁钦纳（Edward Titchener，1867—1927）拓展了这种方法的研究范围，使其不仅仅用于研究感觉和情绪，而是用于研究所有的心理活动。

图 1-1　威廉·冯特（站立，灰白胡子）及其同事

第一个致力于理解心理活动本质的心理学实验室，该实验室使用的内省法后来被证明不可靠。

[出自阿克伦大学（The University of Akron）的美国心理学历史档案]

早期冯特实验室的心理学家至少有两个重要的贡献。第一，他们证明了心理活动可以被分解为一些更基本的操作（例如，知觉可以分解为对颜色、形状和地点的知觉），这种"分而治之"的研究策略经受住了时间的考验。第二，他们发展出测量心理活动的客观方法，例如，测量人们做出特定决策所需的时间。

然而，这些科学家在很大程度上依赖于**内省**（introspection）——内部觉察的过程，即通过让人审视自己的内心来测量其心理活动。要体验内省，可以尝试回答这个问题：猫的耳朵是什么形状的？大多数人报告说他们在脑子里看见了猫的头部，然后"观看"它的耳朵。你有这样的体验吗？不是所有的人都有这种体验。当人们的内省报告不一致时，我们应该得出什么结论呢？现在来思考一下，猫的耳朵是什么颜色的？手感如何？这些特征在你的心理表象中出现了吗？你确定吗？如果人们对自己报告的心理活动不确定，我们又该怎么办？

冯特训练观察者，让他们高度敏感于自己对刺激的反应，能够注意到刺激在持续时间、品质或强度等方面发生的细微变化（例如，色调发生变化）。然而，对内省报告的依赖最终变成了冯特等人研究的软肋，再多的训练也无法解决另外一个问题。另一位德国哲学家、科学家奥斯瓦尔德·屈尔佩（Oswald Kulpe，1862—1915）证明了心理表象并不总伴随着心理活动。当我们缺乏适当的感觉输入时，感知体验就会引发心理表象，心理表象产生"用心灵的眼睛去看"（或者"用心灵的耳朵去听"）的体验。有些类型的心理活动，比如当你在理解这些文字时脑子里发生的活动，是无意识的，这些心理活动不伴随心理表象。例如，屈尔佩及其同事发现，当要求被试掂量两个物体的重量并判断哪个更重时，他们能够判断，但不知道自己是如何做出判断的。被试报告说他们对重量出现了肌肉运动知觉的表象（即他们"感觉"到自己在掂量物体），但是做出判断的过程本身却没有在意识中留下痕迹。同样，你清楚自己申请某个工作而不申请其他工作的决定，但你可能不清楚自己是**如何**做出这一决定的。

1.2　世界各国的心理学

在冯特实验室建立和运行的同时，科学心理学的另一个分支在美国发展壮大，其创始人是威廉·詹姆斯（William James，1842—1910）。这些著名的"机能主义"心理学家，他们所关注的不是心理活动的**本质**，而是特定心理活动的**功能**。他们的主要观点是：某些行为或态度更适合于完成特定的任务，当我们发现那些能更好地适应环境的行为和思想时，我们就应该改变自己的想法和行为。例如，如果你发现自己通过听课比阅读课本的学习效果更好，那么你就应该去听完整的课。但除此之外，你还应该注意课堂上是哪些因素（回答问题的机会还是视觉辅助手段？）在吸引你的兴趣，以便尽量选择那些包含了这些因素的课程进行学习。

机能主义的思路为后来的研究奠定了坚实的基础。值得注意的是，行为与心理活动的功能理论的提出，很大程度上有赖于达尔文的进化论，这种进化的观点广为流传（例如，Pinker，1997，2002）。通过站在进化论的角度来考量心理活动和行为，研究者们开始考察动物行为，这一研究分支不断为我们提供大量有价值的观点，帮助我们深入探讨一些心理功能的本质，尤其是心理功能与脑的关系（Hauser，1996）。

1.3　行为主义：可观察的反应

早期的心理学家尝试借用当时成功的物理学、化学和生物学的方法来建立他们的新科学。但是不同的心理学家从其他科学的成功中吸取了不同的经验，有的心理学家认为心理学不应该致力于理解隐藏的心理活动，而应该把注意力集中在能够直接观察到的刺激、反应，以及反应的结果上（图1-2）。这就是行为主义者的核心原则，他们避免讨论心理活动。行为主义者的理论探讨刺激引发反应的方式，以及反应的结果使刺激与反应之间建立联系的方式。一些行为主义者，比如克拉克·L. 赫尔（Clark L. Hull，1884—1952），是愿意探讨一些可以从行为直接推导出来的内部活动（例如，动机）的，尽管这些活动本身并不能被直接观察到。然而，很多后来的行为主义者，尤其是斯金纳（B. F. Skinner，1904—1990）和他的追随者们，则走到了一个极端，他们彻底拒绝对内部活动进行任何探讨。但不论如何，行为主义者的思路都具有严重的局限性，实际上，它无法解释一些最有趣的人类行为，尤其是语言（Chomsky，1957，1959）。行为主义也无法为了解知觉、记忆、决策的本质提供见解。实际上，本书讨论的所有主题，行为主义都无法解释其本质。

另一方面，行为主义者的一大贡献在于创建了大量严格的实验技术，这些技术一直在认知研究中发挥着重要的作用。另外，行为主义者有很多发现，尤其是在学习的本质方面，当前心理学的所有理论都必须对这些发现进行解释。再者，行为主义的思路

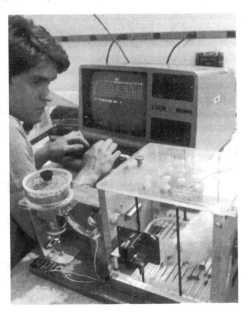

图1-2　观察老鼠的行为

如果不考虑行为主义者最初的极端理论，行为主义的方法被证实对认知研究是重要的。

（Photograph by：Richard Wood. Courtesy of Index Stock Imagery，Inc. Royalty Free.）

让我们得到关于动物怎样利用信息做出选择的成熟观点，这些观点又进一步激发了很多当代的研究课题（例如，Grafen，2002；Hernstein，1990）。

1.4　认知革命

今天，对心理活动的研究重新受到人们的尊重。当人们普遍认识到行为主义的局限性之后，研究者就开始对其他研究思路持开放态度。然而，如果没有关键技术的变革，这场对行为主义的反击其影响力将会小得多。关键技术的变革引发了设想心理活动的新方式。这种新的思路出现于20世纪50年代晚期和20世纪60年代早期，它直接与计算机的发展相联系（Gardner，1958），在心理学领域占领了绝对统治地位，因而这段过渡时期现在被称为**认知革命**。行为主义者仅仅描述了"刺激—反应—结果"的关系。现在研究者利用计算机作为模型来描述人类心理活动发生的过程。作为一种工具，计算机能够帮助研究者弄清引发行为的内部**机制**。心理学家、计算机科学家赫伯特·A.西蒙（Herbert A. Simon）和艾伦·纽厄尔（Alan Newell），以及语言学家诺姆·乔姆斯基（Noam Chomsky）在这场革命中起到了核心作用，他们为后人提供了怎样通过类比人脑与计算机而取得研究进展的榜样（图1-3）。

图1-3　1949年发明的二进制自动计算机（BINAC）
计算机技术的发展非常迅速，现在心理活动的复杂模型可以以程序形式放入一台普通的台式电脑里。
(Courtesy of Corbis/Bettmann.)

随着研究者发展出能够检验计算机模型预期（这些预期通常假定了特定心理活动的发生顺序）的新方法，认知革命繁荣起来。这些方法是认知革命很重要的一部分，因为它们比内省法能更客观地研究心理活动，因而使很多研究者可以在不放弃经验主义（通过系统观察发现新事实）的前提下超越行为主义。

作为一种模型，计算机之所以如此重要，一个原因是它一劳永逸地证明了为什么研究者需要考虑内部活动，而不仅仅是可观察的刺激、反应和反应的结果。举个例子，假如你的文字处理程序开始打出全是大写字母的单词，你会怎么做？首先，你可能会查看 Shift 键是不是卡住了。任何一个好的行为主义者都会同意这一点：你在查看刺激和反应。但是假设 Shift 键没有被卡住，那你又会做什么？现在你怀疑计算机内部出了问题，比如按键的指令没有被正确地**解释**。为了解决这个问题，你必须检查程序本身，弄清楚程序是如何运作的。研究刺激和反应仅仅是事情的开端；无论对人还是对计算机，要真正了解正在发生的情况，都需要深入内部，查看能够直接观察到的现象背后的机制。

最后，近年来生物学已经成为相关交叉学科中的一个重要部分。为什么会这样？理解这一点我们需要更仔细地考察心理活动的本质，这将是下一部分的主要内容。

理解测验

1. 行为主义与认知主义有何差异？
2. "认知革命"为什么会发生？

2. 理解心智：认知理论的形式

认知革命带来了关于心理活动的理论形式的复杂构想，但是，提出心理活动与计算机程序类似的观点则是一种飞跃。想一想运行计算机程序的机器与产生心理活动的"机器"——脑。显然，计算机和脑看上去很不相同，构成材料也不同。而且，计算机程序与运行它们的计算机是相互独立的，同样的程序可以在多个不同的计算机上运行。但是，此刻你脑子里的心理活动则是属于你自己的，只属于你一个人。为什么我们要假设计算机运行的程序与脑产生的心理活动有关联？很显然这种类比仅限于计算机程序的某些方面。那么是哪些方面呢？

2.1 心智与脑

区分计算机软件（即程序）与计算机硬件是一个好的开端，因为这让我们能够关注计算机的运行，而不仅仅是它的物理属性。但是，认为心理活动就像计算机软件，脑就像计算机硬件的看法并不完全正确。如果一个计算机程序很有用，有时我们会把它做成芯片，使其成为硬件的一部分。一旦转换成芯片，曾经是程序的东西（即对计算机的指令）就变成了刻在芯片上的电子通路，程序本身就不存在了，你就无法将芯片的各部分与计算机程序中的不同指令对应起来。比如，我们在一个程序中写了一条指令，让计算机把 10 个数字相加，然后又写了一条指令，让计算机把加起来的和除以 10 求平均数。在芯片中，这样的指令是不存在的，取而代之的是一些能够实现相同功能的电子回路。即便这样，可以说芯片做着与程序相同的事情：数字求和，然后将和除以数字的个数求平均数。重要的一点是：尽管实际上软件（程序）并不存在，我们还是可以用描述程序的语言来描述硬件的功能。

关键的区别不在于软件和硬件本身，而在于**分析水平**（level of analysis）的不同，也就是我们在描述某一事物时抽象程度的不同。不同的分析水平通常使用不同的术语。以计算机为例，在物理构成的水平上，我们可以通过电流如何影响磁场，机器如何产热和散热等问题来描述计算机。在功能水平上，我们可以通过计算机**正在做什么**的问题来描述计算机，例如计算机接收符号形式的输入、把信号转化为特殊编码、存储该信息、对该信息进行加工（相加、排序、对比输入信息与已存储信息，等等）。在这一水平上，我们不再依赖于物理术语，而是使用**信息加工**（information processing）的术语来进行精确的描述，这些术语包括存储、加工和信息转化。在认知心理学中，信息加工的术语经常被用来描述心理活动。在面试的过程中，当你坐在那儿，微笑着试图让自己看上去很放松的时候，你的头脑却在努力地工作，让自己能做出最有效的反应。为了理解你的每一个反应和问题之中究竟包含了哪些心理活动，我们需要理解信息加工。

分析水平差异观点的一个核心方面是：对一个水平的描述不能取代对另一个水平的描述；各个水平可能提供同等有效的分析，甚至能够相互补充，但各个水平之间不能互换。尤其是对心理活动的分析上，信息加工的水平不能用对脑的物理构成水平上的描述来取代。为什么不能？举个类似的例子，你能用对砖瓦水泥等建筑材料的描述来取代对该建筑的建筑风格的描述吗？不能。你能用对构成刀片的铁原子的描述来替代对剪刀功能的描述吗？显然不能。再举人手为例，你能用对构成手的骨骼、肌腱、肌肉的描述来取代对手的抓握、按抚、戳刺功能的描述吗？不能。计算机与人脑也是同样的道理。为了获得全面的理解，我们必须区分功能水平的分析（一栋建筑在建筑风格上的特点、一把剪子和一只手的功用）和物理水平的分析（构成这些物体的各个成分的物理属性有哪些）。

不同水平的分析不能相互替代的原因在于它们描述了本质不同的事物。这就是为什么我们不能摒弃对完成心理活动的信息加工的描述，而单单讨论产生心理活动的脑的生理结构的原因。

那么，这是否意味着对脑的研究在认知研究中没有地位呢？当然不是！虽然我们不能用一个分析水平来代替另一个分析水平，但我们可以从其他水平的分析中获得对某一水平的特征的理解。你可能不会用打湿的硬纸板来做能剪东西的剪刀，只有了解材料的物理属性，才能理解刀片如何能保持锋利（以及为什么某些材料比别的材料要好得多）。同样地，正是手的物理结构让我们可以完成那些精妙的动作。如果没有手掌、手指和大拇指，我们就不能抓握、按抚和戳刺。在本书中我们将看到，研究者已经意识到通过与计算机进行类比来设想心理活动是一个良好开端，但要充分理解心理活动，我们还需要考虑产生心理活动的神经机制，这最终需要我们理解脑是如何产生心理活动的。对脑这一最为复杂的器官的了解，可以帮助我们理解认知、情绪和行为。想要知道如何实现这一点，我们首先必须要更细致地了解心理活动背后的信息加工的本质。

2.2 心理表征

我们所有的心理活动都是**关于**某个事物的，比如你可能选择的一份工作，在马路对面看到的朋友的脸，对昨晚约会的甜蜜回忆。认知心理学家试图说明信息是怎样在脑内部表征的。**表征**（representation）是一种传递信息的物理状态（就像书页上的标记、计算机里的磁场，或脑里的神经联结），它详细说明了一个物体、事件、种类或其特征。表征有两个不同的方面。其一，是表征的**形式**（form，format），即信息传递的方式。例如，一幅图画和一段文字描述（课本中出现的那一类）就是不同的表征形式（图 1-4）。图画通过画中的线条与被描绘的物体或情景中相应部分之间的形象相似性来表征事物；文字描述（例如，你正在阅读的这些词语）则通过符号（字母和标点符号）以特定方式（例如，word 是一个符合英语书面语规则的组合，而"odwr"则不是）（Kosslyn，1980，1994）组合的惯例来表征事物。其二，是表征的**内容**，也就是特定表征所传递的意义。同样的内容通常可以通过多种形式进行传递，比如口语和摩斯电码就是可以传递相同内容的不同形式（你做出的应聘某份工作的决定，通常依赖于通过至少两种形式获得的信息：书面文字和口语）。

"一个球在一个盒子上"

描述（命题表征）　　　　　　　　图像（准照片式表征）
在上面（球，盒子）　　　　　　　

1. 关系（如：在上面）　　　　　　1. 没有明显的关系
2. 变量（如：球，盒子）　　　　　2. 没有明显的变量
3. 语法（符号组合的规则）　　　　3. 没有明显的语法
4. 抽象的　　　　　　　　　　　　4. 具体的
5. 不出现在空间媒介中　　　　　　5. 出现在空间媒介中
6. 与被表征物的联系具有任意性　　6. 利用相似性来传递信息

图1-4　不同表征形式的例子

同样的内容既可以通过描述来表征（抽象的，类似于语言的命题表征），也可通过图像来表征（像照片一样的表征）。图中列出了两种表征形式之间的差异。"关系"说明了客体之间组合的方式，"变量"指的是受"关系"影响的实体。

(*Image and Mind*, by Stephen M. Kosslyn, p. 31, Cambridge, Mass：Harvard University Press, Copyright © 1980 by the President and Fellows of Harvard College. 经出版社允许重印)

2.3　心理加工

森林里一棵树倒下来，如果没有人在现场听见的话，这棵树是否发出了声音？这个问题的答案显然是"否"，至少对心理学家来说是这样的。"声音"是一种心理品质，不同于被压缩的空气波。空气波被压缩的形式必须被脑**登记**，我们对声音的体验正是由脑中的神经冲动形成的。没有脑，就没有声音。同样，要理解表征是如何工作的，我们还需要考虑其他因素，即对表征进行操作的加工。法语词汇为讲法语的人传递信息，烟幕信号为认识燃烧信号的美国人传递信息，因为他们知道如何去解释它们，而对其他人而言，这些信息是没有意义的。同样，只有当你学会如何正确地对其加工，呈现在你面前的这些黑色符号才有意义。**加工**（process）指的是按

照明确的规则对信息进行转化，使特定的输入产生对应的输出的过程。对计算机而言，你通过在键盘上按下标有"4"的键为计算机提供一个输入，经过处理计算机产生一个输出，即一个屏幕上出现的符号"4"。加工将输入和输出联系起来。

想一想计算机的文字处理程序。如果不能用键盘输入文本，没有剪切、粘贴和删除功能，没有保存和提取已输入文件的功能，那么这个程序还有什么用？只有在能被加工的前提下，存储在随机存取存储器（RAM）和硬盘上的文字表征才有用。同样，**心理表征**是在处理系统中传递意义的一种表征，这个处理系统包含了对表征进行解释和操作的各种加工。如果心理表征不是出现在一个处理系统中，那它就不能表征任何东西。例如，如果表征不能通过特定的方式被存取和操作（比如解释该表征的含义，或寻找与其相关的其他表征），那么它们就没有存在的必要了。更确切地说，一个**加工系统**（processing system）就是通过恰当地利用和产生表征，共同完成一类任务的一系列加工。一个加工系统就像一个工厂，使用金属、塑料和涂料作为原材料，生产出汽车产品。工厂中进行着很多独立的加工程序，但所有程序通过相互协作以达到一个共同目标。

重要的一点在于，一项复杂的活动不能通过单一的加工完成，而需要一系列的加工，其中每一个加工负责整个任务的一个方面（再想一下汽车工厂的类比）。没有哪个大的计算机程序是一排不间断的代码，相反，这些程序由模块组成，模块之间根据输入信息和所需输出信息的性质以不同方式发生相互作用。心理活动背后的信息加工也是同样的道理（Marr，1982；Simon，1981）。

算法（algorithm）指的是一个按部就班的程序，它确保特定的输入将产生特定的输出。一个好的食谱就是一个算法——按照一系列的步骤，使用一定量的面粉、鸡蛋、牛奶、糖和黄油，经过搅拌、揉捏和烘烤，就能得到一个美味的蛋糕。**序列算法**指的是一系列的步骤，其中每一步的顺序都依赖于之前的一步。与之相对，**平行算法**指的是在同一时间进行的多个加工，就好比你在为蛋糕做糖霜的同时，装着面糊的烤盘正在烤箱中烘烤。有些算法同时包括序列加工和平行加工。完成一个心理加工的算法将特定的操作组合起来，根据需要利用和产生表征。打个比方，在做蛋糕的时候，当你把鸡蛋、牛奶、糖和黄油搅拌进面粉的时候，你就创造出了新的事物：生面团。这就好像是创造出了一个新的表征，这个新的表征是进行特定加工的前提，比如揉捏，以及揉捏之后的烘烤。

2.4　为什么要提到脑？

认知心理学在发展初期只关心心理活动的功能和特征（Neisser，1976）。近年来，认知心理学开始依赖于对脑的认识。出现这一变化有两个主要的原因，分别与可辨识性（identifiability）和充分性（adequacy）两个概念有关。**可辨识性**指一种能力，这种能力可以将完成一项任务所需的表征和加工正确地结合在一起。这里的问题在于，原则上不同种类的信息加工可以产生相同的结果，因此，要探讨心理加工实际上是怎样发生的，就不能缺少不同类型的证据，比如对特定脑区活动的认识。一切科学理论的目标都是发现事实，理解现象背后的原理和成因。正如你可能正确或错误地描述一个计算机程序工作的方式，你也可能正确或错误地描述心理表征、加工以及特定心理活动过程利用这些表征和加工的方式。你可能描述得正确，也可能错误。

一些理论（或理论的某些部分）是正确的，一些是错误的，尽管这种观点很难辩驳，但可辨识性实现起来却比说起来要难得多。这种非黑即白的方式被证明难以实现，原因之一在于，认知心理学的理论常常受到**结构–过程权衡**（structure-process trade offs）的削弱。这是一个关键的概念，让我们停下来思考一个例子。

索尔·斯滕伯格（Saul Sternberg，1969b）发展出一种研究信息在记忆中如何存取的方法。他向被试呈现多组数字，每组包含 1 到 6 个数字。然后，他呈现一些单个数字，要求被试尽快判断这些数字是否曾出现在前一组数字中。例如，被试最初要记忆的数组是 "1，8，3，4"，之后他们需要判断数字 "3" 是否曾出现在数组中，数字 "5" 是否曾出现在数组中，等等。他的一个主要发现是：随着数组长度的增加，被试的反应时呈线性增长，也就是说，要求记忆的数组中每增加一个数字，被试的反应时都会等量增加。斯滕伯格据此推断，人们记忆中的项目是**依次排列**的，对这些项目的搜索方式是**串行扫描**（当被问到 "3" 是否出现在数组中时，被试会对保存在记忆中的数组里的每个数字进行逐个检查）。因此，这一理论明确说明了一种表征（一个序列）和一种相应的加工（串行扫描）。然而，很快其他研究者（比如 Monsell，1987；Townsend，1990；Townsend & Ashby，1983）就形成了不同的理论，这些理论对表征进行了不同的说明，并改变了对相应加工方式的说明来使之平衡。例如，一个理论提出，记忆中的项目不是依次排列的，而是一个**无序的集合**，就像放在碗里的台球一样。对记忆项目的搜索不是逐个进行，而是**同时进行**的（图 1-5）。那么这种理论如何解释项目数量越多反应时越长呢？根本的一点（事实上一切事物皆是如此）在于，无论把项目作为一个序列进行逐个搜索，还是作为一个群体进行并行搜索，检查每个项目所用的时间都不相同。想一想人们花在工作面试上的时间——有的面试很快结束（不论结果好坏！），有的却拖得很长。和面试一样，在比较已经存储的信息时，有的项目比其他项目进行得更快。这种理论说得通的关键原因在于：考虑的项目数越多，就越有可能在所有比较过程中包含一个特别慢的比较加工，就好像参加面试的人越多，就越有可能出现一个时间特别长的面试一样。因此，如果只有所有项目都被检查过才能做出判断的话，那么项目越多，完成所有比较的总时间就越长。

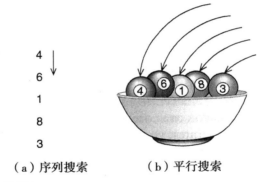

（a）序列搜索　　　　（b）平行搜索

图 1-5　两种记忆扫描理论
（a）一系列数字可以被排列成一条线，进行串行扫描，每次扫描一个数字。（b）也可以是另外的表征方式——将数字无序地集合在一起，加工过程发生相应变化（变成平行扫描）以配合表征的改变。这种结构-过程权衡可以产生彼此相似的一对模型，两个模型都预期，需要搜索的数字越多，反应的时间越长。

　　总之，序列的串行扫描（list-with-serial-scan）和集合的并行比较（collection-with-parallel comparison）这两种理论可以互相效仿。重要的一点在于，我们可以改变关于表征的理论，并相应地改变关于加工的理论使之平衡。表征与加工彼此制约，一方的改变需要另一方的改变作为补偿。

　　安德森（Anderson，1978）通过数学方法证明，信息加工的理论家永远可以利用这种结构-过程权衡来创建与已有理论相似的新理论。问题在于表征和加工的所有特征都是现成的，理论家可以任意改变某一方面，然后再调整其他方面——没有哪个方面是事先就确定的。但是安德森也指出，脑可以起到限制这种主观任意性的作用。一个理论家**不能**为了解释实验数据而胡乱编造脑的属性。认知理论受到脑事实的限制，因为事实并不决定理论，但可以限定理论提出的范围。关于脑的事实锚定了理论，使理论家不能总是利用结构–过程权衡来创造对数据的新的解释。在随后的**争论**专栏中，我们将举例说明这些事实如何帮助我们理解心理活动。

把注意力转向脑有助于我们应对可辨识性的挑战。然而，在构建心理活动的理论时，我们从脑科学中的获益远远不止如此。关于脑的事实可以帮助我们检验理论的**充分性**，让我们知道对某个问题而言，该理论是否是有效的。

我们如何知道一个理论就其本身的主张而言（不与其他竞争理论相比较）是否合理呢？乍一看，这似乎是不言而喻的——如果一个理论解释了所有相关现象并做出正确的预测，那么它就应该被看作是合理的。这个标准适用于评价最终成型的、完整的理论，然而我们不清楚这样的理论是否真正存在过！那些目前刚被提出的理论又该如何评价呢？认知心理学里几乎所有的理论都属于这种类型。我们怎样知道自己的想法是否正确呢？显然，理论必须是可验证的，也必须是能够被证伪的；如果一个理论可以解释任何一个结果，**也可以**解释与这个结果相反的事实，那么这个理论等于什么也没解释。

另外，在心理学中我们可以利用关于脑结构和功能的事实来帮助我们评价理论，这些事实可以为理论提供强有力的支持（乔姆斯基在 1967 年称其为**解释的充分性**）。举例来说，一个认知理论可能提出名词和动词是分开存储的，这一理论可能基于两种词性在学习难度上的差异。这时如果研究者能给出脑支持这种分离的证据，比如当人们生成或理解这两类词的时候激活的脑区不同，那么这一理论就得到了支持。来自脑的证据的支持，比仅仅收集更多关于学习的数据（该理论最初形成时所依赖的数据类型）更加有力。在本书中，我们使用关于脑的事实作为支持认知理论的独立数据来源。假如一个理论包含两个不同的加工，这时如果研究者发现这两个加工由不同的脑区负责执行，那么这个理论就获得了支持。

争论

视觉心理表象的实质是什么？

当一个物理刺激被我们的感觉器官（例如，眼睛和耳朵）登记，并且我们的脑允许我们对这些感觉输入进行组织时，知觉就发生了。心理表象在你有类似的知觉体验时发生，但它建立在你先前存储在记忆中的信息的基础之上。例如，你能回忆起你的卧室有几扇窗户吗？要回答这个问题，大多数人会把他们的房间形象化，这就是使用视觉表象的一个例子。虽然心理表象看起来与知觉相似，但两者绝不相同。我们可以根据自己的意愿改变表象（例如，可以增加或减少几扇窗户），而且表象消退得很快。

"表象之争"是关于心理表象使用的表征的性质的争论，主要集中在视觉心理表征上（尽管这一问题同样适用于其他形式的表象，比如当你在脑子里"听到"一首歌时产生的听觉表象）。争论始于泽农·派利夏恩（Zenon Pylyshyn，1973）提出心理表象完全依赖于语言使用的同类型的描述性表征（descriptive representation）这一观点。科斯林和波梅兰茨（Kosslyn & Pomerantz，1977）整理了理论和实验两方面的证据来反对派利夏恩的观点，提出表象部分依赖于图像式表征（depictive representation）。在图像式表征中，表征里的每一点都与被描绘的对象一一对应，表征中点与点之间的距离与实际物体上点与点间的距离是相对应的，照片就是图像式表征的一个例子。许多争论接踵而至，却没有达成最终定论，每一个支持图像式表征的发现很快都被描述性表征的支持者推翻。结构–过程权衡泛滥成灾（Anderson，1978，Kosslyn，Thompson & Ganis，2006）。

今天，借助关于视觉神经机制的新知识，争论的结果似乎初露端倪。在猴子的脑中，一些与视觉加工有关的区域是**分域组构的**（topographically organized），新的研究方法已经证明人类的脑也有相似的视觉区域（Sereno et al.，1995）。这些脑区（比如已知的17、18区）利用大脑表层的空间来表征客观世界里的空间。当你看到某个物体时，视网膜上的活动模式被投射回脑，物体在大脑表层被复制（尽管有轻微变形）。"脑中的画面"确实是存在的，脑分区实际上支持了图像式表征。当被试闭上眼睛，将物体形象化到非常清晰，以至于足以"看见"物体的精确细节时，这些分域组构的脑区里至少有两个区域（最大的两个）会被激活（Kosslyn & Thompson，2003）。另外，与实际物体的大小和方位影响这些脑区的激活一样，表象的大小和方位同样影响这些脑区的激活（Klein et al.，2003；Kosslyn et al.，1995）。实际上，对这些脑区施加临时性的神经功能干扰，会对视知觉和视觉表象同时产生临时性的干扰，并且干扰的程度相同（Kosslyn，1999）。

然而，一些这些脑区受损的病人明显保存了某些形式的表象功能（如 Behrmann，2000；Goldenberg et al.，1995），因此这些脑区在表象产生过程中的确切作用仍不清楚。如果将来的研究能够证明，至少有一些形式的表象依赖于发生在分域组构的脑区中的图像式表征，那么这场争论要么终止，要么被迫转向其他方向。

理解测验

1. 心理活动与脑活动之间是什么关系？
2. 为什么与脑相关的信息对构建心理活动的理论意义重大？

3. 认知的脑

关于脑的论著可谓车载斗量，幸运的是在这里我们不需要去考虑这片信息海洋中的大多数信息，我们只需要关注这些论著中与心理活动理论相关的那些方面。本节是一个简要的综述，在后面的章节中根据需要会对这些知识进行补充。尽管我们关注不同脑区的主要功能，我们仍必须从一开始就强调，事实上所有的认知功能都**不是**由单一脑区完成的，我们将在后面的章节中看到，不同脑区组成的系统通过协同工作使我们得以完成特定任务。尽管如此，每个脑区在一些功能中起作用，而在另一些功能中不起作用，了解这些知识将有助于理解后面的讨论。

3.1　神经元：构建脑的单元

神经元与心理加工有何关联呢？这个问题有点像砖瓦、木板和钢筋的属性与建筑物之间有何关联。一座建筑的确不能被简化为这些原材料，但这些原材料却影响着建筑。比如，英国伦敦的建筑相对平坦而分散，这是因为大多数建筑物都是在钢铁普及之前建造的。我们不能只用砖来修建摩天大楼，因为那会使上面的楼层过重，以致底层的墙面无法承受上层的重量。虽然建筑材料并不**决定**自身被使用的方式，但它们对建筑的可能形式施加了**限制**。神经系统的组成元素也一样。正如我们在本书中将看到的，神经元的本质和它们彼此相互作用的方式，将会被融入大的神经元组群怎样在心理活动中起作用的相关理论中。

脑的活动主要源于神经元的活动。眼睛和耳朵等感觉器官接受的输入刺激激活**感觉神经元**；**运动神经元**刺激肌肉，引发动作。**中间神经元**，这种在脑神经元中所占比例最大的神经元，处于感觉神经元和运动神经元之间，或者其他中间神经元之间。中间神经元之间通常相互联结，形成庞大的神经网络。除了约 1000 亿个神经元外，脑还包含**胶质细胞**。胶质细胞最初被认为仅仅负责护理神经元和为神经元提供营养，但现在发现胶质细胞对神经元之间的联结形成的方式也有重要影响（Ullian，2001）。同时，胶质细胞还负责调节神经元之间化学物质的交换（Newman & Zahs，1998）。在脑中，胶质细胞的数量大约是神经元细胞的 10 倍。

一个神经元细胞（图 1-6）的主要组成部分是：树突（dendrites）、轴突（axon）和胞体（cell body）。**树突**和**胞体**从其他神经元接收输入信息，轴突将输出信息传递至其他神经元。轴突通常被髓鞘包裹着，这是一种有利于信息传递的油质性绝缘体。典型的神经元有几千个树突和末端的轴突，因此每个神经元可以分别影响其他上千个神经元。神经元之间的连接处叫**突触**，突触上的缝隙被称为**突触间隙**（synaptic cleft）。大多数神经元通过位于轴突末端的**突触小结**（terminal buttons）释放特殊的**神经递质**来影响其他神经元。神经递质穿过突触间隙，从一个神经元的轴突进入另一个神经元的树突（有时也直接进入包裹细胞体的细胞膜）。

神经递质的作用取决于处于接收信息端的**感受器**。一个标准的类比是"锁与钥匙"——化学物质相当于钥匙，感受器相当于锁。当适当的"邮递员分子"（神经递质）与感受器相结合时，神经递质就能激活神经元（使其更活跃），或抑制神经元（降低其活动性）。基于感受器性质的不同，同样的神经递质可以产生不同的作用。如果到达一个神经元的刺激性输入相对抑制性输入足够大，那么这个神经元就会产生一个**动作电位**；也就是说，这个神经元就会"放电"。神经元遵从"全或无"的原则——要么放电要么不放电。

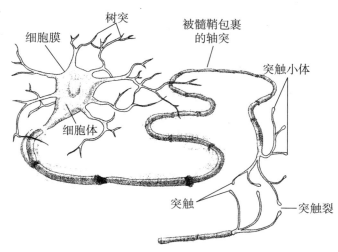

树突

细胞膜

被髓鞘包裹的轴突

突触小体

细胞体

突触

突触裂

图 1-6　神经元的结构
神经元的不同部分在信息加工中起不同的作用。

3.2　神经系统的结构

我们通常认为神经系统包含两个主要部分：**中枢神经系统**（central nervous system，CNS）和**周围神经系统**（peripheral nervous system，PNS）。中枢神经系统包括脑和脊髓，周围神经系统包括骨骼神经系统和自主神经系统（autonomic nervous system，ANS）。我们从更基本、更古老（从进化的角度）的周围神经系统讲起，然后再转到脑本身。

3.2.1　周围神经系统

骨骼神经系统控制**横纹肌**（即条纹状的肌肉），这是一种随意控制（voluntary control）。骨骼神经系统在动作认知和心理模拟中起着重要作用（第 11章）。相对而言，自主神经系统的大部分功能通过平滑肌来实现，但自主神经系统也控制一些腺体。平滑肌主要存在于心脏、血管、胃内膜和肠，通常不处于随意控制之下。自主神经系统对情绪起关键作用，并影响记忆的功能。

自主神经系统一般分为两个主要部分：交感神经系统和副交感神经系统。**交感神经系统**让动物在紧急情况下能够做出更有力、更准确的反应，其主要功能如下。

- 增加心跳频率（运送更多的氧气和营养物质到器官）；
- 增加呼吸频率（提供更多氧气）；
- 放大瞳孔（增强对光的敏感度）；
- 让手掌因出汗变潮湿（增强抓握能力）；
- 降低消化功能，包括唾液分泌（暂停消化功能）；
- 放松膀胱（暂缓紧急情况下不必要的另一功能）。

这些变化使有机体为成功迎接挑战或成功逃脱做好准备，通常称为**战斗或逃跑反应**（fight-or-flight response）。为什么我们要在一本关于认知的书中关心这种反应呢？一个原因是，围绕这种反应的事件能够提高记忆（第 5章），同时也会干扰推理（第 10 章）。

现代人与我们的祖先具有相同的交感神经系统，但是诱发反应的刺激与先前的时代相比有了很大的改变。如果在工作面试中你被要求对自己简历中的一些弱点进行解释，你可能不会认为战斗或逃跑反应的特征具有适应性——当你心跳加快、口舌发干时要做出解释可不是一件容易的事！

副交感神经系统在许多方面与交感神经系统相对。交感神经系统倾向于加速器官的活动，而副交感神经系统则抑制器官的活动。另外，交感神经系统引发一系列的效应（总的来说产生唤醒），而副交感神经系统则以个别器官或一小群器官为目标。在工作面试中，当面试官把话题转到你的强项时，你会充满感激，这时副交感神经系统就会抑制你之前努力克制的战斗或逃跑反应。

3.2.2　大脑皮质

现在我们来讨论中枢神经系统，特别是脑——心理活动的发源地。想象你正在一间神经解剖实验室里解剖一个人脑。你首先看到的是覆盖在大脑表层的、最上面的三层膜，称为**脑膜**（meninges）。戴上外科专用手套（为保护自己免受病毒感染，这是绝对必要的），你将脑膜剥开，看到紧挨大脑表层的丰富的血管网络，就像爬满墙壁的常春藤。大脑表层包含了大部分的神经元细胞体，呈灰色，因此被称为"灰质"。这些细胞层大约 2 毫米厚，被称为**大脑皮质**（cerebral cortex）。大脑皮质上布满明显的褶皱，这些褶皱使得更大面积的皮质能够被装进颅骨中。每个隆起的部分称为一个**脑回**（gyrus），每个下陷的部分称为一个**脑沟**（sulcus）。不同的脑回和脑沟有各自的名称，我们将在本书中一一介绍，很多沟回已被确定在特定的心理活动中发挥作用。

在神经解剖实验室里，你除了拥有外科专用手套以外，还有一把解剖刀。现在用你的解剖刀切开脑，研究它的内部。脑的内部充满了白色纤维（因其颜色被称为"白质"），它们连接神经元。再往深入看，你会发现包含灰质的**皮质下组织**（因为位于皮质之下而得名）。最后，在脑的中心部位，你会发现一系列互相连接的空腔，称为**脑室**，脑室内充满了与脊髓内部流动着的相同的液体。

正如手是由一系列单独的骨头、肌腱和肌肉组成，所有部分彼此依赖、共同执行手的功能一样，我们最好也不要将脑看成一个单一的实体，而把它看作协同工作的各个部分的组合。解剖脑时，你首先注意到的就是脑被分成了两个**半球**：左半球和右半球。虽然两个半球的物理结构是一样的，但它们在大小和功能上都有差异（这一点本书后面会提到）。两个半球在脑的内部通过一大簇神经纤维（约 2500 万到 3000 万根）连接，这些神经纤维被称为**胼胝体**，另外还存在一些较小的、不太重要的连接。

现代解剖学将每个半球划分为四个主要部分（或者**脑叶**）：**枕叶**（脑后部）、**颞叶**（太阳穴的正下方）、**顶叶**（脑的背侧后部），以及**额叶**（脑前部，额头后面）（图 1-7）。这些脑叶是以包裹它们的头骨命名的，因此对脑的这种划分具有一定的主观性，所以如果你发现某些心理活动没有恰好被归因于某一

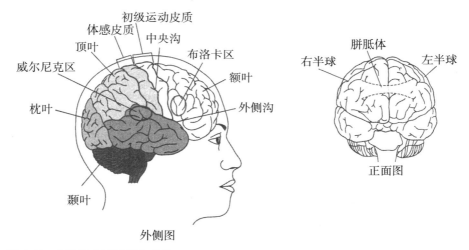

外侧图

图 1-7 大脑的主要脑区和结构

大脑的解剖结构与其功能之间是不完全对应的，但这些解剖结构对于描述大脑的功能定位仍然非常有用。在描述大脑内部的方位时用到一些特殊术语：**内侧的**（*medial*）指靠近中线，因此，从内侧的视角可以看到大脑的内部。**外侧的**（*lateral*）指靠近边上，远离中线，因此，从外侧的视角看到的是大脑皮质的表面。还有一些常用的术语，如**背侧的**（*dorsal*，背部）和**腹侧的**（*ventral*，腹部）。因为我们通常是垂直站立的，因此这些术语就大脑而言不代表字面上的含义，按照惯例，**背侧的与上层的**（*superior*）一样指的是"在上面"，**腹侧的和下层的**（*inferior*）一样指的是"在下面"。

脑叶，也不足为奇。然而，至少一些心理表征和加工主要是发生在某一特定脑叶内的，我们还是可以对各个脑叶的不同功能做一个总体上的划分。但我们始终要记住：脑叶之间是协同工作的，就像手的骨骼、肌腱和肌肉一样。

枕叶只加工从眼睛和记忆（至少对心理表象而言）中获得的视觉输入。如果你在滑旱冰时后脑着地摔倒了，你可能会感到"眼冒金星"。这种视觉效应（为了获得这种效应而承受摔倒的痛苦就不值得了）发生的原因是撞击压迫了枕叶的神经元。有趣的是，当你直直盯着前方的时候，左侧枕叶接收来自右侧空间的输入，右侧枕叶接收来自左侧空间的输入。为什么是这样的呢？眼睛后部的视网膜原本是脑的一部分，在进化中逐渐被推向了前方（Dowling，1992），因此每只眼睛的左侧（不仅仅是左眼）是与脑的左半球相连接的，而每只眼睛的右侧（不仅仅是右眼）是与脑的右半球相连的。当你直视前方时，来自你左边的光线照到每只眼睛的右侧，来自你右边的光线照到每只眼睛的左侧。如同所有认知功能一样，视觉也是通过一系列不同的表征和加工过程来实现的。事实上，枕叶包含大量不同的区域，每个区域对视觉的不同方面起着关键作用。例如，一些区域主要加工运动，另一些区域主要加工色彩，还有一些主要加工形状。如果枕叶受损，就会导致部分或完全失明。

颞叶参与了多种不同的功能，其中之一是保存视觉记忆。另外，它接收来自枕叶的输入信息，并将视觉输入与视觉记忆进行匹配。如果你的脑中已存有当前所见景象的表象，这种匹配就会让你觉得眼前的情景很熟悉。颞叶也加工来自耳朵的输入，左侧颞叶的后部包含了**威尔尼克区**（Wernicke's area），该区在语言理解中起关键作用。颞叶的前部有不少区域对记忆中新信息的存储非常重要，还有不少区域参与了派生意义和情绪加工。

顶叶在表征空间及人与空间的关系方面起到了关键作用。顶叶最前部的脑回——**体感皮质**（S1 区）表征对身体各个部分的感觉；体感皮质的构造使得身体的不同部分在皮质的不同位置进行加工。而且，左半球的体感皮质负责右侧躯体的感觉，右半球的体感皮质负责左侧躯体的感觉。顶叶对意识和注意也很重要。顶叶还参与了数学思维。阿尔伯特·爱因斯坦（Albert Einstein，1945）曾说过，他在进行推理时主要依靠心理表象，常常会想象"如果……会怎么样呢？"有意思的是，在他死后，研究者发现他的顶叶比一般人约大 15%（Witelson et al.，1999）。

额叶通常负责管理序列的行为或心理活动。额叶在语言生成中起主要作用，**布洛卡区**（Broca's area）通常定位于左半球的第三额回，这一区域对计划言语的发音起关键作用。额叶的另外几个区域参与了运动控制。额叶最后部的一个脑回叫作**初级运动皮质**（M1区，也叫**运动带**），这个区域控制精细动作，例如，你在制作简历时的打字动作。和体感皮质一样，初级运动皮质的构造使得皮质的不同部分与身体的不同部分相对应。左半球的初级运动皮质控制右侧身体部分，右半球的初级运动皮质控制左侧身体部分。额叶还参与了在记忆中搜索特定信息、计划和推理、将信息短暂地存储在记忆中供推理使用、某些情绪加工，甚至还参与了人格加工的过程（Davidson，1998，2002）。在帮助你决定应聘哪种工作时，额叶显然起到了关键作用，它还使你能够在选择的职业中大显身手。

虽然在两个脑半球相应的脑叶中，很多功能是相同的（就像我们的两个肺叶和两个肾脏一样），但是在有些情况下，左右半球的功能有所不同。比如，左半球的顶叶产生描述空间关系的表征（例如，"一个物体在另一个物体的**上方**"），而右半球的顶叶则产生关于连续距离的表征（Laeng et al.，2002）。然而，尽管两半球功能有所不同，在大多数情况下这种差异只是量的问题，而非质的问题。除了一些语言功能外，两个半球一般都能执行大多数功能，只是执行的程度可能不完全相同而已（Hellige，1993）。

3.2.3 皮质下结构

人脑的皮质下结构（图1-8）与动物非常相似，研究发现这些结构在不同物种中发挥着相似的功能。这并不是说这些结构的功能很简单，相反，它们通常承担着关系到有机体生存的复杂功能。

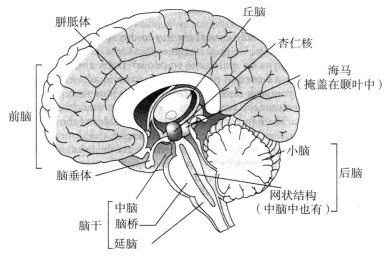

图1-8 大脑主要的皮质下结构

哺乳动物的大脑主要分为：**前脑**、**中脑**和**后脑**。在非人类的哺乳动物中，它们是按照从前到后的顺序排列的。对人类而言，**后脑**似乎是一种误称，一是因为人类大脑的这部分已经不再位于后部了，二是因为前脑在进化过程中扩张到了中脑和后脑之上。

丘脑通常被看作一个中转站。诸如眼睛和耳朵等感觉器官，以及负责控制自主运动的部分脑组织参与了控制随意运动，它们将信息传入到丘脑，丘脑再将这些信息广泛地传递到整个脑。丘脑非常适合管理脑的信息流：**注意**是对信息加工的选择，而丘脑的一些部分对注意起关键作用。**丘脑后结节核**（在神经解剖学中，一个核指一个细胞群）参与了注意的集中。丘脑对调节睡眠也很重要。

丘脑的正下方是**下丘脑**，下丘脑控制很多身体功能，包括维持恒定的体温和血压、进食和饮水、保持心率在正常范围，以及调节性行为。这些功能中的一些是通过下丘脑调节的多种激素（影响多种器官的化学物质，甚至可以调节神经元活动）来实现的。

海马位于颞叶的前部，嵌在颞叶内侧。海马的内部结构及与其他部分的连接使其在将新信息输入记忆方面发挥着核心作用。海马自身并不存储新的记忆，但它控制着将记忆存储到脑其他部位（比如颞叶的其他区域）的过程。

杏仁核〔因其形状而得名，amygdala 源自希腊语 "almond"（杏仁）〕位置紧靠海马，其位置有自身的优势。杏仁核在理解他人情绪和产生表达自身情绪的行为，尤其是表达恐惧情绪的行为方面起关键性作用。杏仁核可以调节海马的功能，它们之间的这种关系可以帮助你存储带有高度情绪化信息的生动记忆。杏仁核和下丘脑连接着中枢神经系统和周围神经系统，这两个结构对于激发战斗或逃跑反应都起着核心作用。

杏仁核和海马，以及另外一些皮质下结构，都是**边缘系统**的一部分。研究者曾一度认为边缘系统控制情绪，但这一观点已被证明是错误的。一方面，边缘系统的一部分在情绪之外的加工中发挥作用（比如编码新记忆）；另一方面，边缘系统之外的神经结构也在情绪加工中起作用（Davidson，2002；LeDoux，1996）。

基底神经节对日常生活非常重要，它使我们可以计划行动和形成习惯。如果每次你做一件事之前都必须彻底想清楚每个细节，你能想象生活会是什么样吗？想一想当你第二次走进一栋陌生大楼（现在你才从之前去过的经历中记起这栋楼）的一间地下教室和当你第十次走进这间教室时有什么不同？如果没有基底神经节，你每一次走进这间教室都会和第二次一样充满警觉。基底神经节位于丘脑外侧。**伏隔核**是一个位于基底神经节旁边的结构，有时被认为是基底神经节的一部分，它在学习中发挥着重要作用。正如行为主义者所强调的：当某个行为带来了愉快的结果时，动物就会学会这个动作（如果你与面试官进行目光交流并获得一个热情的微笑作为回馈，那么你在后面的面试中就很可能再次进行目光交流）。这种愉快的结果被称为**奖赏**。当奖赏出现时，伏隔核向脑的其他部分发出信号（Tzschentke & Schmidt，2000）。这不仅发生在动物实际获得奖赏时，也发生在动物预期会获得奖赏时（Hall et al.，2001；Kuntson et al.，2001；Pagnoni et al.，2002）。研究人员通过对脑的研究发现，"期待"这种心理状态可以影响脑从而增强学习。

脑干位于脑的底部，包含很多从脊髓接收信息并向脊髓发送信息的结构。一个被称为**网状结构**的多个小结构的组合与睡眠和觉醒有关。这个结构中的一些神经元产生一种叫作**神经递质**（neuromodulators）的化学物质，这种化学物质可以影响脑的广泛区域（这些化学物质的作用恰如其名：改变和调节神经元的功能）。**脑桥**连接脑干和小脑，并参与了这两个结构的功能，比如控制睡眠和形成面部表情。

最后，**小脑**主要负责身体的协调性，它还与注意的一些方面以及对时间的估计有关。小脑表面区域与大脑皮质的表面几乎是一样的，这说明小脑参与了很多复杂的加工，研究者对小脑功能的探索才刚刚开始。

理解测验

1. 大脑每个半球分为哪四个脑叶？
2. 皮质下结构的主要功能是什么？

4. 研究认知

有几个领域都在研究认知，每个领域使用的方法不同。最初，**认知心理学**的研究集中在信息加工水平（Lindsay & Norman，1997；Neisser，1967）。**人工智能**（artificial intelligence，AI）关注同样的加工水平，但人工智能的研究者试图通过程序使计算机完成认知任务。很多人工智能的研究者认为认知非常复杂，如果能够弄清楚怎样建立一套与人类相似的加工系统，就可以帮助我们了解人类的认知（Minsky，1986）。无论是早期的认知心理学还是人工智能都不重视信息加工在脑中发生的方式。然而，即使是计算机行家也已经注意到假定信息加工独立于机器本身是不完全正确的：

一些程序依赖于硬件的特殊属性，比如需要一定大小的随机存取存贮器，或特定的显卡或声卡。研究硬件本身可以帮助我们理解机器的功能及运行方式。

事实上，一些研究者在这种观点上更进一步，认为充分理解硬件的每个细节就能让我们理解其功能。**神经科学**旨在理解"湿件"（wetware），即脑本身，脑同样必须通过不同水平的分析才能被理解。在一个极端，为了了解单个神经元的工作方式，我们必须在基因和分子水平上理解神经细胞的特性；在另一个极端，为了了解脑作为一个整体是如何运转的，我们必须理解各个脑叶的功能以及不同脑区之间的相互作用。这些关于脑不同区域之间的宏观交互作用的理论都融入了信息加工理论（Dowling，1992）。

认知神经科学是神经科学与认知心理学的交叉学科，其指导思想是"心智是脑的产物"。认知就是信息加工，但信息加工是由具有特殊属性的脑完成的。因此，认知神经科学在信息加工系统的理论中利用了关于脑的知识，比如存在负责特定功能的脑区。然而，正如该学科的名称所示，**神经科学**作为名词被形容词**认知**所修饰，认知神经科学的重点是理解脑本身——脑的不同区域负责什么，它们之间如何相互作用。

在本书中，我们的焦点在于认知科学的主题——对心理活动的探索上，并利用相关领域来深入探索。我们目标是双重的：将目前通过不同方法获得的关于认知的研究结果整合起来，并将脑整合进认知心理学传统的实验室研究方法之中。我们设想，新认知心理学的目标是充分理解心理活动，以便能够编制出让计算机像人脑一样完成认知任务的程序。

4.1 分离和关联的趋同证据

当我们继续阅读本书时，你很快会注意到书中提到了很多不同的研究方法。没有一种方法是完美的，它们存在局限性和潜在的问题。但关键的一点是：它们的局限性和问题是**各不相同**的。采取几种不同的方法有两个好处。第一，得到一幅更加完整的结果图。例如，一些神经成像（也叫脑扫描）技术需要相对较长的时间来获取一幅图像，但能够探测到相对较小的脑区里的变化；而另一些神经成像的技术则与之相反。将这两类技术相结合，研究者就能了解同一现象的不同方面。第二，从一个单一的研究中获得的结果很少是结论性的，采用单个技术获得的结果一般都可以进行多种解释。但是如果使用不同技术获得的结果都指向同一方向，一种方法的缺点就可以被另一种方法的优点所弥补。因此，**趋同证据**（converging evidence）（指向同一结论的不同类型的结果）正是认知心理学中成功研究的关键。

认知心理学使用的很多方法都是为了实现两类目标。一类是确定**分离**（dissociation），即确定一种活动或一个变量影响一种任务（或任务的一个方面）的完成，而不影响另一种任务的完成。因此，分离是一种特定加工存在的证据。举个例子，阿兰·巴德利（Alan Baddley，1986）提出，人们至少有两种不同的"工作记忆"结构，一种暂时存储视空间信息，另一种暂时存储语音信息。如果你查到一个电话号码，并在穿过房间走向电话机时把它记在心里，你就把信息存储在了语音工作记忆中。相反，如果你需要按照一份地图去寻找面试的办公室，当你走进大楼开始沿着走廊走向面试地点时，你就是把地图存储在了视空间工作记忆中。支持这两种工作记忆结构存在的最初证据，就是不同种类的干扰对两种记忆的作用的分离。强迫倒数数字会干扰保持语音工作记忆的能力，但不会影响保持视空间工作记忆的能力；而在迷津中追踪一条路径对两种工作记忆的干扰效应则相反。在这个例子中，我们拥有了**双向分离**（double dissociation）的证据：这种情况下，它指的是一个活动或变量影响一个加工但不影响另一个加工，而另一个活动或变量则具有相反的特性（Stenberg，2003）。双向分离对于两种不同的加工的存在是非常有力的证据，实际上通过认知心理学的任何一种方法都可能获得这些证据。

除了分离证据，认知心理学家还试图发现关联（另一类目标）。所谓**关联**（association）指的是一种活动或变量对一种任务的影响同时伴随着对另一种任务的影响。这种共享的效应说明受影响的是共同的表征或加工。举个例子，如果一个病人因脑损伤引发面孔失认症（确有其事，见第2章），你可能想要测试这个病人在形成对面孔的心理表象上是否也有障碍。事实上，如果病人有了一种症状，一般也会出现另一种症状。这种联系说明知觉和心理表象存在共同的表征或加工。

以上是关于研究目标和一般研究方法的介绍。接下来我们又该做什么呢？实际上我们怎样收集数据，并形成理论呢？认知心理学的研究者提出了大量关于信息加工的问题，许多不同的方法可以用来解答这些问题。在本书中，你将看到各种不同的方法怎样相互补充，研究者如何巧妙地利用这些方法来探索大自然最复杂而神秘的创造物之一——人类的心智。为了把握住方向，让我们打开工具箱看看里面都有些什么。

4.2 行为学方法

行为学方法（behavioral method）直接测量可观察的行为，比如反应时和反应的正确率。研究者试图通过这些直接观察到的反应推断内部的表征和加工。表 1-1 总结了认知心理学中使用的主要的行为指标和方法，以及它们的优缺点。这里我们停下来对最重要的行为方法做一个简短的讨论。

表 1-1　认知心理学使用的主要的行为指标和方法

指标或方法	例子	优点	局限
正确率（正确或错误的百分比）	记忆调用，例如在面试中记住主要的工作要求	对加工有效性的客观测量	天花板效应（因为任务过于简单而没有差异）；地板效应（因为任务过于困难而没有差异）；速度-正确率权衡（"抢跑"）
反应时	回答一个特定问题的时间，例如回答你是否知道某个工作的时间要求的时间	对加工过程（包括无意识加工）客观而精确的测量	易受实验期待效应和任务需要效应的影响；速度-正确率权衡
判断	在一个七点量表上评价你感觉自己在面试中表现成功的程度	能够测量主观反应，数据收集简单，费用低廉	被试可能不知道如何使用量表；可能无法在意识中提取出相关信息；可能不诚实回答
口头表述（被试思考一个问题时大声说出他的想法）	详细解说各种可能的工作的利弊	能够揭示一系列的加工步骤	不适用于大多数认知加工过程，它们都是无意识的，且发生在几分之一秒的时间内

首先，被试完成任务的正确率被用来研究一系列类型的加工，从那些需要进行辨别（根据知觉或记忆）的加工到那些需要进行回忆的加工。在所有这些以正确率为指标的研究中，研究者必须防止出现以下两种不利的情况。

1. 如果任务太容易了，被试会出现**天花板效应**，因为每个被试都得到最高分，因此反应正确率上没有差别。比如，如果你想知道情绪是否可以提高记忆，你只测量了两个高情绪性的项目和两个中性项目，被试将完整地回忆起所有项目而没有任何差异。但是这种结果并不说明真的没有差异，只不过你的任务太简单了，无法发现这些差异。同样，如果你的任务太难了，被试会出现**地板效应**，因为所有被试在所有条件下都表现很差，因此反应正确率上也没有差异。

2. 被试犯错可能是因为他们进行了"抢跑"，即在准备好之前就做出了反应。这种反应模式产生了速度–正确率权衡，即随着反应时间的减少，错误会增多。这种权衡效应只有在同时记录反应时和正确率时才会出现。因此，作为一个规则，两个指标应该一起被记录。有时候，这个问题并不局限于实验室，在现实生活中有时也会出现速度–正确率权衡，这就是为什么我们需要对自己的决定三思——"欲速则不达"是有它的道理的。

其次，认知心理学中的大量研究依赖于测量被试做出判断所用的时间。总的来说，任务需要的认知加工越多，被试所需的反应时就越长。

最后，一些研究者也收集其他类型的判断（例如，被试对自己正确回忆信息的信心的等级评价），还有一些研究者收集实验报告（例如，记录被试在解决问题的过程中对自己正在进行的步骤的语言描述）。

总的来说，单纯的行为学方法容易受到一系列问题的影响。

1. 有时当被试明白了研究者的预期后，可能会改变自己的反应速度，试图（可能无意识地）去迎合主试的目的。研究者对被试反应的影响被称为**实验期望效应**。

2. 被试可能会对**任务要求**做出反应。所谓任务要求是指被试认为任务本身对他们以某种特定方式做出反应的要求。举例来说，心理表象扫描实验的结果可能就反映了这种任务要求（Pylyshyn，1981，2002，2003）。在这些实验中，被试被要求闭上眼睛，在自己的视觉心理表象中扫描一个物体，直到他们找到一个特定目标（这时需做出按键反应）。反应时通常会随着扫描距离的增长而增长［参考科斯林（Kosslyn，1999）的综述］。这一结果可以被解释为：被试**将任务理解为**要求他们模拟在相应的知觉条件下所发生的情况，因而他们在自己认为应该扫描更长的距离时用了更长的时间做出反应。任务要求是可以被清除的，但需要精巧的实验设计。例如，在没有给出扫描的指导语的情况下，甚至在没有使用表象的指导语的情况下，同样能获得心理扫描的结果（Finke & Pinker，1982，1983）。

　　3. 行为研究必定是不完整的。对于内部加工，行为研究无法为我们描绘一幅完整的图景，这部分是因为结构–过程权衡效应。这些行为方法的最佳用途可能是用来检验那些对特定实验指标做出了明确预期的特定理论。

4.3　相关性神经方法：定位的重要性

　　认知心理学在过去的十年中变得格外激动人心，因为研究者研发出了能够测量人脑功能的、相对不那么昂贵的、高品质的研究方法。这些方法是**相关性**的研究方法：尽管它们揭示了伴随信息加工过程的脑活动模式，但不能证明特定脑区的激活实际上就是该任务完成的原因。相关并不一定意味着因果。一些脑区的激活可能仅仅是附带的效应——它们因为与那些在加工过程中起关键作用的脑区相连而出现激活现象。这些方法的一个主要优点是使研究者开始对心理活动进行**定位**，以便证明脑的特定区域要么引发了特定的表征，要么执行了特定的加工。

　　这些数据能够建立分离或关联，从而帮助我们理解心理活动过程中使用的表征和加工的实质。一方面，如果两个任务激活了不同的脑区（分离），这就是两个任务至少包含了部分不同的表征或加工的证据。例如，将语音信息维持在工作记忆（有时也叫"短时记忆"）中，与回忆先前存储的信息时所使用的脑区是不同的（Nyberg et al.，1996；Smith，2000），这表明工作记忆不仅仅是对过去存储在记忆中的信息的激活。另一方面，如果两个任务激活了相同的脑区（关联），这就是两个任务中至少存在部分相同的表征或加工过程的证据。例如，已知顶叶的一部分参与了空间表征，迪昂（S. Dehaene）及其同事（1999）发现这一脑区也在被试比较数量的大小时被激活。他们认为，人们在完成这一任务时使用了一条"心理数字线"。他们的解释得到了大量其他形式的证据的支持。然而，做出这种推论必须非常谨慎：那些看上去在两种不同任务中激活的相同区域，实际上可能只是两个相邻的区域，只是由于技术精度的限制而无法区分它们。我们在证明虚无假设时必须非常小心，换句话说，在不能**发现**差异的情况下推断实际上不存在差异必须非常慎重。

　　我们可以从四个维度来评价相关性的神经科学研究方法：（1）**空间分辨率**，对产生信号的脑区域定位的精确程度；（2）**时间分辨率**，在时间进程上追踪脑活动变化的精确程度；（3）**侵入度**，使用该方法时，需要将外部仪器植入脑并造成脑损伤的程度；（4）**费用**，包括仪器（及所有特殊设备）的费用和测试每个被试所需的费用。目前，认知心理学使用的三种最重要的神经成像研究方法是事件相关电位（event-related potentials，ERP）、正电子发射断层扫描（positron emission tomography，PET）和功能性磁共振成像（functional magnetic resonance imaging，fMRI），因此有必要更详细地了解这三种方法。表1-2总结了这些方法。

表1-2　相关性的神经成像方法

方法	例子	空间分辨率	时间分辨率	侵入度	费用（仪器费；使用费）
电生理方法[脑电图（EEG）；ERP]	记录睡眠过程（EEG）、脑对新异刺激的反应（ERP）	差（约1英寸）	优（毫秒级）	低	低廉的购买费用，低廉的使用费
脑磁图（MEG）	探测听觉皮质对不同音高的声音的反应	良好（低于1厘米），但只能探测到沟，不能探测到回（由树突的排列方式所致）	优（毫秒级）	低	购买昂贵（且需要特殊的磁屏蔽房间），中等使用费（需要定期维护以保持超导体处于极低的温度下）
PET	探测被试讲话时语言区的活动	良好（约1厘米，但理论上更高）	差（每40秒产生一幅图像）	高（必须注射放射性物质）	购买昂贵（需要回旋加速器和PET成像仪）；昂贵的使用费（每个被试约需2000美元）

续表

方法	例子	空间分辨率	时间分辨率	侵入度	费用（仪器费；使用费）
磁共振成像（MRI）和 fMRI	显示脑结构（MRI），显示脑区的活动，同 PET（fMRI）	极优（毫米级）；fMRI 一般在 0.5 厘米左右	取决于分辨率水平，通常几秒钟	低	购买昂贵（需要特殊的屏蔽房间）；中等使用费（需要定期维护）
光学成像	显示脑区的活动，同 PET	目前较差（约 2 厘米）	取决于分辨率水平，通常几分钟	中等/低（光透射进头骨）	购买低廉，使用低廉

　　最早的相关性研究方法是从头皮上记录脑活动。**脑电图**（electroencephalography，EEG）利用安置在头皮上的电极来记录一段时间内脑电活动的波动情况［图 1-9（a）］。这些"脑电波"经过分析可以揭示出不同"波段"（即一定的频率范围）内脑电的活动强度。比如，"α节律"是 8 到 12 Hz（即每秒 8 到 12 个周期），这个频率范围的波其波幅在被试放松时增大。ERP 的记录同样依赖于头皮电极，不过这里它被用来记录特定刺激引发的脑电活动的波动情况。研究者记录发生在刺激呈现后一定时间内的脑电活动的变化，这种变化可以是正向的或负向的。例如，"P300"就是在刺激出现 300 毫秒之后出现的一个正向波动，这个波动被认为反映了对新异刺激的探测。这两种方法有以下几个缺点：

　　1. EEG 和 ERP 都受轻微运动的干扰，因为当肌肉抽搐时也会产生肌电活动。

　　2. 这两种技术的空间分辨率都相对较低，这一方面是因为电波只有穿过了大脑皮质和颅骨才被记录到，另一方面是因为头皮上每一个点的电活动都是源自脑内部多个不同部位的电活动的总和。这就如同你在一场暴雨中，测量用纸杯收集的雨量，试图以此推测出正对头顶的一团云朵所包含的雨量。事实上，你所收集的雨水来自整个云朵的不同区域（风影响了雨滴落下的位置）和不同高度。研究者正在开发利用多个电极的记录来提高电活动源定位准确性的技术，但这些技术尚未成熟。目前脑电技术的空间分辨率大约是 1 英寸，但这只是一个粗略的估计。虽然空间分辨率较低，但脑电技术也有其优点：时间分辨率很高、非侵入性，而且购买和使用仪器的费用都相对便宜。

ERP 技术后来的一个变体是**脑磁图**（magnetoencephalography，MEG），它记录磁场而不是电场［图 1-9（b）］。与电场不同，磁场不会在穿过颅骨时发生变形，也不需要在大脑皮质或头皮上传播。MEG 有相对较好的空间分辨率（大约在厘米级以下），但是树突在皮质的分布情况决定了 MEG 首先探测到的是脑沟的活动，而不是脑回的活动。MEG 拥有优良的时间分辨率（能探测到几百毫秒内的波动），并且也是非侵入性的。然而，MEG 非常昂贵，仪器必须被安置在一个特殊的磁场屏蔽的房间内，而且探测器必须进行常规性的维护（探测器需要保持在极端寒冷的温度下，只有这样超导体才能检测到脑发出的微弱磁场）。

（a）

图 1-9　记录脑活动

（a）一台记录脑电活动的 EEG 仪器

（Photograph by Deep Light Production. Courtesy of Photo Researchers，Inc. ）

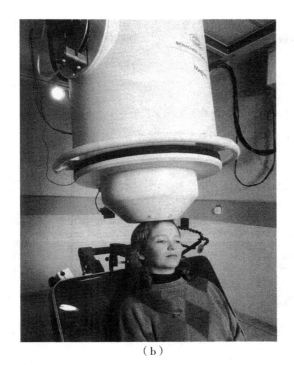

（b）

图 1-9　记录脑活动（续）

（b）一台正在记录脑磁活动的 MEG 仪器

　　与 ERP 相比，PET 提供的是一种不同类型的信息，因此是一种非常有用的辅助性技术［图 1-10（a）］。PET 在认知心理学中最常见的用途是利用氧的一种放射性同位素^{15}O。将含有这种氧同位素的水注射进正在完成特定任务的被试体内，当脑的某一部位被激活时，更多的血液就会流向那里（如同开动一台洗衣机之后，更多的水就会从主管道流向洗衣机）。随着更多的血液流向该区域，更多带放射性标记物的水也会一起流向该区。围绕头部的探测器可以记录放射性物质的量，计算机随后通过这些信息重建一个三维图像。这一技术可以探测到直径小于 1 厘米的结构的活动（理论上是小于 2 毫米，但实际上约比理论值大 3 倍）。该技术的缺点如下：

　　1. 虽然放射性的强度非常低（10 次扫描受到的辐射量大约与一位飞行员一年半接受的辐射量相同），但这个技术仍然是侵入性的。

　　2. 时间分辨率相对较低，获得一幅图像至少要 40 秒。

　　3. PET 很昂贵，还需要在使用之前即时制造放射性材料（因为放射物衰减很快），并需要专用的仪器进行扫描。

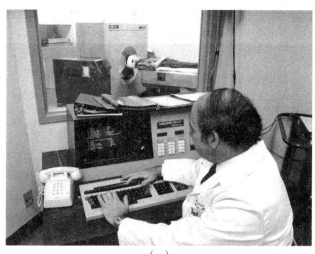

（a）

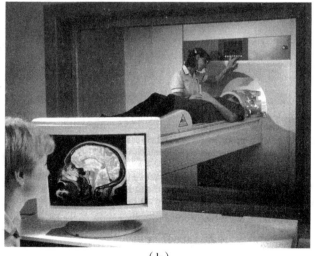

（b）

图 1-10　神经成像方法

　　PET 和 fMRI 可能是现今最常用的神经成像方法。

（a）一台使用中的 PET 扫描仪

（Photograph by Spencer Grant. Courtesy of PhotoEdit Inc.）

（b）一台 MRI 仪器

（Photograph by Geoff Tompkinson. Courtesy of Photo Researchers, Inc. ）

近来另一种技术在大多数研究中替代了 PET 技术。这种技术源于磁共振成像（MRI）。我们先来看看什么是 MRI，然后再来了解一种更新的研究脑活动的功能性磁共振成像（fMRI）技术。美国人保罗·C. 劳特伯（Paul C. Lauterbur）和英国人彼得·曼斯菲尔德（Peter Mansfield）因为在开发 MRI 上的重要贡献而获得了 2003 年的诺贝尔生理学或医学奖。他们的发现不仅永久性地改变了医学的面貌，也极大地提高了我们理解脑的能力。最初 MRI 是用来测量脑的结构，而非功能的。例如，这项技术曾经揭示出弹奏弦乐器（例如，小提琴）的音乐家大脑右半球的初级运动皮质（控制左手的区域）比乐队中其他成员的初级运动皮质更大（Münte et al.，2002）。MRI 利用磁场来改变物质中特定原子的方向。打开一个很强的参照磁体，会使得所有的原子按照磁场的方向排列（原子有南北极，依照大磁场的方向排列）。然后，使用无线电波的快速脉冲来扰乱原子的方向，当原子恢复常态时就会释放出能被探测到的信号（这个脉冲由磁力非常强大的磁体发出，磁体打开时会发生弯曲，推动空气，发出声音，就像扩音器通过推动空气而发出声音一样，但 MRI 发出的是巨大的爆震声）。MRI 记录下了原子恢复常态时所释放的信号，记录到的电流随后被放大，用来形成图像。组成灰质和白质的原子与不同频率的无线电波产生共振，据此可以辨别灰质和白质。MRI 具有极高的空间分辨率（原则上小于 1 毫米），较好的时间分辨率（产生一幅图像需要几秒钟），并具有非侵入性，但是仪器非常昂贵，而且需要特殊的设备［图 1-10（b）］。

fMRI 的原理与结构性 MRI 相同。但不同于后者绘制脑结构的目标，fMRI 旨在追踪脑的不同区域的活动。最常用的 fMRI 技术为 BOLD 法，即**血氧水平依赖法**。红细胞含铁（在血红蛋白中），铁元素载有氧分子，但当它在新陈代谢中被耗尽时，就会脱离氧分子。当一个脑区开始工作时，它会引来比平时更多的含氧红细胞，因此含氧红细胞就会堆积起来。载氧的铁元素和不载氧的铁元素对附近水（血液的主要组成成分）中的氢原子的影响不同，这就是关键所在：设计好的磁脉冲序列可以揭示带氧的红细胞在哪里堆积，这是对该脑区活动的间接证据。fMRI 与 MRI 拥有相同的空间分辨率（至少 1 毫米），而且也是非侵入性的。然而这项技术有以下缺点：

1. fMRI 可以检测到约 6 秒内发生的变化，这比 ERP 或 MEG 的时间分辨率要低得多。

2. 仪器（以及必需的特殊的屏蔽房间）非常昂贵。

3. 仪器的噪音非常大（可能使被试感觉不适，而使得一些研究难以进行）。

4. 被试需要躺在非常狭窄的管状扫描间中，一些被试难以适应。

最后，有必要提到神经成像工具箱里很新的一员，它很可能在不久的将来得到越来越广泛的应用。**光学成像**利用了光的两点优势：第一，对近红外光而言，颅骨是透明的；第二，一些频率的近红外光被含氧血红蛋白吸收的量比被脱氧血红蛋白吸收的量更多（Obrig，Villringer，2003）。**扩散光层析技术**（diffuse optical tomography，DOT）在颅骨的不同位置安置一系列非常微弱的激光器，并将激光照射到大脑皮质上，然后采用安置在头皮上的探测器来测量反射回来的光。每束激光闪烁的速度不同，因此可以计算反射回的光是从哪里发出的。这种技术使研究者能够追踪皮质中的血液流动。仪器的安装费用相对较便宜，使用费几乎为零。尽管这项技术在一定程度上是侵入性的，但它非常安全，到达皮质的光的强度比一个不戴帽子的没有头发的个体在天晴的户外所接受的光照还要弱（这项技术已经被批准使用在很小的婴儿身上）。该技术的主要缺点如下：

1. 光线只能穿透 2—3 厘米，再深就过于扩散而无法准确记录，因此探测不到皮质下区域，皮质部分也只能探测到 80%。

2. 这项技术的时间分辨率与 BOLD 法、fMRI 基本相同，空间分辨率则取决于激光器和探测器的数量及安置的位置。

总的来说，神经成像技术存在一些共同的缺陷，因而在解释其结果时需持谨慎态度。

- 第一，我们无法辨别神经成像结果是由脑的兴奋活动还是抑制活动引起的。
- 第二，更强的激活并不一定意味着更多的加工。一个跑步冠军比一个整天待在沙发上看电视的人能更快跑完 1 公里，且花费的精力更少。同样，如果你在某些特定的认知任务上是专家，那么你可能用较少的脑加工就能完成这些任务。
- 第三，同一功能区在不同的脑中可能位于稍微不同的解剖区，这使得在不同被试之间计算平均数据变得困难。
- 第四，即使在睡眠中，脑也是处于活动状态的。因此，研究者总是必须比较两种条件下脑活动情况的变化。问题在于我们并不完全清楚在

"测试"条件和"基线"条件下到底发生了哪些加工，因此两种条件下的差异也难以解释。

- 第五，如果一个大脑区域的激活在两个任务之间没有差异，这可能意味着该脑区在两个任务中同时被激活，而不是只出现在其中一个任务中；也可能意味着两个任务中该脑区激活的差异很小，不足以被探测到。后一种可能性比较麻烦，因为血管的扩张是有限的，因此在神经活动进行时增加的血流量就不可能是线性的——不可能每增加一种加工，血流量都增加相同的量。如果一个脑区在两种条件下激活的程度不同，两种条件下血流量上的差异可能并不能反映加工上的差异。

- 第六，不同的加工不一定需要不同的神经组织来执行。比如，17 区包含了加工颜色的神经元，但这些神经元散布在加工形状的神经元之中（Livingstone，Hubel，1984）。如果我们将约 1 厘米内（大多数 PET 和 fMRI 研究所采用的精度）的数据进行平均，我们就无法区分这两种神经元。简言之，"趋同证据"必须成为我们的口号！

4.4　因果性神经方法

为了确定脑活动与任务表现之间的因果关系，研究者依靠的是另外一些类型的研究。这些方法（总结在表 1-3 中）表明脑特定区域的活动确实产生了特定的表征，或进行了特定的加工。

表 1-3　认知心理学中使用的因果性的神经研究方法

方法	例子	优点	局限
神经心理学研究（研究局部或扩散性脑损伤病人）	研究患者不能理解名词但能理解动词的障碍	验证关于特定脑区原因性功能的理论；验证关于不同任务共享和独具的加工的理论；数据收集相对比较方便和便宜	损伤通常不局限于一个脑区；病人可能有多种缺陷
经颅磁刺激（TMS）	暂时性干扰枕叶功能，证明这种干扰对视知觉和视觉心理表象的影响相同	优点同神经心理学研究，但暂时性的"损伤"的范围更精确，被试可以进行刺激前测和后测	只能用于接近表层的脑区（TMS 的作用深度只有 1 英寸）

续表

方法	例子	优点	局限
使用影响特定脑系统的药物	通过服用药物干扰去甲肾上腺素的功能，去甲肾上腺素对海马的功能至关重要	可以改变特定脑系统的加工；一般影响是可逆的；可以事先进行动物试验	很多药物影响多个不同的脑系统；时间分辨率可能非常低

　　如果脑的某一部分在一项特定的任务中起关键作用，如果病人的这个脑区受损，那么他在完成这项任务时就应该出现困难。根据这一逻辑，研究者们试图利用病人因脑损伤而引起的在特定任务（例如，阅读、书写、算术）上的障碍来推断特定脑区与功能之间的因果关系。人的脑损伤一般源于以下五个原因之一：

- 出现中风，即脑的血流供应被中断，脑得不到维持生命的氧气和营养物质。中风发生时，脑中的部分神经元可能死亡。
- 切除肿瘤的手术可能同时切除掉特定的脑区。
- 各种脑外伤也可能损毁脑（开车时一定要系安全带！骑自行车时一定要戴头盔！）。
- 患有损伤脑的疾病。例如，老年痴呆症最初会选择性地破坏与记忆相关的脑区。
- 摄取了损伤脑的毒素。例如，长时间大量饮酒可能导致恶劣的饮食习惯，这些习惯转而会损伤与记忆相关的特定脑区（问题并不在酒精本身，而在于过量饮酒对营养造成的影响）。

　　研究者研究脑毁伤的病人，以了解他们的哪些认知能力受到破坏，哪些认知能力未受影响。他们的研究目的是证明"分离"和"关联"（Caramazza，1984，1986；Shallice，1988）。在这些研究中，所谓"分离"是指一种能力受到破坏而另一种能力未受影响；所谓"关联"是指两种任务总是同时出现障碍（表明这两种任务至少共享同一种表征或加工）。然而，当相邻的脑区同时受损时（或是具有不同功能的神经元处于同一脑区时），"关联"也可能发生。

　　总的来说，因脑受损引起的任务表现上的变化可能并不能反映受损部位的正常功能。为什么呢？

1. 脑损伤通常会影响较大范围的神经组织，同时影响脑区之间的联结。

2. 脑未受损部位不会与受伤前完全一样，脑会以多种方式进行自我补偿。格雷戈里（Gregory，1996）提出了一个有用的比喻：如果你从收音机上拆走了一个电阻器，收音机就开始发出噪声，这并不意味着电阻器就是噪声的抑制器。移走一部分改变了整个系统运作的方式。

然而，如果研究者已经有了关于某个脑区的特定功能的理论假设，那么该脑区的损伤就能为其功能提供有力的证据：如果该脑区确实对一种特定类型的任务表现起到原因性的作用，那么对该脑区的损伤必然会扰乱该任务的执行。

一项新技术避免了脑损伤病人研究中遇到的很多困难。**经颅磁刺激**（transcranial magnetic stimulation，TMS）在一个相对较小的范围（约 1 立方厘米）内暂时性地干扰脑的正常活动（Walsh & Pascual-Leone，2003）。TMS 技术将一个线圈放置在被试颅骨上方，然后让线圈短暂地通过一个强大的电流（图 1-11）。电流产生磁场，磁场暂时性地干扰处于线圈下方的脑区的神经活动。这项技术有两个主要变体。一个是单脉冲版本，即在刺激呈现后的一定时间内，给脑发射一个脉冲。这一方法可以用于发现某一特定加工过程的持续时间，以及这些加工过程在一个特定任务中所起的原因性作用。另一个变体叫重复 TMS（rTMS），即在任务进行之前，给脑的特定区域发射一系列磁脉冲。如果发射的脉冲足够多，这部分神经元的反应性就会降低，并在刺激之后的一段时间内保持这种迟钝状态。因此，研究者可以对大脑皮质的特定区域使用 rTMS，然后观察被试在特定任务中的表现。这一技术在一定程度上造成了一种暂时性的脑损伤，但不影响脑内的联结。举例来说，如果对布洛卡区实施 TMS，结果就会造成紧随刺激的言语困难。然而，究竟哪些区域受到了脉冲的影响，影响一个区域是否会同时影响与之相连的另一区域，这些问题的答案并不十分明确。TMS 技术有以下缺点：

1. 刺激一个脑区产生的影响可能被传递到其他脑区，这样就难以推断到底哪个脑区应该对观察到的效应负责。

2. 如果不按安全指导使用，rTMS 可能导致癫痫发作。

3. 这一技术只能影响大脑皮质，而且是那些直接位于颅骨下方的皮质部分。

4. 当 TMS 作用于额部时，前额两侧的肌肉会出现令人不适的抽动。

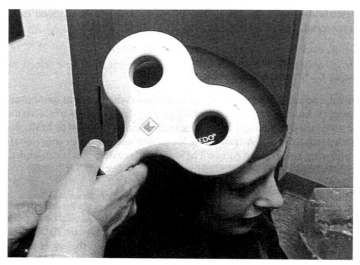

图 1-11 使用经颅磁刺激的研究
   图中显示的是一次 TMS 测试，该测试很容易在实验室里实施；它能够暂时性地损伤特定的认知加工过程。
(Courtesy of Julian Paul Keenan, PhD.)

最后，另一项技术使用了能够影响特定脑系统运作的药物。这一技术提供了一种新方法，用以证明脑某个系统对特定类型的任务起原因性作用。比如，卡希尔（L. Cahill）及其同事（1994）给被试呈现一些图片，这些图片可能描绘了中性事件（例如，走过一个垃圾场），也可能描绘了令人反感的事件（例如，置身于一场可怕的事故）。在看到这些图片一小时后，他们给被试服用两种药片中的一种：一半被试服用的是抑制去甲肾上腺素分泌的药物（去甲肾上腺素是一种对海马的功能有重要影响的神经递质，因此这种药物可以干扰这一负责将新信息存入记忆的脑结构的功能）；另一半被试服用的是安慰剂（被试不知道他们服用的是有效药还是安慰剂）。一周之后，被试接受测试，测试的内容是被试对图片的记忆（被试事先不知道测试内容）。服用安慰剂的被试对情绪性图片的记忆优于对中性图片的记忆。为什么呢？答案可能在于服用抑制去甲肾上腺素分泌的药物的被试并没有显示出对情绪性事件的记忆优势，这说明海马（与杏仁核一起）对于提高我们对情绪性材料的记忆起到了一定作用。然而，这一研究方法同样存在缺点：

1. 药物通常会影响多个不同的脑系统。

2. 药物可能需要较长时间才能显效，而且其药效可能持续较长的一段时间。

总之，因果性研究方法在与神经成像技术结合使用时最为有效，神经成像技术可以确定在任务中哪些区域被激活了，然后就可以有针对性地研究这些区域（研究脑损伤病人，或使用 TMS，或使用特定药物）。在单个被试的脑中对激活进行定位的优势让研究者能够更精确地使用 TMS，这种结合使用的技术方法很可能在研究中发挥越来越重要的作用。

4.5　建模

心理活动也可以通过建构模型来研究。模型不仅可以告诉我们一系列的原理或机制是否真的能够解释数据，还可以做出新的预测。理论与模型之间有什么区别？理论提出一系列抽象的原理来解释一系列现象；而模型是理论的一个具体版本。模型有三种类型（Hesse，1963）：

1. 与理论相关，例如模型飞机机翼的形状，或计算机程序中各个加工执行的顺序。

2. 与理论无关，例如模型飞机的颜色，或计算机完成某个加工实际需要的时间。

3. 不明显属于以上两种类型中的任一种，例如模型飞机机腹的形状，或中央处理器在计算机模型的常规运行中的作用。有时候研究的焦点在于第三种类型，但研究者试图将这些特征归为前两种类型中的一种。

在心理学中，模型通常是通过计算机程序来执行的。这些**计算机模拟模型**（computer simulation models）的目的是模仿人类在完成特定类型任务时所依赖的心理表征和加工。计算机模拟必须与人工智能的程序区分开来，后者的目的是生成"智能"行为，但可能使用与人类的认知加工非常不同的处理过程。另外，需要说明的一点是：心理活动的模型并不总由计算机程序执行，它们也可以被表示为一系列的等式，或仅仅用文字或图表来描述。

认知心理学在初始阶段主要依赖于**加工模型**（process models），即明确描述将一个输入转化为一个输出的一系列过程。这类模型可以使用流程图来表示，也被称作"方框箭头"模型。图 1-12 是一个模型的例子，该模型解释了人们如何判断一个刺激是否属于自己先前学习过的刺激（我们在前

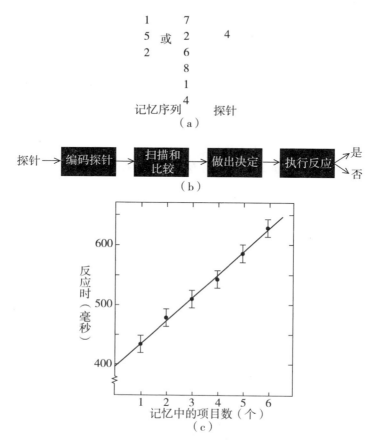

图1-12 斯滕伯格的加工模型

（a）第一项任务是记忆很短的一组项目——在本实验中是数字。然后呈现一个探针，比如"4"，它可能是前面呈现的项目中的一个，也可能不是。被试的任务是判断这个数字是否曾出现在前面的数字序列中。（b）探测数字被编码并进入记忆。存储在记忆中的数字列被扫描，探测数字被拿来与数字序列中的每个数字相比较。如果扫描的方式是一次扫描一个数字，那么数字序列越长，扫描时间就越长。然后被试做出怎样反应的决定，最后实际执行反应，即按 YES 键或 NO 键。（c）实验预期被证实：数字序列越长，所需的扫描时间越长。

面讨论结构-过程权衡时讨论过这个任务）。这些模型中的大多数根据输入与输出来明确每个加工过程，但对每个加工过程内部包含的加工细节并没有明确说明，它们仍旧是所谓的"黑匣子"。加工模型常被用来根据模型完成任务所需操作的数量来解释和预测反应时。另外，因为这种模型将各个加工过程具体化了，因此也可以用来解释和预测伴随脑损伤出现的障碍模式（Caramazza，1984，1986），这是因为脑损伤可能会选择性地损害一些加工。但是作为研究工具，加工模型也有以下缺点：

1. 模型通常针对线性加工，即一步一步地依序进行的加工。很少有模型针对平行加工，即不同过程同时进行的加工。

2. 在加工模型中，**反馈**（序列中后面的加工对前面的加工的影响）通常只有当导致反馈发生的所有加工全部完成之后才会出现。但事实上脑不是这样工作的：后面的加工在前面的加工完成之前就会为前面的加工提供反馈。

3. 模型通常都没有学习的功能，而学习过程显然从婴幼儿时期就开始塑造人类的心理活动。

4.6　神经网络模型

神经网络模型，又叫联结主义模型，在一定程度上是针对加工模型的缺点提出的。正如其名称所示，这些模型考虑了脑运作的主要特性（Plaut et al.，1996；Rumelhart et al.，1986；Vogels et al.，2005）。**神经网络模型**（neural-network models）包含一系列相互联系的单元，每个单元与一个神经元或一小群神经元相对应。单元不等于神经元，单元是用来说明由一个或一组神经元执行的输入—输出过程的。最简单的模型包含三个层次的单元（图 1-13）。**输入层**（input layer）是由一组负责从外部环境接收刺激的单元构成的。输入层的单元与**隐藏层**（hidden layer）的单元相连接，之所以叫隐藏层是因为这些单元与外界环境没有直接接触。隐藏层的单元又与**输出层**（output layer）的单元相连接。在最简单的模型中，每个单元有两种状态："开"或"关"，分别记为 1 或 0。这些网络的核心是它们之间的联结（因此也叫"联结主义"）。每一个从输出单元发出的联结都可以激活或抑制一个隐藏单元。另外，每一个联结都有一个**权重**（weight），即衡量它对接收单元的影响力的单位。一些网络包含反馈循环，比如，从隐藏单元到输入单元也存在联结。关键的一点在于：整个网络的权重模式是用来表征输入与输出之间的联系的。神经网络不仅使用平行加工，还依赖于**分布式的平行加工**。在分布式平行加工中，表征是一个权重模式，而不是一个单独的权重、节点或联结。

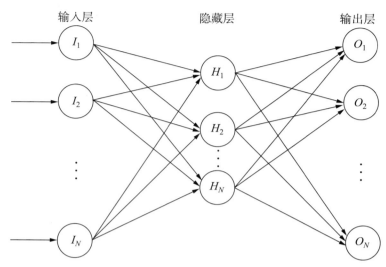

图1-13　一个简单的前馈式神经网络

图中显示了三个输入；在第二个（I_2）和第 N 个（I_N）输入之间可能有更多的输入。更加复杂的网络中不仅可能有反馈循环，而且单元之间的连接也可能按特定的方式组织。

［经澳大利亚联邦科学与工业研究组织（Commonwealth Scientific & Industrial Research Organisation）许可］

　　神经网络有一些有趣的特征。第一，它能够学习。最初，权重一般是随机设定的，然后由于使用了不同的训练技术，网络能够自动设置权重，使输入产生适宜的输出。第二，它能够概括总结。当给予一个神经网络一组输入，且该输入与网络之前受过训练的输入相似而不同时，网络仍然可以做出正确的反应。第三，当受到损伤时，它会逐渐退化。与之相对，在一个标准的计算机程序中，只要一个命令出了错，整个程序就会崩溃。在一个神经网络中，单元和联结都可以被去掉，在某种程度上网络还可以继续工作，虽然其功能不如从前。有时候神经网络在一些方面功能完好，但在另一些方面功能丧失。这与我们的脑是相似的。

　　最后，神经网络是很有用的，因为它们可以帮助我们理解神经编码与心理表征之间的差别。神经编码由每个神经元的特定活动水平（或者每个节点的特定活动水平），以及神经元之间每个联结的特定强度（或者节点之间每个联结的特定强度）构成。但是仅仅知道每个节点和联结的状态还不足以了解特定输入产生特定输出的原因和过程，你还需要从整体上考虑这个系统，才能理解它是如何表征和加工信息的。神经编码就像建筑中的砖瓦，而心理表征就像按照一定方式堆砌砖瓦所形成的建筑风格。

这里我们讨论的只是基本的方法，为了研究具体问题，研究者对这些方法进行了巧妙的拓展和改进。在后面的章节中，你将会看到建立在刚才讨论过的基本方法基础之上的更多研究方法。

理解测验

1. 研究心理活动的主要方法有哪些？
2. 对脑的研究在探索心理活动奥秘的研究中起什么作用？

5. 本书概述

回忆一下本章开头我们提出的那些问题，现在这些问题依然没有答案：你如何决定去应聘某种类型的工作，又如何应对面试？接下来，我们来探讨你决定应聘一份工作和有效地做好这份工作所需的众多的心理活动。

你也许通过阅读或耳闻得到某工作的招聘信息：知觉是众多心理活动中的第一步，它关心的是你所处的环境中的物体和情境。第 2 章的焦点是知觉，知觉加工为之后的认知加工提供了基础和原料。

对来自感官的信息进行加工的一个结果是，注意发生了改变，使你能够接收到对你来说特别有意义的信息。一旦面试开始，你可能对面试官脸上流露出的最细微的感兴趣的表情也非常敏感。同时，你可能会选择性地忽略掉胃部的不适感，以及衣服带来的不舒服的牵扯感。第 3 章讨论注意，通过注意的作用，有的信息加工得到增强，有的信息加工受到抑制。

事实上，很多心理活动的焦点并不是当前正在感知到的刺激，而是依赖于过去存储的对这些信息的表征。当你了解一项工作时，你会根据自己对相似工作或相关活动已知的事实或记忆来解释这项工作的相关信息。第 4 章紧接第 3 章的信息加工流程，讨论信息如何在长时记忆中表征，即如何将信息相对永恒地存储在我们的脑中。我们不仅存储我们实际感知到的信息，也存储我们对信息的理解和对刺激的反应。

相关信息是如何被存储到长时记忆中的呢？第 5 章讨论了新信息如何被存储到长时记忆中，以及信息如何被提取出来。如果信息不能被提取，那就没有任何存在的必要。信息提取实际上是各种推理、语言和其他心理活动的一个关键要素。

信息一旦被提取出来，通常就会被存放在工作记忆中，并在那里进行加工。工作记忆中的内容很可能是发生在意识层面的。如果你有过"绞尽脑汁"考虑接受一份工作的各种利弊的经历，你当时就在使用你的工作记忆。第 6 章讲工作记忆，讨论存储在工作记忆中的信息如何被加工，以至于使你能够做出推论和解决问题。

是什么决定了我们使用工作记忆的方式？第 7 章的焦点是"执行过程"。执行过程不仅控制工作记忆中进行的活动，也在更一般的意义上指导信息加工的流程。不过这个"心智 CEO"并不是住在你脑子里的一个小巧可爱的公司老板，实际上脑拥有一系列对输入进行操作的加工过程，这些过程共同致力于产生有利于目标实现的输出。

我们的目标从哪里来？情绪性反应是目标的来源之一。你可能会有喜欢（有时是不喜欢）某些活动的反应，正如特定工作所需的那些活动（例如，你可能喜欢写作和跟进正在发生的事，这让你认为报社的工作可能适合你）。第 8 章讨论了人们对事物做出反应的最基本方式——情绪体验。人类不是冷酷的计算机，我们对大多数刺激都会产生情绪反应，这些情绪反应对我们随后如何处理信息会产生很大的影响。

你最终是如何决定接受一份工作的？你为什么在众多可能的工作中选择了它？执行过程的一个功能就是组织做出决策的其他认知加工。第 9 章详细讨论了这些机制。

在实现目标的道路上往往困难重重。为了应聘某份工作，你也许需要学习特别的课程——但上这些课与你的其他活动发生了冲突，于是你必须调整自己的时间表。你的决定（我要去上这节课）在一定程度上是基于问题解决的（如果我去上这节课，那我怎样才能说服我的室友与我交换每周一次的复习时间？）。困难给我们提出了需要解决的问题，第 10 章介绍了关于问题解决的研究结果。

完成所有这些心理活动之后（或过程中），你实实在在地做了一些事。在第 11 章，我们讨论了你如何计划和预期执行一个计划的结果，正如你在面试房间外的走廊上等待时，对如何与面试官最好地交流所进行的思考。此外，第 11 章还讨论了人是如何通过模仿去学习新的行为方式，以及如何运用关于运动的知识去组织自己的所见所想的。

如果你真的有一场工作面试，你当然必须听和说，这些活动可能是人类所有心理活动中最复杂的部分。第 12 章回顾了关于语言的主要理论和发现，语言实际上与认知的其他各个方面都相关。

让我们开始吧。

☆**复习与思考**

1. 认知心理学是如何产生的?

认知心理学作为一门科学是在 1879 年，在德国冯特的实验室中产生的。然而早期的方法学是有缺陷的（部分原因在于对内省法的过分依赖），这最终导致了行为主义者对心智的研究的全面否定。行为主义者把注意力完全集中在可以直接观察的事件上，但这种方法被证明过于局限。它难以洞察很多重要的现象，比如语言和知觉，并且也不能说明行为产生的机制。当计算机为我们提供了使心理活动概念化的新方法，而新的方法学为我们提供了检验心理活动理论的新手段时，认知革命就发生了。这些进步使科学家得以超越刺激-反应-反应结果的思路，引导研究者开始理解行为、知觉、语言的机制，以及认知的一般机制。

批判性思考

- 关于心理活动的哪些知识可以帮助你更好地学习本课程?
- 了解如何提高记忆对你有用吗? 了解如何提高决策能力呢?
- 将脑研究融合进心理学研究将如何影响你对心理学知识的应用?
- 如果有一些新药据说能改善认知加工，你将如何利用本章学到的知识去检验这些药物的有效性?

2. 什么是科学的认知理论? 关于脑的知识在这些理论中起到怎样的作用?

关于认知的理论经常被比作对软件（与计算机本身的硬件相对）的描述，这是一个过于简化的比喻。认知理论是针对特定的分析水平而言的，换句话说，是针对脑是如何处理信息而言的。你不能将神经活动理论与认知理论混为一谈，正如你不能将对建筑物原材料的描述等同于对建筑物的建筑风格的描述一样。

一个加工系统可以从它的表征和加工过程两个角度来理解：表征用来存储信息，加工过程用来解释或转化已存储的信息。传统的认知心理学完全建立在行为研究结果的基础上，这些方法无法区分很多相互竞争的理论，一定程度上是因为存在结构-过程权衡。将脑的研究成果纳入认知心理学，不仅可以提供验证理论的额外依据，也可以提供使理论向特定方向发展的额外理由。另外，通过将研究建立在脑研究结果的基础上，一系列新的、强有力的方法就可以被用来评估认知理论。

批判性思考

　　你认为计算机有可能通过程序拥有"心智"吗？为什么？如果你的回答是不可能，你认为是什么的缺失导致了这种结果？

- 假如我们为计算机研制出一种程序，使之可以模仿你的思维过程，你将会用这台计算机做什么？除了把它用作理想的电话答录机外，还有别的用途吗？
- 你愿意让这样一个计算机程序来帮你选择应该参加的工作面试吗？你最不愿意让这个计算机程序做的事情是什么？为什么？

3. 脑的主要结构是什么？它们在我们的技能和能力中起什么作用？

　　中枢神经系统（CNS）由脑和脊髓组成，周围神经系统（PNS）由骨骼神经系统和自主神经系统（ANS）组成。ANS 与战斗或逃跑反应相关，这种反应使动物能够准备好应付紧急情况，并在危机过去后从特殊的紧急准备状态中恢复过来。大脑皮质是脑的外层物质，包含了脑中的大多数神经元的细胞体，大部分心理活动依赖于大脑皮质。大脑分为两个半球，每个半球又被划分为四个主要部分（或脑叶）：枕叶、颞叶、顶叶和额叶。大量的皮质下结构协同大脑皮质工作。例如，一些皮质下结构（如海马）与存储新信息有关，另一些（如丘脑）与注意相关，还有一些（如杏仁核）与情绪相关，另外一些（如小脑和基底神经结）与动作控制相关。这些结构有着丰富多变的作用，这点我们将在后面的章节中看到。

批判性思考

- 古希腊人认为心脏（而不是头脑）是心理活动的发源地，他们为什么是错的？
- 如果有一种新药可以保护你脑中的一部分免受中风伤害，但只有一个部分，你选择哪一部分？
- 如果真有这种药的话，你选择保护的那个脑的部分在帮助你进行工作面试时起什么作用？为什么？

4. 认知研究使用了哪些方法？

支持一个理论的最有力的证据是那些大量不同的方法都支持的证据；这种趋同的证据弥补了任何一种单一方法可能存在的缺陷。对心理活动本质的研究的一个首要目标是：为理论提出的差异提供证据。分离的方法常被用来证明不同的表征和加工的存在，而关联的方法则常被用来证明某个表征或加工在两个或多个任务中共存。相关性的神经研究方法，比如事件相关电位（ERP）、正电子断层发射扫描（PET）、功能性磁共振成像（fMRI），是对被试在完成特定任务时伴随的脑活动的测量。因果性的神经研究方法，比如研究脑损伤病人在特定任务中表现出的障碍，以及研究由经颅磁刺激（TMS）引发的认知障碍，可以确定脑的某一特定区域对某一特定的认知功能至少起到部分的作用。最后，建模不仅可以证明一系列的原则和机制确实能够解释数据，还可以做出新的预测。神经网络模型旨在描述脑运行的主要特征，并为解释研究数据和提出新的预测提供了一个前景光明的方向。然而，这些模型只是粗略的估计，并不能精确反映脑工作的确切方式。

批判性思考

- 假如神经成像的仪器价格骤降到你也能买得起，而且仪器变得很小，是便携式的，使用非常方便，你可以把它安装在一个头盔上，观察自己的脑活动。这样的仪器对你有用吗？例如，在考试的前两天，如果你可以用它来判断你是否已经充分记住了考试资料，那将会怎样？
- 你想要这样的一个仪器吗？
- 对于体积小、便携式、价格低廉、购买方便的脑扫描仪，你能想出拥有这样的仪器会有什么弊端吗？

第2章 知觉

学习目标

梦里，你在树林中行走。在一块空地上，你偶然发现一尊大理石人形雕像。在它的底座上有一段碑文："看这个只有头脑却没有思维，只有躯壳却没有感觉的人。"你继续行走。夜幕降临，树林里充满各种声音和光影。忽然，你发现右边有一个庞然大物。你向后一跳，准备逃命——这是一头熊吗？不是的，这里没有危险，这头"熊"不过是一丛灌木而已。夜更深了，小路蜿蜒而上，你看到在山形朦胧的峰顶有一座隐约透着光亮的城堡。等你到达城堡借宿时，外面已是漆黑一片，你在窗帘遮蔽的房间里完全不知道墙外可能潜伏着什么。清晨，拉开窗帘，你看到……

这些通过想象获得的体验以及它们的清晰程度，阐述了知觉的核心问题及其与认知的关系。这一章将讨论什么是知觉，以及它如何运作。我们具体讨论以下六个问题：

1. 什么是知觉，为什么它是一种难以理解的能力？
2. 帮助我们理解知觉的一般原则是什么？
3. 我们如何整合各部分特征以识别物体和事件？
4. 我们如何识别物体和事件？
5. 我们的知识如何影响知觉？
6. 最后，我们的脑是如何整合大量不同的知觉线索的？

1. 知觉的含义

梦境中的神秘雕像出自法国哲学家艾蒂安·博内·德孔狄亚克（Etienne Bonnot de Condillac，1715—1780）所著的《感觉论》（*Treatise on Sensatation*）一书（1754a）。在他的设想中，这个雕像拥有正常人脑需要的所有"硬件"和"软件"，只缺少了感觉官能。德孔狄亚克认为这样的存在不可能拥有精神生活，没有感觉，就不可能有思维。

在开展自己的思维实验时，他想象将雕像的鼻子打开，让雕像能够用嗅觉闻到气味。他写道："如果我们给予雕像一朵玫瑰，这个雕像对我们而言是一个嗅闻玫瑰的雕像；但是对这个雕像自身而言其就仅仅是玫瑰的香味。"也就是说，如果雕像只有一种感觉，那么这种感觉便是他意识中的全部内容。

就算我们的立场没有德孔狄亚克那么绝对，我们也承认，一个缺少感官的机体，其精神生活一定与普通人类的精神世界截然不同。诚然，感觉和知觉是认知的原材料，但这种看法低估了两者对认知的重要性。我们的知觉不只是对感觉刺激的简单登记，这些材料几乎能立即得到高级认知过程的加工：通过对感觉刺激的分析，脑产生对外部世界的解释，这些动态的加工过程受到已有知识的引导。

梦境的第二和第三部分能够说明，为什么知觉比直接的感觉刺激登记要复杂得多。在第二个梦的体验中，森林中那个危险物对你来说有点熟悉，但也仅仅是模糊的熟悉。因为这些印象源自莎士比亚（Shakespear）的《仲夏夜之梦》（*A Midsummer Night's Dream*）中的情景。"在晚上，"雅典公爵特修斯（Theseus）说，"想象着一些危险时，多容易将灌木当成熊啊！"莎士比亚知道感觉刺激通常是**模棱两可**的，可以有各种解释。这正是关于知觉的第一个问题。

你在图 2-1 中看到了什么？你很可能看到一个立方体。它是否看似悬浮在带白点的黑色背景之前？或者像位于剪了几个洞的黑布之后？就立方体本身而言，离你最近的一面是偏向左上方还是右下方？**为什么你会看到一个立方体？**这个图片实际上是平摊在书页上的。可能你会发誓说看到了穿过黑色区域的立方体的棱角线，但这些线条在图中并不存在。图片里只有八个准确排列的白色圆形，每个圆里有三条准确排列的线段。尽管图片本身并不包含一个真实立方体的所有特征，但我们却通过这些画在二维平面上的零散特征"看到"了一个立方体。我们补充了缺失的部分，从而感知到比实际存在的更多的信息。因此第一个问题是：**感觉输入所包含的信息不足以解释我们的知觉**。比如，当你看到图 2-1 时，你仅仅通过少量线索就推断出了一个物体。

在梦的最后部分，你起床走到窗前，拉开厚重的窗帘。刹那间你看到一幕由山脉、田野、房屋和村镇组成的画面。你**知觉**到了什么？德孔狄亚克认为你只能看到纵横交

图 2-1 错觉：你看到了什么？
图中有八个白色的圆，每个圆中有三条黑线，圆和圆之间没有线条，图中并不存在立方体。但是大多数人看见了一个立方体，它可能悬浮在带白圆的黑色背景之上，也可能在挖了八个洞的黑色背景之后。你所知觉到的多于你看到的。

错的各种颜色的区域，这是一种充满各种感觉的体验，但是由于未经组织而无法产生知觉（Condillac，1754b）。但我们知道，实际上你只要看着这个画面不到一秒钟就能理解它的意义。研究显示，当以每秒八张图片的速度在电脑屏幕上呈现图片时，你能够监控这一连串的图片，并找出其中的某个画面（例如，一个野餐场景）（Potter & Levy，1969），你甚至还能找出其中不包含动物的画面（Intraub，1980）。尽管如此，德孔狄亚克正确地将我们的注意吸引到第二个问题上：世界给我们呈现的**感觉输入太多，以致我们不能在任何特定的瞬间将所有感觉输入整合到清晰的知觉中**。

图 2-2 呈现的是一个公园中美丽的夏日午后的场景，许多事件正在发生。看明白这幅画并不困难，但它包括的内容很多：虽然你能看懂它，但你无法一步到位地充分加工这幅画。请快速回答：画里有没有一只狗？因为不可能一下子处理画中的所有内容，你可能需要仔细搜索之后才能确定画里是否有狗。你在图上移动你的目光，视线在不同部位聚焦、停留，使你希

图 2-2　图中有什么？

图中是否不止一条狗？你是怎么知道的？你可能移动目光对图中的各个物体逐一搜索，直到找到狗。

[Georges Seurat，"A Sunday Afternoon on the Island of La Grande Jatte"．1884–1886．Oil on Canvas．6′9 1/2″×10′1 1/4″（2.07×3.08m）．Helen Birch Bartlett Memorial Collection．Photograph © 2005，The Art Institute of Chicago．All rights reserved.]

望搜索的区域落在视敏度最高的视网膜的中心。狗在这里！尽管我们能在同一时间察看很大的区域，但相对来说我们只能看到小块区域内的准确细节，这个小块区域就是"注视点"。搜索是应对输入信息过量的方法之一。

从感觉到理解的过程中，很多信息在加工的初始阶段就被抛弃了，比如有关空间里各个位点的亮度之间的细微差别的信息。但是，大杰特岛（Grand Jatte）上的一只狗的体型可不小，你完全不用将视线从图片中央移开就能看见这只狗。然而实际情况却很可能是，你必须选择图片的那个部分进行仔细考察才能确定图中是否有一条狗。**选择性注意**的能力让我们可以选择当前感觉输入的一部分进行深入加工，同时忽略其他部分。在第 3 章我们将深入探讨注意的本质。

因此，知觉与感觉世界相关的两个问题是"不够"和"太多"。在这两种情况下，我们都需要一定的认知机制来帮助我们解释和理解感觉提供给我们的原材料。

理解测验

1. 为什么知觉对认知很重要？
2. 理解知觉的两个难点在哪里？

2. 视知觉的工作原理

知觉的目标是接收关于世界的信息并对其做出解释。德孔狄亚克的雕像告诉我们，我们精神生活的质量有赖于这个目标的实现。特修斯之熊的例子提醒我们，我们获得的信息可能是模棱两可的，因此不足以使我们做出明确的解释，只有认知加工和背景知识才能帮助我们做出明确的解释。从德孔狄亚克的城堡望出去的风景提示我们，我们要加工的信息太多了，我们必须进行选择。

此刻，在撰写此节内容时我们需要做出类似的选择：所有的感觉都非常重要，没有哪种感觉能独立于其他感觉发挥作用，这一点你想想最近一次就餐时你的视、听、味、嗅、触五种感觉的交互作用就明白了。然而，在一章文字之内无法详细描述如此丰富的内容，因此我们牺牲内容的广度以期加深内容的深度，以视觉为详细讨论的对象，并在视觉范围内进一步选择一些例子。

　　和听觉一样，视觉是一种距离感觉。通过进化，它能够在不接触物体的情况下感觉物体；它告诉我们周围世界里的物体**是什么**、**在哪里**。如果把人类和其他生物看作必须与外部世界交互作用的有机体，我们就能意识到感觉还提供了另一种东西：**行为**推动力。外面有什么物体，它在哪里，我能对它做什么（看啊，一只挂在矮矮枝头上的可爱的苹果——我要去摘它!）？视觉通过接收物体的特征和位置的相关信息，让我们能够了解周边环境并与之互动。

2.1　视觉系统的结构

　　脑的主要视觉通路可以被看作一个将脑分层次的各个区域连接起来的错综复杂的电路系统（图 2–3）。从底层开始，视觉场景的亮度、轮廓和其他特征信息在**视网膜**上形成图像。视网膜是一层由对光产生反应的**光感受器**和位于眼球壁内层的其他神经细胞组成的细胞层。在这里，光亮被转换为电化学信号。这些信号通过**视神经**（每眼各一束）传递到脑。每束视神经都由视网膜上的**神经节细胞**（ganglion cells）的长轴突纤维构成，轴突与丘脑**外侧膝状体核**（lateral geniculate nucleus，LGN）的神经元相连，LGN是一个皮质下结构。LGN 神经元的轴突再将信号向上传递到初级视皮质（也叫作 V1，即"视 1 区"，或"纹状皮质"，因将其染色后在显微镜下可观察到表面出现纹路而得名）。纹状皮质输出的信号将传递到多个视觉区域（V2、V3、V4 等），以及除视觉之外还兼具其他功能的脑区。

　　初级视皮质之外有两条主要的视觉通路：一个是背侧通路（dorsal pathway），它向上通往顶叶，主要负责加工物体位置和对物体可能施予的动作的相关信息，并指导动作（例如，抓握）；第二条是腹侧通路（ventral pathway），它向下通往颞叶，负责加工与物体识别相关的信息。两条视觉通路的说法是有道理的，但如图 2–3 所示，这只是对极端复杂的视觉网络的高度简化。

2.2　自上而下和自下而上的加工

　　正如图 2–3 所示，视觉系统无论在功能还是结构上都异常复杂。这些通路和它们众多的支路都不是单行道。大多数视觉区域将输出信息发送到另一区域并接收来自那里的输入信息，也就是说，它们之间存在**交互联系**。比如，LGN 给 V1 提供输入信息，V1 给 LGN 提供其他输入信息。这种动态机制反映了视知觉的一个重要原则：视知觉（实际上所有知觉均如此）是

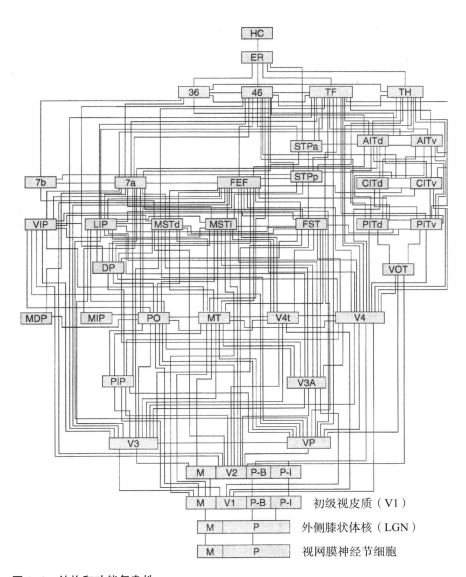

图 2-3 结构和功能复杂性

这是一张视觉系统的"电路图",显示了脑区之间的联结。注意这里有两种视网膜神经节细胞:一种是大细胞 (magnocellular),简称 M;一种是小细胞 (parvocellular),简称 P。这些细胞将轴突延伸到 V1 和 V2 区的不同部分。

[Felleman,D. J. & Van Essen,D. C.(1991). Distributed hierarchical processing in the primate cerebral cortex. *Cerebral Contex*,*1*,1-47(Fig. 4 on p. 30). 经牛津大学出版社允许重印]

自下而上和自上而下的加工相结合的产物。**自下而上的加工**（bottom-up processes）由来自物质世界的感觉信息驱动。**自上而下的加工**（top-down processes）主动寻找和提取感觉信息，由我们的知识、信仰、预期和目标驱动。几乎知觉的每一个步骤都包含了自下而上和自上而下的加工。

如果你想明确地体验这种区别，可以放慢部分自上而下的加工过程。如图 2-4 所示，图里有种物体，自下而上的加工让你看见线条并界定区域，但如果你在心里盘算这幅图，思考这些区域可能意味着什么，你就能感觉到自上而下的加工开始起作用。这幅图可能是……一头正在树干另一侧往上爬的熊！无论这个想法是否是你自己想出来的，你对这幅图的理解都依赖于自上而下的知识：关于树和熊掌长什么样的知识，以及关于熊如何爬树的知识。这些知识不仅能够组织你所看到的内容，甚至还能调节产生线条和区域表征的过程。

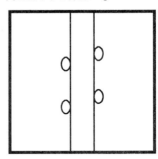

图 2-4　这是什么？

图中有两条垂直线和四个椭圆，但是你能看到更多。详见正文描述。

（Droodles-The Classic Collection by Roger Price. Copyright © 2000 by Tallfellow Press, Inc. 经允许重印. www. tallfellow.com.）

视觉搜索任务的例子也能体现自上而下和自下而上加工的区别和联系。如果要你寻找图 2-5（a）中的目标，这对你来说没有任何问题。自下而上的加工快速确定了白色星形是不同于其他刺激的目标，但是自下而上的加工不足以引导你找出图 2-5（b）中的目标。在这幅图中，你看到一些在多个维度（形状、颜色、朝向）上不同的物体。为了寻找目标，你需要信息——"目标是水平黑色条状物"，因而你需要自上而下的加工，然后你才有了搜索目标的方法。

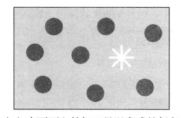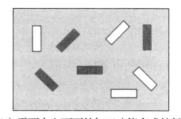

（a）自下而上的加工足以完成的任务（b）需要自上而下的加工才能完成的任务

图 2-5　视觉搜索任务

每幅图中有一个目标项：在（a）中目标是明显的，对每个物体属性的自下而上的加工告诉你有一个项目是异类；在（b）中自下而上的加工不起作用，因为所有项目都不同——当你被告知目标是水平黑色线条之后，你的注意才能被自上而下地引导到目标上。

这两个例子都表明，知觉（这是一头熊，这是一个目标）是对我们所见的**解释**，是自下而上和自上而下的加工过程交互作用而产生的表征。

2.3　学会看

我们对于周围世界的解释由两个因素的交互作用决定：（1）我们脑的生物结构；（2）调节该结构的经验。新生儿的视觉系统在刚出生时发育几近成熟，大多数主要结构的发育在生命的第一年就完成了（Huttenlocher，1993，2002）。婴儿在出生后几乎立即睁开双眼，并很快开始环顾四周，转动眼球勘察周围环境，并注视感兴趣的事物。通常注视能持续约半秒钟，因此婴儿在生命的第一年，大约会对周围世界进行 1000 万次扫视。这会带来海量的信息。一个婴儿可能会从不同角度，在不同时间和不同的情境下成千上万次地看见父母的脸、旁边的婴儿床和奶瓶。当每种事物产生的持续记忆遇到一个新的实例时，这些源源不断的信息就积累起来形成对环境中的人物、地点、物体的持续的心理表征。这些表征形成随后的物体识别的基础。

对新生动物视觉发展的研究显示，婴儿期特定时段的环境特征将极大地影响其成年后的某些能力。生命早期阶段包含了生物决定的**关键期**（critical periods），在这个时期动物必须发展出特定的反应。如果动物幼崽在关键期不能正常接触应有的自然环境以发展某种特定的反应，那么即使动物在成年后获得正常环境，也无法发展出那种能力。例如，用一块布蒙住刚出生的小猫的一只眼睛，使其长到 6 个月大，就会导致猫的两只眼睛是正常的，但它的深度知觉却有障碍，因为深度知觉依赖于双眼的信息整合（Wiesel & Hubel，1963）。对这只猫而言，相对于来自遮盖眼的输入信息激活的视觉皮质区，来自未遮盖眼输入信息激活的视觉皮质区更大。有意思的是，在同一时期内双眼皆被遮盖的小猫在成年后不会出现深度知觉缺陷，并具有更平衡的皮质组织（Wiesel & Hubel，1965）。感觉加工的不同方面具有不同的关键期。

另外，不同来源、不同通道的感觉输入相互竞争，以实现皮质表征（le Vay et al.，1980）。如果一个通道（例如，来自一只眼睛的输入）比另一个通道更活跃，皮质资源就被重新分配到更活跃的一方。一旦这种资源调配在婴儿期发生，成年后就不容易改变了。神经表征的竞争存在于全脑和多种不同的能力之间：听觉和视觉之间存在竞争（Cynader，1979；Gyllensten et al.，1966），不同手指的感觉登记之间存在竞争（Jenkins et al.，1990；

Merzenich & Kaas，1982），双语人群的不同语言之间也存在竞争（Neville & Bavelier，1998）。

因为了解到经验会改变视觉发展的过程，所以研究者开发了一些程序，用一些在子宫里通常不会出现的光亮和声音来刺激胎儿，希望加速或强化发育。正常的产前刺激（例如，母亲的声音）能使婴儿形成更好的知觉能力，然而，我们对该领域的认识还远远不足，也有可能某些非正常刺激不但不会带来更好的发展，反而会导致发展受损。的确，一些研究显示某些产前刺激会损害出生后知觉的正常发展（Lickliter，2000）。尽管我们知道环境能够塑造脑的结构，以支持正常的认知能力的发展，但我们仍不知道如何控制这一过程。

理解测验

1. 脑的结构在哪些方面是分层的？在哪些方面没有分层？
2. 自下而上的加工与自上而下的加工有何不同？
3. 视觉经验如何影响我们的所见？

3. 自下而上的构建：从特征到物体

德孔狄亚克的雕像拥有认知所需的全部配置，唯独没有感觉输入，所以他的脑从未使用过它的巨大潜力去表征和加工外部世界。脑把感知到的特征结合在一起，让我们将周围的复杂世界分成熟悉的和不熟悉的，以更好地了解周围世界——对德孔狄亚克的雕像而言，脑的这种天才技巧处于闲置无用的状态。如果雕像的眼睛是睁开的，海量信息可能通过眼睛进入神经通路，在那里得到大量复杂的分析，从而帮助雕像探测环境的各个重要方面。而能够通过感觉触及这个世界的我们，则拥有非常忙碌的脑。下面我们将针对视觉通路，从自下而上的加工开始探讨这些复杂的过程。

3.1 特征加工——知觉的基本结构单元

视觉特征包括点和边、颜色和形状、动作和质地。它们本身都不是物体而是特征，但这些特征综合起来就能定义我们看到的物体。它们是知觉的基本结构单元。

眼中视网膜上的光感受器细胞，将物理世界中不同物体所反射的光能（**光子**，photons）转化成能够在神经通路中传导的电化学信号，光能越多，则信号越多。不同强度的光进入到光感受器的阵列中，因此任意时刻的输入都可以看作一系列数字，每个数字对应一种光强，每个光感受器对应一个数字，就像图 2-6 所示的数字阵列一样。视觉系统自下而上加工的任务就是要从这些与物理世界相对应的数字中提取特征，作为后续加工的基础，这些加工将帮助我们弄清外面的世界中到底有些什么。

732	579	587	72	781	89	582	732	579	587	72	781	89	582
513	472	456	554	469	137	354	513	472	456	554	469	137	354
380	922	848	806	18	210	559	380	922	848	806	18	210	559
964	423	278	549	10	122	867	964	423	278	549	10	122	867
336	338	438	576	419	698	786	336	338	438	576	419	698	786
578	937	649	585	97	210	561	578	937	649	585	97	210	561
433	959	124	949	563	204	26	433	959	124	949	563	204	26
979	333	813	643	872	547	762	979	333	813	643	872	547	762
256	712	203	56	185	86	667	256	712	203	56	185	86	667
313	499	254	82	307	763	285	313	499	254	82	307	763	285
142	521	377	22	16	970	383	142	521	377	22	16	970	383
93	875	232	346	509	852	423	93	875	232	346	509	852	423
311	435	477	319	243	55	205	311	435	477	319	243	55	205
251	544	790	650	888	280	342	251	544	790	650	888	280	342
140	805	494	549	5	487	756	140	805	494	549	5	487	756
984	31	55	525	655	394	929	984	31	55	525	655	394	929
489	785	801	860	429	941	935	489	785	801	860	429	941	935
555	999	108	445	301	429	379	555	999	108	445	301	429	379
861	123	887	760	473	919	41	861	123	887	760	473	919	41
869	418	277	546	33	920	373	869	418	277	546	33	920	373
305	20	497	848	531	638	497	305	20	497	848	531	638	497
730	626	541	885	509	768	647	730	626	541	885	509	768	647
180	212	913	867	747	559	848	180	212	913	867	747	559	848
557	191	92	549	638	757	525	557	191	92	549	638	757	525
616	162	664	954	330	139	327	616	162	664	954	330	139	327

图 2-6　某个场景中每个空间点的亮度值

通过测量眼中一排光感受器的活动得到这样一些亮度值，但是眼睛看到的是什么？回答这个问题需要更多的分析。

3.1.1　点和边缘

如果我们观察**神经节细胞**，就能发现以特征提取为目标的加工过程。神经节细胞是视网膜中的神经元之一，其轴突纤维形成视神经。每个神经节细胞通过一组其他细胞与一系列互相毗邻的光感受器细胞联结。这意味着神经节细胞将只对落在那些光感受器上的光进行反应，因而只对**视野**（visual field）的某一特定区域的光进行反应，视野指当前能够看见的空间范围。如图 2-7 所示，黑色背景中有一个光点，即刺激。这个例子中的感受器在光线明亮的区域以 100 个单位的信号进行反应，而在光线暗淡的区域以 10 个单位的信号进行反应。我们的神经节细胞从位于其感受野（receptive field）的光感受器获得输入，感受野即图的下方有颜色的区域。在视觉中，一个细胞的**感受野**就是**视野**的一个区域，在这个区域里的刺激将影响这个细胞的活动。如果我们刚刚谈论的是对触觉进行反应的细胞，那么感受野就是一块皮肤。

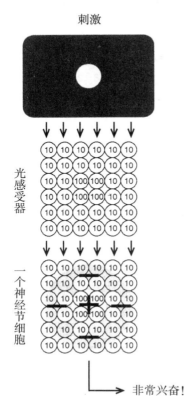

图 2-7　视网膜神经节细胞的分析阶段

上图：这是一个简单的视觉场景——黑色背景中有一个白色亮点，白色亮点就是刺激。中图：一列感受器检测并报告场景中每一部分的光量；10 表示暗区，100 表示亮区（数字为主观赋值）。下图：一个神经节细胞按照中央–周围规则从其感受野内的光感受器接受输入信息，图中用带"–"和"+"的区域来表示中央–周围规则。促进区（"+"）的信号减去抑制区（"–"）的信号得到引发反应的信号值。此例中促进区的信号加起来是 400 个单位，而抑制区信号只能使感受器从中减去约 200 个单位，所以神经节细胞感受到了相当兴奋的刺激。

最重要的是，光感受器到神经节细胞的连接并不完全相同。在感受野某些部位的光会使细胞**兴奋**，即让细胞活跃，而在其他部位的光会**抑制**细胞，使其活性降低。具体来讲，中央区（白）的输入让神经节细胞兴奋，而周围区（黑）的输入让细胞抑制。因为我们让光点落在了兴奋性的中央部位，神经节细胞将会变得特别兴奋。如果中央区受到灰色区的刺激，细胞将不会特别兴奋。如果整个区域都是 100 个单位的亮度，**细胞也不会特别兴奋**，因为中央区的强兴奋会被来自周围区的强抑制所抵消。所以，只有当与中央区一样大的亮点落在中央区时，这个细胞才会出现最强的兴奋。

如果被组织到这些**中央-周围**感受野中的一组光感受器，接收了来自视觉场景图像的边缘的输入，如图 2-8 中亮矩形和暗矩形的交界处，有趣的现象就会发生。假设每个感受野中央的最大刺激产生 10 个单位的兴奋，而周围区的刺激产生 5 个单位的抑制，一个刚好落在正中央的光点将会产生 10 个单位的反应。填满整个感受野的明区（图 2-8 中左半部分）只产生了 5 个单位的兴奋，即浅色的矩形。右半部分是深色的，假设完全没有光落在那里，其兴奋值为 0。现在看一看亮区和暗区的交界处发生了什么。在这里有一个感受野大部分在亮侧，另一个感受野大部分在暗侧。当中央区在亮侧，而一部分周围区落在暗侧时，反应增强，大概有 7 个单位。当中央区在暗侧，而一部分周围区在亮侧时，反应可能会下降到 "比黑暗更暗" 的水平，这里记为 -2 个单位。这样，光感受器的结构和分布就能够加强边缘的对比度。

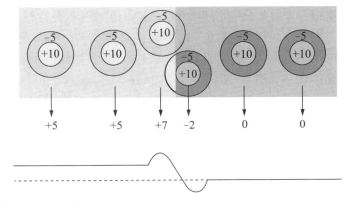

图 2-8 我们如何探测边缘

在两个相邻的一浅一深的矩形图形上标出的神经节细胞的感受野（外周大圆），其兴奋区信号值为 +10，抑制区信号值为 -5。两个矩形相邻的边缘处发生了有趣的反应，图片下方的曲线对应着不同区域的反应总量。

图 2-8 剖析了这一效应，图 2-9 展示了这一效应。灰色区域（条状物或矩形）内部的颜色实际上是一致的，但每个条状物的右侧**看起来**更亮，因为在右侧它与一个更暗的条状物相邻，而暗条的左侧**看起来**更暗。这个现象是由 19 世纪中叶奥地利的物理学家厄恩斯特·马赫（Ernst Mach）发现的（Mach，1863；Ratliff，1965），因此类似于图 2-9 中的条状物被称为**马赫带**。神经节细胞神经元的反应模式可以预测这一知觉现象，神经节细胞的中央−周围结构使我们能够很好地辨识出视觉环境中的边缘线。

图 2-9   马赫带

六个形状一样的矩形相互毗邻，从浅到深地排列。尽管每个矩形内部的灰度是均匀的，但看上去每一个矩形的右边更亮，左边更暗。相邻的矩形导致了这些边缘效应，图 2-8 中神经节细胞的反应模式可以预测这种效应。

3.1.2   信息的舍弃

视觉系统致力于收集特征信息，比如点和边，而不会在没有什么变化发生的区域上花费不必要的精力。这种偏向在克雷克−奥布莱恩−康士维（Craik-O'Brien-Cornsweet）错觉（Cornsweet，1970；Craik，1940；O'Brien，1058）中得到体现，如图 2-10 所示。图 2-10（a）看起来由一个颜色浅一些的矩形和一个颜色深一些的矩形组成，每个矩形都由深到浅逐渐变化。但如果遮住中间的边缘部分，如图 2-10（b）所示，我们发现两个矩形大部分的灰度是相同的。事实上，视觉系统找到中间的明暗边缘，做了一个并非不合理的假设：在边缘较亮一侧的矩形比在边缘较暗一侧的矩形的颜色更浅。因为边缘信息对确定物体的形状和提供指导行为的线索很重要，所以视觉系统善于辨认边缘是很有意义的。舍弃有关空间中每一处光强的信息（这些信息会让你发现图形的左右两端具有相同灰度），这种现象的存在证明视知觉通过忽略一些信息来有效地提取视觉特征。

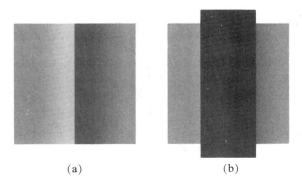

（a）　　　　　　　　（b）

图 2-10　克雷克-奥布莱恩-康士维错觉

（a）一个灰色矩形的中央有一道特殊的分界线。这个矩形看上去被划分成一个左侧较浅的矩形和一个右侧较深的矩形。如果你仔细看，你会发现这两个区域各自的灰度并不均匀。两个区的色度都在渐变，导致中央产生由浅到深的明显跳跃。（b）图与（a）相同，只是中央区被一个黑色矩形遮盖。现在你会发现两个灰色区的亮度一样。把你的手指放到（a）图的中间试试看，你同样会看到这种错觉。

　　人类的视觉系统非常细致地加工输入信息，但不是视野中的每一部分都会得到如此细致的加工，某些部分的信息会被舍弃。例如，当你阅读时，你把目光指向一个又一个的单词，聚焦于书页上一连串的点。当你这样做的时候，单词的表象落在**中央凹**上。中央凹是视网膜的一部分，它接收众多具有微型感受野的神经节细胞送来的信息，每个感受野有时如此之小，以至于它的整个中央区仅接收来自一个光感受器的输入信息。这样的结果使这个区域具有很强的分辨能力，能够知觉到精确的细节（例比，辨别不规则曲线是字母还是数字）。在注视点之外，离注视点越远，感受野就越大，所以数百个感受器可能合并成一个感受野中心。这些大型感受野不能加工精确细节，因此你不能加工那部分视野中的详细信息。看以下排列中的字母"A"：

A　B　C　D　E　F　G　H　I　J

　　如果不把你的注视点从"A"向后移动，你能看到多少字母？如果你声称能看到"E"或"F"以后的字母，你就很可能作弊了。为什么我们要丢弃所有这些信息？因为它们会造成浪费：你的脑显然不能以视网膜中央凹处的精细分辨率来加工整个图像。

3.1.3　对特征的神经加工

连接神经节细胞和脑的是视神经，它们在进入脑前相遇形成**视交叉**

（optic chiasm），这个名称源于希腊字母"χ"（或 chi）的形状。来自各条视神经的一些纤维在这里交叉，通往对侧脑半球中，将来自每只眼睛左视野的信息发送到右半球，右视野的信息发送到左半球。多条通路将信息运送到外侧膝状体，再从那里送往初级视皮质。

在初级视皮质，整个视野的范围遍布皮质表面。位于初级视皮质（V1），即纹状皮质中的细胞，对朝向、动作和颜色等基本特征的变化做出反应。V1 的输出信息通过背侧或腹侧通路传送到其他的视觉区域，这些区域可以统称为纹状体外皮质（分别是 V2、V3、V4 等）。纹外皮质包括一些细胞已经专门化的区域，它们对基本特征和更复杂的表征（例如，面孔）进行深入加工。

神经元在皮质纵深以及皮质表面按功能进行组织。视皮质被划分成一个个**超柱**（hypercolumn），它们是表面积约 1 毫米×2 毫米，厚约 4 毫米的脑组织。一个超柱上的所有细胞将会被视野中的一小部分刺激激活。相邻超柱的细胞将会对视空间邻区的输入进行反应。相比对视野的外围部分进行的粗略加工，更多的超柱参与了对中央凹的输入信息的精细加工。超柱内有进一步的组织，在这里细胞按照对视觉特征的特定方面（例如，特定方向的边缘）的敏感度进行排序。因此，如果超柱内对边缘朝向敏感的某个细胞对垂直线条的反应最强烈，与它相邻的一个细胞将会对略微偏离垂直方向的线条反应最强烈，而再旁边的一个细胞则对倾斜程度更大一些的线条反应最强。

为理解神经加工的精确性，有必要对朝向反应进行更深入的探讨。我们对朝向的变化非常敏感。在良好的观察条件下（好的光线、视野无障碍），我们能轻易分辨出垂直线条和倾斜了 1 度的线条，这是否意味着每一个超柱需要 180 个或更多的精确的方位探测神经元，从而保证从垂直方向经过水平方向（90 度）并继续倾斜，直到再次处于垂直方向（180 度）的过程中，每偏离 1 度至少有一个神经元专门负责探测其方位的变化？（想想表盘上的秒针从 0 走到 30 秒经过的轨迹）答案是不需要，视觉系统似乎以另一种方式在运作。单个神经元可以对相当大范围内的朝向进行反应：一个神经元可能对向左偏离垂直方向 15 度的线条反应强烈，**同时**也对垂直方向的线条和向左偏离 30 度的线条反应。对线条朝向的精确评估是通过比较**一群**神经元的活动来实现的。因此，为了便于说明，可以简单地说，如果一些神经元对向左倾斜 15 度的线条反应最强，而另一些神经元对向右倾斜等量角度的线条反应最强，那么能够等量地刺激这两组神经元的线条就会被知觉为垂直线条。

　　我们如何知道视觉系统正是这样运作的呢？证明神经元具有不同朝向偏好的一个方法是，将你的目光定位在倾斜度相同的一组线条上，这样会很快使某些神经元极度疲劳。假设"垂直"被定义为对左偏和右偏敏感的神经元群的等量输出，再假设我们使右偏的神经元感到疲劳，那么现在垂直的线条看起来就有点向左倾斜了。这些垂直的线条，正常情况下本来可以引起感知左右倾斜的神经元产生等量的兴奋，这时却引起感知左偏的神经元更大的活动，因为感知右偏的神经元已经疲劳。左侧和右侧对比的结果偏向了左侧，导致我们将垂直线条知觉为左倾线条。朝向知觉的这种偏向被称为**倾斜后效**（tilt aftereffect）（图 2-11），你自己也可以试一下。在颜色、大小和运动方向（最不可思议）的知觉上都存在类似的效应。所有情况的原理都是一样的：特征值由两个或多个具有不同敏感度的神经元群的反应强度的对比结果决定。如果你改变那些对比中的神经元群的相对反应强度，你就改变了对特征的知觉。

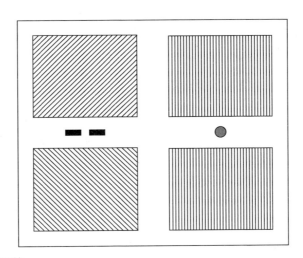

图 2-11　倾斜后效

　　首先，请注意右侧的两幅图案是一样的，都是垂直的线条。现在，依次盯着左边两个图案之间的黑条，让目光慢慢地在两个黑条之间来回移动 20 次，使你的视神经元适应左边的两个图案。然后立即将你的目光移到右侧两个图案之间的圆圈上。注意现在它们看起来不再是完全垂直的，而是有一些倾斜。你看到的这种错觉的倾斜与你之前适应的倾斜方向相反，因此上图看起来向左偏，而下图看起来向右偏。

　　V5（也称 MT，即颞中叶视区）是运动探测区，它位于纹外皮质的外侧

（Dubner & Zeki，1971），这个区域的细胞对朝着某个方向运动（例如，向上或向下，靠近或远离观察者）的物体发生反应。我们是如何知道这个区域是负责运动表征和加工的关键脑区的呢？对这个区域的经颅磁刺激（TMS，见第 1 章）研究发现，刺激该区能暂时地阻止人们看见动作，或诱使人们看见并未发生的动作（Beckers & Homberg，1992；Becker & Zeki，1995；Cowey & Walsh，2000）。另外，这个区域的损伤会导致**运动失认症**（akinetopsia），也叫运动盲视——不能看到物体的移动（Zihl et al.，1983）。运动失认证患者报告说，他们知觉到一系列静止的图像。他们难以对移动的物体做出决断：那辆车什么时候会从我身边经过？我什么时候应该停止往玻璃杯中倒水？

　　另一些 TMS 研究发现了专门负责颜色知觉的区域，而且位于纹外皮质的这个特定区域（V4）的损伤会导致**全色盲**（achromatopsia），又称皮质色盲（Zeki，1990）——所有的颜色视觉都丢失了，整个世界看起来是不同程度的灰色。全色盲与眼球损伤或视神经损伤而导致的失明有所不同，前者甚至会导致个体丧失对颜色的记忆。

　　这些特定区域的存在说明知觉始于将视觉场景拆分成各个特征，并对这些特征进行独立的加工。

3.2　整合：什么重要，什么不重要

　　我们在前面提到，世界看起来并不是一个亮度值的集合（图 2-6），也不是诸如朝向、运动等视觉特征的集合，我们看见的是由物体和表面组成的世界。那些被知觉到的物体和表面代表了我们对正看到的特定视觉属性的意义的最佳猜测。我们推断视觉世界的内容的复杂过程受一系列规则的制约，接下来我们将举例说明这些规则。

3.2.1　分组原则

　　一开始，系统必须决定把哪些特征放在一起（Gerlach et al.，2005）。什么特征是同一个物体或表面的一部分？20 世纪早期，被统称为格式塔心理学家（Gestalt 在德文中意为"形式"或"形状"）的德国研究者们开始揭示一些**分组原则**（grouping principles），它指导着视觉系统，使我们产生什么和什么在一起的知觉。图 2-12 提供了一些例子：图 2-12（a）是大小相同、分布均匀的 4×4 点阵；在图 2-12（b）中，根据分组原则中最基本的**邻近**（proximity）原则，这些点被分成四行，因为在其他条件相同的情况下，相比那些离得更远的点，靠得更近的点更可能被分为一组，即被知觉

为一个整体（Chen & Wang，2002；Kubovy & Wagemans，1995；Kubovy et al.，1998）；图 2-12（c）显示了并非所有元素都同时出现的情况。此处，**一致连通性**（uniform connectedness）原则胜过了邻近效应，形成了垂直方向的组织形式。其他的原则，如图 2-12（d）—（f）所示，包含了来自拓扑学的属性［例如，一个物体中间是否有"洞"（Chen et al.，2002）］。

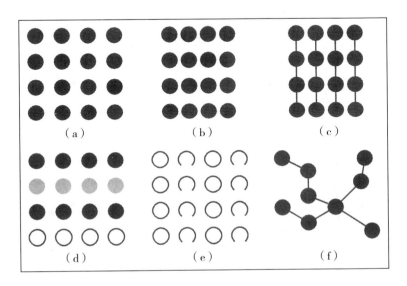

图 2-12　邻近性分组和相似性分组

（a）由完全一致的、等距分布的点构成的 4×4 矩阵。（b）相比垂直方向的点，水平方向的点更接近，因此根据**邻近**原则被分成四行。（c）被连接的点根据**一致连通性**原则被分成四列，其一致连通性超过了邻近性。（d）根据颜色或其他属性（比如空心圆）的**相似性**被分成四行。（e）根据**闭合性**或**线条终点**被分成四列。（f）根据**良好连续性**被分成两段交叉线条，就像地铁线路图上的站点分布。

在图 2-13（a）中部，你能看到一个由线段组合而成的土豆形状的环。为什么是这些线条组合到一起，而不是其他的线条？这里用到了**共线性**（colinearity）原则：当相邻的线条朝向接近时则被划分为一组，共线性是**关联性**（relatability）的一个特例（Kellman & Shipley，1991）。图 2-13（b）展示了关联性的基本思想，如果线条 1 是某条延伸的轮廓线的一部分，邻近的哪条线最可能成为同一轮廓的一部分？线条 3 是一个好的选项，线条 2 和 4 貌似也有可能，线条 5 则不可能。探测图中每条线段走向的神经元，同样也负责计算这些线段延伸到图像邻近部分的可能性。图 2-13（a）中的土豆就是这些特征检测器的计算结果。线段分组将那些可能属于同一轮廓的各个部分联结起来，帮助我们从关于局部边缘的信息转向关于客体形状的信息。

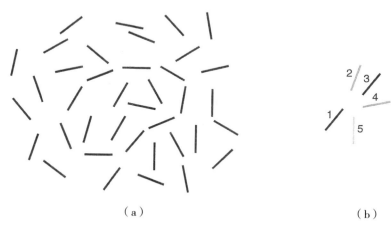

（a）　　　　　　　　　　　　（b）

图 2-13　共线性分组和相关性分组

（a）这些零散排列的线条中有一些组成了一个土豆形状的图案：如果线条之间的方向接近（**共线性**），或者线条之间容易相互连接（**关联性**），它们就被分为一组。（b）如果线条 1 是某个延伸的轮廓的一部分，那么另外几个条线中哪一个有可能也是这个轮廓的一部分？

3.2.2　填补空白

就算物体只有一些部分可见，分组原则照样站得住脚，这对从现实世界刺激的混乱状态中寻求意义很有帮助。借助恰当的线索，根本不存在的事物可以被解释为存在但被隐藏起来——这对我们对物体的知觉和识别来说，是一个巨大的差别。图 2-14（a）显示的是一些显然并不连续的形状的混合体。当在它们之间画上横条时，如图 2-14（b）所示，这些形状就结合成为可识别的形状（Bregman，1981）。单就形状的边缘而言，并没有足够的关联性指导它们应该如何联结，但一旦加上横条，就可能出现新的解释。横条让 2-14（a）中的白色区域被知觉为隐藏的，或**被遮挡的**（occluded）元素，而不是图片的空白部分。在这些额外信息的帮助下，可见边缘变得具有关联性，这些形状可以被推断为更大的物体的可见部分。这个例子说明，即使没有获得全面的信息，知觉加工也能帮助我们填补空白，从而推断出一个连续的视觉世界。

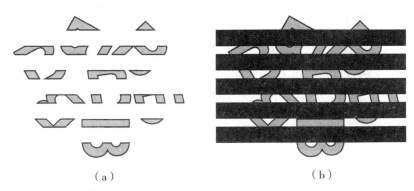

（a） （b）

图 2-14 各部件的整合

（a）没有明显意义的形状和部件。（b）同样的刺激被黑色横条"遮挡"。现在能看出一些形状来（"B"），因为你能够将各部件连接起来。

[Adapted from Bregman, A. S. (1981) Asking the "what for" question in auditory perception. In Michael Kubovy, James R. Pomerantz (eds). *Perceptual Organization*. Mahwah, NJ: Lawrence Erlbaum Associates, pp. 99-118. 经允许重印]

这样的加工同样也能引导我们看见那些实际上并不存在的事物。如果将一个黑色矩形放在图 2-15（a）中的两个白色矩形中间，我们就会推测只有一条白色横条，它的中间部分被黑色矩形遮挡住了［图 2-15（b）］。为什么我们的脑会进行这样的加工？因为不太可能是两个白色矩形和一个黑色矩形刚好排成一排组成了图 2-15（b），而更可能是一个图形表面（黑色矩形）遮盖在另一个图形表面（假设的白色长条）上（Shimojo et al., 1998）。

在图 2-15（c）中，情况变得越发有趣：两个白色矩形的开口端暗示它被一个看不见的白色表面所遮挡。如果我们能得到更多关于这个白色表面的证据，正如图 2-15（d）所示，我们就能看见这个白色矩形，尽管这里并不存在实际的物理轮廓。这个看不见的表面的边线被称作**主观轮廓**（subjective contour）或**错觉轮廓**（illusory contour），即实际上并不存在，但被视觉系统补充出来的轮廓（Kanizsa，1979）。四个矩形和四条线出现在同一个地方，并且精准地排列是不大可能的，更有可能的是他们被一个位于前方的图形遮住了，知觉加工选择更有可能的解释。你看到的错觉轮廓就是知觉加工的产物，通过填补缺失信息，脑提供了感觉刺激中并不存在的相关信息。

神经科学的研究已经揭示出填补缺失轮廓的机制：初级视皮质中的神经元对感觉世界中边线的位置和朝向进行反应；对不同朝向线条起反应的不同神经元之间的联结，让它们能够对输入信息进行比较；通过一些简单的回路，对实际边线进行反应的神经元诱发了相邻神经元的反应（Francis &

Grossberg，1996）；最终的结果是神经元以一种类似于它们对同一位置上的真实线条进行反应的方式对错觉轮廓进行反应（Bakin et al.，2000；Grosof et al.，1993；Sugita，1999）。初级视皮质中相邻神经元之间的交互作用促进了对错觉轮廓的知觉，对环境中零星线索的知觉建构形成了信息加工的最早期阶段。

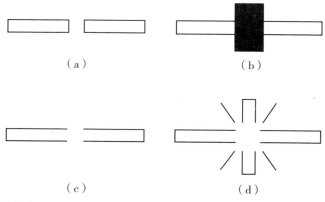

图 2-15　错觉轮廓

（a）两个白色矩形。（b）增加了一个黑色矩形。现在知觉解释发生了改变，图形看起来像是一条长的白色矩形而不是两个短的白色矩形，黑色矩形遮挡了白色长条的一部分。（c）具有开放端的两个白色矩形。类似地，它也可以解释为被看不见的形状部分遮挡的一个白色长条。（d）随着更多线条的增加，那个看不见的矩形能够被看见了：你看见了一个"主观的"或"错觉的"轮廓。

3.2.3　捆绑问题

目前为止，我们讨论过的例子都是关于同种特征的分组——线条 1 是否与线条 2 相配？如果我们需要决定线条 1 是否与颜色 A 相配时，又会发生什么？这就涉及**捆绑问题**（binding problem），即我们如何把不同的特征（譬如形状、颜色和朝向）联系起来，以感知某个单独的客体？捆绑问题出现的原因部分是由于脑进行信息加工的方式：一个系统分析颜色，一个系统分析形状，另一个系统分析运动。我们是如何合并这些信息，从而能看见一个红色的球在空中飞过的？部分答案在于，空间位置可以充当所需的"胶水"。如果圆形、红色和特定的运动同时占据了空间中的同一点，那么它们理应被捆绑在一起。可是，这种简单的空间同现的功用具有局限性。在图 2-16 中，寻找白色竖条（或灰色横条）并不是一件容易的事，直到你注意到图中的独特的"加号"，你才能辨别灰色部分是否是竖直的（Wolfe et al.，1990）。尽管很多分组过程能在视野中同时进行，但其中一些过程，特别是将同一客体不同种类的特征捆绑在一起的加工，需要注意的参与（Treisman，1996）。

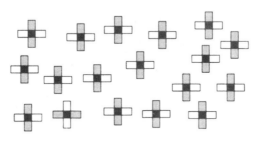

图 2-16　特征捆绑问题

从图中找出白色竖条（或灰色横条）。图中所有十字形都由灰色或白色的横条和竖条构成，你需要依次注意每个十字形才能确定灰色的是横条还是竖条。

理解测验

1. 视知觉的基本结构单元是什么？
2. 脑进行特征整合时遵循什么原则？

4. 视觉识别的实现：我以前见过你吗？

光有视觉信息并不足以理解整个世界。特修斯之熊就是识别问题的代表，它需要把当前的视觉信息（大的、圆的、黑的、边缘粗糙的）与相关知识进行比较（以前见过的一个物体具有特定的形状和颜色，而灌木丛是另一种形状，另一种颜色）。**再认**（recognition）是把经过组织的感觉输入与记忆中存储的表征相匹配的加工过程。我们要确定外部世界中有什么，如果是熊的话就要做出安全有效的反应，这个过程取决于在眼睛的即时输入与记忆中存储的信息之间找到关联的能力。

4.1　没有识别功能的脑

大多数时候，我们不会思考识别物体意味着什么。正常视力的人观察一个房间，看见椅子、桌子、书本，可能还有装饰物，并清楚地知道这些东西是什么，整个过程迅速且毫不费力。盲人通过触摸和声音来识别物体，物体识别不局限于特定的感觉通道。但有一些感觉功能完全正常的人却不能很好地识别周围的物体，这种情况被称为**失认症**（agnosia，字面意思为"没有知识"），它由脑损伤导致，但感觉器官完好。如果视力无损却不能识别，那么这种缺陷就叫作**视觉失认症**（visual agnosia），下面我们以病人乔恩（John）的例子来阐释视觉失认症的原因和症状。

乔恩在英国长大，曾经是"二战"的飞行员。战争结束后，他结了婚并供职于一家生产窗户的公司，一段时间之后成为这家公司欧洲市场部的主管。在接受了一次阑尾穿孔的紧急手术后，他中风了：一个小血块流动到脑中，堵塞了为枕叶组织供血的动脉。中风以后，尽管他能够很好地认出周围物体的形状并在房间里穿行，却无法识别这些物体。他不知道这些物体的名称和用途，无法阅读。即使从手术中恢复并回到家里后，他仍然没有完全恢复识别物体的能力，他甚至无法认出自己的妻子。

当给乔恩展示一个胡萝卜的线条画［图 2-17（a）］时，他说："我完全不知道它是什么，它的下半部分看起来是实心的，另一端看起来则轻飘飘的。它看起来不合逻辑，除非它是某种刷子。"当给他展示一个洋葱的线条画［图 2-17（b）］时，他说："我现在完全糊涂了……它的底部有像叉子一样锋利的部分，它可能是某种项链。"看了一系列这类线条画后，乔恩识别出的物体不到一半。相比线条画，他对真实物体命名的能力要好一些，但也只能正确命名其中三分之二的物体，尽管它们都是一些很常见的物体，

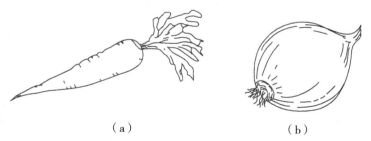

（a）　　　　　　　　　　（b）

图 2-17　你知道这些是什么吗?

视觉失认症患者不能确认这些线条画的是什么。

［Huttenlocher, P. R.（1993）. Morphometric study of human cerebral cortex development. Chapter in M. H. Johnson（ed.）. *Brain Development and Cognition*. Basil Blackwell Ltd. Oxford, UK, pp. 112-124. 经允许重印］

例如书本、苹果。如果让他通过触摸来给这些物体命名，乔恩的识别成绩会好很多。这说明他在理解物体或者说出物体的名称方面并没有一般障碍，而只是具有选择性的视觉识别障碍。

乔恩的例子有一个值得关注的方面，就是他在探测特征或特征组方面没有困难。从他上述的描述中可见，他能准确地看出诸如尖端的边线和形状等特征。而且，他还相当善于描摹图片，甚至能画出记忆中的物体（尽管他不能识别画的是什么）。自中风以后，他就不能处理可以提取出来的、组织过的视觉信息，也不能把它们与自己对物体的视觉记忆进行匹配。视觉失认症的这种选择性障碍说明，至少有一部分视觉识别的加工过程不同于视觉特征的提取或组织过程。

4.2 识别的模型

当我们在周围四处走动时，识别物体看上去很容易。但即使是对健全的脑来说，识别也绝不是一种微不足道的活动。对于最高级的计算机程序而言，这也是一个极其困难的任务。有关开发电脑识别系统和模型的研究，在过去的 20 年中大大促进了我们对人类识别系统的理解。

无论是计算机还是脑，在试图识别物体时都面临很大的挑战。一个挑战是**视点依赖**（viewpoint dependence）：同一个物体可以从无数个可能的角度和距离观察，每一次物体都在平面上（也就是在视网膜上）投射出在尺寸或朝向（或两者皆有）上略有不同的二维图像。识别从不同角度观察到的物体面临一个独特的挑战：在旋转的过程中，**每一个三维部分**（例如，椅子的椅面和几条腿）的二维投射图像在大小、外观和方位上都在发生变化（图 2-18），但我们仍很容易识别出它是一把椅子。这一挑战与我们前面讨论过的一个知觉的基本问题很相似，即感觉输入并未包含足够的信息。从任何一个视点可获取的全部信息都是二维的投射，那么我们是如何确定物体的三维结构的呢？

于是，这里存在一个**范例变异**（exemplar variation）的挑战：每一个物体类别都有许多不同的实例（图 2-18 中的椅子不是世界上唯一的一把椅子）。任何物体类别都由许多可能的实例组成，但我们很容易识别出餐椅、沙滩椅、办公椅和摇椅都是椅子。这一挑战与之前讨论的另一基本问题非常相似，即感觉输入包含的信息太多。计算机（和我们）是如何处理如此丰富的信息的？一种方法是把椅子的每个视角和每个实例都存储为一个独立表征，但这会使我们难以把对物体的感知推广到新的视角或实例中。另一种方法是通过确定物体的显著特征和深层结构（即"椅子"的区分性特征）来利用规律和冗余信息，从而能够有效地将感觉输入与存储的物体表征进行匹配。怎样设计计算机系统才能应对识别的挑战？对这个问题的了解能帮助我们理解人脑是如何完成这一了不起的任务的。

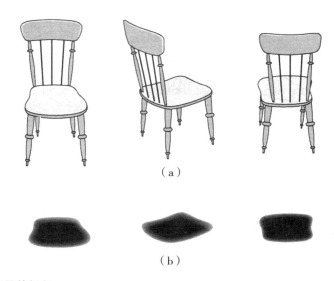

（a）

（b）

图 2-18　不同的视角

（a）从不同角度观察一把普通椅子时投射在视网膜上的图像，其部件的大小和形状不同。（b）三个黑影看上去不尽相同，但它们是（a）中椅子的同一个椅座部位，椅座在每一个观察角度投射出大相径庭的形状图像。为了识别出这把椅子就是另一个角度观察的同一把椅子，我们必须忽略这些图像的变化，提取出物体的三维形状。

　　研究者提出了四种模型，每一种都以不同的途径应对物体识别的挑战。**模板匹配模型**（template-matching model）将整个图像与整个物体的一个存储的表征进行匹配。**特征匹配模型**（feature-matching model）从图像中提取重要的或区分性的特征，并将它们与物体的已知特征进行匹配。**成分识别模型**（recognition-by-components model）通过明确物体的各个部分及各个部分之间的空间关系来表征物体的三维结构。**完形模型**（configural model）根据实例与原型物体之间的差异对每一个实例进行编码，从而区分那些拥有相同基本部分和整体结构的物体。每一个模型拥有各自的优势和劣势，因而适合解释某些物体的识别，而不能解释另一些物体的识别。人类的识别系统完全有可能采用多重表征和加工模式，这样就能一定程度上有效地加工不同类型的物体。

4.2.1　模板匹配模型

模板（template）就是模式，就像做饼干的模子或镂有图案的模板，可以用来把单个事物和标准进行比较。一炉饼干可以和饼干模子进行比较，有破损的饼干被扔掉（或被立即吃掉），因为它与特定饼干模子的细节不匹配。只要待识别的物体与系统用于比较的模板几乎一样，并与其他物体不同，这个最初提出的模板匹配法就是简单明了而且有效的。但是，建立在传统的模板观点基础上的模型不能包容物体在大小或方向上的变式，这些变式正如我们在前面看到的，经常出现在日常生活中。模板可能会拒绝这些看起来不同的版本。

不过，现代计算机程序中使用的模板匹配模型更加复杂和灵活。这些模型对扫描后的图像进行调整，通过大小调试、旋转、拉伸或弯曲等方式，提供一种能够匹配模板的最佳视图。模板匹配方法被用以识别条形码和指纹，当需要识别的客体得到了翔实的说明而与众不同时，模板匹配是一种迅速而可靠的方法。

这也是计算机通常的工作方式。同样地，对人类和其他动物而言，记忆中的物体表征能被当作模板，来匹配那些感觉输入，以进行物体识别。理论上，你能够识别字母表中的字母，就是通过将看到的形状与记忆中字母表中每个字母的形状相比较，直到匹配成功的结果［图 2-19（a）］。这种方法对印刷文本非常有效，因为尽管印刷字体有所不同，但每一个字母的形状都有其特征性的设计，每次这个字母出现时，这种特征性的设计都是一样的。但模板匹配法的主要的缺点是，识别通常需要巨大的灵活性——想一想不同的人在不同的场合下千变万化的手写体字母。刻板的模板不可能可靠地匹配每一个人手写的"A"——有时是匆忙中的潦草涂抹，有时是仔细的描画［图 2-19（b）］。一些用来识别手写体的计算机程序使用了灵活的模板，这些模板的算法考虑了多种因素，比如钢笔笔画的方向和词语的上下文背景。另一些模板具有更进一步的灵活性，这些模板由一些分等级的成分性模板构成，每一个成分性模板用于探测模式的相关部分。计算机使用灵活的分等级的模板，通过眼睛虹膜里独特的模式来识别不同的人（Daugman，1993）。我们尚不清楚的是，人脑是否（或在什么情况下）使用存储的表征作为模板来识别物体。

（a）"A"的模板

待识别字母

模板与打印字母的重叠

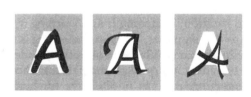

（b）"A"的模板与"A"的手写体的重叠

图2-19　物体识别的模板匹配模型

（a）识别字母"A"的一个可能模板。（b）第一行显示了待识别的印刷体字母。第二行是每个印刷体字母与模板的重叠，请注意模板和字母"A"刚好重叠，而其他字母与这个模板不匹配。而当使用相同模板来识别手写字母时，尽管三个都是字母"A"，但匹配并不理想。

4.2.2　特征匹配模型

在有些情况下，精确识别并不需要对整个物体进行充分说明，而只需要指定一些区分性的"特征"。请注意我们这里使用的**特征**（features）这一术语，相比之前在讨论边缘和颜色时，它的含义更广泛，可以意指将此物与彼物相区分的任何属性。你如何知道你看到的是一棵树呢？你并不知道枝丫的确切分布和树干的大小粗细，但那并不重要：如果你能确定它拥有两样特征——枝丫和树干，那么你就知道了这是棵树。

　　特征匹配模型搜寻物体简单而独有的特征，这些特征的存在意味着匹配。这些模型中的特征由什么构成？这要看物体的类型。视觉分析的第一阶段是探测边缘和颜色，一些模型使用这些简单的属性作为特征：特征匹配模型能够根据一些有限的特征来识别印刷体，即不同方向和角度的笔画线段。字母"A"就具备这样的三个特征：一条向右倾斜的线段、一条向左倾斜的线段和一条水平线段，罗马字母表中没有别的字母同时具备这些特征。特征匹配模型只要能够探测到这些线段（而且仅探测这些线段），字母"A"就能得到准确的识别（Selfridge，1955，1959）。另外一些模型需要探测更复杂的特征，比如用于面孔识别的模型以眼睛、鼻子和嘴巴作为特征，用于动物识别的模型以头部、躯干、四肢和尾巴作为特征。特征匹配模型比模板匹配模型更加灵活，因为只要特征存在，模型就能起作用，即使是物体的有些部位可能被重组了。另外，相比模板匹配模型，特征匹配模型可能需要更少的存储空间，因为相对而言少数几个特征就能识别出同类别的许多不同物体。

　　特征匹配的加工方式符合平行（即同时发生）和分布式（即发生在不同的神经区域）信息加工的观点。脑是由相互联结的神经元构成的网络，紧密相互作用的各个成分组织在一个并不严格的等级结构中。研究者使用这样的结构（见第 1 章的神经网络模型，图 1-13）建立起字母和单词识别的特征匹配模型，如图 2-20 中展示的模型。这个模型用一组简单的加工元素来模仿识别过程，这些加工元素即神经网络模型的单元，它们通过兴奋性联结或抑制性联结相互作用：兴奋性联结促进单元的活动，抑制性联结降低单元的活动。在字母识别模型中，表征不同线段的单元与处在上一级水平的表征字母的单元相连。如果字母具备了某条线段的特征，该联结就产生兴奋，否则就产生抑制。如果字母"A"呈现在该网络中，表征右倾、左倾和水平线段的单元就将被激活，然后进一步激活那些具备这些特征的字母水平的单元。一些字母单元没有超出 A 的特征，但是缺少某些"A"的特征（例如，"V"和"X"都没有水平线段），那么这些字母单元只得到部分激活。另一些字母单元具备了"A"的一些特征，但还拥有另一个特征（例如，"K"和"Y"都有两条倾斜的线段，但还有一条垂直的线段），这些字母单元也只得到部分激活。只有符合所有特征的字母表征才会得到最大的激活，得以继续影响网络中更上一级水平的识别。在这一级水平上，表征单个字母的单元使表征词语的单元兴奋或抑制。通过在一个交互作用的、分布式的网络中表征那些特征，这类模型能识别出拥有特定特征的任何物体。

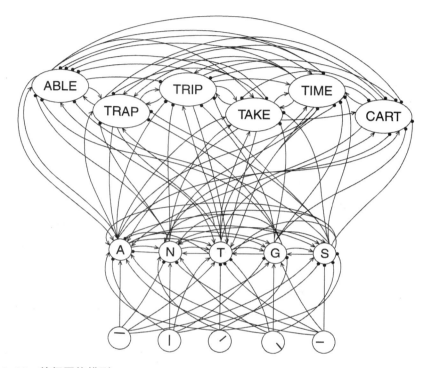

图 2-20　特征网络模型

　　每个环都是模型的一个单元，与大脑中的神经元群相对应。单元之间的连线显示了单元之间的联结，联结有兴奋性的（**箭头**）也有抑制性的（**点线**）。呈现给这个网络的刺激使底排的特征水平单元兴奋，这影响了字母单元的活动（中排），并进一步影响单词单元（上排）。

[Revised from Rumelhart, D. E., McClelland, J. L. (1987). *Parallel Distributed Processing: Explorations in the Microstructure of Cognition, Vol. 1*: Foundations. The MIT Press; Cambridge, MA. 经允许重印]

　　如果特征匹配模型要成为物体识别过程的一种合理解释，那么神经元或神经元群必须对输入信息中与模型中的特征相似的那部分进行选择性的激活。尽管许多证据（见随后的**深度观察**专栏）显示，视皮质中的神经元对特定朝向和弯曲度的线条有选择性地激活（Ferster & Miller，2000；Hubel & Wiesel，1959），但我们不知道是否有神经元对字母或单词进行选择性的激活。另外一些特征也能引发神经元的选择性激活，比如颜色、大小、质地和形状（Desimone et al.，1984；Tanaka et al.，1991）。神经元甚至表现出对物体特定部分构成特征的选择性激活，如对面部的眼睛选择性地激活（Perrett et al.，1982）。而且随着经验的积累，神经元对物体特定特征的选择性功能会越来越强。有研究者训练动物对物体进行分类（例如，判断一个物体是——用人类的语言来说——一只狗还是一只猫），发现动物的神经元群对最有助于分类的特征（例如，长脖子和短尾巴）的选择性增强（Freedman et al.，2001，2002）。

深度观察

脑中的视觉特征检测器

　　限于篇幅，我们不能详细描述每一项实验研究，为帮助大家了解相关实验的逻辑，我们将详细介绍正文中引用的一项研究。这是由大卫·胡贝尔（David Hubel）和托尔斯腾·威塞尔（Torsten Wiesel）完成的一项题为"猫的纹状体皮质中单个神经元的感受野"的开拓性的实验研究（Receptive Fields of Single Neurons in the Cat's Striate Cortex，*Journal of Physiology*，1959，148，574-591），此文是1981年诺贝尔生理学或医学奖的部分成果之一。

　　研究简介

　　研究者感兴趣的问题是：枕叶皮质的神经元是怎样负责视知觉的加工过程的？什么类型的物体使神经元起反应？神经元又是如何组织的？

　　研究方法

　　为了测试单个神经元的反应，研究者将一个电极植入被麻醉的猫的枕叶神经元中。通过记录电极的电压变化，研究者记录到每一个神经元的活动，并能够确定神经元何时发生反应。为了测试神经元会对哪些类型的物体起反应，研究者让猫观看大投影屏幕上闪亮的光点。以往研究采用这种方法成功激发了眼睛里光感受器和神经节细胞的特定反应，并详细描绘出它们的感受野。本研究采用了相同的方法，但记录的是枕部初级视皮质的反应。

　　研究结果

　　不同于光感受器和神经节细胞，猫的初级视皮质的大多数神经元对光点的反应不太强烈，漫射光也不太有效。不过，研究者发现对于特定方向的条形光，神经元的反应要强烈得多。例如，一个神经元可能对水平的光条反应最强，而另一个神经元可能对垂直的光条反应最强。通过对枕叶中许多相邻神经元的测试，研究者发现了神经元反应的一种组织规律。让某一神经元产生最强反应的方向，亦称"偏好"方向，与相邻神经元的偏好方向仅有细微差异。一排相邻神经元的偏好方向系统地变化，从而可以感知所有的方向。

讨论

初级视皮质的神经元对不同方向的光条产生反应，说明相对光感受器或神经节细胞，它们对视觉世界的分析更加复杂精细。这些皮质神经细胞能够探测线条，因而可能也负责探测物体的边缘或轮廓。

神经元对一系列不同特征具有选择性，这个事实说明识别必需的特定特征可能会随当前任务需要的精确程度发生变化。在特修斯描述的高情绪唤醒状态（"在黑暗中，想象着一些危险"）下，一个粗略的圆形轮廓足以使我们"识别"出一头熊。我们是否使用特征匹配而不使用模板匹配，可能也取决于视觉能见度、物体与标准或传统范例的近似程度等因素。例如，知更鸟具有标准的鸟类外形，可能通过模板得到识别；而一只鸸鹋不具备典型的鸟类外形，因而可能通过特征匹配得到识别（Kosslyn & Chabris，1990；Laeng et al.，1990）。因此特征匹配可能是脑用来识别一类物体的机制，而不是识别个别物体的机制。

早期特征模型的主要问题在于不能区分那些具备相同特征成分，但特征成分以不同的空间关系排列的物体，例如字母"V"和"X"。不过，现代计算机模型不仅对物体的特征进行编码，也对特征的空间关系进行编码。因此，"V"的表征可能包含两条线段在底部顶点相遇后的终结，而"X"的表征可能包括交叉属性。这些更加灵活的模型相当成功地识别了特定类别的物体，比如二维的手写字母和单词。一些模型甚至可以识别来自特定种类的三维物体的实例，比如从一系列有限的角度观察到的面孔。

4.2.3　成分识别模型

尽管模板和简单特征能够解释二维物体的识别过程，但它们并不适宜解释我们怎样从不同的视角识别三维物体，或者怎样识别同类物体的不同实例。也许有关脑如何解决这些问题的一个线索是，我们可以根据物体的部件和部件之间的空间关系来描述物体（Cave & Kosslyn，1993；Laeng et al.，1999），许多物体的功用都建立在各部件正确组合的基础上（图 2-21）。要解释我们怎样识别真实世界中千变万化的物体，需要一个建立在比模板更灵活的基础之上的模型，这个模型与超越特征的结构信息相匹配。

图 2-21　识别、布局和功用

　图中是三种生活用品，它们的旁边是部件相同而布局被打乱的另外三个物体。许多物体的功用都依赖于部件的正确布局。

　　成分识别（recognition-by-components，RBC）模型提供了一种在不同视角下识别三维物体的不同实例的可能方法（Biederman，1987）。这个模型假设，任何三维物体都能根据部件和部件之间的空间关系进行描述。当前的模型提出，一套 24 个三维的几何形状（例如，圆柱体和圆锥体）能够表征任何物体，在该模型中，这些形状被称为**几何离子**（geons）〔图 2-22（a）〕（Biederman，1995）。几何离子的空间关系必须得到定义：圆锥体可能在圆柱体的"顶上"或"与它的侧面相连"。几乎任何物体都能用**结构性**

描述来定义，结构性描述就是对物体的不同部件之间的空间关系的描述。比如，一个水桶可以定义为顶端带有弧形提梁的圆筒状物体，一个杯子可以定义为侧面带有弧形握柄的圆筒状物体［图2-22（b）］。RBC模型检测几何离子和它们的空间关系，并将这些部件的组合体与记忆中存储的已知物体的三维表征进行匹配（Hummel & Biederman，1992）。

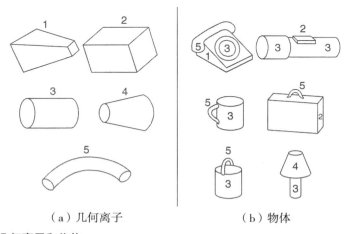

（a）几何离子　　　　　（b）物体

图2-22　几何离子和物体
（a）24个几何离子中的5个。（b）由几何离子组成的物体。
［Biederman，I.（1995）.Visual Object Recognition. In S. M. Kosslyn & D. N. Osherson，*An Invitation to Cognitive Science, Vol. 2: Visual Cognition*. The MIT Press；Cambriage，MA. 经允许重印］

几何离子是描述物体的有效单元，因为它们的属性是视角独立的（与视角依赖相对）。也就是说，无论从哪个角度观察物体，几何离子都在图像之中。视角独立的属性包括直线、角和顶点。比如，矩形的边就是一条直线，无论视角如何变化，它在任意二维视图平面上看起来都是一条直线（例如，图2-18中的椅子腿）。每个几何离子与一组视角独立的属性相联系，这些属性使每个几何离子具有独特性。这样，就算知觉到的物体形状随不同的观察条件整体发生了很大的变化，对它的结构性描述也是不变的。

一些实验证据支持了RBC模型。在一些行为研究中，被试能够轻易识别出由几何离子表现的人造物体，说明这些简化的表征具有一定的有效性。另一些证据来自采用视觉启动任务的研究：当被试第二次看某个物体时，识别速度更快。大体上讲，**启动**（priming）效应是指一个刺激或任务促进对随后的刺激或任务的加工的现象，启动好比"给车轮上润滑油"。欧文·比德曼（Irving Biederman，1995）采用这种技术创造了一些成对的互补图片，图片中物体（例如，一个手电筒）的轮廓部分缺失（图2-23）。每对图片中的图形各自拥有整个物体的一半轮廓，且两个图形没有共同的轮廓。另一对轮廓缺失的图形呈现了相同的物体，但其中的一个样式不同，因此两者拥有不同的几何离子。给被试呈现图形对中的一个，然后要么呈现它的配对图形（由相同的几何离子构成），要么呈现另一个图形对中的一个图形（相同的物体，但由不同几何离子构成）。当两次呈现的图形具有相同的几何离子时，被试对第二个图像的识别更快。

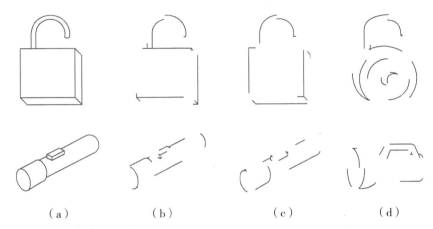

（a）　　　　　（b）　　　　　（c）　　　　　（d）

图 2-23　视觉启动和识别

两种物体的四种状态：（a）完整的；（b）去掉了一半轮廓；（c）去掉了另一半轮廓；（d）由不同几何离子构成的同类物体的另一实例（也被移去了一半轮廓）。被试先看（b）后看（c），比先看（b）后看（d）时更容易识别物体。

[Biederman, I. (1995). Visual Object Recognition. In S. M. Kosslyn & D. N. Osherson, *An Invitation to Cognitive Science, Vol. 2: Visual Cognition*. The MIT Press；Cambriage, MA. 经允许重印]

一些证据显示，颞下（即颞叶底部）皮质对视角独立的属性敏感（Vogel et al.，2001），但是很多神经元只对从少数几个视角观察到的物体有反应，比如只对头部的正面像而不是侧面像有反应（Logothetis et al.，1995；Perrett et al.，1991）。大量神经元不能对所有可能视角观察到的物体做出反应，这似乎与 RBC 模型的预测相互矛盾。另外，尽管 RBC 理论可以用于解释人造物体的识别过程，但它能否用于解释对自然物体（例如，动物或植物）的识别，目前还不甚明了。面孔能很好地说明这个问题。面孔通常包括具有相同空间排列的两只眼睛、一个鼻子和一张嘴。RBC 模型将为**每一张**脸构建出相同的几何离子排列，因此不能探测不同脸之间的个体差异，而这一点我们在辨识人脸时往往能够轻易做到。RBC 模型善于找出使用最频繁的物体的类别名称（杯子、狗），但不善于识别具体的范例（我那个独特的咖啡杯，我邻居家的标准型贵宾犬）。

4.2.4 完形模型

完形模型常常可以弥补 RBC 模型的缺陷。此类模型提出，根据物体各组成部分的空间关系，**以及空间关系偏离原型或"平均"物体的程度**，我们可以识别具有相同部件和结构的物体。完形模型有助于解释怎样识别同类中的不同个例，此类模型在面孔识别领域尤其成功（Diamond & Carey，1986；Rhodes et al.，1987）。

在完形模型中，特定的面孔由其与原型面孔之间的差异决定，原型面孔是对全体面孔的量化平均值。所有面孔都具有相同的构成部分，各部分具有相同的空间排列，但各部分的相对大小和距离的不同使得每个面孔都独一无二。

面孔识别的完形理论得到了一系列证据的支持。例如，相比准确的素描画，我们更善于识别漫画版的名人面孔，后者突出了这些面孔跟平均面孔的差异，这说明我们根据这些差异来编码面孔（Rhodes et al.，1987）。研究还显示，如果让被试先盯着某个特定面孔看，再看一张平均面孔，他们可能会经历短暂的视觉后效：感知到与原来面孔相反的图像（Leopold et al.，2001；Webster & MacLin，1999；Webster et al.，2004；Zhao & Chubb，2001），你可以用图 2-24 亲自尝试。

还有一些证据说明只有正立（upright）面孔以这种特别的方式加工。如果给被试呈现系列面孔和物体的图片，相比各种正立的物体，被试更善于识别正立的面孔；但相比倒立的物体，被试识别倒立面孔的能力更差（Yin，1969）。另有研究显示，倒立面孔与非面孔的物体类似，个体都需要对其各部分逐个进行加工，但日常生活中常见的正立面孔则诱发了更多的完形或整体加工（Young et al.，1987）。当两张正立面孔只有某个元素（例如，鼻子）的形状不同时，被试更善于学习两张正立面孔的差异，而不太善于学习单独呈现的两个鼻子之间的差异（Tanaka & Farah，1993；Tanaka & Sengco，1997）。尽管面孔背景并没有提供关于鼻子形状的附加信息，被试却更善于编码和记忆正立面孔背景中的鼻子形状。然而，使用倒立面孔则没有发现这样的整体加工优势。另外，相比倒立面孔，我们也更善于评估正立面孔各部件的整体布局或空间关系，例如两眼之间的距离，或鼻子与眼睛之间的距离。

图 2-24　面孔知觉适应

首先，请注意中间的面孔看起来是正常的。最左边的面孔特征过于靠近，最右边的面孔特征过于分离。请注意，面孔特征之间的距离（比如两眼之间的距离）对我们的面孔知觉影响很大。现在盯着最左边的面孔看 60 秒，随后将目光移到中间的图片。如果你适应得够久，那么中间的面孔看起来将是变形的，面孔特征之间的距离将显得很大。

（Courtesy Michael A. Webster and Paul Ekman Ph. D. ）

神经科学的研究也支持面孔识别的完形模型。对猴子颞叶的面孔选择性神经元的单细胞记录表明，很多神经元对面孔的多个特征的分布做出反应，而不是对任何单个面部特征做出反应（Young & Yamane，1992）。对人类而言，颞叶部分的梭状回面孔区的损伤会导致**面孔失认症**，即不能识别不同的面孔。这个缺陷是特异性的，患者可以区分面孔和其他物体（例如，南瓜），但却不能辨别不同的面孔。患者似乎特别难以辨别面孔各部分的布局，这支持了完形加工在面孔识别中的重要性。面孔识别由脑的专门区域负责，这一发现引发了研究客体识别的科学家之间的争论，详见随后的**争论**专栏。

这种观点的一个变式是**专业知识假设**，即认为脑会发展出一个专门的神经系统来执行专业的视觉辨别，我们需要这个神经系统来判断任何特定视觉类别之内的细微差别（Gauthier et al.，2000）。我们可能花费更多的时间打量面孔而不是其他物体。我们都是面孔专家，只需要对一张脸瞄一眼就能快速加工该面孔的身份、性别、年龄、情绪表情、视角及其注视的方向。梭状回中特化的神经系统可能是为任意一种专业化的识别过程服务的，研究表明，当观看鸟类图片时，鸟类专家的梭状回比普通人出现了更强的激活（Gauthier et al.，2000）。

与此相对的观点则认为，许多（如果不是大部分）视觉表征是分布在整个腹侧通路中的。腹侧颞叶皮质可能是所有不同类型物体的通用识别区。实际上，颞叶下部损伤的患者通常不能识别所有的物体类型。对正常物体识别过程的神经成像研究发现，梭状回面孔区以外的区域，尽管对面孔没有最强的反应，对面孔和其他类型的刺激仍然具有差异性反应（Haxby et al.，2001）。这意味着为了区别面孔和其他物体，大量的视觉信息在梭状回面孔区以外的区域也可以得到加工。不过，如果视觉表征是完全均匀分布的话，神经心理学中面孔识别和物体识别的双分离现象将难以解释。一种折中的解释是，所有的腹侧区域都参与了客体识别，提供分类的有用信息，但要进行同一类别中的精细识别，则需要某些特定系统的参与。这将是今后一个活跃的研究领域，我们将由此获得更多有关视觉识别组织形式的知识。

理解测验

1. 什么是视觉失认症？
2. 关于物体识别有哪四种模型？

争论

一套积木还是翻绳游戏，模块化表征还是分布式表征？

人脑中视觉识别系统的组织可能有两种方式：一种方式是**模块化的**，即使用专门化的系统来加工不同类型的物体；另一种方式是**分布式的**，即使用一套通用的识别系统来表征所有类型的物体。模块化观点的支持者认为，对任何类型物体的感知都依赖于专门化的神经模块，换句话说，脑内的一块特定区域专门负责识别某种类别的物体。他们引用的研究证据包括，腹侧颞叶中有专门化模块，比如专门识别正立面孔的面孔区（Kanwisher et al.，1997a），还有专门识别空间分布和地标的位置区（Epstein & Kanwisher，1998）。然而，另一些研究质疑了存在识别物体的专门化区域的观点（Haxby et al.，2001），另一些研究者认为我们对物体的表征分布在腹侧颞叶的多个区域中。

人类神经成像研究揭示了梭状回中的一个单独区域——梭状回面孔区，相比其他各类刺激，该区对正立人类面孔具有反应偏向（Kanwisher et al.，1997a；McCarthy et al.，1997）。不过，这个区域不仅对人类面孔，对动物面孔和卡通面孔也有反应。与此相对，该区对普通物体、五官位置混乱的面孔、头的背面像，以及身体的其他部位反应甚微（Tong et al.，2000）。该区的损伤与面孔失认症，即选择性的面孔识别障碍相关（Farah et al.，1995；Meadows，1974）。有没有可能仅仅因为面孔识别比物体识别更困难，所以更容易因脑损伤而引发功能障碍呢？答案是不太可能，因为一些患者出现了与面孔失认症相对立的缺陷模式：他们可以识别面孔却难以识别物体（Moscovitch et al.，1997）。面孔识别和物体识别的这种双分离现象，支持脑对面孔和物体的识别加工是相互分离的这一观点。不过，其他观点仍有待进一步验证，如认为"面孔区"实际上负责加工高度熟悉的刺激类型（例如，Gauthier et al.，2000）。

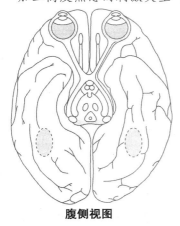

从脑的底部往上看，可见皮质下部梭状回面孔区的位置（黑色虚线椭圆）。如图所绘，两个半球内都发现了对面孔反应的皮质区，但对大多数人而言，右半球的区域面积更大，更敏感。

腹侧视图

5. 自上而下的解释：所知引导所见

知觉并不是单向的信息流，我们倾向于参照已知信息来理解新信息。自下而上的信息从感觉器官向上传递，受到各级分析加工，同时自上而下的信息（与知识、信仰、目标和期待一致）也会向下传递并影响早期加工。如果你处在一个修剪齐整的花园中央，特修斯之熊更可能被感知为一丛灌木；而如果你处在黑暗的森林中并"想象着一些危险"，你更可能认为那是一头熊。我们利用已具备的知识使知觉更高效、准确，与当前情境联系更紧密，根据之前存储在记忆中的信息填补感觉输入的缺失。背景知识的确很重要！

5.1　利用背景

我们的所见并不是对世界的完美反映。真实的世界到底是怎样的？哪个才是砖墙的"真实"颜色：在阳光下的部分还是在阴影中的部分？我们对世界基本元素（例如，颜色和物体）的感知根本就是不准确的，过去几百年来的心理学实验和观察已经证明了这一点（Wade，1998）。那么，我们如何在一个感觉刺激如此丰富的世界中生存呢？我们生存了下来，因为在知觉表征和加工的所有水平上，对信息的解释都参照了背景知识。我们的知觉系统采用启发式的问题解决捷径，而不是穷举算法（exhaustive algorithms）的问题解决策略，对接收到的信息做出推论，进而了解世界。知觉正是这些推论的结果。

5.1.1　特征和群体加工的背景效应

视错觉证明知觉能推断出图像中并不存在的属性，图 2-15 中错觉产生的白色矩形就是一个很好的例子。显而易见的矩形边缘在图像中实际并不存在，是我们的知觉系统从黑色边缘和线段的背景中将它们补充出来的。错觉轮廓现象是我们的知觉填补缺失部分，以便对周围世界做出合理解释的一种方式。

关于视错觉现象的研究揭示出，包括我们的知识、信念、目标和期待在内的背景信息，会对视觉特征产生多种不同的假设。我们认为砖墙在"现实中"始终保持一致的颜色，所以尽管由于它表面的整体光线发生了变化，我们仍然相信它的颜色始终如一，这种效应叫作**亮度错觉**（图 2-25）。同样地，**大小错觉**则表示我们假定物体与观察者的外在距离发生变化时，仍然维持它的"真实"大小不变（图 2-26）。如果我们不做出这些假定，感知原本感知到的而不是经过推断加工的信息，这个世界将令人迷惑不解。

图 2-25 亮度错觉

尽管图片里绵羊皮毛的亮度差异很大，我们还是倾向于认为绵羊是一个颜色的。

图 2-26 大小错觉

美国国会大厦走廊里的这些人看起来高矮差不多。不同寻常的是画面前景中的一对迷你个头的夫妇（箭头处），其实他们是由画面背景中的夫妇复制而来的，因而与实际大小完全相同。将背景里的夫妇从其周边环境移出展示了这种错觉。

　　分组是一种自动化加工。一个包含许多物体的背景会让知觉单个物体变得困难，在埃舍尔（M. C. Escher）设计的一幅版画（图 2-27）中，分组过程造成了一种有趣的两可图像：图像的边缘清晰勾勒出鸟（上方）和鱼（下方）的形状，当我们从上方和下方往图片中央看时，这些物体变得既不很像鸟又不很像鱼。鸟形背景努力保持鸟类的特征，而鱼形背景支持鱼类的表征，结果就是你在中央区域看到的可能是鸟也可能是鱼，但很难同时看到两者。分组效应让我们难以看到单个的物体，而是让我们一下子看到众多物体的共同特性，在这幅图中，我们看到一群鸟和一群鱼。然后我们就可以将一群事物当成一个整体进行加工，这样认知资源将得到节省。例如，追踪一群鸟的运动就比单独追踪每一只鸟的运动更容易。

图 2-27　艺术作品中的分组
　埃舍尔在其作品中创造性地将图形相互镶接。这个设计中，天空在哪里结束，水从哪里开始？

　　我们将埃舍尔版画中的所有鸟归为一类，因为它们看起来非常相似。但万一有一个不同呢？群体产生的背景效应也可以产生对比作用，使得一个群体中的另类看起来比实际上更加突兀。图 2-28 展示了一个经典的例子——艾宾浩斯错觉［以其发现者命名，即德国心理学家赫尔曼·艾宾浩斯（Hermann Ebbinghaus，1850—1913）］，两组图形中间的圆是一样大的，但被小圆包围的圆看起来更大。当物体形状相似而被知觉为一类时，这种错觉效应最明显（Coren & Enns，1993；Shulman，1992）。将群鸟的运动作为整体进行加工，让我们更容易在共同的运动中发现不同之处。

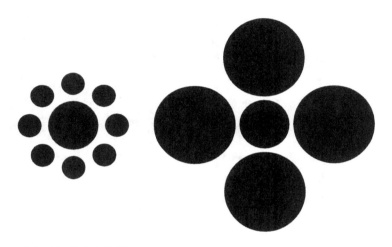

图 2-28 艾宾浩斯的大小错觉

两组图形中央的圆是同样大小的。然而，左边一组图形中央的圆看起来比右边的大。在小圆背景下中央的圆看起来更大，反之亦然。

5.1.2 物体识别的背景效应

物体识别依赖于我们对世界的先前经验及其相关背景。如果物体出现在**预期**情境（你已经答应与朋友在晚餐时会面）或**习惯性**情境（你的朋友经常在那个餐馆吃饭）中，物体识别的可能性会得到提高。而如果物体出现在**非预期**情境（我那个澳大利亚的表兄在这个美国餐馆中做什么?）或**与以前经验不一致**的情境（我从来没在这里见过你!）中，物体识别可能受到阻碍。实验显示，背景对简单物体识别的影响可能基于注意分配（Biederman et al.，1982），或不同情境下对该物体的记忆及应对策略（Hollingworth & Hendersen，1998）。物体识别中的背景效应对物体表征十分重要，并成为物体表征的组成部分的信息。

已有研究证实，自上而下的加工能影响我们对物体各部分的知觉。比如，在**词语优先**（word superiority）效应中，旁侧字母形成的背景会影响对目标字母的知觉，如图 2-29 所示（Selfridge，1955）。两个词中间的字母在线条的排列上是完全一样的，但它在相应背景中分别被看作"H"或"A"。行为研究显示，如果以很短时间闪现的字母（如"A"）出现在单词背景中（"FAT"），而不是单独呈现（"A"）或出现在非词中（"XAQ"），被试更容易认出字母（Reicher，1969；Wheeler，1970）。这个结果有点出人意料，因为被试的任务仅仅是辨认单个字母，而不需要认出整个单词。你可能认为，正确地识别出单词中的字母需要发生在识别单词**之前**，因为单词是由字母组成的。那么当你已经看见了字母，单词背景又起怎样的作用呢？这类研究发现，物体识别并不仅仅是将自下而上加工产生的各个部分组合在一起。整个单词的识别受到所有字母的总体影响，而单词作为背景又支持了单个字母的识别。在这章的后面部分，我们将读到一种交互识别模型，它能够解释单词对字母知觉的影响以及词语优先效应。

TAE CAT

图 2-29　像 ABC 一样简单

　你可能发现认出这些单词很容易，然而，一个简易的特征检测器却做不到。每个单词中间的字母实际上由完全相同的线条组成。旁侧字母形成的背景及其对有意义单词的暗示，让我们将第一个单词中间的字母解释为"H"，而将第二个单词中间的字母解释为"A"，因而我们能认出"THE CAT"。

(After "Pattern Recognition and Modern Computers", by O. Selfridge, in *Proceedings of the Western Joint Computer Conference*, 1955, Los Angeles, CA.)

　　当要求被试判断物体的部件时得到了类似的结果。在判断线段颜色的任务中，相比非常规排列的线段，被试对可识别的字母或形状中的线段判断得更好（Reingold & Jolicoeur，1993；Weisstein & Harris，1974；Williams & Weisstein，1978）。面孔加工也证实了背景信息的作用，正如我们前面提到过的，辨别仅鼻子形状不同的脸，要比辨别单独呈现的各种鼻子容易。不过，当面孔被上下翻转后，鼻子识别的背景效应就消失了。这种**面孔优势**（face superiority）效应说明了正立面孔的各部分并不是被独立加工，而是以整个面孔为背景得以识别的。这些单词和物体的背景效应说明，我们对图像某部分的识别，常常取决于我们对该图像其他部分的加工。图 2-30

展示了关于面孔背景效应的一个非常有趣的例子（Thompson，1980），这两张面孔的图片中一张是正立的，另一张是倒置的。倒置的那张图看起来可能有点怪，但不算太奇怪。但如果你把这幅图翻转过来看，你会发现图片中的人其实挺可怕的。正立的面孔背景使你更容易辨识出图像的怪异之处。

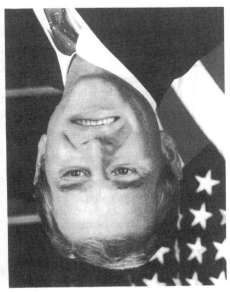

图 2-30　面孔优势的力量

左侧面孔是正常正立的，右侧面孔看起来不太对劲。实际上右侧面孔是扭曲的：这张脸的眼睛和嘴是正立的，而其他部分是倒转的。不过这张脸看起来不是太怪：因为没有合适的面孔背景，细节被掩盖过去了。但如果你倒过来看的话，就会发现右边这张脸的怪异之处。请转动此书，把右边的脸当作正立面孔来看。

（Photograph by Eric Draper. Courtesy of The White House Photo Office.）

5.2　自上而下加工的模型

我们已经知道，知觉是自上而下和自下而上加工相结合的产物。在自下而上的加工过程中，特征被合并成物体的一些表征，然后将物体与记忆中的表征相匹配。那么，就自上而下的加工而言，我们如何解释背景对物体识别的影响呢？

5.2.1　网络反馈模型

前面讨论过的关于物体识别的模型之一是基于特征匹配的网络模型，

如图 2-20 所示。在那部分的讨论中，我们关注的是能够形成更大的可识别实体的特征之间的联结。因为在网络模型中，不同表征水平的单元在不同的、**相互作用的**组织水平上对信息进行加工，因此这个模型也可以用于解释更高水平的信息（例如，单词）如何对早期阶段的信息（例如，字母或字母特征）发生影响。这种信息流动的方向是**反馈**，因为它可能是对自下而上的输入信息的一种反应，这种反应继而对认知系统的早期阶段施加影响，以获得更好的认知效果（Mesulam，1998）。

　　单词识别的特征网络模型说明了自上而下效应（例如，词语优先效应）的机制。特征网络模型从字母的线条特征（例如，字母"O"中的曲线）中探测出某个特定字母。到这里为止，一切都说得通。但我们的视觉环境远比一个印刷精美而整洁的页面更为复杂、多变和难以预测，如果墨水洒在字母的某部分上将会如何（图 2-31）？如果没有自上而下的知识，我们难以确定这是字母"O"，可见的部分提示它可能是"C""G""O"或"Q"。但是在单词表征水平上，由三个字母组成，以"C"开始并以"T"

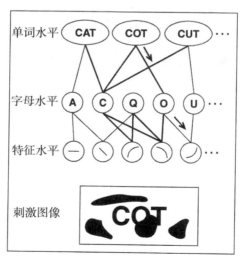

图 2-31　解释词语优先效应的交互作用的特征网络

　　图中的刺激是被"墨水"污染了部分字母的单词。不同水平的单元之间自下而上的活动（粗线条）说明了哪些特征是存在的，及这些特征可能对应什么字母；自上而下的活动（箭头）促进了对缺失部分的弥补，使其成为**已知单词**的连接加工。

[Rumelhart, D. E., McClelland, J. L. (1987). *Parallel Distributed Processing: Explorations in the Microstructure of Cognition, Vol. 1: Foundations.* The MIT Press; Cambridge, MA. 经允许重印]

结束的单词只有那么几个。字母"C"和"T"将使这些可能的单词都被部分激活，即"CAT""COT"和"CUT"，然后这些单词反过来为字母表征"A""O"和"U"提供信息。同时，自下而上的特征信息微弱地激活了字母"C""G""O"和"Q"。当特征信息与自上而下的影响相结合，字母"O"得到最强的激活，因此单词"COT"作为激活最强的单元出现在最上层的表征水平。通过利用已存储的单词信息来指导加工，来自系统顶层的反馈效应解决了对不完美输入的识别问题。

物体识别的其他模型，也可以利用不同类型的表征之间的反馈作用来解释自上而下的影响。例如，我们能更好地知觉正立面孔的组成部分的现象也可以被解释为，正立面孔的识别受到了我们关于面孔通常"是什么样子"的自上而下知识的影响。

5.2.2　贝叶斯方法

解释自上而下效应的另一种方法基于这样一个现象：记忆中存储信息的影响具有**概率性**，也就是说，它反映了过去经常发生，因而很可能再次发生的情况。有没有可能，我们的知觉系统存储着不同事件出现在知觉世界中的可能性的相关信息呢？如果可能的话，物体识别的问题就变成类似数学中的概率估计问题了。想想这个例子：香蕉是黄色、弯曲和细长物体的可能性很大。西葫芦也可能是黄色、弯曲和细长的物体。如果你正在打量一些黄色的、弯曲的和细长的东西，它会是香蕉、西葫芦，还是别的什么东西呢？好吧，这很难回答，因为世界上有很多东西都可以是黄色、弯曲和细长的（例如，气球）。香蕉具备这些特征的概率并不能帮助我们回答这个问题。如果我们知道**反向的**概率，即一个黄色、弯曲、细长的东西**是一根香蕉**的概率，那么我们可能更容易识别这个物体。采用贝叶斯定理［以 18 世纪英国数学家托马斯·贝叶斯（Thomas Bayes）命名］的数学方法，我们可以估计反向概率。贝叶斯方法利用先前经验提供的信息对当前环境做出猜测，因此，通过应用贝叶斯定理，如果你见过许多香蕉，而只见过很少的香蕉西葫芦，那么一个合理的猜测就是，当前这个黄色、弯曲和细长的东西是一根香蕉。

研究者使用贝叶斯方法来说明：先前的经验能决定人们当前的知觉。背景效应指我们会根据曾经见过的东西，建立对将会看到什么的期待。在简单任务（例如，探测黑白刺激模式）的学习过程中，贝叶斯模型能对被试的能力做出正确预测（Burgess，1985）。随着被试经验的增加，被试对哪种刺激模式可能会出现了解得更多，这时贝叶斯理论预测知觉的准确性可能更高。对更复杂的任务（例如，在不同光线下判断盒子的灰度梯度）而言，贝叶斯模型能很好地解释我们判断灰度的能力，以及我们做出如下假设的倾向：在任意排列中都最亮的盒子是白色的（Brainard & Freeman，1997；Land & McCann，1971）。贝叶斯概率甚至能够解释更加复杂的知觉判断，比如我们如何看待物体的移动和形状变化（Weiss & Adelson，1998）。这种方法也能解释对很多别的属性和物体的识别（Knill & Richards，1996），因为作为一种有效的量化方法，它明确了先前存储的信息是怎样影响对当前经验的解释的。

理解测验

1. 背景如何影响对物体的知觉？
2. 自上而下的加工如何改变对特征的知觉？

6. 模型与脑：知觉的交互作用本质

现在回到梦境里位于山顶的德孔狄亚克城堡，你透过房间里的那扇窗户看到的景象，将为我们理解知觉加工提供更宽广的视角。记住当时的情境：你是在黑暗中到达的，对周围环境一无所知。现在到了早上，有人给你送来奶油蛋卷和法式咖啡，并拉开窗帘。当你第一眼向外望去时看到了什么？全景的风光包含了过于丰富的信息，无法立刻全部知觉。尽管如此，你的知觉加工立刻开始探测特征，将各个部分结合到一起，同时你关于环境的知识（关于树木、田野、山丘的知识，无论你以前是否见过这些具体的事物）为你处理输入的感觉信息提供了一定的背景。

自下而上的加工由外界环境信息决定，自上而下的加工由内在知识、信仰、目标和期待决定。我们通常采用哪种加工方式呢？这个问题没有意义。在任何特定时刻，为了对不同刺激做出各种解释（这是生活中时刻要面对的常见现象），我们可能对一种加工的依赖甚于另一种加工，但两者都是知觉所必需的。很多自上而下的背景效应都是自下而上的加工和自上而下的知识交互作用的结果。

6.1　精细识别

大多数情况下，自下而上和自上而下的加工是协同作用，并且**同时发**

生的，进而形成物体识别的最佳解决方案。信息并不是按严格的加工顺序，先经过视觉系统逐级向上传递，接受存储表征的加工，再慢慢往下传递的。知觉的本质是动态的交互作用，整个过程中都伴随着前馈效应和反馈效应。物体识别的交互作用模型，比如特征网络模型（McClelland & Rumelhart，1981），假设所有层次两两之间的单元都是相互影响的。线条朝向单元（line-orientation units）和单词水平单元（word-evel units）**同时影响着字母水平单元**（letter-level units），从而决定字母水平单元的激活程度。

　　类似的交互作用也出现在脑中。背侧通路的一些视觉区域，包括 MT 及顶叶和额叶中的注意相关区域，会在 V1 中最早反应的神经元放电之后迅速做出反应，其速度比腹侧通路的反应要快得多（Schmolesky et al.，1998）。这些快速反应的较高等级的区域，可能正为引导低等级区域的活动做准备。

　　视觉区域之间的交互联结，使脑能够实现加工进程之间的交互作用。对输入信息进行早期加工的视觉结构（例如外侧膝状体，LGN）将信息传送到较晚期加工的区域（例如，V1）；同时晚期加工阶段也为早期加工阶段提供大量反馈信息。不同视区之间的交互联结，一般发生在表征视野中相近位置的神经元群之间，因此这些神经元能够迅速交换信息，即出现在这个位置上的特征或物体是什么（Rockland，2002；Salin & Bullier，1995）。有些信息加工包含了从 LGN 的中央-周围单元到 V1 的朝向检测器的加工，从高等级区域到低等级区域的反馈联结有助于引导低等级区域的加工，视觉区域为这些反馈联结建立了大量宝贵的神经通路。V1 区从 LGN 接收信息并将更多的反馈信息投射到 LGN，V1 向上传递信息到 V2 区并接收来自 V2 区的更多反馈投射。"没有谁是一座孤岛"，也没有任何视区能够脱离相邻区域独立运作。这些交互联结为反复加工奠定了基础，即信息在各个视区之间反复交换，每一次交换都带来额外的数据，从而细化了对刺激的表征并延长了表征的过程。因此，看来脑的组织方式是有利于自上而下和自下而上加工之间的交互作用的。

6.2　解决模糊性

　　来自任何一个单一优势点的信息本质上都是模糊的，因为我们不能确定真实世界中存在的到底是什么，脑必须分析输入信息以提供最可能的答案。通常只有一种最佳方案，但有时会有不止一种。例如，内克尔立方体（Necker Cube，图 2-32），它得名于 19 世纪瑞士晶体学家路易斯·阿尔贝特·内克尔（Louis Albert Necker）。内克尔观察到自己用线条绘制的晶体结构似乎在自发地变换朝向，这个著名的图形可以被知觉为一个从上方或者下方看到的三维立方体（或者偶尔会被看成二维平面图形）。当我们注视这个模棱两可的刺激时，我们通常会经历**双稳态知觉**（bistable perception），即我们能感知到两种解释，**但每次只能感知一种**。双稳态知觉导致两种理解自发地相互替换，即使我们将眼睛聚焦在注视点上，以保证自下而上的信息持续输入，这种自发的相互替换还是会发生。这个现象说明，当两种解决方案刚开始势均力敌时，视觉系统呈现出高度动态化，不断地重估最佳的可能方案。

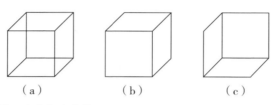

图 2-32　两可图形：内克尔立方体

立方体（a）有两种可能解释：你可以把它看成面朝左侧的立方体（b），也可以看成面朝右侧的立方体（c）。这种两可图形会自发地在两种解释之间来回变换。

依据**竞争和适应**两个原则，神经网络能解释这种自发的交替现象。如果两种可能解释中的一种产生了更强的激活，它就会抑制另一种而胜出。不过，"赢家"对"输家"的抑制会随时间逐渐适应或减弱，直到"输家"占上风。这个过程类似于两个摔跤者之间的较量：当他们在垫子上翻滚试图压住对方时，位于上方的人看上去即将胜出，但却难以招架来自下方的攻击；如果他们实力相当，他们会较量多个回合，每一个摔跤手都会经历多次短暂的胜败交替。两种可能的知觉解释以类似的方式竞争"赢家"的地位，当两种可能解释都与输入信息相符时就没有确定的赢家，就像未决胜负的摔跤比赛一样。

视觉系统的许多阶段都会发生双稳态现象，各种类型的两可图形证明了这一点。其中一些两可图形，比如卢宾花瓶［图 2-33（a），得名于丹麦心理学家埃德加·卢宾（Edgar Rubin，1886—1951）］和埃舍尔的鸟鱼版画，它们呈现了**图形-背景**的模糊关系。在这些例子中，哪部分作为图形（即前景），哪部分作为背景，导致了两种不同的解释。另一些两可图形，如鸭-兔图形［图2-33（b）］，展示了由不同解释引起的两种表征之间的竞争。腹侧纹状体中与客体识别相关的部分，在两可图形自发转换的过程中出现激活（Kleinschmidt et al.，1998），说明这些纹状体区可能与我们有意识的客体体验相关。

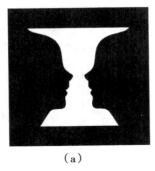
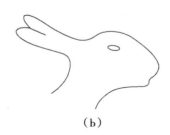

（a） （b）

图 2-33 更多的两可图形

（a）卢宾花瓶：这张图可以看成两张面孔侧影或者一个黑色背景中的白色花瓶。
（b）鸭-兔图形：这幅画可以是一只面向左侧的鸭，也可以是一只面向右侧的兔。

关于意识本质和起源的进一步线索来自一种叫作**双眼竞争**（binocular rivalry）的双稳态知觉形式，即两只眼睛中的图像相互竞争（Andrews et al.，2005）。如果投射到每只眼睛的视网膜中央凹的图像不同，那么我们就会看到两种图像自发地交替变换，几秒钟转换一次，而不会同时看到两种图像。这是一种很有趣的现象，因为它表明，呈现的事物和有意识地知觉到的事物之间有着明确的区别。图像被呈现在健全的视觉系统面前，当两种图像同时呈现，但我们却交替地知觉两者时，脑中视网膜以外的区域正在发生什么样的神经活动呢？关于猴子的神经生理学研究发现了与意识相关的高级视觉区的神经活动（Leopold & Logothetis，1996）。人类神经影像研究发现，在面孔图像和房屋图像的竞争过程中，高水平的面孔选择脑区和地点选择脑区会发生相应的交替激活（Tong et al.，1998）。更重要的是，初级视皮质中就存在这种效应（Polonsky et al.，2000；Tong & Engel，2001），说明这种知觉竞争形式在皮质加工的最早期阶段就出现了。双眼竞争的研究为意识的神经定位提供了证据，研究结果也说明，像初级视皮质一样的早期加工区域，可能也是意识的神经网络的一部分。

但是这些神经生理学研究和神经网络模型并没有解释双稳态知觉的核心要素——相互排斥性。为什么我们不能同时拥有多种知觉解释？这一问题目前还没有确切的答案，但一种可能解释是，双稳态是抑制加工的副产品，而抑制是脑和神经网络正常运行的必要条件。**同时**看见竞争中的两种图像，对人类并没有帮助。尝试把你的手放在一只眼睛前面，使一只眼睛看到手，另一只眼睛看到前面的一张脸，如果你的视觉系统创造出一张融合的手-脸合成图，那将是一个错误，因为它与刺激的真实情况相差甚远。

一种知觉必须胜过并抑制另一种可能性，大多数情况下，知觉竞争的结果都有一个明确的赢家。势均力敌的竞争和双稳态的条件通常只出现在实验室，而不是我们日常的知觉生活中。

6.3 看见"是什么"和"在哪里"

视觉就是让我们发现什么东西在哪里，我们需要能够识别物体并了解其精确的空间位置来引导我们的行动。如前所述，确定"是什么"和"在哪里"的加工分别在脑中的不同通路得到执行（图2-34）。空间位置的加工依靠背侧"where"通路，由V1延伸到顶叶的多个视觉区域组成。物体识别的加工依靠腹侧视觉通路，从V1延伸到V4等腹侧区域及颞叶下部皮质。在一项经典研究中，昂格莱德和米什金（Ungerleider & Mishkin，1982）训练猴子执行物体识别和定位任务，然后通过损伤猴子的脑区证明了这两个生理解剖通路分别执行特定的功能。腹侧通路的颞下皮质受损的猴子出现客体识别的选择性障碍，它们不再能够区别不同形状的积木，比如金字塔形和正方体。背侧通路的顶后皮质受损的猴子出现物体定位能力障碍，它们不再能够判断三个物体中哪两个的位置更为接近。对正常人的神经影像学研究也发现了这种分离：定位任务中背侧区域更活跃，识别任务中腹侧区域更活跃。

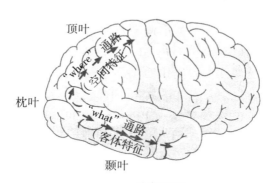

右侧视图

图2-34 两条视觉加工通路

"where"通路，即背侧通路，包括枕叶和顶叶的脑区，涉及物体的空间定位，并将信息传递到运动系统，对动作给予视觉引导。"what"通路，即腹侧通路，包括枕叶和颞叶的脑区，涉及客体识别的功能。

（Image of the brain from Martin's *Neuroanatomy*，Fig. 4. 13. New York：McGraw-Hill. 经允许重印）

"是什么"和"在哪里"可能有不同的神经基础，但我们体验到的是一个"什么"和"哪里"整合在一起的视觉世界。关于物体是什么的信息必须与关于物体在哪里的信息交互作用，结合在一起形成我们对世界的感知。我们对脑如何完成这项了不起的任务知之甚少，迄今为止，研究只能描述这两条视觉通路的职责。一种观点认为背侧通路可能涉及动作的视觉性引导和物体定位（Goodale & Milner，1992）。有研究者对一个一氧化碳中毒导致整个腹侧通路弥散性损伤的患者进行了测试，该患者有严重的**统觉失认症**（apperceptive agnosia），在判断物体形状的基本方面存在障碍（Goodale et al.，1990，1991），她甚至不能描述一条线是垂直的、水平的还是倾斜的。但是，如果让她通过以某个角度倾斜的卡槽"投递"一张卡，她能非常准确地完成操作（图 2-35；A. D. Milner et al.，1991），但不能说出卡槽的倾斜方向。她的这种缺陷不能归因于语言能力障碍或任务理解能力障碍，因为让她将卡旋转到与一定距离外的卡槽相同的角度时，她可以完成，但却不能报告卡槽倾斜的方向（或是否倾斜）。这些发现说明，她只能通过动作来获取卡槽的方位信息。

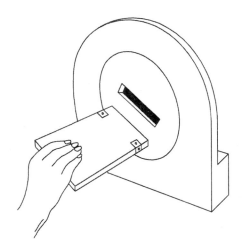

图 2-35　探索背侧通路与腹侧通路

图中展示的是古德尔（M. A. Goodale）和米尔纳（A. D. Milner）实验中使用的卡和卡槽，实验被试是一个视觉失认症患者（参见正文介绍）。卡槽位于一个轮盘中，可以旋转到任意方向。

［Biederman, I. (1995). Visual Object Recognition. In S. M. Kosslyn & D. N. Osherson, *An Invitation to Cognitive Science, Vol. 2: Visual Cognition.* The MIT Press；Cambriage, MA. 经允许重印］

　　与此相对，背侧通路的损伤会导致**运动不能症**（apraxia），即患者即使没有瘫痪也不能自主运动（综述见 Goodale et al.，1990；Koski et al.，2002）。运动不能症患者能执行记忆中的行动，并能描述他们所见到的事物，报告卡槽的方向也没有困难。但在对看见的事物执行新的行动时，他们表现出严重障碍，比如不能将卡投入卡槽。大量研究结果支持，背侧和腹侧通路是双重分离的，因而具有不同的功能。物体识别和空间定位的模型说明，只要拥有足够的资源（即神经结点和联结），功能的分离会让两条通路运转得更好（Rueckl et al.，1989）。但两条通路各自支持哪些功能，以及它们之间相互作用的方式仍处于探讨之中。

理解测验

1. 知觉是自下而上还是自上而下的加工？
2. 什么是 "what" 通路和 "where" 通路？

☆复习与思考

1. 什么是知觉？为什么它是一种难以理解的能力？

　　感觉是我们通往世界的窗口，为我们建立对环境的理解提供了原材料。知觉的首要目标是弄明白外界 "有什么" 和 "在哪里"，但知觉不仅仅是感觉登记，知觉根据知识、信念、目标和预期对通常是模棱两可的、不足的或过量的信息做出解释。模棱两可的问题是：这是一头熊还是一丛灌木，一只兔还是一只鸭？夜晚的背景把你吓坏了，其实它不过是一丛灌木。双稳态让你看见鸭—兔—鸭—兔交替转换的图像，避免你受到二不像图形的迷惑。"不足" 的问题是：感觉输入包含的信息不足以让我们准确地识别物体，因此我们必须做出无意识的假设和猜测。"过量" 的问题是：在任意一个特定时刻，我们都能获得过量的感觉输入，因此加工过程必须再一次无意识地利用冗余信息和期待进行选择，挑出重要的信息进行更细致的分析。

批判性思考

■ 来自另一个星球的外星人有没有可能拥有比我们更高级的知觉系统？为什么？

■ "过量"信息是一直保持不变的，还是取决于背景的？如果是后者，知觉系统如何根据背景调整其加工过程，以便摄取更多或更少的信息？

2. 帮助我们理解知觉的一般原则有哪些？

脑中自下而上和自上而下的加工持续交互作用，发展并优化有用的知觉对象。自下而上的加工检测感觉刺激的特征，如边缘、结点、颜色和运动。视觉系统根据这些分组做出有意识和无意识（例如，补充一个形状的缺失部分）的推断。这些推断有时是"不正确的"，例如错觉轮廓的例子，但一般情况下这些推断是有用的，在感觉世界中为我们导航。自上而下的加工依靠知识、信仰、目标和预期来指导知觉探索和解释。脑的知觉机制摒弃部分冗余信息，以便将输入简化为基本特征，并利用已有的常识信息和对当前目标的期待来补充缺失的信息。

批判性思考

■ 日常生活中什么时候知觉会或多或少有些吃力？在公路上开车或在嘈杂的环境中阅读，为什么这类行为会或多或少地依赖自上而下的加工？

■ 成人和儿童对普通物体（例如，瓶子和面孔）的知觉有什么不同？对罕见物体（例如，蝶形螺母和鸭嘴兽）的知觉呢？

3. 我们如何将部分合为整体以识别物体和事件？

视觉分析的早期阶段对视觉加工的基本素材进行探测，然后将之整合起来进行客体识别。特征检测器（例如，对线条和边缘起反应的神经元）能进行局部的交互作用，以促进总体性解释的产生，例如一条长线或长边。分组原则就是将更可能聚类的特征放在一起的规则，例如由于它们靠得更近（邻近性分组原则），或外表更相似（相似性分组原则）。还有其他各种原则，这些原则共同勾勒出我们如何组织各种特征，将其整合成与物体一致的模式。

批判性思考

■ 为什么我们说两个事物是"相似的"或"不相似的"？有时人们会说，为了理解相似性的本质，我们需要在很大程度上理解视知觉。为什么这可能是对的？

■ 如果你被神奇地送到异度空间的泽加塔特（Ziggatat）星球，当你环顾四周时，你看不到任何认识的物体，你会如何描述眼前的所见呢？你怎么分辨一个物体和另一个物体之间的边界？

4. 我们如何识别物体和事件？

关于脑识别物体和事件的方式，存在如下模型：模板匹配模型——将感觉信息作为一个整体与心理模板进行匹配；特征匹配模型——将输入的特征信息与存储的物体特征进行匹配；成分识别模型——将特定结构中的各个部分与存储的关于物体的描述进行匹配；还有完形模型——将偏离原型的程度与存储的表征进行匹配。物体可能被分解成三维的部件（例如，几何离子），通过其排列的结构得以被识别，物体部件的布局可能是识别某些物体（例如，面孔）的关键因素。脑结合这些表征和加工来识别物体，使知觉的可信度最大化，并使识别更快速和高效。视知觉根据待识别物体的性质采取相应的最佳方式来进行物体识别。

批判性思考

- 物体识别的各种主要方法有哪些相对优势和缺陷？
- 有时候"识别"（recognition）和"认同"（identification）是有区别的。区别在于，识别仅涉及知觉输入信息和存储的知觉信息之间的匹配，以便让我们知道某个刺激是熟悉的；而认同则包括激活与物体相关的信息（例如，它的名称和所属类别）。你认为这种区别有用吗？在关于知觉的脑损伤研究中，这种区分可能会产生什么不同的预期？

5. 我们的知识如何影响我们的知觉？

与物体相关的知识为识别提供了基础，知识也能引导知觉对当前环境做出最可能的解释。这种解释让我们可以通过延长觉察到的边线，使知觉变得完整，从而弥补边线的缺失部分。而且，特征、组群或物体的背景有助于知觉判断：如果背景与知觉目标一致就会促进识别；如果背景与知觉目标不一致则会阻碍识别。物体识别是知识与当前的知觉输入之间交互作用的产物。

批判性思考

- 来自世界不同地区的人，他们的知觉可能出现怎样的差异？对不同人群而言，什么类型的环境可能促进或者阻碍识别？

■回到泽加塔特星球，假设你已经学会了区分各种物体，并且已能为各种物体命名。在你学习了解这个新环境的过程中，还有什么问题依然存在？

6. 最后，脑如何把大量多变的知觉线索整合到一起？

脑区之间交互式的神经联结对整合不同通路加工的线索起到了很关键的作用，没有哪一个视觉区能独立于其他视觉区工作，交互式的神经联结使信息能够在不同水平的表征之间双向传递。知觉的本质是一种动态的交互作用，前馈和反馈持续影响知觉加工的全过程，识别的交互模型假设所有层面之间都存在单元的相互影响。而且，知觉系统会从多个可能的解释中寻找对输入信息的唯一解释，让所有信息片段都同时符合这个解释。解释的获得和改变遵循竞争和适应原则：如果两种（或多种）解释中的一种产生更强的激活模式，这种解释就会盖过其他解释；但是"赢家"会随时间逐渐弱化，直到"输家"占据上风。这样，如果刺激是模棱两可的，那么你对它的知觉会随时间而改变。最后，在某些情况下，不同系统（例如，"what"通路和"where"通路）同时且相对独立地工作，在特定表征产生的那一瞬间，不同系统之间部分达成一致。这种协调加工依赖于注意，注意将是下一章探讨的主题。

批判性思考

■加工过程总是在交互作用，而不是一项接一项地单独"完成"各自的工作，这种方式有何意义？

■对模棱两可的刺激产生一种解释，是否比保留刺激的所有可能解释更好？为什么脑"想要"寻找唯一的解释？

第3章 注意

学习目标

　　你正在一个嘈杂的大型聚会上寻找刚刚被冲散在人群中的朋友。你想在五彩缤纷的颜色海洋中分辨出她的绿色连衣裙，你试图在喧闹的环境中分辨出她的声音。她在那里！不知道为什么，在响亮的音乐声和吵闹的交谈声中，你听到她在叫你的名字。但没走多远，玻璃碎裂的声音使你停下脚步，猛然回头，发现是一个水罐从旁边的桌子上掉了下来。当别人都在注意那个破碎的罐子时，你穿过人群走到了她的身边。

　　在上述过程中，你可以在嘈杂的聚会上认出你的朋友，听到她叫你的名字，你还能将注意力迅速转向水罐破碎的声音，并迅速把注意力转开，这整个过程都包含了注意。就人类的信息加工而言，注意是在某个特定时刻，增强某些信息并抑制其他信息的过程。增强使我们能够选择一些信息进行进一步加工，抑制则使我们能屏蔽一些信息。

　　在我们的一生之中，我们每时每刻都被大量的知觉信息所包围，上述宴会只是随时发生着的事件的一个戏剧化的例子。我们的信息处理能力无法同时处理从各种渠道不断输入的信息，我们是如何应对的呢？我们是如何让自己不因信息过载而无法行动的？我们是如何做到随时选择那些对我们有意义的信息，同时排除无用信息的干扰的？一种方法是只关注信息的特定部分（例如，你名字的发音或者你感兴趣的颜色），**选择**这些信息进行加工是因为这些信息在特定时刻具有直接的重要意义。那么，是不是可以认为，注意就是我们通过意志力聚集起来的某种东西，它使我们能够关注某些当前信息？简单地说，是的，但这并不是注意的全部。即使我们的意图和目标很清楚，我们也明确知道哪些信息是自己感兴趣的，仍然会有另外一些足够突出的信息能够吸引我们的注意并使我们分心，就像那个突然出现的玻璃破碎声打断了你寻找朋友的过程一样。

　　说到这里，自然会产生一系列的问题：当我们集中注意于某事时，我们是主动抑制干扰信息，还是仅仅忽略干扰信息，让它们游离在背景中？那些我们没有注意到的信息会怎样？脑的哪些系统和机制与注意能力有关？当这些系统和机制出现损伤时，会产生哪些疾病？

　　本章致力于探索注意的认知功能，具体阐述四个问题：

　　1. 什么是注意？它在认知过程中是如何发挥作用的？

　　2. 注意的信息加工模型有哪些？

　　3. 哪些脑科学的新技术促进了我们对注意的理解？

　　4. 根据当代的一种理论，注意被认为是多种信息资源间的一种竞争，所有渠道的信息力争得到进一步的加工。这种理论能够解释所有关于注意的行为学和神经科学的观点吗？

1. 注意的本质和作用

尽管我们对什么是"注意"某事或某物有直观的理解，但认知心理学领域对注意的研究却有着一段漫长而曲折的历史，其中充满了争论和异议。有些人认为"每个人都知道注意是什么"，而另外一些人却说"没有人知道注意到底是什么"（Pashler，1998）。例如，莫拉尹（Moray，1970）认为**注意**有六种不同的含义，波斯纳和博伊斯（Posner & Boies，1971）认为注意包含三个成分：转向感觉事件；探测信号以便集中加工；维持警觉或警醒状态。而另外一些人则使用了**唤醒**（arousal）、**努力**（effort）、**容量**（capacity）、**知觉定式**（perceptual set）、**控制**（control）以及**意识**（consciousness）等术语作为注意过程的同义词。除了难以准确定义，研究注意的另一个困难是很难设计并开展细致、系统的注意研究，因为注意的选择过程发生得如此自然、轻松，我们很难对注意开展实验研究。

尽管如此，有一点还是得到了广泛的认同，那就是注意选择某些信息使其获得进一步加工，抑制另外的信息使其无法获得深入加工。研究这种加工方式的一种可能方法是研究注意失败后发生了什么。然后我们再研究当注意成功时会发生什么。列出所有这些失败和成功会让我们对注意有一个更清晰的概念。在此之后，我们将给出一些关于注意的理论和实验，了解注意在脑内是如何运作的。

1.1 选择失误

当我们没能注意到某些信息时，我们错过的是什么类型的信息？一种失误的情况发生在海量信息同时呈现在你面前时，就像在宴会上的情形，你不可能同时注意到所有的细节，这种情形被称之为**空间选择失误**（failures of selection in space）。失误也可能发生在信息随时间展开的时候，当新信息（即使总量很小）接踵而至，花时间处理这些信息会使你错过另外一些当前信息，这种情况被称为**时间选择失误**（failures of selection in time）。这些在空间上或时间上的注意失误其实是我们选择性注意系统产生的附带结果，该系统的主要功能是防止我们被无关信息淹没。这些失误本身就是有效认知加工过程的一个重要部分，它们强调了注意的功能。在后文中，当我们讨论注意理论时，必须记住的一点是，理解注意需要同样关注被选择的信息和未被选择的信息。接下来，我们将会给出一些注意选择失误和成功的例子。

1.1.1 空间选择失误

空间选择失误可能达到令人吃惊的程度。如果有人在路上叫住你问路，在谈话过程中，这个人突然换成了另外一个人，你会注意到这种情况吗？事实上，你可能注意不到。当同一情景快速呈现时，人们无法发觉先后呈现的情景之间的差别，这种现象已被反复证明。这其中最富戏剧性的可能要数西蒙斯（D. J. Simons）和莱文（D. T. Levin）在 1998 年做的实验：一个实验者在大学校园里叫住一个行人问路，在问路的过程中，两个人抬着一扇门从实验者和被试之间走过（门背后藏着另一个实验者），这时门后藏着的实验者替换掉开始那个问路的实验者。这位替换上场的实验者与路人继续先前的对话。即使实验者明确地问行人："你注意到我不是先前那个问路人了吗？"，也只有一半的被试回答注意到问路人变了。这种无法发觉情景中的物理性质变化的现象被称为**"变化盲"**（change blindness）（Simons & Rensink，2005）。这种现象经常发生在电影中：连续场景中的穿帮镜头，例如在电影《风月俏佳人》（*Pretty Woman*）中，很多观众都没有注意到早餐的羊角面包被换成了薄煎饼。我们也时常会对视觉以外其他感觉的改变置若罔闻，有研究显示，在听觉场景中我们忽略了声音的改变，这种现象被称为"变化失聪"（change deafness）（Vitevitch，2003）。

我们对一些知觉信息的忽略很有趣。从认知角度看更有趣的是，这意味着忽略不是偶然发生的：我们只从自己周围的环境中**选择**了部分信息而对其他信息不甚关心。变化盲的现象表明，并不是所有的输入信息都得到了注意和表征。值得庆幸的是，尽管很多其他信息被忽略掉了，那些与人类生存相关或具有重要意义的信息都得到了注意。伦辛克（R. Rensink）和其同事在 1997 年的研究中发现，相对于次要内容（"边缘兴趣"），我们会更快地发现与场景的主题内容（"核心兴趣"）相关的改变（图 3-1）。这一发现说明，尽管我们提取出了视觉信息中最重要的成分，我们仍可能丢失很多辅助信息。

这些现象更进一步的含义是，我们的注意受自上而下的加工驱动和调控，这个过程可以灵活且动态地变化。在前一个时刻还很重要的目标，下一个时刻也许就不重要了，我们的目标相应地也发生了改变。如果你现在饥肠辘辘，你可能会注意到旁边桌子上摆着的一篮子看似非常可口的水果；但如果你刚刚吃过饭，你的注意可能只会在这篮子水果上做短暂停留。知识、信念、目标和期望都可能影响我们选择有意义或需要的信息时的速度和准确性，这就像你快速浏览一本书寻找特定内容时，可以跳过大段无关的内容一样。通过自上而下的加工来调节选择和注意的能力具有高度的适应性，这一过程是从海量输入中提取出关键信息的有效方法。

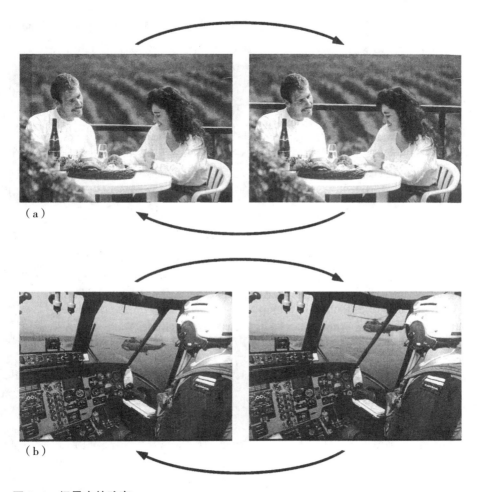

（a）

（b）

图 3-1　场景中的改变

（a）次要内容发生改变（栏杆的高低）。（b）焦点内容发生改变（远处直升机的位置）。相对于发现焦点内容的改变（平均转换 4 次，花费 2.6 秒），发现次要内容的改变被试需要在两幅图之间做更多次转换，花费更长的时间（平均转换 16.2 次，花费 10.4 秒）。

（Courtesy of Ron A. Rensink，Ph. D. ）

但是，因为有太多相互竞争的信息，自上而下的注意选择过程并不总能立刻使我们找到目标。例如，在先前所述宴会的开放式情景中，你看到朋友的绿色连衣裙时，并不一定是绿色连衣裙第一次出现在你的视野里；第一次听到朋友叫你名字的时候，也不一定是她第一次叫你。而且，你在寻找朋友时，还被那个掉落的水罐分散了注意力，也就是说你的自上而下的加工被一个感觉事件打断，这个感觉事件就是一个自下而上的注意加工。结果就导致了空间选择失误：你的注意从寻找朋友的当前目标上被转移。

空间信息选择失误也会发生在当前刺激很少的情况下。例如，同时呈现两个信息源（比如电视上的一场戏和报纸上的一篇故事），要求你同时对它们进行加工，你很难完全公正地同时加工两者。相对一次处理一个信息源的内容，同时处理两个信息源的内容效果更差，也就是说同时处理两个任务是要付出代价的。当你试图同时做两件事时有两种可能性：要么你完整地跟进电视剧情节，完全忽略报纸故事（或者反过来）；要么电视剧和报纸故事你都漏掉部分情节。

一次只集中注意一个信息源而排除其他信息源被称为**聚焦性注意**（focused attention）。**分配性注意**（divided attention）指的是需要同时注意一个以上的信息源，因而被选择的信息是不完整的（就像同时跟进**部分**报纸故事和**部分**电视剧情节一样）。注意分散时信息丢失的现象可能源于两个信息源在竞争有限的注意资源［有时被称为心智努力（mental effort）］。打个简单形象的比方：我们每个人都有一个注意努力的池子，每个任务都要花费这个池中的努力。任务越难，同一时刻的任务数量越多，需要从这个池中提取的"心智努力"就越多。当有限的容量少于完成任务所需的量时，失误就会更频繁。而当任务简单、需要同时处理的任务少时，对这个有限资源的需求就小。

注意分散时究竟发生了什么？奈塞尔和贝克伦（Neisser & Becklen，1975）的一个实验可以给出较为清晰的答案。该实验给被试呈现两个叠加起来的视频：第一个视频是两个人在玩拍手游戏，一个人试图拍打对方的手；另一个视频是三个人在打篮球（图3-2）。当要求被试只关注其中一个事件时，他们能很好地完成任务；但要求他们同时关注两个事件时，完成任务则几乎是不可能的。

像这样的注意分配任务乍一看来好像不太可能发生。实际上，这正是训练有素的航空交通控制人员在经过大量模拟练习之后所做的工作（图3-3）。值得欣慰的是，从事这类工作的人员都具备了充分的专业知识和技能，很少出错。

（a）	（b）	（c）

图3-2　分散的注意

图（a）是拍手游戏视频的一个镜头；图（b）是篮球游戏视频的一个镜头；图（c）由前两个视频叠加而成。给被试看（c），要求被试只关注其中一种游戏：被试能够完成任务，但效果不如单独观看（a）或（b）时好；被试基本不可能同时关注两个游戏。
[Russell, J. A. & Barrett, L. F.（1999）. Core affect, prototypical emotional episodes and other things called emotion：Dissecting the elephant. *Journal of Personality and Social Psychology*, *76*, pp. 805-819. 经允许重印]

图3-3　高度分散的注意

航空交通控制员需要同时监控多架飞机的运动。

（Photograph by Roger Tully. Courtesy of Getty Images Inc-Stone Allstock.）

1.1.2 时间选择失误

注意在同一时刻能处理的空间信息的数量有限，同样地，注意按时间顺序处理信息的速度也是有限的。这两种局限虽然程度和特点可能不同，但每个人都有。

也许测算信息处理速度最简单的方法，是让被试报告快速呈现的刺激序列。那些关注人类注意的速度极限的研究者设计出的实验，将人类的注意加工系统发挥到极限。在这种类型的研究中（例如，Shapiro et al.，1984），研究者给被试呈现一串字母，其中一个字母为白色（研究者将这个白色字母记为**目标一**，即 T1），其他均为黑色 [图 3-4（a）]。在一些试次中，目标二"X"（记为 T2，或者称为**探针**）以不同的间距出现在字母串中（即 X 有可能紧跟白色字母出现，也有可能间隔几个字母出现）。每个字母在屏幕上呈现的时间都很短暂，只有 15 毫秒；两个字母之间的时间间隔为 90 毫秒。实验的第一部分是单一任务，要求被试忽略白色字母 T1，只关注 T2（探针"X"）是否出现在字母串中，正确探测到 T2 的百分比被记录为 T2 与 T1 之间的时间间隔的函数。实验的第二部分是双任务条件，即被试要同时完成两个任务，给被试呈现与第一部分实验相同的字母串，要求被试不仅要像在单任务条件下一样报告 T2 的出现，**而且**还要报告 T1 的出现。

两种情况的结果如图 3-4（b）所示。在单任务条件下，不论 T1 和 T2 间隔多久，被试都能很准确地报告出 T2——这个结果在意料之中，因为被试按照要求忽略了 T1。有趣的是，在双任务条件下，当 T2 在 T1 之后 100—500 毫秒出现时，被试不能报告 T2 的出现。当 T1 和 T2 的时间间隔更大时，被试可以再次准确地报告 T2 的出现。在 T1 出现后的某个时间窗口内呈现 T2 时，对 T2 报告的准确率下降，这种现象被称为注意瞬脱。**注意瞬脱**（attention blink）是指在一个很短的时间范围内外界输入的信息无法被登记的现象，实际上这跟我们在眨眼的瞬间漏掉一些视觉信息的情况很相似。注意瞬脱也可以由两个相继快速呈现的物体（不仅是字母）引起（Raymond，2003）。注意瞬脱的标志是，在某个刺激出现之后的某个特定时间区间内个体无法探测到别的刺激。当刺激呈现得非常快时，投向第一个刺激的注意似乎阻碍了对第二个刺激的注意，这就是我们所说的注意在时间上的选择失误。

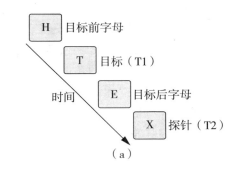

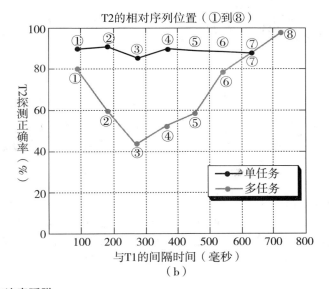

图 3-4　研究注意瞬脱

（a）目标 1（T1）为白色，包含在一个字母串中。探测刺激——字母"X"（目标 2 或 T2）出现在目标刺激之后的任意位置。（b）被试在单任务（只报告"X"而不用报告白色字母 T1）中正确率较高，在双任务（正确报告白色字母 T1 之后还要报告"X"）中正确率较低。注意瞬脱发生在 T1 出现的 100 毫秒之后，甚至在 T1 和 T2 呈现时间相差半秒时也会出现，当 T2 在 T1 之后约 300 毫秒出现时注意瞬脱现象最严重。

　　类似的现象还发生在以下情况中：以序列方式快速呈现刺激时，如果其中的一些刺激完全相同，即使为了避免注意瞬脱而使刺激呈现时间足够长，结果仍然出现了注意瞬脱现象。例如，坎维尔（N. Kanwisher）及其同事（1997b）的一项研究给被试连续呈现九张图片的序列，在这个序列中有两到三张连续图片被夹在一些叫作**掩蔽刺激**的视觉"噪音"图片中间（图

3-5）。每个试次的开始和结束都有较大的掩蔽区，每张图片呈现 100 毫秒。这个研究最为重要的发现是：当序列中的第一张和第三张图片相同时，被试通常不能报告看到了第三张图片。只要第一张和第三张图片描述的物体相同，即使两个图片中物体的大小或呈现的角度不同，这种现象也会发生。但如果两个物体是不同的物体，被试就很容易看到第三张图片。当刺激以序列方式快速呈现时，人们不能探测一个刺激再次出现的现象被称为**重复知盲**（repetition blindness）（Kanwisher，1987）。

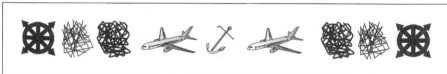

（a）

（b）

图 3-5　重复知盲的示例
　　呈现给被试的掩蔽图片和（中央的）写实图片。（a）当第一张和第三张图片一样时，被试无法报告重复的图片。即使前后两张图片中的物体大小或者视角不同，这种现象仍会发生。（b）当第一张和第三张图片不同时，被试能够毫无困难地报告两张图片。

　　以物体和单词作为刺激都能观察到重复知盲现象。例如，当把句子 "It was work time so work had to get done" 快速呈现给被试，被试无法探测到第二个 "work" 的出现，而把句子回忆为 "It was work time so had to get done"（Kanwisher，1991）。当两个重复的单词中间插入了几个单词时，会出现重复知盲现象，甚至当两个重复的单词书写的形式不同（例如 "WORK" 和 "work"）时也会出现这种现象。第二次出现的刺激之所以不能被编码，是因为当刺激第二次快速重复出现时，它并不被当作一个独立的刺激，而被融合到第一次的表征中，所以只有一个刺激被探测到了。重复知盲的现象说明，如果我们没有足够的时间，同样的刺激第二次出现时，我们不会对它形成第二次独立的表征，因此注意不到刺激的重复。

1.1.3　资源有限性

我们为什么会出现时间或者空间上的信息选择失误呢？有人认为这是我们的感觉终端造成的，也就是说，如果是视觉刺激，问题就出在眼睛上；如果是听觉刺激，问题就出在耳朵上。人类的周围视觉并不是很精确，在很多实验中，被试都会忽略掉屏幕边缘的信息。但是，对前面提到的所有信息呈现的选择失误，不能只解释为我们的眼睛对远离视野中心的信息的视敏度的下降。例如，在奈塞尔和贝克伦（Neisser & Becklen，1975）的研究（刺激是叠加在一起的视频）中，所有必要的信息都呈现在屏幕的中央；在注意瞬脱和重复知盲的研究中，信息也呈现在屏幕中央。那么这些情形下的信息丢失就无法用视觉的精确性来解释了。似乎信息选择上的局限与信息的**数量**有关，于是有些模型提出了**瓶颈**（bottleneck）的概念，用来描述一次能够处理的信息量的上限。因为瓶颈的存在，一些关键的加工过程不得不依次执行（Pasher & Johnston，1998）。

注意分配研究证实，当我们必须同时注意两种来源（例如，电视屏幕和报纸）的视觉信息，或者两种不同的视觉事件（例如，拍手游戏和篮球比赛）时，我们的表现会受到影响，表现为反应时延长或准确率下降。当你尝试同时完成两个任务时也是如此。所有这些情况下的行为水平下降都被称为**双任务干扰**（dual-task interference）。

也许有人会认为，所有这些行为水平的下降或许只是因为当所有信息都很相似时干扰效应增强，毕竟它们都是视觉（或都是听觉）信息，因此我们只是无法应付这么大数量的信息罢了。的确，当两种信息是同种类型时，相比它们是不同类型时干扰效应更大（Brooks，1968）。如果你回忆一个句子的同时还要执行一个语言任务（例如，数数），你的表现要比回忆一个句子的同时看一幅图片糟糕得多。同样地，当要求你完成一个空间视觉任务，例如在脑子里回忆美国地图，扫描其边界，看哪个州的宽度超过高度时，这个任务很大程度上将会影响你回忆一幅图画，而不会太影响你回忆一个句子。

但是，实际上注意的局限性更普遍，选择信息的失误也可以发生在两种不同类型的信息源上，或者发生在来自不同感觉通道的信息上，例如一种是听觉信息，一种是视觉信息，尽管这种情况下的干扰没有同种类型信息之间的干扰大。一些研究者认为，干扰程度取决于多重表征之间的相互沟通，以及对输入信息采用的加工：如果相似的表征或加工在两种任务中都得到了激活，那么人们就会感到困惑。例如，回忆一个句子和数数都需要语言表征，这些表征相互干扰，阻碍加工；而回忆一个句子和想象美国地图需要的表征鲜有重合，因此两个任务之间的干扰更小。随后的**争论**专栏讨论了一个现实的双任务问题。

到目前为止，我们探讨的注意瓶颈的问题全部是知觉问题：过多的竞争信息，或者数量不多但属于同种类型因而竞争也很激烈的信息。然而，即使只有一种感觉输入，但对输出的要求过高时也会出现注意的瓶颈。在这种情况下，瓶颈本质上是一种动力。例如，你接到一个电话，这时唯一的输入是打电话的人的声音，电话是打给你室友的。你的室友在旁边吗？你需要确认一下。打电话的人很着急，"你能捎个口信吗？""当然可以……"便签哪儿去了……当你在找便签的时候，你已经忘了留言的开头是什么了。好了，但现在铅笔又掉了……天哪，这可要花点时间……这种情况下一种输入刺激需要做出多种反应。协调这些反应很困难，除非你比较慢地或依次地执行所需要的所有反应，否则你将丢失一些信息。如果同时有多个感觉通道输入信息，协调两个输出的反应比做出一种单一反应更加困难。同时做两件事情并非不可能，实际上我们可以通过训练做得更好，但即使人们已经很熟练，还是经常会付出代价或者失败。

在注意分配的失误中，注意不到感觉信息并非由于视觉的局限性，同样，当我们要同时做很多事或者快速完成一系列事情时，动作输出的失误并不是由于计划肌肉运动能力的局限性。让我们回到开篇时提到的那个宴会上：你已经找到了你的朋友，并且正和她惬意地聊天。这时有人给你拿了一个三明治，但此时你的右手（优势手）正拿着一个杯子。于是你犹豫：是放下手中的杯子（放在哪里呢？）用右手去拿三明治呢？还是用左手去拿三明治？即使只有输入刺激是单一的，当你试图在两种反应之间做出选择时，还是出现了干扰效应，表现为你的行动变慢。这种干扰效应称为**反应瓶颈**（response bottleneck），反应瓶颈需要花费的时间成本在实验中得到了记录。例如，在一个研究中，当计算机屏幕的左边出现光点时，被试需要用左手按键；当一个声音响起时，被试需要用脚踩踏板。预实验测定出，在声音响起之后被试需要约 500 毫秒踩下踏板。但如果在声音出现之前的 50 毫秒屏幕上出现光点，那么被试踩下踏板的时间就会明显长于 500 毫秒。声音-踏板的反应选择，必须要在光点-按键的反应选择完成之后才能开始，这解释了踩踏板的时间变长的原因（Pashler，1998）。

争论

开车和打电话

移动电话在过去的几年里风靡全球。最近的一项调查显示，在美国约有 85% 的人在开车时使用移动电话。雷德迈和蒂伯西拉尼（Redelmeier & Tibshirani，1997）发现，在开车时打电话，出现事故的可能性会提高四倍（注意，正因为开车时打电话会提高交通事故的发生率，美国很多州都规定开车时打电话是违法的）。但是这个早期的研究并没有告诉我们具体什么时候更容易出事故：拨号的时候，通话的时候，还是在拿手机的时候？也就是说，我们并不清楚是否某些条件下的双任务干扰比另一些条件下更严重。

最近的一些研究试图回答这个问题。例如，斯特雷耶和约翰斯顿（Strayer & Johnston，2001）设计了一项实验，要求被试玩一个模拟的开车游戏，被试开车"跟随"前面的一辆目标汽车。被试被随机分成三组：第一组，在"开车"时听广播，广播的内容自己选择；第二组，手拿手机在电话中讨论 2000 年大选和奥运会。第三组，不用手拿手机，在电话中讨论 2000 年大选和奥运会。实验中，红、绿信号灯随机闪现，当被试看到红灯的时候，需要按下"刹车"按钮。实验者记录被试错过红色信号灯的次数，以及看到红色信号灯后按下刹车键的反应时间。

结果很清楚：打电话的两组，不论是否拿着手机，被试错过红色信号灯的次数都是听广播组的两倍，即使他们发现了红色信号灯，他们的反应（按下刹车键的时间）也比听广播组更慢。如果被试是在说话而不是听电话，其反应时会更长。听广播组和打电话组表现出的差异不能解释为两组驾驶水平的差异，因为所有被试都完成了没有干扰条件下的驾驶任务，三组被试的表现没有差异。所以，打电话这一附加任务才是导致实验结果的因素。

那么注意是怎样受到影响的呢？斯特雷耶、德鲁斯和约翰斯顿（Strayer，Drews & Johnston，2003）发现：在被试驾驶的时候加进打电话的任务，会把被试的注意从视觉情境上转移开。那些在驾驶过程中用手机通话的被试，不能或者只能回忆起部分路上广告牌的内容。

实际上，这些司机在打电话时并没有真正看周围的信息：打电话的司机的眼动并没有跟随沿路的信息，即便信息出现在视野中央。因此，他们对沿路信息的记忆很差。这种信息处理和选择的失误，与其他实验报告的信息选择失误很相似。这些情况都是由被试不能同时处理眼前所有的视觉信息，以至于只能把注意集中在其中一小部分信息上导致的。

1.1.4　问题解读

尽管认知心理学家已经花费了大量时间和精力去研究注意的分配和与双任务相关的成本，但仍然有很多问题没有解决。其中一个问题是，研究人员永远无法保证两种输入信息总是同时被注意，或者两种输出信息总是同时被选择，或者两个任务总是同时被执行。即使在单一任务条件下，即被试需要对一种任务给予持续注意（例如驾驶），被试每时每刻的注意水平也并不总是一致的。因此，多任务研究的一种有效策略是，不要让被试同时处理两个任务，而是在两个任务（输入或者反应）之间快速来回切换。但是，应该怎样选择切换时机呢？听一会车载收音机，再看一会路况，再听一会收音机，无论每段注意时间多么短暂，这都不是一个很现实的（也不推荐）加工程序。而且，我们还不知道被试是否可能用完全相同的时间完成两种任务，即便可以实现，我们也不知道这样的快速切换会对认知系统增加多少负担。

第二个让双任务研究变得困难的问题是，你无法保证被试同时完成两个任务与被试单独完成两个任务的加工过程完全一样。有些研究者认为，被试会重构两个任务并将它们整合成一个任务（Schmidtke & Heuer，1997；Spelke et al.，1976）。如果的确如此，双任务被整合为单一任务，那么我们就难以分别量化每个任务的表现。而且，在整合的过程中，每个任务都在某种程度上发生了变化，以保证整合的顺利进行。因此，将双任务的加工成本与单任务的加工成本进行比较可能是不合理的。

无论怎样，完成双任务并非不可能，人们可以通过训练对其中一个任务，或者两个任务都达到熟练程度，从而避免双任务的不利影响。让我们再回过头来看看开车时打电话的双任务。在模拟情境中，研究者让被试正常开车，同时完成第二任务：转换收音机的电台，或者选择并拨打一个手机号码（Wikman et al.，1998）。为了完成第二任务，新手驾驶员频繁地将视线从路况上移开，每次持续的时间大于 3 秒。3 秒对于高速公路驾驶而言无疑是一个长的（而且危险的）时间间隔。而在同样的情境下，有经验的驾驶员只需要很短暂地转移一下视线。因为他们精通驾驶技术，驾驶对他们来说更加自动化，因此他们知道在不影响开车的前提下自己需要花多少时间在第二任务上。也就是说，如果有足够的练习和专业知识，一个任务就会变得更自动化，这样，被试在完成这个任务与另一个任务组成的双任务时，两者之间的干扰就会减小。

在 20 世纪 70 年代后期，两位研究者使用**自动化**和**控制化**来描述这种加工能力的变化（Shiffrin & Schneider，1977）。与上述实验结果一致，这两位研究者发现，人们在完成简单或非常熟悉的任务时使用的是自动化加工，而在完成困难的或者新的任务时则被迫使用控制化加工。不过，通过训练，控制化加工任务可以变为自动化加工任务。

1.1.5 脑什么时候失误

我们前面提到的信息选择失误是人类经验不可缺少的组成部分——我们都经历过这些失误。然而，这种正常的失误形式对于那些患有**偏侧空间忽视症**（hemispatial neglect）的病人来说要严重得多。这是一种注意缺陷，患者会忽视一半视觉情境的内容。偏侧空间忽视症通常是由中风使脑右侧顶叶区供血不足而导致的右顶叶受损造成的，右侧顶叶被认为是与注意和选择功能相关的关键脑区［图 3-6（a）（彩插 A）］。当要求这些患者临摹，或者凭记忆画出一块表或一朵雏菊时［图 3-6（b）（彩插 A）］，他们不会注意（即不能选择）其脑损伤区对侧的空间信息，因而在他们的画中会缺失一半的内容。同样地，当要求他们为面前纸上的所有短线做标记时，他们会整体忽略掉左侧的短线：他们对右侧的短线做了很多标记，就好像左侧的内容完全不存在一样［图 3-6（c）（彩插 A）］。他们之所以不能选择左侧（损伤脑区的对侧）的信息，不是因为他们的视力有问题看不到左侧的内容，而是因为他们似乎注意不到左侧的信息。如果指出他们的画缺少左侧的内容，他们可能会重新检查并补充左侧丢失的内容。但就他们自己的脑功能而言，他们显然不能选择左侧的信息。这种对左侧信息的忽略并不局限于视觉（进一步的研究证实这本质上不是一种视觉问题）——这些病人也会忽略来自左侧的声音或触觉刺激，甚至觉察不到从左边鼻孔传入的嗅觉信息。

偏侧空间忽视症使病人的日常生活变得不愉快，甚至面临许多危险。病人吃饭的时候可能只吃盘子右边的食物，忽略盘子左边的食物，并抱怨肚子饿（如果将盘子转个方向使左边的食物出现在右边，问题就解决了）。他们在刮胡子或化妆时，可能只完成半边脸的工作。他们在读报纸标题时，可能只注意右半边的内容。例如下面的报纸标题：

SPECTACULAR SUNSHINE REPLACES FLOODS IN SOUTHWEST

他们读到的可能是：

FLOODS IN SOUTHWEST

甚至出现在右侧的单词的左边部分也可能被忽略掉，从而读成：

FLOODS IN   WEST

他们可能会在穿衣服时忽略左边的衣袖，穿拖鞋时忽略左边的拖鞋，甚至戴眼镜时忘掉左边的镜腿，让它悬在脸的一侧（Bartolomeo & Chokron，2001）。

偏侧空间忽视症患者不仅具有知觉方面的缺陷，在心理表象上也有缺陷，甚至在没有感觉输入的情况下，在仅仅凭借记忆创造出来的图像中，损伤脑对侧的内容也是缺失的。比夏克和卢扎蒂（Bisiach & Luzzatti，1978）的研究证实了这一点。他们让一组住院的偏侧空间忽视症病人（都是米兰人）详细描述米兰大教堂广场（米兰的标志性建筑）。因为当时他们看不到广场，因此病人需要建立对广场的心理表象来描述广场。尽管这时病人描述的信息完全来自内部表征而不是感觉输入，病人还是很少描述左侧空间（其脑损伤区的对侧）的信息。这并不是因为他们的记忆系统有问题，或者他们忘记了那些内容，因为当要求这些病人想象自己走到了刚才描述的场景的另一边，再描述一下场景的细节时，他们又忽略了新场景中左边的信息，而新场景右边的建筑和商店（在之前的表象中被忽略）则被描述出来。这个发现表明，注意不仅能从真实的知觉输入中选择信息，还能从内部产生的心理表象中选择信息。

在某些情况下，偏侧空间忽视症患者也能够注意到左侧的信息：当病人的忽略侧出现了非常突出和重要的刺激时，病人能够通过自下而上的加工获得对这些刺激的注意。例如，出现在左侧的一束强光或一个突如其来的声音就可能引起他们的注意。自上而下的加工可能也有一定作用：特别提醒他们注意左侧的信息可以帮助病人减轻忽视的程度，但这样的提醒要频繁地重复才行。

尽管这些病人最明显的症状是不能注意左侧空间的信息，但有证据表明，他们对时间信息也存在选择失误的情况。例如，凯特和贝尔曼（Cate & Behrmann，2002）在计算机屏幕的左右两边快速呈现（呈现时间为100毫秒）字母（例如，"A"或"S"），让一个左侧忽视的病人报告出现的是什么字母。当字母单独出现在屏幕左边时，被试正确探测到字母的概率为88%，当字母单独出现在屏幕右边（注意未受损的一侧）时，正确率为83%。当屏幕两边同时呈现字母时，有趣的结果出现了（一些病人在这种双侧同时呈现的条件下，左侧忽视的缺陷最严重）。如果左侧的字母先出现，并在屏幕上停留300毫秒之后右侧的字母才出现，那么被试识别左侧字母的正确率和其单独呈现时差别不大。如果右侧的字母比左侧的字母先出现300毫秒，这时对左侧字母报告的正确率就只有25%了。但是，如果右侧的字母先出现，然后消失，经过足够长的时间（例如，900毫秒）后再呈现左侧的字母，这时右侧字母对注意的吸引显然降低了，患者能够正常地注意到左侧的字母。这个结果与注意瞬脱实验的结果很相似。

这个研究说明了两个重要问题：（1）当字母出现在左侧，而且没有右侧的字母与它竞争时，这个字母就不会被忽略；（2）如果一个竞争性的字母出现在右侧，很短的时间间隔后左侧也出现一个字母，那么探测到左侧字母的可能性降低，因为病人的注意仍然被右侧的刺激所吸引，但是，如果间隔的时间足够长，那么病人又能重新注意到左侧的字母（Husain et al.，1997）。因为时间因素也可以影响结果，所以我们认为空间（左-右）和时间注意机制交互作用，共同决定被忽视的信息量。

有没有损伤了**左侧**脑而忽视**右侧**信息的病人呢？有，但是不多。这主要是因为人类的大脑两半球具有不对称性和功能专一性的特点：人类负责语言加工的区域主要位于左半球，而负责注意和空间加工的区域主要位于右半球。因此，右侧半球的损伤相对左侧半球的损伤更容易引起忽视症状，且带来的忽视症状更严重。

1.2　选择成功

幸运的是，正常的注意系统并不像它看起来那么笨。我们在选择信息时容易出现很多失误，这可能是因为在一个位置出现了太多的信息，或者在很短的时间内出现了太多的信息，或者我们的注意力被分散了。尽管如此，在很多情况下我们还是能够成功有效地从呈现给我们的输入中挑出必要信息。

1.2.1　空间选择的内源性效应和外源性效应

当你在宴会上寻找自己朋友时，有两类信息影响了你的寻找过程。一种来自你的内部：例如你对她衣服颜色的了解。另一种来自外部：例如水罐破碎的声音。（在上面的例子中，知道衣服的颜色帮助你找到了朋友；而水罐破碎的声音分散了你的注意）这两类信息在很大程度上决定了我们注意到什么信息。

当你进入房间时，你广泛而迅速地搜索了一遍自己周围所有的绿色物体，然后在这些绿色物体中专门寻找你朋友的绿色连衣裙。这种有意识的注意过程是自上而下的；它产生于**自身内部**（这个例子中来自你对绿色连衣裙的知识），因而被称为**内源性注意**（endogenous attention）。但是这种目标驱动的或自上而下的注意是可以被打断的：突出的、强度大的刺激能够吸引你的注意，使你从手边正在进行的工作上分心。通过这种方式获得的注意被称为**外源性注意**（exogenous attention），因为它是通过自下而上的方式由**外部**刺激驱动的（例如，罐子的破裂声、浓烈的色彩可以作为外源性提示，这些提示很有用；出于同样的原因，在野外郊游的小朋友和从事监外劳动的犯人都会穿上颜色鲜艳的衣服）。

对内源性和外源性注意最系统化的研究建立在隐蔽注意（covert attention）这个概念的基础上。这个概念是由德国生理学家、物理学家赫尔曼·冯黑尔姆霍尔茨（Hermann von Helmholtz，1821—1894）提出的。他发现即使我们的眼睛盯着某个点，在没有明显的眼球运动的情况下，视觉注意还是可以隐蔽地转移到其他地方（实验使用闪动的光点———一种非常突出的刺激来阻止眼睛转向注意的空间区域）。

在现代的研究中，研究者致力于探索内源性和外源性提示如何影响信息加工过程（Posner et al.，1980，1982）。在一个实验中，电脑屏幕上呈现两个方框，一个在屏幕中央注视点的左边，另一个在右边［图3-7（a）］。内源性提示（例如，一个箭头）引导被试将注意聚焦到箭头所指的方位，即使被试的目光始终保持在注视点上。这个箭头只是一个符号，只有在被试理解了这个符号的意义之后才知道应该怎样转移注意，因此，这里的注意转移是一个内源性加工过程。实验中大部分（约80%）试次被设计为"有效试次"，这种条件下提示刺激消失后，靶刺激（例如，一个小正方形）会出现在被提示的方位，要求被试在看到靶刺激后尽快按键反应。"无效试次"的条件则是指靶刺激出现在与箭头提示方向相反的方位上。另外，还有一种"中性试次"的条件：提示是一个没有提示意义的双向箭头，靶刺激总是出现在固定的方位。

这个研究得到两个重要结论。第一，和中性条件相比，在有效提示条件下，被试探测到靶刺激的反应更快（也更准确），这说明注意某个位置会促进对该区域的加工，即使在眼睛没有移动的情况下也可以做到。第二，和中性条件相比，被试在无效提示的条件下，反应明显更慢（当然也比有效提示条件慢）。为什么会这样呢？在无效提示的条件下，提示误导了注意的方位，使被试的注意成为自上而下的内源性注意，随后被试将注意转换到另一边增加了反应时间。对正常被试而言，无论靶刺激出现在注视点左边还是右边，这种反应时增加或减少的变化模式基本相同 ［图 3-7（b）］。而偏侧空间忽视症患者则表现出不同的变化模式 ［图 3-7（b）］。

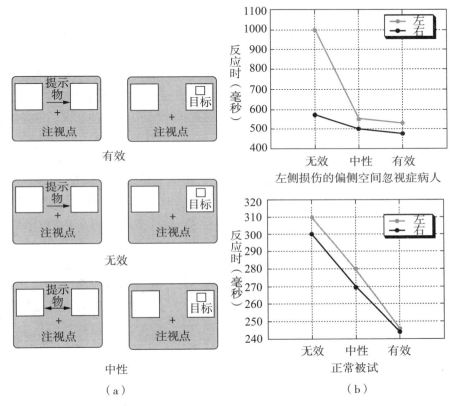

图 3-7　内源性提示任务

（a）在有效提示条件下，箭头提示正确地指示了目标将出现的位置；在无效提示条件下，目标出现在提示方向的对侧；在中性条件下，提示箭头是双向的，因此对目标出现的位置没有提示作用。在这种实验中，有效提示通常比无效提示的试次多，因此被试可以利用提示物的提示作用。（b）正常被试与偏侧空间忽视症病人的数据。正常被试在有效提示条件下反应更快，其反应时也少于中性条件下的反应时。注意在无效提示条件下，被试的反应时变长，代表了当箭头提示误导被试时的认知代价。目标出现在左右两侧没有差异。当左侧目标被无效提示误导时，左侧受损的偏侧空间忽视症病人的反应严重变慢（注意图中 y 轴上的巨大差距）。在这种情况下，箭头提示指向右侧，因而注意被导向右侧。当目标出现在病人忽视的左侧时，对目标的探测就变得特别慢。

外源性注意条件下的情况一样：有效提示会促进注意，无效提示会抑制注意。举个例子，同样是两个方框呈现在注视点的两边，其中一个方框短暂地变亮，作为一个自下而上的提示。接下来靶刺激［如图 3-7（a）中的小白色正方形］要么出现在有提示的方框内（有效提示条件），要么出现在无提示的方框内（无效提示条件）；中性条件下两个方框都短暂变亮。注意被自动地吸引到变亮的方框里。结果与内源性注意条件下的情况一样：有效提示条件下被试的反应速度最快，无效提示条件下被试的反应最慢。

尽管外源性和内源性注意的实验结果非常相似，但仍然存在一个差异：在外源性注意的实验中，注意可以自动地、迅速地被吸引到非常强烈的闪亮提示上，不需要额外的加工时间；而在用箭头作为提示的内源性注意的实验中，被试需要先对提示物进行知觉加工，然后理解它的含义，再利用这个信息进行自上而下的加工。如果靶刺激在箭头提示出现之后立刻出现，那么提示既没有促进效应也没有抑制效应。只有给被试足够的时间（约 150毫秒）来加工和利用提示提供的信息，才会出现上述的促进或者抑制效应。

这些研究充分证明了注意的朝向本身（无须明显的眼动）对探测的促进和抑制作用。最近的研究显示，虽然在实验条件下（如上述条件）将隐蔽的注意和眼动分离开来是可能的，但在更自然的情境下，这两者是紧密相关的，甚至可能依赖于共同的神经网络（Corbetta & Shulman，2002）。事实上，有些研究者指出，将注意和眼动结合在一起是有现实意义的：注意先搜索视觉场景，然后将目光转移到包含特别有用的或突出信息的区域（Hoffman & Subramaniam，1995）。

1.2.2　注意成分

当偏侧空间忽视症病人执行注意提示任务时情况会怎样呢？在有效提示条件下，右侧顶叶损伤的病人（大多都有偏侧空间忽视症）能正常发现出现在非忽视侧——右侧的靶刺激，他们也能基本正常地发现出现在忽视侧——左侧视野的刺激（Posner et al.，1984，1987）。这说明尽管病人对出现在忽视侧的靶刺激探测要差一些，但还是可以利用提示来完成任务的，无论提示是内源性的还是外源性的。在无效提示条件下，当提示指向病人的左侧忽视侧，而靶刺激出现在右侧视野空间时，被试虽然会比有效条件下的反应慢，但减慢的程度仍在可以接受的范围之内，因为即使正常的被试，在这种条件下也会出现反应变慢的情况。重要的结果是，在无效提示条件下，当提示指向右侧视野，而靶刺激出现在左侧忽视侧的时候，病人探测靶刺激的反应时大约要多 500 毫秒。

　　基于对脑损伤病人的研究结果，波斯纳（M. L. Posner）及其同事提出了一个注意模型，该模型包括三个独立的心理操作：将注意从当前位置脱离开；将注意转移到一个新的位置；将注意聚焦到新的位置并促进对这个位置的信息加工（Posner, 1990；Posner & Cohen, 1984）。根据该模型，那些右侧脑损伤的病人在完成前述任务时，当提示将病人的注意转移到右侧视野，而靶刺激出现在左侧忽视侧时，被试很难将注意从非忽视的右侧脱离开，正是这种缺陷导致被试的探测反应变得非常慢。而当提示出现在左侧忽视侧，靶刺激出现在非忽视侧时，则没有这种注意脱离的问题。在这个模型中，注意被分离成了几个子成分，来自病人的实验结果显示，顶叶（尤其是右侧顶叶）在其中一个子过程中起到了关键作用。

　　有趣的是，波斯纳及其同事还发现另外一些病人在上述模型的后两种心理操作上表现出缺陷，即注意转移和注意聚焦。中脑损伤并患有**进行性核上麻痹**（progressive supranuclear palsy）的病人似乎在注意脱离和注意聚焦上不存在问题（Posner et al., 1985）。但如果被提示的靶刺激出现在他们难以定向的那边，他们对靶刺激的反应就会变慢，提示这些病人在把**注意转移**到提示位置的环节上有缺陷。另一方面，枕核（丘脑的一部分，丘脑是一种皮质下结构）损伤的病人，不论是在有效提示或无效提示的条件下，对损伤侧对侧的刺激反应都很慢。但当刺激出现在未受损伤一侧时，病人的表现完好（Rafal & Posner, 1987）。这些研究结果表明，丘脑损伤的病人不能将**注意聚焦**到受损的一侧视野。这三组病人的三种不同表现模式，支持了注意可以被分解为三个分离的子功能（脱离、转移、聚焦），当脑的不同区域受损时，每一种子功能都可能受到选择性的影响（综述见Robertson & Rafal, 2000）。

1.2.3　跨通道联系

　　尽管很多研究主要关注视觉的注意效应，但有证据表明，注意的促进和抑制效应在其他感觉通道内部或通道之间也存在。再回到宴会的场景，一旦你通过视觉锁定了你的朋友，你突然听到她在叫你的名字，不过似乎她已经叫了你好几声了，为什么你在看到她时会更容易听到她的声音呢？

　　一系列实验证明，在内源性和外源性注意条件下，都有跨通道启动效应（Driver & Spence, 1998；Kennett et al., 2002）（在第 2 章中介绍过，**启动**指的是一个刺激或任务促进对另一个刺激或任务的加工的现象）。在一个实验任务中，给被试带上触觉刺激器，它可以振动两只手的拇指或食指。四个发光二极管被放置于相应的空间位置上，要求被试报告触觉刺激的位置。当一个无信息提示作用的视觉闪光出现在触觉刺激同侧时，被试对触觉刺激的反应会加快。相反的情况同样存在：一个随机的触觉刺激对同侧视觉目标的反应有启动效应。当被试将双手交叉时，启动效应与外部空间一致（也就是说，当左手交叉到身体右侧时，对右侧视觉刺激的探测有启动效应）。在听觉与触觉之间，听觉与视觉之间都发现了同样的效应。

当被试在一个感觉通道上期待某个位置出现一个刺激，而一个未被期待的刺激出现在它同侧的另外一个感觉通道时，也发现了类似的提示效应。例如，当期待一个视觉刺激在右侧出现时，被试对随机出现在右侧的触觉刺激的反应快于出现在左侧的触觉刺激。这个发现说明，注意在某感觉通道内朝向一个空间位置，会易化该空间方位其他感觉通道内的信息加工。

1.2.4　基于客体的注意

在生活中，我们总是被各种各样有生命的或者无生命的物体所围绕，注意可以以它们为对象，也可以以空间中的某个位置或时间序列上的某个点为对象。最近，对基于客体的注意的研究显示，当注意朝向一个物体时，这个物体的所有部分都得到了加工（Jarmasz et al.，2005）。举个现成的例子，当你想到穿绿裙子的朋友时，你是将她作为一个单一物体来看待的（毫无疑问，因为她是一个朋友，这是大于部分之和的一个概念）。当你集中注意她时，你更可能注意到她手腕上戴的表，而不容易注意到站在她旁边的人戴的表，即使那个人离你一样近。因为这个表是她的一部分，旁边的那个人的表则属于另外一个物体。

许多基于客体的注意研究都显示，物体和它的相关部分及特征会被同时选择。在最经典的研究中（Duncan，1984），实验者让被试看电脑屏幕中央的矩形，这个矩形的一边有一个缺口，一条直线穿过这个矩形（图3-8）。被试需要对一个物体进行两种判断：以屏幕边缘为参照，矩形是大还是小，矩形边上的缺口是在左边还是右边，这时被试的正确率很高。实际上，被试同时报告两种特征（矩形的大小和缺口的方向）的正确率与单独报告一种特征时的情况一样好。把刺激物换成直线也得到了类似的结果，即被试同时判断直线是垂直的还是倾斜的，是实线还是虚线，与单独判断其中一种特征时的正确率一样高。在另一种条件下，两种判断涉及的是两个不同的物体（比如，矩形和直线），例如要判断矩形的大小和直线的虚实，这时，尽管要做出的判断仍然不超过两种，但准确率却显著下降了。

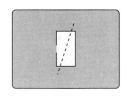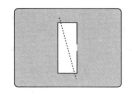

图 3-8 基于客体的注意的行为证据

这些刺激被用来检验对两个属于同一物体的特征的加工，是否好于对两个不同物体的特征的加工（详细情况见正文）。当两个特征属于同一物体时，被试的表现更好，这支持了基于客体的注意，即当注意选择了物体的一个特征时，该物体的其他特征也会自动被选择。

[Duncan（1984）. Image taken from Palmer, S. E.（1999）. *Vision Science：Photons to Phenomenology*. Cambridge, MA：The MIT Press. 经允许重印]

　　这个研究的一个重要方面在于，两个物体（矩形和直线）在屏幕中央是相互叠加的，它们占据了相同的空间位置。判断一个物体（方框**或**直线）和判断两个物体（方框**和**直线）的结果差异不能解释为对空间特定位置的优先注意，而只能通过对物体的注意来解释。显然，当注意集中在一个物体上时，我们的知觉系统能很好地处理两种判断；而当注意必须被分配到两个不同的物体上时，做出两种判断就变得很困难，正确率就会相应下降很多（这与双任务条件下的情况类似）。这些结果都支持了注意可以指向单一个物体及其全部特征。

　　脑成像的结果与行为研究的结果是一致的：当我们注意一个物体的某一方面，我们必然会注意到整个物体及其全部特征（O'Craven et al., 1999）。实验者在屏幕中央给被试呈现半透明的面孔和半透明的房屋叠加而成的图片，要求被试注视叠加图像中央的点（图 3-9）。在每个试次中，房屋或面孔的位置都会改变，被试的任务是只注意面孔，或者只注意房屋，或者注意位置的改变，实验者同时用功能性磁共振成像（fMRI）记录被试的脑活动。该研究发现，不同脑区对不同的刺激物做出反应：海马旁回——房屋或建筑，梭状回面孔区——面孔，MT 区——运动。如果三种刺激类型出现在同一空间区域，当注意指向这个空间位置时，我们应该能够看到三个对应的脑区都被激活。但是，如果选择性地注意物体的某一特征，也会促进对该物体其他特征的加工，因此我们预期表征物体其他特征的脑区的活动也会增强，结果确实如此。当选择性地注意运动时，不仅 MT 区得到了激活，如刚才所预期的那样，表征物体（房屋或面孔）的脑区也得到了激活。因此，举例来说，运动的面孔与静止的面孔相比，前者激活了梭状回，尽管这个任务优先注意的不是面孔。同样，如果运动的物体是房屋，海马旁回也得到了激活。这些结果说明，在基于物体的注意中，物体的多种特征同时得到了注意（例如，面孔和运动，或房屋和运动），而神经元的活动也反映了这种并发的激活。

（a）

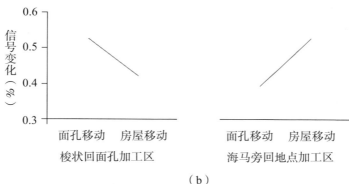

（b）

图3-9 支持基于客体的注意的 fMRI 证据

（a）一个 fMRI 实验中的刺激样例：两张半透明图片叠加而成的刺激图片，一张为面孔，一张为房屋。实验要研究注意面孔和注意房屋对脑中的面孔加工区和房屋加工区激活的影响。（b）当个体注意运动（运动的物体是面孔或房屋）时，梭状回面孔加工区和海马旁回的地点加工区激活水平发生变化。

[Downing, P., Liu, J. & Kanwisher, N. Testing cognitive models of visual attention with fMRI and MEG. *Neuropsychologia*, 2001, 39（12）: 1329-1342.]

　　脑损伤研究也支持基于客体的注意。尽管大家普遍认为，偏侧空间忽视症是由右侧脑损伤病人对左侧空间注意功能的明显失调导致的，但也有证据显示，病人对单个物体的左侧会忽视。在一个偏侧空间忽视症病人的研究中（Behrmann & Tipper，1994；Tipper & Beherrmann，1996），实验者给被试呈现一个杠铃的示意图，杠铃两端的颜色不同（图 3-10）。被试需要在看到白色闪光后按键，白色闪光会出现在杠铃的左端或右端。与预期的一样，左侧忽视的病人对左侧白色闪光的探测不如对右侧白色闪光的探测迅速。但是，这个结果到底是因为目标出现在左侧**空间**（基于空间的忽视），还是因为目标出现在**物体**的左侧（基于客体的忽视）呢？

　　该实验的另外一种条件是，在被试的注视下，将杠铃旋转 180 度，使杠铃的左右两端（由不同的颜色来区分）位置对调。这时有趣的现象出现了，当目标（白色闪光）出现在被试的右侧视野空间时（但旋转之前目标位于杠铃的左端），被试探测目标的速度变慢了。旋转后对靶刺激探测的速度变慢可能是因为目标落到了原本是杠铃的左端的位置。同理，当目标出现在被试的左侧视野空间时，被试对靶刺激的探测要比旋转之前更快。一个更进一步的重要发现是，当杠铃的两个终端之间的横杠被去掉以后，被试对目标的探测始终是右侧快，左侧慢。换句话说，这里之所以没有出现基于客体的注意，是因为杠铃的两端不再被知觉为同一物体的两端，因而只有基于空间的注意，而没有基于客体的注意在发挥作用了。

　　另一个关于基于客体的注意选择的更极端的情况（或者缺陷）出现在巴林特综合征（Ballint's syndrome，有关这种病症的更多相关信息可以参考 Rafal，2001）患者身上。这种神经病学的症状是由大脑两侧的顶枕叶损伤导致的，这一症状也常被称作同时性失认症（simultanagnosia，失认症是 agnosia；同时性失认症是指不能同时识别两个物体的病症）。患有巴林特综合征的病人会忽略掉整个物体，而不是像偏侧空间忽视症病人那样只忽略物体的一半。这种障碍影响了病人对整个物体的选择，不论物体出现在视野的什么地方；即使一个物体（一个线条画）与另一个素描的物体出现在同一个空间位置，这个物体也可能被整体忽略掉。这些病人在一个时刻只能感知一个物体，就好像这个物体占据了病人的注意并阻止了病人对其他物体的加工。

　　不过，如果物体能进行知觉分组，这种不能同时注意多个物体的症状就可以得到缓解。汉弗莱斯和里多克（Humphreys & Riddoch，1993）让两个患有同时性失认症的病人看一幅由彩色圆形组成的画（每一个圆形都是一个物体）（图 3-11）。在一些试次中，圆形的颜色全部相同，在另一些

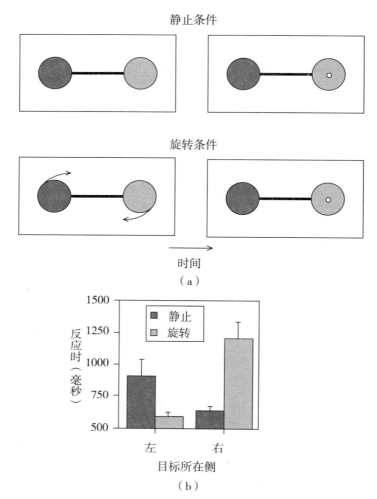

图 3-10　基于物体的偏侧忽视的证据

　　（a）实验使用的杠铃图，用来测试因右侧脑损伤导致左侧忽视的病人（详细情况见正文）对单一物体的左侧的忽视。（b）关键结果：相对于静止条件，在旋转条件中，当探针出现在右侧空间时，病人的表现更糟（即探测到探针的反应时变长），当探针出现在左侧空间时，病人的表现更好。对右侧空间探针的反应时延迟，是因为探针原本位于**物体的**左侧，而对左侧空间探针的反应时变短，是因为探针原本位于**物体的**右侧。

[Modified from Behrmann, M. & Tipper S.（1994）. Object-based attention mechanisms：Evidence from patients with unilateral neglect. In：Imilta, C. & Moscovitch, M.（eds），*Attention and Performance XV：Conscious and Nonconscious Processing and Cognitive Functions*. Cambridge，MA：The MIT Press. 经允许重印]

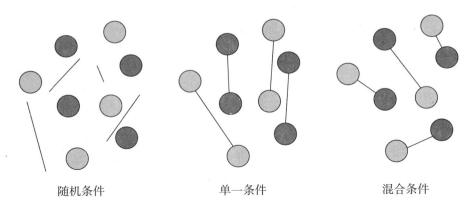

随机条件　　　　　　　单一条件　　　　　　　混合条件

图 3-11　同时性失认症

　　患有同时性失认症的病人在某一个时刻里只能注意一个物体。把视觉信息结合在一起成为一个物体，将有助于病人的认知。给病人呈现两种颜色的圆形，其中一些圆形之间没有连接（随机条件）；一些圆形根据相同的颜色被连接起来（单一条件）；还有一些圆形根据不同的颜色被连接起来（混合条件）。连接相同颜色的圆形（使它们组成单一物体）使病人对颜色数量的判断更加容易。连接不同颜色的圆形（混合条件）对病人的表现帮助最大。

试次中，一半圆形是一种颜色，另一半圆形是另一种颜色。病人需要报告画中的圆形是一种颜色的还是两种不同颜色。一些图中的圆形之间没有连接（随机条件）；一些图中相同颜色的圆形之间用直线连接（单一条件）；还有一些图中不同颜色的圆形之间用直线连接（混合条件）。在随机条件下，病人很难判断圆形的颜色，尤其是当有两种颜色的圆形时，因为图中有太多不同的物体了。但是当两种不同颜色的圆形通过连线组成了一个单一物体，被试难以单独注意到每个圆形的缺陷得到了部分弥补，因而病人在混合条件下的表现比其他两种条件下的表现更好。

理解测验

　　1. 当某一时刻同时出现太多信息，或者当信息输入的速度超出我们的加工能力时，就会出现信息选择的失误。举出信息在空间和时间上存在选择失误的一些例子。

　　2. 内源性注意和外源性注意的差别是什么？

2. 对注意的解释：信息加工理论

"注意"是一个动态的过程，既包含对特定信息的加强或选择，也包含对其他信息的抑制。注意可以被看成一种控制加工的机制，其作用是避免我们被过量的信息湮没。内源性因素（例如，个人知识与目标）和外源性因素（例如，外部信息的突出程度）都能够影响到注意的选择。但是注意到底是怎么工作的？很多不同的信息加工理论都试图解释注意的动态作用。尽管没有任何一个理论可以解释前面描述过的所有注意现象，但这些理论还是为深入理解注意的本质提供了借鉴。

2.1 注意的早期和晚期选择理论

几乎我们列举的所有实验都表明，我们只能注意到周围信息的一部分而不是全部。用信息加工的术语来说，注意的这种选择性通常是有限的通道容量或信息流的基本限制的结果。一个问题在于，这种选择是什么时候发生的？是在加工的早期还是晚期？瓶颈位于哪里？选择发生之前有多少信息？什么样的信息得到了加工？选择发生之后情况又如何？这些问题本质上是"早期还是晚期注意选择"的问题。

英国心理学家唐纳德·布罗德本特（Donald Broadbent，1926—1993）倾向于认为选择发生在加工的早期阶段。他提出了一个注意模型，该模型包含了一个容量有限的通道，只有一定量的信息能够通过这个通道（Broadbent，1958）。他认为很多能够进入后期加工阶段的感觉输入在早期都经过了过滤，只有那些最重要的信息才能够顺利通过。他认为在信息加工的早期阶段，信息会短暂进入感觉存储器，在那里，信息的物理特征得到分析：在视觉通道，这些特征包括运动、颜色、形状和空间位置；在听觉通道，这些特征包括音高、响度及空间位置。布罗德本特认为，瓶颈紧跟在这个感觉存储器之后，基于对物理特征的选择，只有小部分信息得到通过，进入更进一步的语义加工阶段。

布罗德本特的观点在当时得到了广泛的认同，这个模型成功解释了一些经验性的证据。其中一些证据是由另一位英国心理学家 E. 科林·彻丽（E. Colin Cherry，1953）通过一个听觉实验提供的。实验采用了**双耳分听**（dichotic listening，字面上的意思是用"两只耳朵"听）技术，通过耳机给被试的两只耳朵提供不同的声音输入。例如，右耳听到的是"the steamboat chugged into the harbor"（蒸汽船挤满了海港），而左耳可能同时听到的内容是 "the schoolyard was filled with children"（学校的院子里挤满了孩子）。彻丽要求被试"追随"——尽可能快地重复一侧耳的输入，同时忽略另一侧耳的输入。结果发现被试对非注意耳输入的内容没有印象，事实上，即使将非注意耳中的内容切换成其他语种或者倒着播放那个句子，被试都不会注意到。不过，他们还是能注意到非注意耳中说话者的性别发生了变化，或者语音变成了一个纯音。

彻丽（Cherry，1953）的研究结果与信息早期选择的瓶颈理论是一致的：未被注意的输入被过滤掉了，被注意的信号在物理特征选择的基础上被允许通过。刺激的物理特征发生改变会被注意到，但如果刺激没有发生物理特征的改变，那么它要么被注意到，要么被过滤掉。一项研究（Moray，1959）发现，尽管同一个单词表被重复播放给被试的非注意耳 35次，被试却一直没有注意到，这支持了非注意的信息被过滤掉的观点。被试不能觉察重复播放的单词表的事实表明，被试对于未注意到的信息的加工并不深入，而且被试未对这些单词或其意义进行表征。

但是一个重要的证据表明，注意早期选择理论并不能解释所有的现象。这条证据是，在非注意耳中输入的信息即使其物理特征不变，该信息也是**可以被注意到**的。对这个现象只有注意的晚期选择理论可以解释，即在瓶颈之前，**所有的**信息都可以在知觉水平上得到加工，从而确定信息的物理特征**和**语义信息。尤其当信息的物理特征突出并对被试很重要时，晚期选择的现象更明显。在喧嚣的宴会上听到朋友叫你的名字就是一个很好的例子，说明具有高优先级的信息，即使在没有被注意的情况下也能被探测到。在嘈杂的派对上听到自己名字的现象被称为**鸡尾酒会效应**（cocktail party effect），按照早期选择理论，鸡尾酒会效应是不可能发生的，但这种现象确实存在。既然不被注意的信息似乎也可以穿过瓶颈获得注意，布罗德本特的早期选择理论就需要被修正。

支持晚期选择理论的其他证据来自多个双耳分听实验。在其中一个实验（Treisman，1960）中，实验者给被试双耳分别提供不同的内容。但是，每个耳朵分别提供的内容在逻辑上是混乱的。例如，左耳听到的内容是 "If you are creaming butter and *piccolos*, *clarinets*, *and tubas seldom play solos*"（如果你正在搅拌黄油和**高音笛子、竖笛和低音喇叭，很少用来独奏**）；而右耳可能听到的内容是 "Many orchestral instruments, such as *sugar*, *it's a good idea to use a low mixer speed*"（很多管弦乐器，例如**糖，使用低速搅拌会比**

较好）。被试被要求追随右耳的内容，但有些被试肯定在双耳之间进行了切换，捕捉到有意义的信息：他们报告听到了一个意义完整的关于管弦乐器的句子，并且认为自己一直都在追随右耳的内容。

伍德和科万（Wood & Cowan，1995）在实验中通过给被试的非注意耳呈现被试的名字（一种等同于鸡尾酒会效应的实验条件），对晚期选择理论进行了检验。约三分之一的被试报告说他们听到了自己的名字（没有人报告说听到了其他的名字），这个结果很难在早期选择理论的框架下得到解释，同样也很难在晚期选择理论的框架下得到充分解释，因为只有三分之一的被试在非注意耳中探测到了他们的名字。一种可能的解释是，这三分之一的被试偶尔将注意转移到了非注意耳。实际情况可能的确如此：当伍德和科万（Wood & Cowan）在任务中提前提醒被试准备好听新的内容，大约80%的被试都报告在非注意耳中听到了自己的名字。这个结果对晚期选择理论是不利的，说明尽管实验者要求被试只注意一侧耳，但被试可能因为这样或那样的原因将注意转移到了非注意耳。

我们怎样才能把这些不同的结果整合到一起呢？一种可能的解释是，在瓶颈或者过滤器之前，信息肯定得到了一定程度的分析，这样自己的名字或突出的信息才能通过过滤器得到加工（Moray，1970）。与此相对的另一种观点认为，早期选择理论只需要进行轻微的修正（Treisman，1969）：在每个人的"词典"或词汇存储器中，一些词汇比其他词汇具有更低的激活阈限。因此，信息仍然是在早期被过滤的，只是那些被试很熟悉的单词因为需要较少的加工而更容易被探测到，因而通过过滤器的信息是充足的。这样，自己的名字或者一声"着火了！"可以通过瓶颈并捕获听者的注意。同样，在特定语义背景下，更可能出现的单词［例如，在乐器（*instruments*）之后很快出现高音笛子（*piccolo*）之类的单词］也可能通过过滤器到达我们的意识。

2.2　聚光灯理论

就像聚光灯会突出位于它光线范围内的信息一样，聚光灯理论认为，空间注意会选择性地将空间中一个特定范围内的信息划入意识，而这个范围以外的信息则很可能被忽略掉。在一定程度上，聚光灯这个比喻很贴切。

聚光灯会突出其光线范围内或附近的信息，与此类似，能够正确报告出视野范围内多个位置的字母的被试，也能更准确地辨别出位于这些字母旁边的形状的朝向。这些结果表明，当信息出现在聚光灯所在位置的附近时，信息会得到加强（Hoffman & Nelson，1981）。

然而，聚光灯的比喻被推翻了。首先，很多前面讲过的实验都表明，即使一个物体叠加在另一个物体上，注意也能够指向单一的物体，这就否定了注意能像聚光灯一样加强某个特定空间范围内信息的说法。如果聚光的说法是正确的，那么这个范围内的所有物体都应该被注意，但我们知道，其中一个物体可能得到优先选择。其次，聚光灯模型的另一个问题在于，该模型假设注意的"光线"是扫过空间的。如果这种假设成立，那么当扫描路径上有一个障碍物时，注意就会被障碍物阻挡或者捕获，但实际情况并非这样。一项研究（Sperling & Weichselgartner，1995）检验了上述预期，实验要求被试监控出现在注视点位置上的一串**数字**。同时，被试还被要求去注意在注视点左边快速呈现的一串**字母**，并报告字母"C"的出现。在注视点和左边字母之间，偶尔会出现一个别的字符，也就是说，这个字符会阻挡"聚光灯光线"的扫描路径。但是，这个"干扰"并没有产生效果：不论这个干扰刺激是否出现，被试对字母"C"的探测反应时都是恒定的。这些结果表明，注意不受出现在聚焦空间内的干扰信息的影响，而聚光灯理论则预期会有影响。

聚光灯理论将注意看作聚光灯，认为选择范围以外的信息会被完全忽略掉，最近的研究不支持这种观点，这些研究认为注意是一个动态的过程，在选择信息的同时，会自动伴随对其他信息的主动抑制。因此，注意可以被理解为一个竞争系统（而不是聚光灯），该系统对一个信息的关注会导致对与之竞争的信息的抑制。对绿色物体的注意将导致对其他颜色物体的抑制（帮助你在宴会上找到朋友的例子），对某个物体或人的注意会导致对别的物体或人的抑制，对音乐的密切注意可能在一定程度上会导致对无关的视觉信息的抑制。因而，注意是一个动态的推-拉过程，它增加了某些位置或物体得到深入加工的可能性，同时降低了另一些位置或物体得到深入加工的可能性。这些观点将在本章的最后一节详细论述。

2.3　特征整合理论和引导搜索

与瓶颈理论、过滤器理论和聚光灯理论不同，特征整合理论主要关注注意在信息选择和复杂信息绑定中的作用，这个问题通过视觉搜索范式得到了深入研究。该范式在电脑屏幕上给被试呈现一幅图片，要求被试寻找靶刺激，找到时进行按键反应。例如，实验者可能要求被试寻找图

3-12（a）中的圆形；在另一个区组的试次中，被试则需要寻找图 3-12（b）中的有色圆形。试一下，你立即就能发现这两种条件下的差异：很容易就能发现左图中的靶刺激，但要发现右图中的靶刺激则更困难。左图的材料被称为**分离搜索**（disjunctive search）或**特征搜索**（feature search）。在这些材料中，靶刺激与其他符号（分心刺激）只在一种特征上存在差异，例如形状（许多方框中的一个圆形）。**分心刺激**（distractor）是指应该忽略的无关刺激。图 3-12（b）中的材料被称为**复合搜索**（conjunctive search）材料，在这种材料中，靶刺激是多个特征的复合体，例如在这里是颜色（深灰色对白色）和形状（圆形对方形）的复合体。

你的尝试结果一定表明图 3-12 中的分离搜索任务更容易些，情况确实如此。即使增加图中图形的数量也不会影响探测到目标的反应时，搜索任务可以轻松快速地完成。靶刺激好像自动跳了出来一样，这种搜索被称为**前注意**（preattentive），也就是说搜索发生在注意参与之前。因为无论图形数量的多少，靶刺激都会跳出来，因此搜索可能是在所有图形中同时进行的，也就是说，所有的图形同时得到了评估。而在复合搜索中，每一个图形都必须受到注意，逐一受到评估是否是靶刺激。在复合搜索中添加图形数量会显著降低反应速度，实际上每增加一个图形就会增加一定的目标探测时间。因为你必须依次地检查每一个刺激，以确定它是否包含你要找的特征组合，因此随着分心刺激数量的增加，反应时间也会显著增加。

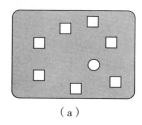 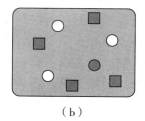

（a）　　　　　　　　　　　（b）

图 3-12　选择和绑定复杂信息

（a）分离的视觉搜索材料示意图。（b）复合视觉搜索材料示意图。在哪一种材料中搜索目标更容易自动跳出来？

特征整合理论（feature integration theory，FIT）（Treisman & Gelade，1980）准确地抓住了分离搜索和复合搜索的认知过程的差异。根据特征整合理论，知觉系统被划分为一些独立的地图，每种视觉特征（如颜色、边界、形状）都被登记在一个地图中，每一个地图都包含了它所表征的特征的位置信息。因此，图 3-12（a）中的形状地图就包含了屏幕右边存在一个特定形状的物体的信息。如果你知道要寻找的目标正是那种形状的，那么你只要参考形状地图就可以知道，因为它包含了图中所有图形的形状。你要寻找的形状会从这个形状地图中凸显出来，目标探测就能迅速完成，不受其他形状的分心刺激的数量的影响。但是，在寻找一个具有复合特征的目标时，需要同时参考形状地图和颜色地图。特征整合理论认为，我们需要注意来比较两幅地图的内容，注意就像胶水，将两个不相关的特征绑定到一起，例如将"颜色"（深灰）和"圆形"绑定在一起，成为一个深灰色的圆形。

　　特征整合理论还解释了注意在视觉搜索中发挥作用的其他方面。一个重要的发现是，搜索一个特征的**存在**比搜索一个特征的**缺失**更快。被试需要在一堆字母"O"中寻找"Q"（实际上是圈多个尾巴）［图 3-13（a）］，要比在一堆字母"Q"中寻找"O"（实际上是没有尾巴的圈）快很多［图 3-13（b）］。实际上，对"O"的搜索时间会随着分心刺激"Q"的数量的增多而显著延长，但当搜索"Q"时，分心刺激"O"的数量的增多对于搜索时间**没有**影响（Treisman & Souther，1985）。

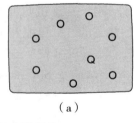 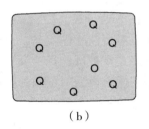

（a）　　　　　　　　　　　　（b）

图 3-13　寻找缺失的部分
　视觉搜索材料的示意图：（a）其中的靶刺激存在关键特征；（b）其中的靶刺激缺失关键特征。被试在一堆"O"中寻找"Q"（**带有**关键特征：一条尾巴）的速度，要比在一堆"Q"中寻找"O"（**缺失**关键特征）的速度快。

　　当注意负荷超载或选择失误时，出现的一些错误也支持了特征整合理论。例如，被试有时会发生的**错觉结合**（illusory conjunctions）就是错误地将不同的特征整合到一起的现象。举个例子，被试报告图 3-12（b）中的图形时，如果整幅图呈现的时间很短，被试可能报告存在一个白色的方形。这种将图中存在的特征（颜色和方形）错误地整合到一起的反应，说明这些特征是被分开登记的，但在整合过程中没有正确地结合在一起。当注意的负荷过重或者特征不是被同时选择的时候，未被绑定的单独的特征可能被错误地附加到其他特征上（Treisman & Schmidt，1982）。

脑研究支持分离搜索和复合搜索加工过程的差别吗？一些脑成像研究已经证明，不同类型的特征是由部分分离的神经机制来加工的，这和特征整合理论的假设是一致的。但是，这些证据也并非无可辩驳，一些来自偏侧空间忽视症病人的研究结果对特征整合理论形成了挑战。偏侧空间忽视症病人无法注意到损伤侧对侧的刺激，这种缺陷被认为是对那一侧刺激的注意失能。根据特征整合理论，分离搜索是一种前注意，不需要注意的参与，而复合搜索需要注意的参与。如果这种区分是正确的，那么我们可以预期，即使靶刺激出现在损伤侧的对侧视野空间，偏侧空间忽视症病人也能够在分离搜索任务中表现得很好。实际情况并不是这样，贝尔曼（M. Behrmann）及其同事（2003）使用"Q"和"O"的视觉搜索任务检验一群偏侧空间忽视症病人的表现。实验中每幅图中图形的数量在 1 到 16 之间变化。与预期一样，同对照组相比，病人在出现于右侧视野中的一堆"Q"中寻找"O"的任务上花费了更长的时间（记住，这是较难的一种搜索，因为是特征缺失的情况）。对于在一堆"O"中寻找"Q"的任务，当"Q"出现在视野左侧时，病人也难以完成任务。字母"Q"并没有凸显出来：病人要么找不到目标，要么搜索的时间很长，这说明即使是分离搜索的任务，可能也需要注意的参与，前注意-注意的区分可能并不成立。

此外，一些正常被试的行为研究发现，被试对某些复合特征的搜索速度比纯粹的序列搜索模型所预期的要快（Nakayama & Silverman，1986）。于是，一个新的理论——**引导搜索**（guided search）被提出来（Wolfe，2003；Wolfe et al.，1989）。从其字面意思可知，这个理论认为信息加工的第一阶段的结果对随后的序列搜索机制具有指导作用。尽管这个理论的第一阶段与 FIT 的第一阶段相似，即都由不同的特征地图构成，但该理论的不同之处在于，它认为那些不可能成为目标的图形在特征地图中被同时删除。在图3-12的例子中，对颜色地图的加工把所有白色图形标记为分心刺激，把所有深灰色图形标记为可能目标，形状地图的加工对方形和圆形进行了同样的标记。因此，当信息到达注意加工的第二阶段时，候选目标的数量相对于图形的总数已经大大减少。引导搜索理论通过在分离搜索阶段减少候选目标数量的方式，解释了为什么会出现相对高效的复合搜索。

1. 注意的聚光灯理论和特征整合理论的区别在哪里？
2. "注意早期加工"和"注意晚期加工"分别指什么？分别举出支持这两种观点的实验证据。

3. 脑机制

因为很多研究在注意的神经机制方面取得了很好的结果，对注意的研究成为 21 世纪的一个研究热点。这些研究进一步促进了我们对注意的脑机制的了解。例如，当注意朝向某一个位置时对那个区域的知觉信息会得到加强，这是一个众所周知的行为结果。但是，直到最近我们仍不清楚这种效应是因为被提示区域内的靶刺激在视觉皮质得到了更高效的加工，还是因为运动区对这个区域的反应有偏向，因而产生了更快的反应。这两种说法都能合理解释对靶刺激探测速度的加快。为了更深入地研究这个问题，研究者已经用多种生物学方法在动物和人类身上进行了很多注意研究。

3.1 电生理学与人类注意

在 20 世纪 60 年代晚期，随着技术的进步，研究者可以比较精确地测量脑产生的电活动的变化。尽管研究者们当时知道某些微弱的电波是脑对某个刺激的反应，但却没有办法做到对这样微小的电波进行平均，并把它与对刺激的特定加工联系起来。随着能够安置在头皮上的更加敏感的电极和功能更加强大的电脑的出现，上述想法变成了现实。得益于技术的进步，我们能够区分出事件相关电位（ERP）（即刺激引发的电位变化）和随时都在进行的一般脑电活动。现在研究者已经可以探索各种认知过程的神经机制了，包括选择性注意的神经机制。

其中一些 ERP 研究的主要结果表明，当注意朝向某个刺激，刺激在出现后的 70—90 毫秒就会引起一个波形的波幅增大。这种变化被记录为出现在头皮外侧枕区（属视觉系统）的第一个正波，或称为 P1，它表明注意加强了脑对视觉刺激的早期加工，促进了对注意到的靶刺激的知觉探测。例如，有研究记录了隐蔽注意提示实验中的事件相关电位（图 3-7），发现左右视野有提示和无提示的靶刺激引发的 P1 成分和 N1 成分都出现了差异。当靶刺激出现在提示位置时，在视觉加工的早期阶段大脑会出现更大的感觉事件相关电位（Mangun & Hillyard，1991）。注意一个位置会显著增加视觉信息的加工量，也会相应地增加 ERP 信号的强度。如果靶刺激出现在外源性提示后 300 毫秒内，也会引起类似的 ERP 信号强度的增加。同样地，早期枕部波形的加强，与对目标的视觉加工的加强是一致的。

综上所述，以上这些结论都表明外源性、自动的注意与内源性、随意的注意（也可以称为自下而上的注意与自上而下的注意）至少有部分加工过程是相同的，这与之前的行为研究结果是一致的。此外，枕部早期波形的增强也表明，注意的选择发生在加工的早期阶段，而正在输入的感觉信号可能作为注意的结果得到加强。但是，有些注意的加工过程也可能发生得较晚。

有意思的是，如同跨通道的联结提高了被试在行为任务中的表现一样，ERP 研究显示，不同的初级感觉皮质之间的交互作用有类似的效应。例如，当被试注意到出现在空间一侧的听觉或触觉刺激时，刺激出现后 200 毫秒内同一侧初级视觉皮质区域的电极点上的 ERP 信号会增强。也就是说，注意某一侧空间的触觉**或**听觉信息会自动导致对这一侧视觉信息注意的增强。这个结果表明，当某个通道感觉到某个位置存在一个突出事件时，其他通道的空间注意也会指向这个位置（Eimer & Driver，2001；Eimer et al.，2002）。这似乎是一种很高效的激活注意系统的方式，最直观的效果就是在宴会上，当你用目光锁定了你的朋友时，你更加容易听见和定位她叫你名字的声音。

3.2　功能性神经成像和经颅磁刺激

从 ERP 研究中获得的数据，显示了皮质加工第一阶段中注意的调控作用，这种调控作用不受提示类型（内源性提示和外源性提示）的限制，也不受通道类型（视觉、听觉、触觉）的限制。这些数据能够证明这个观点，是因为 ERP 是一种时间精度非常高的技术，它让我们能够在毫秒级的精度上观察脑电的变化。但 ERP 技术并不能精确地告诉我们，脑的哪个区域产生了相应的脑电。因为记录脑电的电极是安置在头皮上的，脑电也是从头皮表面记录的，因此无法精确地确定产生相应脑电的皮质区域。功能性神经成像是一种能够很好地弥补这一缺陷的方法，虽然它的时间分辨率不如 ERP 那样高，但它的空间分辨率却很高。正电子断层扫描（PET）和功能性磁共振成像（fMRI）是两种主要的功能性神经成像方法，可以测量脑特定区域的血流变化和代谢变化。将这两种方法应用于注意的研究，可以帮助我们了解在注意某些刺激时，脑中激活了哪些区域（对方法更为详细的说明参见第 1 章第 4 节的内容）。

在一项早期的 PET 研究（corbetta et al.，1993）中，研究者要求被试在两个空间位置之间转换注意，即水平方向上有两个方格，要求被试当靶出现在其中一个方格时，做出按键反应。实验发现，相对于将注意保持在屏幕中央，当注意转移时，右半球的顶上小叶出现了一致的激活（Corbetta et al.，1993；Vandenberghe et al.，2001）。在另一个视觉搜索任务中，顶上小叶的激活也很明显，尤其是当搜索目标具有复合特征时。尽管脑其他区域在视觉搜索任务的视觉转换过程中也有激活，例如，基底节、丘脑、脑岛、前额叶以及扣带回等，但顶叶的作用似乎最为重要。

在另一项 PET 研究（Corbetta et al.，1990）中，被试的任务是找出图片中有变化的地方，例如颜色、运动、形状等。研究发现除了顶叶的激活外，当被试注意运动时，脑中与运动加工相关的区域被激活；当被试注意颜色时，脑中与颜色加工相关的区域被激活。这种对应关系的重要性在于，它表明尽管顶叶在注意加工过程中起到了重要作用，但顶叶与其他脑区有密切的联系，这些脑区对图中的相关特征进行注意调节。

随着对注意的研究日渐精细，研究者已经开始试图区分不同的注意形式对应的神经机制。例如，科尔贝塔和舒尔曼（Corbetta & Shulman，2002）发现，刺激出现之前注意被导向某一位置（内源性条件）激活的脑区，这与预料之外的**突出**刺激改变注意的方向（外源性条件）所激活的脑区是不同的。他们发现，内源性注意激活的神经网络包括前额叶、背侧顶叶［包括顶内沟（intraparietal sulcus，IPS）、顶上小叶（superior parietal lobule，SPL）、额叶眼动区（frontal eye fields，FEF）］。在拥挤的房间内寻找朋友用到的就是随意注意，这个过程激活了以上的额顶叶背侧通路。另一方面，外源性注意（例如，由突然响起的罐子碎裂声引起的注意）激活的网络是一条腹侧通路，包括颞顶联合区（temporal parietal junction，TPJ）和腹侧额叶。作者假设后一个系统负责探测预料之外的突出的或新异的刺激。内源性和外源性注意系统在功能上是相互独立的，但两者之间又存在交互作用（图 3-14）。来自腹侧系统的信息可以打断额顶系统的随意注意过程，并把注意重新导向自下而上的突出信息（例如，你的注意被身边掉落的罐子碎裂声所吸引）。反过来，来自随意注意系统的刺激，其重要的相关信息也可以调节腹侧系统的敏感度，用自上而下的方式调节注意转移的阈限，即只有达到一定重要程度或强度的外来刺激才能引起注意系统的转移。

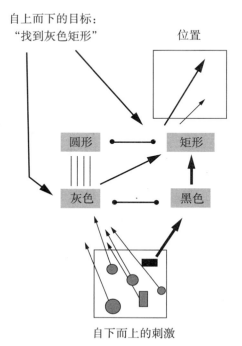

自上而下的目标：
"找到灰色矩形"

位置

自下而上的刺激

图 3-14　注意系统之间的相互作用

　灰色矩形在哪里？找到这个矩形需要自上而下（内源性的）和自下而上（外源性的）注意系统之间的相互作用。箭头表示激活；两端带点的线段表示抑制。

　　注意对信息的选择不仅体现在时间上也体现在空间上，这种观点得到了注意瞬脱和重复知盲的行为研究结果的支持，现在，这个观点也得到了脑成像研究的支持。再次回到酒会的场景，你已经寻找你的朋友好一会儿了，但是还没找到她，是不是你和她错过了呢？她是否已经离开了？已经有人开始离场了，当越来越多的人去拿自己的外套准备离开时，你开始越来越紧张地寻找一片绿色。这种对某种刺激即将出现的期待也反映在额顶叶背侧脑区的激活上，表明随意注意的神经网络在时间和空间上都起作用（Coull et al.，2002；Wojciulik & Kanwisher，1999）。因此，病人的该脑区受损之后，不仅无法注意到损伤侧对侧空间内的信息（与偏侧空间忽视症一样），也无法注意到快速序列呈现的刺激，这个结果就很容易理解了。

　　来自另一种完全不同的技术——经颅磁刺激（TMS）的实验结果，进一步确认了顶叶对注意的核心作用。经颅磁刺激这种方法在第 1 章介绍过，它能够在脑的特定区域产生一个磁场，使这个区域内的神经元处于抑制状态，对外部传入的信息无法做出反应。这种技术以正常人作为被试时会产生一种虚拟损伤的效果，这种损伤的效果会持续几秒到几分钟不等（实验结束后没有证据表明会留下后遗症）。因此，对正常被试的 TMS 研究可以看成是模拟特定脑区损伤的病人（例如，偏侧空间忽视症病人）的研究。用 TMS 刺激正常被试的右侧顶叶，他们在复合搜索任务中的反应时变长，但是简单特征搜索并没有受到影响（Ashbridge et al.，1997）（回忆本章的前面部分，复合搜索需要注意，而对简单特征的搜索则不需要）。有趣的是，这种由 TMS 刺激引起的复合搜索反应时延长的现象可以通过训练来消除（Walsh et al.，1998），这可能是因为更多的练习会使这个任务变得更加自动化，从而不需要过多的注意。在另一个 TMS 研究中，干扰一侧的顶内沟（IPS），会阻碍被试对对侧空间刺激的探测，但这仅仅发生在两侧都有刺激出现的时候（Hilgetag et al.，2001）。总的来说，这些研究提示，顶叶的上部和后部参与了注意的转换，这些区域的损伤会将注意导向未受损伤的脑区的对侧空间，从而出现偏侧空间忽视症的症状。

　　ERP 研究为注意的早期选择，以及注意过程中视皮质加工的增强提供了很多证据。PET 和 fMRI 的研究显示，很多其他的脑区也参与了注意的加工。这些区域包括额叶和顶叶，脑成像研究还显示了枕叶的激活，支持了 ERP 的研究结果（Gandhi et al.，1999）。这些研究最重要的发现是，注意并非脑某一区域的功能，而是多个脑区构成的广泛的、分布式的神经回路的功能。"注意"包含了对信息的选择，这种选择可能发生在信息加工的早期、晚期、或者同时发生在早期和晚期；注意可以被我们的主观愿望驱动，也可以被外在的刺激强度驱动；注意可以是基于空间的、基于客体的或基于时间的。因此，看待注意的最理想的方式是把注意看成一个动态系统，这个系统在选择的方式上具有灵活性，允许采用多种不同的方式进行选择。这些对人类注意神经机制的研究，补充了前面提到的行为研究的结果。

理解测验

1. 描述研究注意脑机制的两种不同方法。

2. ERP 研究支持注意的早期选择理论还是晚期选择理论？ERP 研究原则上能同时支持两种理论吗？为什么？

4. 竞争：对注意的单一解释框架？

在注意的研究历程中，选择性注意的概念历经多次变化。早期的理论将注意类比为过滤器或者瓶颈，它们根据一系列早期的知觉加工或晚期的语义加工原则对信息进行选择。后来的理论将注意看成一种有限认知资源的选择性分配。现在，注意不再被看作一个独立的入口或者瓶颈，而是作为一种调节性机制，能够增强或抑制所需加工过程的效率。从这个角度讲，注意是比简单的聚光灯或过滤器更加灵活的一种机制，能够促进或抑制对输入信息的加工。不同的研究数据提示了注意的脑机制：从后部枕叶到前部额叶的多个不同脑区都参与了注意的加工。

有没有一个一般性的理论既能解释神经机制研究的结果，又能解释行为研究的结果呢？答案是肯定的，这个理论叫作**偏向竞争**（biased competition）理论，或**整合竞争**（integrated competition）理论，是由德西蒙和邓肯（Desimone & Duncan，1995），以及邓肯及其同事（1997）提出的。

该理论将注意看作不同输入之间的一种竞争形式，这种竞争可以发生在加工的各个阶段的不同表征之间。在一个简单的竞争模型中，获得资源最多的输入（由于该输入拥有突出的自下而上的特征）将获得最充分的加工。一个非常强的自下而上的信号（例如，宴会上摔碎的水罐），即使在宴会这样嘈杂的环境中，也会得到快速高效的加工。宴会上，水罐的破碎声与环境的嘈杂声之间的竞争（和作为竞争结果的选择）将在听觉皮质中发生。类似的竞争也会发生在其他感觉通道中。

输入之间的竞争可能受到其他认知系统施加的偏向影响。以视觉加工为例，德西蒙和邓肯（1995）认为注意是"多种神经机制的一种属性，用于处理视觉加工及行为控制方面的竞争"（p. 194）。该理论不把注意看作是强调特定空间区域以促进其加工的聚光灯，也不把注意看作瓶颈或过滤器，而是把注意看作知觉或认知过程本身不可或缺的一部分。竞争之所以发生，是因为我们不可能立即处理所有的信息。注意起到一种偏向作用，它帮助解决输入之间的竞争。举个例子，如果输入信息中包含一个灰色的圆，那么不同颜色表征之间（或者形成表征的神经元之间）将会产生竞争，最后灰色赢了，那么表征灰色的神经元将会放电，灰色将被当作是获胜的输入信息。引起偏向的来源既可以是外部刺激的特征（外源性的），也可以是刺激与当前目标的相关性（内源性的）。

输入信息之间的竞争发生在多个不同的脑区。例如，视觉系统早期加工区域的竞争很容易受到外源性因素的影响，例如颜色、运动。这种竞争继而会影响到更多前部的脑区，低水平区域向前部脑区发送信息以获得进一步的加工。在前部脑区，内源性因素（例如，相关性或目标）更容易对负责计划如何达成目标的脑区产生偏向作用。这个发生较晚的竞争也会将信息反馈到低级加工区域，并调节外源性因素对低级加工水平的影响。该理论认为，脑的许多区域都参与了类似的竞争，因为这些区域是相互联结的，所以竞争的结果是跨区域进行整合。竞争的最终赢家，也就是最终被注意到的那个内容，是由共同工作的多个不同区域共同决定的。按照这种观点，实验中发现有多个脑区参与了注意选择的过程，就不足为奇了。

这种竞争观点最早的实验证据之一是一个单细胞记录实验。该实验训练猴子完成一个视觉搜索任务，其重要结果是，当两个目标出现在同一个感受野内时，它们将相互竞争以获得该细胞的反应（Moran & Desimone，1985）。但是，当设定一个刺激为靶刺激，另一个刺激为分心刺激时，这个神经元主要对靶刺激反应，并抑制了对分心刺激的加工。如果我们想象这种竞争发生在整个加工过程中，那么就可以将注意理解为一种闸门机制，它根据对刺激外部特征的突出性和内部目标的综合评价，使加工过程发生偏向。竞争的结果就是，被选中的信息能够获得更进一步的优先加工。

一些 ERP 和 fMRI 研究显示了 ERP 波形或脑不同区域的激活如何在竞争条件下增大。当被试完成更复杂的分辨任务（Lavie，1995），当分心刺激与靶刺激相互竞争，以及当任务要求增加时，都会发生波形或激活程度的增大。当任务难度增加到与双任务条件相同时，与同时进行的次级任务相关的脑区的激活程度就会下降，这反映了对未被选择的信息加工的抑制。

竞争效应在刺激出现同时呈现，而不是序列呈现，这可能反映了同时竞争的刺激之间的相互抑制。相对于只有一个刺激的情形，当视野内同时出现四个刺激时，视觉皮质的 V4 区显示了更少的激活（Kastner et al.，1998）。但是，当要求被试只注意四个刺激中的一个时，脑的激活情况又恢复到与屏幕上只呈现一个刺激时相当的情况（见随后的**深度观察**专栏）。在整合竞争理论的框架下，这很容易理解，注意一个物体会显著降低来自其他刺激的竞争力，并将加工偏向该物体。

fMRI 和 ERP 研究也在视觉皮质的 V1 区，和其他的早期视觉皮质区发现了注意调节的证据（Brefczynski & DeYoe，1999；Gandhi et al.，1999；Luck & Hillyard，2000；Noesselt et al.，2002；Somers et al.，1999）。一些研究甚至在

丘脑的外侧膝状体上发现了非常早期的注意效应，外侧膝状体是脑后部视网膜和视觉皮质之间重要的中转站（O'Connor et al.，2002）。正如偏向竞争理论所描述的那样，这些结果显示，信息在脑中是可以反馈回早期加工阶段的，并对随后的加工产生偏向作用。此外，这些结果还说明，早期视觉皮质的反馈联结与我们的视觉意识有关（Pascual-Leone & Walsh，2001）。

当要求被试分配注意到两个知觉特征上时，同样可以观察到明显的竞争效应。相对屏幕上没有刺激，被试只需要盯着注视点的简单条件，要求被试注意屏幕上出现的一个刺激的颜色或形状，导致了更多视觉区激活的增强。此外，如果要求被试在颜色和形状之间来回切换注意，一些额外的脑区域就会被激活，毫无疑问顶叶是其中之一（Le et al.，1998；Liu et al.，2003）。

许多注意选择在时间或空间上发生失误的现象，都可以用刺激间竞争的观点来解释。例如，在隐蔽注意提示的研究中（图 3-7），无效试次可以看作无效提示指示的方位与靶刺激实际出现的方位之间存在竞争的结果；而在有效提示条件下，有效提示指示的位置和靶刺激出现的位置是一致的，因此一致比竞争有利。注意分配任务的效应也可以理解为不同输入或者不同任务之间的竞争，这和没有竞争的情况相反，在后者被试只需注意一种输入或者一个任务。而双任务条件下经过大量训练实现的任务自动化，可以理解为两个任务之间竞争的减少。此外，偏侧忽视的症状也可以用竞争理论来解释，右侧脑的损伤使未受损的左侧脑产生对右侧视野的偏向，这种偏向增加了右侧视野刺激的竞争力，降低了左侧视野刺激的竞争力。

注意选择在时间上的失误也可以用这个理论框架来解释：在注意瞬脱任务中对 T2 探测的失败（图 3-4）可能是由 T1 和 T2 之间的竞争导致的。如果 T2 出现之前没有出现 T1，那么对 T2 的报告就是没有问题的，因为没有竞争。但是如果在 T2 出现之前出现了 T1，而且 T1 和 T2 在外表上很相似（例如，字母"A"和"H"），T1 和 T2 之间就存在激烈的竞争，降低了探测到 T2 的可能性。偏侧空间忽视症病人在时间上的选择失误也可以用竞争理论来解释。当视觉刺激同时出现在屏幕两边时，对忽略侧目标的探测能力会根据两边刺激呈现的时间关系和它们的分组情况而变化。我们可以把时间和分组这两个因素看作偏向因素，它们能够影响左右两侧刺激之间的竞争结果。

至此，基本上我们之前提到的所有行为实验都可以用"更强"与"更弱"的刺激之间的竞争来解释，而竞争力的强弱是由自上而下和自下而上两种加工共同决定的。虽然偏向竞争的一些细节问题还没有得到解决，但这个理论框架能够解释众多的研究结果，其前景是光明的。该理论的优势在于，它强调了注意是加工过程中的一种偏向作用，这种作用是不同脑区之间竞争和合作的交互作用的结果。因为不同脑区之间是相互联结的，所以它们对目标的选择都起到了作用。通过将行为结果与推测的相关脑区联系起来，我们得以开始理解注意效应的神经机制，以及这些神经活动是如何影响认知和行为的。

理解测验

1. 两个刺激之间的竞争是如何导致注意瞬脱的？
2. 请举例说明，一个突出的自下而上的信号怎样才能胜过另一个与之竞争的刺激。

深度观察

竞争和选择

这里我们讨论的一个研究探讨了刺激的竞争力提高或降低的机制。这项工作由萨比娜·卡斯特纳，彼得·德韦尔德，罗伯特·德西蒙和莱斯利·昂格莱德（Sabine Kastner, Peter de Weerd, Robert Desimone & Leslie Ungerleider）在 1998 年发表，题为"人类纹外皮质的注意导向机制：来自 fMRI 的证据"（Mechanisms of Directed Attention in the Human Extrastriate Cortex as Revealed by Functional MRI, *Science*, 282, 108 – 111）。

研究简介

研究者用 fMRI 检验有关竞争和注意选择的观点。实验要验证的观点是：在任何特定时刻，视觉系统加工多个刺激的能力都是有限的。实验假设：为了选择物体，备择物体之间必须发生竞争，从而产生一个"赢家"。"输家"刺激施加给最终"赢家"的抑制将会导致 fMRI 信号的降低。此外，研究者认为，即使多个刺激同时呈现，这种抑制也可以被克服：如果注意被明确地导向其中一个物体，那么对该物体的反应会得到加强，从而导致更强的 fMRI 信号。

研究方法

八名被试躺在 fMRI 扫描仪中，观看呈现在屏幕上的图片。实验一有两种条件。在**顺序条件**（sequential condition）下，四个复杂的图片出现在屏幕上随机的位置，一次只呈现一张图片。相反，**在并发条件**（simultaneous condition）下，同样的四个复杂刺激出现在随机位置上，但四个刺激是同时呈现的。因为竞争（和抑制）发生在四个刺激同时呈现的时候，因而实验者预期，在并发条件下记录的视皮质的 fMRI 信号会弱于在顺序条件下记录的四次 fMRI 信号的总和。第二个实验与第一个实验相似，不同在于，在一些试次中要求被试只注意一个刺激出现的位置，并对出现在这个位置上的特定靶刺激进行计数。

研究结果

研究观察到，在并发条件下，许多视觉区的激活强度比顺序条件下弱，这个结果支持了以下观点：同时呈现的刺激之间存在相互竞争，导致了对其中一些刺激的抑制。当一次只呈现一个刺激时，每个刺激都能充分地激活脑，因而在顺序条件下会引发更强的 fMRI 信号。第二个实验的结果很有趣也很重要：当被试注意其中一个刺激的位置时，fMRI 信号增强，而且在一些视觉区，这个信号的强度比顺序条件下更强。

讨论

实验的假设是：多个刺激之间的竞争会导致抑制，表现为 fMRI 信号的减弱。结果的确如此，这个结果支持了注意是一个动态的过程的观点，在这个过程中，每个刺激通过竞争获得选择。因此，不需要的刺激可能正是在竞争的过程中被过滤掉的（它们被抑制，几乎没有或者只有很小的激活）。第二个实验表明，即使有很多刺激同时呈现，我们也可以通过注意来加强其中的一些刺激。这个结果表明，在发生抑制的同时，如果注意选择一定的刺激进行进一步加工，对这些刺激的反应就会得到增强。

☆**复习与思考**

1. 什么是注意？它在认知过程中是怎样起作用的？

注意是一个加工过程，在这个过程中，我们可以从周围环境呈现的众多相互竞争的刺激中选出想要的内容，促进对某些刺激的加工，同时抑制对其他刺激的加工。这个选择过程可以由我们的内在目标驱动（例如，找到某个朋友，遵循说明，使用箭头引导注意），也可以由外在的突出或新异刺激驱动，从而使我们的注意从当前任务上转移开（例如，强烈的光线，巨大的声音）。因为在任何特定时刻，我们都有过量的信息要处理，注意机制保证了我们能够选择出最重要的信息进行进一步的加工。因此，那些我们错过的信息类型以及我们错过那些信息的条件，是我们注意选择包含的认知加工的另一面。在宴会上，没有意识到贴在墙上的海报是一种注意失误，它是对朋友特征的选择性搜索的一种属性。虽然我们在空间上和时间上处理信息的能力都是有限的，但幸运的是选择并不是随机发生的。我们的目标以及周围信息的突出性，决定了我们要注意哪里以及注意什么。内源性因素和外源性因素之间的平衡，不仅使我们能够高效地达成目标（例如，在拥挤的人群中找到一个朋友），还能使我们对重要的外部信息（例如，火警或摔碎的玻璃）保持敏感。

批判性思考

- 分别描述在时间上和空间上，内源性和外源性注意加工的不同之处。
- 如果你能同样清楚地注意到周围环境中所有的视觉和听觉信息，那会是什么样的情形？这将是件好事还是坏事？
- 在一个嘈杂的环境（例如咖啡馆）中学习，将有助于你集中注意还是会分散你的注意？噪声的强度、学习内容的难度，或者学习内容的类型（语言类、形象类）会影响一个学习场所的适宜性吗？为什么？
- 跨通道的加工（例如，视觉-听觉）是怎样促进注意对目标相关信息的选择的（例如，在拥挤的人群中寻找一个朋友）？跨通道加工又是怎样阻碍注意对目标相关信息的选择的？

2. 关于注意的信息加工模型有哪些？

不同的注意模型能够解释注意加工的特定方面。关于注意选择发生在加工的早期阶段还是晚期阶段的争论强调了注意的两个方面。第一，注意可以对非常早期的知觉加工水平起作用，减少进入我们认知系统的信息量。第二，一些没有被注意的信息也会进入到信息加工的后期阶段，这说明并不是所有未被注意的信息都被完全过滤掉。那些与我们的目标一致的信息，以及那些对个人来说具有重大意义的信息（例如，我们的名字），是能够通过注意过滤器的。注意的聚光灯比喻反映了这样一个事实，对我们的知觉系统来说，空间是与我们的知觉系统具有同等性质的强大系统，注意是直接在这些感觉系统上起作用的。例如，我们把注意转向破碎的水罐可能导致我们把那个位置的其他信息（例如，一件家具）偶然地选择到注意中，否则你不会注意到这些信息。后来出现的特征整合理论和引导搜索理论等理论提出了更复杂的注意模型，包括前注意加工和后期的注意加工。这些理论提出了有关注意如何整合信息的机制。相关理论随着时间在不断变化，新的理论建立在旧理论的基础上，并不断增加解释的细节。通过这种方式，我们对注意的理解日渐加深。

批判性思考

- 根据研究结果，在一个宴会上寻找你的朋友，是根据一个特征维度（例如，衣服的颜色、身高）寻找方便，还是根据复合特征维度寻找方便？为什么？
- 根据我们对注意的不同理论的了解，广告商想要制作一个容易被注意和阅读的广告，你会给他提供什么样的建议？而对那些想要控制网页广告对读者注意力分散的网站设计者，你又会提供怎样的建议？
- 将注意比喻为聚光灯，哪些方面是合理的？哪些方面是不合理的？
- 根据特征整合理论，前注意加工和注意加工之间有何差异？

3. 研究脑的新技术如何增加我们对注意的认识？

总的来说，ERP、TMS、PET 和 fMRI 研究已经整合并扩展了我们对注意信息加工过程的理解。这些研究结果告诉我们，注意调节早期的感觉皮质（例如，初级视皮质）的加工，但注意的信号可能来自顶叶和额叶的加工。顶叶和额叶中与注意相关的区域被划分为两个独立又相互作用的神经系统。背侧系统与内源性注意有关，而且与产生眼动和其他身体活动的运动系统有着紧密的联系。这个系统负责对相关信息进行自主选择，并将这些信息转化为分离的行动，例如将眼睛转向一个穿绿色衣服的人。腹侧系统对新异的外源性刺激（例如，罐子破碎的声音）敏感，这个系统与背侧系统之间可以相互调节。这个结果提示，脑的注意系统由多个紧密联系的区域构成，这些区域之间的相互作用导致了对相关信息的有效选择。

批判性思考

- 脑中哪些区域损伤之后会分别破坏内源性注意系统和外源性注意系统？
- 如果两个注意系统由于脑损伤分别出现障碍，你预期这会对在拥挤的房间内寻找朋友的任务产生什么影响？
- TMS、ERP、PET 和 fMRI 帮助我们了解到注意的神经系统的哪些特点？
- 研究发现哪些脑区域参与了注意的加工？这些区域分别扮演了什么样的角色？

4. 根据现代的注意理论，注意是不同信息来源之间的竞争，不同的信息源都力争获得进一步的加工。这个理论可以解释关于注意的行为和脑机制两方面研究的结果吗？

竞争理论把注意看成一种信号，该信号将加工导向最相关或突出的特征，因而这些特征得到进一步的加工。注意作为一种偏向信号，既存在于知觉和认知系统之内，也存在于两个系统之间。一个阶段的偏向结果被传递到加工过程的其他阶段，并作为偏向信号起作用。竞争的过程是动态的，就像实验中所展现的各种注意效应一样。根据竞争理论，在拥挤的酒会上之所以很难找到你的朋友，是因为那里有太多相互竞争的信息，它们要么过于相似（例如，其他的人），要么过于突出（例如，罐子摔碎的声音和其他吵闹声）。作为其中的一个客体，你的朋友在竞争加工的过程中没有立刻胜出。如果这个宴会不是那么拥挤，也没有那么吵闹，你的注意更容易选择你朋友的相关特征并抑制其他特征。这个例子也说明了竞争本质上是连续性的：偏向竞争理论提出，注意选择不是"二元的"，而是一个连续的、缓变的过程。

批判性思考

- 偏向竞争理论与其他注意理论之间的不同之处在哪里？
- 我们意识到的信息，实际上是相互竞争的信息中的"赢家"，这一观点对于制定在开车时使用移动电话的相关法律有什么参考价值？
- 我们如何根据偏向竞争理论来设计更加有效的路标？

第4章　长时记忆的表征和知识

学习目标

你走进一个房间，看到一群人围着桌子站着。桌上堆满了包装得光鲜亮丽的物品，中间的盘子上放着一个东西，它上面插着一些小小的圆柱状物体。有人点燃了这些柱状物体，众人发出呼喊，但是这些呼喊是什么意思呢？现在他们开始唱歌，并且似乎是朝着你或为你在唱歌，他们看起来欢快而友善。但是他们唱的内容难以理解，因为尽管他们看起来都很熟悉这首简短且旋律简单的歌曲，并且唱得充满热情，但他们却唱得参差不齐、含混不清。

这是一个梦吗？不是。通过运用这种想象，这事实上是你在无法提取长时记忆里的知识的情况下，参加自己的生日聚会的情景。无法提取长时记忆里的知识意味着你不了解自己的文化或民族习俗，不明白你面前的物品的意义，不懂人们欢呼的话语和对你唱的歌词的含义。正常情况下，我们从幼年时期开始就能轻松提取这类信息，它们对我们的生活有着巨大的影响。这些信息是如何被存储、如何被利用，又是如何运作的呢？

在这一章，我们将探讨以下几个问题：

1. 知识在认知中扮演什么角色？知识在脑中是如何表征的？

2. 脑中最可能存在哪些表征形式？多种表征形式如何共同协作从而表征和模拟一个物体？

3. 分散在脑中的表征如何被整合起来以建构类别知识？

4. 构成类别知识（category knowledge）的表征结构有哪些不同类型？在具体情境中，这些不同类型的表征结构是如何被提取的？

5. 不同的类别领域（domains of categories）是如何被表征和组织的？

1. 知识在认知中的作用

我们通常认为**知识**是由文化发展带来的特定事实、技术和程序的具体内容，例如"关于棒球计分的知识""关于吉他的知识"以及"关于怎样在餐馆点餐的知识"。在大多数情况下，这些知识是在有意识的情况下，经过长期、困难的练习之后获得的。但是从更广泛的意义上讲，知识的存在和运作主要是在无意识的情况下进行的：我们通常并不清楚每时每刻知识所发挥的持续而巨大的作用。那些正式的知识，在你所知道的和影响你生活的知识总体中只占相对较小的一部分，并且对你的影响不大，例如美国独立战争的起因，或者棒球的指定击球手规则。你的知识中的大部分，以及那些对你日常生活影响最大的知识，则是一些相对平凡的知识，比如关于衣服、驾驶，以及爱情（这个也许并不平凡）的知识。因此，从认知心理学的角度来讲，广义的**知识**（knowledge）包括了存储在记忆中的关于世界的日常乃至正式的所有信息。知识还常被进一步定义为那些很可能是真实的、有理由相信的、内容一致的关于世界的信息（深入讨论见 Carruthers，1992；Lehrer，1990）。

如此定义的知识以多种方式使我们的日常生活得以正常运行。它是大部分心理加工发挥正常功能所必需的，其中不仅包括记忆、语言和思维，也包括知觉和注意。没有知识，**任何**心理加工都无法正常运行。设想一下，如果你的知识被关闭，你所经历的生日聚会将是怎样的？

首先，你对周围环境中的物体和感觉的认识将流于表面。每个事物或感觉都将是独立的，没有历史或意义。准确地说，你将不能对事物进行**分类**（categrization）。分类是将某一知觉到的客体归属到某个具有共同关键特征的特定群体中的能力。比如，"蛋糕"代表了一类客体，人们将这类客体知觉为具有相关的结构和用途的客体。没有知识，你就不能进行分类，因此生日聚会中桌上的蛋糕对你来说就没有任何意义。假设一台相机在胶卷上记录下了你生日聚会的一幕，相机**知道**这一幕场景中包含了一块蛋糕吗？不知道。相机可以显示蛋糕的图像，但它只是在胶卷上记录了一个特定的光影分布，这一图像在性质或重要性上与另外任何一个光影分布没有差别。相机不具备有关环境中有意义的客体和事件的知识。在开篇对你的生日聚会进行的"想象实验"中，你就像一架相机，能够记录一些图像，但不能理解图像的含义，不能理解这些图像与出现或没有出现在同一场景中的其他客体之间的共性。因此，如果你失去知识，你将丧失的第一种能力就是**分类**。

一旦你将某个知觉到的客体归到某一类别中，有关这一类别的更多知识就可为你所用。如果你知道那是一块蛋糕，相关的信息就产生了：这是一个庆祝会吗？这是一份特别的甜点吗？事实上，分类的整个意义就在于让你能够进行**推论**（inference），使你能够超越单个对象，获得其所属类别及类别特征所包含的信息。一旦你对一个知觉到的客体进行了分类，很多有用的推论就会随之而来。如果你能将一个包装得光鲜亮丽的物品划分到"礼物"这一类别，那么你所拥有的有关礼物的知识就能使你超越相机，从而得出一些推论——这个物品是一个盒子，盒子里可能装着朋友为你买的一个体贴的礼物，或者一个小小的恶作剧。虽然此时你还不能打开盒子一探究竟，但你所具备的有关礼物的知识提示了这些可能性。如果不具备分类能力，你能做出这些推论吗？相机能够推论出带包装的盒子里可能装有礼物或者恶作剧吗？当然不能。如果没有相关知识，你同样也不能。

你站在房间门口，看着这一幕情景，却不知道这是你的生日聚会。你不知道这一点，是因为你缺乏能使你超越眼之所见进行推论的知识。那么在**行动**（action）上呢？你知道在这种情况下应该做什么吗？在没有任何生物反射可以帮你实施这些行动时，你知道应该吹灭蜡烛，回应朋友的玩笑，打开礼物吗？答案仍然是否定的：没有知识意味着无法选择适宜的行动。想一想照相机，当它在取景器里捕捉到盒子的图像时，它知道那个盒子是一份等待打开的礼物吗？不，它不知道。如果没有关于礼物的知识，你同样不知道。

现在有个人站在生日聚会的桌子面前，阻挡了你的视线，使你只能看到尚未切开的蛋糕上的你的名字的一半。正常情况下，你能轻而易举地推断出整个名字。但是在你当前"无知识"的状态下，你能做到吗？不行，你能做出的推断不比相机多。没有知识，你无法将不完整的知觉信息补充完整，但有了知识你就可以做到。通常情况下，当你在环境中遇到被遮挡的物体时，你常常以这种方式将不完整的知觉补充完整。你在图 4-1 中看到了什么？是字母 l-e-a-r-t 还是单词 *heart*？*leart* 不是一个真词，但实际上最接近图中所见，然而，你对这个字母串进行的第一次归类很可能是 *heart*。为什么呢？正如我们在第 2 章中看到的，这是因为记忆中关于 *heart* 这个词的知识使你做出了这样的推测：图中正是这个单词，只不过它被纸上的墨渍挡住了一部分；而你的记忆里不太可能存储了 *leart* 这个词。正如我们在第 2 章中看到的：知识影响了**知觉**（perception）。

图 4-1　知觉过程中知识引起推论

尽管图中的字母最接近 l-e-a-r-t，人们最可能做出的解释还是单词 *heart*。这个推论来自于对熟悉单词的知识，以及墨迹可能怎样遮挡这些单词的知识。基本上，大脑通过无意识的推理，认为这个单词更可能是 *heart* 而不是 *leart*，是墨迹遮住了"h"的一部分。

聚会中的一个客人惊呼道："看窗外！在车道上发动卡车的好像是麦当娜！"如果你处在正常状态，而不是无知识状态，当你望向窗外时，你的**注意**（attention）会投向什么地方？你可能会察看卡车的驾驶室内部，而不会去细看卡车的外观。客人的惊呼中并没有什么内容将你的注意导向卡车内部，那么你为什么会察看那里呢？答案显而易见，这是因为关于如何发动一辆汽车的知识引导了你的注意。即使你自己不开车，你也知道司机通常坐在什么位置。但如果你没有知识，或者你只是一架相机，你不会知道应该把注意的焦点放在哪里。

在生日聚会的几周之前，你向一个朋友借了 50 美元，因为还没凑齐还账的钱，所以你一直回避这个朋友。现在这个朋友就站在房间里的人群之前，给了你一份大大的礼物。你感觉尴尬吗？没有。没有知识，你幸运地意识不到因为没有还钱给朋友而应感到的羞愧。即便你记得曾经向这个朋友借过钱，也记得是什么时候借的，你还是不能做出这样的推论：你早就应该归还这笔钱，而你到现在还没还，你真混！如果没有知识，一段特定的记忆对你来说没有多大帮助，因为你无法从中做出有用的推论。

唱完歌之后，聚会上所有的人一起对你大喊："We love you！（我们爱你！）"多么温馨的场面——而你却不明白他们在说什么。为什么会这样？因为理解**语言**（language）的能力来源于知识。首先，你需要知识来识别单词和理解它们的含义。如果你没有关于英语的知识，你就不会知道"*love*"是一个单词，而"*loze*"不是。同样地，你不会知道"*love*"是指珍爱他人而不是给他人刺文身。其次，你需要用知识将一个句子里的单词的意思组合起来。当你的朋友说"We love you"时，你怎么知道他们是在说他们爱你，而不是你爱他们呢？你又怎样知道"we"指的是施予爱的人，而"you"指的是被爱的人呢？为什么两者不是反过来的呢？关于动词"*to love*"的知识明确规定了在一个主动句中，施爱的人出现在动词之前，被爱的人出现在动词之后。而在一个被动句（例如，"You are loved by us"）中，两个角色则需要颠倒过来。因为拥有了相关知识，当你听到这些句子时，立马就能准确地明白谁对谁做了什么。

现在你的生日聚会达到了高潮，有人打开了卡拉 OK 机。你的两个朋友开始唱歌，其中一个是个大嗓门。接着那个大嗓门跟一个嗓门更大的朋友共献一曲。然后轮到你唱了，但你有点害羞。这时第一对中声音较小的和第二对中声音更大的两个朋友都自告奋勇跟你合唱。你需要一个强劲声音的支持，你会选谁呢？当然是第二对中的声音更洪亮的那个了。但是等一下——你是如何准确地认定她是两人中声音更大的那个呢？他们俩并没有一起唱过，你是怎样判断的？在无知识状态下，你是无法判断的。但是有了传递性原理描述的物体间关系的知识，你就可以据此做出判断。你可能听说过，也可能从未听说过这些知识，但你肯定已经在经验中将它们内化了。如果 X 的声音大于 Y，Y 的声音大于 Z，那么 X 的声音大于 Z。这样你就能选择出正确的搭档，使你们合唱的歌曲令人难忘。而如果没有这些知识，你将一筹莫展，无法进行推论，从而无法做出正确的选择。传递性原理只是知识支持高级**思维**（thought）过程发生的多种方式中的一个例子。实际上思维发生的每一种形式都以知识为基础，包括决策、计划、问题解决和一般推理。

　　如果没有知识在分类和推理、行动、知觉和注意、记忆、语言，以及思维中发挥的各种作用，你将在生日聚会中变成一个呆瓜，像一台相机一样，只是被动地记录生日场景中的图像，仅此而已。你会令人沮丧地无法理解生日情景中的每一种事物，也无法做出恰当的行为反应。因为知识是所有的心理加工正常运作都必需的。没有知识，你的脑将不能为你提供任何正常的认知功能。要理解认知，就必须理解知识，理解知识在心理活动的各个方面无所不在。

理解测验

1. 你用什么方式使用知识？
2. 对知觉到的事物进行分类意义何在？

2. 表征及其形式

　　知识的一个核心特征是它依赖于表征。表征是一个复杂而充满争议的主题，长期以来，来自多学科的认知科学家对表征一直有争议。至今学术界对表征仍没有一个一致认可的定义，大多数定义都带有很强的技术性。这里我们使用的定义相对简单，但抓住了多种理论的部分核心观点（关于这个重要概念的不同观点，参考 Dietrich & Markman，2000；Dretske，1995；Goodman，1976；Haugeland，1991；Palmer，1978）。正如第 1 章所提到的，表征是代表某个物体、事件或概念的一种物理状态（例如，书页上的标注、计算机的磁场，或者脑里的神经联结）。表征还携带着有关它所代表的事物的信息。以一个地铁系统的地图为例，这个地图就是一个表征，因为它代表了各种各样的路线、站点和联结，并且携带了关于这些事物的信息，即这些站点的顺序以及不同路线的相对方向。不过，表征所包含的内容不仅仅是这些，接下来的部分我们将探讨这个问题。

2.1　记忆和表征

想象一下你在自己的生日聚会上第一次见到一盏熔岩灯。这时灯是熄灭的，你看到一个金属座上立着一个圆锥形的广口瓶，瓶子里装着五颜六色的液体和固体。为了增添喜庆的气氛，现在有人点亮了灯，瓶子里的内容物变亮，里面的球状物质开始波动。脑的一个基本特性是它能在一定程度上存储知觉到的经验，换句话说，脑能够进行记忆。当你存储关于熔岩灯的初次记忆时，你存储的是一个表征吗？我们来看一看这个记忆是否符合以下的表征标准：

意图标准（the intentionality criterion）：一个表征必须是有意地被构建出来代表某件事物的。这一标准看起来可能有点问题，人们通常不会为了方便日后回忆而有意地去构建日常经验。当你第一次看到熔岩灯的时候，你大概不会对自己说"这个东西真酷，我必须一辈子记住它"，然而你还是记住了它。很多研究（以及大量事实证据）显示，即使你并没有试图把它们保存在记忆里，你的脑也能够自动存储这些信息（例如 Hasher & Zacks，1979；Hyde & Jenkins，1969）。事实上，相对于仅仅知觉并合理加工信息而言，有意识地保存一些信息以备日后回忆往往并不能提高记忆效果。这说明除了有意识的目标之外，你还具有存储经验的相关信息这一无意识的目标。也许因为存储信息的能力过于重要，因此生物进化不能把这个工作留给自觉的意愿（有些人甚至不记得要把垃圾带出去）。相反，生物进化将存储信息的部分工作委托给了脑里的无意识自动加工机制。

那么意图标准达到了吗？是的，因为脑在无意识水平上具备了这样的结构特点：存储有关世界的经验的信息，以代表这些经验。如果摄影师将一台照相机设置为每秒钟自动拍摄一张照片，那么捕捉信息的意图就被植入了这个系统中，无论这个系统的创始人，即摄影师是否在拍摄每张照片时都在场。同理，捕捉信息的意图也被植入了脑系统，无论你是否有意识地主导每一个记忆。

携带信息标准（the information-carrying criterion）：一个表征必须携带它所代表事物的相关信息。你对一盏熔岩灯的初次记忆达到这一标准了吗？假设第二天有人问你有没有见到什么新鲜事物，你想起了昨天看到的新东西——熔岩灯。你根据自己对熔岩灯的记忆对它进行描述。你是如何能做到这一点的？这是因为你关于熔岩灯的记忆携带了与之相关的信息——其形状、颜色和功能的细节。你对熔岩灯的记忆携带了相关信息，能够证明这一点的进一步证据是你能够对它进行类别划分。如果你看到另一个熔岩灯，它与你第一次见到的那个可能不完全一样，你也可以判断它和你记忆中的熔岩灯属于同一类物体。因为你对第一盏熔岩灯的记忆携带了其外形的相关信息，这样你就可以根据这些信息来识别与之类似的事物。同样地，如果你第二次见到的熔岩灯是熄灭的，你可以参照对第一盏熔岩灯的记忆，推断出第二盏灯可以打开变亮，使它的内容物产生波动。因为你的记忆携带了有关第一盏熔岩灯的信息，这些信息能够使你对遇到的其他熔岩灯产生有用的推断。

表征就是通过这些方式为知识奠定基础的。一旦脑有意识地建立起记忆，而这些记忆携带了客观世界的相关信息，那么各种高级认知能力就随之变得可能。

2.2 四种可能的表征形式

关于心理表征我们还可以学习什么呢？表征的形式是其中一个重要方面。正如第 1 章中提到的，**形式**（fomat）指的是编码的类型。现在我们可以对这个概念进行更深入的探讨。**形式**不仅指构成表征的成分，以及这些成分的组织方式，它还依赖于处理这些成分从而提取信息这一过程的特征。我们将会看到，表征可能是**通道特异性的**（modality specific），也就是说，表征可能需要利用知觉或运动系统；表征也可能是**非通道的**（amodal），即处于知觉和运动通道之外。表征的另一个重要方面是它的**内容**（content），即它所传递的信息。

2.2.1 通道特异性表征：表象

在讨论生日聚会时，照相机的比喻很有用。照相机捕捉到的图像是一种可能的描绘信息的表征形式（见第 13 页），也许脑构建的是相似类型的表征——我们常常说这样的话，例如"我无法将那幅画面从脑子里抹去"或者"我用心灵的眼睛清楚地看到了它"。让我们来看看表象里包含了什么内容，以及脑是否可能包含这种形式的表征。

桌上放着一些带包装的盒子和一个生日蛋糕。这个场景的一部分被一架数码相机捕捉到，被若干像素或"图像元素"（表象包含的视觉信息单位）记录下来，并因而被存储。具体地说，一个表象包含三个要素，它们共同决定表象的内容：**时空窗口**（spatiotemporal window）、**存储单元**（storage units）和**存储的信息**（stored information）。

用照相机为眼前的场景拍摄一张照片并不能捕捉到这个场景中的每一个细节，它所捕捉的仅仅是一个时空窗口内的一部分［图 4-2（a）］。从空间上讲，一架照相机可以从不同位置对同一场景拍摄无数张照片，这里的图像去掉了桌上的礼物和桌子脚。从时间上讲，这个场景没有被持续地捕捉，而只停留在快门打开的那一个时间横断面上。因此，任何一个表象在一定程度上都是由其时空窗口定义的。

下面我们来看看时空窗口内表象的存储单元［图 4-2（b）］。一个表象包含了一组以网格形式排列的存储单元，就像数码相机的存储单元是像素，胶片相机的存储单元是感光颗粒一样。每个存储单元都对投射到它上面的光线敏感。和整组存储单元一样，每个单独的存储单元也有一个时空窗口，它只捕捉某个有限的时间和空间范围内的信息，这些有限的时空范围嵌套在整组存储单元组成的更大的时空窗口中。

最后再看看这些存储单元包含的信息［图 4-2（c）］。以一张照片为例，这些信息是每个存储单元上可见光的强度。各个存储单元包含的信息综合起来就是一个表象的内容。

另外，还有很多重要的信息隐含在表象中。例如，一组相邻的像素可能组成一个正方形。各像素之间的距离与现实世界中点与点间的距离相对应：如果表象中的像素 A 与像素 B 之间的水平距离比像素 C 和像素 D 之间的水平距离小，那么现实世界中与像素 A、像素 B 对应的两点之间的水平距离也比与像素 C、像素 D 对应的两点之间的水平距离小。但是提取这些附加信息需要一个加工系统，而照相机不具备这样的系统（或者说，照相机的加工系统是摄影师的脑），现在的关键问题是：脑中是否存在与图 4-2 中桌上的生日蛋糕图结构类似的表象？

许多人（但不是所有人）表示，自己能够通过"用心灵的眼睛看"或"用心灵的耳朵听"感受到心理表象。自我报告的体验当然很重要，但要得出强有力的结论，科学证据是必不可少的，尤其考虑到我们的思维能够产生幻觉。大量的科学证据证实了人类脑中确实存在表象（综述见 Farah，2000；Finke，1989；Kosslyn，1980，1994；Kosslyn et al.，2006；Shepard & Cooper，1982；Thompson & Kosslyn，2000）。

先以一项脑解剖研究（Tootell et al.，1982）提供的证据为例。图 4-3（a）是一只猴子所看到的视觉刺激；图 4-3（b）显示，当猴子在观看刺激

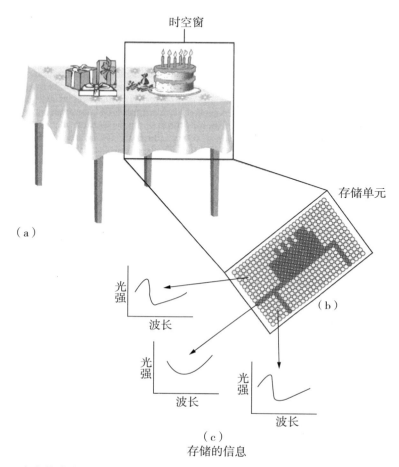

图 4-2 表象的成分：生日场景

（a）我们看到的情景中包含了信息的一个时空窗。在这个时空窗里，（b）一系列像素捕捉了光的信息；每个像素保存了（c）光在波长范围内的强度信息，像素对此敏感。时空窗里保存的跨像素信息一起构成了对生日场景的一个可能的表象表征。

时，用神经追踪剂可以测量到其枕叶皮质上 V1 区的激活。一个显著的对应关系立即显现出来：猴子大脑皮质表面的激活模式与刺激的形状大体一致。这是因为早期视觉加工区的皮质与数码图像像素的排列方式在某种程度上类似，反应方式也类似。当以这种形式排列的神经元放电时，皮质的激活模式就形成了一个地形图——它们在脑中的空间分布与真实环境的空间分布相对应。脑内部存在许多这种类似地形图的解剖结构，提示了表象的存在。

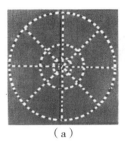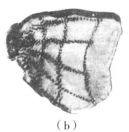

（a）　　　　　　　　　（b）

图 4-3　大脑中的一个表象

（a）呈现给猴子的"车轮轮辐"刺激。（b）猴子观看刺激时，猴脑左侧枕叶（只加工右侧的刺激）的 V1 区表面的激活。这个大脑激活模式接近视觉模式，表明大脑在早期视觉加工阶段使用了一些类似表象的表征形式。

[Tootell, R. B. H., Silverman, M. S., Switkes, E. & DeValois, R. L.（1982）.]

另一例证明表象存在的神经科学证据来自一个名叫 M. G. S. 的病例（Farah et al.，1992）。临床诊断将 M. G. S. 的癫痫病灶锁定在右侧枕叶，这一区域负责加工左侧视野的信息。为了减少癫痫发作次数，M. G. S. 选择将自己的右侧枕叶切除。手术除了使癫痫发作次数减少以外，与术前预料的一样，也使她的左侧视野变为盲区。

右侧枕叶摘除对 M. G. S. 加工视觉图像的能力产生了什么影响？很多研究显示，视觉图像部分在脑的枕叶进行表征，至少在某些情况下，脑是以地形图的形式来表征这些图像的（例如，Kosslyn et al.，1995，2006）。研究者推论，如果枕叶皮质确实表征了视觉图像，那么摘除 M. G. S. 的右侧枕叶就应该导致其视觉图像的大小减少一半（与她视觉上的缺失成正比）。为了验证这一假设，研究者测量了 M. G. S. 术前和术后视觉表象区的大小，结果与预期一致：M. G. S. 的表象区在手术后大致为手术前的一半（图 4-4）。

这里综述的两个研究加上另外的多个研究，使大多数研究者相信，表象是脑进行表征的一种形式。不仅视觉系统中存在心理表象，在第 11 章我们还会讨论运动系统中也存在心理表象（例如，Grèzes & Decety 2001；Jeannerod，1995，1997），在听觉系统中同样存在心理表象（例如，Halpern，2001）。

除了这些神经学的证据一致支持心理表象的存在外，很多行为学研究也提供了相应的证据。事实上，不少设计巧妙的行为学实验最早证实了表象的存在，比神经学证据要早 20 年（综述见 Finke，1989；Kosslyn，1980；

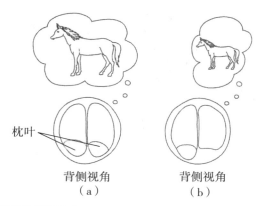

枕叶

背侧视角
（a）

背侧视角
（b）

图 4-4　大脑损伤带来的表象缺失

（a）一个完整的、未受损的大脑及其知觉到的视觉表象。（b）手术后的大脑。因为视觉表象在枕叶进行表征，摘除右侧枕叶使表象减小了一半（因为术后大脑的水平尺寸只剩术前的一半）。

[Fig. 66.2, from p.968 of Farah, M.J.（2000）. The neural bases of mental imagery. In M.S. Gazzaniga（ed.）, *The Cognitive Neurosciences*（2nd ed., pp. 965 – 974）. Cambridge, MA：The MIT Press. 经允许重印]

Shepard & Cooper，1982）。在这些实验中，研究者要求被试在完成一个认知任务的同时构建心理表象。如果被试确实构建了心理表象，那么这些表象应该具有颜色、形状、大小、方向等知觉特征。一次又一次的实验确实发现这些知觉变量影响了任务表现，这说明被试构建了具有知觉特性的心理表象。关于大小这一知觉变量的实验结果的详细讨论见随后的**深度观察**专栏。

> ### 深度观察
>
> #### 心理表象的行为学证据
>
> 　　尽管已有大量关于心理表象的轶事性的证据，科斯林仍然试图寻找科学的行为学证据；其研究结果发表在 1975 年的《认知心理学》（*Cognitive Psychology*，7，341-370）上，论文题目是"视觉图像的信息表征"（Information Representation in Visual Images）。
>
> 　　研究简介
>
> 　　当一个物体离你很近、在视野中很大时，这一物体是容易被识别的，而当它离你很远、在视野中很小时，识别就变得困难，这是一个显而易见的知觉事实。要认出站在几英尺之外的一个朋友并不

是难事，但如果你和你的朋友分别站在足球场的两端，要认出你的朋友就会困难很多。研究者利用这一有关知觉的事实来证明人类拥有心理表象。

研究方法

研究者要求被试形成关于一个目标物体（例如，一只鹅）的视觉表象，这个目标物体的旁边是两个参照物（一只苍蝇和一头大象）中的一个。研究者要求被试用每一对物体填满自己的心理表象的框架，并且每一次都要保留目标物体对参考物体的相对大小（因此，当鹅与苍蝇配对时，其表象就比与大象配对时更大）。被试将两对表象中的一对（例如，鹅与苍蝇，或鹅与大象）保存在记忆中，这时被试听到一个属性（例如，腿），他们需要通过参考自己的表象尽快判断目标动物是否拥有该属性。被试被告知如果目标动物拥有这个属性，他们就应该能够在自己的表象中找到该属性。

研究结果

在上述实验条件下，当被试表象中的目标动物在苍蝇旁，相对于目标动物在大象旁这一条件，被试的平均反应时要短211毫秒。在控制条件下，被试形成巨型苍蝇和微型大象的视觉表象，作为正常大小的目标动物的参照物，其结果与实验条件相反——当目标动物在微型大象旁，被试的平均反应时更短。因此，导致这些结果的并不是苍蝇或大象本身，而是它们与目标动物的相对大小。

讨论

这一发现与前面提到的知觉事实是一致的，即当朋友站得离你近时，比站在足球场另一端时更容易被你认出。当一个特定物体在视觉表象中相对较大(在苍蝇旁边)时，比相对较小(在大象旁边)时，视觉加工更容易。要判断的属性在表象中越大越容易分辨。根据这个结果，研究者得出结论：被试利用了表象来回答问题，检验要判断的属性。

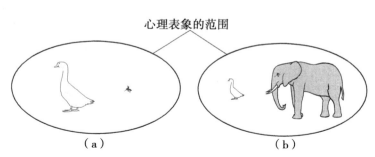

心理表象的范围

（a）　　　　　　　（b）

　　我们在心理表象的范围内看到了什么？（a）在一些试次中，被试被要求想象一个目标物体，比如一只鹅，旁边是一只苍蝇。实验者要求被试用这两个物体填满表象的范围，同时保留它们实际的相对大小（即表象中鹅比苍蝇大得多）。（b）在另一些试次中，实验者要求被试想象相同的目标物体，旁边是一头大象。同样要求被试用这两个物体填满表象的范围并保留其相对大小。当表象中的目标物体（本例中指鹅）旁边是苍蝇而不是大象时，其相对大小更大。因此，在苍蝇旁边时，目标物体的组成部分（例如，鹅的腿）就更大，能够被更快地"看到"。这个结果从行为学的角度证明我们使用了表象来检验物体的属性。

　　虽然照相机在本章的讨论中是一个有用的比喻，但大脑的表象与照相机拍摄的图像还是存在显著差别的，尤其是大脑表象不像照片那样具有连续性和完整性。例如，关于变化盲（即不能觉察视野中变化的刺激，见第3章）的研究表明，人们的知觉表象没有统一的细节水平；一些区域的表征在细节上不如另一些好（例如，Henderson & Hollingworth，2003；Wolfe，1999）。图4-5显示了这种对比：图4-5（a）是一个场景照片，它相对均匀且完整；而图4-5（b）中处理过的图片模拟的是脑中的表象，它相对不均——其中一些部分比另一些部分更清晰。视觉注意似乎是造成这种不均匀现象的原因：一个场景中被清晰表征的部分往往是注意聚焦的地方（Hochberg，1998）。如果注意没有集中到场景中的某个区域，那么这一部分的细节就不会被精确地编码到表象中（例如，Coltheart，1999）。

　　心理表象形成的另一个重要条件是它们被人为地进行了解释（例如，Chambers & Reisberg，1992）。如果你把注意集中在图2-33（b）中的两可图形的左侧边缘，那么它看上去是一只鸭子，但如果你把注意集中在右侧边缘，它看上去则是一只兔子。你集中注意的位置不同，对物体的解释也就不同。一张照片并不包括对照片包含的客体的解释。如果你单独考虑表象的形式，就会发现它并不包含任何能够帮助解释其内容的线索。一张照片的图像仅仅是对投射到每个像素上的光能的记录；它并不包含对多个像素组成的更大客

（a）

（b）

图 4-5 选择性注意对表象某些方面的编码更精确

（a）生日场景。（b）大脑对上面情景的表征方式并不是对所有的点以同样的分辨率来表征，而是对注意到的表象部分（这个例子中是蛋糕和礼物）以更高的分辨率进行表征，对未注意到的表象部分（这个例子中是桌子及背景中的所有物体）以更低的分辨率进行表征。这种注意不平等分配的结果就是，表象对场景中的一些部分比另一些部分的表征更精确。

体的分类。而心理表象是在一个加工系统内的表征，这一加工系统以特定的方式对心理表象进行解释；要理解表象，我们必须同时考虑表征以及与之相伴的加工。对表征进行解释的重要性将是本章的一个核心主题。

2.2.2 通道特异性表征：特征记录

从现在开始，我们要讨论的表征将比照相机这类捕捉图像的人工制品的产物更复杂。我们将更清楚地看到，就表征而言，自然智能要比当前的技术更优越。技术需要模拟自然：高级表征技术在未来的实现有赖于我们将要讨论的自然表征。

高级表征的核心在于对有意义客体的分类。**有意义的客体**（meaningful

entity）是对有机体的生存和目标追求起重要作用的物体或事件。相比之下，一个像素则是一个相对无意义的客体。我们不仅想要了解是否有光线投射到空间的某一点上，还想了解这些像素模式（或神经激活的区域）表征了现实世界中的什么。这并不意味着表象本身是无用的，事实上，更有意义的表征正是从这些表象中提取出来的。

　　青蛙的视觉系统提供了一个高级表征的例子。如果你是一只青蛙，什么对你是有意义的呢？虫子。青蛙要抓住虫子需要什么？显然它需要一个运动系统，使它能够捕捉到一只飞过的虫子，但在此之前，它必须能够侦察到这只虫子。这里大自然已经将意义和解释应用到表征问题上，使得自然的表征系统超越了表象。

　　早期的一些重要研究（Lettvin et al.，1959）发现，青蛙视觉系统里的神经元对在青蛙视野内移动的小物体会产生不同的反应模式（图4-6）。研究者将电极插入青蛙脑内的单个神经元后，将不同刺激（有时是圆形的静态物体，有时是运动的物体）呈现到青蛙的视野范围内。结果发现，一些神经元针对小的圆形物体（无论运动与否）发放脉冲，而另一些神经元则针对物体的运动（无论物体的形状如何）发放脉冲。不同的神经元群体似乎负责了探测视野内不同类型的信息。

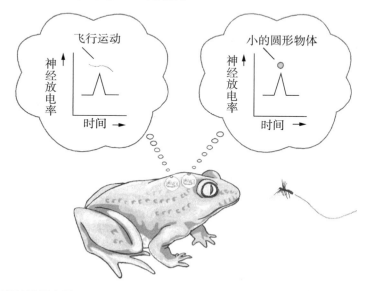

图4-6　青蛙看见虫子
　在青蛙的大脑中，一群神经元针对小的圆形物体放电；另一群神经元针对该物体的运动放电。这两群神经元和其他神经元一起，使青蛙能够探测到小的、圆形的、飞行的物体。

这些神经元探测到的信息对青蛙而言是有意义的信息："小的、圆的"以及"运动的"都是会飞的昆虫的特征。在之前的两章中，我们已经讨论了"特征"这个概念，但现在我们可以从一个新的角度来审视它：一个**特征**（feature）就是知觉到的刺激的一个有意义的感觉方面。青蛙的神经元与像素不同：像素以一种一般的、无差别的信息累积的方式记录了投射到其上的所有光线，而青蛙的神经元只在对青蛙有意义的信息出现时才会反应。当出现在青蛙视野中的小而圆的运动物体不是虫子时，青蛙就可能会上当，但重点在于，本质上这个物体可能**的确是**一只虫子。这些神经元群体的功能就是探测现实世界中对青蛙有意义的客体。它们并不构建一幅视野完整或不完整的表象，而是对表象区进行**解释**，判断它们是否提示了特定特征的存在。当这些负责特征觉察的神经元被激活时，它们对表象的区域进行分类，判断该区域是否包含物体或事件的一个有意义的特征。特征觉察不是由单个神经元完成的，而是由许多神经元共同完成的。这使得神经元可以用渐进的，而不是全或无的方式进行反应，因而其反应结果也更加可靠。而且，这些神经元通常对多个特征敏感，它们会对其中哪些信息进行反应，可能会随着经验以及有机体在特定时间内目标的变化而发生变化（例如，Crist et al.，2001）。

负责特征觉察的神经元是否符合表征的标准？是的。第一，意图标准：这些神经元经过进化的磨炼，已经可以代表现实世界中的事物，例如虫子。第二，信息标准：这些神经元通过放电传递了现实世界的信息，证据在于，一只青蛙眨眼（闭上眼睛）的时候，这些已被激活的神经元**持续**放电，并传递它们共同代表的客体——昆虫的相关信息。

正如我们在第 2 章中看到的，脑中特征觉察神经元的发现为知觉领域带来了革命。从那时开始，研究者进行了成百上千的后续研究，大大加深了我们对初级视觉系统中的神经元群体的了解。图 4-7 显示了这些神经元参与的加工阶段。如我们在第 2 章中看到的，随着视觉信号沿枕叶的初级视皮质到颞叶和顶叶的通路传输，物体的各种类型的特征，如形状、方向、颜色和运动都被提取出来。这一加工通道往前延伸，则有大量的联结神经元（conjunctive neurons）将先前提取的特征信息整合为客体表征。例如，这些联结神经元可能会整合大小、形状和运动等相关信息，从而建立对一只飞虫的特征表征，这一表征对于青蛙和人来说都是有意义的，尤其在夏季。

在加工一个视觉物体时，所有被激活的特征觉察器合起来，就构成了对该物体的表征。这一表征形式与表象不同，它不是描绘性的，它的组成成分没有与空间点的排列或物体的边界一一对应。相反，它依靠的是物体的各种重要特征，即存在于有机体生活环境中的有意义的客体的方方面面。这种用特征建立起来的表征为同一个物体的表象做了补充，该表象可能存在于先前按地形图形式组织的区域中。

除了视觉，研究者在其他所有感觉通道中都发现了负责特征觉察的神经元，即特征觉察系统还存在于听觉、触觉、味觉和嗅觉通道中（例如Bear et al.，2002）。

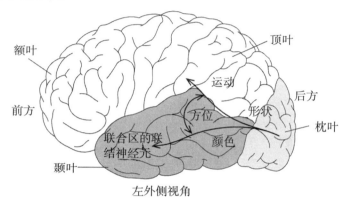

图 4-7　人脑中的视觉加工系统

通过枕叶、颞叶和顶叶的通路，神经元群从视觉输入中提取形状、颜色、方位、运动及其他特征。在加工后期，各个脑区（比如颞叶）的联结神经元将这些特征整合起来，形成对知觉到的客体的整体特征的表征。

2.2.3　非通道符号

通道特异性表征存在于脑的知觉和运动系统中，因而在知觉上与表征的物体相关。那么，是否可能存在用随意的、抽象的信息建立起来的**非通道**表征呢？主流观点认为是存在的，但这一问题仍存在争议，详见随后的**争论**专栏。

争论

非通道表征存在吗？

尽管非通道符号在构建理论时很实用，但迄今为止还没有一个强有力的实验证据能证明脑中存在非通道符号（Barsalou，1999）。即便如此，非通道符号的观点依然作为占主导地位的表征理论占据学术界长达几十年。智能推理（intellectual reasons）对很多人来说都是很有吸引力的。第一，非通道符号提供了表达表象的有意义内容的有效途径，即通过表征物体（及其属性）以及物体之间的关系来表达内容。第二，从非通道符号理论很容易推导出知识的重要功能，如分类、推理、记忆、理解以及思维（例如，J. R. Anderson，1976，1983；Newell，1990；Newell & Simon，1972）。第三，非通道符号的理论允许计算机执行对知识的处理，非通道化的描述性表征很容易在计算机上实现。

实际上，除了缺乏实验数据的支持，非通道符号理论也存在理论上的分歧。它的机制是什么？是什么过程将视觉表象区与相关的非通道符号联系起来？反过来，当一个物体的非通道符号在记忆中被激活时，这些符号又怎样激活关于物体外观的视觉表征？至今还没有一个令人信服的理论，能够解释非通道符号是怎样与知觉和运动状态联系在一起的。理论家们正越来越多地发现非通道符号理论的错误（例如，Barsalou，1999；Glenberg，1997；Lakoff，1987；Newton，1996），一些研究者正在放弃非通道符号的观点，认为脑中的知识表征依赖的是另外的形式。

非通道符号是如何运作的呢？想象一下图4-8（a）中所示的生日场景。关于这个场景的表象在开始时存在于视觉系统中。然后位于腹侧通路的特征觉察器被激活，它们代表了有意义客体的方面。最后非通道符号（抽象而随意的符号）对场景中有意义客体的特征，以及客体之间的关系进行了描述（见第13页）。图4-8（a）—（c）给出了这些符号可能代表什么的几个例子。

非通道符号处于各个通道之外，并不具备通道特异性，通常被认为存在于一个知识系统中，这个知识系统建构对知觉和运动状态的描述，并对其进行操纵。因此，图4-8所示的非通道表征描述了一个视觉状态的内容，但处于视觉系统之外，从属于一个与语言和其他非视觉任务相关的更大的系统。

图4-8中非通道表征的内容是 *ABOVE*（上面），*LEFT-OF*（在……左边），*candles*（蜡烛）一类的符号，那么非通道表征是不是就是单词呢？显然，构成 *candles* 这个单词（或西班牙语里的 *velas*，或法语里的 *bougies*）的连线形式中没有任何部分与视觉（或触觉）感知到的蜡烛之间存在相关。因此，答案很接近但并不正确。探讨非通道符号的研究者认为，符号和单

词是**两种不同的事物**：单词**代表**了非通道符号，非通道符号是单词的基础。根据这一观点，*candles* 这个单词的基础就是脑中代表着实物 *candles* 的非通道符号。若要清楚地区分两者，研究者可以使用类似@的符号来代表被称为 *candles* 的实物。然而他们还是使用了单词 *candles*，因为这样更容易看出符号代表的是什么。

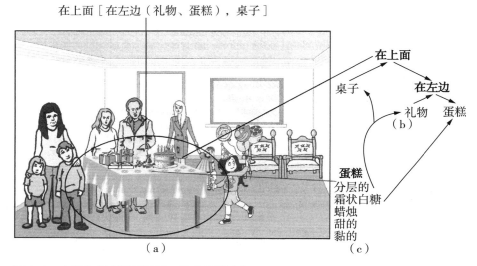

图 4-8　左侧生日场景元素的三种非通道表征
　　（a）框架；（b）语义网络；（c）属性列表。虽然这里使用词语进行描述，但非通道表征被认为是由非语言系统构建而成的。

　　图 4-8 中命名的非通道符号构建了三种非通道表征：**框架、语义网络和属性列表**。框架（frame）是一个结构，类似一个算术表达式，规定了将环境中的各个物体联系起来的一系列关系。比如，图 4-8（a）中的框架规定，礼物在蛋糕的左边，并且这个 LEFT-OF 的组合位于桌子之上（ABOVE）。**语义网络**（semantic network）［图 4-8（b）］以图解形式代表了本质上相同的关系和物体。**属性列表**（property list）列出了属于某一类别的客体的特征。例如，图 4-8（c）列出了蛋糕的一系列属性，如霜状白糖和蜡烛。与框架和语义网络不同，属性列表忽略了属性之间的关系。那么属性列表中的属性与通道特异性记录中的特征有什么不同呢？第一，属性列表里代表属性的那些符号是非通道化的，处在知觉和运动系统之外，而通道特异性记录中的特征是通道化的，处于知觉或运动系统（例如，视觉

系统）中。第二，属性列表里的属性体现的是物体相对抽象的方面，比如带有霜状白糖，而通道特异性记录中的特征倾向于体现基本的知觉细节，比如边缘和颜色。

非通道符号为表象提供了补充信息，因为它们按照意义对表象的各部分进行了分类，而不仅仅是记录光点或其他感觉数据。对事物的解释过程始于特征觉察器对表象的基本特征的分类，分类服务于对有意义客体的辨别，非通道符号延续了这一解释过程。在图 4-8（c）的语义网络中，*cake*（蛋糕）的非通道符号将该表象的各部分划分为一类特定的事物。如果使用不同的非通道符号，同一个客体可能被划为不同的类别：**甜点、糕点、增肥食品**。而且，符号对客体的分类可能并不准确：你可能因为光线昏暗，而把蛋糕看成一顶帽子，然后悲剧地将它戴到头上。

2.2.4　神经网络中的统计模式

虽然非通道符号很适合计算机的工作原理，但我们尚不清楚它们是否适用于生物系统。另一种可能的表征形式是神经网络（见第 45—47 页，"4.6 神经网络模型"）。神经网络是一种结构，在这一结构中生日蛋糕被表征为一种统计模式，比如 110101000101（图 4-9）。这种方式的表征范围大于非通道符号，原因有两个（Smolensky，1988）。

第一，统计模式的成分可以被看作发放或不发放电信号的神经元或神经元群体。模式中每个 1 代表一个放电的神经元（或神经元群），每个 0 代表一个不放电的神经元（或神经元群）。这种统计模式拥有自然的神经解释，因而可以作为生物表征的一种合理形式。第二，在非通道系统中，单个的非通道符号一般代表一个类别，而在神经网络中，多个统计模式可以代表同一个类别，如图 4-9 所示。可变的统计形式提供的灵活性正反映了现实世界中的情况：并不是所有蛋糕都是一模一样的。因为蛋糕是不一样的，那么它们的表征也应该不同。又因为各种蛋糕之间的差异总是小于蛋糕和桌子之间的差异，因此各种蛋糕之间的表征应该比它们与桌子之间的表征更相似。尽管可以代表蛋糕的表征在一定程度上存在差异，但它们在总体上还是高度相似的。统计模式恰恰体现了这些凭直觉感知到的知识。

由于上述两点原因，对知识的统计表征越来越受到研究者的关注。虽然非通道符号仍被广泛运用，但基于统计模式的模型正变得越来越合理。

2.3　知觉和模拟中的多重表征形式

一些研究者认为，所有的知识背后都有一个抽象的、描述性的表征形

图 4-9 统计模式可以表征生日场景中的蛋糕

1 和 0 表示一群神经元中的一个特定神经元是否放电：放电（1）或不放电（0）。尽管模式之间往往高度相似，不同的统计模式仍然能够表征同一事物存在细微差异的不同版本（比如蛋糕）。

式，但脑是一个复杂的系统，知识的运用方式也变化万千。表征在构建认知的过程中扮演了多种角色。单靠一种形式，表征不太可能实现多重角色；更可能的情况是多种形式同时存在，包括表象、特征觉察器、非通道符号和统计模式。

再次想象你的生日聚会场景。在知觉这一场景时，你的脑主要在枕叶皮质建构出一个不完整的视觉表象。随着对这一表象的进一步加工，特征觉察系统在枕叶、颞叶和顶叶的特定区域从表象中提取出有意义的特征。最后，颞叶某个统计模式的神经网络被激活，代表之前提取的表象和特征信息，并将所有这些信息联系起来［图 4-10（a）］。由于代表统计模式的神经元是联结神经元（即具有联结功能的神经元），那些在表象阶段被激活的神经元和那些参与特征分析的神经元，都与代表统计模式的神经元发生了联系，而统计模式中的每个成分又反过来与激活自身的表象和特征成分发生联系。把这一系列的加工阶段连起来，就建立起了对感知到的场景的一个多重表征。

正如将一部电影倒着放是可能的，通过**模拟**（simulation）加工，一个统计模式可以在最初的知觉场景不复存在的情况下，重新激活表象和特征信息［图 4-10（b）］。例如，在你生日的第二天，一个朋友让你回想起生日蛋糕有多美味。你朋友的话语激活了统计模式，该统计模式对你看到和品尝蛋糕时所存储的所有信息进行了整合。因此，这个统计模式以一种自上而下的方式，部分地重新激活了从蛋糕以及代表蛋糕的表象中提取的特征。这种联系所有信息的联结性结构使你能够模拟最初的经历。知觉系统的自下而上的加工产生了统计表征，而另一条自上而下的加工途径则重现（至少部分重现）了最初的视觉加工过程。这种自上而下的加工能力使你能够产生心理表象，并回忆起过去发生的事情。在第 11 章，我们将详细讨论心理模拟如何运作。

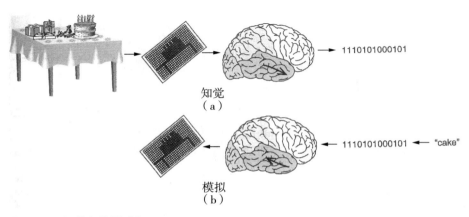

图 4-10　知觉和模拟过程

（a）对一个场景的知觉过程中出现的三个加工水平：枕叶的不完整表象；枕叶、颞叶和顶叶的特征提取；利用统计模式对这些信息的整合（可能在颞叶）。（b）模拟过程的一个例子，被认为是（a）部分加工的反向过程。听到某人说单词 *cake* 可能激活之前使用过的统计模式，从而整合过去的生日场景中关于蛋糕的信息；反过来，统计模式也会部分重新激活从蛋糕中提取的特征，以及与之相伴的表象。

理解测验

1. 脑中可能存在哪些表征形式？为什么？
2. 多重表征形式怎样在脑中协同工作来实现对物体的表征和模拟？

3. 从表征到类别知识

演员的目标是使观众产生"第一次的错觉"——让观众觉得台上正在上演的情节之前从未发生过，无论是在现实生活中还是在昨晚的演出中。但如果生活中经常出现这种"第一次的错觉"，将会导致混乱和困惑。当你在失去知识的情况下到达生日聚会现场，你会感到迷惑不解。表征是途径，知识是结果。现在我们需要解决的问题是：各个表征的大集合是怎样发展，从而产生关于类别的知识的。

类别知识的产生始于对类别的个体成员的表征建构，然后经过这些表征的整合而生成。日常生活中你一定已经见过很多属于蛋糕类别的成员。每次见到一种蛋糕时，你的脑都会构建一个多重形式的表征，那么你的脑是如何将这些不同蛋糕的表征整合起来的呢？

以图 4-11（a）中的五种不同蛋糕为例。每个蛋糕都会产生一个能够整合其表象和特征加工结果的统计模式。由于这些蛋糕十分相似，它们产生的统计模式也是类似的，但因为蛋糕本身在一定程度上不同，统计模式也就不完全相同。如果你研究一下这五个单独的模式，就会发现 11-0--10-01-1 是它们所共有的（其中的"-"指的是各种蛋糕之间不同的部分）。这种共有模式中，与 1 和 0 对应的 8 个单元为整合五种记忆提供了一种自然的方式。因为五种记忆分享了这些单元，因此所有记忆都与这个共同的"轮毂"相联系［图 4-11（b）］。这一结果造就了对一个类别的表征。在一个水平上，所有该类别的成员都经由它们共享的统计单元相互联结。在另一个水平上，这些共享的单元构成了对这一类别，而不是单个成员的统计表征。（当然，正如我们后面会提到的，真实生活中的概念要比这个简单例子更复杂——很难想出**所有的**蛋糕都具备的一个特征）

另外，这些共享的单元为从记忆中提取类别成员提供了一种途径。因为所有的类别成员都与一个共有的"轮毂"相关联，这一"轮毂"也就为日后回忆这些类别成员提供了便利。当这种相互关联的结构以自上而下的方式运行时［图 4-11（c）］，轮毂重新激活了某一类别成员的相关表象和特征加工，从而模拟出这个类别成员。需要注意的是，这一过程常常会在提取时，将对多个类别成员的记忆混合在一起从而生成一个混合物（例如Hintzman，1986）。因此，这一模拟的类别成员通常可能更像是一个平均化的，而不是一个特定的类别成员［图 4-11（c）］。这一模拟平均类别成员的过程为原型的生成提供了一种机制，我们将在后文介绍原型的生成。

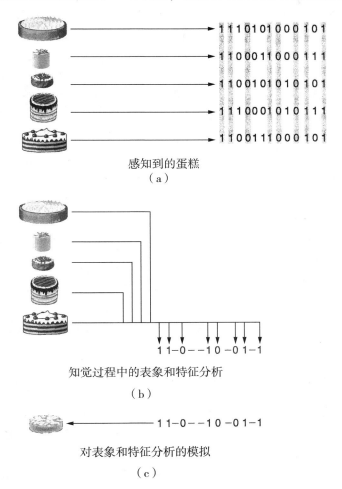

感知到的蛋糕

（a）

知觉过程中的表象和特征分析

（b）

对表象和特征分析的模拟

（c）

图 4-11　整合类别的单个记忆以建立类别知识

（a）不同场合知觉到的五个单独的蛋糕分别用一个独特的统计模式来表示，五个蛋糕共享的联合单元使用了突出显示。（b）五个统计模式共享的联合单元建立起蛋糕类别的表征。这些共享单元进一步整合了对五个蛋糕共有的表象和特征加工的记忆。（c）共享的统计模式在没有特定蛋糕存在的情况下被激活，产生对表象和特征加工的模拟，模拟的结果大致是以前经历过的蛋糕的平均物。

3.1　类别知识的推断力

具备了类别知识的概念后，我们可以开始理解是什么使有机体比照相机更聪明。类别知识的推断力来自对一个类别的各种相关信息的捕捉和整合。当你遇到一个新的类别成员时，你会激活这一类别的相关知识，从而为加工这个新的客体提供大量有用信息。你不会像照相机那样，在面对第一次和第一百次出现的对象时反应方式完全一样。尽管你的父母尽了最大努力，你在三岁生日聚会上对待生日蛋糕的方式可能仍有令人不满意之处，而在你二十岁的生日聚会上，生日蛋糕可能就不会再跑到你的头发里去了。当你在下一次生日聚会上遇到一个新的生日蛋糕时，你关于生日蛋糕的类别知识会使你成为一个蛋糕专家。你知道应该做什么——吹灭蜡烛、切蛋糕、吃掉其中一块；你能够预测蛋糕里面是什么，以及它吃起来大概是什么味道；你能解释它的一般制作过程，能够预测如果它被放在外面，经过几天之后会变成怎样。能够做出所有这些推测，是因为你已经将关于生日蛋糕的各种信息整合成为一个类别知识的整体。

即使在眼前一个蛋糕也没有的情况下，只要听到"生日蛋糕"这个短语就能激活你关于生日蛋糕的类别知识；你可能不知道它是巧克力蛋糕还是白蛋糕，但你了解蛋糕是什么。每当你遇到与一个类别相关的信息时，该类别的其他知识就会被激活。因为你的类别知识包含了各种各样的信息，这些信息大大超越了你的眼之所见，因此你可以做出大量有用的推断，并表现出各种智力功能（Bruner，1957）。

3.2　类别知识的多通道特性

蛋糕不仅可以被看见，还可以被品尝、嗅闻、触摸和被施予；也许蛋糕不能被充分体验的通道是听觉。而吉他可以被听见、看见、触摸和被施予，但不能被品尝或嗅闻。不同类别的客体在视觉、听觉、动作、触觉、味觉和嗅觉这六个通道中凸显的信息轮廓是不同的（Cree & McRae，2003）。情绪和动机为进入类别表征的体验提供了额外的关联模式。蛋糕与正性情绪相关联，低分与负性情绪相关联；餐馆与饥饿感相关联，枕头与瞌睡感相关联。类别名称打开了通向类别知识的大门：无论是通过听到这个名称、看到它的手语，还是看见它的文字（即书面语），或者触碰到它的盲文，都会激活你关于这个类别的知识。

整合显然是产生类别知识的关键：脑是如何做到这一点，将类别名称和各通道中与之相关的所有信息联合起来的呢？一种假设是会聚区理论（Damasio，1989；更完善的理论见：Simmons & Barsalou，2003）。**会聚区**（convergence zone），也称**联合区**（association area），是指在某一通道内联系特征信息的一个联结神经元群，它们整合某个通道（例如，视觉）内来自表象和特征分析的信息。对蛋糕而言，它的表象和特征信息可能以相似的方式在味觉、嗅觉、触觉和运动通道被整合。很多神经科学研究都显示，会聚区存储着通道特异性信息（例如，Tanaka，1997）。

达马西奥（Damasio，1989）进一步提出，位于颞叶、顶叶和额叶的更高级的会聚区可以**跨越**通道整合类别知识，并使之与类别名称相联系（注意会聚区**不是**通道特异性的，它提示了非通道"符号"的重要性）。总的来说，这些更高级的会聚区整合了位于更早期的通道特异性会聚区的联结神经元。因此，顶叶的一个会聚区可能整合了听觉和运动皮质的联结神经元，而这些神经元又对特定的视觉或运动特征进行整合。或者，位于左前颞叶的会聚区可能负责将类别名称和类别知识整合起来。从整个脑来看，会聚区以各种方式整合类别知识，这样类别知识就包含了类别成员的多通道特征。最后，一个类别在各个通道的所有相关特征都被整合起来，从而能够被一起提取出来。当你想到蛋糕时，高级会聚区激活了关于它们的外观、味道、气味、触感，以及怎样吃蛋糕的信息。

如果关于类别知识的会聚区理论是正确的，那么可以做出两个预期。第一，在脑内的通道特异性区域发生的模拟表征的对象是知识。为了表征有关蛋糕外观的知识，相关的会聚区会重新激活那些之前在视知觉中代表蛋糕的特征。第二，表征类别的模拟分布在各个与类别加工相关的特定通道中。表征"蛋糕"的模拟不仅出现在视觉系统中，也会出现在味觉和运动系统中。越来越多的行为学和神经学研究的结果证实了这两个预期（相关综述参考：Barsalou，2003b；Barsalou et al.，2003；Martin，2001）。

3.3　多通道机制和类别知识：行为学证据

如果知觉系统中的模拟是知识的基础，那么我们就有可能证明知觉机制在类别表征中所起的作用。为了检验这种可能性，研究者集中考察了**通道转换**（modality switching）的知觉机制。通道转换是指注意从一个通道转到另一个通道的过程，比如从视觉通道转到听觉通道（Pecher et al.，2003）。研究者已经发现通道转换是耗时的。在一个研究中，被试的任务是判断一个刺激（可能是一束光、一个音调或一个振动）出现在左侧还是右侧（Spence et al.，2000）。因为各种刺激被随机混合在一起，被试无法预测每个试次中将出现哪种类型的信号。如果信号出现的通道在两个相继试次之间发生了转换，与两个试次通道一致的情况相比，前一种条件下被试判断第二个信号的时间更长。

例如，前一个刺激是一个音调（而不是一束光或一个振动），当前刺激也是一个音调，则需要的判断时间更短。通道转换需要付出代价。

佩歇尔（D. Pecher）和他的同事（2003）预期，通道转换的知觉机制不仅存在于知觉过程，也存在于类别加工过程。他们认为，如果模拟表征了类别知识，那么在加工类别信息时，也会产生类似于加工知觉信息时所需的转换代价。他们的这项研究要求被试判断物体的特征。在一个试次中，先以视觉形式呈现代表一个类别的单词 ["cakes"（蛋糕）]，后面跟着一个表示某种特征的单词。其中一半情况下后面呈现的特征词是描绘前面出现的类别词的 ["frosting"（霜状白糖）]；另外一半情况则特征词与之前的类别词无关 ["crust"（馅饼的酥皮）]。和前文提到的知觉实验一样，该实验中两个相继试次中出现的特征词有时是属于同一通道的，例如被试可能在前一个试次中判断 "rustles"（沙沙声）是否是 "leaves"（树叶）的特征，在下一个试次中判断 "loud"（大声的）是否是 "blenders"（搅拌器）的特征。但在大多数情况下，两个相继试次中出现的特征词属于不同通道。

佩歇尔和他的同事（Pecher et al.，2003）发现，这个特征判断任务中的通道转换也产生了转换代价。与斯潘瑟（C. Spence）及其同事的知觉实验结果（2000）相似，当被试需要转换通道来判断某个特征时，其反应时延长。这一发现与知觉机制参与了类别知识的表征的观点是一致的：为了表征类别的特征，被试似乎需要在各自的通道中模拟这些特征。

很多其他的行为研究都得到了类似的结论：知觉机制在类别知识的表征过程中发挥了作用。有研究发现，加工遮挡、大小、形状、朝向和相似性的视觉机制会影响类别加工（例如，Solomon & Barsalou，2001，2004；Stanfield & Zwaan，2001；Wu & Barsalou，2004；Zwaan et al.，2002）。研究还发现，运动机制在类别加工中也起到了关键作用（例如，Barsalou et al.，2003；Glenberg & Kaschak，2002；Spivey et al.，2000）。跨通道的行为研究越来越多地显示，人们在存储和使用类别知识时进行的表征是基于通道的表征。

3.4　多通道机制和类别知识：神经学证据

当谈到通道特异性机制时，从行为学证据中得出的结论不论多么有启发性，都摆脱不了自身的局限性，因为行为实验不是对脑机制的直接测量，而脑成像技术则可以实现这一点，不少关于类别知识的知觉机制的支持性证据就来自神经成像研究。在这些研究中，被试躺在 PET 或 fMRI 扫描仪中，完成各种与类别相关的任务，比如对视觉呈现的物体命名（例如，一条狗）、听类别名称（例如，"锤子"）、说出一个类别的特征（例如，对柠檬说出"黄色"），或判断一个类别的特征（例如，回答问题"马会跑吗?"）。

　　例如，在查奥和马丁（Chao & Martin，2000）的一项研究中，被试观看各种图片，图片内容包括可操作的物体、建筑物、动物和面孔，同时用fMRI扫描仪扫描被试的脑。研究者发现，当被试观看可操作的物体（例如，锤子）的图片时，参与抓握可操作物体的一条神经通路被激活（图 4-12）。当被试观看建筑物、动物或面孔时，这条通路则没有被激活。大量先前的研究已发现，猴子和人在使用可操作物体执行动作时，或是观察其他个体做这些动作时，这条抓握通路会被激活（例如，Rizzolatti et al.，2002）。在查奥和马丁的实验中，尽管被试在扫描仪中不能动，也看不见任何施动者或动作，这条抓握通路还是被激活了。据此研究者认为，抓握通路的激活构成了关于人们如何对知觉到的物体采取行动的动作推理。当被试看到一个物体（例如，锤子）时，他们获取了关于这个物体的类别知识，其中包含了动作推理（例如，"锤子可以用来挥动"）。如果我们使用心理模拟来表征物体及其类别，那么可以预期这些动作推理是在运动系统中形成的。

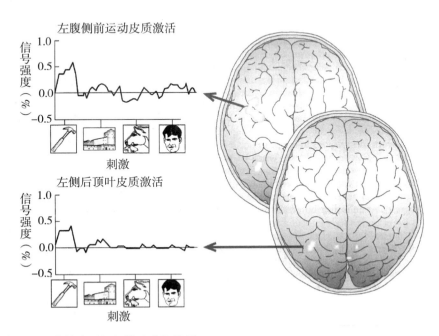

图 4-12　支持类别知识的脑成像结果

　　左半球的抓握回路（对右利手被试而言）只有当被试看到工具的图片时才被激活，而在被试看到脸、动物或建筑的图片时不被激活。

很多进一步的神经成像研究（综述见：Martin，2001；Martin & Chao，2001；Martin et al.，2000）显示，对其他类型类别知识的加工激活了另外的通道特异性区域。这些研究相当一致地发现，对颜色、形状和运动的类别知识进行加工的脑区与对这些信息进行视觉加工的各个脑区相邻［图4-13（彩插B）］。研究者使用PET和fMRI扫描仪扫描发现，当被试提取一个物体的形状特征时，位于梭状回的一个区域被激活，这一区域与视觉形状加工区部分重叠。类似地，当被试从类别知识中提取一个物体的颜色特征时，枕叶上与颜色的知觉加工区（V4）部分重合的一个脑区被激活。当被试想象对物体施予动作时，运动区被激活。当被试提取一个物体的运动特征时，后颞回中与视觉运动加工区部分重合的脑区被激活。当被试提取一个物体的声音信息时，脑的一个听觉区被激活（Kellenbach et al.，2001）。当被试提取关于食物的知识时，脑中表征味道的味觉区被激活（Simmons et al.，2005）。这些发现共同证明了我们对物体的类别表征分布在脑的各个知觉和运动系统中。

理解测验

1. 脑如何整合一个类别成员的多通道表征，从而建立类别知识？
2. 哪些行为学和神经学证据支持以下假设：脑的通道特异性区域参与了类别知识的表征？

4. 类别知识的结构

类别知识不是一大堆无差别的数据，它包括了多种不同的结构，并且以多种不同的方式组织而成。在这一部分我们将会看到，范例、规则、原型、背景知识和图式在生成类别知识的过程中都发挥了作用，而类别知识使我们能够认识我们自己和周围的世界。不仅如此，我们使用这些结构的能力非常强大并且一直处于发展变化中。

4.1　范例和规则

类别知识包含的最简单的结构是对单个类别成员的记忆，称为**范例**（exemplars）。当你第一次看到一种不熟悉的狗并被告知其品种后，你对这只狗的记忆就与其品种名称一起存储起来。此后你见到更多这个品种的狗时，你对每只狗的记忆就会以相似的方式与这个品种的名称相联系，并因而与此品种的其他相关信息相联系。久而久之，我们对这些类别范例就形成了一组记忆，并将它们整合到适宜的记忆库中［图 4-11（a）］。这种记忆内容相对简单，因为每种类型的记忆都是单独保存的。

很多研究都证实了对范例的记忆广泛存在于我们的类别知识中（例如 Brooks，1978；Lamberts，1998；Medin & Schaffer，1978；Nosofksy，1984），并且扮演了重要的角色。例如，在艾伦和布鲁克斯（Allen & Brooks，1991）的一项研究中，被试被告知两个想象的动物类别：*builders*（建造者）和 *diggers*（挖掘者）。每个动物的腿可长可短，身体的形状可能呈角形或曲线形，身体表面可能有斑点或无斑点。确定一个动物属于 *builder* 类还是 *digger* 类的**规则**（rule），即对类别标准的准确定义如下：

如果一个动物具备以下特征中的**两项**或**三项**，那它就属于 *builder* 类：**长腿**、**带棱角的身体**、**有斑点**；反之它则属于 *digger* 类。

研究者将这个三占二的规则告知了一部分被试，然后给这部分被试依次呈现虚构动物的图片，让他们判断哪些是 *builders* 哪些是 *diggers*。被试可能会使用规则来完成这个任务，计算每个动物具备的关键特征数。如果被试判断错误，实验者会告诉他们正确的类别。一旦被试表现出已经能够有效运用规则，他们就会受到一次突击测试。在突击测试的每个试次中，被试将看到一张他们之前没有看过的动物图片，被试的任务依然是判断图片中的动物是 *builder* 还是 *digger*，但主试在此过程中不告诉被试其分类是否正确。

艾伦和布鲁克斯（Allen & Brooks，1991）猜测，即使被试知道了分类规则，他们可能还是会存储对范例的记忆，并利用这些记忆来进行分类。根据以往的研究结果，研究者相信人脑会自动存储和利用范例记忆，即便有时没有必要这样做。但怎样才能确定是否真是这样呢？图 4-14 显示了研究者采用的巧妙方法。在实验的测试阶段，实验者给被试呈现一些动物图片，其中有些是之前出现过的，有些是新的。新刺激中有两个是 *builders*，其中一个与训练阶段看到的 *builder* 之间只有一个特征不同，这种同一类别中两个客体之间的一致性被称为**正匹配**（positive match）。另一个符合规则的新 *builder* 与之前见过的 *digger* 之间只在一个特征上不同，这种不同类别的两个客体之间的一致性被称为**负匹配**（negative match）。

实验者的主要预期如下：如果被试只是运用规则而不存储范例记忆，

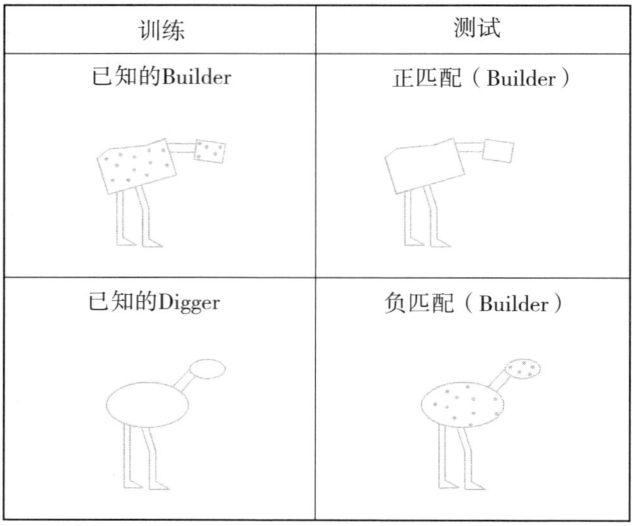

训练	测试
已知的Builder	正匹配（Builder）
已知的Digger	负匹配（Builder）

图 4-14 **原始的 builders 和 diggers**

左列：被试在学习 *builders* 的规则时参考的一个 *builder* 和一个 *digger*。右列：测试阶段的正匹配和负匹配。正匹配的刺激是一个 *builder*，它只在一个属性上与之前参考的 *builder* 不同；负匹配的刺激是一个 *builder*，它只在一个属性上与之前参考的 *digger* 不同。如果被试只使用规则来划分 *builders*，那么正匹配和负匹配刺激在分类时应该一样容易，因为它们都拥有 *builder* 三个属性中的两个。如果被试还使用了范例来划分 *builders*，那么负匹配刺激应该更难分类，因为它与错误类别的成员非常接近。

[Adapted from Allen, S. W. & Brooks, L. R. （1991）. Specializing the operation of an explicit rule. *Journal of Experimental Psychology: General, 120,* pp. 3-19, Fig. 1, p. 4. Copyright © 1991 American Psychological Association. 经允许修订]

那么对正匹配和负匹配的动物图片的分类难度应该相同，因为两者都符合 *builders* 的规则。反之，如果被试存储了范例记忆——尽管这不是完成任务所必需的——那么负匹配的动物图片因为与 *digger* 拥有更多的共同特征，对它们做出正确分类应该比正匹配图片更难。

为什么呢？试想一下被试看到负匹配的动物图片时会如何反应。如果被试在训练阶段存储了对与之相似的动物的范例记忆，那么这些范例记忆就可能被激活。如果的确是这样，那么因为两个动物如此相似，共享了两个特征，因此负匹配的动物图片会使被试回想起先前见到的相似动物。**然而这个相似动物属于另一个类别！** 所以，如果范例记忆被激活，错误分类的趋势会很明显，因为此时规则和范例记忆是相互冲突的。

那么当被试遇到正匹配的动物图片，并且范例记忆被激活时又会发生什么呢？同样地，这些范例记忆会使被试回想起他们在训练阶段见过的相似的动物图片。这时这个相似动物属于正确的类别，范例记忆和规则一致指向正确答案。

实验数据清楚地显示：被试不仅存储了范例记忆，而且这些记忆对分类过程具有很深的影响。被试对正匹配图片的分类正确率是81%，而对负匹配图片的分类正确率仅为56%。尽管被试完全清楚划分所有测试动物的规则，他们对先前范例的记忆还是干扰了他们对负匹配动物图片的分类，导致其正确率比正匹配图片低25%。既然正匹配和负匹配的动物图片同样满足规则，如果范例记忆没有被存储，那么对这两种图片的分类难度不应该存在差异。文献中有很多类似的发现，证明范例是类别知识的一个基本结构。

上述发现是否意味着我们只存储范例记忆而不存储规则呢？在回答这个问题之前，我们需要看看实验结果的另一面。有另一组被试接受了同样的训练，即通过实验者给予的有关分类正误的反馈进行学习。与前一组被试的区别在于，实验者**没有**告知他们如何区分 *builders* 与 *diggers* 的规则。在测试阶段，这组"无规则"的被试看到的正匹配和负匹配的动物图片序列与"有规则"的被试组相同。

有两点发现很有趣。第一，与有规则组被试一样，无规则组被试对正匹配动物图片的分类正确率（75%）比负匹配动物图片（15%）更高。对这些"无规则"的被试来说，与范例记忆的相似性在分类时起到了关键作用。第二，范例记忆的影响对无规则组（负匹配分类错误率为85%）比对有规则组（负匹配分类错误率为44%）更大。有规则组在他们的类别知识中存储了一个规则，使得他们受到的范例记忆的影响比无规则组小。通过在一些情况下应用规则，规则组的被试更可能对负匹配的动物图片进行正确分类。这些结果及其他研究结果，证明了我们不仅能够存储范例记忆，也能存储类别规则（例如，Ashby & Maddox, 1992; Blok et al., 2005; Nosofsky et al., 1994）。

因此，艾伦和布鲁克斯（1991）的研究证实，根据不同的训练条件，我们能够获得所学类别的范例记忆、规则，**或者两者兼有**。为了将这些行为结果与神经学证据结合起来，有研究者采用这一任务进行了神经成像研究，研究包括两组被试，分别在有规则条件和无规则条件下完成任务（Patalano et al., 2001; E. Smith et al., 1998）。研究假设如下：（1）在无规则条件下，激活的脑区应当是存储范例记忆的那些区域（由于该实验中的范例是从视觉形式呈现的，脑最初的激活区应该在视觉区）；（2）在有规则条件下，脑最初的激活区应该是存储规则的区域（由于人们在评估规则与范例的符合程度时会复述规则，所以完成复述这一内部言语动作的运动区应被激活）。

脑扫描结果证实了这些研究假设。无规则组的大部分激活区位于加工视觉刺激的枕叶区。正如预期的那样，当被试不知道规则时，他们主要利用对范例的视觉记忆进行分类；在有规则的条件下，激活区在额叶运动区。同样与预期一致的是，当被试知道规则时，他们会默默复述规则，而内部复述的行为需要运动系统的参与。

结论是什么呢？不同的脑系统参与了范例和规则的表征；另外，特定的激活区支持了类别知识在通道特异性区域被表征的观点：视觉区表征范例的内容，运动区完成规则复述的过程（对各种类别表征进行脑区定位的其他研究见 Ashby & Ell，2001）。

4.2　原型和典型性

原型提供了另一种总结类别成员的方法。范例提供的是进行直接比较的一个参照；规则是关于某个类别成员必须具备哪些特征的严格规定；而**原型**（prototype）则确定了某个类别**最可能**具备哪些特征。图 4-15 呈现了一组九个新的 *builders*，这些新的 *builders* 拥有以下特征的各种组合：角、尾巴、耳朵、背部隆起，以及我们熟悉的长腿、有棱角的身体和斑点。

什么结构能够表征这九个不完全相同，但同为 *builders* 的生物呢？九个范例记忆可以完成这一任务，但这一方法似乎不是很经济。我们可以用一个规则来总结它们的共同特征。通过观察这九个动物，一种可能的规则是：在拥有长腿、有棱角的身体、斑点和角这四个特征中，至少拥有两个特征的生物是一个 *builder*。这个规则很完美，但应用起来很复杂。

这里最有效的途径似乎应该是了解这组动物的原型，即最可能出现在一个 *builder* 身上的特征组合。这九个 *builders* 的原型就是将那些不常见的特征排除在外之后，*builder* 类别成员最经常拥有的特征集合。如果我们将不常见的特征定义为出现概率少于 40% 的那些特征，那么就排除了尾巴、耳朵和背部隆起这几个特征，所有剩下的特征就构成了原型。所以 *builder* 的原型就是有斑点、身体有棱角、长腿和有角的动物。因为原型总结了这个类别最可能出现的特征的统计信息，图 4-15 中所呈现的 *builder* 的原型就是由斑点（在 78% 的个体中出现）、有棱角的身体（在 67% 的个体中出现）、长腿（在 67% 的个体中出现）和角（在 67% 的个体中出现）这些特征组成的。
许多理论都认为原型发展之后可以表征类别（关于原型理论的深入讨论见：
Barsalou，1990；Barsalou & Hale，1993；E. Smith & Medin，1981；J. Smith
& Minda，2002）。

图 4-15 扩展后的 builder 类别

除了可以拥有长腿、角形的身体，或斑点这些常规属性外，这些 *builders* 还可以拥有额
外的属性，包括角、尾巴、耳朵，或背部隆起。*Builders* 的类别原型是这样的一个
builder，它拥有这里的九个个体中至少 60% 的个体所拥有的属性。

　　如果一个类别有一个原型，那么与原型相似的类别成员就会被看作是
典型的类别成员，而那些与原型不同的成员则会被看作非典型成员。如果
鸟类的原型显示鸟会飞行、在树上建巢、形体较小，那么很符合这个原型
的麻雀就是典型的鸟类，而不具备任何原型特征的鸵鸟则是非典型的鸟类。
典型性不是一个全或无的概念。鹰符合原型特征的程度一般，因而属于中
等典型的鸟类。大体上来说，一个类别的成员在与原型的相似程度上呈连
续变化的状态，因此，不同的鸟在典型性这一连续特征上，可以在非常典
型到非常不典型之间变化，这种**典型性梯度**（typicality gradients）普遍存在
于各种类别中（Barsalou，1987；Rosch，1973）。所有被研究过的类别，不
管其规则多么精确，都有一个典型性梯度（例如，Armstrong et al.，1983）。
　　典型性梯度对于我们如何加工类别有重大影响。当我们学习某个类别
时，我们通常先学习这个类别的典型成员，然后再学习非典型成员（例如
Mervis & Pani，1980）。当我们对个体进行分类时，我们对典型性个体的识
别要快于非典型性个体（例如 Rosch，1975），准确率也要高于非典型性个
体（例如 Posner & Keele，1968）。当我们对类别成员进行推断时，我们从

典型个体中做出的推断比从非典型个体中做出的推断更有力（例如，Osherson et al.，1990；Rips，1975）。总的来说，典型的类别成员在类别"王国"里享有"特权"。

典型性的这些作用已被广泛看作证明原型在类别表征中起作用的证据（例如，Hampton，1979；Rosch & Mervis，1975；E. Smith et al.，1974）。但是，即便记忆中没有存储类别原型，只有表征类别的范例记忆，典型性仍旧会产生影响（Medin & Schaffer，1978）。很多研究试图确定究竟是原型、范例，还是其他类型的表征导致了典型性梯度（例如，Barsalou，1985，1987，1990；Medin & Schaffer，1978；J. Smith & Minda，2002）。无论导致典型性梯度的原因是什么，毫无疑问所有类别都拥有典型性梯度，并且典型性是获得和使用类别知识的过程中最重要的影响因素之一。

4.3　背景知识

范例记忆、规则和原型背后的一个潜在假设是：构成它们的特征是在真空中被加工的。例如，要建立一张椅子的范例记忆，只需要把知觉到的物体添加到记忆中一组椅子的范例中去；要更新一个规则或原型，只需把新知觉到的特征整合到之前建立好的特征信息中去。在这两种学习过程中，特征的积累是相对孤立地进行的。但是，后来研究者开始越来越多地认识到，特征通常会激活记忆中的**背景知识**（background knowledge），正是这些背景知识明确了特征是如何产生的、特征为什么重要，以及特征之间是如何相互联系的（例如，Ahn & Luhmann，2005；Goodman，1995；Murphy & Medin，1985）。对特征的加工不是在真空中进行的，而是在相关知识的更大的背景中进行的。

例如，假设有人告诉你一个物体有轮子和一块大帆布。你在表征这一物体时会认为它**只有**这两个特征，并想象出一个帆布轮轴连着的一组固定的轮子吗？不会。你可能会进一步推测，那块布是一张帆，这个物体利用风力在地上滚动，并且这个"陆地帆船"还有其他的构成部分，比如金属轮轴、桅杆和座位。这些猜想从何而来？是由于有关风力、滚动和运输工具的背景知识被激活，从而解释并整合了两个已知的特征。这个例子显示了已经具有的背景知识如何在解释的过程中被激活，又如何对知觉到的特征进行补充。我们对客体特征的知觉不是孤立进行的，我们总是在背景知识的基础之上做出解释（综述见 Murphy，2000）。

接下来看另一个例子（Barsalou，1983）。实验者给被试呈现一些物体的名称——石头、椅子、砖头、盆栽，要求被试说出一个包含了这些物体的类别。（不是那么容易，你觉得是什么类别？）与此同时给被试提供了一些背景知识：这天天气很热并且有风——你想让门开着，但门总是被风吹得关上。你决定解决这个问题，或许用什么东西让门关不了……有了这些信息，人们往往立刻就会想到石头、椅子、砖头和盆栽等一类东西，它们可以在一个刮风天使门不被关上。这个类别只有在你激活了相关背景知识时才会清晰起来，这个例子同样证明了背景知识在类别加工中发挥了重要作用。

表征背景知识的结构称为**图式**（schema），它是包含了一个情景或事件的典型信息的结构性表征（综述详见 Barsalou，1992；Barsalou & Hale，1993；Rumelhart & Norman，1988）。图式之所以被描述为"结构性的"，是因为它们并不是一些单独特征的集合，而是联结各种特征的一组连贯的关系集。因此，一个生日聚会（比如你的）的图式可能包含客人、礼物和蛋糕，图式的结构是客人送礼物给寿星，然后所有人一起吃蛋糕。图式与规则、原型类似，因为它们都对类别成员进行了总结。图式与规则和原型的区别在于，图式包含了大量对客体分类并不重要，但对理解客体周围的事件很重要的信息。生日聚会的图式提供了有关生日蛋糕的有用的背景知识，看见一块生日蛋糕激活了生日聚会的图式，这样你就能够推论出蛋糕为什么会出现在那里，以及蛋糕将要被用作什么。

研究者在认知的各个方面都发现了图式存在的大量证据。在加工视觉场景时，我们预期会见到物体的一些特定结构（例如，Biederman，1981；Palmer，1975）。在一个特定的社会场景中，我们预期会观察到（并参与）当时存在的事物之间的特定关系（例如，Fiske & Taylor，1991）。在记忆领域，图式使我们产生强烈预期：某些事物可能是我们过去曾经历过的，这些预期可能扭曲我们的记忆（例如，Bartlett，1932；Brewer & Treyens，1981；Schooler et al.，1997）。图式在类比、问题解决和决策等推理方面也扮演了重要角色（例如，Gentner & Markman，1997；Markman & Gentner，2001；Markman & Medin，1995；Ross，1996）。

4.4 动态表征

正如我们前面看到的，某个类别的知识可以具有多种不同的结构：范例、规则、原型和图式。那么当我们想到某个类别时，表征这个类别的所有结构都会被充分激活吗？还是认知系统会通过突出当前情况下最有用的信息，来动态地变换激活程度最强的信息？

大量证据表明，当想到一个类别时，不是所有这个类别的相关信息都被激活，而是只有那些与当前情境相关的信息被选择性地激活。**动态表征**（dynamic representation）指的正是认知系统的这种能力，即建构并在必要时提取一个类别的多种不同表征的能力，这些表征都强调了与当前情境最相关的类别知识。

动态表征的依据部分来自于跨通道启动（cross-modality priming）的研究。被试通过耳机听一个句子。在他们听到句子的最后一个单词后，立即会看到一串字母。被试的任务是尽快判断这串字母是一个真词（例如，*yellow*）还是一个假词（例如，*yeelor*）。这个基本任务能够证明动态表征存在的原因如下（例如，Greenspan，1986；Tabossi，1988）。假设被试听到的句子的最后一个单词是*beachball*，并且这个单词出现在以下两个句子中：

The swimmer saw the gently bobbing *beachball*.（游泳的人看见在水面轻轻起伏的沙滩球。）

The air hissed out of the punctured *beachball*.（被刺破的沙滩球嘶嘶地往外漏气。）

如果*beachball*这个单词在这两个句子中是被动态表征的，那么关于它的激活信息就会发生变化，反映出沙滩球在每种情况下最相关的特征。在呈现了第一个句子后，"漂浮"这一特征应该比"扁平"这一特征的激活程度更强。而呈现了第二个句子后，"扁平"应该比"漂浮"的激活程度更强。如果对*beachball*的表征**不是**动态的，那么"漂浮"和"扁平"的激活程度在两个句子中不会发生变化。如果一个类别的所有类别知识在各种情况下被等量地激活，那么句子的变化应该不会影响对*beachball*的概念表征。

很多实验采用跨通道启动及其他技术，一致地得到了支持动态表征的证据（综述见 Barsalou，1987，1989；L. Smith & Samuelson，1997；Yeh & Barsalou，2004）。在不同的情况下，激活程度最强的信息是不同的，而且它们通常都与当前情境密切相关。

理解测验

1. 我们是使用对单个类别成员的记忆来表征知识，还是通过总结类别成员的特征来表征知识？为什么？

2. 描述脑在一个特定情境中表征一个类别的过程。当同一类别在不同的情境下被表征时，这一过程会发生怎样的变化？

5. 类别领域和组织

我们在哪些领域里建立类别知识？我们所建立的这些类别似乎是在反映世界上存在的事物，即哲学家所提出的存在论，它是对事物的存在或本质的研究（例如，Sommers，1963），被称为**本体类型**（ontological types）。存在论者一般认为，重要的存在类型包括有生命的自然事物（存在论中讲的"种类"）、非生命的自然种类、人工制品、地点、事件、心理状态、时间和特征。大多数存在论者相信存在的类别可能是**具有普遍性的**，即不同文化中的每一个正常人都应该知道。心理学家认为，不同领域的类别知识可以发展成为不同的存在类型。

在每一个类别知识领域内都存在许多更具体的类别。"有生命的自然种类"包括"哺乳动物"和"树木"；"无生命的自然种类"包括"水"和"黄金"；"人工制品"包括"工具"和"衣服"；"地点"包括"海洋"和"公园"；"事件"包括"用餐"和"生日聚会"；"心理状态"包括"情绪"和"观念"；"时间"包括"夜晚"和"夏天"；"特征"包括"绿色"和"贵重"。很多这些领域内更具体的类别还具有跨文化的一致性（例如，Malt，1995）。只不过随着类别变得越来越具体，它们被所有文化知晓的可能性就会降低（例如，无袖背心、碎纸机和富含维生素 C 的食品）。

5.1　脑中区分类别知识的领域

类别知识的不同领域看起来当然是不同的，至少从直觉上看是这样的：动物在本质上不同于人工制品，物质不同于思维。这些直觉上的差异在脑的表征系统中会有所反映吗？不同类别的知识是否存储在脑的不同区域？还是所有的类别知识都被存储在同一个脑区？为了回答这个问题，研究者测验了脑损伤病人的类别知识，试图了解这些病人丧失了哪些特殊的类别知识，这些丧失的知识是否与特定的脑区相联系。

一般来说，脑损伤病人丧失类别知识时，只有部分知识被遗失，其他部分仍然被保存完好。例如，沃林顿和莎莉丝（Warrington & Shalice，

1984）在一项研究中描述了四名缺失动物类别（例如，"狗"和"知更鸟"）的脑损伤病人。虽然这些病人在对各种动物进行命名和定义时有困难，他们却可以很好地对人工制品类的物体（例如，"锤子"和"椅子"）进行命名和定义。在更少见的情况下，有病人表现出相反的缺陷（例如，Warrington & McCarthy，1983，1987），即对人工制品的知识少于对动物的知识。这种动物和人工制品的双重分离提示我们，这两种类别应该是由不同的脑区表征的。其他研究还报告了其他类别的各种缺陷，例如数字类别和抽象类别的缺失（例如，Thioux et al.，1998；Tyler & Moss，1997）。

怎样解释这些类别知识的选择性缺失呢？类别的通道特异性表征可能为此提供了一些线索。行为学和神经学证据都显示，对一个类别的表征是分布在加工类别特征的通道特异性脑系统中的。例如，在西方文化中，许多人看见动物（视觉通道参与）的机会无论如何都要比与动物一起工作（运动系统参与）的机会多。相比之下，对人工制品的知识一般更依赖于运动信息，而非视觉信息（试试保持手不动的情况下描述一个螺丝刀）。基于这些多通道信息的不同属性，视觉系统的损伤更可能导致个体对有生命物体的相关知识的缺失，而不是对人工制品相关知识的缺失；而运动系统的损伤则更可能导致人工制品知识的缺失。或许不同类别领域知识具有的多通道属性就是这样与脑损伤相互作用，从而在相应脑区受到损伤时引起不同的类别知识缺陷的，许多理论家都得出了类似的结论（例如，Damasio & Damasio，1994；Farah & McClelland，1991；Gainotti et al.，1995；Humphreys & Forde，2001）。如果这一结论是正确的，那么它就为类别知识的通道特异性假说提供了进一步的证据。

但是类别知识选择性缺失的原因还没有最终定论。有研究者认为上述结论太过粗略，不足以解释脑损伤病人中一些常见的特殊缺陷模式（Cree & McRae，2003）。最典型的现象是有的病人并**不只是**缺失一种类别知识，而是缺失几种类别知识。食物或乐器的知识可能与有生命物体的知识一同缺失。水果和蔬菜的知识通常会一起缺失，并且可以同有生命物体或无生命物体的知识一起缺失。图 4-16 显示了克里和麦克雷（Cree & McRae，2003）在其综述中列出的七种类别知识缺失的模式。视觉或运动加工的缺陷不能解释所有这些不同的缺失模式。

克里和麦克雷（2003）认为，这些缺陷源于一个更大的特征范围内的特殊知识的缺失，对这些大范围特征的加工是分布在全脑的。为了验证这个假设，克里和麦克雷要求人们列出脑损伤病人缺失的类别特征，比如鸟类、水果和工具的特征。一旦建立了每个类别的特征，他们就开始评估每种缺失模式所包含的各种类别有哪些共同的和不同的特征**类型**。研究者感兴趣的问题是，一种特定的缺失模式所包含的多种类别是否拥有一个或多个共同的特征类型，例如，视觉运动，或者颜色？如果确实如此，那么加工特定特征类型的脑区的损伤，就可能导致共享这一特征类型的类别知识的缺失。例如，如果颜色加工区受损，那么颜色特征占重要地位的类别知识（例如，动物和食物类别）就有可能同时缺失。

这些结果具有启发意义（图 4-16）。例如，克里和麦克雷（2003）发现，第一种缺失模式的类别——有生命物体类，通常拥有许多共同特征：他们（它们）通常都能动、拥有有趣和突出的组成部分、拥有能提供一定信息的颜色。第五种缺失模式的类别（水果、蔬菜和无生命物体）拥有共同的功能特征，因为这些物质在我们的生活中都具有作用：水果和蔬菜是我们饮食的一部分，无生命的人工制品是我们对周围环境改造的结果。这样，将原先的理论发展为一个更复杂的理论，或许能够解释前人研究中发现的特殊的类别缺失模式。

缺失模式	共有属性
1. 多种类别的有生命物体	视觉运动、视觉部分、颜色
2. 多种类别的无生命物体	功能、视觉部分
3. 水果和蔬菜	颜色、功能、味道、气味
4. 水果、蔬菜和有生命物体	颜色
5. 水果、蔬菜和无生命物体	功能
6. 无生命的食物和有生命物体（尤其是水果和蔬菜）	功能、味道、气味
7. 乐器和有生命物体	声音、颜色

图 4-16　脑损伤导致的七种类别缺失模式

这是脑损伤病人同时表现出的知识明显缺乏的类别模式。有证据表明，当脑损伤导致了特定属性表征的缺陷时，有赖于这些属性的类别就会缺失。

和上述结论同样引发争论而且尚无定论的问题是：脑是如何表征类别的？克里和麦克雷（Cree & McRae，2003）指出，共有特征之外的因素也很重要，例如，特征独特性。也有研究者用非通道符号对特殊类别缺失提出了另一种解释（例如，Capitani et al.，2003；Caramazza & Shelton，1998；Tyler & Mooss，2001），指出造成特殊类别缺失的很可能不是单一机制而是一组机制（例如，Coltheart et al.，1998；Simmons & Barsalou，2003）。另外，对脑损伤病人的研究面临许多方法学上的问题，包括测量行为缺陷的困难，以及测量损伤和全面了解损伤对脑功能造成的影响方面的困难（见第 1 章）。尽管如此，从这些研究中能得出的一个结论是：总体上不同类型的类别知识是在不同脑区被表征的。与多通道模拟的观点一致，类别表征至少部分分布在加工该类别成员的各个通道特异性的脑区中。

一些神经成像研究进一步支持了上述结论，这些研究记录了被试在加工不同领域的类别（尤其是动物和人工制品领域）时的脑活动。结果发现，加工这些领域时脑的活动模式是不同的。这些研究的结果与脑损伤病人的研究结果一致，例如，人工制品比动物更倾向于激活前运动皮质（图4-12）。

对"动物"领域而言，脑损伤病人研究与神经成像研究的结果出现了一个有趣的差异（Martin，2001）。一方面，脑损伤病人研究显示，颞叶损伤通常会导致动物类别知识的缺失；另一方面，神经成像研究则显示枕叶在加工动物类别时被显著激活。马丁（A. Martin）认为，颞叶是负责整合类别知识的**联合区**（association areas），当这些区域受到损伤时，存储在那里的统计模式就不能激发枕叶对动物类别的特征进行表征的模拟过程；如果这些联合区完好（脑成像研究中绝大多数被试没有任何脑损伤），存储在颞叶区的统计模式就能够激发枕叶的模拟，并被脑成像技术检测到。因此，这些有分歧的结果仍旧支持对类别的表征是分布在全脑进行的观点。

神经成像研究还发现，被试在使用物体形状的知识（例如，一只猫的形状）时，梭状回区域被激活，而运用物体运动的知识（例如，一只猫如何运动）则会激活颞下回（Chao et al.，1999；Martin & Chao，2001；Martin et al.，1996）。此外，这些研究还发现，提取不同类别的形状或动作的知识，会分别激活不同的梭状回区和颞下回区。尽管加工形状的区域互相靠近，但还是存在差异：加工动物、人类和面孔的形状一般会激活两侧的梭状回；加工工具的形状则会激活更靠内侧的梭状回区。运动区也是如此：加工动物、人类和面孔的运动激活了颞叶的上部区域；加工工具的运动则激活了更下部的颞叶。这些激活区域上的细微差别，更进一步说明了不同领域的类别知识依赖于不同的神经系统。越来越多的研究显示，不同领域的类别知识分布在不同的通道特异性区域中。我们直觉上感知到的不同领域的差异，的确反映了神经机制上的重要差异。

5.2　分类系统及其"基本水平"

在类别知识的一个领域中，每个类别并不是被孤立地表征的，而是利用各种联系相关类别的结构进行表征的。一种重要的组织形式是**分类系统**（taxonomy），它是一系列抽象程度不同的嵌套类别，每个嵌套类别都是更高一级类别的子集（图 4-17）。因而，物质类别包含了有生命物体和人工制品两类。"人工制品"包含"工具""车辆""衣服"等，"工具"又包含"螺丝刀""锤子""锯子"等，"螺丝刀"又包含"一字螺丝刀""十字螺丝刀""棘轮螺丝刀"等。这样的分类系统听起来像是形式教育的结果，在某种程度上确实是这样。但实际上，分类系统具有跨文化的普遍性，并不依赖于形式训练。在回顾关于生物类别的人类学研究的基础上，马尔特（Malt, 1995）得出结论：迄今被研究过的所有文化，包括传统的、非工业化的文化，都拥有关于植物和动物的分类系统。

该领域的一个核心问题是寻找分类系统的**基础水平**（basic level），这个基础水平在人类认知中的地位比其他水平更高。例如，在图 4-17 中，较低的、中间的和较高的水平中，哪些可能在认知中扮演最重要的角色？

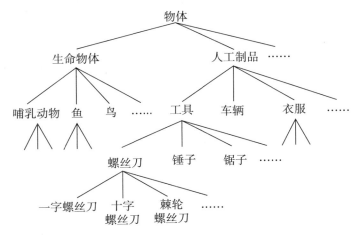

图 4-17　客体分类系统
具体的类别嵌套在一般的类别中。

在一项经典的有关生物类别的人类学研究中，伯林、布里德洛夫和拉文（Berlin, Breedlove & Raven, 1973）指出中间水平是最重要的。首先，中间水平比上下两个水平存在更多的类别名称，比如"狗""马"和"狮子"一类的词比"哺乳动物"一类的词（上层水平）多，也比"牧羊犬""卷毛狗"和"梗犬"一类的词（下层水平）多。虽然从逻辑上讲，分类系统中**较低的**水平应该包含更多的类别，但这里一个重要的发现却是，存在于中间水平的关于类别的单词比较低水平的更多。另一个重要发现是，中间水平的类别名称要比较高和较低水平的类别名称更简短（例如，中间水平的"狗"，较高水平的"哺乳动物"，较低水平的"卷毛狗"）。语言学中的**齐普夫定律**（Zipf's law）指出，一个词在一门语言中的使用频率越高，这个词就越简短，因为语言是经过人们代代相传进化而来的。分类系统中间水平的类别名称最短，说明这些名称是最经常被使用的，因而也是最重要的。

马尔特（Malt, 1995）得出的跨文化的结论，进一步证实了中间水平的类别在分类系统中的重要性。在所有的文化中，无论传统文化还是发达文化，中间水平的类别名称都具有高度的一致性。比如，"鹿""鹰"和"鳄鱼"等中间水平的类别名称，在那些自然环境中有这些动物的文化中基本都存在。而且，这些名称所指代的基本上是同一类事物："鹿"在各种文化中所指的基本上是同一种生物。最后，即使有些事物在人们的生活中没有功能，各种文化中一般也会存在这些类别的名称。在各种文化中，很多与人类生活无关的植物和动物仍然在中间水平上拥有名称。生物分类系统中中间水平的类别在感官上达到了相当的显著程度，因而几乎所有的文化都感知到了这些物种，并为它们安上了名称（例如，我们文化中的许多野生动物）。

不少心理学研究进一步证实了分类系统中的中间水平最重要。研究者发现，被试对中间分类水平类别的加工要比其他水平快（Rosch et al., 1976）。当被试需要将一个图片中的物体与一个类别名称（例如，"贵宾犬""狗"和"动物"）相匹配时，他们在匹配中间水平的类别名称时速度最快（这个例子里是"狗"）。这些研究者还发现，儿童习得中间水平的类别名称要早于其他水平。很多其他研究也报告了类似的结果（综述详见Murphy & Lassaline, 1997）。基于这些研究成果，罗施（E. Rosch）及其同事将中间水平的类别称为**基础水平**（basic level），即使用最频繁、最容易习得、加工最快的分类系统水平。

较高或较低水平的类别名称在不同文化之间的一致性要低得多（例如，Malt，1995）。例如，在食用蝴蝶幼虫的文化中存在各种幼虫的类别名称；而不食用蝴蝶幼虫的文化中则没有这些类别名称。即使两种文化在较高或较低水平上存在相似的类别，它们通常也不代表环境中完全一样的事物。一个文化中可能有"树木"（trees）这个类别，而另一种文化中可能存在"木柴"（firewood）这一类别，专指那些可以燃烧的树。另外，与中间水平相比，高水平和低水平的类别都更容易偏离科学的分类系统。

那么中间水平的类别具有什么特征呢？**为什么**它们具有这些优势？为什么它们最为常见，为什么它们的名称最简短？为什么这些类别具有最高的跨文化一致性，并最接近科学的分类系统？为什么我们最容易习得和加工这些类别？

虽然这些问题都还没有最终答案，但是已经出现了一种有影响力的解释（例如，Malt，1995；Tversky & Hemenway，1985）：中间水平的类别之所以重要是因为它们的成员（与较高和较低水平的类别成员不同）通常拥有一个共同的物理结构，这种结构区别于同一水平上其他类别的成员。比如，鹿有四条腿、两只耳朵、尖蹄、一条尾巴以及该特定组合形式的其他物理属性；大多数蝴蝶拥有由头、躯体、触角和大而平的翅膀组成的特殊组合形式。几百年来，生物学家一直使用这些形态学的描述来定义自然界的类别。进化和基因理论使我们有可能将物种的基因历史与这些形态结构直接联系起来。

在较高水平上，一种类别之内通常没有共同的形态结构——很多哺乳动物在物理结构上都与鹿完全不同。在较低水平上的类别，比如各种蝴蝶，不同类别之间共享一种形态，从而不易区分它们。要对它们做出区分，则需要研究更细微的视觉特征，这些特征远不及中间水平上区分，如鹿类与蝴蝶类的形态特征来得明显。

为什么中间水平分类系统的形态学如此明显？一种解释是我们的视觉特征觉察系统通过进化，已经适应了这些区分不同形态的特征。支持这一结论的实验数据参见特韦尔斯基和海明威（Tversky & Hemenway，1985），佐利克等（Jolicoeur et al.，1984），穆菲和布劳内尔（Muphy & Brownell，1985）的研究，另外，比德曼（Biederman，1987）提出了一个客体识别的相关理论。

但是，也有许多研究者不愿接受"基本水平"这个概念。原因之一是，中间水平的类别并不总是占主导地位的类别。比如在西方文化中，植物和鸟类的主导水平就不是中间分类系统水平。许多西方人对不同种类的植物和鸟类所知甚少，不能对中间水平的种类进行命名；而且，他们常常觉得较高水平的植物和鸟类类别就足以满足他们的信息需求了（例如，Rosch et al.，1976）。由于西方文化与自然环境的接触日益减少，自然的有生命物体中占主导地位的分类系统水平已经上移了。沃尔夫（P. Wolff）和他的同事（1999）计算了从16世纪到20世纪《牛津英文字典》（*Oxford English Dictionary*）里关于树的分类术语，发现在这段时间里，因为关于自然界的知识增多了，树种类的名称数量增加了。然而在20世纪，关于树木类别的名称骤减，尤其是中间水平的名称，这提示自然环境知识的主导类别水平呈上移趋势。

因此，将中间类别视为基本水平的一个问题在于，许多人只使用较高水平的类别名称（又见Mandler & McDonough，1998，2000）。一个相关的课题是，当人们成为某一领域的专家时，他们能够同样有效地加工较低水平和中间水平的类别（例如，Cauthier et al.，1999；Johnson & Mervis，1997；Tanaka & Curran，2001；Tanaka & Gauthier，1997）。

另外，最有用的分类系统水平可能随着当前目标的不同而发生变化（例如，Cruse，1977）。你想在一生一次的伦敦之行中带上你的狗吗？这时你的旅行中介**不会**使用基本水平的分类名称，直接告诉你所有进入英国的"狗"都要通过六个月的检疫期。因为这项法规适用于所有非人类的**哺乳动物**，你的旅行中介会告诉你所有非人类"哺乳动物"都要经过检疫才能进入英国境内。虽然基本水平通常比更高一级的水平更明确，但你的旅行中介上移了一个水平，以便让你了解这项法律的全部适用范围。在这种情况下，非基本水平是最重要的。

因此，虽然总体上中间水平的类别在很多重要方面比其他水平更具优势，但仍然存在很多例外情况。因而不少研究者认为，中间水平类别被定义为"基本"水平有些名不副实。分类系统水平的相对重要性折射出大量的中介因素，并随着需要和具体情境而发生变化。

理解测验

1. 我们如何组织庞大的类别系统？
2. 通道特异性信息的不同组合如何表征不同的类别？

☆ **复习与思考**

1. 知识在认知中扮演什么角色？它在脑中是如何被表征的？

　　俗话说，你不能两次跨进同一条河流，或者某种程度上说，一次都做不到——河流是时刻变化的。现在如果你重新翻阅这一章开头关于那个奇怪的生日聚会的描述（奇怪是因为你丢掉了所有的知识），你可能会弄明白各种一开始不明白的事情。你对这段描述的理解已经通过你阅读本章而获得的知识发生了改变。

　　知识渗透在认知活动的各个方面。知识对知觉进行补充，并引导注意；它使我们能够对物质进行分类，并做出大量超出当前信息的推论。知识解释记忆、赋予单词意义，并生成思维所依赖的表征。没有知识，我们就会像照相机一样，只能表征图像而不能解释或运用它们。

批判性思考
- 如果照相机拥有知识，它的功能会发生什么变化？
- 知识在非人类动物生活中扮演的角色是否与在人类生活中相同？可能存在什么共同点和差异？
- 如果一个人真的丧失了所有知识，我们需要提供什么样的社会支持系统，来帮助这个人在现实世界中生存？

2. 脑中最可能存在什么样的表征形式？多重表征形式如何共同运作来表征和模拟一个物体？

　　知识可以通过不同的形式进行表征，包括描述性的表象、特征分析、非通道符号和统计模式。在许多任务中，脑最有可能的运作方式是多种形式共同作用，即表象、特征、非通道符号和统计模式共同发挥作用。

　　在知觉一个物体时，各种形式的表征被激活。首先，脑按地形图形式组织的区域形成表象。接着，特征觉察系统提取物体的有意义的特征，这些特征明确了物体功能上的重要方面。最后，会聚区的统计模式整合从表象和特征中提取出来的信息。这一过程显然可以逆向运行，从而在类别成员没有出现的情况下模拟出这些类别成员：通过激活这个曾经知觉过的客体的统计模式，可以重现对该客体的表象和特征的部分模拟。

批判性思考

- 计算机里的知识表征（文档、照片、音乐文件等）与人脑中的知识表征有何异同？
- 照相机和计算机里的多重表征形式如何被执行并整合到一起，从而使照相机和计算机更加智能化？
- 注意在知识产生的过程中起到了什么重要作用？你能想到第 3 章或本章里没有讨论到的任何别的作用吗？

3. 分布在脑各部分的表征如何整合起来从而建立类别知识？

因为一个类别的不同成员会激活相似的统计模式，它们可能与共享的联合神经元相联系。因此，脑产生了各种类别知识，我们可以利用这些类别知识生成有用的推论。类别成员被知觉到的方面激活类别知识，然后我们根据这些类别知识对那些尚未知觉到的方面做出推论。一旦类别知识进一步发展，它就可以提供丰富的推断性的知识，帮助我们超越当前的信息。

类别知识还来自关于类别成员的多通道信息的整合。一个类别的所有相关通道的信息在更高级的会聚区得到整合。不同类别在不同的通道中被感知，因此不同类别的相关通道的组合形式也各不相同。

批判性思考

- 对很多类别来说，不存在所有类别成员共享的单个特征。用范例整合理论如何解释这些类别的范例的整合？
- 当知觉到一个类别成员时，为什么会产生一系列可能的推论？产生所有可能的推论有用吗？为什么？
- 如果类别是在加工其成员的通道中被表征的，那么像"爱"一类的抽象类别是如何被表征的？（**提示**：想想体验到爱的情景，然后再想想这些情景中产生"爱"的各个方面，包括环境的和思维的方面）

4. 类别知识基于哪些不同类型的表征结构？这些结构在特定情境中如何被提取？

类别知识依赖于多种结构类型。最基本的类型是脑存储的关于类别范例的特殊记忆。脑还在规则和原型中总结这些范例记忆。另外，脑将类别知识放在背景知识和图式当中。

在一个特定的情况下，只有小部分与类别相关的结构被激活。根据当前的情境和目标，表征类别需要激活不同的背景知识。因此，对一个类别的表征可变化的范围很大，特定情况下的表征与个人的当前情境相适应。

批判性思考

- 范例记忆由什么构成？想象一下你看到了一个特定的类别成员，比如你客厅里的一把椅子。这时的范例是你每次看到这把椅子时的表征整合的结果，还是每次你看到这把椅子时都会产生一个不同的范例？范例的时空界限如何定义？
- 背景知识和图式中存在什么类型的信息？你能说出一些它们可能包含的和不包含的特定种类的信息吗？这些结构是怎样组织的？

5. 不同的类别领域如何被表征和组织？

不同的类别知识领域因人类经验的多样化成分而存在。对脑损伤病人的研究及脑成像研究表明，每个类别领域在脑的各个通道特异性区域有着独特的分布方式。用来加工类别成员的通道显然与那些表征相关类别知识的通道是一致的。

在各领域内，类别以分类系统的方式组织，分类系统包含了多重水平的类别。一般来说，中间水平的类别在日常概念知识中最重要，通常它们的跨文化一致性最高。但是出于文化和功能上的原因，分类系统其他水平上的类别也时常变得很重要。

批判性思考

- 除了分类系统，类别知识还有哪些组织形式？
- 类别知识的组织是怎样获得的？
- 组织结构如何影响对它所包含的类别的表征？单个类别的表征怎样影响组织结构的表征？

第5章　长时记忆的编码和提取

你正在大厅闲逛，在离你大约 50 英尺的地方，有两个人朝你走来。你立即认出了其中的一个人，你知道她的名字，上学期在一个政治集会上你遇见过她。那时你发现你们是在同一个城市长大的，而且都喜欢意大利食物。和她一起的那个人看起来很面熟，你有一种模糊的感觉你们以前见过，但你无法想起具体细节——你想不起他的名字叫什么、你曾经在哪里见过他，或其他关于他的任何细节。但是现在，当你们相遇时，他跟你打招呼并叫出了你的名字。在谈话中你得知他是在两周前，在你们两人参加物理考试之前的一次偶遇中记住你的，这使得你愈发为忘记对方的名字而感到尴尬。为什么你能清晰地回忆起几个月前的一次谈话，却记不起显然发生在更近期的另一次谈话？

这一章将讨论长时记忆的特性，首先探讨两种类型的长时记忆系统：陈述性记忆和非陈述性记忆。然后我们将集中探讨对陈述性记忆进行编码、巩固和提取的机制，讨论我们的记忆有时会不准确的现象及其原因，并探讨为什么我们有时会遗忘。最后，我们将讨论那些使过去经验能够无意识地影响当前的思维和行动的非陈述性记忆的形式。我们特别关注以下五个问题：

1. 陈述性记忆系统和非陈述性记忆系统的特点是什么？

2. 我们如何编码新的陈述性记忆？哪些过程影响编码效率？形成这些记忆的脑机制是什么？

3. 情景记忆如何被提取？为什么我们提取的记忆不是对过去的准确反映？

4. 为什么我们有时候会遗忘？

5. 非陈述性记忆的形式是什么？它们如何影响我们的行为？

1. 长时记忆的特性

回忆日常生活中遇到的人物、地点和事件的能力是指导行为的一种基本认知形式。之前所述的大厅会面情景所描述的挫败经历提示了我们对**记忆**（memory）这个内部信息储藏室的依赖。在本章我们将了解到，记忆的基础是一系列信息被编码、巩固和提取的过程。尽管回忆失败带来的后果有时仅限于社会性的尴尬场面，但也不总是这样：记忆对人类和其他动物的正常机能，乃至生存而言都是至关重要的。如果没有记忆，我们将不能从经验中学习知识，我们的行动将漫无目的、没有计划和目标。我们的运动技能和语言能力将会丧失，甚至我们普遍拥有的对个人身份的感知也会丧失。

上述情景中的这类记忆被称作**长时记忆**（long-term memory），即从某次经历中获得的，并能持久保存，以便在此事件过去很长时间后仍能提取出来的信息。我们将会看到，有些形式的长时记忆能够被有意识地提取出来，因此我们能用记住的往事来引导当前的想法和行动。威廉·詹姆斯（William James，1890）将这种记忆描述为"当以前的心理状态从意识中消失以后，关于这种心理状态的知识"。相反，其他类型的长时记忆则在意识之外影响我们当前的想法和行为。在这种情况下，过去的经历无意识地影响着当下。通过对记忆正常的人和记忆受损病人的行为进行观察，我们对长时记忆的理解取得了一些进展。对动物损伤及其神经活动进行记录的研究，以及对人类的脑成像研究也加深了我们对记忆加工的了解。

1.1　长时记忆的形式

理论家认为长时记忆存在多种形式，其基本的信息处理过程的特征不同，支持这些形式的脑结构也不同（图 5-1）。这些不同形式的记忆可以归为两类，即陈述性记忆和非陈述性记忆。**陈述性记忆**［declarative memory，又叫**外显记忆**（explicit memory）］指的是通常能被有意识地回忆并向他人"说明"或描述的长时记忆，比如对事实、想法和事件的记忆。陈述性记忆包含**情景记忆**（episodic memory，对个人过去经历的事件的记忆）和**语义记忆**（semantic memory，关于世界上的事物及其意义的一般知识）。这两种记忆形式的区分是由恩德尔·塔尔文（Endel Tulving）在 1972 年提出的。塔尔文将情景记忆定义为：关于有确切时间和地点的个人经历的事件或情景的有意识的知识。他将语义记忆定义为：关于词汇和概念，以及它们的属性和相互关系的知识（Tulving，1972）。我们对这两类记忆的内容都是有意识的，但它们之间的一个差异在于有无相关情境。情景记忆是关于个人生活事件的记忆，它具有相关情境：当你回忆起你在大厅遇见的一个人的相关细节——她的政治观点、她的烹饪口味时，你进入了一种对先前会面的"心理时间旅行"，你意识到你拥有的关于她的信息是跟你那段独特的个人经历绑定在一起的。但当你提取关于意大利菜肴的主要成分的语义记忆时，这些记忆并非与获得这些记忆的特定情境绑定在一起，因为你很可能是通过不同情境中的不同经验累积起这些知识的。评定陈述性记忆的测验被称为**外显记忆测验**（explicit memory tests），因为这些测验需要从记忆中提取出相关知识的清晰描述或报告。陈述性记忆是高度灵活的，它将多种信息整合成一个统一的记忆表征，因此，我们可以从不同的路径来提取一个特定的记忆。两种形式的陈述性记忆——情景记忆和语义记忆，都依赖于内侧颞叶。

非陈述性记忆（nondeclarative memory，也叫**内隐记忆**，implicit memory）是无意识的长时记忆形式，表现为行为改变不借助于任何有意识的回忆。有关非陈述性记忆的测验被称为**内隐记忆测验**（implicit memory tests），它不需要对记忆内容进行描述，而需要通过可观察的行为改变，例如对一种动作技能的逐步掌握，来间接地揭示记忆的作用。与陈述性记忆相比，非陈述性记忆在提取知识的途径上相对较少。非陈述性记忆的各种形式并不依赖于内侧颞叶结构，而依赖于其他脑区（图5-1）。

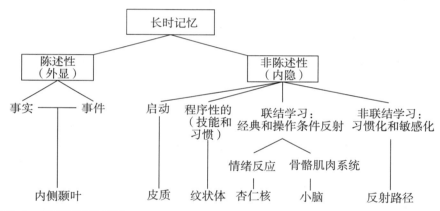

图5-1　长时记忆的组织

长时记忆的形式可以分为陈述性（外显）的或非陈述性（内隐）的。陈述性和非陈述性记忆依赖不同的脑区。

[Kandel, E. R. Kupferman, I. & Iverson, S.（2000）. Learning and Memory. In: E. R. Kandel, J. H. Schwartz & T. M. Jessell（eds.）*Principles of Neural Science*, pp. 1227–1246. New York: McGraw-Hill, Fig. 62-4. 经允许重印]

1.2　记忆的力量：H. M. 的故事

大量对长时记忆进行描述和分类的研究都建立在一个叫 H. M. 的病例的基础之上。在这个病人身上观察到的严重记忆障碍模式，使我们对记忆的理解发生了一场革命，揭示了我们编码和提取新的情景记忆和语义记忆的能力依赖于位于内侧颞叶的一组特殊的脑结构——海马及其周围的内嗅皮质、鼻周皮质和海马旁皮质（图 5-2）。H. M. 的故事显示了记忆对我们精神生活的重要性，也凸显了内侧颞叶在记录我们的经历方面的重要作用。

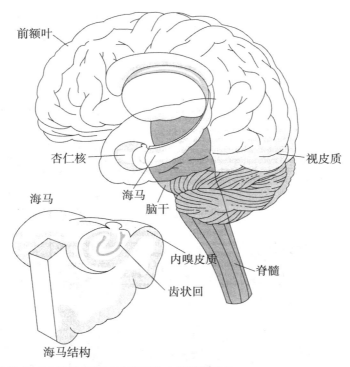

图 5-2　人脑中对陈述性记忆至关重要的内侧颞叶结构
　海马是位于内侧颞叶深处的一个结构。信息从包括内嗅皮质在内的海马周围的内侧颞叶流入海马结构。
（Squire, L. R. & E. R. Kandel. *Memory: From Mind to Molecules*, p. 111. © 2000 Larry R. Squire & Eric R. Kandel. 经作者允许重印）

　　H. M. 在 7 岁时，骑自行车出了事故，昏迷了 5 分钟。10 岁之前，他受到轻微癫痫症状的困扰，这些症状最终发展为严重的癫痫症。在十多年的时间里，H. M. 的生活越来越多地受到持续发作的癫痫的影响，使他不得不在高中时辍学一段时间，并在 20 多岁时离开工作岗位。由于其癫痫发作不受药物控制，H. M. 在 27 岁时接受手术，切除了被认为是癫痫病灶的双侧内侧颞叶。手术切除了海马、杏仁核，以及周围很大一部分的内侧颞叶（图 5-3），有效地控制了 H. M. 的癫痫发作，但人们很快发现，与这种积极结果同时出现的是始料未及的记忆的严重缺失（Corkin, 1984；Scoville & Milner, 1957）。

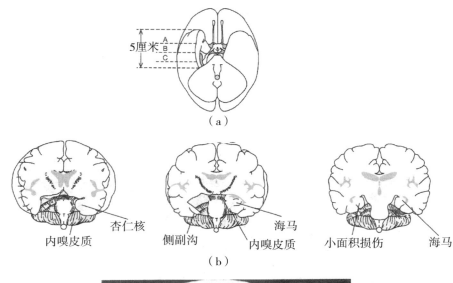

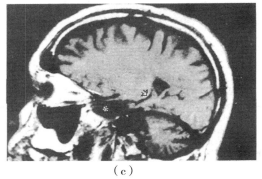

图 5-3   H. M. 的内侧颞叶手术

（a）腹面观（即从底部往上看），显示了 H. M. 颞叶损伤的纵向范围。（b）冠状面［从前往后看，切片的位置如（a）图所示］，显示了 H. M. 的大脑在手术中被切除部分的大致范围（注意左下方大脑组织的缺失，实际上手术切除了双侧的脑组织，这里为了便于标明被切除的结构，保留了右半球被切除的部分）。（c）H. M. 大脑左侧旁矢状面的（即从侧面看）一张 MRI 扫描图。被切除的前颞叶部分用星号标出，海马结构被保留的部分用开口箭头标出。

（Corkin, S., Amaral, D. G., Gonzalez, R. G., Johnson, K. A., and Hyman, B. T. 1997. H. M. 's medial temporal lobe lesion: findings from magnetic resonance imaging. *Journal of Neuroscience*, *17*, 3964-3979. Copyright© 1997 by the Society for Neuroscience. 经允许重印）

对 H. M. 认知能力的测试表明，他的能力缺失非常特殊，因为他的智力和一些记忆功能保留得相对完好。比如，当向他呈现一小串数字，并让他记住 30 秒时，H. M. 的表现跟正常人一样好。这个发现表明，能将信息保存数秒或数分钟的**工作记忆**（见第 6 章）并不依赖于内侧颞叶系统。H. M. 也很好地保留了对手术之前习得的信息的长时记忆。他记得自己的名字和从前的职业，并保留了包括词汇在内的语言能力，这表明他保存了以前习得的语义记忆。遥远的情景记忆也被保留下来：他能回忆起早期事件的细节，包括在 16 岁生日那天，他跟父母坐在一辆车里，第一次爆发严重的癫痫症状的情景。

然而，即使某些记忆功能被保留，H. M. 至今仍受困于严重的**顺行性遗忘症**（anterograde amnesia），无法有意识地回忆起脑受损**之后**接收的信息。因此，尽管 H. M. 能短暂地保持一小串数字（因为他的工作记忆是完好的），但一旦这些数字从工作记忆中丢失，他会立刻完全忘掉它们。这种严重的遗忘显示出对新的情景记忆的形成、保持和提取能力的缺失。从本质上说，H. M. 的时间停止了，从 20 世纪 50 年代起，他就无法更新自己的生活事件，因为他记不住日常的生活经历。H. M. 自己生动地描述了这种现象：

此刻，我很困惑。之前我做错或说错过什么吗？你瞧，在这一刻什么事我都明白，但是这之前刚发生的事呢？那才是令我担心的。就像从梦中醒来一样，我就是记不起来了（Milner，1966）。

扩展测验显示，H. M. 的顺行性遗忘症是整体性的，也就是说他不能有意识地记住新的事件，无论其内容或感觉通道是什么。他记不住看到的人、地点和物体，即使多次相遇也不行。他会很快忘记面对面的交谈和在收音机里听到的歌曲，他记不起自己住的地方或谁在照顾自己，他甚至想不起自己吃过的东西。很显然，他的遗忘症反映的不是知觉障碍或智力的全面损伤，而是一种领域一般性（domain-general）的记忆障碍。而且，H. M. 在手术之后不能形成新的语义记忆（一种直到 20 世纪 80 年代晚期才引起广泛关注的缺陷）。因此，当使用手术之后才出现的短语［例如，"flower child"（嬉皮士）］来测试他的语义记忆时，尽管经常碰到这些短语，他还是不知道它们的含义（他猜想 "flower child" 的意思是 "种花的年轻人"）（Gabrieli，Cohen & Corkin，1998）。他对情景的和语义的知识都表现出了顺行性遗忘（O'Kane et al., 2004）。

H. M. 也表现出了一定的**逆行性遗忘**（retrograde amnesia），即忘记脑损**伤之前**发生的事情。H. M. 逆行性遗忘的一个重要方面是这种遗忘具有时间上的等级性：离手术时间越近的事情越容易被忘记。特别是，他回忆手术之前 11 年中发生的事情比回忆更久远的孩童时代发生的事情更困难。这种遗忘模式显示，记忆并不是一成不变地依靠内侧颞叶的，如果是这样的话，H. M. 很久以前的记忆也应该消失。很久以前的记忆被保留说明随着时间的推移，某种加工开始在记忆中安置信息，使这些信息即使在内侧颞叶受损的情况下依然保留。另一方面，H. M. 在外科手术之后表现出的保存的工作记忆，以及缺失的长时记忆，有力地证明了内侧颞叶对长时记忆的关键作用（Squire, Stark & Clark, 2004）。

1.3　长时学习和回忆的多重系统

对 H. M. 的研究的影响力持续存在。在理解了长时记忆依赖于内侧颞叶之后，对 H. M. 记忆能力的后续测验开启了关于记忆组织的第二个里程碑式的发现：内侧颞叶并不是**所有**类型的长时记忆所必需的。尽管 H. M. 在切除了内侧颞叶后其情景和语义记忆表现出严重的缺失，但他仍然能够形成和保持其他类型的长时记忆。

这一发现的第一个证据来自 20 世纪 60 年代的观察：研究者发现 H. M. 能以正常的速度习得新的动作技能，他保存这些新技能的长时记忆水平与对照组的健康人类似（Milner, 1962）。例如，H. M. 能学习一种叫作"镜描"的技能。研究者给 H. M. 呈现一个由双轮廓线勾画的五角星的图片，H. M. 需要在这两条轮廓线之间画出第三条轮廓线，但他必须看着镜子里的手和五角星的映像来画（图 5-4）。这个任务需要将视知觉重新映射到动作上，因为视觉输入与其镜像是相反的。经过一段时间的测试，他在表现成绩上的提高（一种学习的指标）与那些没有记忆缺陷的被试类似。H. M. 每天都在进步，能更快更准确地勾画五星的轮廓，但每天刚开始的时候他都不能有意识地记起自己之前曾做过这个练习。这些结果清楚地表明，遗忘症病人受损的长时记忆可以区分为不同的类型。

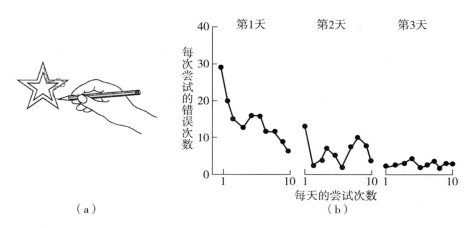

图 5-4　H. M. 在移动技能学习任务中表现出进步

（a）任务：通过看镜子中自己的手，在五角星的两条边线之间描绘轮廓。（b）三天里面，他在画五角星轮廓时超出两条边线的次数。与健康被试一样，通过多次尝试，H. M. 的水平得到了极大的提高，但是他不能清楚地回忆起自己曾经做过这个任务。

[Adapted from Brenda Milner, Larry R. Squire & Eric R. Kandel, Cognitive neuroscience and the study of memory, *Neuron* 20（1998）：445-468, Fig. 2. Found in Squire, Larry R. and Eric R. Kandel. *Memory：From Mind to Molecules*. W. H. Freeman and Company, New York, 2000, p. 13. 经爱思唯尔（Elsevier）出版社允许重印]

　　H. M. 在外科手术后仍保留的技能学习能力，促使研究者对其记忆能力进行更加细致的重测，并对其他因内侧颞叶受损而表现出类似陈述性记忆缺陷的遗忘症患者的记忆能力进行细致的重测。研究发现，有一类长时记忆——现在被称为非陈述性（内隐）记忆——是在意识之外运作的，并在内侧颞叶受损的情况下可以被保留。比如，沃林顿和威斯克朗兹（Warrington & Weiskrantz, 1968, 1974）指出，对遗忘症病人的研究提供了他们在知觉领域进行近期学习的间接证据。研究者在实验中给遗忘症患者和对照组被试展示一系列单词，比如 ABSENT, INCOME, FILLY, 然后测验他们对这些单词的记忆。然而，沃林顿和威斯克朗兹并没有让被试回忆或再认这些单词，而只是让他们把从原始词表中提取出的词头（或"词干"）补充成完整的单词（例如，ABS ＿＿＿＿可以被补充成 ABSENT 或 ABSTAIN）。这个指导语并没有明确提到需要填写原始词表中的词语，而遗忘症患者和对照组被试都更倾向于将词干补充成之前呈现过的单词（例如 ABSENT，而不是 ABSTAIN）。遗忘症患者存在的这种**启动**效应随后得到了说明。在这个例子中，启动效应指的是与之前呈现过的某个刺激相关的某种特定反应

（例如，ABSENT）出现的可能性增加。格拉夫（P. Graf）及其同事（1984）指出，当测验指导语要求被试用头脑中出现的第一个单词来补充词干时，遗忘症病人表现出正常的启动效应，但当指导语要求他们通过回忆前面见过的单词来补充词干时，他们的成绩明显更差。

这些关于内侧颞叶损伤后启动效应保存完整的报告说明，遗忘症病人的长时记忆能力并不只局限于镜描一类的动作技能。遗忘症病人能够在特定的知觉和概念任务上提高他们的成绩，即便他们在之前遇到这些材料时显示出有缺陷的情景记忆。大量证据表明，即使对健康人而言，情景记忆和启动也遵循不同的基本原则。我们将在本章最后一部分详细讨论这些非陈述性记忆。

理解测验

1. 陈述性记忆跟非陈述性记忆的区别是什么？
2. 遗忘症有哪两种形式？

2. 编码：情景记忆是如何形成的

一些生活情景，无论是重要的还是琐碎的，都可以被清楚地记住，我们能精确地回忆起大量细节，甚至在经过相当长的时间之后也能做到这一点，比如，你愉快地记得你跟一个在大厅里重逢的朋友一起分享过的一顿意大利晚餐。而另外的一些经历可能只能被记住大概，或者更糟一些，被完全遗忘掉，比如那个家伙的名字是什么？他不会在我的部门吧？

是什么决定了一个经历被记住或忘记？19 世纪前 10 年后期进行的关于人类记忆的早期实验研究探索了这一难题。过去一个世纪的研究使人们发现，要充分理解记忆如何形成，需要理解组成记忆加工的三个阶段的多个认知和神经生物过程——编码、巩固（为使记忆表征更稳定而对其进行的修正）和提取，以及三个阶段之间的交互作用。

编码（encoding）指的是将信息转化为记忆表征的各种加工。这些加工在我们经历事件的时候被发动起来，形成记录该经历的某个或某些方面的一个心理表征。记忆的所有形式，包括陈述性记忆和非陈述性记忆，都是从编码开始的。不过，因为情景记忆记录了每个人生活的独特历史，因而更适合作为我们讨论编码如何进行的起点。

要了解编码的基本特性，一种途径是确定哪些因素加强了编码过程。遵循这一思路的研究发现，许多因素都会影响编码，包括我们关注信息的程度，以及我们对信息意义进行"精细加工"的程度。**精细加工**（elaboration）包括解释信息、将它与其他信息相联系，并仔细思考该信息。其他加强编码的因素包括有意识地提取信息，以及不时地温习。正如对遗忘症患者的研究所示，内侧颞叶在情景编码的过程中扮演了关键角色。神经成像和临床数据还显示额叶参与了注意和精细加工，因而也对编码有影响。

2.1　注意的重要性

常有人会说"我把眼镜放哪里了？"或者"**再**告诉我一次那个新来的助教的名字！"这种忘记日常事务的行为并不代表糟糕的记忆或记忆随年龄开始衰退。许多遗忘的实例不过是将一段经历放进情景记忆时，最初编码无效的自然结果。

产生无效编码的一个明显和重要的原因是，当某件事发生的时候，我们没有注意到它。当你对信息的注意被分散（比如，因为你正心烦意乱）时，编码就会被削弱，之后的回忆就可能失败。你可能因为一直在回想你在大厅看到的物理系学生的名字，而忘记了你放眼镜的地方。同样，你可能因为在第一次遇见这个学生时一直在想即将进行的物理考试，而忘记了他的名字。

不少实验室研究考察了注意在编码中的作用。其中一组实验（Craik et al.，1996）要求被试回忆 15 个听觉呈现的单词。实验包括两种条件，一种是**完全注意**条件，即被试唯一的任务就是努力记住单词。另一种是**分散注意**条件，即单词呈现时被试还需要注意计算机屏幕上出现的星号的位置，并在位置变化的时候，按下 4 个按键中的 1 个。被试在完全注意条件下，平均能记住 15 个单词中的 9 个，但在第二种条件下，仅能记住 5 个。许多其他的实验提供了同样有力的证据，证明注意对有效的编码是必要的。

神经成像的研究表明，完全注意条件下的编码和分散注意条件下的编码对应的神经活动的模式不同。在一项 PET 研究中，研究者在被试编码成对的类别–范例［例如，POET-BROWNING（诗人–布朗宁）］时扫描其脑活动（Shallice et al.，1994），被试在进行编码的同时要完成一个"容易"或"困难"的第二任务，"容易"被定义为"需要更少的注意"。这个研究有两个重要发现：第一，"容易任务"组被试在记忆任务上的表现要好于"困难任务"组的被试；第二，脑成像显示当编码伴随的是容易的第二任务时，左侧额叶区域有更强的激活，提示额叶为学习过程中的注意能力提供支持，并因而影响情景编码（Uncapher & Rugg，2005）。

2.2　加工水平和精细编码

证明注意对编码极为重要的证据似乎支持这样的结论：有效记忆的形成需要**意图**的存在。但别急着下结论：尽管编码的意图可以激发注意，但有效的编码本质上并不需要意图。编码是对一个刺激注意并进行加工时自动产生的副产品（Craik & Lockhart，1972），影响编码效力的是刺激加工的方式，而不是进行加工的原因。

2.2.1　加工水平理论：争论和局限

想一想当你第一次遇到某人时，你可能进行的各种认知加工。看着这个人的脸，你可能注意到这张脸的外观结构的某个方面；或者你可能注意到这个人名字的发音特点；或者你可能会对首次见面获得的概念性细节进行精细加工，比如一个政治观点，你把它与自己的政治观点相联系。在这个意义上，精细加工意味着产生附加信息。

加工水平理论（levels-of-processing theory）以这样的事实为基础：任何给定的刺激都有多个能被注意和加工的方面。这种观点将编码视为刺激加工的直接副产品，对刺激特定方面的加工在系统中留下了相应的痕迹，这些痕迹能为以后的回忆提供向导。该理论认为，刺激加工的不同方面对应于加工的不同水平，包括从知觉加工的"浅层"或表层水平到主动将新信息与记忆中已存在的知识相联系的语义（即基于意义的）加工的"深层"水平（即精细水平）（图5-5）。根据这一理论，编码的效力很大程度上依赖于对刺激的加工水平，深层的加工产生了更强更持久的表征，因而也增加了刺激被记住的可能性。

许多行为研究支持"深层"（即精细）加工有利于情景记忆的假设。在其中一项研究（Craik & Tulving，1975）中，被试观看单词并对每个单词做出三种反应中的一种：第一种反应是说出单词是由大写字母还是小写字母组成的——这是一个"浅层"结构条件；第二种反应是判断每个单词是否与目标单词押韵——这是一个中等水平的音韵条件；第三种反应是判断每个单词是否是某个特定类别的一员——这是一个"深层"的语义条件。跟加工水平理论一致，后来的记忆测验显示，第三种反应对应的再认百分比

浅层（知觉方面）

结构的："她有一头光泽的头发"

语音的："'Jane'与'brain'押韵"

语义的："她支持共和党"

深层（详细阐述的方面）

图 5-5　加工水平示意图

按照加工水平理论，刺激加工的不同方面被认为与不同的水平分析相对应，从知觉分析的"浅层"水平到语义分析的"深层"水平。

显著不同："深层"编码后有 78% 的单词被再认，中等水平编码后有 57% 的单词被再认，而"浅层"编码后只有 16% 的单词被再认。情景记忆很大程度上得益于在遇到刺激或事件时对其意义进行的精细加工。加工水平理论指出，我们记得最牢的很可能是那些我们对其意义进行了积极加工的事件或刺激。你对于遇见某人（此人也在得梅因长大，和你喜欢同类的食物，并支持共和党）的记忆清晰而具体，就是出于精细加工，这种精细加工通过与记忆中已经存在的，和对话中分享到的信息表征之间建立联系而产生。

与克雷克和塔尔文（Craik & Tulving, 1975）的实验类似，大多数检验加工水平理论的研究都使用了引发**无意学习**（incidental learning）的指导语，无意学习指学习并非有目的的努力的结果，而是完成某个任务的副产品。这些指导语没有明确地让被试去学习，而是让他们完成针对刺激的特定任务。因为被试不知道将要测验与刺激有关的记忆，他们不会有意地尝试学习，因此学习是在完成任务的过程中附带发生的。这种无意学习的现象能够帮助我们理解为什么我们能记住日常的经历，毕竟这些经历我们通常都没有有意识地对它们进行编码，以便使之进入我们的记忆。当你第一次遇见和你政治观点一致的朋友时，你不大可能对这次会面进行有意识的编码。然而，你确实记得这件事情，那是因为当我们加工或注意一个刺激或事件时，编码就会相应发生。（你同样没有对你跟物理系学生的第一次见面进行有意识的编码——更重要的一点是，你没有特别注意这件事，因此这次会面只留下了很微弱的记忆，你很难再记起这件事）

加工水平理论为我们理解形成情景编码的加工提供了很多见解，因而具有很强的解释力，但这个理论也有不少的局限性。例如，正如莎士比亚所言："谁丈量过大地？"除了考察特定编码任务所需的加工对记忆产生的影响外，没有任何方法能够测量该加工的"深度"，或量化该加工的"水平"。因为缺乏对加工深度的独立测量手段，因此难以对加工水平理论进行检验。

一个更核心的问题涉及解释：加工水平效应究竟反映了编码的强度和持久性上的差异，还是反映了刺激被选择进行编码方面的差异，以及对应的编码和提取加工的类型的不同？一些研究者相信，这个问题不是关于水平的问题，而是关于编码对象与提取阶段的测验对象之间的匹配问题。如果提取需要恢复一个与过去经验相关的语义细节，那么编码过程中的语义加工将更有效，因为它增加了刺激或事件的语义特征被存储在记忆中的可能性；同理，如果提取需要再现知觉细节，那编码过程中的知觉加工将更有效。当编码加工与提取需要的加工方式一致时，编码加工最有效，这个原则被称为**适宜加工迁移**（transfer appropriate processing）（Morris et al.，1977）。

在一项检验加工水平和适宜加工迁移理论的重要研究中，莫里斯（C. D. Morris）及其同事（1977）让被试通过对每个单词进行押韵判断或语义判断来编码单词。在提取阶段，通过两种方式中的一种来检验记忆。其中一个任务是要求被试再认前面学习过的单词，这个任务引发了标准的加工水平效应（语义编码之后的记忆更好）。相反，另一个任务要求再认与前面学习过的单词押韵的单词，这个任务的结果是：适宜加工迁移编码之后的记忆更好。加工的水平并不必然影响编码记忆的强度和持久性，而是影响编码的**对象**。编码过程产生更牢固记忆的前提是编码过程中关注和加工的特征与提取过程中寻求的特征相同。这项里程碑式的工作的更多细节见随后的**深度观察**专栏。

塔尔文和汤普森（Tulving & Thompson，1973）提出了一个相关的观点——**编码特异性原则**（encoding specificity principle），认为我们记住一个刺激的能力依赖于刺激在编码阶段的加工方式与其在测验阶段的加工方式的相似性。比如，如果单词 *bank* 在编码时的含义是"河岸"而不是"金融机构"，那么当它在被提取时，其含义也是"河岸"时记忆效果会更好。

深度观察

适宜加工迁移

以下我们讨论 C. D. 莫里斯（C. D. Morris）、J. D. 布兰斯福德（J. D. Bransford）和 J. J. 弗兰克斯（J. J. Franks）的一项里程碑式的研究，该研究发表于 1977 年的一篇题为"加工水平与适宜加工迁移"（Levels of Processing versus Transfer Appropriate Processing）的论文上（*Journal of Verbal Learning and Verbal Behavior*，*16*，519-533）。

研究简介

研究者假设，编码时的加工水平并不单独对后来的记忆成绩产生影响，后来的记忆至少部分取决于编码时和提取时加工方式的一致性。换句话说，适宜加工迁移理论提出了编码和提取间的相互作用，并预测当编码加工与提取加工方式一致（因而发生迁移）时，记忆成绩将会更好。

研究方法

研究者通过考察大学生被试的记忆成绩来检验假设，他们采用包含两种编码任务（语义和适宜加工迁移）和两种提取任务（标准再认和适宜加工迁移再认）的实验设计。

所有被试学习 32 个包含在句子中的目标词。对所有词而言，主试首先朗读一个缺失目标词的句子（比如，"The ＿＿＿ had a silver engine."）。然后将一个目标词呈现给被试，要被试判断这个词是否符合这个句子。句子有两种类型：**语义型和音韵型**，每种类型包含 16 个要学习的词。对语义型句子，被试需要判断目标词与句子在语义上是否一致（TRAIN 与例句一致，而 APPLE 则不一致）。对音韵型句子（比如，"＿＿＿ rhymes with legal"），被试需要判断目标词在语音上一致（EAGLE）还是不一致（CHAIR）。

在对 32 个目标词进行编码之后，使用标准再认测验或音韵再认测验来考察被试的记忆：一半被试接受标准测验，另一半被试接受音韵测验。在标准测验中，32 个目标词和 32 个没学过的词以随机顺序逐个呈现。如果被试再认出这个词是以前学过的，就做出"是"的反应，否则做出"否"的反应。在音韵测验中，与学过的词押韵的词和没学过的不押韵的词按随机顺序呈现。如果被试再认出测试词与学过的词押韵，就做出"是"的反应，否则做出"否"的反应。

通过使用两种学习条件和两种测验类型，实验设计形成包括编码

（语义/音韵）和测验（标准/音韵）的四种关键条件：语义+标准测验，语义+音韵测验，音韵+标准测验，音韵+音韵测验。

研究结果

研究者感兴趣的数据是被试正确再认学过的词（标准测验）或与学过的词押韵的词（押韵测验）的概率，以及对未学过的词或与学过的词不押韵的词的错误反应。分析的重点在于对那些与编码阶段的句子上下文一致的项目的记忆，关键的问题是记忆在四个关键的编码+测验条件下怎样变化。结果如下表所示：

	标准测验	音韵测验
语义编码模式	84%	33%
音韵编码模式	63%	49%

这些数据揭示了一个显著的交互作用：当采用标准测验来探测记忆时，语义编码之后的记忆效果显然要好于音韵编码之后的记忆效果，但当采用音韵测验来探测记忆时，音韵编码之后的记忆效果明显要好于语义编码之后的记忆效果。

讨论

这种交互作用支持了适宜加工迁移理论：如果编码阶段的加工与提取阶段的加工一致，编码加工将特别高效。这些数据支持了以下观点：加工水平在本质上并不影响编码强度，而会影响编码的内容。当学习时的加工促进了对提取阶段所需信息的编码时，这种加工将有助于提高随后的记忆效果。

2.2.2 脑、语义精细加工与情景编码

因为语义加工相对于非语义加工倾向于导致更好的记忆表现（在标准测验中），我们有理由提出这样的问题：在语义加工任务中有更强激活的脑区是否就是支持影响学习的编码加工的脑区？一系列研究测量了被试在语义或知觉加工条件下编码词汇时的脑活动（Gabrieli et al.，1996；Kapur et al.，1994；Wagner et al.，1998，2005）。相对于知觉加工，语义加工引起了左侧额下回、左侧外侧颞叶和内侧颞叶的更强激活（图5-6）。

一个有趣的相关说明了问题。我们从包含了"容易"和"困难"的第二任务的研究中了解到，被分散的注意会减弱左侧额叶的激活，并削弱有

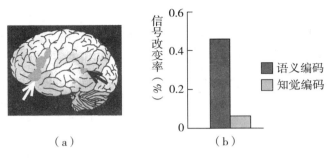

图 5-6 大脑在知觉和语义加工中的活动

（a）当我们注意并精细加工刺激的意义时，左侧下额皮质（白色箭头）和左侧旁颞叶（黑色箭头）被激活。

［Wagner et al.（2001）. Recovering meaning：left prefrontal cortex guides controlled semantic retrieval. *Neuron*，31，329-338（Fig. 3b）. 经爱思唯尔出版社允许重印］

（b）该图显示，左侧额叶的激活（用信号改变率表示）在对单词进行语义加工时比进行知觉加工时更强。

［Wagner et al.（2000）. Task-specific repetition priming in left inferior prefrontal cortex. *Cerebral Cortex*，10，1176-1184. 经牛津大学出版社允许重印］

意学习（intentional learning）（这种学习是有目的努力的结果）过程中的情景编码（Shallice et al.，1994）。我们还知道在**无意学习**中，较浅水平的加工会降低左侧额叶的激活。有意学习和无意学习条件下参与脑区的重合支持了这种观点：目标本质上并不是学习的决定因素。有意学习之所以影响编码，是因为它激发了精细加工，从而引发了更深水平的加工。

为了更准确地评定经历过的事件如何转化为记忆，研究人员试图找到记忆行为与脑激活之间更紧密的联系。一种极有说服力的方法是测量脑在编码时的活动情况，并将结果与被试在其后进行的测验中成功或失败的回忆相关联。实验的关键是对比编码那些后来记得的项目时的神经反应与编码那些后来忘记的项目时的神经反应。通过确定记忆产生时的脑激活，这种方法揭示出那些能够预测一段经历被记住或忘记的神经反应。

一项功能性磁共振成像（fMRI）研究采用这种方法：在被试对一系列词进行语义判断时扫描被试的脑（Wagner et al.，1998），随后检测被试对词的记忆，并使之与 fMRI 编码的数据相关联。分析发现，跟随后忘记的词相比，后来记得的词在编码时引起了左侧额下回和内侧颞叶更大的激活［图 5-7（彩插 C）］。而且，这些能够预测随后记忆的区域正是之前的研究确定的显示加工水平效应的区域。一项关于视觉学习的相关研究（Brewer et al.，1998）揭示了类似的结果模式，只不过发现的脑区在右侧额叶和双侧内侧颞叶。这些数据表明，额叶注意机制的更大投入增加了编码的有效性，左侧额叶支持对词汇的编码，右侧额叶支持对非言语刺激的编码。在有效的学习过程中，额叶的注意加工与内侧颞叶的学习机制似乎是交互作用的。

2.3 编码的加强剂：生成和间隔

我们已经知道，最初遇到信息的环境会影响编码的强度：如果你当时注意了，编码强度会不同，如果你当时进行了精细加工，编码强度也会不同。研究还揭示了其他提高编码表征强度的因素：一种方式是利用**生成效应**（generation effect），即如果我们能从记忆中生成目标信息，那么情景学习的效果会比他人将信息呈现给我们的效果更好；另外一种方式是利用**间隔效应**（spacing effect），即当对同一信息的编码持续多个研究试次时，如果各个试次之间以一种特定的时间间隔模式呈现，则编码的效果最佳。

2.3.1 生成效应

你可能在小学用过抽认卡：卡的一面是"9×7＝?"，另一面是"63"。医学专业的学生使用它们来学习诊断症状，化学专业的学生使用它们来学习化合物及合金的分子式，语言专业的学生用它们来学习词汇。分子式在卡的一面，化合物的名称在卡的另一面——真是挺枯燥的学习方法。

但这个抽认卡是一种非常有效的学习方法，一个很重要的原因是：从记忆中提取或生成信息的过程是对编码的有效的加强剂。这里的"生成"并不意味着"凭空创造"，而是强调了主动地制造信息而不是被动地学习。

生成效应这个词描述了这样的现象：相对于仅仅接受和试图去"背诵"的信息而言，你更容易记住那些你（在学习的过程中）主动提取或生成的信息。因此，相对于学习列表，你更有可能通过抽认卡记住 12 对脑神经，因为它需要你主动参与。这种效应为一个广为接受的观念提供了实验证据，即从做中学的效果往往最好。

一项实验（Slamecka & Graf, 1978）首次描述了生成效应，该实验要求被试通过两种方式学习单词对。在"阅读"条件下，呈现单词对，要求被试判断第二个词是否是第一个词的同义词（比如，UNHAPPY-SAD），或第二个词是否与第一个词押韵（比如，PAD-SAD）。在第二个学习任务（"生成"条件）中，要求被试生成一个同义词（比如，UNHAPPY-S ____）或押韵词（比如，PAD-S ____）。学习之后，当测验被试对第二个词的记忆（给出第一个词作为线索）时，出现了两种效应：（1）依赖于词义的语义编码比只考虑发音的语音编码的记忆效果更好——这是加工水平效应；（2）当被试被要求自己生成第二个词，而不是由实验者呈现、被试仅需要阅读该词时，总的记忆效果更好（图5-8）。

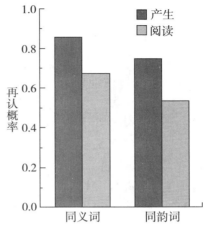

图5-8　产生和加工水平的效应

被试通过阅读呈现的单词，或根据线索产生单词来学习词汇。无论是阅读任务还是产生任务，都要求被试加工单词的含义（同义词）或音韵（同韵词）。如图所示，通过产生单词，或通过更深水平的加工（同义词相对于适合此类测试的同韵词而言），被试随后回忆起学习过的单词的概率都得到了提升。

[Slamecka, N. J. & Graf, P. The generation effect: Delineation of a phenomenon, *Journal of Experimental Psychology: Human Learning and Memory*, 4（1978）: Fig. 2, p. 595（adapted）from Exp. 2. Found in: Anderson, John R., *Cognitive Psychology and its Implications*（4th ed.）. W. H. Freeman and Company, New York, 1995, p. 192. Copyright © 1978 American Psychological Association. 经允许修订]

与仅仅加工外部呈现的信息相比，从记忆中生成信息被认为是一种更有力的编码方式，因为生成需要精细加工和更多的注意。神经成像研究提供了支持这种说法的证据，这些研究发现，与加工水平效应相关的左侧额叶区在进行生成加工时比在读词时的激活更强（Petersen et al., 1988）。适宜加工迁移理论进一步认为，生成是一种特别有效的学习方式，因为在编码阶段最初的生成过程中所包含的加工，很可能与提取阶段从记忆中生成信息所需要的那些加工是重合的。

2.3.2　间隔效应

你应该一遍又一遍地查看一个成语的翻译，或一个化学公式，将卡片一遍又一遍地翻来覆去，最后才移到下一个需要记住的项目；还是应该仔细看完一组卡片后，再重新看一遍？用第一种方法时，对同一个刺激的多次复习之间没有中断，这种方法被称为**集中练习**（massed practice）；用第二种方法时，对同一个刺激的多次复习被其他刺激隔断，这种方法被称为**分散练习**（distributed practice）。那么哪种学习方式更有效呢？

德国心理学家艾宾浩斯（Hermann Ebbinghaus，1850—1909）的研究工作为心理过程，尤其是记忆的现代实验探索奠定了基础，他是第一个研究集中与分散练习效应的人（Ebbinghaus，1885/1964）。在其开创性的实验中，他让自己学习一些无意义的辅音-元音-辅音音节（比如，WUG、PEV、RIC），他采用集中练习的方法学习一些项目，采用分散练习的方法学习其他项目。随后的记忆测验揭示出**间隔效应**（spacing effect）：所谓"间隔效应"，用艾宾浩斯自己的话说，就是"对于任何大量的重复，用适宜的时间间隔把它们分开，其效果显然优于在一段时间内把它们集中在一起"（p. 89）。因此，一言以蔽之：要想更有效地编码，可以进行分散练习。

间隔效应有很多原因，一个明显的原因是当多次练习被集中在一起时，我们不太可能充分注意每一个刺激。相反，对于每一个重复呈现的刺激，我们很可能会受到迷惑，认为我们已经记住这个项目了，因此在它上面分配的注意力越来越少。而且，相对于集中练习而言，分散练习的刺激加工的背景可能有更大程度的变化——其结果导致了更丰富的记忆表征，并增加了记忆提取的路径。也就是说，对集中练习而言，初次遇到项目时的加工和重复练习时的加工可能是高度相似的。而分散练习则提供了更大的**编码可变性**（encoding variability），在随后的练习中可以选择性地将一个刺激的不同方面编码为不同的特征。当一个刺激在多次练习中以不同的方式被加工时，它更可能被记住。

2.4 情景编码、绑定与内侧颞叶

将信息编码进入情景记忆涉及注意和精细加工，这两者皆依赖于额叶。额叶损伤通常会使情景记忆受损（Shimamura，1995），因为这些认知加工受到了影响。然而，这些缺陷与 H. M. 遭受的内侧颞叶损伤引起的缺陷比较起来，前者是较轻的，H. M. 这样的严重遗忘症病人就像被"卡在了时间上"，因为他们不能形成新的情景记忆。

情景编码的标志是将一个刺激或事件的各种特征绑定在一起，成为一个完整的记忆表征（Tulving，1983）。当你第一次见到后来在大厅遇见的两个人时，你对他们两人的各种特征进行了编码（因为我们前面提到过的原因，这些编码的程度不同）。视觉外观和对说话声音的知觉、时空背景、姓名的语音编码，以及你们谈话的语义编码，每一项都由不同的脑神经网络

进行加工。但如同知觉一个苹果需要将各种不同的特征（绿色、圆形、强烈的气味）绑定起来一样，对生活经历的记忆也需要将组成这个经历的各个成分绑定在一起：你遇到的人或事、遇到这些事的时间和地点、当时你的想法。问题的关键在于：这种绑定是如何发生的？

　　实际上，答案在于内侧颞叶，即 H. M. 在手术中被摘除的部分（Squire et al.，2004）。有研究显示这个区域是一个会聚区（见第 4 章），也就是说，这个区域接收来自多个脑区高度加工之后的信息输入（Lavenex & Amaral，2000；Suzuki & Amaral，1994）（图 5-9）。关于一张脸、一个名字及其上下

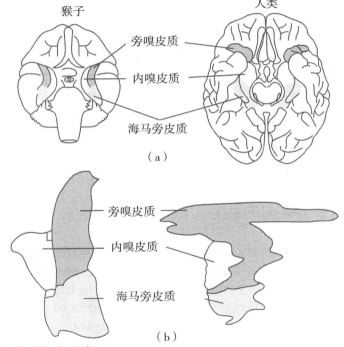

图 5-9　内侧颞叶记忆系统

　　（a）猴脑和人脑的腹面观，显示了内嗅皮质、旁嗅皮质和海马旁皮质的边界。

[R. D. Burwell, W. A. Suzuki, R. Insausti & D. G. Amaral. Some observations on the perirhinal and parahippocampal cortices in the rat, monkey and human brains. *In Perception, Memory and Emotion：Frontiers in Neuroscience*, edited by T. Ono, B. L. McNaughton, S. Molotchnikoff, E. T. Rolls and H. Hishijo. Elsevier UK, 1996, 95-110, Fig. 1. 经爱思唯尔出版社允许重印]

　　（b）这些皮质区展开的二维图（大脑没有按比例尺制图），这些区域与海马结构一起构成了陈述性记忆所依赖的内侧颞叶记忆系统，进出内侧颞叶记忆系统的通道被认为对知觉到记忆的转化至关重要。

(Squire, L. R. & E. R. Kandel. *Memory：From Mind to Molecules*, p. 111. Originally appeared in Squire L. R., Lindenlaub, E., *The Biology of Memory*. Stuttgart, New York：Schattauer, 1990；648. 经允许重印)

文的信息在内侧颞叶会聚，这个区域——特别是海马——将这些特征整合成一个整体的记忆表征（图5-10）。注意和精细加工所包含的额叶活动，通过支持特定特征的加工来调节编码，即提高这些特征进入内侧颞叶的输入强度，因而增加了这些特征被绑定进入情景记忆表征的可能性。但这种绑定不能再在 H. M. 的脑中进行了，他丧失了建构情景记忆的能力。

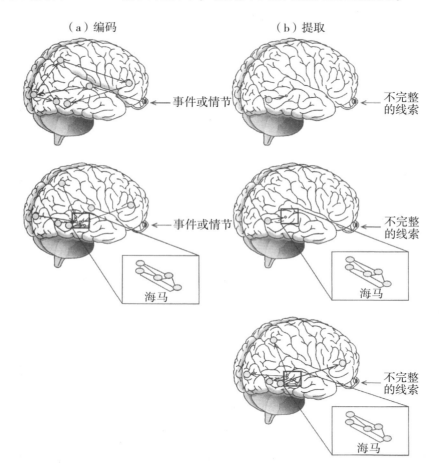

图5-10   内侧颞叶怎样对情景编码和提取起作用

（a）在编码阶段，刺激或事件的各个方面在不同的旁皮质加工区被加工（上图）。这些单个的信息在海马神经元上会聚，激活的海马神经元被绑定在一起（下图）。（b）在提取阶段，线索通常拥有与过去的事件或刺激相关的部分信息（上图）。随着这些不完整的信息在内侧颞叶会聚，它们可能激发海马中的模式完善（中图）。这种内侧颞叶加工被认为导致了旁皮质中信息的重新激活（下图）。

双侧内侧颞叶损伤引起的顺行性遗忘为此提供了关键性的证据，证明内侧颞叶是情景记忆所必需的：尽管程度较轻，单侧内侧颞叶损伤也会引起情景记忆的缺陷。对单侧损伤病人的行为研究发现，内侧颞叶功能有半球差异：右侧海马损伤会导致非言语情景记忆更大的障碍，而左侧海马损伤会导致言语情景记忆更大的障碍（Milner，1972）。对健康人内侧颞叶活动的神经成像研究提供了趋同的证据：右侧海马在编码不熟悉的面孔时激活更强，而左侧海马在编码词语时激活更强 ［图 5-11（彩插 D）］（Kelley et al.，1998；Powell et al.，2005）。尽管这些结论已有很详细的记录，我们仍然需要强调：言语的和非言语的心理表征最终在内侧颞叶内被绑定在一起，这可能部分是通过半球之间的交互作用实现的。

2.5　固化：记忆的巩固

被编码的情景记忆经过**固化**（consolidation），这些表征通过修改变得更加稳定，并最终不依赖于内侧颞叶的存在。固化发生的证据来自对 H. M. 和其他遗忘症病人的观察，他们的顺行性遗忘是按时间分等级的：在刚切除内侧颞叶时，H. M. 还能回想起孩童时代的记忆，但他很难记起手术前的几年内发生的事件。他的久远记忆的保留说明，遥远的记忆不是保存在内侧颞叶中的——否则这些记忆在内侧颞叶损伤后应该一起消失。实际上，我们认为内侧颞叶与多个双侧皮质区之间的交互作用，通过在经验的皮质表征之间缓慢地建立起直接联系（因而消除了在内侧颞叶内绑定表征的需要），从而在内侧颞叶之外存储记忆。一个假设认为，皮质中的记忆固化通过复原（reinstatement）和重演（recapitulation）过程发生，在睡眠及回忆的过程中，内侧颞叶重演学习过程中的激活模式，因而加强了附近相关皮质区之间的直接联系（McClelland，1995；Wilson & McNaughton，1994）。因此，内侧颞叶对提取未固化的记忆是必要的，一旦记忆被固化，它就能从附近的皮质区直接被提取出来（McGaugh，2000；Squire，1992）。

理解测验

1. 影响编码有效性的主要因素有哪些？
2. 内侧颞叶如何支持编码和固化？

3. 提取：我们如何通过情景记忆回忆过去

我们对过去时间的个人记忆依赖于情景提取，通过情景提取，被存储的记忆痕迹被相继重新激活。正是提取现象使我们产生了有意识地记住过去的主观经验。情景提取依赖于支持模式完善（pattern completion）的内侧颞叶加工和支持关键提取机制的额叶加工。

3.1　模式完善和重演

情景提取是一种重要的认知事件，它改变了我们当前的心理状态，使当前与过去发生联系，并恢复过去的某些方面。在大厅偶遇那两个人之前，你完全有可能没有想过他们中的任何一个。出于我们已经讨论过的原因，你没有很好地记住他们中的任何一个。然而一旦你知觉到另一个人的脸时，你的心理状态就发生变化了。她的脸的出现是一个**线索**（cue），它启动了一连串的加工，使你回想起先前与此人的相遇有关的大量细节。而且，你意识到这些被提取的细节属于你过去经历过的特定情景。实际上，这就如同情景提取将你带回到你过去人生中的某个时刻（Tulving，1983）。

一个提取线索（例如，一张脸的出现）是如何带出记忆中关于过去的细节的？情景记忆通过将刺激或事件的各种特征捆绑在一起形成一个整体表征来进行编码，因此，一个情景记忆由整合起来的特征组成。为什么这对提取很重要？有两个原因：（1）这些特征中的任何一个都是通向记忆的一条可能途径，整合使进入回忆的途径翻倍；（2）这意味着即使能获得的信息有限，我们也能提取记忆。当一个与部分编码信息相对应的提取线索（例如，一张特定面孔）定位追踪到存储的表征时，其他特征——名字、饭店标志、谈话内容——都被重新激活了（图5-10）。通过这种方式，一个整体经由彼此联系的各个部分建立起来，这种提取过程被称作**模式完善**（pattern completion）（McClelland et al.，1995；Nakazawa et al.，2002）。

鉴于内侧颞叶在整合特征过程中的作用，内侧颞叶成为模式完善的关键脑区似乎在意料之中（至少对于尚未巩固的记忆而言）。未巩固的情景记忆至少部分被存储在内侧颞叶中，提取这些记忆依赖于内侧颞叶环路的功能。对健康被试的神经成像研究已经提供了内侧颞叶在情景提取中起作用的证据。比如，已有证据表明，成功回忆背景或事件细节的提取过程激活了海马，而失败的提取过程则没有激活海马（Eldridge et al.，2000）。

情景提取依赖于模式完善的观点引出了另外一个假说，即提取需要**重演**（recapitulation）编码过程中出现的激活模式。重演是在外侧皮质（加工分离信息的区域）与海马（整合信息的区域）之间信息加工方向的逆转。在编码过程中，皮质加工为海马提供输入信息，海马将输入信息绑定为一个整合的记忆。在提取过程中，某个部分的线索让海马启动了模式完善，海马将信息传回皮质区，并重演了编码过程中的激活模式（图5-10）（这与第 4 章讨论的模拟的概念类似）。

模式完善和重演的理论可以做出两个预测。首先，如果模式完善发生在内侧颞叶并重演激活模式，将激活模式重新导向外侧皮质，那么内侧颞叶的提取活动应该出现在情景知识的重现之前。有研究已经在非人类灵长类动物身上观察到了这种提取信号，它们出现在外侧皮质神经内发生的知识重现之前（Naya et al.，2001）。而且，有研究证明非人类灵长类动物的内侧颞叶损伤阻碍了皮质知识的恢复，这表明内侧颞叶加工发生在皮质表征的重新激活之前，并为后者所必需（Higuchi & Miyashita，1996）。

第二个预测是，如果情景提取实际上需要对编码时的表征进行重演，那么提取过程中的皮质活动模式应该与编码时相似。对人类被试的神经成像研究显示，在编码图片和声音时，视觉和听觉相关皮质的激活模式跟提取这些情景时的激活模式非常相似［图5-12（彩插E）］（Nyberg et al.，2000；Wheele et al.，2000）。显而易见，提取需要编码模式的重演。然而，那些被重演的通常并不是编码阶段信息的**完全**复制品，我们都知道，记忆是容易被扭曲的。

3.2 情景提取与额叶

情景提取涉及内侧颞叶与其他皮质区域复杂的相互作用（Johnson et al.，1997；Shimamura，1995），大量证据证明了额叶的重要性。在非人类灵长类动物中，切断额叶与后部脑区的联结，会导致与提取线索有关的信息提取能力的缺陷（Tomita et al.，1999）。类似地，额叶受损的病人在回忆以往个人事件的细节时会有特殊困难（Janowski et al.，1989；Schacter et al.，1984）。比如，额叶受损病人尽管能记起某个事实本身，却不能回忆出这个事实是谁告诉他们的，这揭示了一种回忆背景信息的特殊缺陷［这种缺陷被称为**来源遗忘症**（source amnesia）］。与这些发现一致，对健康被试的脑成像研究也发现，当让被试提取情景记忆时，有数个额叶区域被激活

（Buckner & Wheeler，2001；Fletcher & Henson，2001；Nolde et al.，1998；Nyberg et al.，1996；Wagner，2002）。

额叶在我们形成一个提取计划的过程中很重要，这个过程需要对那些将被用来探索记忆的线索进行选择和表征。另外，当我们试图记起一个过去经验的细节时，与语义精细加工相联系的左侧额叶区域将被激活（Dobbins et al.，2002）。这种模式表明我们对提取线索进行了精细加工，并随之产生了可能激发模式完善的附加线索。额叶还支持解决对立记忆之间的竞争或干扰的机制（通过单个线索提取出多个记忆，这些记忆相互竞争以便被完整地提取出来）。提取过程中的干扰是导致遗忘的一个重要原因，对额叶损伤病人的研究显示，这些病人特别容易出现基于干扰的遗忘（Shimamura，1995）。最后，额叶对评价和监控提取出来的信息也非常重要，它使我们能够根据记忆的数量和质量做出决定（Rugg & Wilding，2000）。

3.3   提取线索

与对编码的研究一样，研究者通过关注提取成功的必要因素，进一步了解了情景提取背后的机制。其中一个基本结论是提取的**线索依赖**（cue dependent），也就是说，提取是通过来自外部环境（外界状态）和内部环境（自身状态）的提示和线索被激发的。当线索不可得或不能被利用时，通过提取而产生模式完善的可能性就会减小。很多遗忘的发生并不是因为寻求的信息从记忆中丢失了，而是因为用来探测记忆的线索不起作用了。

背景提供了特别有效的提取线索，当你探访你的小学校园，或站在你小时候待过的房间里，或为了纪念过去的时光到高中时经常去的一个小吃店吃快餐时，你可能经历过这种现象。在上述情境中产生的记忆，比在没有任何提示的条件下进行回忆产生的记忆更加生动详细。这种现象揭示了关于提取过程的**背景依赖效应**（context-dependent effect）：当提取时的物理环境跟编码时的物理环境相匹配时，提取的效果通常更好（这跟编码特异性原则一致）。一项极具创新性的实验通过向四组深海潜水员呈现单词表并检查回忆效果，证实了提取的背景依赖效应（Godden & Baddeley，1975）。第一组被试对单词的编码和提取都在岸上进行，第二组被试编码和提取都在水下进行，第三组和第四组被试对单词的编码和提取在不同的背景中进行（在水下学习词表，在岸上回忆，或者相反）。研究表明，在相同的物理背景中进行编码和提取的组的提取成绩最好（图5-13）。

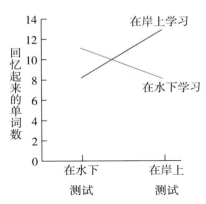

图 5-13　背景依赖效应存在的证据

在对深海潜水员的一个测试中，平均回忆起来的单词数受学习和测验背景的一致程度的影响：当回忆的环境与学习的环境一致时，回忆的结果更好。

[Data from Godden，D. R. & Bradley，A. D.（1975）. Context-dependent memory in two natural environments：On land and under water. *British Journal of Psychology*，66：325–331. 经爱思唯尔出版社允许重印]

因此，背景依赖效应不仅支持提取依赖于线索的观点，同时也揭示了情景记忆的另一个重要特征：当一个刺激或事件被编码时，物理环境的特征通常也被绑入情景记忆的表征之中，为回忆提供了另外一条途径。如果这些环境特征在提取时被呈现，它们将为记忆提供进一步的提示，并增加了提取出该经历的其他细节的可能性。类似地，我们内部状态的一些特征，比如受药物或心境影响的结果，也会被编码到记忆中，并在提取时提供重要线索。研究已经证实了**状态依赖效应**（state-dependent effects）的存在——当提取和编码时，个体的内部状态相互匹配时，提取的效果更好——这与背景依赖效应一致。例如，艾希（J. E. Eich）和同事（1975）发现，在吸食了大麻以后学习词表的被试，如果在提取之前再次吸食大麻的话，回忆的效果更好；如果学习时没有吸食大麻，则提取时不吸食大麻提取成绩会更好。跟外部环境特征一样，当提取时的内部状态与之前对刺激或事件进行编码时的内部状态相匹配时，内部状态也能促进提取。（在编码和提取时都未吸食大麻的被试是四个组里成绩最好的；如果你处于"受影响"的状态，编码和提取水平都会降低）

3.4　二度巡回：通过回忆和熟悉性再认刺激

记忆的一个核心功能是使有机体能够分辨新异刺激和以前遇到过的刺

激。再认人、物和地点的能力可以建立在两种加工的基础上：**回忆**（recol-lection），即有意识地回想以前经历某事物时的特定背景和事件细节；以及**熟悉性**（familiarity），即以前遇到过某个刺激的主观（非特定的）感觉。

你在大厅中遇到那两个人的经历里就包含了回忆和熟悉性的区别。一方面，你对其中一个人记得很清楚，能有意识地回忆你们以前见面时的细节；另一方面，虽然你并不怀疑你以前见过另一个人，但你回忆不起跟他有关的任何细节。第一种情况下，再认基于回忆；第二种情况下，再认基于熟悉性而非回忆。再认的**双加工理论**（dual-process theories）认为回忆和熟悉性都能帮助再认。

一方面，回忆被认为依赖于同样的模式完善机制，正是这些机制使我们能够回忆起与提取线索相关联的情景细节。另一方面，熟悉性则被认为基于一个不同的过程，这个过程不考虑细节而考虑整体的熟悉性。将刺激与记忆中的信息进行匹配，如果完全匹配或有足够多的重合，我们就可以在不运用任何特定细节的情况下说，"我**知道**（know）我以前见过你"。

行为学研究已经提供了有说服力的证据，表明回忆和熟悉性是不同的记忆加工，有不同的运行模式（Yonelinas，2002）。比如，回忆加工比熟悉性加工更慢。因此，当我们被迫做出快速的再认决定时，我们更多地依赖于评估刺激的熟悉性而不是回忆，因为回忆的知识往往来得太慢而无法帮助我们做出决定（Hintzman & Curran，1994；Yonelinas & Jacoby，1994）。另外，回忆在编码和提取时特别依赖于注意：如果注意分散，回忆加工对再认决定所起的作用将显著降低（Dodson & Johnson，1996；Jacoby & Kelley，1991）。

神经学的研究是否支持行为学研究做出的推断呢？回忆和熟悉性在脑中的实现过程是否不同？内侧颞叶是再认记忆的关键脑区，然而关于内侧颞叶中是否存在不同的子区域分别支持回忆和熟悉性，目前仍存在争议（图5-9）。有一些来自动物和人类的证据，支持内侧颞叶不同的子区域调节不同的记忆加工（Brown & Aggleton，2001）。例如，猴子嗅周皮质的损伤比海马的损伤引起了更严重的物体再认障碍（Murray & Mishkin，1986；Zola-Morgan et al.，1989）。而且，海马神经元会专门为有关刺激之间联合的记忆，而不是有关单个刺激的记忆发送信号；而嗅周神经元则专门为刺激熟悉性发送信号（Brown et al.，1987；Sobotka & Ringo，1993）。对一些受损部位局限于海马的病人的研究显示，其回忆方面的障碍和熟悉性方面的障碍是不相当的（Holdstock et al.，2002；Yonelinas et al.，2002；Wixted

& Squire，2004）；然而，对另一群具有选择性海马损伤的遗忘症病人的研究显示，他们在回忆和熟悉性方面的障碍是相当的（Manns et al.，2003a）。实际上单纯海马损伤的病人很少见，另一条研究途径是对健康被试进行神经成像研究。来自这些研究的初步发现支持以下观点，即回忆和熟悉性分别依赖于海马和嗅周皮质的记忆机制（见随后的**争论**专栏）。

争论

"记得""知道"与内侧颞叶

　　近年来，研究者通过对正常被试进行神经成像研究，探讨了围绕着海马及其周围的嗅周皮质对回忆和熟悉性的相对作用的争论。其中一个研究记录了被试再认之前学习过的词汇时其海马的信号（Eldridge et al.，2000）。研究人员通过让被试描述每次再认判断的根据来测量回忆和熟悉性。实验者要求被试说明每次再认判断伴随的是"记得"（即有意识地回忆起以前遇到过的一个刺激的特定细节），还是"知道"（即对一个刺激是熟悉的并且对这种熟悉感到自信，但不能回忆起之前遇到该刺激时的细节）。一个重要的结果是：海马是在"记得"，而不是在"知道"或"忘记"（定义为不能再认之前遇到过的项目）的过程中被激活的。这种模式提示，海马可能选择性地支持回忆（同时参考 Yonelinas et al.，2005）。

　　还有一些神经成像研究测量海马和嗅周皮质在编码时的激活，并测验随后的记忆，以判断神经编码信号是否能够辨别再认是建立在回忆的基础上，还是建立在熟悉性的基础上。一项采用这种思路的研究检验了海马和嗅周皮质在编码时的激活之间的关系，以及被试（1）后来再认出之前遇到过（刺激熟悉性的指标）的刺激的能力；（2）后来回忆起之前与刺激相遇的特定背景细节（回忆的指标）的能力（Davachi et al.，2003）。该研究的 fMRI 数据表明，海马在编码时的激活预测了后来的回忆，但与后来的刺激熟悉性无关。相反，嗅周皮质在编码时的激活预测了后来的刺激再认，而不是随后的回忆。这些结果表明，海马和嗅周皮质促进了互补的编码机制，这两种机制分别构建了支持后来的回忆和熟悉性的表征（同时参考 Ranganath et al.，2004；Kirwan & Stark，2004）。未来的神经成像研究与对特定内侧颞叶结构受损的病人和动物的持续研究相结合，将有望彻底解决这一争论。参见图 5-14（彩插 F）和图 5-15（彩插 G）。

3.5　对过去的错误记忆

当我们能够说"是的，我当然记得！"（或者甚至"是的，我清楚地记得！"）时，我们倾向于认为提取是成功的。但我们所记起的东西是过去经历的准确反映，还是扭曲的甚至虚幻的反映呢？近一个世纪的行为学研究表明，记忆常常是不完美的，并指出了不完美的原因。记忆有时会发生扭曲以适应我们的期望，有时候我们会"记起"那些未曾发生过的事情。在神经水平上对准确记忆和虚幻记忆之间的异同的研究，为了解记忆的运作提供了更深入的见解。沙克特（Schacter，2001；Bukner & Schacter，2005）认为错误记忆有多种形式，包括**偏见**（bias），**错认**（misattribution）和**暗示**（suggestion）。

3.5.1　偏见

对记忆扭曲的实验分析始于英国心理学家弗雷德里克·巴特利特（Frederic Bartlett）的工作。在 20 世纪 30 年代，巴特利特让英国被试阅读并复述来自其他文化的复杂的民间故事。他发现，被试常常以多种方式错误地回忆故事：他们明显缩短了故事，删除了那些不熟悉的情节，并把故事变得更连贯、更符合他们自己文化中的故事叙述方式。苏林和杜林（Sulin & Dooling，1974）采取相似的研究方法，让被试阅读了一段关于一个暴烈刁蛮的年轻女孩的短文。一些被试被告知这篇短文是关于"海伦·凯勒"（Helen Keller）的，另一些被试被告知这篇短文是关于"卡萝尔·哈里斯"（Carol Harris）的。在短文中没有出现过"她是一个又聋又哑又瞎的人"之类的词。一周以后测试被试对故事的记忆，问被试短文中是否含有上述词语，被告知这个故事是关于"海伦·凯勒"的一半被试做出了肯定回答，而那些认为文章是关于"卡萝尔·哈里斯"的被试中，只有 5% 的被试做了肯定回答。这些记忆的扭曲和错误提示我们，文化经验和其他背景知识会影响我们对刺激和事件的记忆。

这种形式的记忆扭曲是由**偏见**引起的，即倾向于接受没有被逻辑或知识证实的结论。比如刚刚提到的研究中存在的**信念偏见**（belief bias）：关于世界和个人信念的背景知识无意识地影响和重塑了记忆，使其变得与期望一致。

偏见能够回溯性地产生影响，在编码的过程中同样如此。比如，在一个研究中（Markus，1986），实验者在 1973 年要求被试描述自己对妇女平等和大麻合法化等社会问题的态度。十年后，在 1982 年，实验者要求同一批被试评估自己**当前的**态度，并回忆他们在 1973 年时的态度。结果如何呢？他们对 1973 年态度的回忆更接近他们 1982 年的想法，而不是他们十年前实际表达的想法；并且他们显然真的认为自己一直持有同样的想法。类似的**一致性偏见**（consistency biases）来源于常见的认为一个人的态度长期不变的错误信念，这种偏见在个人关系中被观察到：对一段关系最初的愉快程度的回忆，往往会随着人们对当前愉快程度的想法而发生变化（Kirkpatrick & Hazan，1994；McFarland & Ross，1987）。这类偏见发生的部分原因在于，人们倾向于相信他们的态度是长期不变的，因此记忆受到无意识的调整，使过去与现在一致（Ross，1989）。

偏见引起记忆扭曲的一个重要含义是：提取通常是一个重建的过程——我们所提取的并不总是对编码阶段进行的加工的直接重复。在**重构记忆**（reconstructive memory）中，我们在提取的过程中重建过去，而不是复制过去。当我们对事件的记忆不清楚时，往往会经历重构记忆；在这种情况下，我们可能会根据当前的想法和期望，推断事物"必定发生过"。

3.5.2　错误再认

这里有 15 个相关的词汇：*candy*，*sour*，*sugar*，*bitter*，*good*，*taste*，*tooth*，*nice*，*honey*，*soda*，*choclate*，*heart*，*cake*，*eat*，*pie*（糖果、酸的、糖、苦的、好的、品尝、牙齿、美妙的、蜂蜜、苏打、巧克力、心脏、蛋糕、吃、派）（Deese，1959；Roediger & McDermott，1995）。

不要往后看这个列表，请回答以下问题：单词 *taste*（品尝）在列表中吗？单词 *sweet*（甜的）呢？平均有 86% 的被试回答：*taste* 在列表中。单词 *sweet* 不在列表中——但平均有 84% 的被试回答它在列表中。［对无关词，如 *point*（点）的错误再认率平均为 20%］这是怎么回事？我们怎么可能"记住"一些根本没有发生过的事物？

当新异刺激与以前遇到过的刺激类似时，错误再认经常发生。一个假设是，在词表的例子中，我们看到的每个单词都激活了相关的词，这些相关的词自发地进入意识，因而被编码。在提取时，对**想到**相关单词的记忆与对**见到**相关单词的记忆发生了混淆。这是一个**错认**（misattribution）的例子，将回忆归结于一个错误的时间、地点、人物或来源（Schacter，2001）。回答单词 *sweet* 在列表中的被试，将自己产生的信息（他们对单词的想法）

错误地归结于一个外部来源（呈现的词表）。

当我们遇到一个刺激——尽管它以前没有出现过，但它在语义上或知觉上跟曾经遇到的刺激类似，这时尤其容易出现错误再认（Koutstaal et al.，1999）。在词表的例子中，*sweet* 与词表中的词在语义上相似。在这种情况下，因为刺激与我们以前经历的主旨一致，尽管我们从未经历过该刺激，但它依旧可能引发错误回忆或错误的熟悉感，使我们相信自己曾经遇到过它。实际上，当新异刺激跟我们曾碰到过的刺激相似时，那些让我们准确记住经历过的刺激的机制也可能被蒙骗，从而对新异刺激发出记忆信号。

神经心理学的研究发现，遗忘症病人显示出比健康被试更低的错误再认水平（Koutstaal et al.，2001）。这个发现提示，支持准确情景记忆的内侧颞叶结构也参与了对那些导致错误再认的信息的存储和提取。神经成像研究揭示，在准确再认曾经学习过的单词的过程中，和在错误再认相关单词的过程中，海马有类似的激活。然而，一些研究指出，准确再认和错误再认激活了不同的知觉加工，这意味着正确和错误记忆在其背后的知觉重现水平上存在细微却重要的差异（Slotnick & Schacter，2004）。

3.5.3 暗示

错误回忆能使刑事侦查变得困难，建立在目击证人错误记忆基础上的法庭证词，将导致错误的无罪宣判或定罪。因为注意到记忆的易错性可能导致严重的社会和政治后果，研究人员试图判断，错误记忆能否在提取时通过**暗示**被植入，即在事件发生后导入错误或误导性问题，或者在使用引导性问题的过程中引发错误或误导性问题（Schacter，2001；Loftus，2005）。

研究者通过询问被试一些与他们在幻灯片中看到的事件有关的引导性问题，实现了记忆植入。在一个经典的实验中，研究者让被试观看一组车祸的幻灯片，要求被试记住该事件的特定细节（Loftus et al.，1978）。用来探测被试记忆的问题引入了新的错误信息。例如，一些被试被问道："当那辆红色的达特桑汽车停在停车牌旁边时，是否有另一辆车从它旁边经过？"而事实上，幻灯片显示汽车停在一个让行标志旁边。当后来再次测试被试的记忆时，相对那些未曾接收误导性信息的被试，这些被试更可能声称自己看到了汽车停在停车牌旁边。

怎样解释这种**误传效应**（misinformation effect），即根据错误信息制造出关于原始事件的错误记忆（Loftus，2005）？一个假设是，通过暗示与先前事件相关的错误信息，在问题中提供的错误信息覆盖了事件发生时被编码的信息（Loftus et al.，1978）。按照这种看法，记忆中曾经存在的信息被新的错误信息所取代；或者，也可能是随后呈现的错误信息导致了错误认定。尽管原始的准确细节仍在记忆中，但当错误的细节被暗示时，错误信息随即也被编码进了记忆中。在后来测验时，你可能同时记得准确信息和错误信息，但记不起哪个出自原始事件，哪个是由提问者提供的。第三种解释认为，因为我们常常记不起过去的细节，当提问者提供错误信息时，我们倾向于把它当作准确信息加以接受，因为我们缺乏其他方面的记忆，也就是说，如果你记不清那是一个让行牌还是停车牌，你很可能会倾向于将提问者提供的信息当作准确信息接受，尽管这些信息并不准确。（当提问者是权威人士，比如警官时，这种情况特别容易发生）试图辨别这三种假设的研究显示，当准确记忆很模糊时，错误信息通过错误认定（即记不起错误信息的来源）和接受经暗示的错误信息，共同使记忆发生扭曲（Lindsay，1990；McCloskey & Zaragoza，1985）。

在一些特殊情况下，我们不仅可能接受暗示的错误信息认为其是准确信息，而且还可能"记住"提问者没有暗示过的其他细节（Loftus & Bernstein，2005）。你是否记得小时候被带去参加一场婚宴，而且把酒洒在了新娘母亲的身上？不记得？如果你遇到一个有技巧的面谈者，或许你会记得的。行为研究已经显示，对一个从未发生的事件进行反复暗示，不仅能导致对该记忆的接受，而且还能引发其他完全虚构的细节的记忆（Hyman & Pentland，1996；Hyman et al.，1995）。引导人们想象从未发生过的经历，似乎能够使他们得出结论：自己对想象的事物的表征就是对真实事件的记忆。神经成像数据支持了以下观点：当我们先前对物体的想象引起支持客体知觉的脑区的强烈激活时，我们更可能错误地宣称自己看见过一个仅仅是想象出来的物体（Gonsalves & Paller，2000）。

理解测验

1. 影响提取效能的主要因素有哪些？记忆在脑中是如何被提取的？
2. 记忆被扭曲的方式有哪些？

4. 编码是成功的，但我仍然记不起来

诺埃尔·考沃德（Noël Coward）曾写过一首伟大的情歌："过去的经历

超越了遗忘。"事实并非如此，尽管记忆加工每时每刻都在进行，我们却往往意识不到记忆的功能，直到有回忆失败——也就是当我们遗忘时。

遗忘（forgetting）是无法回忆或再认以前编码过的信息的现象。虽然有些遗忘起源于糟糕的最初编码，另一些遗忘源于缺乏在恰当的时机出现的恰当线索，但很多遗忘是由编码之后的机制引起的。这些机制干扰记忆，因此即使编码是有效的、线索是适当的，回忆的努力也可能遭受失败，就如同记忆丢失了一样。

4.1 艾宾浩斯的遗忘函数

在埃尔曼·艾宾浩斯（Hermann Ebbinghaus）的经典著作《记忆》（*Memory*，1885/1964）中，作者系统地考察了对编码过的刺激和事件的记忆是如何随着**保持间隔**（retention interval）——编码和提取之间的时间间隔——的增加而改变的。他发现自己对无意义音节的记忆随保持间隔的增加而消退（图 5-16）。艾宾浩斯报告这一结果之后的几十年里，后续研究一致地重复了这一结果模式。现在我们知道，遗忘的进程是一条幂律分布曲线，也就是说，遗忘的速度随时间的流逝而变慢：开始非常快，然后随着保持间隔的增加而变为一个延长的缓慢下降的过程（Wixted & Ebbesen，1991）。

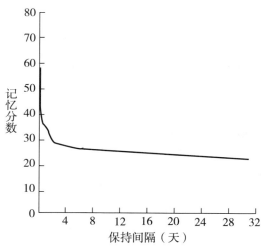

图 5-16 艾宾浩斯的遗忘曲线

遗忘的速度先快后慢。

(Data from Ebbinghaus, Hermann. Memory：A contribution to experimental psychology. Dover Publications, Inc., New York, 1964. 经允许重印)

因为我们记忆刺激或事件的能力随时间系统地下降，因此最早的理论认为遗忘的原因是随着时间的推移，记忆的表征自发消退。这种**消退理论**（decay theories）看似有道理，因为它们简单且符合直觉。但这种理论经不起检验，几乎没有直接的证据支持消退理论。实际上，一些研究者指出，时间本身并不是答案——**一定发生了什么**（Lewandowsky et al.，2004）。就如同一条正在褪色的牛仔裤：牛仔裤不会因为买了有一段时间了，就自然而然地褪色，它的褪色反映了随时间发生的一系列机制，比如跟阳光和洗涤剂反复发生的化学反应。记忆很可能也是如此：时间不能直接作用于记忆表征，记忆表征是先前经验的神经生物学结果；遗忘一定是由某种随时间的推进而发生的机制引起的。

4.2　遗忘和竞争

大量证据表明，许多遗忘的例子是由干扰引起的。**干扰理论**（interference theories）认为，如果相同的线索跟多个表征绑定，这些表征在提取时会相互竞争，导致干扰的产生。新的记忆干扰旧的记忆，旧的记忆也干扰新的记忆。结果就是无论新的还是旧的刺激或事件都不能被完美地回忆——即使信息仍在记忆中，我们还是因为提取失败而发生遗忘。

4.2.1. 倒摄干扰和前摄干扰

干扰以两种方式起作用：这里有一个**倒摄干扰**（retroactive interference）的例子，即新学习的内容导致个体不能回忆起先前学过的信息（McGeogh，1942；Meltonhe & Irwin，1940）。你有一个老的电子邮箱账号，你在家里的电脑上使用它，这个账号的密码你曾经天天使用；现在你使用学校系统，该系统有一个新的密码。学校对个人使用学校账号持宽松态度，因此你已经有好长一段时间没用你的老账号了。但现在你需要在老电子邮箱账户中寻找一些先前的信息，然而**你再也记不起旧密码了，因为新密码干扰了它**。

使用配对刺激的实验已经证实了倒摄干扰的存在（Barnes & Underwood，1959）［图 5-17（a）］。所有被试一开始学习随机的单词对，即 A-B 对（这一阶段的学习类似于当你对概念"密码"与能够提取出你原来账号的特定字符组合之间的联系进行编码时所进行的学习）。然后一些被试被要求将第二个单词（C）跟原词对中的每一个 A 相联系（这种 A-C 学习类似于对概念"密码"与组成学校密码的字符之间的联系进行的编码）。另一些被试没有被要求形成另一组词汇联结，但是他们被给予了一个"填充"任务，这个任务尽管消耗时间，但不需要学习。然后研究者通过呈现 A 单词作为提取线索来检验被试的记忆，要求被试回忆跟每个 A 单词匹配过的词。第一组被试学过 A–C 对和 A–B 对，他们对 A–B 对的记忆差于第二组被试，第二组被试的第二个任务不需要学习。

这个结果排除了消退是遗忘发生的原因的可能性：两个组在任务和记忆测试之间的时间间隔是一样的，因此发生的消退的效应也应该是一样的。因此，研究者认为是 A–C 对的学习（或者是对新密码的学习）干扰了对先前学过的 A–B 对（或旧密码）的回忆。其他研究显示，后学习的信息对先学习的信息的干扰程度，取决于两种信息的相似程度（McGeogh & McDonald，1931）。后学习的信息与先学习的信息越相似，干扰越大，因而遗忘的程度越大。

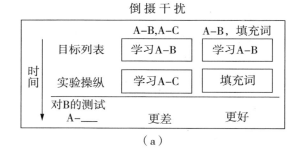

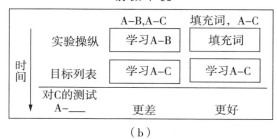

图 5-17　考察倒摄干扰和前摄干扰的实验设计

（a）倒摄干扰表现为：后来学习了 A–C 联结使得 A–B 联结的回忆成绩更差。（b）前摄干扰表现为：先前学习了 A–B 联结使得 A–C 联结的回忆成绩更差。

现在让我们颠倒一下方向：通过**前摄干扰**（proactive interference），先学习的信息可以干扰对后学习的信息的记忆（Underwood，1957）。通过使用与研究倒摄干扰同样的范式，实验已经探讨过这种现象［图 5-17（b）］。这里有一个前摄干扰的例子：许多人都会同意以下观点——把你的汽车停在一个你经常使用的场地，与将车停在一个你偶尔使用的场地相比，前一种情况下你将更难回忆起停车位置。当你试图提取对停车位置的记忆时，对经常停车的位置的记忆会与对当前停车位置的记忆发生竞争，并因而相互干扰。

4.2.2　阻碍和抑制

记忆是相互联系的：编码需要在不同心理表征之间形成联系，比如将概念"密码"与特定的字符串绑定起来。提取需要模式完善，即提取线索的表征（比如，电脑屏幕上要求输入"密码"）并重新激活相关的表征（你的字符串）。因为模式完善遵循绑定和线索依赖的基本原则，干扰能通过多种机制导致遗忘这一点就很容易理解了。

遗忘可能由记忆表征的**阻塞**（blocking）引起，也就是说，当多种相关信息同时与一个线索发生联系，且其中一个相关信息比其他信息都强时，目标信息的提取就会受到阻碍。许多理论家认为，提取一个目标信息的可能性依赖于提取线索和目标表征之间的联系与提取线索和其他表征之间的联系的**相对**强度。在伴随提取过程发生的竞争中，与提取线索有最强联系的表征"胜出"并被记住；与提取线索联系较弱的表征"失败"并被"遗忘"。这种理论与消退理论有一个重要的区别，后者认为消退的记忆表征丢失了；而阻塞理论则强调被遗忘的信息仍保留在记忆中，只是提取的通道暂时被占优势的竞争性表征阻塞了。如果有一个更好的提取线索，即与表征之间有更强联系的提取线索被呈现，那么这种更弱的表征将被提取出来。

阻塞可以解释多种遗忘的情况。对很久不用的旧密码的心理表征可以看作比日常使用的新密码更弱的一个表征（图 5-18）。这种现象可能是适应性的：它使我们能够更新记忆，从而使我们能记住那些可能最相关的信息（Bjork，1989）。

阻塞也能部分解释记忆的一个显著且违反直觉的特征：仅仅记住某个刺激或事件的行为，可能导致对另一刺激或事件的遗忘。假设你悠闲地开始考虑对你的 CD 进行归类，开始时在心中列一个清单。一开始清单快速增长，但很快你的提取速度就变慢了。你对所有 CD 的熟悉程度基本一样，为什么会出现这种情况呢？这种现象被称为**输出干扰**（output interference），即最初的提取活动提供的记忆增强效应阻碍了对其他记忆的提取。提取部分 CD 的名称加强了这些表征与提取线索之间的联系，然后这些新加强的表征转而阻塞了通向其他 CD 名称的通道，暂时降低了你回忆它们的能力。

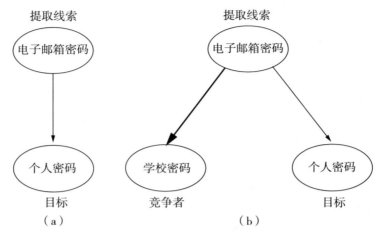

图5-18 线索超负荷和阻碍

（a）提取线索（"电子邮箱密码"）与单个项目（"个人密码"）相联系。

（b）后来你对新"学校密码"的学习和使用使得新密码也跟"电子邮箱密码"的线索联系起来，因而线索开始超负荷。因为最近使用过，"学校密码"与线索之间的联结可能比以前的"个人密码"与线索之间的联结更强（使用更粗的线条表示）。这个更强的联结可能阻碍你对以前密码的提取。

如果通过提取，表征能被加强，那么未被提取的表征是否能被**抑制**——是绝对而不是相对意义上的弱化？换句话说，记忆的竞争性实质是否确实导致了一些记忆的弱化？（你对旧密码的记忆是否被对学校密码的重复提取所抑制？）答案似乎是肯定的，正如一种叫**提取诱导性遗忘**（retrieval-induced forgetting）的现象所示，即一个记忆在另一个记忆的提取过程中被抑制而发生的遗忘（Anderson & Spellman，1995）。**抑制**（suppression），即对记忆的主动弱化，它的发生源于提取活动的竞争性：为了提取一个想要的记忆（你的学校密码），你必须不仅增强它的表征，还要抑制与之竞争的相关记忆的表征（你的早期密码）。

注意抑制与阻塞的重要区别在于：如果竞争性记忆**被抑制**，那么即便使用没有超负荷的线索也难以提取；而**阻塞**则不同，它取决于多重联系，即超负荷的线索。在密码的例子中，假设你的旧密码是一部电影的名称——《蝙蝠侠：侠影之谜》。如果在你提取的学校密码的过程中，旧密码的表征被抑制了，那么即便使用一个替代线索（电影名称）而不是熟悉的线索（"电子邮箱密码"）时，你提取旧密码的难度仍然会增大（图5-19）。安德林和斯佩尔曼（Anderson & Spellman）证实了对与线索相联系的表征的提取会主动弱化或抑制与该线索相联系的其他表征，表现为当使用替代线索探测记忆时回忆的难度增加。

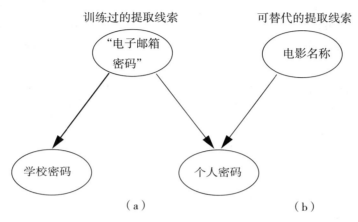

图 5-19　能够解释干扰的两种机制

（a）**阻塞理论**认为新的学校密码带有线索"电子邮箱密码"，新密码的学习和使用（即提取）阻碍了你先前较少使用的个人密码的可提取性（注意线条的相对粗细）。**抑制理论**认为对新密码的提取主动压抑（即弱化）了对先前密码的表征。（b）使用一个可替代的线索（一个没有超负荷的线索，不像"电子邮箱密码"，它对两个密码都适用）来检测记忆，证明了遗忘不是阻塞的结果。

[Adapted from Anderson, M. C. & Green, C.（2001）. Suppressing unwanted memories by executive control. *Nature，410*：366-369. 经允许重印]

理解测验

1. 哪些因素导致了遗忘？
2. 阻碍和抑制怎样引发遗忘？

5. 非陈述性记忆系统

我们通过对陈述性记忆的一种形式——情景记忆的讨论，深入地探讨了支持陈述性记忆以及导致遗忘的认知和神经生物学机制。我们对其他形式的长时记忆的体验则非常不同，这些其他形式被统称为**非陈述性记忆（或内隐记忆）**。

在讨论非陈述性记忆系统时，"回忆"一类的词不再适用。非陈述性记忆在意识之外运行：我们通常意识不到非陈述性记忆对我们行为的影响，我们无法描述提取出来的非陈述性记忆的内容。相反，它们的提取和影响通过行为上的改变从而内隐地表达。正如我们前面提到的，非陈述性记忆支持本质上和功能上独立于陈述性记忆的学习形式（比如，习惯）和记忆（比如，骑车的能力）。

非陈述性记忆有多种系统，每种系统都有独特的特点，并依赖于特定的大脑回路（图 5-1）；内侧颞叶并未包括在内，因此那些像 H. M. 一样陈述性记忆严重缺失的遗忘症病人仍然能够形成和提取非陈述性记忆，比如学习和表现新的动作技能（图 5-4）。

5.1 启动

启动现象说明了非陈述性记忆系统的一些核心特点。通过启动，以前遇到过的刺激和概念变得更容易提取，从而使我们的经历能对自身产生无意识的影响。特别是，正如在记忆中观察到的，**启动**在遇到一个刺激——一个词、一张脸或其他物体之后发生，并造成我们随后对那个刺激或相关刺激的反应发生无意识的改变。这些行为改变包括增加反应速度、增加反应的正确率，或改变反应的本质。

词汇改变可以作为启动的一个有趣的例子。你是否比以往更多地使用一个特定的表达或俚语？它可能是你从朋友那里学来的。你可能在没有考虑它的来源或原始含义的情况下无意中开始使用这个短语。你对朋友的模仿在交谈中无意识地发生了，因为你朋友对这种表达的使用启动了你对这种表达的记忆，增加了你自发使用该表达的可能性。

尽管启动的形式是多种多样的，但大多数启动都可以归为以下两大类：知觉的和概念的（Roediger & McDermott，1993）。**知觉启动**（perceptual priming）导致识别刺激的能力的提高；**概念启动**（conceptual priming）易化对刺激意义的加工，或增加概念的可提取性。

5.1.1 知觉启动

在所谓的**知觉识别任务**（perceptual identification task）中，测验单词在计算机屏幕上短时间呈现 34 毫秒，被试任务是识别每个闪现的单词。因为知觉输入的呈现时间很短，被试通常只能识别出测试单词的一小部分。然而，如果测验词在执行任务之前就在一个学习列表中被呈现，那么识别该单词的概率就会增加，即便被试没有意识到他们受到了学习列表的影响。

尽管被试常常报告他们只是在猜测屏幕上闪现的测试单词，对学习过的和未学过的刺激仍然存在正确率——启动指标上的差异，这说明陈述性记忆并没有引导被试的表现。

知觉启动反映了知觉学习的结果，因而高度依赖于第一次遇到一个刺激和再次遇到这个刺激时知觉重合的程度。当最初和后来遇到的刺激发生在同样的通道时，重合的程度显然最大；看见一个单词启动了再次看见它时的加工，但很少或几乎不会启动听见这个单词时的加工（Jacoby & Dallas，1981）。知觉启动已经在所有通道中被观察到（视觉、听觉和触觉），这提示知觉启动反映了在知觉表征系统中一种普遍存在的学习形式（Tulving & Schacter，1990）。

由内侧颞叶损伤引发遗忘症的病人显示了完好的知觉启动，因此这种记忆形式不可能依赖于陈述性记忆的机制。相反，知觉启动被认为依赖于感觉皮质内发生的学习。名叫 M. S. 的病人的经历说明了这个问题（Gabrieli et al.，1995）。

跟 H. M. 类似，M. S. 也患有药物无法控制的癫痫，只是 M. S. 的癫痫是由枕叶异常而非内侧颞叶异常引起的。医生通过手术切除 M. S. 右侧枕叶的大部分控制了他的癫痫，但也导致了患者自己意识不到的非常细微的记忆缺失：尽管 M. S. 的陈述性记忆是完好的，但他在视觉领域失去了知觉启动。比如，他对短时间呈现的视觉刺激的识别能力不能通过提前看到该刺激得到提高（图 5-20）。这种记忆模式具有两个重要的含义。第一，M. S. 的启动缺失让我们能够排除这种可能性：遗忘症病人完好的启动能力仅仅反映了其残留的陈述性记忆功能。相反，因为 M. S. 的知觉启动受损而陈述性记忆完好，这种模式与遗忘症病人的模式正好相反，似乎表明知觉启动与陈述性记忆反映了不同的记忆形式，分别依赖于不同的脑区。第二，M. S. 的记忆缺陷提供了有力的证据，证明感觉特异性皮质加工是知觉启动所必需的。

在过去的十年中，研究者已经开始通过使用神经成像来考察正常人脑中知觉启动的神经机制（Schacter et al.，2004）。这类实验通常将对视觉刺激进行初级加工的活动水平与对视觉刺激进行重复（即启动）加工的活动水平进行对比。这些实验揭示了，与视觉启动相伴随的是参与对刺激进行初级加工的视觉皮质区的活动的降低［图 5-21（彩插 H）］。这种现象存在于多种任务和刺激类型中，包括词和物体，这意味着该现象反映了多个感觉加工区域共享的一个基本运行原则。视觉启动定位于视觉皮质，这进一步证实了通道特异性的感觉皮质是知觉启动的关键脑区。

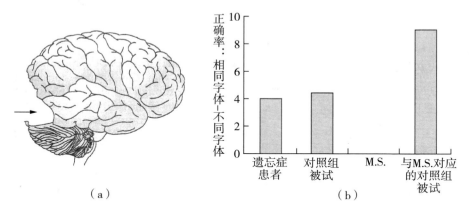

（a）　　　　　　　　　　　　（b）

图 5-20　启动、记忆和大脑损伤

M. S. 拥有完好的陈述性记忆，但并非受益于视觉启动；而遗忘症患者正是如此。

（a）M. S. 大脑右半球的三维 MRI 显示了被切除的右侧枕叶的范围（箭头）。

（Wagner, A. D. & Koutstaal, W. Priming. In *Encyclopedia of the Human Brain*, Vol. 4. Elsevier Science，2002, pp. 27-46, Fig. 1. 经爱思唯尔出版社允许重印）

（b）遗忘症患者与年龄匹配的对照组，以及 M. S. 与年龄匹配的对照组的视觉启动的强度。除 M. S. 以外，对所有组而言，当词干的字体与学习的单词的字体一致时，词干完善任务的启动效应更大。

［Data from Vaidya, C. J., Gabrieli, J. D., Verfaellie, M., Fleischman, D. & Askari, N. （1998）. Font-specific priming following global amnesia and occipital lobe damage. *Neuropsychology, 2*: 183-192. © 1998 American Psychological Association. 经允许重印］

在人类视觉皮质中观察到的启动的神经成像，与在非人类灵长动物和老鼠的研究中观察到的**重复抑制**（repetition suppression）现象非常相似，即重复暴露于一个刺激下能够引起视觉区神经元放电率的降低（Desimone，1996）。人类的知觉启动和动物的重复抑制可能反映了同一种学习机制，这种机制改变了加工刺激知觉特征的感觉神经元的反应特性，从而影响了行为。一种假设认为，这种改变包括降低那些不是识别刺激所必需的神经元的反应，尽管这些神经元在刺激呈现之初也会做出反应。这个过程导致了更少和更有选择性的神经表征——更少的神经元对刺激放电，因而 fMRI 信号和神经放电频率降低，刺激识别率提高（Wiggs & Martin，1998）［见图 5-21（彩插 H）］。

5.1.2　概念启动

将一个新的表达融入你的日常词汇，这样的言语改变常常发生在意识之外，并不反映知觉表征系统的改变。相反，使得俚语等概念的可提取性增强的启动形式，则被认为是语义表征系统学习的结果。概念启动促进了对词汇意义的加工，研究者通过使用**类别范例产生任务**（category exemplar generation task）证明了概念启动的存在。实验者给被试呈现一个类别的提示，比如"水果"，要求他们说出首先出现在脑子里的几种水果的名称。通常，如果一个特定范例（比如"樱桃"）的单词出现在先前的（无关的）学习列表中，那么被试自发产生这个范例的概率更大。这种概率增加反映的不是陈述性记忆，因为遗忘症病人也显示了正常水平的概念启动，尽管他们对这些词表的情景记忆是有缺陷的。换句话说，如果让他们回忆学习列表中的词汇，他们做不到，然而，当他们提前看过这些词汇后，在类别产生任务中的表现就会提高。

正常人脑在概念驱动过程中的神经成像研究显示，额叶和颞叶的活动在该过程中会发生变化。这类研究通常将对词或物体最初的概念判断和重复的概念判断引发的激活相比较（例如，判断一个词是"抽象的"还是"具体的"）。知觉启动与模式特异性知觉皮质的激活降低相联系，而概念启动与知觉启动不同，对概念启动的神经成像研究揭示，左侧下额叶和左侧旁颞叶在对一个刺激进行重复概念加工时激活更弱。当线索表征出现，而被寻找的信息却没有立即出现在脑海时，左侧额叶被认为是语义提取的区域（Wagner et al.，2001）。启动导致被寻找的语义信息的可提取性增强，提取加工的难度降低。这样，启动就减少了提取相关信息所需的认知努力。

5.2　其他形式的非陈述性记忆

虽然启动可以被看作了解得最多的非陈述性记忆形式，但为了获取和存储能被无意识地或内隐地表达的知识，还存在其他不依赖内侧颞叶的记忆系统。这些其他类型的非陈述性系统为需要技能的行为、刺激-反应习惯的获得，以及条件联结的形成和表现提供了支持。这些系统中的学习通常是逐步增加的。

5.2.1　技能学习

人类能够习得需要高度技能的行为。技能学习使我们在诸如滑雪板运动和打字等方面，能够成为不同程度的专家。通过练习，这些需要技能的行为将变得越来越规范，反应也越来越快。

技能习得要经历三个阶段（Fitts & Posner，1967）。学习的开始阶段是**认知阶段**（cognitive stage），这时知识通常以言语编码的形式被陈述性地表征，对注意的要求较高。当你开始学习滑雪板运动的时候，你必须有意识地记住一系列的指令，比如怎样转弯，这时如果不注意就会摔跤。通过练习，你逐渐进入**联结阶段**（associative stage）。行为开始变得和谐，随着山形的视觉信息与你在此地形上穿行的动作反应的结合，错误率降低、"言语调节"（即学习时的自言自语）减少，滑雪板运动所需的记忆联结形成并得到加强。最后，你可能到达**自动化阶段**（autonomous stage）。这时，动作高度准确，执行快速且相对自动化，几乎无须注意。如果你已经达到了这个阶段，你可能发现很难向一个新手解释清楚你是怎样做的，因为现在你的知识通常是在意识不到与之有关的记忆的情况下表现出来的。

技能学习与基于记忆改变的特异性启动不同。启动反映了对某个特定项目的知觉或概念表征的改变；技能学习则可以推广到学习过程中没有遇到过的新的实例或范例上——当使用别人的键盘时你并不会失去打字的能力。

就习得和表现技能所必需的脑区来看，技能学习与启动，以及与陈述性记忆也是不同的。总的来说，技能的习得部分依赖于基底神经节，这组皮质下结构长期以来一直被认为对动作执行很重要，近来被认为与记忆及各种认知加工有联系。另外，特殊的技能还对小脑和皮质区域提出了额外的需求。对帕金森症和汉丁顿症患者的研究证实了基底神经节对技能学习的重要性，这两种疾病都是由基底神经节的功能障碍引起的。基底神经节功能障碍不影响启动，但它对技能学习和陈述性记忆造成了不同的损害。与这些结果一致，对正常被试的神经成像研究揭示，在技能习得的过程中，尾壳核和基底神经节的一部分在激活程度上发生了改变（Grafton et al.，1995；Poldrack et al.，1999）。

5.2.2 习惯记忆

非陈述性记忆也围绕着**刺激-反应习惯**（stimulus-response habits）的习得，这些习惯是通过积累刺激和反应之间的可预知性关系的知识而逐渐形成的。研究者使用**概率分类任务**（probabilistic classification task）考察了习惯记忆的习得和表现。在这个任务中，被试学习通过一组线索对两个可能的结果进行预测，每个线索与结果之间都有一种概率关系。比如，被试可能需要通过一组线索卡片预测下雨还是天晴。由于线索-结果的联系是有概率的，也就是说，一张给定的卡片不可能准确无误地预测下雨或天晴，因此在特定的研究试次中，提取情景记忆是一种无效的学习策略。相反，通过反复呈现卡片和结果，被试逐渐积累了关于刺激-反应联结的内隐知识。

跟内侧颞叶受损的病人不同，基底神经节功能障碍的病人在这个任务中的表现严重受损（Knowlton et al.，1994，1996）。对正常被试的神经成像研究显示，在习惯学习的过程中，基底神经节的活动增强，而内侧颞叶的活动减弱（Poldrack et al.，2001）。因此，在习惯学习的过程中，基底神经节激活程度逐渐增加，而陈述性记忆系统则似乎停止了工作。

5.2.3　条件联结

非陈述性记忆机制支持条件联结的习得和表现，比如，俄国心理学家伊万·巴甫洛夫（Ivan Pavlov）在 20 世纪初期描述的条件联结。条件反射最简单的形式，即**经典条件反射**（classical conditioning），被试需要学习两个连续呈现的刺激之间可预测的关系，从而使学习前由初级刺激（非条件刺激）激发的反应可以被第二刺激（条件刺激）所激发，这个第二刺激预示着非条件刺激的到来。条件联结的形成依赖于一个刺激能够准确预测另一个刺激出现的程度。因此，当一个刺激可靠地预示了第二个刺激的出现时，有效的学习就发生了。（经典条件反射将在第 8 章进行深入探讨）

与其他形式的非陈述性记忆一样，内侧颞叶也不是条件反射所必需的。因此，通过反复成对地呈现一个音调，和随后向眼睛吹气的刺激，H. M. 和其他遗忘症病人都能够形成眨眼条件反射（和你一样，H. M. 将很快学会在音调响起时眨眼）。这种知识是非陈述性的：病人无法陈述音调与吹气之间的时间关系。小脑被认为是知觉输入（比如，音调的响声和吹气的感觉）发生联结的地方，已有实验证明小脑损伤会影响眨眼条件反射的习得（Solomon et al.，1989）。

理解测验

1. 知觉启动和概念启动如何影响认知？
2. 技能学习分为哪几个阶段？

☆**复习与思考**

1. 陈述性记忆和非陈述性记忆系统各有什么特征？

陈述性记忆支持能被有意识地回忆和描述的，或在提取时可以向其他人"声明"的知识的编码、巩固和提取，比如对事件的记忆（情景记忆），以及对事实和概念的记忆（语义记忆）。当你再认某个人时，你根据情景记忆来回忆以前碰到这个人时的细节——比如她烹饪的爱好、她的名字，或她的政治观点——你能意识到自己记忆的内容，以及这些内容与你的过去经历之间的关系。要开始新的谈话，你还需要通过语义记忆来提取相关概念的知识——比如她的政治观点——并有意识地使用这些知识来引导你的讨论。陈述性记忆依赖于内侧颞叶。

非陈述性记忆支持长时知识的各种形式，这种知识内隐地表现为行为的改变，而不是有意识的回忆。我们通常都意识不到非陈述性记忆的运行，以及这种记忆是如何影响我们的想法和行动的。因此，通过之前对某张脸的加工，你在再认这个人时，对这张脸的知觉加工很可能变得更容易（即被启动了）。尽管你很可能没有意识到这种改变，你对人脸的第二次知觉加工将比第一次进行得更快。非陈述性记忆系统支持技能学习、条件反射、习惯记忆和启动。所有这些记忆形式都依赖于内侧颞叶以外的脑结构。

批判性思考

- 试想一下，如果你没有形成新的陈述性记忆的能力，生活将会是怎样的？你生活的哪些方面将发生改变？
- 虽然我们通常意识不到自己的行为正受到非陈述性记忆的影响，你能否想出今天发生的三件事，在这件事中你的行动很可能受到了某种非陈述性记忆形式的影响？

2. 我们如何编码新的陈述性记忆，什么加工影响了编码的有效性，哪些脑机制建立了这些记忆？

陈述性记忆的编码通过内侧颞叶的加工来完成，这些加工将一个刺激或事件的各个方面绑定为一个完整的记忆表征。情景编码需要将一个刺激或事件与其发生的背景绑定在一起。因此，要记住过去与某人的一次相遇，你必须首先编码那次相遇的一系列组成元素——将知觉信息（比如，她的面孔）、言语信息（比如，她的名字）、空间信息（比如，你们相见的地点）和语义信息（比如，她的烹饪爱好和她的政治观点）绑定在一起。当多种背景下各个元素同时出现的规律性被抽取出来时，语义记忆就产生了；这些元素由此从背景中分离出来，但仍旧反映了刺激或事件的核心趋势。因此，通过把自己所经历过的各种食物（包括意大利食物）的经验集中在一起，意大利烹饪的知识就浮现出来。

许多因素可以促进情景编码：注意、语义加工与精细加工、从记忆中产生信息，以及分散编码序列。例如，在他人介绍时由于分心（比如，正在想即将到来的物理考试）而没有注意某人的名字，将导致失败的编码（以及将来的尴尬！）。注意、语义加工与精细加工，以及信息的产生都部分依赖于额叶的脑机制，因此额叶影响了我们学习的方式及内容。尽管这些编码因素中的每一个都会影响我们后来的记忆表现，但编码并不是决定因素；相反，我们后来的回忆能力主要取决于编码阶段与提取阶段的加工方式和线索呈现方式的一致程度。

批判性思考

- 你应该如何学习，才能提高对课程材料的学习效果，并增加必要时提取这些材料的可能性？
- 思考一个最近你无法回忆先前事件的例子。你能够将这次回忆失败归因为无效的编码吗？你怎样才能改变这个回忆结果？

3. 情景记忆是如何提取的？为什么有时候我们提取的内容并不是对过去经历的准确反应？

回忆过去的事件依赖于情景提取，通过这个过程，存储过的记忆表征被重新激活。按照双加工理论，提取可以采取两种形式的一种：对过去与刺激的相似情景的回忆，或对刺激熟悉性的主观体验。回忆被认为依赖于海马中进行的模式完善加工，这些加工导致外侧皮质重现编码过程中出现过的信息。目前争论的一个主题是：熟悉性仅仅依赖于内侧颞叶，还是同时依赖于海马？

因为模式完善是由提取线索触发的，回忆极度依赖于用来探测记忆的线索，以及这些线索与编码时呈现的线索之间的重合，无论是外部的背景线索还是内部线索。因此，你不能再认以前见过的某人，可能不是因为你已经忘记了这个人，而是因为两次相遇的背景不同——当背景改变时，许多可能触发模式完善的线索都不再出现。额叶之所以影响回忆，部分是因为这些脑区负责对提取的线索进行表征和精细加工，并解决竞争性记忆之间的相互干扰。

记忆容易扭曲和出错——我们提取的并不总是对我们遇到过的事物的准确反映。编码时的偏见可能扭曲存储的记忆，即使记忆被相对准确地编码，提取阶段的偏见也可能扭曲"被记住的"记忆，因为我们对过去进行了重构。另外，一个常见的记忆错误是将一些记住的事物归因于错误的来

源。因此，你可能弄不清你是否真的做过某件事，实际上你只是想过要做
这件事（我锁门了吗?）。我们有时也会错误地宣称自己遇到过一些刺激，
这些刺激尽管是新异的，但它们在知觉上或概念上与我们以前遇到过的刺
激相似。最后，记忆还可能被他人的暗示所误导：有时暗示因为包含了错
误归因而导致记忆出错——记忆出错的另外一个可能原因是我们把误导性
的信息当作真实信息接受了，因为我们回忆不起其他相关信息。

批判性思考

- 根据唯一目击证人的描述来判断一个特定事件是否确如证人所描述的
  那样发生过，这时你会考虑哪些因素？
- 内侧颞叶中发生的绑定与模式完善之间有何关系？顺行性遗忘症的原
  因更可能是绑定失败还是模式完善失败？逆行性遗忘症呢？

4. 为什么我们有时候会遗忘?

我们出于多种原因产生遗忘。遗忘的产生有时是因为我们没能对正在
回忆的信息进行有效编码。另一种情况是我们用来激发回忆的线索是无效
的；这时换成其他线索，或对正在使用的线索进行精细加工可能帮助我们
恢复记忆。一些理论假设，随着时间的流逝，记忆会自发地消退；尽管很
难完全否定消退是一种可能的遗忘机制，这种假设仍然受到了挑战。即便
如此，大量证据使研究者较一致地认为，遗忘常常是由干扰造成的——提
取过程中各种记忆之间相互竞争（或干扰）导致了期望得到的记忆不能被
恢复。前摄干扰和倒摄干扰的出现，部分是因为同一个线索与多种事物相
关使得该线索超负荷，从而无法有效地激活对特定相关事物的记忆。另外，
如果线索与一个信息的联系比与另一个信息的联系更紧密，对前一个信息
的记忆就具有更强的竞争力，它可能阻碍我们提取对后一个信息的记忆。
而且，因为记忆在提取阶段相互竞争，恢复一个记忆的举动会直接削弱或
抑制对一个相关记忆的表征，从而导致与提取相关的遗忘。

批判性思考

- 记忆是记录一个人的人生故事，从而产生自我感的关键。了解了记忆
  容易犯错的事实，我们对自己的过去和自我感的认知将受到怎样的
  影响？
- 通常当我们难以回忆起某件事物时，朋友可能会通过暗示可能的答案

来帮助你。尽管出于善意，这些试图帮助你回忆起真相的努力却可能
导致恰好相反的结果——降低你回忆出所需信息的可能性，为什么会
这样？

5. 非陈述性记忆有哪些形式？它们如何影响我们的行为？

　　认识到脑支持多种记忆系统将推导出一个重要的观点：脑所有的区域
在参与实现某种功能或计算时都会发生改变（或"学习"）。陈述性和非陈
述性记忆系统之间的区别在于：不同脑区支持特定类型的加工或功能，并
支持特定类型的记忆。陈述性记忆依赖于内侧颞叶提取和绑定来自其他脑
区的输入的独特能力；非陈述性记忆通常依赖于过去参与加工的局部神经
网络的改变。由此，启动反映了先前对刺激的知觉或概念加工所引发的知
觉和概念表征系统的改变；这些改变表现为行为反应水平的提高。技能学
习、习惯记忆和条件反射是非陈述性记忆的其他形式，我们逐渐习得这些
形式，最终这些形式以我们无须清楚意识到的方式塑造我们的行为。

批判性思考

- 非陈述性记忆对于人类拥有自由意志（即我们有意识地对如何思考和
  行动做出选择）的观点有何启示？
- 如果你的脑受伤，导致概念启动受损，这会给你的日常功能带来怎样
  的影响？

第6章　工作记忆

学习目标

你和朋友正在就一部电影进行激烈的争论。你们都看过这部电影并持有不同的观点。你的一个朋友认为其中一个主角不适合演剧中角色；你不赞同这个观点，认为问题在于剧本。当你正要阐述观点时，另一位朋友突然插话，她觉得不是那个演员不适合剧中角色，而是那个演员的演技不怎么样。然后，她准备引经据典来阐述她的观点。你认为自己的观点很正确，想要解释，但这样只会冒犯你这位正在兴致勃勃地阐述自己观点的朋友。另外，你发现自己对她的一些看法还是认同的。现在你面临同时进行两个任务的难题：注意你的朋友在说什么，既是出于礼貌，又是为了跟进她的说法，以免在你说话时重复或漏掉她的观点；同时坚持自己的看法，你在聆听的同时也在头脑中形成你自己的看法。你的工作记忆正在经受一次考验！

工作记忆被普遍认为是最重要的思维能力之一，在计划、问题解决、推理等认知功能中具有重要作用。本章介绍了当前有关工作记忆的本质、内部构成和工作机制的观点。我们重点讨论以下五个问题。

1. 工作记忆在认知中有什么作用？
2. 现代的工作记忆观点是怎样产生的？
3. 工作记忆由哪些元素组成？
4. 工作记忆在脑中是如何"工作"的？
5. 未来对工作记忆的看法会怎样变化？

1. 工作记忆的用途

在日常生活中，我们时常要将一些重要的信息短暂地保存在头脑中，直到有机会使用它们。这里有一些例子：在听到一串电话号码和拨打这个号码之间的时间里记住它（"1 646 766-6358"）；计算一笔小费（账单是28.37美元，就算30美元；它的10%是3美元，3美元的一半是1.5美元，3美元加上1.5美元是4.5美元，这就是要付的15%的小费）；将驾驶路线保存在头脑中，直到到达要寻找的标志性建筑（"先左转，直行一公里，经过学校后右转，再在十字路口处左转，路左边的第三栋建筑就是了——可以开进私家车道"）。有时一个问题有多种可能的解决方法，例如你在下国际象棋时必须能预见多种可能的下法所包含的棋路，而有时当你在梳理一个复杂句子的结构（就像这句话）时，任务是明确的，但在将所有信息聚齐之前，你必须将一部分信息保持在头脑中。

在这些情况下，你不仅要保持一部分信息，还要对它们进行认知加工，仔细思考，操纵或转换这些信息。这些短时的心理存储和操作加工被统称为**工作记忆**（working memory）。可以认为，工作记忆包含了一块心理黑板——就像一个可供暂时存储相关信息，使之能随时方便地查阅和处理的工作平台。在认知任务完成之后，这些信息很容易被消除，这一过程又可用于处理其他信息。

1.1　计算机隐喻

计算机是认知心理学中一个非常有用的隐喻，它为思考工作记忆的本质和结构提供了一个直观生动的模型。通过简化计算机的运行过程，计算机存储信息的方式可以分为两种：硬盘和随机存取存储器（RAM）。硬盘是以稳定可靠的形式永久存储信息的方式，所有的软件程序、数据文件，以及计算机的操作系统都存储在硬盘中。要使用这些存储信息，你必须从硬盘中提取它们，并加载到 RAM 上。我们可以做这样的类比：存储在硬盘中的信息就像长时记忆，而 RAM 就像工作记忆。

把工作记忆比作一个临时的工作空间非常合适：在计算机里，当程序执行的任务结束或者程序被关闭时，RAM 会被清空和重置。计算机隐喻还提示了工作记忆的另外两个特性。首先，RAM 对内容没有任何限制。也就是说，在程序和它使用的 RAM 部分的位置之间没有固定的联系，任何程序都可使用 RAM 的任何部分。第二，一台计算机拥有的 RAM 越多，它能运行的程序就越复杂和精妙，能同时运行的程序也越多。因此，如果把工作记忆比作 RAM 的隐喻成立，那么工作记忆里的存储将包含一个内容不受限制的灵活的缓冲器（在计算机科学中即为容量有限的记忆存储器），而认知能力由这个缓冲器的大小决定。

这个隐喻在多大程度上符合实际的人类工作记忆的结构与功能？研究证据表明它并不完全符合，但运用认知和神经科学的方法来研究工作记忆，在很多方面彻底改变了我们能够提出的科学问题，并为理解工作记忆的作用机制提供了新的见解。

1.2　对工作记忆本质的推断

更好地理解工作记忆的本质，可以帮助我们理解为什么认知技能和能力上存在个体差异，以及为什么人们在完成现实目标时获得成功的程度不同。研究提示，人们在**工作记忆容量**（working memory capacity）［又称**工作记忆广度**（working memory span）］上存在很大差异。工作记忆广度是指可随时提取的信息的总量（Daneman & Carpenter，1980）。这一差异可以预测一般智力（用标准 IQ 测验测量）、言语 SAT 分数，甚至掌握一项技能（例如计算机编程）的速度（Kane & Engle，2002；Kyllonen & Christal，1990）。

图 6-1 展示了一种测试工作记忆容量的方法（为什么不自己做一下？测试结果是否符合你对自己的工作记忆的估计？）。既然工作记忆能够影响多种认知任务（这些任务并不都像计算小费一样简单），工作记忆与认知能力之间存在关联就不奇怪。更有趣的问题是：为什么人们的工作记忆容量存在如此大的差异，这种差异具体位于脑的哪个部位？如果能更准确地了解工作记忆的组成成分，以及哪些方面对现实世界中认知任务的成功最重要，我们也许能发展出提高工作记忆的训练方法，并由此提升个人的所有认知技能。

$$\text{IS } (5 \times 3) + 4 = 17? \quad \text{BOOK}$$
$$\text{IS } (6 \times 2) - 3 = 8? \quad \text{HOUSE}$$
$$\text{IS } (4 \times 4) - 4 = 12? \quad \text{JACKET}$$
$$\text{IS } (3 \times 7) + 6 = 27? \quad \text{CAT}$$
$$\text{IS } (4 \times 8) - 2 = 31? \quad \text{PEN}$$
$$\text{IS } (9 \times 2) + 6 = 24? \quad \text{WATER}$$

图 6-1　工作记忆容量的一个标准测试

自己做一下这个测试：（1）在一张白纸上剪出一个窗口，把白纸覆盖在测试题上，使测试题每次只露出一行。（2）判断每一行的算式是否正确，大声说出"是"或"否"。（3）记住等式后面的单词。快速完成所有行。（4）完成之后，尝试按顺序回忆所有单词。你能正确记住的单词数就是你的工作记忆容量的估计值。很少有人能达到 6；平均值是 2 或 3。

当前的工作记忆概念植根于更早的认知心理学的观点，当前的研究是站在前辈的肩膀上进行的，科学的各个领域通常都是如此。早期研究者所没有的是现代神经科学提供的种种手段，但他们的工作却为我们奠定了良好基础。

理解测验

1. 举一个你在日常生活中需要用到工作记忆的例子。

2. 如果工作记忆是计算机的一种性能，它可能对应计算机的哪个组成部分？为什么？

2. 从初级记忆到工作记忆：一段简史

认为存在一种独特的记忆系统，它能够暂时存储信息以满足正在进行的认知需求，这一观点并不新颖。但对这一短时存储系统的本质和功能的认识，在最近的一百年中却发生了巨大变化。仅仅是用于描述这一存储系统的术语就一变再变：从**初级记忆**（primary memory）到**短时记忆**（short-term memory），再到**工作记忆**（working memory）。这些演变是怎样发生的？为什么会发生这些变化呢？

2.1 威廉·詹姆斯：初级记忆、次级记忆和意识

威廉·詹姆斯（William James）是 19 世纪晚期美国开创性的心理学家，他最早讨论了短时与长时存储系统之间的区别。詹姆斯将这两种记忆系统分别称作**初级记忆**（primary memory）和**次级记忆**（secondary memory），并用这两个术语来代表被存储的信息与意识之间的接近程度（James，1890）。依据詹姆斯的观点，**初级记忆**是信息最初的存储库，信息在这里被存储，并可被用于意识检查、注意，以及内省。在这个记忆系统中，信息可随时被提取。用詹姆斯的话来说，"初级记忆的对象不是被回想起来的，它从未消失过"。他将初级记忆与长时存储系统（或称次级记忆）进行了对比，次级记忆中的信息只有在启动积极的认知加工时才能被提取出来。詹姆斯试图描述的工作记忆与意识之间的关系，目前仍是研究者思考的一个核心问题，关于我们是否能意识到工作记忆中的所有内容这一问题仍然没有定论。目前一些理论认为，工作记忆中只有一部分能进入意识（Cowan，1995）。

2.2 早期研究：短时记忆的特征

除了詹姆斯对短时信息存储系统所做的早期工作，直到 20 世纪 50 年

代，都没有出现关于这一系统的特征的实验研究。其中部分原因在于，20世纪前半叶，行为主义观点一直占据主导地位，行为主义使研究的焦点偏离了认知研究。此后，乔治·米勒（George Miller），一位极具影响力的早期认知理论家，用详细的证据说明短时信息存储系统的容量是有限的。在一篇认知心理学论文中，米勒在极具感染力的开篇段落里写道："我的问题在于我一直被一个整数困扰……这个数字到处跟着我，它不仅闯入我尚未公开的数据中，也从公开发表的杂志文章里跳出来困扰我。这个数字以很多伪装形式出现，有时更大一些，有时更小一些，但其改变程度从未大到让我认不出它来。"（Miller，1956，p.81）在这篇题为"神奇的数字 7±2"（The Magical Number Seven，Plus or Minus Two）的文章中，米勒认为人们能保持在工作记忆中的项目只有 7 个，而这一局限影响了多种心理任务的成绩。

哪些证据可以支持米勒的主张呢？对短时记忆力进行测试，如重复一串数字，结果显示无论数字串有多长，能正确回忆的字数都稳定在 7 个左右（尽管有些人高一点，有些人低一点）（Guildford & Dllenbach，1925）。米勒进一步提出一个重要观点：虽然能同时保持在短时存储系统中的项目数是有限的，但"项目"这一概念具有高度的灵活性，容易受操纵的影响。具体来说，米勒（1956）认为单个项目可以被组织在一起，形成更高一级的单位，他称为**组块**（chunks）。因此，3 个单个的数字可以被组织成一个 3 个数字的单元：3 1 4 变成了 314。决定多少信息能被组织在一起的因素是什么？米勒认为可以根据意义来组织组块。例如，如果数字 3 1 4 是你的区号，把它们作为一个组块存储在一起就很自然。组块过程在语言中似乎是普遍存在的：我们能轻易地将字母组成单词组块，将单词组成短语组块。实际上，这也许解释了为什么我们在短时存储系统中保存言语信息的能力强于保存其他类型信息的能力。

米勒组块概念的关键意义在于：短时存储系统虽然可能受特定限制，却不是一成不变的，而是可随策略发生变化的，例如组块策略，这些策略可以扩展其容量。这一观点在目前关于工作记忆的讨论中仍不过时。尽管"神奇的数字"的说法目前仍是短时记忆容量理论的一部分，但近期研究提示，这一数字可能并不是米勒提出的 7±2，而可能要小很多——3±1。这种修正来自一篇综述，它总结的一些研究显示，当被试不能使用组块和复述等策略时，存储容量要比 7 小得多（Cowan，2001）。

米勒（1956）的工作将我们的注意引向了短时存储系统的概念及其功能特性。另外一些有关短时存储系统独特本质的著名证据来自对失忆症患者的研究，如 H. M.（见第 5 章），该患者的长时记忆功能严重受损，但进行即时回忆的能力却相对完好（Baddeley & Warrington，1970；Scoville & Milner，1957）。所以，研究者普遍认为短时存储系统和长时存储系统在结构和功能上都是分离的，可以独立进行研究。特别是，由于**短时记忆**（short-term memory）的容量开始被定义，短时记忆可以根据其短暂的持续时间和高水平的可提取性等特性来进行定义。20 世纪 50 年代和 60 年代的许多研究都致力于考察这些特性。

2.2.1　持续时间的短暂性

关于短时记忆的一个核心观点是，信息如果不被复述，就只能维持很短的一段时间。为了检验这一观点，研究者发明了**布朗-彼得森任务**（Brown-Peterson task），一种研究短时记忆的实验技术（Brown，1958；Peterson & Peterson，1959）。在标准的任务中，实验者给被试呈现由三个辅音字母组成的字母串，要求被试记忆，然后阻止他们进行主动复述（即默念辅音字母）。阻止复述的方法之一，是要求被试从 100 开始以间隔数为 3 进行倒序计数。在几种不同的时间间隔后，研究者要求被试回忆辅音字母串。回忆正确率与时间间隔相关，显示了遗忘的时间进程。当时间间隔为 6 秒时，回忆正确率下降为 50%，而当时间间隔为 18 秒左右时，回忆正确率接近接近 0%（图 6-2）。这些发现证明了短时记忆的短暂性（这一时期的研究者也在研究一种更为短暂的存储方式——**感觉记忆**，这种存储方式保存刺激的知觉表征，这些表征在感觉输入消失后只能维持几百毫秒）（Sperling，1960）。

然而在随后的工作中，出现了关于遗忘原因的争论：对信息的遗忘是由信息随时间的被动消退，还是由其他已有信息的干扰导致的呢？（长时记忆也存在类似的争论，见前一章）支持干扰说的主要证据，是被试回忆的成绩通常在开始几次测试中较好，这时来自早期测试的前摄干扰尚未建立。而且，如果插入一次测试，该测试考察的信息类型不同于之前的测试（例如，从记辅音字母变成记元音字母），那么被试在这次测次中的回忆正确率将显著提高（Wickens et al.，1976）。除了干扰以外，短时记忆中信息的丢失是否也出于消退的原因，目前这一问题尚无定论，还在研究中（Nairne，2002）。

2.2.2　随时可提取性

存储在短时记忆中的信息有高水平的可提取性，这一点得到斯滕伯格（Saul Sternberg）一系列经典研究的证实（1966，1969a），第 1 章对此进行了简介。现在我们来详细介绍这些研究。每次测试开始时，实验者将会给

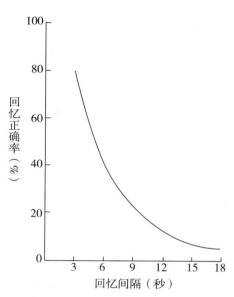

图 6-2　布朗−彼得森任务中与时间间隔相关的短时回忆成绩

通常，如果复述被阻止，对辅音字母串的回忆正确率在 6 秒左右下降到大约 50%，在 18 秒左右接近 0%。

[Peterson, L. R. & Peterson, M. J. (1959). Short-term retention of individual verbal items. *Journal of Experimental Psychology*, 58, 193−198, Fig. 3, p. 195 (adapted).]

被试呈现数目不定的一些项目，如阿拉伯数字（记忆集），然后这些项目从屏幕上消失（空屏持续时间很短）。在这段时间间隔之后，出现一个探针（探测项），被试要判断这一项目是否与记忆集中的某一项目相符。被试做出应答所需的时间反映了以下四项时间的总和：（1）对探测项进行知觉处理所需的时间；（2）从短时记忆中提取一个项目并将它与探针进行比较所需的时间；（3）做出二元反应判断（匹配−不匹配）所需的时间；（4）执行必要的动作反应所需的时间。斯滕伯格假设，随着记忆集中项目数的增加，第二项时间——提取与比较所需的总时间——会随着每一个项目的增加呈线性增长，但另外三项时间将保持恒定。因此，斯滕伯格假设如果以反应时和记忆集的项目数为两个坐标轴作图，将会得到一条直线。此外，该直线的斜率将反映对短时记忆中的某个项目进行提取和比较所需的平均时间。实际结果与预期相符——用数据作图得到了近似完美的直线，且其斜率显示，提取加比较所需时间约为 40 毫秒（图 6-3）。关于短时记忆中的信息能以很快的速度被提取的假设得到了这些结果的证实。

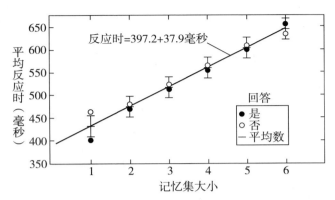

图 6-3 斯滕伯格项目再认任务中再认时间与记忆集大小之间的相关

当需要记忆的项目数，即记忆集的大小从 1 增加到 6 时，判断探针所需的时间以每增加一个项目约增加 40 毫秒的线性方式增长。对数据的最佳拟合线如图所示，它非常接近真实的数据点。

[Sternberg, S.（1969）. The discovery processing stages：Extension of Donders' method. In W. G. Koster（ed.），*Attention and Performance II.* Amsterdam：North-Holland.]

　　然而，后来的研究开始质疑斯滕伯格对这个实验结果解释背后的基本假设：短时记忆采用的是序列扫描的方式，即每次只处理一个项目。如第 1 章所述，复杂的数学模型技术显示：采用平行扫描的方式，即同时处理所有项目，也可以得到类似的线性曲线。其中一些模型显示，反应时的增加是因为短时记忆中要保持的项目增多而导致平行加工的效率下降（McElree & Dosher，1989；Townsend & Ashby，1983）。但即使平行扫描的假定成立，从短时记忆中提取信息的时间还是相当短的。因此，更近期的理论保留了短时记忆中保存的信息能被很快提取这一基本观点。

2.3 阿特金森–谢夫林模型：短时记忆与长时记忆间的关系

　　阿特金森（Richard Atkinson）和谢夫林（Richard Shiffrin）提出的模型进一步阐述了短时与长时记忆是相互分离的信息存储系统这一观点（图 6-4）（Atkinson & Shiffrin，1968）。在这一模型中，短时记忆扮演了信息进入长时记忆入口的角色。短时记忆的功能是提供一种通过复述和编码（例如，组块化）策略控制和增强信息，使之进入长时记忆的途径。**阿特金森–谢夫林模型**（Atkinson-Shiffrin model）的影响力很大，因为它是一种有关记忆系统中信息处理方式的比较全面的观点。为了表示对模态（mode）的统计学概念的尊重，该模型仍被当作是记忆的**模态模型**（modal model），一个被大量引用的模型。

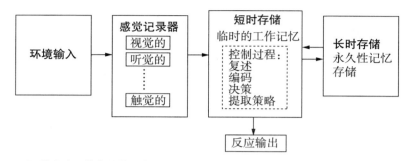

图 6-4　阿特金森–谢夫林的记忆模型

　　这一模型，也称为模态模型，提示从感觉输入到长时记忆的信息流必须首先经过短时记忆。来自环境的信息首先由感觉记录器登记，包括视觉、听觉、触觉（与触摸有关的）及其他类型的信息，然后被传递到短时记忆。在这里，信息被复述或进行其他操作，以便进一步进入长时记忆，从长时记忆中提取信息的策略也在这里起作用。
（R. C. Atkinson & R. M. Shiffrin, "The control of short-term memory." *Scientific American*, Aug. 1971, Vol. 225, No. 2. 经允许重印）

　　然而在今天，模态模型的影响力远不及从前，大部分心理学家支持另一种短时存储系统的概念模型。这种概念模型并不专门强调它与长时存储系统的关系，就其功能而言，它不仅涉及存储，也涉及更为动态化的功能。这种转变体现在"**工作记忆**"这一术语的使用频率越来越高上。这一术语能更好地表达这样的观点：临时存储系统提供了一个用于处理复杂认知活动的有效工作空间。

　　是什么导致了这种观点的转变？一方面，阿特金森–谢夫林模型在本质上是序列性的：信息在进入长时记忆前经过了短时记忆。但神经心理学的数据证明这个假设是错误的。相对正常被试而言，一些短时记忆严重受损的脑损伤被试（通常是顶叶损伤）仍然能够将新信息存入长时记忆（Shallice & War-rington，1970）。这一发现证明：即使在短时记忆系统严重受损的情况下，信息也可进入长时记忆系统。阿特金森–谢夫林模型不能解释这一现象：根据这一模型，如果短时记忆的功能出现障碍，长时记忆也应受到影响。

　　另一方面，来自健康被试的行为实验的证据显示，短时存储器并不是一个单一的系统，而是由多个系统组成的。巴德利和希契（Alan Baddeley & Graham Hitch，1974）让被试对字母的空间位置做简单的正误判断。例如，实验者给被试呈现"B A"，让被试判断陈述"B 不在 A 后面"是否正确。在每次测试之前，被试还要记住由 6—8 个数字组成的一个数字串（依照米勒的观点，这将占满短时记忆的容量），并要在每次完成正误判断任务后立即复述这串数字。如果短时记忆的存储对复杂认知任务的进行很重要，并且只有一种短时存储器可用，那么判断任务的成绩将随数字记忆任务的增加而显著下降。但事实并不是这样。当短时记忆同时被数字串占据时，被试的反应时稍微变长了一点，但其错误率却没有上升。依据这些结果，巴德利和希契推断，存在着多个短时存储系统，这些存储系统由一个中央控制系统进行协调，这一控制系统灵活地控制着记忆的分配，并在加工和存储之间保持平衡。

2.4　巴德利–希契模型：工作记忆

"工作记忆"这一具有动态性质的概念是与简单信息存储的被动属性相对的，它是**巴德利–希契模型**（Baddeley-Hitch model）的核心，这是一个由两个短时存储器和一个控制系统组成的复杂系统。它与阿特金森–谢夫林模型有三个重要区别。

首先，在巴德利–希契模型中，短时存储器的主要功能不是作为信息进入长时记忆途中的一个驿站，而是保证对多个心理表征信息进行整合、协调和操作的复杂认知活动顺利进行。因此，在前面提到的"A-B"推理问题中，工作记忆的作用是：（1）保存两个字母及其空间关系的心理表征；（2）为分析陈述"B 不在 A 后面"提供一个工作空间，判定这句话意味着"A 在 B 后面"；（3）使字母的心理表征与陈述之间的比较得以进行。

其次，在巴德利–希契模型中，负责将信息存入短时存储器（short-term storage）或从存储器中清除的控制系统——**中枢执行器**（central executive），与存储缓冲器（storage buffer）本身有不可分割的联系。这种紧密的相互作用使短时存储器能够成为心理加工的有效工作空间。

最后，该模型提出（如前所述），至少存在两个独立的短时记忆缓冲器（short-term memory buffer），一个用于处理语音信息 [**语音环**（phonological loop）]，另一个用于处理视空信息 [**视空画板**（visuospatial scratchpad）]。因为这些短时存储器是彼此独立的，所以记忆存储器具有高度的灵活性。因此，即使一个缓冲器（buffer）正在存储信息，另一个缓冲器仍然可以不受影响地发挥作用。中枢执行器对这些存储系统的监管意味着信息可以在两个存储器之间快速交换和协调。

巴德利–希契模型的这三个成分相互作用，为认知活动提供了一个综合的工作空间（图6-5）。用巴德利–希契模型的术语来解释"A-B"任务，即语音环用于存储数字，而视空画板主要负责评估"是否"判断任务中的空间关系。中枢执行器负责完成协调工作，即将阅读文字陈述所获得的信息（本质上是语音存储）转换成视空画板上的心理表象。这些合作意味着推理任务的成绩不会因为增加了数字记忆任务而下降。

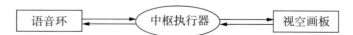

图 6-5　巴德利-希契模型

两个独立的存储缓冲器，一个用于语音信息，另一个用于视空信息，它们与中枢执行器相互作用。

[Baddeley, A. D. & Hitch, G. J. (1974). Working memory. In G. Bower (ed.), The psychology of learning and motivation (Vol. VIII, pp. 47-89). New York：Academic Press. 经爱思唯尔出版社允许重印]

巴德利-希契模型与之前的短时记忆理论有很大区别，它强调的既不是短时记忆的持续时间，也不是短时记忆与长时记忆之间的关系，而是短时记忆的灵活性和对当前任务的重要作用。巴德利自初次提出该模型以来，已成为工作记忆研究领域的领军人物，他不断对工作记忆最初的概念进行完善，并提供了大量的实验证据来支持该模型的有效性和实用性。

理解测验

1. 哪些证据显示短时记忆中的信息能够被快速提取？
2. 巴德利-希契模型与阿特金森-谢夫林模型有哪些区别？

3. 理解工作记忆模型

巴德利提出的工作记忆这一概念至今仍然具有很高的影响力，成为大量研究的源头。他最先提出的中枢执行器与短时记忆的双重缓冲器相互作用的观点保留至今，而模型的其他方面通过众多研究者的工作得到了进一步的完善。特别是，当前的大量研究都集中在言语工作记忆——语音环上，因为日常生活中大量的认知过程（尤其是学生和学者！）基本都要依赖这一认知功能。

3.1 语音环：何时有效，何时失效

阅读下面的数字，然后立即闭上眼睛，试着不出声地回忆这些数字。几秒钟之后，出声复述它们。

7 5 9 4 1 3 2

你是如何进行正确回忆的？这个序列包含 7 个数字并非巧合，这个实例旨在模仿日常生活中听记电话号码的经验。

你完成得怎么样？有些人报告说当他们默读这些数字时，在脑子里"听见"了自己读这些数字的声音。然后，当闭上眼睛时，他们"重复"了这些声音，无声地复述这些数字。这些主观体验似乎是"在自己的头脑里"诵读数字。你有这样的体验吗？

言语工作记忆既包括"脑的耳朵"（在读数字时能听到它们）也包括"脑的声音"（在复述时重复它们），这是当前关于语音环的核心观点。研究者提出语音环系统包括两个子成分：**语音存储过程**（phonological store process）和**发音复述过程**（articulatory rehearsal process）（Baddeley，1986）。当视觉呈现的语音信息被编码后，这些信息被转换成一种基于声音的或"听觉-语音"的编码。这些编码有点类似于一个内部的回波共振器，作为在声音消逝之前短暂回响的储藏室。为防止完全消退，需要一种能主动刷新信息的机制，这就是"环"（loop）这一概念的出处。这种主动刷新过程是通过**发音复述**（articulatory rehearsal）来进行的，即在心里念出你听到的内部声音（这一过程似乎类似于我们"追随"听觉信息的能力，即无论是否理解都迅速重复我们听到的东西，这提示语言学习的过程可能离不开语音环）。一旦语音信息在复述过程中被脑的声音诵读过，它们就能再次被脑的耳朵听到并被保持在**语音存储器**（phonological store）中。只要言语材料需要被保存在工作记忆中，环路就要以此方式持续地工作。这个过程的第一步——转换成语音编码，显然只有视觉呈现的材料才需要，听觉信息（例如语音）进入语音存储器的过程是自动的。

这一观点听上去符合我们的直觉，因为此类内部复述的经验相当普遍，这是这种观念充满吸引力的原因之一。例如，当你在讨论电影内容时，你很可能既用语音环复述你想要陈述的要点，同时也用这一系统辅助加工你朋友所说的话。

显然，这个对言语工作记忆中语音环成分的描述包含了多个可验证的特征。首先，言语工作记忆的能力应取决于两个加工过程的难度，即"语

音加工"（将言语信息转换为基于声音的编码）的难度和"出声加工"（将言语信息转换为基于话语的编码）的难度。其次，由于工作记忆是灵活的，言语工作记忆任务的成绩并不会因为语音环成分受某些因素的限制而不能使用就显著下降：在这种情况下，其他成分，如中枢执行器和视空画板，就会起作用。因此，当你在讨论电影时，如果加工你朋友的观点暂时占用了语音环过多的资源，你或许可以利用视空画板来复述自己的观点，通过使用视觉心理表象——形成关于观点的心理表象，而不是用言语来思考观点。最后，语音环模型认为言语工作记忆中的两个主要成分（语音存储和发音复述）是通过功能上独立的系统运行的，因此它们是可分离的。所有这些假设都得到了实验数据的支持。

行为研究表明，语音和发声因素会显著影响言语工作记忆的成绩。一个例子是**语音近似效应**（phonological similarity effect）：当被要求按顺序回忆同时存储在工作记忆中的项目时，如果其中的项目在语音上近似，即当它们的发音一样时，回忆的成绩会显著下降（Conrad & Hull，1964）。这一效应被认为是语音环中基于声音的相似编码同时被不同项目激活引起的混淆所致。这一效应很容易被观察到。请尝试把下面两串字母存入工作记忆，先做一组，再做另一组：

D B C T P G　　K F Y L R Q

在第一串字母中，所有字母都含有"ee"音；而在第二串字母中，所有字母念起来都不一样。你发现哪串字母更容易记忆和复述？在这些任务中，典型的错误是将语音近似的项目弄混，比如将"G"记成"V"。

语音环的另一部分——出声处理，或用内部声音"讲述"呈现的项目，反映在**词长效应**（word-length effect）上。当记忆项目是长词（例如，university、individual 和 operation）时，相对于短词（例如，yield、item 和 brake），回忆任务的成绩更差。关键因素似乎不是每个词的音节数，而是发音所需的时间：含长元音的双音节词（例如，harpoon 和 voodoo）比含短元音的双音节词（例如，bishop 和 wiggle）的回忆成绩更差（Baddeley et al.，1975）。语音环模型对词长效应的解释是，发声时间可能会影响默读复述的速度，因为这一过程需要基于话语的加工。工作记忆中一个项目进行复述所需的时间越长，就越容易从语音存储中丢失。

一项对威尔士语–英语的双语儿童的研究进一步验证了发声时间与工作记忆成绩之间的关系（Ellis & Hennelly，1980）。威尔士语中数字名称包含的元音数与英语中的数字名称相同，但通常元音发音更长，因此发音所需的时间更长。与预测的结果一样，当数字广度测试用威尔士语时，儿童的分数显著低于平均标准。但当他们再次用英语进行测试时，成绩是正常的。随后的研究证实，一个人说话的速度越快，他能从工作记忆中正确回忆的项目数越多（Cowan et al.，1992）。

当语音环的正常工作受到干扰时会发生什么情况呢？巴德利-希契模型认为中枢执行器和视空画板会接管工作，随着语音环停止工作，语音相似效应和词长效应将消失。这个假设能得到验证吗？是的，基于双任务干扰的实验可以验证该假设。实验要求被试将视觉呈现的单词保存在工作记忆中，同时要大声说出无关的材料，这一任务有可能干扰语音加工和对信息的复述。想象一下，在讨论电影时，当你在努力记住自己要陈述的观点时必须反复地大声说"the"这个单词，你会发现复述自己的想法几乎成为一件不可能的事情。在这些情况［称为**发音抑制**（articulatory suppression）］下，尽管没有被彻底破坏，任务表现仍会显著下降（这证明工作记忆即使受到部分干扰，仍然能够工作）。但关键在于，语音近似效应和词长效应都消失了，这与预测的结果相同，因为这两种效应被认为是由语音环引起的，而语音环在实验设置的条件下无法工作（Baddeley，1986；Baddeley et al.，1984）。

对脑损伤患者的研究为语音环模型提供了趋同证据。其中一位患者，P. V.，女性，28 岁，因中风损伤了左半球的大片区域，特别是语言处理所需的皮质区域（Basso et al.，1982；Vallar & Baddeley，1984；Vallar & Papagno，1986）。尽管有这样的损伤，P. V. 仍保持了部分语言能力。例如，她能清楚地感知和理解说出来的话语。但是，P. V. 在言语工作任务中的成绩受到了很大的影响，特别是那些涉及听觉呈现信息的任务。P. V. 糟糕的听觉言语工作记忆（她仅有约两个项目的广度）也许是脑损伤选择性地破坏了语音环导致的。如果是这样，她在做言语工作记忆任务时将更依赖于视空画板。

实际上，当言语工作记忆任务通过视觉呈现时，P. V. 没有表现出词长效应或语音近似效应，这表明 P. V. 此时用于存储信息的更可能是视空画板而非语音环。但当信息采用听觉呈现时，视空画板的作用就没有那么明显了：信息在转化为视空编码前必须先经过语音处理过程。在完成听觉呈现词汇的记忆任务时，P. V. 表现出了语音近似效应，但没有表现出词长效应。语音近似效应出现的原因在于 P. V. 被迫使用了语音缓冲器；而词长效应没有出现的原因在于语音缓冲器有缺陷，信息不能很好地传送到发音复述系统。

很多患者和 P. V. 一样，被诊断出有选择性的听觉-言语短时记忆缺陷。他们共同的症状和脑损伤区域表明，他们的言语工作记忆中的语音存储成分受到了损害，且这一成分依赖于左侧下顶叶（Vallar & Papagno，1995）。

是否有证据支持语音环模型中预期存储和复述在功能上是相互独立的这一观点？脑损伤患者的行为表现可以证明这种功能独立性。如果词长效应（影响复述）和语音近似效应（影响存储）依赖于语音环的不同成分，那么对词长效应和语音近似效应的操纵应该不会发生交互作用。行为实验的结果正是如此：语音近似效应对行为结果的影响不受词长的影响，反之亦然（图 6-6）（Lonogoni et al.，1993）。

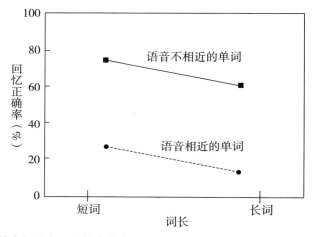

图 6-6 词长效应与语音近似效应的分离

被试需对五个单词进行即时回忆，这些单词可能语音相近（如 FASTER，PLASTER，MASTER，TASTER 和 LASTED），也可能不相近（如 FAMOUS，PLASTIC，MAGIC，TEACHER，和 STAYED），可能是短的（双音节），也可能是长的（四音节）。具有相似性和更长的词长都会降低回忆的成绩，但两条斜线呈平行状态显示两个效应是相互独立的。

[Adapted from Longoni, A. M., Richardson, J. T. E. & Aiello, A. (1993). Articulatory rehersal and phonological storage in working memory. *Memory and Cognition, 21 (1)*, 11-22. 经允许重印]

当然，行为数据仅为功能性分离提供了一种类型的证据。而以脑为基础的研究则提供了不同类型的证据，证明语音的存储和复述基于不同的系统。

一方面，对脑损伤患者的研究证明左侧下顶叶损伤与语音存储功能缺陷之间存在关联，左侧下额叶损伤与发音复述障碍之间存在关联（Vallar & Papagaro，1995）（左侧下额叶也称布洛卡区，是我们所熟知的与语言相关的区域）。另一方面，神经影像学研究提供了一种对健康被试进行检验的方法。这类研究能够证明这些脑区在正常的加工条件下，是否真正参与了这些认知活动。例如，在一个研究中，被试要记忆一串六个视觉呈现的项目，它们要么是六个英文字母，要么是六个韩语字符（被试中没有说韩语的）（Paulesu et al.，1993）。研究者假设保存英文字母要用到语音环系统，而保存韩语字符则不需要（因为被试并不知道字符如何发音）。通过检验发音抑制效应，这一假设被证实是正确的，即正如预期的那样，发音抑制损害了英文字母的记忆成绩，但对韩语字符的记忆无影响。PET 成像显示，只有在记忆英文字母时，左侧下顶叶（存储）和左侧下额叶（复述）才出现血流的增加 [图 6-7（a）（彩插 I）]。有趣的是，尽管任务并不要求被试出声地说话，研究还是观察到与说话运动相关的脑结构的激活。与说话相关的脑活动被认为代表了"内部话语"或默读复述。

在第二个实验中，保莱苏（E. Paulesu）和同事（1993）试图分离与语音存储相关和与复述相关的脑区。他们让同样的被试做英文字母的音韵判断任务，依次判断每个字母是否与"B"押韵。研究者假设音韵任务涉及复述但不涉及存储，这一假设也得到了证实。与第一个实验中英文字母群使两个区域都出现血流增强的结果不同，此实验中只有左侧下额叶被激活了，而左侧下顶叶的活动并没有显著高于基线水平 [图 6-7（b）（彩插 I）]。因此，行为学和神经影像学的结果都证明了言语工作记忆中存储和复述成分是分离的。

但是，其他的脑成像研究则展示了更为复杂的情况。例如，布洛卡区的不同子区（与语言的产生高度相关）在工作记忆任务延迟间隔内的不同时间点上被激活（Chein & Fiez，2001）。研究者认为，背侧布洛卡区只在延迟间隔的前半段出现激活，并参与了发音复述程序的形成；而腹侧布洛卡区则在延迟间隔的后半段出现激活，并参与了复述行为。神经影像学研究对言语工作记忆模型的修正和完善一如既往地发挥着重要作用。

一个更大的问题是：语音环在认知中的实际功能到底是什么？显然它不只是用于辅助我们记住字母串或电话号码！从直觉上看，语音环应该在语言加工过程中起某种作用，因为它明显与语言理解和产生系统联系在一起。一个假设是：工作记忆，特别是语音环，在**理解**熟悉的语言时并不十分重要，但在**学习**新语言时很关键（Baddeley et al.，1998）。无论对于学习第一语言的儿童，还是学习第二语言或获取新词汇的成人，学习新语言都是一项挑战。我们会重复所听到的东西，即便在一开始并不理解这些东西。这一特殊的技能可能是我们在进化的过程中获得的。即使很小的婴儿也能完成这种模仿形式，它提供了一条通过声音与语义间的联结来帮助我们学习新词汇的途径。

发展研究的数据有力地支持了这一观点：儿童重复非词汇材料的水平能很好地预测他们一年后的词汇量（Gathercole & Baddeley，1989）。研究发现，患者 P. V. 尽管经过高强度的训练，也完全不能学习那些与其母语——意大利语对应的俄语词汇（Baddeley et al.，1988）。但她能够习得两个意大利词汇间的新联系，这表明她在处理语音熟悉的项目时，一般学习能力并未受到损害。但对那些显然要花更长时间学习的语音不熟悉的项目（在她的案例中为俄语词汇），脑损伤使她无法对这些项目进行短时存储。因此，这一证据支持了语音环的首要功能是作为一种语言学习的机制，但这种功能可被用来支持大量其他的语言工作记忆任务。

3.2　视空画板

想象一个你熟悉的房间（不是你现在所处的房间！）。墙上挂着哪些东西？依次说出这些东西，从门开始，按顺时针方向绕房间一圈。现在问问自己，你是否通过"用内心的眼睛环视房间一周"来完成这一任务？如果是这样，你就用到了你的视空画板。

建立、审视心理表象并在其中航行的能力是视空工作记忆最重要的功能（对心理表象更详尽的讨论见第4章）。一个经典的实验研究检验了这些记忆功能，该实验让被试回答有关一个用线条勾勒的大写字母的问题［图6-8（a）］（Brook，1968）。实验要求被试建立这个字母的视觉心理表象，然后在其周围绕行。在每个转角处，他们都要回答一个是或否的问题，即这个转角是否在字母的最顶部（或最底部）？为检验被试是否使用了视空表征来完成这一任务，一些被试被要求在一张不规则地印着 YES 或 NO 的纸上指出单词，而另外一些则被要求口头报告"是"或"否"。研究假设是，如果分类判断任务依靠视空表征，那么当被试被要求指出单词——一种基于视空的回答方式时，判断任务会受到干扰。这正是实验所观察到的结果：被试指出单词的反应时几乎是口头报告的三倍［图6-8（b）］。

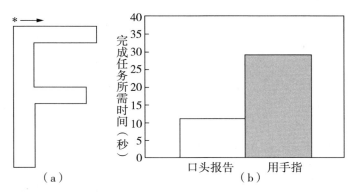

图 6-8　视空表象和干扰任务

（a）被试从星号开始围绕这个符号进行心理航行，他们在达到每个转角处时回答 "是或否" 的问题。（b）当被试需要指出印刷的 YES 或 NO 时所需的反应时间比口头报告时明显更长，表明空间移动与心理航行之间相互干扰。

[Brooks, L R. (1968). Spatial and verbal components in the act of recall. *Canadian Journal of Psychology*, 22, 349-368.]

　　这些结果，以及随后很多其他研究的结果都显示，心理航行在本质上是一种空间加工（Logie，1995）。将目光从一个空间位置移到另一个空间位置的主观体验也提示，视空工作记忆可能依赖于控制眼动（或身体其他部分）的脑区，与言语工作记忆依赖于控制说话的脑区相似（Baddeley & Lieberman，1980）。有趣的是，这个运动控制系统可能也是**空间复述**（spatial rehearsal）的基础（空间复述是刷新存储的位置信息以保持其高度可提取性的加工）。也就是说，当你复述工作记忆中的空间信息时，你实际上利用了引导你向某个方向移动眼睛或身体的相同的系统。例如：想象一下在心里看见驾驶方向，在下一个街区左转，然后在红绿灯处右转。就像对语音信息的复述不需要实际出声一样，空间信息的复述也不需真正地移动眼睛（或身体）。取而代之的是，空间复述可能需要将注意**隐蔽地**（covertly）转移到要记忆的空间位置上（Awh & Jonides，2001）。

　　换句话说，就像我们不用真正地盯着某个空间位置也可以将注意集中到此处一样，我们能够通过将注意隐蔽地转移到所记住的位置上来保持对该位置的记忆。例如，想象一下你正在一个聚会中跟一个朋友聊天，你的目光聚焦在这个朋友身上，而同时你也在用余光注意着你左边的另一个朋友的手势。

　　通过这样的类比，我们可以做出一些具体的推测。将注意集中到某个空间位置会增强对该处的知觉加工过程。如果空间工作记忆系统与空间注意系统相同，那么将某个位置保持在空间工作记忆中应该也会提高对出现在该位置的视觉刺激的知觉加工。这一推论在行为上已得到证实（Awh et al.，1998）。在一个空间工作记忆任务中，单个字母（线索）短暂地出现在计算机屏幕的某个空间位置上（可变换），在一个短暂的间隔之后，另一个字母（探针）出现。在一种条件下，被试必须记住线索的位置，然后判断探针是否出现在相同的位置上。而在另一种条件下，被试需要记住的是字母线索的特征，然后判断探针是否具有相同的特征。另外，被试在间隔时间内还有第二个任务——对呈现在不同位置的物体的形状进行分类。在一些试次中，这个物体呈现的位置与保持在工作记忆中的字母线索的位置相同。研究结果发现，当物体的位置与线索匹配时，形状分类判断的速度更快，但前提是保持在工作记忆中的信息是线索的空间位置。这一结果表明，在工作记忆中保持一个空间位置会促使注意转向这一位置，这就是形状分类任务速度加快的原因。

神经影像学研究显示，空间工作记忆中的复述和空间选择性注意依赖于相同的右侧额叶和顶叶脑区，这更加有力地证明了两者至少利用了部分相同的加工过程。因为视觉皮质的对侧组织方式，可以预测，将一个空间位置保持在工作记忆中会导致对侧半球的视觉皮质兴奋性增强［图 6-9（彩插 J）］（Awh & Jonides，2001；Postle et al.，2004）。这些结果显示，空间工作记忆的完成有赖于对这些位置进行视觉加工的脑区活动的增强。

就像其名称的复合结构所提示的，视空画板处理的信息有两种：空间的，例如你房间的布置；视觉的，例如朋友的面孔或喜爱的绘画作品的图像。将这两类非语言信息保存到视空画板中似乎需要不同类型的编码。例如，你可以像拉近镜头一样放大一幅图像，例如面孔或绘画，放大其中的某些特征（Kosslyn，1980）。我们也可以把目标分解成若干组成部分，并对它们进行加工。例如，我们能够想象出一个胡子刮得很干净的朋友长满络腮胡子的模样。这些心理操作在本质上似乎都是非空间性的，然而它们需要在工作记忆中保持精确的视觉表征并对其加工。因此，视空工作记忆可以分成两个系统：一个用于保持视觉客体表征，另一个用于保持空间表征。

客体加工与空间加工的分离与视觉系统的研究结果一致：大量证据表明，负责加工空间特征和客体视觉特征的神经回路是分离的，分别是背侧的"where"通路和腹侧的"what"通路（Ungerleider & Mishikin，1982；见第 2章的讨论）。研究发现猴子的工作记忆也存在这种分离：前额叶皮质背侧部分的神经元主要在空间工作记忆任务中有强烈激活，而前额叶皮质腹侧部分的神经元则主要在客体工作记忆任务中有强烈激活（Wilson et al.，1993）。就人类而言，一些脑损伤患者在非空间心理想象任务（例如，判断狗耳朵的形状）

上存在选择性障碍，但在空间想象任务（例如，旋转想象中的物体）上表现正常（Farah et al.，1988）。相反的模式出现在其他患者身上，证实了双分离的存在（Hanley et al.，1991）。神经影像学研究也倾向于表明，空间和客体工作记忆所涉及的脑区是分离的（Courtney et al.，1996；Smith et al.，1995），但这种分离主要存在于脑后部皮质而非额叶（对猴子的研究中确定的区域）（Smith & Jonides，1999）。客体工作记忆的一些具体特性，例如它是否包含独立的存储缓冲器或复述系统，目前还没有明确的结论，关于客体与空间工作记忆是否分离的问题也仍是未来研究的一个主题。

3.3　中枢执行器

工作记忆这一概念与早期的"短时记忆"概念最重要的区别就在于前者包含了**中枢执行器**（central executive）。工作记忆模型的这一部分（1）决定了信息何时存入存储缓冲器中；（2）决定了选用哪个缓冲器进行存储——语音环存储言语信息，视空画板存储视觉信息；（3）整合并协调两个缓冲器的信息；以及最重要的一点；（4）使缓冲器中的信息能够得到审视、转换和其他形式的认知操作。这些功能都依赖于中枢执行器对注意的控制和分配。中枢执行器既决定了如何使用注意资源，也决定了如何抑制浪费注意资源的无关信息（Baddeley，1986）。中枢执行器是工作记忆中实施"工作"的部分。它做的工作不止这些，实际上，很多与中枢执行器有关的功能可能只是间接地与工作记忆本身相关（关于中枢执行器其他功能的讨论见第 7 章）。

一些研究证明了上面提到的功能之间的分离，以及两个存储系统的操作之间的分离，支持了存在中枢执行器的观点。这些研究通常包含了**双任务协调**（dual-task coordination）问题，即要求被试同时处理两个不同的任务，每个任务通常都需要将信息存储在工作记忆中。被试可能要完成这样两个任务：一个视空的，一个听觉–言语的，两个任务同时进行。例如：被试要同时完成图 6-8 中的"F 转角"任务和快速重复说单词任务。研究假设是，完成两个任务需要某种程度的分时作业。如果中枢执行器是分时作业的协调工作所必需的，那么双任务情况下单个任务所需时间将比单独完成该任务的时间更长。

例如，在一个关于认知缺陷患者的研究中，研究者将早期阿尔茨海默症（Alzheimer's disease）患者与同龄的健康成年人进行匹配（Baddeley et al.，1991）。研究假设，早期阿尔茨海默症患者表现出来的认知缺陷是由中枢执行器的功能障碍造成的。在单任务阶段，被试分别完成两个任务，一个听觉任务和一个视觉任务；在双任务阶段，被试同时完成这两个任务。该研究的一个重要特点是，两个任务的难度可以根据个人情况进行调整，使患者达到固定的行为成绩水平。因为所有患者在单任务阶段的正确率相同，因此双任务阶段成绩的下降就不能归因于单个任务的难度。研究结果显示，阿尔茨海默患者在双任务条件下的成绩显著低于正常患者，提示存储所需的协调需要中枢执行器的参与。

执行功能是否有别于短时存储，神经影像学和行为研究都对这一问题进行了探讨。其中一个测验比较了工作记忆的**保持**和**操作**这两个过程，对两种情况下的脑活动进行了对比：一种情况下，只需短暂存储信息然后回忆（保持）；另一种情况下，存储的信息还需要进行某些心理转换（操作）。当被试需要按字母表顺序回忆所呈现的单词时，其脑活动显著强于仅按呈现顺序回忆时（D'Esposito et al.，1999）。而且，活动增强出现在前额叶的背侧区域。这一结果以及其他结果，都表明前额叶的不同部分负责了工作记忆的不同加工过程：具体地说，简单存储与前额叶的腹侧区域相关，而对信息的加工则在背侧皮质（图6-10）（Owen，1997；Postle & D'Esposito，2000）。但是这一观点仍有争议，详见随后的**争论**专栏。

争论

工作记忆在脑中的功能是如何组织的？

巴德利-希契模型提出，用于存储不同类型信息（言语的或视空的）的缓冲器之间，以及不同工作记忆的加工过程（存储或执行控制）之间都是相互分离的。那么这些分离现象怎样与脑组织相对应呢？对人类进行的神经影像学研究和对猴子进行的神经记录研究都表明，前额叶是工作记忆的一个重要部分。但这些研究对工作记忆在前额叶中的组织方式提出了不同的观点。

用猴子进行的研究发现，前额叶背侧区域的神经元专门负责空间工作记忆，而腹侧区域的神经元则专门负责客体工作记忆（Wilson et al.，1993）。因此，猴子研究的结果提示了工作记忆在前额叶中**基于内容的组织**（content-based organization）形式，即空间和客体的信息在不同的区域进行保存。但是，对人类进行的神经影像学研究并未一致表明不同的工作记忆内容能够引起前额叶不同部位的激活。这些研究倾向于显示前额叶的背侧区域在工作记忆任务既需要保持信息又需要操作信息时被激活，而腹侧前额叶在任务只需简单的保持信息时被激活。因此，人类神经影像学的数据支持**基于加工的组织**（process-based organization）形式，即存储和执行控制加工由不同区域负责。这一争论尚未得到解决，但一些研究者认为这两种结果也许并不矛盾（Smith & Jonides，1999）。

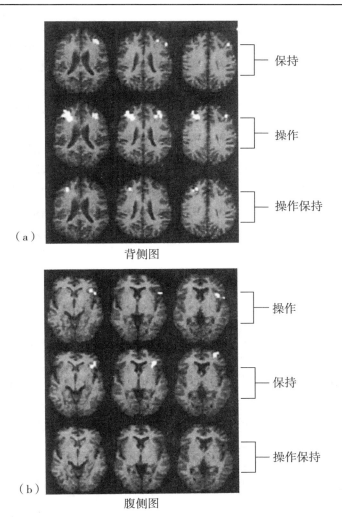

（a）

背侧图

（b）

腹侧图

图 6-10 工作记忆中的保持与操作

保持-操作研究中一个具有代表性的被试的脑切片图像，显示出前额叶内有激活区（白色）。腹侧前额叶在保持和操作任务中都激活，而背侧前额叶只在操作任务中被激活。
[D'Esposito, M., Postle, B. R., Ballard, D. & Lease, J.（1999）. Maintenance versus manipulation of information held in working memory：An event-related fMRI study. *Brain and Cognition, 41,* 66-86. 经爱思唯尔出版社允许重印]

3.4　确实存在两个分离的存储系统吗？

我们完成任务时对言语的和视觉的信息使用了不同的心理表征，这一点似乎是显而易见的。但对这些信息的存储又是怎样的呢？言语和视觉信息是否必须保存在两个不同的缓冲器中，就像工作记忆模型所说的那样，而不能保存在一起？换句话说，是否确实存在多个缓冲器，每个缓冲器负责一种信息呢？很多理论都提出了多重存储的观点（Miyake & Shah，1999），然而这一问题仍有争议。尽管如此，已有不少实验证据支持言语和视空工作记忆的分离。

很多行为研究采用双任务法证实了两个工作记忆系统的分离，这些结果显示了工作记忆中干扰的选择性。就像我们已经看到的那样，在 F-任务中，被试需要口头报告或指出答案，结果显示被试口头回答时成绩更好。而当被试要判断一个句子中的单词时，指出答案时成绩更好（Brooks，1968）。在另一个研究中，被试的任务是判断一个句子中的单词，但需要同时要么用手追踪一个光点，要么口头重复单词 *the*。其结果模式与 F-任务相同：对这个言语任务进行言语干扰比进行空间干扰时被试的成绩更差（Baddeley et al.，1973）。这意味着什么呢？两个语音任务（或两个空间任务）之间的竞争对成绩的影响更大，证明了不同类型的信息占用了不同的资源或存储空间。

神经心理学数据支持了视空与言语工作记忆在功能和结构上的独立性，就像我们在 P. V. 身上看到的那样：当测试项目用口语呈现时，她的工作记忆成绩很差，但当测试项目用视觉呈现时，其成绩大大提高（Basso et al.，1982）。P. V. 和其他有类似言语工作记忆障碍的患者都在左半球有脑损伤。而其他显示出相反缺陷模式——存在选择性的视空工作记忆障碍的患者则在右半球有脑损伤（de Renzi & Nichelli，1975）。因此，神经心理学证据支持了言语和视空工作记忆由不同脑区负责的观点。

不仅如此，神经影像学研究还证明健康被试在两种工作记忆系统上也存在分离。许多此类研究显示出言语工作记忆与左半球相关，非言语工作记忆与右半球相关的模式（Smith et al.，1996）。这符合语言有关的功能与左半球联系更紧密，而空间加工与右半球联系更紧密这一被普遍认同的观点。神经影像学研究还提示，实际情况可能比行为学和神经心理学研究的结果更复杂一些。许多神经影像学实验中采用的工作记忆任务都包含了长存储间隔、留意时间顺序，以及排除干扰信息完成记忆任务等要素。在这些复杂的任务中，言语和视空工作记忆所激活的脑区是高度重叠的（D'Esposito et al.，1998；Nystrom et al.，2000）。因此，是否存在分离的言语和视空工作记忆系统的问题变得更加复杂，但这并不意味着这些结果是相互矛盾的。也许在更复杂的条件下，为了高效地完成任务，工作记忆系统的所有部分都被调用了起来。这种由中枢执行器控制的对存储缓冲器的灵活运用正是工作记忆模型的一个关键特征。

理解测验

1. 哪些证据支持了工作记忆既依赖于语音加工，又依赖于出声加工？
2. 中枢执行器负责工作记忆的哪些功能？

4. 工作记忆如何工作

我们已经初步了解了工作记忆模型中的各个成分，即存储系统和中枢执行器，我们讨论过的许多研究证明这些成分是可以分离的。这些成分或许还有子成分：言语和视空的存储系统包含的子成分可能是相互独立的，这些子成分中负责存储和负责通过复述保持存储项目的机制可能也是相互分离的。现在的问题在于模型中这些子成分的内部机制：它们的动力来自哪里？这些存储和控制的机制在脑中是怎样运作的？

4.1　激活性存储的机制

我们的出发点是这样一个问题："被存储的记忆表征的实质是什么？"历史上，这一问题在心理学和神经科学领域一直具有重要地位。当前的一个共识是：长时记忆表征通过神经元群体之间联结的相对永久性的增强（或弱化）来实现。使用神经网络模型的术语，我们可以把这种变化称为**基于权重的记忆**（weight-based memory），因为记忆表征的形成依赖于神经联结的强度或权重。虽然基于权重的记忆是稳定和持久的，但是我们并不总能清醒地意识到它们，因为它们反映了神经通路的结构改变，而这种改变只有当神经通路被输入的信息激活时才能显现出来。

短时存储系统似乎依赖于不同的机制，我们可以称其为**基于激活的记忆**（activity-based memory），其中的信息被保存为特定神经元群体的持续稳定的激活模式（O'Relly et al.，1999）。基于激活的记忆有更高的可提取性，但持久性较差。激活信号能够在所有相互联结的神经元中持续传播，然而一旦激活水平改变，最初存储的信息就会丢失。想象一下你要在脑中保存某个想法，例如你将要提出的关于电影的看法。当信息在你的工作记忆中处于这种状态时，信息具有高度可提取性，因此它可以直接影响你所选择的词句，保证你能流畅地阐述自己的观点。但如果你的观点从工作记忆中丢失了，又会怎样呢？在这种情况下，你必须从长时记忆中找回观点。这些信息可能还存储在你的脑中，但在恢复到工作记忆中之前，它们的可提取性降低了。在此期间，你可能会哑口无言，哪怕你有机会插入讨论中。这些特点非常符合两个记忆系统之间的功能性分离，即快速、在线、灵活的工作记忆以及缓慢但更持久的长时记忆。

基于激活的存储如何在脑中实现，关于这一问题的大量数据来自对猴子的神经科学研究。例如：在猴子进行简单工作记忆任务时，对它们进行直接的神经元记录。其中一种经典的研究范式是**延迟反应任务**（delayed response task）：首先短暂地呈现一个线索，接着呈现一段延迟期，在此期间线索中的信息很可能必须被保存在短时存储器中，然后猴子需要对线索进行反应。此类研究多将反应方式设计为眼动。通过奖赏，训练动物将眼睛盯在显示屏的中央。将短暂的视觉线索（例如一个光点）呈现在显示屏上八个位置中的一个上，这时动物仍旧保持注视正前方。在2—30秒的间隔之后，给予动物一个"go"的信号，让它们将目光移到光点曾出现过的位置上。这些反应都通过训练来得到实现，以果汁或食物作为正确反应的奖赏。因为线索的位置在各个试次间随机变化，动物必须依靠它们对线索位置的工作记忆来做出正确的反应。

直接神经元记录的结果显示，用于完成此任务的工作记忆表征依赖于单个神经元的激活模式。特别是，背外侧前额叶的一些神经元在线索呈现期间出现激活水平的暂时增强（通过增加的放电频率来衡量），而其他一些神经元在延迟期放电率增加（Fuster，1989；Goldman-Rakic，1987）。一个重要的发现是，延迟期的激活具有刺激特异性：某个特定的神经元只在线索出现在某个位置时才会被激活（图6-11）（Funahashi et al.，1989）。这些持续的反应不可能是由知觉刺激引起的，因为在延迟期间屏幕上没有知觉刺激。

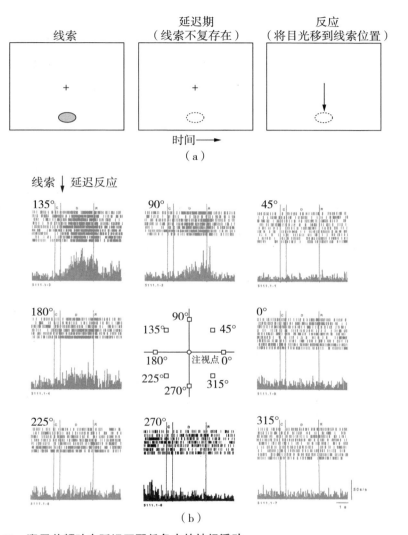

图 6-11　猴子前额叶在延迟匹配任务中的神经活动

（a）任务：一个线索（灰色椭圆形）短暂地出现在注视点（加号）周围八个位置中的一个位置上。在一段延迟期内，猴子必须将这一位置保持在工作记忆中。在 go 信号（加号消失）之后，猴子将目光移到所记忆的位置上。（b）一个有代表性的前额叶神经元的平均活动轨迹。每幅轨迹图代表线索在中间的排列图中相应位置出现时神经元的活动情况。对这个神经元而言，其活动具有空间位置的选择性：只有当线索出现在注视点正下方，如图（a）所示的位置时，它在延迟期的活动才增强。

[Funahashi, S., Bruce, C. J. & Coldman-Rakic, P. S.（1989）. Mnemonic coding of visual space in the monkey's dorsolateral prefrontal cortex. *Journal of Neurophysiology*, *61（2）*, 331–349. 经允许重印]

　　这些结果属于相关性证据。是否能够加强这些证据，证明这些神经元的激活正是工作记忆表征的机制呢？当动物**没有**记住时会发生什么呢？换句话说，如果动物没有把线索的位置保持在短时存储器中，**错误**反应之前的延迟期会有怎样的激活模式呢？它是否比**正确**反应之前的更弱？是的，的确如此，这正是实验的结果。在错误反应的试次中，延迟期期间的激活水平要么与基线水平没有显著差异，要么显示出对相应位置进行编码的神经元活动的提前衰减。

　　这些发现很有趣，但仍旧只是相关性的证据。神经元放电的变化可能反映了全脑范围内的注意或动机的缺失，而不是特定信息的丢失。为解决这一问题，另外一些动物研究对神经元的功能进行了直接干扰，并观察其结果。在其中一个研究中，在动物习得了实验要求后，其背外侧前额叶的一小块皮质组织被切除。脑损伤之后，动物对切除区的神经元负责编码的位置以外的其他位置仍能进行正确反应，但当线索出现在这一位置时，表现就相当糟糕。脑损伤导致了**记忆盲点**（mnemonic scotoma/memory blindspots）的产生（Funahashi et al.，1993）。这种行为缺陷既非知觉的也非运动的：动物在控制任务中表现正常，控制任务中的视觉线索在整个延迟期内始终呈现在关键位置上。采用降温技术使神经元功能失效的实验也观察到类似的结果（Bauer & Fuster，1976）。降温技术的重要性在于，它排除了永久性脑损伤后由新的学习或功能性重组引发的效应。在这些降温研究中，任务成绩受影响的程度与延迟期的长度相关：延迟期越长，受影响越大。

　　那么，人类身上是否存在由持续的神经元激活来实现工作记忆中的信息存储的证据呢？直接的单细胞记录实验通常不在人类身上进行，尽管有时它是神经外科手术前的必要程序。取而代之的研究工具是神经成像技术，它也能帮助我们了解神经活动如何随时间发生改变、如何对特定刺激发生反应。尽管神经成像提供的信息在时间分辨率上要差一些，并且只能提供较大的神经元群体的活动（而不是单细胞的活动），这些研究仍然提供了与单细胞记录结果相当一致的证据。特别是，在工作记忆任务的延迟期期间，背外侧前额叶和顶叶表现出激活水平的持续性提高（Cohen et al.，1997；Courtney et al.，1997；Curtis，2005）。

　　这些结果十分重要，通过这些结果，我们可以洞悉脑中短时存储机制的本质。首先，它们提示长时记忆与短时记忆的分离（至少在很多案例中）并不过分依赖于脑结构上的差别，而更倾向于由信息保持机制上的差异导致。对短时存储而言，信息是通过持续的神经元活动来保持的，而长时记忆并非如此。其次，至少在部分脑区，短时记忆存储与电脑中的 RAM 完全不同，因为 RAM 对于什么信息存储在什么位置是完全灵活的。而脑中一些神经元群体似乎特异性地选择某些类型的信息进行存储，比如面前屏幕上的某个特定位置。正如前述争论专栏里所讨论的，这一现象对工作记忆基于内容的组织形式做出了进一步的诠释，但我们尚不清楚这种基于内容的组织形式在脑中的广泛程度如何。例如，它是否扩展到了更加抽象的言语信息，比如语义？类似地，神经元似乎是通过持续增加的放电率来存储信息的。但如果存储在工作记忆中的项目多于一个又会怎样呢？脑如何存储多出来的信息呢？

　　对非人类灵长类动物进行的实验很难回答这些问题，因为很难训练动物同时保持多个信息。而人类则能完成更复杂的任务。我们知道多个项目可以被同时存入工作记忆中。因此，我们可以检验不同数量的信息必须同时被存入工作记忆时的脑活动。增加信息的数量对脑活动的影响可能有两种：（1）激活脑区的数量不变，但至少其中部分区域的兴奋水平随着存储项目的增加而增强；（2）激活脑区的数目（或范围）增加，但已激活区域的活动水平不随项目的增加而变化。事实上，研究数据倾向于支持两种模式的混合：增加存储项目似乎既增加了激活的脑区的数量，也提高了这些区域的兴奋水平。

　　研究者通常采用 **N-back 任务**（N-back task）研究工作记忆负荷改变产生的影响。此任务给被试呈现一连串项目，例如字母，然后让他们在每个项目出现时，判断它是否与已呈现序列中的前面第 N 个项目相匹配，这里的 N 通常为 1，2，或 3（在之前无项目或已出现项目不足 N 个时，被试也要回答"否"）。研究者们变化 N 值以检验工作记忆的改变会导致怎样的行为和脑活动的变化。因此，对如下序列：

D F F B C F B B

被试可能被要求在 $N=1$ 时回答"是"或"否"。这里正确答案应该是否–否–是–否–否–否–否–是。而在 3-back 的情况下，即 $N=3$ 时，正确答案是否–否–否–否–否–是–是–否。N-back 任务的一个优点是，实验者可以保持呈现的项目及其顺序不变，唯一改变的因素是工作记忆的负荷（在 1-back 任务中是 1；在 3-back 任务中是 3）。这可以消除"混淆变量"，即其他随任务条件发生变化的无关因素的影响。

　　用 N-back 任务进行的神经影像学研究普遍发现，外侧前额叶（以及顶叶）的活动水平随 N 值呈线性增加（图 6–12）（Braver et al.，1997）。对这一结果的普遍解释是，工作记忆中每增加一个项目就要多占用工作记忆存储缓冲器的有限资源的一部分。

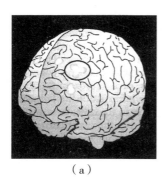
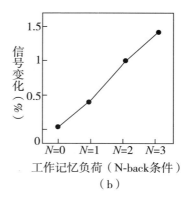

（a）　　　　　　　　　　　　　　　　　　（b）

图 6-12　N-back 任务中前额叶的工作记忆负荷效应

（a）图像显示了一个被试的大脑表面。蓝-白区域显示了前额叶中随工作记忆负荷增加而活动增强的区域。（b）图像中圈内区域的激活程度作为 N-back 条件（$N = 0$，1，2，3）的函数的变化曲线。激活程度随 N 值线性增加。

[Braver, T. S., Cohen, J. D., Nystrom, L. E, Jonides, J., Smith, E. E. & Noll, D. C.（1997）. A parametric study of prefrontal cortex involvement in human working memory. *Neuroimage, 5*（1），49-62. 经爱思唯尔出版社允许重印]

　　但要注意，N-back 任务除了需要存储外，还需要控制或执行过程，因此对中枢执行器的需要也随 N 值而增加。每个项目的特征及其**顺序信息**都要进行存储，以便检验测试项目是否与之前某个位置出现的项目匹配。随着项目数的增加，所需的顺序"标签"也更多。项目变化引起的信息操作需求意味着，我们无法确定在 N-back 试次中出现的脑活动的线性增长反映的是保持加工，还是执行过程。

　　很多研究尝试通过检验更简单的任务中脑活动的变化来解决这一问题，如项目再认任务（斯滕伯格所用的任务，见 2.2.2 部分的讨论）。这些任务对保持加工的需要远大于控制加工。被试不需考虑项目顺序，只需要对测试项目进行简单匹配，而存储的项目数（在不同试次中有变化）在工作记忆的容量之内。这些研究大多证实了 N-back 任务的发现：工作记忆负荷的增加伴随着前额叶和顶叶活动的增强。项目再认任务的另一个优点是，一个试次中各个阶段的脑活动都可以单独计算，即编码、保持和提取。fMRI 研究证实了项目数只在保持阶段影响前额叶和顶叶的活动水平（Jha & McCarthy，2000）。但是，整体情况依旧复杂，相对于保持阶段，很多项目在编码和提取阶段引发的激活更强（Rypma & D'Esposito，1999）。这一发现也表明前额叶对执行控制过程很重要，比如将影响选择哪些信息进行存储，以及所存储的信息如何被使用。

神经影像学和神经元记录研究提供了有力的证据，支持工作记忆表征依赖于特定神经元群体的持续兴奋的观点。这些发现为认识工作记忆编码的本质迈出了重要的第一步，但它们本身并未告诉我们那些持续的神经兴奋究竟是怎样产生的。是什么导致了前额叶的神经元在知觉信息出现并消失后仍继续放电？换句话说，保持过程的动力来自哪里？这一问题的答案对理解以下两个问题很重要：（1）为什么工作记忆中的信息能在一小段时间里保持高度可提取性；（2）为什么维持的时间和项目数都是有限的。一个假设是：短时保持的机制是相互联结的神经元内部发生的再循环活动。也就是说，回路中的每个神经元都参与了一个**反响环**（reverberatory loop），通过"说"和"听"，即与相联结的神经元进行信息交流，以及通过从同样的（或其他的）神经元接收信息来保持信息（Hebb，1949）。每当神经元传递信息时，它都会为其他相联结的神经元提供一个输入信号，以保证其他神经元也会把信息"传递下去"。因此，一个回路中的神经元之间是相互支持的，每个神经元对信息的保持都做出了贡献。

这听起来很不错，但脑中的神经元是否真的组成了这样一种反响环呢？为了解决这一问题，心理学家和神经科学家们首先建立了一些小规模的神经元网络模型来研究工作记忆的机制。在其中一些模型里，模拟的神经元作为计算机程序来实现，这些程序尽量符合真实神经元的生理和结构特征，以及真实神经元在回路中的组织形式。现在的问题是：既然模型中的神经元与实验记录到的真实神经元的活动模式类似，那么模拟的神经网络是否能实现信息的短时存储？答案是：模型成功表明，短时信息存储可以通过神经回路中的再循环实现，而且模拟神经元的行为与实验数据中真实神经元的表现极为近似（Durstewitz et al.，2000）。

此外，这些模型也被用于解释存储容量和存储时间的有限性是如何产生的。当超过一定数量的项目在交叠的反响回路中被同时保存时，它们之间的相互影响足以在延迟期干扰回路的活动（Lisman & Idiart，1995；Usher & Cohen，1999）。类似地，如果无关信号渗入了这样的回路中（可能是由当前的知觉输入引起的），也可能对反响过程造成干扰，并随时间进程扰乱持续的记忆信号（Brunel & Wang，2001；Durstewitz et al.，2000）。因此，模型可以用于预测哪些任务类型最容易导致工作记忆中的信息流失。这些模型的另外一个优点是可以观察系统的行为如何随时间进程发生变化。很多此类模型在网络上是可以公开获取的。如果你有兴趣查看一个例子，可查询网址：http：//www. wanglab. brandeis. edu/movie/spatial_ wm. html。

4.2 前额叶在存储与控制中的作用

前额叶不是在工作记忆任务的延迟期间表现出持续激活的唯一区域，大量研究发现，其他区域（主要包括顶叶和颞叶）的激活程度在延迟期也有相应提高（Fuster，1995）。尽管如此，前额叶似乎在信息的主动保持过程中扮演了特殊的角色。关于这一点，最有力的证据来自一项非人类灵长类动物实验，实验记录了动物在完成延迟匹配任务的过程中其颞叶和前额叶的神经活动（Miller et al.，1996）。作为项目再认任务的一个变式，该实验在项目与探针出现的间隔期内插入了干扰项目。颞叶和前额叶都在延迟期内表现出选择性的持续激活，但是，当干扰项出现时，刺激特异性的激活在颞叶消失了，但在前额叶仍然存在。有关这一研究更详细的情况见随后的**深度观察**专栏。

在运用该任务的空间变式进行的研究中，顶叶和前额叶出现了同样的活动模式：干扰项降低了顶叶的反应，但对前额叶无影响（Constantindis & Steinmetz，1996）。类似的结果也在人类身上通过 fMRI 研究观察到（Jiang et al.，2000）。这些结果综合起来，提示我们，脑内部不仅对工作记忆中存储的不同信息类型有专门的分工，对信息存储的不同方式也有专门分工。前额叶可能专门负责在较长的时间间隔内保持信息（但仍符合工作记忆持续激活的特征），或在存在干扰时保持信息，而颞叶或顶叶系统可能以不同的机制负责在较短的时间间隔内保持信息。

前额叶除了在面临干扰时的保持信息过程中起作用以外，许多人类神经影像学研究提示，前额叶还参与了执行功能，如进行双任务协调，或操作工作记忆内的信息。此外，对额叶损伤病人进行的实验表明，其障碍本质在于中央执行功能而非工作记忆（在第 7 章有讨论）（Stuss & Benson，1986）。对于严格区分存储和控制功能的巴德利-希契模型，这些证据有什么意义呢？在这个模型中，两个缓冲器系统——语音环和视空画板，就像"奴仆"系统一样只保持信息，而中枢执行器，这一控制着缓冲器工作的系统，本身不具备存储功能。神经影像学数据在多大程度上支持这一认知理论呢？一种可能的情况是，前额叶的不同子区域分别负责存储和控制功能。正如我们前面读到的，研究显示，一些前额叶区域选择性地负责信息的保持（腹侧区域），另一些则负责对信息的操作（背侧区域）。但是，这些发现更多的是程度上的差别而非明确的区分，而且，它们尚未得到大量研究的一致支持（Veltmen et al.，2003）。

另一种可能性是：前额叶是用于表征和主动保持目标相关信息的脑区（Braver et al.，2002；Miller & Cohen，2001）。在这种**目标-保持模型**（goal-maintenance model）中（图 6-13），前额叶**同时**负责存储和控制功能：对目标信息的保持（存储），以及为达到目标，对知觉、注意和行动进行的自上而下的协调（控制）。存储在前额叶中的信息可能为诠释模糊状态，并对其做出反应提供了一个辅助性的背景。这是如何进行的呢？下面有一个例子。

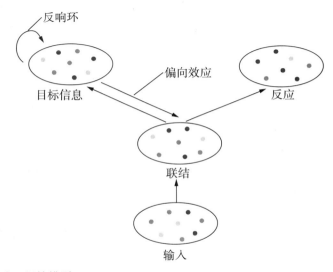

图 6-13　目标-保持模型

在此模型中，目标信息作为激活模式在前额叶中进行表征。反响环使这些激活能在延迟期期间得以保持，反馈连接使保持的激活能够对知觉输入激发的内部联结产生偏向效应。通过这种方式，目标信息有助于控制思想和行为。

[Adapted from Braver, T. S., Cohen, J. D. & Barch, D. M. (2002). The role of the prefrontal cortex in normal and disordered cognitive control: A cognitive neuroscience perspective. In D. T. Stuss and R. T. Knight (eds.), *Principles of Frontal Lobe Function* (pp. 428 – 448). © 2002 Oxford University Press. 经牛津大学出版社允许重印]

假设你有一条常规的驾驶路线，比如从工作地点回家。在一个十字路口，你回家的线路是直走，但你总是开在最左边的道上，因为这条道上有个左转箭头，因此无论是左转或直行的车辆都比在其他道上移动得更快。你通常（默认模式）在最左的道上但不左转。但是，如果你需要在回家途中到杂货店购物，你就必须在十字路口左转。现在你在红绿灯处停下：左转还是直行？这取决于你的目标，目标为你决定行动提供了背景：你是想回家还是想去商店？你很可能发现在去商店这个低频率事件的情况下，在等待红绿灯时，你必须将去商店的任务积极地保持在工作记忆中，否则你就会从红绿灯下面直接回家了。

根据前额叶在工作记忆中的作用是目标保持的观点，情况应该是这样的：当你等待红绿灯时，去商店的目标在前额叶中保持激活状态，然后这一激活从前额叶流回负责知觉、注意和行动的脑区，以此影响你在绿灯出现时的反应。如果这一目标没有被激活，你将直行（你的默认路线），没买牛奶就回家了。目标提供了影响行为的背景信息，使你能够在特定情况下克服习惯反应。

前额叶负责工作记忆中的目标保持，这一理论已得到大量以人类和动物为对象的研究数据的支持（Miller & Cohen，2001）。例如，在对猴子的研究中，研究者仔细分析了行为任务中前额叶神经元的反应，发现持续激活模式所保持的并不只是对输入信息的简单知觉表征，而是类似于任务相关的特征或行为规则的东西，例如，如果是红灯就按左键（Miller et al.，2002）。因为前额叶中存储的信息是与当前执行的任务紧密相关的信息，所以它们可能影响对新信息的解释，以及对行为的决策。有办法验证这一观点吗？

事实上，目标保持理论已经通过计算模型研究得到了验证。在这些研究中，存储和控制机制的确可以共同工作，以产生人类和动物在工作记忆任务中显示的行为模式（Braver et al.，2002；O'Reilly et al.，2002；Rougier et al.，2005）。目标保持理论通过说明脑如何以一种神经生物学上合理的方式来实现对行为的控制，深入解释了工作记忆中中枢执行器的概念。但是，我们必须认识到，可能存在多种与工作记忆相关的执行功能——更新、整合信息、转换、缓冲器分配、注意，以及协调，因此仅通过任务保持模型并不能清楚地解释这些功能是如何实现的。在下一章中我们将会讨论到，一种可能性是前额叶实际负责的是执行过程，而不是目标保持。

理解测验

1. 哪些证据表明了信息是通过基于激活的存储方式保持在工作记忆中的？
2. 对前额叶进行的研究对工作记忆理论有何意义？

深度观察

猴脑中工作记忆的存储机制

　　这里我们讨论厄尔·米勒（Earl Miller）、享西娅·埃里克森（Cynthia Erickson）和罗伯特·代西莫诺（Robert Desimonoe）的工作，他们研究了灵长类动物在延迟匹配任务中的神经活动。这一工作在 1996 年以"恒河猴前额叶视觉工作记忆的神经机制"（Neural Mechanisms of Visual Working Memory in Prefrontal Cortex of the Macaque）为题发表在《神经科学》[*Journal of Neuroscience*，16（16），5154-5167] 上。

　　研究简介

　　研究者感兴趣的是在延迟期有干扰信息插入的工作记忆任务中前额叶的神经元活动情况。研究比较了前额叶神经元的活动和颞叶神经元的活动。研究假设是：只有前额叶的神经元负责在面临干扰时维持持续的、刺激特异性的反应。

　　研究方法

　　为了检验单个神经元的反应，研究者在恒河猴的皮质神经元中植入了微电极。其中一个研究检验了 135 个位于颞下皮质的神经元，另一个研究记录了两只恒河猴的 145 个前额叶神经元的活动。研究者通过测量电极的电压变化检测神经元的电活动，以观察神经元反应的强烈程度（以每秒产生的动作电位数或电峰值为根据），并在多个试次的延迟反应任务中记录每个采样的神经元的活动。任务包括呈现一系列简笔画物体。通过逐步的、有奖赏的训练，训练猴子在呈现的物体与示例（即每个试次中首先呈现的物体）匹配时松开拉杆。在示例与匹配项目之间的任意时间点上插入 0—4 个不匹配的干扰图画，猴子需要忽略这些图画。

示例　　　　非匹配测试项目（干扰项）　　　　匹配项

恒河猴的记忆任务，任务要求记住示例物，并在数个干扰项之后出现匹配项时做出反应。

[Miller, E. K., Erickson, C. A. & Desimone, R.（1996）. Neural mechanisms of visual working memory in prefrontal cortex of the macaque. *Journal of Neuroscience, 16（16）,* 5154-5176. Copyright© 1996 by the Society for Neuroscience. 经允许重印]

研究结果

颞叶和前额叶的许多神经元都具有刺激选择性：它们在示例项目出现时表现出更强的反应。重要的一点是，这一刺激选择性的反应在示例从屏幕上消失后仍存在（即对示例的记忆表征）。在前额叶，神经元的刺激选择性激活即使在干扰项出现时依旧存在，并持续到匹配项出现。但是在颞叶，刺激的选择性反应在第一个干扰项出现之后就消失了。

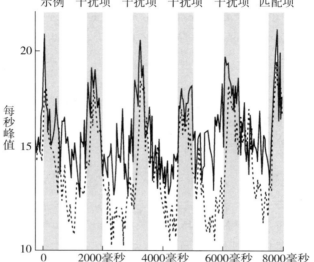

在示例项之后、干扰项呈现期间（用柱形表示）的前额叶神经元的平均激活水平（较强的激活用实线表示，较弱的激活用虚线表示）。激活发生在整个干扰项的呈现期间和延迟期间，直到匹配项出现结束。

［Miller, E. K., Erickson, C. A. & Desimone, R. (1996). Neural mechanisms of visual working memory in prefrontal cortex of the macaque. *Journal of Neuroscience*, 16 (16), 5154-5167. Copyright© 1996 by the Society for Neuroscience. 经允许重印］

讨论

在示例项呈现之后的延迟期内，前额叶和颞下皮质的神经元都保持着刺激选择性的活动模式，表明这两个脑区可能都参与了基于激活的短时存储过程。但是，仅前额叶的神经元在插入干扰项时保持了这种选择性反应，说明两个脑区负责工作记忆的不同功能。对这些结果的一个解释是：前额叶对保护工作记忆中处于激活状态的信息不受干扰物影响起到了关键作用。

5. 当前的研究方向

巴德利-希契模型和"心理工作空间"的观点使我们在探索工作记忆的道路上前进了一大步。但是，对前额叶的深入研究，尤其是对目标保持模型和存储与控制功能间的相互作用的研究，促使我们考虑其他假设。最初的模型假设存储和控制存在结构上的分离，如果这种分离不是那么严格，就有了其他的可能性。

5.1　情景缓冲器

再好的认知模型也需要不断更新。巴德利（Baddeley，2000）近来对其最初提出的巴德利-希契模型的一些缺陷进行了修正。修正后的版本中加入了第三个存储缓冲器，称为**情景缓冲器**（episodic buffer），它既可以在最初的两个缓冲器超负荷或受干扰时进行辅助存储，又可以作为整合不同类型的信息（例如，工作记忆中的言语和空间内容）的场所。情景缓冲器另一个关键方面是，它能够存储对复杂信息的记忆，例如在时间上延续的事件或情景，因而名为"情景缓冲器"。

将情景缓冲器包含到工作记忆模型中，似乎能很好地解释近年来用最初的概念无法解释的特殊发现。例如，阅读以下句子，然后闭上你的眼睛，尝试大声进行复述：*The professor tired to explain a difficult cognitive psychology concept to the students，but was not completely successful.* 你或许能很好地记住所有的单词。再试试这一句：*Explain not but successful difficult a psychology the was to concept completely students cognitive to professor the tried.* 几乎是不可能的，不是吗？虽然同样由 18 个单词组成，但有无意义的句子之间存在巨大的区别。是什么让我们能够把这种单词数大大超过工作记忆容量的信息保持在工作记忆中？一种可能性是，如米勒（Miller，1956）提出的，我们能将信息组块化为比单个单词更大、更有意义的单元。但这种整合是怎样实现的呢？乍看之下，这似乎是在语音环中进行的，因为要保持的是言语信息。但语音环采用的是基于声音的编码而不是基于意义的编码。类似地，在 P. V. 一类的患者身上，其语音环被完全破坏，但他们仍然表现出了上述的句子效应。P. V. 的单词广度只有 1，但句子广度有 5 个单词（Vallar & Baddeley，1984）。虽然仍低于正常人 15—20 的单词广度，但这可能意味着她能够利用一个后备存储系统，该系统在存储的信息类型上更加灵活。也许情景缓冲器恰恰扮演了这一角色。

情景缓冲器是一个相对新颖的观点，因此尚未经过大量实验的检验。但是，其功能的混合特性可能表明，它实际上是中枢执行器的一部分，而不是一种存储成分。巴德利（2003）自己也曾指出，他在最初的模型中相当强调工作记忆中存储和控制的相互独立，这种区分在当前的观点中可能不再那么严格，这与目标保持理论非常一致。

5.2 个体差异

目前工作记忆研究的一个焦点是工作记忆容量的个体差异。尤其是在存在干扰的情况下，人们在将项目保持在工作记忆中的能力上存在着很大的差异。因为工作记忆对问题解决和思维等心理过程十分重要，因此，这些个体差异与学业成绩（例如，SAT 测验）和学习新的复杂认知技能（例如，计算机编程）的能力相关不足为奇。实际上，一些研究者已指出，工作记忆容量与一般流体智力（定义为在新情况下解决问题和推理的能力）相关（Kyllonen & Christal，1990）。接下来的一个重要问题是，更准确地把握工作记忆中哪些变化的成分能够预测认知成功和一般智力能力。

测量工作记忆容量的标准任务（图 6-1）实际上测量的是被试在存在干扰的情况下能记住多少个项目（Conway et al.，2005）。如果工作记忆容量被定义为项目数量，而且神奇数字 7 后面的 ±2 反映了个体差异，那么我们可以想象，拥有 9 个项目容量的人比只有 5 个项目容量的人在进行复杂认知任务方面将有很大的优势。也就是说，那些能将更多信息保持在工作记忆中的人可能更高效、忘得更少，而且更少依赖于速度慢、灵活性低的长时记忆系统。

另一种更新的观点认为，此类任务中测量的可能不是存储容量本身，而是在面临干扰时将目标相关的信息保持在激活状态的能力（Engle，2002）。依照这一观点，高工作记忆容量意味着在高干扰条件下，将目标（即使只是单一目标）保持在激活状态的能力。研究者发现这一能力与短时存储的容量是分离的，而且正是这一功能，而非短时存储的容量，与流体智力和认知能力存在高相关（Engle et al.，1999）。不仅如此，这些研究者还认为这一能力是通过前额叶实现的，这与前额叶在面临干扰时在信息保持中的作用一致。证据显示，这一能力是工作记忆中个体差异最大的成分。

神经影像学研究验证了这一观点。研究检测了 N-back 任务中脑对干扰信息的反应（Gray et al.，2003）。干扰项采用的是最近被重复过但不是目标的项目，例如，N=3 的匹配任务中，序列"B–T–R–F–T–F"中的第二个"F"。尽管被试在无干扰试次中的反应没有显著差异，流体智力得分高的被试在干扰试次中，前额叶的激活反应更强。因此，有高工作记忆容量的被试能更好地将任务相关的信息保持在高度激活状态，以备不时之需。

5.3　多巴胺的作用

研究者发现，某些神经疾病或精神疾病患者的工作记忆会受到损害，包括精神分裂症、帕金森氏症以及阿尔茨海默症患者。因为工作记忆在认知中具有重要作用，因此找到能帮助这些人群提高工作记忆的药物治疗方法具有重要的临床意义。有趣的是，对动物和人类进行的大量研究都显示，神经递质多巴胺对工作记忆特别重要，增强脑中多巴胺水平或促进多巴胺作用的药物能够提高工作记忆能力（Luciana et al.，1998；Sawaguchi，2001）。相反，阻碍多巴胺作用的药物会产生相反的效应，并对工作记忆造成干扰（Sawaguchi & Goldman-Rakic，1994）。

除临床意义之外，这些工作或许还能影响我们对这样一些问题的理解：工作记忆在脑中正常的执行方式是怎样的？是什么导致健康个体的工作记忆有时也会出错？一些理论认为多巴胺的关键作用在于：在面临干扰时，通过发出何时更新工作记忆的信号来帮助个体维持当前信息（Braver & Cohen，2000；Durstewitz et al.，1999；Servan-Schreiber et al.，1990）。神经心理学研究显示，多巴胺能够帮助放大较强的信号、削弱较弱的信号（Chiodo & Berger，1986）。如果我们假定任务相关的信息比起干扰作用的背景噪音包含更强的信号，那么这一机制对工作记忆就是相当重要的。多巴胺系统的解剖结构显示，产生多巴胺的细胞与前额叶之间存在很强的联系，而前额叶可能对防止保持的信息受到干扰至关重要。因此，一个合理的假设是，前额叶的多巴胺输入在为该脑区提供抗干扰能力方面可能起到了重要作用。最后，有证据显示，多巴胺水平及其活动性不仅对单个个体而言随时间是高度可变的（King et al.，1984），而且在人与人之间的差异也很大（Fleming et al.，1995）。一种有趣的假设是：多巴胺系统的这种可能基于遗传的变化性或许正是工作记忆能力的个体差异的神经基础（Kimberg et al.，1997；Mattay et al.，2003）。

理解测验

1. 情景缓冲器的加入如何能解释那些最初的巴德利–希契模型无法解释的发现？

2. 依照执行注意理论，工作记忆容量的个体差异源于什么？

☆复习与思考

1. 工作记忆在认知中有什么作用？

工作记忆可定义为将任务相关信息保持在高度激活状态，以便这些信息能够被轻易地提取、评估以及转换，以此为认知活动和行为服务的认知系统。一个有用的隐喻是计算机的 RAM。工作记忆在日常认知活动中的应用十分广泛。例如，在听别人说话的同时记住自己的观点，在餐馆计算小费，执行驾驶任务，分析复杂句子，以及计划国际象棋的路数等，都需要用到工作记忆。正因为工作记忆在认知中的作用如此广泛，工作记忆容量的个体差异可能就是许多认知能力的个体差异的重要来源。

批判性思考

■ 假设你的工作记忆受到了损伤，你觉得自己生活的哪些方面受影响最大？

■ 你认为有可能通过"训练"来提高工作记忆能力吗？如何做到这一点？以讨论电影为例，你如何才能在这类情况下提高自己的表现？

2. 工作记忆的现代观点是如何产生的？

工作记忆的早期观点与意识有重要联系。20 世纪 50 年代和 60 年代的实验研究则聚焦在短时存储器的特征及其与长时存储系统的区别上。其中三个主要的发现是：（1）7±2 组块是短时存储器的最大容量（虽然这一数字后来证明被高估了）；（2）短时存储器中的信息如果不被复述就会迅速丢失；（3）短时存储器中的信息可以被快速提取。阿特金森–谢夫林模型为短时存储器的功能提供了一种解释，认为短时存储器是保证信息能被高效编码和进入长时记忆的一个必要的存储空间或入口。但是，后来的研究显示，即使短时记忆系统受到损害，长时记忆也能正常工作。巴德利–希契模型将短时记忆的观点修正为现代的工作记忆概念，假定存在多个短时存储器成分，并强调它们与控制加工之间的相互作用。

批判性思考

- 你是否认为工作记忆就是意识，或者意识就是工作记忆？为什么？"意识"与信息处理本质相同吗？
- 短时存储器被认为在容量和持续时间上都有很大的局限性。你能想出这一局限性的任何优点吗？如果容量和持续时间都没有局限，世界会是怎样的？

3. 工作记忆有哪些成分？

巴德利–希契模型包括三个成分：语音环（存储和复述语音信息）、视空画板（实现心理表象与导航）和中枢执行器（将信息导入其中一个存储缓冲器，以及对这些信息进行协调、整合和操作）。来自行为研究、神经心理学患者，以及神经影像学的大量趋同证据显示，视空画板和语音工作记忆利用了不同的存储缓冲器。

神经影像学研究为存储和操作过程之间的分离提供了一些证据，对信息的操作似乎依赖于外侧前额叶，而信息的保持过程似乎更依赖于腹侧区域。

批判性思考

- 对盲人或聋人（但能流畅地理解符号语言）的工作记忆研究能为我们理解存储缓冲器提供什么新信息？
- 关于语音环的一个理论显示，这一成分的基础是我们出色的模仿能力。你能否想出任何我们拥有的其他能力，能够作为视空画板成分的基础？

4. 工作记忆在脑中是如何"工作"的？

工作记忆中的信息维持可能是通过前额叶负责的基于激活的存储机制来实现的。前额叶神经元在工作记忆任务的延迟期期间活动性持续增强，前额叶的活动似乎在需要防止存储的信息受到干扰时最为重要。人类神经影像学研究发现，前额叶在 N-back 任务中持续地被激活，而且，这种激活似乎伴随需要同时保存的项目数量的增加而增强。详细的计算模型显示，前额叶对信息的积极保持，似乎是由局部神经元网络的循环活动所引起的。

批判性思考

- 利用经颅磁刺激（TMS，见第 1 章）进行的研究能让我们在人类身上实现暂时的、可逆的"损伤"研究。如果我们在进行不同类型的工作记忆任务时将 TMS 施加于前额叶上，你预期将会出现怎样的效应？怎样利用这类研究来探索那些关于工作记忆本质的尚未解决的问题？
- 曾经有报告显示，一些个体有出人意料的超大的短时记忆容量，例如达到 100 个数字（可能是组块的容量增大引起的）。假设你在这些人完成 N-back 任务或斯滕伯格项目再认任务一类的工作记忆任务时，对这些人的脑进行扫描，你预期会出现怎样的模式？

5. 对于工作记忆的看法在将来会发生什么变化？

对于工作记忆的结构和成分，目前存在很多不同的模型。其中一些，例如巴德利-希契模型，主要关注的是存储，强调不同类型的存储内容（语音的、空间的）之间的分离，以及复述在信息保持中的作用。其他一些模型，例如目标-保持理论，主要关注的是目标相关的信息在约束注意、思维和行动中的作用。行为控制是多方面的，很可能包含了多种机制。将来研究的一个重要方向是确定执行过程与工作记忆之间的确切关系。

批判性思考

- 工作记忆容量能够预测一些测验的成绩，如 SAT 和 GRE。那么，为什么不用简单的工作记忆容量测验（如图 6-1 中所示测验）来代替这些标准测试呢？这样做可能有什么好处、什么弊端，可能带来什么后果？
- 假设有一种药能够提升健康青年人的工作记忆功能，将这种药物进行推广是否合乎伦理？如果你是这个政策的决策者之一，哪些因素会对你产生影响？

第 7 章　执行过程

学习目标

你独自一人在厨房为晚餐准备意大利面，音响里大声放着音乐。这时电话响了，是你的一个朋友，他想请你明天去城里时帮他取一个包裹。你一边与他讲着电话，一边回头看着炉子上烧的水，确定水还没有开。交谈的过程中，你心里盘算着如何把朋友的差事安排进明天进城的日程表。哎呦，水开了！你突然意识到还没有开始热调味汁——你把晚餐搞砸了。太多要做的事情掺和在一起了！

为了避免这种情况给自己和他人带来困扰——失败的晚餐、对朋友的怠慢，在这几分钟里你必须做五件不同的事情，有些是同时进行的：集中注意做晚餐；把注意力转移到电话上，然后不断地在电话和炉子间转来转去；听朋友讲话时忽略背景音乐；把朋友的要求安排进明天的日程表；留神晚餐煮得如何了。当你处理这种情境时，至少有五种关键的认知过程在起作用：

- **作用于工作记忆内容的选择性注意，引导随后加工从而达成特定目标**（你的注意集中在明天的日程表上，日程表正是你工作记忆的内容）。这种注意通常称作**执行注意**（executive attention），区别于那种从外部世界选择特定空间位置并决定优先知觉什么的注意（详见第 3 章，**注意**）。

- **把执行注意从一项活动或加工转换到另一项活动或加工上**（从看着锅里到接电话）。

- **忽略或抑制已经知觉到的信息**（是的，你之前一直在听音乐，但现在朋友讲话时你听到的音乐变少了）。

- **安排一系列活动**（是否可以将原定的咖啡约会推迟半小时，这样你就可以去城里一趟，然后再回学校）。

- **监控自身行为**（那一锅放了盐的水怎么样了？它怎么老也不开?）。

这五种加工过程被称为**执行过程**。这个术语来自巴德利（Alan Baddeley, 1986）颇具影响力的工作记忆模型，该模型中有独立的言语和视觉信息短时存储系统，以及一个作用于这些存储信息的中枢执行器（详见第 6 章，**工作记忆**）。执行过程组织我们的心理活动，就像一个企业高管协调商业活动；执行过程和企业高管的功能都是管理，而不是"亲力亲为"。企业的执行者可能会出于提高质量控制的目的，通过重新分配资源来扩大服务部门的规模，但具体操作却是由下级部门完成的。与 CEO 的工作类似，执行过程也负责协调下级的加工（例如，记单词和加减数字）。如果现在电话响起来，你能够轻易地从阅读这一行文字的加工中转移到接电话的加工上，因为"转换注意"的执行过程协调了这两种活动。

更规范地说，我们可以将**执行过程**（executive processes）定义为调整其他过程的操作，并负责协调心理活动，以达成特定目标的过程。像执行过程这种操纵其他过程的加工过程被称为**元过程**（metaprocesses）。尽管所有执行过程都是元过程，但并非每一种元过程都是执行过程，因为有些元过程并不协调和控制心理活动。

这一章讨论以下六个关于执行过程的问题。

1. 执行过程是由额叶调节的吗？
2. 什么是执行注意？如何建立关于执行注意的模型？
3. 注意转换包含什么加工？
4. 什么是反应抑制？它有何特点？
5. 对信息进行排序的机制是什么？
6. 对行为的"实时"监控包含了什么加工？

1. 额叶联合区

之所以将执行过程与其他认知加工区别开来，一个主要的原因来自相对早期对额叶损伤病人的研究，这些病人的脑损伤是由**闭合性脑损伤**（closed head injury）引起的，即头部遭受外部撞击，而头骨没有破裂造成的损伤。（为什么车祸或其他头部撞击的事故更容易导致额叶的损伤，而不是其他脑区的损伤呢？如果找点时间研究一下头骨，你会发现头骨的内表面有一些由褶皱挤出的脊，这些脊中最尖锐和最凸出的部分都在额叶附近，所以头骨撞击对额叶的损伤超过其他脑区。）当然，另外一些事件也会导致额叶损伤，例如中风或暂时性缺氧。最早的一个病例，也是早期对额叶功能的思考影响最大的一个病例，来自于 1848 年铁路工人菲尼亚斯·盖奇（Phineas Gage）。盖奇工作的部分内容是利用一根被称为铁夯的 3 英尺长的铁棍将炸药塞进钻孔。有一次炸药提前爆炸，铁夯被炸进他的头部，从左颊下方进入，从头顶穿出（图 7-1），又飞出去很远才落地。盖奇活了下来，但尽管他在生理上已明显恢复，智力受损也很轻微，他的行为却发生了巨大的改变。出事前，他是一个诚实、苦干且性情安静的人；出事后，他变得不负责任、易冲动且经常发怒骂脏话。出事时治疗他的内科医生约翰·M. 哈洛（John M. Harlow），事后对他的情况进行了研究，认为盖奇额叶损伤最严重的脑区与其事故后表现出的社会约束性的缺失之间存在关联。

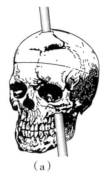
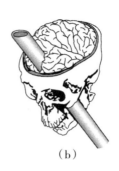

（a）　　　　　　　　　　　　　（b）

图7-1　额叶损伤病人菲尼亚斯·盖奇

（a）这张图重构了铁夯从盖奇脑部穿过的途径，该图出现在约翰·M. 哈洛医生在1868年记录的案例报告中，哈洛是当时盖奇的主治医生，并在盖奇死后研究了他的头骨。

[Harlow, J. M.（1868）. Recovery from the passage of an iron bar through the head. *Publ. Mass. Med. Soc. 2*：327 – 347. 见 http：//home. earthlink. net/~ electrikmon/Neuro/artGage. html.]

（b）这是利用计算机技术再现盖奇脑损伤的现代重构图，清楚地呈现了受损的脑区。盖奇从这次事故中幸存，之后又活了13年，对他的研究拉开了对额叶功能进行系统化分析的序幕。

[H. Damasio, T. Grabowski, R. Frank, A. M. Galaburda & A. R. Damasio（1994）. The return of Phineas Gage：The skull of a famous patient yields clues about the brain. *Science，264*：1102-1105. 见 http：//www. sciencemuseum. org. uk/exhibitions/brain/291. asp. 经允许重印]

20世纪，赫布和彭菲尔德（Hebb & Penfield，1940）最早开始观察额叶损伤病人的一些显著特点。如果只看IQ测试的结果，这些病人基本正常，但就是无法正常生活。就好像他们所有认知成分都是完好的，但却失去了组织和控制这些成分的能力一样。由此一个明显的假设是：额叶执行这些控制过程，即执行过程，因而额叶损伤导致了执行过程的障碍，从而影响了正常生活。

再来看一下P博士的情况，莱扎克（Lezak，1983）对其病史进行了描述，在此我们借用。P博士是一位成功的中年外科医生，他利用行医的收入来追求自己的旅游和运动爱好。在经历一次小型面部手术时，他遭遇了手术并发症，导致他的脑暂时性缺氧，这使得他的额叶部分受到损伤。这个损伤为他的心理功能带来了深刻的负面影响，使他一系列能力下降，包括计划、适应变化，以及独立行事的能力。术后标准的 IQ 测试显示，他智力的大部分成分仍处于高水平，然而他却不能处理很多简单的日常事务，并且无法理解自己的障碍的本质。他的功能障碍非常严重，不仅完全不可能回到原来外科医生的工作岗位，甚至不得不委任他的哥哥作为其监护人。以前，P 博士擅长同时应对多种需求，能够灵活地适应变化的环境和需要。但现在，他只能完成一些最基本的日常活动，并且只能以刻板、固定的方式完成。而且，他丧失了主动行为和计划的能力。他的嫂子不得不提醒他换衣服，经过家人多年的训练之后他才又学会了自己换衣服。后来他在哥哥的公司里当卡车送货司机，但也只能完成一些涉及微小计划的事，因为哥哥会为其规划好一天的任务。哥哥一次只告诉他一单送货信息。每次送完货后，P 博士会打电话回公司问下一站的方向。P 博士完全不清楚自己的状况。他似乎对自己的衣食住行都漠不关心，并对自己受家人监护的状态满不在乎。以前，他是个外向的人，现在他说话声音单调，几乎从不表达情绪。不会主动去做任何事，也不问关于自己生活的问题，空闲时间他满足于看看电视。

　　这是一个执行过程受损之人的故事。P 博士不能理解自己缺陷的实质，说明他的自我监控能力受损；他无法同时处理多种需求，说明他的注意转换有缺陷。而最明显的是，P 博士似乎完全丧失了为达成特定目标安排各种活动先后顺序的能力。他的情况被描述为**额叶综合征**（frontal-lobe syndrome）。

　　实际上，参与执行过程的脑区并非整个额叶，而只是额叶前部，即前额叶（prefrontal cortex，PFC）。图 7-2 是脑左侧的简单示意图，区分了前额叶与其他脑区。前额叶位于运动皮质和辅助运动皮质之前，前额叶的最后端是与言语相关的布洛卡区（详见第 6 章），前运动皮质的一部分可能与严格意义上的前额叶存在部分重叠，也有一些观点认为前运动皮质是前额叶的一部分。

　　前额叶在解剖学上的很多特征使其适于完成执行过程。首先，人类的前额叶非常大，在脑中所占的比例远高于其他灵长类动物。这说明前额叶可能负责一些人类特有的复杂活动，比如在脑中对一系列活动进行安排。其次，前额叶接收来自所有知觉和运动皮质，以及大范围皮质下结构的信息。这种大面积联结为复杂行为所需的多种信息资源的整合提供了物质基础。同时，前额叶为感觉系统、皮质系统和运动系统提供前摄反馈，从而对其他神经结构（包括那些调节客体知觉的神经结构）产生自上而下的影响（Miller，2000）。

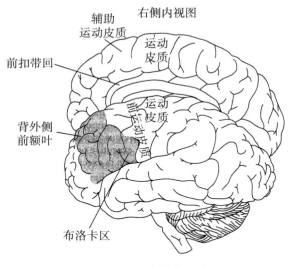

图 7-2　额叶综合征的起源

　　这张图从不同的视角（左半球外侧，以及右半球内侧的一部分）呈现了额叶综合征所涉及的脑区：背外侧前额叶、前扣带回、前运动皮质，以及位于前额叶后端的布洛卡区（注：SMA 代表辅助运动区，将在第 11 章详细介绍）。

（ *Fundamentals of Human Neuropsychology* , 5/E by Bryan Kolb and Ian Q. Wishaw. © 2003 by Worth Publishers. 经允许使用）

　　额叶执行假说（frontal executive hypothesis）认为各种执行过程主要都由前额叶调节。该假说在很长一段时间里被人们广泛接受，并激发了大量研究。这种假说为所有执行过程在核心方式上相似的观点提供了一种概念框架。我们在后面将会看到，这种假说夸大了前额叶对于执行过程的作用，但执行过程与额叶之间确实存在特殊的联系。

理解测验

1. 将执行过程与前额叶联系在一起的直接证据是什么？
2. 前额叶的哪些特点使它非常适合调节执行过程？

2. 额叶损伤与额叶假说

用以诊断额叶损伤的测试大都揭示了执行过程障碍的程度。让正常人群来做这些测试，也能揭示执行过程工作方式的某些特点。

这些测试中最著名的可能要算 **Stroop 任务**（Stroop task）了（见第 3 章）。Stroop 任务是针对注意功能的一项经典的心理测验。该测验在 20 世纪 30 年代由 J. 瑞德里·斯特鲁普（J. Riddley Stroop）设计，至今仍以多种形式被广泛使用（Stroop，1935）（图 7-3）。在 Stroop 测验的标准版中，颜色词以不同颜色的墨水来书写，被试的任务是说出墨水的颜色、忽略单词本身（颜色词）。一种情况下，颜色词与墨水颜色**一致**，如蓝色的单词 *blue*（蓝色）；另一种情况下，颜色名称与墨水颜色**不一致**，如蓝色的单词 *black*（黑色）。记住任务是说出**墨水**的颜色——因此这两个例子的正确答案都是"蓝色"。对正常被试来说，就算名称与墨水颜色不一致，反应的正确率也很高，但是不一致条件下被试的反应时比一致条件下更长。被试在不一致条件下似乎必须进行一些额外的加工，但这些额外的加工进行顺利。额叶损伤，尤其是背外侧前额叶（额叶上部）损伤的病人，其结果的模式不同于正常被试。他们在不一致条件下的反应正确率显著低于正常被试。通常对这些结果的解释是，为了成功完成 Stroop 任务，被试需要选择性地注意墨水颜色，或抑制颜色词的干扰（或两者都需要），而人们普遍认为额叶损伤的被试在选择性注意和抑制方面存在障碍（Banich，1997）。因此，我们在一定程度上支持这种观点：执行注意和抑制都属于执行过程，它们显然都是元过程，都由前额叶调节。

值得注意的是：我们从直觉上认为注意和抑制是同时进行的——很难想象在集中注意某个事物时，不需要同时忽略另外一些事物。换个说法，很难想象加工某种信息时，不需要同时抑制对其他信息的加工。那么我们是否可以认为注意和抑制是由相同的内在加工引起的呢？这个问题从一开始就一直困扰现代认知心理学研究者。在标志着认知心理学形成的经典著作之一——奈瑟（Ulric Neisser）的《认知心理学》（*Cognitive Psychology*，1967）中，作者指出选择性注意可能通过两种途径完成：将注意集中在需要注意的表征或过程上，或者抑制其他所有无关的表征或过程，用实验的方法通常很难区分集中和抑制。近期的执行注意模型（例如，Cohen et al.，1996）同时包含了兴奋性和抑制性成分。从包含选择性集中成分或抑制成分的注意概念开始讨论都是不错的选择，但我们稍后会讨论那些明显需要反应抑制的情况。现在，当我们谈到执行注意时，不要忘了它有时也涉及抑制。

BLUE	**WHITE**
BLACK	**GRAY**
GRAY	**WHITE**
BLUE	**BLACK**

图 7–3 双色书 Stroop 任务

现在请你尽快说出这两列词的**油墨**颜色（不要读词）。你感觉自己在这两列词上的表现有什么不同吗？

(Fundamentals of Human Neuropsychology, 5/E by Bryan Kolb and Ian Q. Wishaw. © 2003 by Worth Publishers. 经允许使用)

威斯康星卡片分类任务（Wisconsin Card Sort task）（图7-4），是另一项广为人知的检测额叶损伤的测验。被试面前摆放四张刺激卡片，每张卡片上的图案具有三个属性（数量、颜色和形状），它们的值各不相同。例如：一个白色三角形，两个湖蓝色星形，三个淡蓝色十字，四个其他颜色的圆形，其中颜色的数量是受规则限制的。被试的任务是从一副与刺激卡片类似但某些属性不同的卡片（即三种属性以不同的值组合，例如三个白色圆形，或一个淡蓝色三角形）中，依次取出每张卡片，使之与四张刺激卡片中的一张配对。这个任务的困难之处在于：主试不告诉被试配对的标准——数量、颜色或形状，而只告诉被试其配对"正确"或"错误"。一开始，被试必须对配对标准的属性进行猜测，但因为被试在每一次反应之后都得到反馈，他们最终能够推测出正确的属性。在他们对大约10张卡片做出了正确分类之后，主试将在不给提示的情况下改变配对标准的属性。通过反馈，正常被试很快就会发现标准属性的改变，并继而推测出新的标准属性是什么。

有趣的是，从找出最初的标准属性的表现上看，正常人与额叶损伤的病人之间没有差异，但在转换属性的能力（注意转换的一个例子）上存在很大差异。正常被试在接收到几次"错误"的反馈之后，就能转换标准属性，而额叶损伤被试转换属性的能力则差很多，他们通常还会用原来的标准属性继续进行多次卡片分类（Banich，1997）。一些逸事性的报道指出，额叶损伤病人能够指出标准属性改变了，然而他们会继续按照原来的标准属性进行分类。这说明注意转换是另一种会因为额叶损伤而受影响的执行过程。

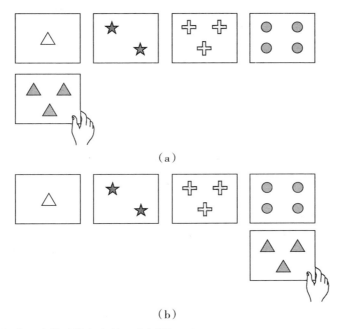

（a）

（b）

图 7-4 威斯康星卡片分类任务的两个例子

在这个例子中，任务是根据颜色分类。（a）错误的分类：被试根据形状而不是颜色进行分类。（b）正确的分类：被试根据颜色而非形状或数目进行分类。

（After Banich，Marie T.，*Neuropsychology: The Neural Bases of Mental Function.* © 1997 by Houghton Mifflin Company. 经允许使用）

更为系统的证据表明，与额叶功能相关的测试任务所涉及的认知过程包括执行注意、抑制和注意转换（Miyake et al.，2000）。鉴于本章的学习目标，我们只需再了解一个与额叶功能有关的任务——汉诺塔问题（the Tower of Hanoi problem，图 7-5）（你可以在网上找一个汉诺塔问题的电子版，玩上几回，很快就能明白这个任务的要求）。这个任务最简单的版本包含三根柱子和三个大小不一的圆盘。一开始，三个圆盘都在柱子 1 上，被试的任务是将这些圆盘都移动到柱子 3 上，要求是每次移动一个圆盘，大的不能放在小的上面。这个任务还有一个要求：被试需要"在脑子里"解决问题——没有工具可供操作、没有电脑版本、没有纸笔。一旦他们解决了问题，就要求其在实物上演示解决方案：通过移动真实的圆盘或借助电子设备来模拟。行为实验揭示了一种最常用的策略：被试将初始状态的三个圆盘表征在工作记忆中，将注意力选择性地集中于柱子 1 上最上面的圆盘，在心里将它移到柱子 3 上，将工作记忆中的表征刷新为移动后圆盘的状态，再将注意力选择性地集中于柱子 1 上的中号圆盘，将它移到柱子 2 上，再次刷新工作记忆，依次类推（例如，Rips，1995）。

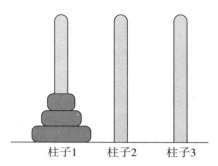

柱子1　　柱子2　　柱子3

图 7-5　三圆盘汉诺塔问题
最开始，所有的圆盘都在第一根柱子上，如图。任务是将所有圆盘移到第三根柱子上，要求是每次只能移动一个圆盘，而且大的圆盘不能放在小的上面。

额叶损伤病人，尤其是背外侧前额叶损伤病人，在汉诺塔问题上的表现很糟糕，他们解决该问题所用的步骤比正常人多很多（Shalice，1982）。就执行过程而言，有两点非常重要。第一，汉诺塔任务需要注意一些圆盘而忽略其他圆盘，同时需要在多个心理移动之间进行注意转换并刷新工作记忆，因此，它包含了执行过程的一般内容。第二，汉诺塔任务涉及目标（"把大圆盘移到柱子 3 的底部"）和子目标（"把柱子 1 底部的大圆盘取出来"）。因此，目标被分解为多个子目标，大问题被分成一些小问题，这说明通过子目标来分解问题，以及对各个步骤排序也是执行过程的成分（这些加工成分详见第 10 章）。

以上我们主要介绍了额叶受到直接损伤的病人，但另外一些并非额叶直接受损的病人也会表现出一定的额叶综合征。早期阿尔茨海默症（Alzheimer's disease，AD）病人的主要症状是记忆力丧失，但他们的另一早期症状是在额叶功能相关任务中的表现很差（例如，Baddeley，1986）。阿尔茨海默症病人最先受到影响的脑区之一就是前额叶，因而阿尔茨海默症病人也有可能出现额叶综合征。而且，现在很多神经学家和神经心理学家发现，有学习障碍的儿童和一些在工作中严重缺乏组织性、事业失败的成人中存在一种他们称之为**执行障碍**的问题。各种不同的疾病和障碍都表现出相同的功能——执行过程——受损，这一事实进一步证明了这类过程是一种区别于其他认知过程的独立类别。

除了本章一开始罗列的五种过程，是否还有其他类型的执行过程？可能有，通过子目标分解问题和刷新工作记忆就是可能的选项（见 Banich，1997；Gazzaniga et al.，1998）。但是这两项都没有得到系统的研究。接下来的章节要介绍的正是得到系统研究的五种执行过程：执行注意、注意转换、反应抑制、时间编码以及排序、监控。在日常生活中，这五种认知过程也是很多真实生活情境所必需的。

理解测验

1. 为什么 Stroop 任务需要执行注意？
2. 为了很好地完成汉诺塔问题，哪些执行过程是必需的？

3. 执行注意

当工作记忆包含多重心理表征，或这些表征操作有多个过程时，它们就会争夺认知和行为上的控制。此时就需要执行注意的参与，它对随后的加工起着导向作用。当你下国际象棋时，你会和图 7-6 中下棋的人一样，注意到一条棋路上的多个棋子；当你做填字游戏时，你会注意某些空格和词而抑制其他空格和词；当你听到一句模糊不清的话时，你会注意到某种意思而忽略其他意思。事实上，很难想到一种复杂的心理事件**不**需要执行注意。你在厨房里一边注意听朋友的电话，一边注意正在沸腾的煮面水时，执行注意是必不可少的。

执行注意决定哪一个竞争事件将获得控制权。让我们再看看要求命名墨水颜色的 Stroop 任务（刺激是颜色词），因为这是一个能帮助我们理解执行注意的理想任务。对正常被试来说，基本的发现是被试说出墨水颜色的时间在墨水颜色与颜色词一致的条件下（红色墨水书写的 *red*）比不一致条件下（红色墨水书写的 *blue*）更短。本质上来说，当需要克服自动反应（即该反应无须显在目的，比如即使单词 *red* 是用蓝色墨水书写的，仍回答

"red"）时，就需要特定加工的参加，以使行为符合目标。多年来，研究者设计了很多满足这一特征的其他任务。例如，当图片上的香蕉不是黄色而是其他颜色时，被试要报告香蕉的颜色就更困难一些（Klein，1964）。因此，Stroop 效应也适用于非颜色刺激，就像**香蕉**图片一样，它们代表着有特定颜色的物体。

图 7-6 这里需要执行注意

至少对于新手来说，玩国际象棋时，每走一步都需要执行注意。

（Photograph by Lon C. Diehl. Courtesy of PhotoEdit Inc.）

现在我们来讨论一种与 Stroop 任务稍有不同的任务：**刺激-反应一致性任务**（Fitts & Deininger，1954）。**刺激-反应一致性**（stimulus-response compatibility）是一种指标，反映了人为设置的刺激-反应的对应关系与人们自然反应模式之间的一致性程度。一致性可以是空间的，如在旋转地图中（即通过旋转地图中心可以使地图的方位与观察者的方向一致），也可以是符号性的（例如，用高音作为向上运动的信号、低音作为向下运动的信号）。

在一个有代表性的测量刺激-反应一致性的任务中，刺激可能出现在显示器的左侧或右侧。在**一致**条件下，被试对出现在左侧的刺激按左键反应，对出现在右侧的刺激按右键反应。**不一致**条件下，刺激-反应的对应关系反过来，即左侧刺激用右键反应，右侧刺激用左键反应。很显然，一致条件下，刺激-反应之间的关系更自然。一致条件下的反应时比不一致条件下更短（Kornblum & Lee，1995；Kornblum et al.，1990）。这一结果在工业设计的安全性方面有重要的应用（图 7-7）。这种**一致性效应**是认知心理学领域最容易验证的现象之一。值得注意的是，就算刺激的位置与任务无关，也能得到类似的结果。假设被试必须在看到圆形时按右键，而看到方形时按左键。尽管圆形或者方形出现的位置与任务无关，但当刺激出现的位置与按键规则一致时，被试的反应更快（Simon，1990）。

图 7-7　合理设计仪表盘保障飞行安全

像这种复杂的控制面板，刺激–反应的一致性对各种控制按钮的位置设置，以及各个仪表显示的安排都非常重要。

(Photograph by Tom Carter. Courtesy of PhotoEdit Inc.)

什么机制在这些任务中发挥作用？刺激与反应之间要么存在相对自动的联系（墨水颜色伴随颜色词，刺激位置伴随反应位置），要么存在主观的联系（墨水颜色与某种颜色词被主观地联系起来，反应位置与相反的刺激位置主观地联系起来）。当联系是自动的时，基本不需要执行注意的参与（P 博士即便在脑损伤后，仍然能够完成一些最基本的外科常规手术——很可能这些手术已经自动化了）。但是，当两个信息源不一致时，你就必须注意与任务相关的信息（例如，"颜色才是关键"），而且可能需要抑制自动联系（P 博士显然做不到这一点，他只能以一种刻板、不灵活的方式执行日常事务）。这种注意与抑制意味着额外的认知任务，通常我们能意识到必须这样做才能达成目标。

3.1　冲突加工的神经网络模型

大部分研究者同意以上关于注意与抑制的表述，但真正的难题在于阐明细节。在基本的 Stroop 任务中，被试必须关注墨水颜色，可能还需要抑制颜色词。这个过程具体是怎么完成的，哪些表征和加工参与其中？对此，研究者们提出了大量的假设（例如，Kornblum et al.，1990；Zhang et al.，1999），但其中最有影响的可能是由科恩（Jonathan Cohen）及其同事历经数年提出的神经网络模型。如果我们一步一步搭建这个模型会更容易理解它。图 7-8 展示了第一步。

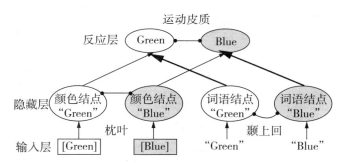

图 7-8　Stroop 任务中认知加工的三级神经网络模型

最下面的一层是输入层，颜色和词语信息都在这一层进行编码。信息从这里流向隐藏层（之所以称为"隐藏层"是因为这层与外部世界没有直接联系）：颜色信息流入相应的颜色结点，词语信息流入相应的词语结点。（由于印刷颜色的限制，对蓝色进行编码的结点用灰色表示，对绿色进行编码的结点用白色表示，下图同）最上一层是反应层：来自隐藏层的颜色和词语信息都流向反应层上相应结点。隐藏层上的词语结点与其在反应上相应的结点之间的联结强度很可能比颜色结点与相应的反应结点之间的联结更强（用连线的粗细表示）。在反应层上，词语结点占主导地位，因而不一致条件下被试会出现很多错误。可能调节各种认知成分的神经结构被标出。带箭头的连线代表兴奋性的连接，带黑点的连线代表抑制性的连接。（该模型的其他特征见正文）

　　这是一个相对简单的模型——信息只会向上传递，历经三个层次：输入层、隐藏层和反应层（神经网络模型详见第 1 章；图 1-14）。你可以将结点看作表征，把结点间的连线看作它们之间的联系，这些联系的重要性或影响力各异。为保持图示简洁，用线条的粗细而不是数量的多少来表示联系的重要性。此外，图中也没有标注不同表征的激活程度——你可以假定它们一开始激活程度相同。带箭头的连线是兴奋性的，它将激活从一个结点传递到另一个结点；带黑圆点的连线是抑制性的，它会降低接收结点的激活水平。注意，在隐藏层和反应层内，这种联结大体上都是抑制性的。例如，在 Stroop 任务中，刺激只能有一种颜色，"如果它是蓝色的，就不可能是绿色的"，能做出的反应也只有一种。

　　在 Stroop 任务中，当刺激（例如，绿色油墨印刷的单词"blue"）呈现时，颜色表征和词语表征同时被激活（见图 7-8 中的输入层和隐藏层）。

由于隐藏层中的词语表征与相应的反应结点之间的联系更强（这种联系是相对自动化的），因而通常与颜色单词相关的反应结点会被激活（**通常如此**，但并**不总是如此**，因为系统中存在干扰因素）。因此，就算是正常被试，在不一致条件下也会经常出错，比如当油墨是绿色时，回答"blue"（蓝色）。但事实并非如此，那么这个模型一定还存在某些问题。

问题就在于这个模型缺少一个执行注意成分。图 7-9 补充了这一成分（同时添加了另一个成分）。科恩等（如 Cohen et al.，1996）称这种成分为**注意控制器**（attentional controller）。注意控制器包含对当前目标的指示，并增强与目标相关的结点的激活程度。仍以 Stroop 任务为例，注意控制器指示了当前目标——"根据油墨颜色做出反应"——并且增加了隐藏层的所有颜色结点的激活，使得这些结点与反应层中结点的联系更强，超过了人们非常熟悉的（因而联系紧密）词语结点与相应的反应结点之间的联系。这样的结果是：即使在不一致条件下，被试的正确率也会很高，事实上正是这样。现在当出现绿色油墨印刷的单词"blue"时，颜色结点与相应的反应结点之间的联系将主导加工过程。为什么不一致条件还是比一致条件下的反应时更长呢？这是因为有些词语结点的激活还是接通了相应的反应结点。在一致条件下，这种激活只是增强正确反应结点的激活程度；而在不一致条件下，无关激活将会与来自颜色结点的相关激活之间竞争，之所以出现竞争，是因为在反应结点之间存在抑制性的联系。

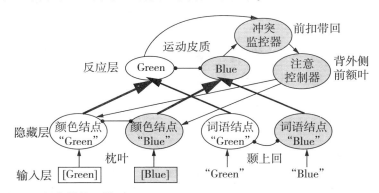

图 7-9　Stroop 任务的修正模型

与图 7-8 的模型相比，主要增加了两个内容：一是**注意控制器**。注意控制器在隐藏层增强了所有颜色结点的激活，因而现在颜色结点与反应层上相应结点之间的联系比词语结点与相应的反应结点之间的联系更强。二是**冲突监控器**，主要负责监控反应水平的冲突的程度。图中标出了调节各个认知成分可能的神经结构。

　　图 7-9 中增加的另一个成分是**冲突监控器**（conflict monitor），它把整个模型联系在一起。该成分监控反应层上的结点之间的冲突：当冲突增加时，它便启用执行注意；当冲突强烈时，冲突监控器通过注意控制器加强注意。两种反应的激活程度越接近，反应冲突越强烈；激活程度之间的差异越大，反应冲突越小。总的来说，当正确反应是自动或优势反应时，反应水平没有冲突，不需要执行注意的参与。例如，颜色名称使用不同颜色的油墨印刷，而任务仅仅是**读出单词**时，一个识字的成年人所进行的自动加工就属于这种情况。当正确反应不是自动化的时候，冲突就会在反应水平上被测量到，这种情况将被冲突监控器探测到，进而将会启动执行注意，这反过来将会把当前目标的要求强加给加工过程。例如，被试必须说出油墨的颜色，而油墨颜色与颜色词名称不一致时就是这种情况。至于额叶损伤病人在完成这种任务时所表现出的障碍，很可能是由执行注意上的缺陷导致的。因此，图 7-8 缺少执行注意成分以及启动执行注意的信号，它恰好为额叶损伤病人的行为模式提供了一个可能的模型。

　　关于图 7-9 所示神经网络模型中各重要成分的神经基础，也取得了一些研究进展。研究者采用 Stroop 任务及相关的任务进行了大量神经成像研究，乔耐德等（Jonides et al.，2002）回顾了大量这类研究，以考察是否有某些共同的脑区在所有执行注意的任务中被激活，结果见图 7-10。每个点代表一个研究中发现的激活。这些黑点主要集中于三个区域：一是前扣带回（一般认为该区域主要参与监控加工），另一个是前扣带回腹侧邻近区

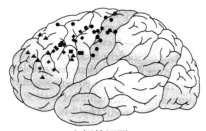

左侧外视图

图 7-10　Stroop 任务的神经成像研究结果汇总

　　脑示意图上的各个点代表用 Stroop 任务进行的不同的神经成像研究中发现的主要激活区域（以不同符号表示）。这些点大部分集中于背外侧前额叶至前扣带回一带。

[Jonides，J.，Badre，D.，Curtis，C.，Thompson-Schill，S. L. & Smith，E. E.（2002）. Mechanisms of conflict resolution in prefrontal cortex. Adapted from *The Frontal Lobes*，edited by D. T. Stuss and R. T. Knight. Copyright © 2002 by Oxford University Press. 经牛津大学出版社允许重印]

域，第三个是右半球背外侧前额叶。背外侧前额叶在工作记忆和执行过程中发挥着重要作用（见第 6 章），它与前扣带回之间联系紧密。

这些研究结果与理论很吻合。很可能前扣带回调节冲突监控，而背外侧前额叶调节执行注意，这种观点得到一些强有力的成像证据的支持。证据来自一项 fMRI 研究（MacDonald et al.，2000），实验包括 Stroop 任务和一个阅读任务。每次测试的第一部分呈现指导语，告诉被试接下来的任务是说出墨水的颜色还是读出单词。几秒钟之后开始第二部分，呈现特定墨水的颜色词。想一下在第一部分会发生些什么：如果被试被告知接下来的任务是读出单词（而他们没有阅读障碍），就不需要执行注意；相反，如果被试被告知接下来的任务是说出墨水的颜色，他们就知道自己需要注意的帮助（他们知道这一点，很可能是基于过去的经验，这可能是在练习过程中获得的经验）。当被试知道自己需要帮助时，他们就会启动执行注意。由于执行注意是由背外侧前额叶调节的，那么第一部分的两种指导语应该引起背外侧前额叶活动上的差异。但前扣带回的活动不会有差异，因为冲突还没有出现——包含冲突的正式任务还没有被呈现。这种脑激活模式正是该实验得到的结果［见图 7-11（a）］。

现在我们来看看第二部分，当被试需要在 Stroop 任务中命名油墨的颜色时是什么情况。在不一致条件下，反应层面上有冲突，由前扣带回调控的冲突监控器将探测到这种冲突。因此在颜色命名任务的第二部分，一致与不一致两种条件引发的前扣带回的激活应该出现差异。这一预期再次得到了结果的验证［见图 7-11（b）］。

图 7-12 为我们提供了理解该模型及其他类似模型（例如，Polk et al.，2002）的另一个视角。你可以看到，在 Stroop 任务以及其他冲突任务中，神经激活一般从脑前部的前额叶向后部脑区传递。这种从前往后的加工正是执行注意模型的核心。在 Stroop 任务中，神经激活从前额叶传递到脑后部负责颜色加工的梭状回（fusiform gyrus）。在包含运动反应冲突的任务中，例如对右侧刺激按左键反应，神经激活从前额叶向后传递到参与运动计划的前运动皮质。可见，脑的控制中心在前部，后部是受控制的区域。

上面我们描述的监控及注意模型得到了来自额叶损伤病人的行为数据，以及来自正常人群的行为数据和脑成像数据的支持。该模型是目前关于执行注意的主导理论，但也存在一些争议。其中一个挑战是，一些研究者认为在 Stroop 任务以及相关任务中，不止一种注意-抑制在发挥作用（例如，Jonides et al.，2002）。米勒姆（M. P. Milham）及其同事（2001）提出，加

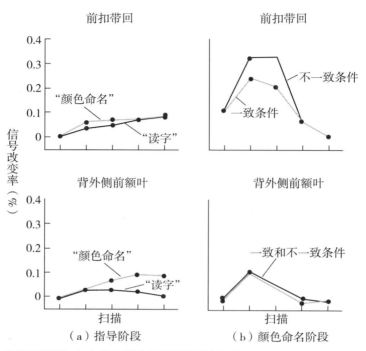

图 7-11 注意控制器与冲突监控器分离的神经成像证据

任务包含一个指导阶段和一个颜色命名阶段。在指导阶段，告诉被试他们接下来的任务是说出单词（"读字"），还是像在 Stroop 任务中一样说出油墨的颜色（"颜色命名"）。在颜色命名阶段，被试必须在一些情况下说出油墨的颜色，油墨颜色与颜色单词可能一致也可能不一致。（a）在指导阶段，前扣带回不受将要执行的任务类型的影响（前扣带回只"关心"冲突）；背外侧前额叶在将要执行颜色任务时比将要执行读词任务时表现出更强的激活（"启动了注意控制器"）。（b）在颜色命名阶段，前扣带回在不一致条件下比在一致条件下激活更强（因为前者冲突更强）；而背外侧前额叶的激活程度在两种条件下没有差异。（两种条件下可能都需要注意控制器的参与）

[Adapted from MacDonald, A. W., Cohen, J. D., Stenger, V. A. & Carter, C. S. (2000). Dissociating the role of the dorsolateral prefrontal and anterior cingulate cortex in cognitive control. *Science*, *288*, 1835-1838. 经允许重印]

工过程要么在反应水平上要么在**更早的加工阶段**需要注意，但只有反应水平上的执行注意激活了前扣带回。这些观点得到实验结果的支持，这些实验使用了我们的老朋友——Stroop 任务。米勒姆及其同事使用了两种不一致条件。一种是**不一致-有可能**（incongruent-eligible）条件，颜色词（是需要抑制的）也可能作为墨水颜色的名称，因而它有可能是正确反应。因此，

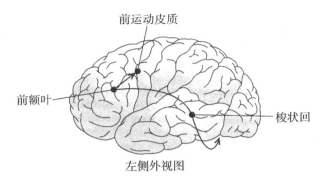

图 7-12　注意过程中由前往后的脑激活模式

　　在进行 Stroop 任务时，大脑激活从位于前额叶的注意中心向后到达颜色加工区的梭状回。在进行刺激-反应一致性任务时（"左侧刺激右手反应"），大脑激活从注意中心向后到达位于前额叶后部的前运动皮质。

　　需要说出的墨水颜色有三种：蓝色、黄色和绿色，使用的三个单词分别是 *blue*（蓝色的）、*yellow*（黄色的）和 *green*（绿色的）。另一种不一致条件是**不一致-不可能**（incongruent-inelligible）条件，颜色词不会作为墨水颜色的名称出现，因而不可能是正确反应。需要命名的墨水颜色仍然是蓝色、黄色和绿色，但使用的三个单词分别是 *red*（红色的）、*orange*（橙色的）和 *brown*（棕色的）。用 fMRI 扫描被试在完成该任务时的脑部活动，发现背外侧前额叶在两种不一致条件下都被激活，但前扣带回只在不一致-有可能的条件下被激活，也就是说，前扣带回只在反应水平需要抑制时才被激活。这些结果对前扣带回是冲突监控器的观点提出了挑战，提示前扣带回可能负责反应抑制（对已经准备好的或部分准备好的反应的抑制）。但无论如何，神经网络模型的主要框架仍得到认可。毫无疑问，该模型的细节将不断得到正在进行的研究的验证，因为我们处在认知心理学和认知神经科学历史上一个令人激动的时期！

3.2　执行注意与分类

　　将物体划入某种类别是你每天都要进行多次的一种心理加工，执行注意在这个过程中起着重要作用。比如你每次意识到一种特殊的生物是狗（你把这种生物划入**狗**的类别）时，或者你把一个看起来很奇怪的豆包状的东西认定为椅子（你把这个东西划入**椅子**的类别）时，你就在进行着客体分类（有关分类的详细介绍见第 4 章）。

里普斯（Rips，1989）想要证明分类不仅仅是待分类物体的相似性和相应的长时记忆表征的问题。在他的实验中，每次测试时他都给被试呈现有关一个测试物体的简短描述和两个类别名。例如，描述可能是"一个直径 3 英寸的物体"，两个类别名分别是**比萨**和 **25 分硬币**。注意 **25 分硬币**这个类别，在所描述的直径这一维度上是固定的——25 分硬币有特殊的尺寸，其直径均小于 3 英寸；而另一个类别**比萨**在直径这一维度上可变化的范围却很大。这种**固定**类别和**可变**类别之间的差异被证实是很重要的。

所有被试都需要判断哪种类别更符合对每个测试物体的描述。但实验者要求不同的被试组以不同的方式做出判断。"相似性"组的被试被要求根据测试物体与类别之间的相似性做出判断。主试对刺激材料进行了挑选，使对物体的描述与两个类别之间的相似程度基本相等——3 英寸的物体与比萨（圆的、通常更大一些）和 25 分硬币（圆的、总是更小一些）之间的相似性差不多，因此，我们可以预期在固定的 **25 分硬币**和可变化的**比萨**之间，被试做出的判断会出现五五分的局面，而这基本正是实验得到的结果（Rips，1989；Smith & Sloman，1994）。相比之下，"推理"组的被试仅仅依靠相似性还不够，他们被告知只有一个正确答案，并进行出声思考。这种强调会引导被试**注意**两个类别的尺寸维度，意识到 25 分硬币的直径不太可能有 3 英寸（根据美国财政部的规定），测试物体更可能是可变化类别（**比萨**）中的一员，而不是固定类别（**25 分硬币**）中的一员。实验结果又一次证实了预期（Rips，1989；Smith & Sloman，1994），提示两种基本的分类策略之间的关键区别在于是否有执行注意的参与。

如果执行注意确实是由前额叶调节的，我们可以预期额叶损伤（包含前额叶）病人在进行基于推理的分类判断时会有困难，而进行基于相似性的分类判断则相对容易（相似性的神经机制可能分布于整个大脑皮质）。格罗斯曼等（Grossman et al.，2003）证实了这一预期。对基于相似性的分类判断任务，额叶损伤病人与同年龄的正常被试之间没有差别。与此形成鲜明对比的是，对基于推理的分类判断任务，额叶损伤病人将测试物体划分为固定类别（**25 分硬币**）和可变化类别（**比萨**）的次数总是差不多，而正常被试更多地把测试物体划分为可变化类别。这很可能是因为额叶损伤病人的执行注意受损，因此他们不能顺利应用基于推理的分类策略（详见**深度观察**专栏）。

而且，如果执行注意确实由前额叶调节，正常人进行基于推理的分类时该区域应该有明显激活，而进行基于相似性的分类时则不会激活该区域。

格罗斯曼等（2002）通过 fMRI 研究验证了这个假设。

综合来看，有三个不同方面的证据共同证明了执行注意的功能：（1）对正常被试的行为研究（**比萨-25 分硬币**）发现基于相似性和推理的分类不同；（2）对额叶损伤病人相应的行为研究发现，额叶损伤病人只在基于推理的分类任务上有缺陷；（3）脑成像研究发现，正常人进行基于推理的分类时前额叶被激活，而进行基于相似性的分类时前额叶未被激活。很难想象有什么复杂的认知过程在对工作记忆的内容进行加工时不需要执行注意的参与。

深度观察

前额叶损伤、推理与类别决策

穆拉伊·格罗斯曼（Murray Grossman）、爱德华·E. 史密斯（Edward E. Smith）、菲莉斯·凯尼格（Phyllis Koenig）、圭拉·格洛瑟（Guila Glosser）、简·李（Jine Rhee）和卡尔·丹尼斯（Karl Dennis）等研究者力求证实假设：前额叶参与了基于推理和相似性的分类判断。他们的研究结果发表在 2003 年的《认知、情感与行为神经科学》[*Cognitive*，*Affective & Behavioral Neuroscience*，3（2）：120-132] 上，题目为"阿尔茨海默症和额颞叶痴呆病人的客体分类：基于规则加工的局限性"（Categorization of Object Descriptions in Alzheimer's Disease and Frontotemporal Dementia：Limitation in Rule-based Processing）。

研究简介

研究者假设：前额叶损伤的病人不能进行基于推理的分类判断，但能够进行基于相似性的分类判断。因为只有基于推理的分类判断才需要由前额叶调节的加工，尤其是执行注意加工。

研究方法

比较正常被试与早期阶段的阿尔茨海默症病人，这些病人皆存在前额叶萎缩。两组被试在年龄和受教育年限上互相匹配。

这两组被试均需完成两个任务，即里普斯（Rips，1989）及史密斯和斯洛曼（Smith & Sloman，1994）的 **25 分硬币-比萨**实验中所采用的两个任务。两个任务的每次测试都以对测试物体（或事件）的简单描述开始，例如，"一个直径 3 英寸的物体"，然后呈现两个类别名：**比萨**和 **25 分硬币**。在相似性条件下，要求被试根据测试物体与类别之间的相似性做出分类判断；在推理性条件下，告诉被试只有一个正确答案，并要求他们"出声思考"，运用推理进行分类判断（25 分硬币的尺寸是固定的，而比萨的大小可变化）。如果研究者的假设是正确的，那么阿尔茨海默症病人与正常被试在相似性条件下不会出现差异，但在推理性条件下阿尔茨海默症病人将会比正常被试的表现更差（即他们应该更少选择可变化的类别）。

研究者选取了 25 个不同的项目，其结构均与 **25 分硬币-比萨**的例子类似。为了避免第一种条件下关于反应规则的记忆影响另一种条件，正常被试的两种任务均采用组间设计。阿尔茨海默症病人的两种条件则采用组内设计，两次测试之间间隔一个月（经过一个月的时间，阿尔茨海默症病人会完全忘记第一次测试；记忆丧失是阿尔茨海默症病人的主要症状）。

结果与讨论

研究者感兴趣的结果是各组被试选择可变化类别的次数百分比。在相似性条件下，正常被试和阿尔茨海默症病人选择可变化类别的百分比分别为 58% 和 59%。当不需要执行注意（因而不需要前额叶）参与时，两组之间没有差异。该结果与假设一致。在推理性条件下，正常被试和阿尔茨海默症病人选择可变化类别的百分比分别为 78% 和 58%。当需要执行注意（及前额叶资源）参与时，正常人比阿尔茨海默症病人的表现更好。这一结果直接支持了研究假设。

3.3　意识的作用

我们一次又一次地发现，当正确反应必须依赖于一个非自动加工，而同时又有一个自动加工与之竞争时，认知冲突就会出现。对于识字的成人来说，读出单词可能是一种自动加工，而命名油墨的颜色则不是（因而需要注意的帮助），这种差别可能正是产生 Stroop 效应的原因。但"自动"和"非自动"这类概念究竟意味着什么呢？在一定程度上这个答案可能与意识有关。

大多数观点认为，**自动加工**（automatic process）就是没有目的驱动的加工（在 Stroop 任务中，你读出单词之前有没有意图并不重要），自动加工的操作非常快（读词只需要大约半秒钟），而且，就我们目前讨论的内容来说，最重要的是，自动加工可以在没有**意识**参与的情况下进行（你不需要有意识地注意单词就能知道它的读法）。相反，非自动加工（通常称为**控制加工**）是一种有目的的（你必须有命名油墨颜色的意图）、相对较慢的、需要意识参与的加工（你必须有意识地注意油墨的颜色）（Posner & Snyder，1974；Shiffrin & Schneider，1977）。

但是，在这里我们提到的**意识**这个词具体又指什么呢？意识是伴随着某种特殊现象——体验——的状态，这种体验可能反映了特定类型的信息加工。哲学家们对不同类型的意识进行了区分（例如，Block et al.，1997）。较低的水平是**觉察意识**（awareness consciousness），在这种状态下，你能够觉知外界环境呈现给你的刺激和事件。较高的水平是**内省意识**（introsepctive consciousness），在这种状态下你不仅能够觉察外界刺激，也能觉察内部表征和加工。这两者的区分对于解决有些问题非常重要，例如：是否有特定脑区的损伤会对这两种意识产生不同的影响，或者非人类物种是否具有觉察意识，但不具有内省意识。很显然，我们前面讨论的意识类型是内省意识，因为我们讨论的是有关内部冲突监控的模型。

无可争议的是，能够引起意识的信息加工资源是有限的（威廉·詹姆斯在一百多年前就已提出这一点）。因而，我们能够同时意识到的事物是有限的。实际上，有的研究者认为，我们在一段时间内只能意识到一个事物（McElree & Dosher，1989）。如果说资源是有限的，意识背后的加工就很像注意，实际上这两个概念紧密地联系在一起。有可能每当我们注意到某种刺激或者心理表征时，我们就能意识到它的存在（本书大部分内容也是基于这一假定的）。只不过，关于意识的这种现象学的功能，目前仍然存在争议。

这么看来，似乎非自动加工需要认知资源，从而引发意识，而自动加工则不需要。通常，我们都不会意识到我们在读一个词或者取一只杯子时进行了什么加工。很多情况下，有些一开始需要意识参与的加工，在经过长期的练习之后就不再需要意识了。体育运动中有很多这种例子。网球新手可能非常在意他们每一次击球的动作要领，不断提醒自己先跑到落球点，然后全力将球拍往后拉，而老练的网球手则是在无意识状态下完成这些基本动作的。

关于意识的神经基础，我们都了解些什么呢？一种观点认为，在像Stroop 任务这种冲突情境下，前扣带回只有当意识到冲突时才发挥作用（Jonides et al.，2002）。不少研究者提出了另一种假设，例如 DNA（脱氧核糖核酸）结构的共同发现者弗朗西斯·克里克（Francis Crick）和他的同事克里斯托夫·科赫（Christof Koch）。在大量认知神经科学研究结果的基础上，克里克和科赫（Crick & Koch，1995）推测只有当信息到达额叶时才能被意识到。这些观点正确与否，只能留待时间来验证。

理解测验

1. 在 Stroop 任务上，额叶损伤病人与正常被试之间有什么区别？
2. 在 Stroop 任务的神经网络模型中，在不一致条件下是哪两个成分在发挥作用？

4. 注意转换

假设你正站在闷热的厨房里，电话响了，水就要开了，音响里正放着你最喜欢的歌。在一团乱麻里你却有条不紊，这都归功于你的执行注意，它让你根据需要时而注意这个方面，时而注意另一个方面。你是怎样做到的——你怎样做到把注意力从电话上转移到意大利面上？要控制内部加工，我们不仅需要注意某些表征或加工，还必须能够将我们的注意在不同的表征或加工之间进行**转换**。在**注意转换**（switching attention）中，注意的焦点从一个事物转移到另一事物，因此你才有可能将晚餐端上桌子。

4.1 转换的耗时

注意转换的研究一般要求被试在第一次测试时做一个任务，第二次测试时做另一个任务，第三次测试又做第一个任务，第四次测试做第二个任务，这样循环往复，直到做完一组测试。例如，所有的测试可能都包括一个数字和一个字母，第一次测试，被试需要注意数字，并尽快判断该数字大于 5 还是小于 5，第二次测试，被试需要注意字母，并判断字母是元音还是辅音，接下来又需要注意数字，再接下来注意字母，依次类推（例如，Rogers & Monsell，1995）。将这种交替任务与一整组测试进行同样任务的情况进行对比。在相同任务组中，被试在一组中只做是否大于 5 的判断，接下来一组中只做元音-辅音的判断。有任务变换的测试组称为**交替区组**（alternative blocks），只有一种任务的测试组称为**单纯区组**（pure blocks）。为了考察转换行为是否需要耗时，将交替区组的平均反应时减去单纯区组的平均反应时。多次研究得到的一致结果是：被试在交替区组的反应时比在单纯区组的反应时更长。这种反应时的差异一般为 100—300 毫秒，通常我们认为它反映了**转换代价**（switching cost）。

不过，让我们停下来想一下，这种交替任务的条件好像不太可能发生在我们的日常生活中。你不会在某个日程安排表上让做饭和讲电话交替进行——而且，如果出现了第三个迫切需要你注意的任务又会怎样呢？在日常生活中，你会根据实际情况注意不同的需要。某个任务需要你的时候你就去做，你不能每时每刻都预测接下来会有什么任务需要完成。有没有针对这种临时转换的研究呢？有！

例如，加拉瓦纳（Garavan，1998）进行的一项实验就满足了上面的要求，图 7-13 展示了该实验程序的一个变式。例如，每次测试时，被试看到一个向左的箭头或一个向右的箭头，被试的任务是记住每种箭头一共出现了几次。一般来说，对这两种箭头的计数都会在工作记忆中保持为准备状态。每当刺激呈现，相应的计数被刷新，被试就按键允许下一个刺激呈现。因此，我们可以根据按键所用的时间来评估注意转换的成本。每一组测试（15—20 次）结束后，检验被试的两个最终计数，正确率通常都很高。高正确率说明转换加工起了作用——但它需要耗费多长时间呢？

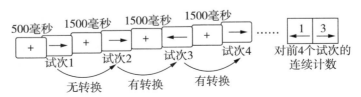

图 7-13　一个注意转换任务的试次序列
被试需要分别对左箭头和右箭头出现的次数进行连续计数；每个试次都需要刷新相应的计数，并按键开始下一个试次。试次之间一个注视点（十字）呈现 1500 毫秒。本例中，第一和第二个试次之间没有转换，但第二和第三个试次之间以及第三和第四个试次之间存在转换。
[Hernandez-Garcia, L., Wager, T. D. & Jonides, J.（2003）. Functional brain imaging. In J. Wixted and H. Pashler（eds.）, *Stevens Handbook of Experimental Psychology*, Third Edition, Vol. 4：Methodology in Experimental Psychology, pp. 175-221. New York：Wiley & Sons, Inc. 经允许重印]

当相邻的两次测试包含的刺激相同时（例如，上一次测试是一个向右的箭头，下一次测试还是向右的箭头），被试需要刷新他们刚刚刷新过的那个计数；但是当相邻测试的刺激不同时（例如，上一次测试是向右的箭头，下一次测试是向左的箭头），被试就需要从刚刚刷新过的计数转换到另一个计数并进行刷新。这时按键以启动下一个刺激的时间应该更长，而实验结果的确如此：需要在不同计数之间转换的按键时间长于不需要转换的按键时间；两种条件之间按键反应时的差异，就是注意转换的耗时。这种耗时比较稳定，为 500—600 毫秒。这个时间差异太大，因而不能归因为两个相同刺激相继出现时可能存在的某种类型的知觉启动。的确，看过的刺激可能会易化对紧接着出现的同样刺激的反应（一种内隐记忆），使被试的速度提高，但是这种视觉启动效应远远小于这里所发现的反应时差异。因而，即便在包含类似于自然情境的不可预测顺序的任务中，显然也存在注意转换的耗时。

4.2　任务转换的理论框架

鲁本斯坦等（Rubenstein et al., 2001）进行了一系列研究，有力地证实了注意转换是一种元过程——一种协调其他过程的过程，这些证据同时提供了一个理解任务转换的信息加工框架。在他们的实验中，被试需要在多维度刺激的不同属性之间进行注意转换。这种任务模拟威斯康星卡片分类任务，以任务交替为基本内容。四张目标卡片上印的物体在数目、形状、颜色和大小四个属性上不同。被试需要根据某一属性判断测试卡片与四张目标卡片中的哪一张同类，整个过程中被试明确知道判断标准。在交替条件下，被试第一次测试（即对第一张测试卡片）根据某一属性（例如，形状）分类，第二次测试根据另一个属性（例如，数目）分类，第三次测试再根据形状分类，第四次测试又根据数目分类，这样循环往复直到完成一整组测试。在另一些条件下，被试根据同一属性完成一整组测试（即单纯区组）。结果发现，交替条件下进行卡片分类的反应时比单纯区组的条件下长，再一次验证了注意转换需要耗时。

他们还提供了一个简单的信息加工模型的框架（图 7-14），用以阐明在这种以及其他类似的转换任务中，认知加工是如何进行的。首先得注意到两种不同水平的加工：任务加工和执行加工，后者可以影响前者（因此，再次强调了执行过程是元过程的观点）。任务加工水平依次包括下面这些步骤：确认刺激在关键属性上的值（"它的形状是方形！"），选择适当的反应（"把它放入方形卡片一类"），然后执行正确的反应。执行加工水平也需要不同的步骤。首先，确定当前测试的目标（"根据形状分类"），然后激活完成该目标需要的规则（"注意形状"）。在任务交替（或转换）条件下，每一次测试都必须重新确定新的目标（"根据形状分类""根据数目分类"……），而在单纯区组的条件下，一整组测试都不需要改变目标。这就是为什么注意转换需要耗时的一个原因。不仅如此，在转换条件下，测试与测试之间被激活的规则不断改变，而单纯区组条件下整组测试可以一直使用同样的规则。规则改变也需要耗时——这是为什么转换需要耗时的第二个原因。

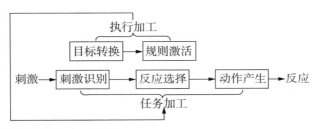

图 7-14　任务转换的信息加工模型

该模型有两个水平：任务加工和执行加工，它们进行的操作不同。其中特别重要的是，执行过程包括目标转换（例如"现在根据数目分类"）和规则激活（例如"选择性地注意数量"）。

[Adapted from Rubinstein, J. S., Meyer, D. E. & Evans, J. E. (2001). Executive control of cognitive processes in task switching. *Journal of Experimental Psychology: Human Perception & Performance*, 27 (4), Fig. 1, p. 770. Copyright © 2001 American Psychological Association. 经允许修订]

鲁本斯坦等（Rubenstein et al., 2001）的研究结果表明任务加工和执行加工水平之间存在双分离，这可能是对图 7-14 中模型的最好证据。所谓双分离，是指一个特定的变量影响一个加工水平，而不影响另一个加工水平；而另一个特定变量对两种加工水平的影响模式正好相反。一个变量只影响任务加工而不影响执行加工，这说明任务加工的一些特有机制是执行加工所不具有的；另一个变量只影响执行加工而不影响任务加工，这说明执行加工有一些特有的机制是任务加工所不具有的。因而，双分离有力地支持了两种不同机制的存在。

具体来说，鲁本斯坦等（Rubenstein et al., 2001）采用了两个算术任务——加法和减法，被试要么在两个任务之间不断切换，要么在整组测试中只进行其中一种任务。为了影响执行水平，研究者通过是否提示运算符号（"+"或"-"）来操纵改变目标的难易程度。若呈现运算符号，被试不需要记住每次任务是加还是减，那么改变目标的速度就会提高。这反过来可以节省注意转换耗时（交替区组与单纯区组之间的反应时差异），因为目标改变被假设是引起注意转换耗时的部分原因。实验结果证实了以上推测。而且，在单纯区组中，有无运算符号对反应时没有影响，因而，有无运算符这一变量对任务加工水平没有影响，但对执行加工水平有影响。这是双分离的一半证据。

为了找到双分离的另一半证据，研究者操纵了另一个因素，该因素理论上只会影响任务加工而不会影响执行加工水平。这个因素就是数字的可辨别性——是否容易看清。正如我们所预期的，低辨别性在所有条件下都使反应时延长了，但这并不影响转换耗时（因为可辨别性对目标转换和规则改变都没有影响）。这就是双分离的另一半证据。

图7-14所描述的理论框架与任务转换的其他结果也是一致的：两个需要转换的任务之间相似程度越高，转换耗时越长。假设在一种情况下，被试需要在加法和减法之间转换，而另一种情况下，需要在加法和找反义词任务之间转换。研究进一步假定，反义词任务与减法任务耗时一样，因此两种情况下任务难度一样，如果有转换耗时的差异就不能归因于单个任务的认知资源需求的不同。很显然，两个算术任务之间的相似程度比加法与反义词任务之间的相似度更高。大量研究结果均发现，第一种情况比第二种情况下转换耗时更多（例如，Allport et al.，1994；Spector & Biederman，1976）。那么，图7-14的模型如何解释这一结果呢？两个任务之间的相似性越高，相关规则的相似性也越高，激活规则时出现混淆的可能性越大；在这些元过程中混淆因素增多，完成转换所需时间就更长。也就是说，当你试图激活加法规则时，必须使他们不受减法规则的干扰，而这可能会有些困难，但当你激活产生反义词的规则时，就不会有这些困难了。

可见，图7-14的模型获得了一些行为研究结果的证据。但它与图7-8和图7-9中的执行注意模型不同，图7-14的模型是一个信息加工模型的框架，而图7-8和图7-9中的模型是包括了具体加工机制的神经网络模型。

4.3　神经转换器假说

正如我们上面讨论的，行为结果支持了以下观点：当我们进行注意转换时，需要有额外的机制参与。这种观点有神经学的证据吗？有，大多数证据均来自于神经成像的研究。例如，鲁本斯坦等（Rubenstein et al.，2001）让被试完成属性转换任务（根据形状分类，根据数目分类，根据形状分类，以此类推），并利用 PET 扫描被试在此任务下的脑活动。交替条件下的脑激活模式减去单纯条件下的脑激活模式的结果（称为**相减成像**）显示，在前额叶尤其是背外侧前额叶存在大量激活，此外顶叶也有明显激活（Meyer et al.，1998）。这种属性转换任务是威斯康星卡片分类任务的近亲，而威斯康星卡片分类任务则通常用于测查额叶损伤——既然卡片分类包括注意转换，那么发现背外侧前额叶在转换任务中激活，以及额叶损伤常引起该区的功能障碍也就不足为奇了。

但在总体上，这些结果也引发了不少关于任务转换与执行过程的新问题。首先，神经成像结果显示顶叶也参与了任务转换，说明调节转换的神经机制不仅限于额叶。严格的额叶-执行功能假说认为执行过程只由额叶调节，这一结果是我们遇到的反对该假说的第一例证据。这种反例我们在后面还会提到。

神经成像结果引发的第二个问题是关于脑区与特定认知加工之间关联的程度。与转换相关的一个脑区——背外侧前额叶也参与了执行注意，同一个脑区有多大可能具有两种功能？也许情况并不是这样的，问题可能出在研究方法上。PET 的空间分辨率只有大约 10 毫米，这意味着它不能将 10 毫米内的两个脑区区分开，这两个脑区可能一个负责注意，另一个负责转换。但这种可能性仍然值得怀疑，因为另外一些采用空间分辨率较高的 fMRI 技术进行的神经成像研究也发现，转换本身与背外侧前额叶和前扣带回激活均相关，众多执行注意的研究也都发现了这两个脑区的激活。另一种可能性就是某种神经机制同时调节着执行注意和注意转换，但通常情况下注意转换比单纯的注意更多地需要这种机制的资源。这种可能性引发了一个关于注意转换的神经机制的重要问题：是否有证据表明存在注意转换**专属的**神经机制？

西尔维斯特等（Sylvester et al.，2003）的一个实验为这种专属性提供了直接证据。被试在完成两个不同的任务时进行 fMRI 扫描：一个任务是前文介绍过的连续计数任务（"共出现几次向左的箭头？"和"共出现几次向右的箭头？"），这是注意转换的一个很好的例子；另一个任务是刺激-反应一致性任务，例如左侧刺激-右手反应或者相反的情况，这种任务可能需要执行注意和抑制。在计数任务中，西尔维斯特等得到了转换条件减去无转换条件的相减成像，即两种条件下的神经激活的差异，这提供了转换的神经基础的一个指标。在刺激-反应一致性任务中，刺激-反应不一致条件减去一致条件得到的相减成像，其提示了执行注意的激活脑区。现在问题的关键在于：比较这两个任务得到的相减成像，二者是否存在本质差异？是的，确实存在。转换特有的激活脑区包括顶下回和纹外视皮质，而执行注意特有的脑区包括两个额叶区域，一个在前额叶前部，另一个在前运动皮质。（你是否在想为什么没有背外侧前额叶呢？这是因为该区域在执行注意和执行注意转换过程中的激活几乎一样，在对比中被抵消了）因为不同神经基础提示存在不同的认知过程，我们有理由认为执行注意转换的加工不同于执行注意加工本身。此外，该研究也进一步证实了顶叶在注意转换中的作用，并又一次为严格的额叶-执行功能假说提供了反证。

4.4 被转换的是什么？

你可能已经注意到，在我们关于转换的所有讨论中都没有明确提到被转换的到底是什么。在加法-减法的研究中，被试必须在两种实际的任务之间进行转换。在连续计数任务中，被试在工作记忆中在不同的心理表征之间进行转换，但任务本身并没有发生转换。在另外一些任务中，被试在同一刺激的不同属性之间进行转换（根据数字分类-根据颜色分类-根据数字分类等），也不存在任务上的转换。这是三种类型的转换——任务转换、表征转换以及需注意的属性的转换——还有其他一些转换类型。一个不得不考虑的问题是：具体被转换的对象不同时，它们之间有差别吗？

关于这一点，有一些相关的神经证据。这些证据来自对转换的神经成像研究的元分析（即把大量研究的结果集中在一起分析，通过统计检验这些研究是否揭示了相同的效应）（Wager et al.，2003）。为了进行元分析，研究者先将最大脑激活点集中在一张脑示意图上，这些脑激活点是在涉及注意属性转换或任务转换的研究中发现的（关于工作记忆表征转换的研究数量太少，所以没有纳入到元分析）。然后应用**聚类算法**——一个电脑程序，可以判断这些激活点是否落在相同的脑区，而不是平均分布在全脑。具体来讲，研究者希望知道：（1）与属性转换相关的最大激活点是否集中在某些单独的脑区；（2）同样，与任务转换相关的最大激活点是否也集中在某些脑区；（3）以上两类脑区重合的程度。结果见图7-15。

图7-15呈现了脑的透视图，图7-15（a）是从右边观测到的透视图。我们可以看到**所有的**激活区，但实际上由于我们是在水平方向将脑图像重合在一起的，因此无法区分某一个激活区是在左半球还是右半球。图中非常明显的是，任务转换和属性转换相关的集中脑区存在大量的重合。由此我们可以得出两个结论：任务转换与属性转换可能具有相同的神经机制，而且很多相关的神经机制都位于顶叶，这一点再次对严格的额叶-执行功能

假说提出了挑战。图 7-15（b）从另一个视角展示了同样的数据，类似于从上往下看穿脑，现在我们能够区分这些集中的脑区是在左半球还是右半球。上面提到的两个结论仍然成立。

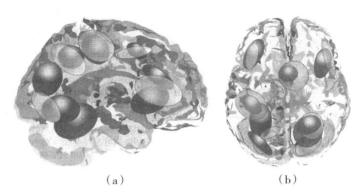

（a）　　　　　　　　　　　（b）

图 7-15　对转换研究的元分析

在"透视"脑图上以集群形式展示了包含属性转换或任务转换的多个研究中发现的激活脑区。（a）从这个角度，类似于从右侧透视脑。很明显，几乎所有属性转换激活的脑区（深灰色，实线边线）都与任务转换激活的脑区（浅灰色，虚线边线）重叠。这说明属性转换的相关脑区与任务转换的相关脑区大体一样，也就是说可能只存在一个神经转换器。（b）从这个角度，类似于从上往下透视脑，得出的结论相同。

这些结果都相对较新，至少还需要两类不同的研究才能进一步验证其可靠性。第一，我们需要比较**相同被试**完成两种或更多类型的转换时的神经成像数据。元分析做不到这一点，因为其数据——最大激活脑区——来源于不同的实验。第二，我们需要行为实验，考察不同形式的转换是否受不同因素的影响。目前，至少有一项行为研究表明属性转换和客体转换之间差异很小（Wager et al.，2006）。和往常一样，我们需要趋同性的证据。

理解测验

1. 如何证明转换耗时的存在？
2. 根据本节讨论的注意转换模型，转换耗时的内在原因是什么？

5. 反应抑制

　　我们怎样才能区分注意一些事情和忽略其他事情之间的区别？换句话说，集中注意于一个事物与抑制对另一个事物的注意之间有什么区别？在 Stroop 任务中，我们很难解释不一致条件（颜色名称与油墨颜色冲突）下反应更慢的基本现象，究竟是由于对油墨颜色激活的增强，还是由于对单词名称的抑制，或者两者都有。其他很多执行注意任务也存在同样的情况。但有一个例外——**反应抑制**（response inhibition），对反应抑制而言显然抑制（而非注意）才是关键因素。**反应抑制**是对一个部分准备好的反应的抑制。

　　电话铃声使你分心，你伸出手去将水开了的锅从电炉上拿走，在这千钧一发之际，你才想起自己忘了带隔热手套，于是你不得不抑制伸手的反应，不论此时你只在心里做出伸手的计划，还是已经做出伸手的动作。或者，当你在电话上听着那个急于寻求帮助的朋友喋喋不休时，你开始烦躁，真想说些什么打断他。这时候，你也需要抑制一个部分准备好的反应。尽管反应抑制只是众多抑制中的一种，但它在日常生活中经常发生，因而是一类重要的抑制。

5.1 反应抑制的典型案例

　　研究者们设计了很多实验任务来研究反应抑制及其神经基础。其中一个是 go/no-go 任务，这是一个广泛应用于评估额叶功能的经典测验。实验者向被试呈现一系列刺激，例如字母，要求他们每次看到除 X 以外的字母就按键（go 反应），而看到字母 X 时不按键（no-go 反应）。因为 X 出现的次数相对较少，所以当 X 出现时，被试显然需要抑制按键的倾向。go 反应连续出现的次数越多，紧接着出现 X 时，被试反应出错的可能性就越大（Casey et al.，1997）。理论上，go 反应测试的序列越长，或者 go 反应的概率越高，被试启动抑制性反应的难度越大，因为抑制性反应将颠覆 go 反应测试中的加工。

　　研究者们采用 go/no-go 任务进行了大量的 fMRI 研究，实验结果很有意思，提示反应抑制是一种独特的执行过程，不同于之前我们讨论过的那些执行过程。这些研究主要比较了 no-go 条件下（需要反应抑制）与 go 条件下（不需要反应抑制）激活的脑区。结果发现我们的老朋友——在各种执行过程任务中经常出现的背外侧前额叶被激活，当然还有一些其他的激活脑区，其中一个是前扣带回。尽管一些研究者提出前扣带回在需要执行注意的任务中起着重要作用，但也有一些研究者提供了启发性的证据，认为只有当这些任务需要反应水平的抑制时，前扣带回才会被激活（回忆一下前面讨论过的有可能反应与不可能反应之间的差异）。可能最有意思的是，反应抑制有时还引发了另一个前额叶区域的激活——眶额皮质（位于背外侧前额叶之下）。而且，这一区域的激活与任务成绩相关：被试眶额皮质激活程度越高，在 no-go 任务中错误反应越少。

对其他灵长类动物的研究也为眶额皮质参与抑制提供了证据（例如，Iverson & Mishkin，1970；Sakuri & Sugimoto，1985）。在这些研究中，前额叶区域，尤其是眶额皮质的损伤，会导致动物在需要抑制优势反应倾向的任务中出现障碍。类似地，对人类病人的研究也发现：在需要抑制反应或反应倾向的任务中，该区域损伤的病人表现出障碍（Malloy et al.，1993）。

另一种基于反应抑制的任务（针对人类被试）是由洛根（Logan，1983）发展出来的停止信号任务。这种任务的一般版本是，被试需要就一些关于类别归属（"石榴是水果吗？"）或韵律（"*sleigh* 与 *play* 押韵吗？"）的问题做出快速回答。在有些测试中，被试会听到一个声音（**停止信号**），提示被试停止对这次测试进行加工，并且不回答这次测试中的问题。这种任务中影响成绩的主要变量是**停止信号的延迟**，即问题出现与停止信号出现之间的时间间隔。延迟越长，被试已经进行的加工越多，反应倾向越难克服，因而被试出错（即不顾停止信号，仍然回答问题）的可能性越高。

但是我们怎么知道观察到的抑制是对反应的抑制，而不是对某种更早的加工的抑制呢？洛根（Logan，1983）为此提供了决定性的证据。在做完上面介绍的停止信号实验之后，洛根在被试没有准备的情况下对被试实施一个记忆测试，记忆材料是测试问题中的关键词。如果停止信号引起的抑制影响的是早期加工，那么被试对有停止信号的测试中的关键词的记忆成绩该比没有停止信号的测试差。事实上，这两种测试中关键词的记忆成绩没有差异，这表明抑制影响的是早期加工完成之后的反应加工。后续研究（de Jong et al.，1995）使用了**事件相关电位**（event-related potentials，ERP）（与特定"事件"联系在一起的脑电活动，"事件"指特定刺激或反应）、肌电图（对运动系统的电活动的测量）以及行为方法，揭示出反应抑制可以发生在反应准备或反应执行的任何一个时间点上。ERP 结果提供的一些关于脑区定位的粗略信息，与反应抑制的额叶定位是一致的。

反应抑制在日常生活中起着至关重要的作用。如果你心里想什么就说什么，或者想怎么做就怎么做，不出几天，所有的朋友都将离你而去，甚至比这更糟。很多心理障碍就是以缺乏反应抑制为标志的：比如精神分裂症病人经常做出奇怪的言行，一些强迫症病人也表现出反应抑制的明显缺乏，因而一遍又一遍地重复一些无意义的反应。又比如缺乏延迟满足能力的人格特质，它是成年人无法处理日常事务的一个主要障碍，这种人格特质很可能也包括反应抑制的失败。最近的一项研究表明，童年期测试出的这种特质，与成年后在 go/no-go 任务上表现出的成绩不佳之间有关联。

5.2 反应抑制的发展

"童言无忌"可能是因为大多数孩子都具有冲动性并缺乏反应抑制。在某些时刻我们清楚地知道应该闭嘴，我们是怎么知道这一点的呢？

研究者开展了大量行为和神经研究来考察抑制加工的发展。这类研究大多都基于一种观点，即抑制尤其是反应抑制是由前额叶调节的，这同时基于一个事实，即前额叶是所有脑区中发育时间最长的，人类的前额叶通常需要近 20 年的时间才能发育成熟（Diamond，2002）。因此我们可以预期，即使很简单的任务，年幼的儿童进行反应抑制也存在困难，并且随着年龄增长，他们抑制自身反应的能力会系统性地增强。因为前额叶显然参与了执行注意，至少在一些情况下参与了任务转换，所以我们可以预期这些执行过程也存在类似的发展轨迹。

一个广泛应用于婴儿研究的最简单的任务是让·皮亚杰（Jean Piaget）于 1954 年提出的 A 非 B 任务。有两个可以藏东西的地方，它们只是空间位置不同。首先让婴儿看着实验人员将物体藏在其中的一个地方，几秒钟之后，引导婴儿去寻找被藏起来的物体，当婴儿找到时，给予奖励。如果前几次物体都藏在同一个地方，婴儿毫不费力就能去这个地方找到所藏的物体。但是，当把物体转移到另一个地方之后，不到 1 岁的婴儿尽管看到了物体放在别的地方，他们仍然会去之前被奖励过的地方找。他们似乎不能抑制之前被奖励过的反应，因而不能选择新的正确反应（参见 Diamond，1985）。

对这些结果的另一种解释是，婴儿没有发展出有效的工作记忆，不能保持关于物体位置的信息。尽管这可能是部分原因，但绝非全部，因为这些实验的部分测试中，婴儿在测试阶段**眼睛看着正确的位置**，而**手却仍然伸向了之前奖励过的地方**。婴儿实际上注意到了正确的选择，所以这不是注意或记忆的问题，而是把手伸向错误地点的问题，这看起来像是一个典型的反应抑制失败。

1 岁之后的婴儿在 A 非 B 任务上的表现有了显著提高，3—5 岁的儿童在完成 go/no-go 一类任务时展示出一定的能力（7—12 岁的儿童虽然在行为表现上仍然不如成人，但他们进行 go/no-go 时的神经激活模式已与成人基本一致）（Casey et al.，1966）。儿童在 3—5 岁时表现出迅速进步的另一项任务是敲击任务（Luria，1966）。实验中每次主试敲击一次或两次，被试就需要以相反的敲击次数回应：当主试敲一次时被试敲两次，主试敲两次时被试敲一次。尽管该任务与前面讨论过的执行注意一致性任务非常接近，但该任务中显然也包含了反应抑制。对成年人的神经成像研究显示，敲击任务进行时将伴随背外侧前额叶的激活（Brass et al.，2001），更早的研究已经发现前额叶损伤的成年人在完成这些任务时存在困难（Luria，1966）。

有关反应抑制的发展的研究还有很多 ［其中一个重要的开端是迪亚蒙（Diamond，2002）］，不过我们已经清楚地介绍了两个主要的观点：（1）反应抑制是一种独立的执行过程；（2）反应抑制的发展与前额叶的成熟之间存在显著关联。前额叶神经元树突分枝长度的显著增长期——第 7—12 个月，正好也是婴儿首次表现出 A 非 B 任务成绩提高的时期。在 go/no-go 任务或敲击任务上的进步与前额叶神经元的发展之间也存在类似的相关性。背外侧前额叶的神经元密度在出生时最高，随年龄增长而降低，就像一个"剪枝"过程（一些效率不高的联结被剪掉）。两岁时，前额叶的神经元密度比成人时高出 55%，但到 7 岁时，只比成人时高 10%（Huttenlocher，1990）。7 岁时，儿童在 go/no-go 这类任务上的行为反应模式与成人更接近。虽然这种相关性不能直接证明前额叶就是反应抑制的神经基础，但它显然与这个假设是一致的。

理解测验

1. 有什么证据表明反应抑制是一种独立的执行过程？
2. 为什么反应抑制在日常生活中如此重要？

6. 排序

计划一下：端出意大利面之前先为餐后甜点加热巧克力汁；重新安排

明天的日程表，将朋友的事儿加进来；把安排日程表放在首位——所有这些活动都需要对各种操作或事件进行排序，从而实现某个目标的能力。能够将计划所包含的各种加工之间彼此协调，说明有一种执行过程——排序在发挥作用。

6.1　排序的机制

所谓**排序**（sequencing），一定程度上是指在工作记忆中对各种关于事件顺序的信息进行编码。如果不对活动或事件的顺序进行编码，你不可能形成一个能够实现目标的计划。P博士最严重的功能障碍之一，就是不能对各种活动进行排序。现在一个基本的问题就是：我们对一系列事件的时间顺序进行编码的机制是什么？

为了回答这个问题，首先需要说明的是，对项目顺序的编码与对项目特征的编码所需的机制不同（Estes，1972），大量行为研究证实了这一点。斯滕伯格（Sternberg，1966，1967）进行了一对实验，要求被试完成两个相关的任务，一个任务只需要将项目的特征存储在工作记忆中［图7-16（a）］，另一个任务需要同时存储项目的特征和顺序信息［图7-16（b）］。在项目特征任务中，给被试呈现一系列测试项目，要求他们记住，然后出现一个探针，被试需要判断刚刚看到的一系列测试项目中是否出现过这个探测项，无论它出现在测试项目中的什么位置；这个任务只需要在工作记忆中存储项目信息。在顺序任务中，也呈现一系列测试项目，紧接着出现从测试项目中选出的探测项，要求被试说出在测试项目序列中出现在探测项之后的一个项目。例如，测试项目序列是 A T G M，探针是 t，那么正确反应就应该是"g"。显然，在顺序任务中，被试必须同时存储项目信息和顺序信息。

在顺序任务和项目任务中，记忆集中的项目数都是变化的，随着项目数增多，两个任务中对探测刺激的反应时都变长，数据见图7-16（c）。让我们看看反映记忆集数目大小与反应时之间的相关：这一结果告诉我们每增加一个记忆项目需要多长时间去完成加工（详见第6章）。从图中可以看出两种任务之间有着显著差异，顺序任务线的斜率比项目任务线的斜率大。最直接的结论就是，存储和提取顺序信息与存储和提取项目信息相比需要额外的加工。这种差异的部分原因可能是：第一个任务需要的是再认，而第二个任务需要的是回忆。不过我们接下来将会看到另外一些数据，其支持这样一种观点：项目和顺序信息的存储和加工方式不同。

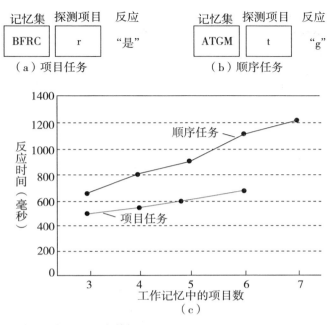

图 7-16 项目的提取与顺序信息的提取

（a）该任务只包含项目识别信息：被试只需要判断探测项目是否曾出现在记忆集中。（b）该任务既需要存储和提取项目信息，也需要存储和提取顺序信息。被试需要报告在记忆集中出现于探测项目**之后的**项目是什么。两种任务中，探测项目与记忆集中项目的大小写形式不同，以避免被试使用视觉匹配策略。（c）结果图：两个任务在从工作记忆中提取信息的方式上存在明显区别。

为什么认为编码顺序信息（即排序）是一种执行过程呢？首先，它肯定是一种元过程，因为实际上任何类型的项目或事件都有顺序信息可以编码。而且我们早已知道，额叶损伤的病人表现出加工顺序信息的障碍，相对而言他们加工项目信息的能力没有受损。在科西（Corsi）的一项研究中（引自 Milner，1997），研究者给额叶损伤病人和顶叶损伤病人呈现一系列成对项目，有时候在成对的两个项目之间会出现一个问号，被试需要判断这两个项目中的哪一个是最近呈现过的。当两个项目中只有一个在之前呈现过时，这是一个项目再认任务；当两个项目之前都呈现过时，这就是一个既包括项目记忆又包括顺序记忆的任务。实验结果表现出明显的双分离：额叶损伤病人顺序记忆受损，但项目记忆完好；而顶叶损伤病人则相反，顺序记忆完好而项目记忆受损。随后的研究进一步证实并扩展了这些发现（B. Milner et al.，1991）。

顺序信息是如何表征的呢？我们可以考虑三种熟知的可能性。为了更具体，我们以一个实验为例来讨论这些机制。实验首先给被试呈现一小组项目要求他们记住（例如，J G X R L B），然后呈现一对探针（例如，G L），两个项目均在记忆集中出现过。被试的任务是判断探针的顺序与他们在记忆集中的顺序是否一致（两个探针不一定要相邻，因而这个例子中的答案是"是的"）。一个可能的顺序机制是：在每一对相继出现的项目之间建立直接联系——J 先于 G 先于 X……（例如，Burgess & Hitch，1999）。在这种机制下，记忆集中的两个项目之间相距越远，判断出它们顺序一致需时越长，因为需要进行更多的联系才能确认其顺序（G L 应该比 G R 的反应时更长）。

另一种可能的机制是我们为各个项目添加了"顺序标签"：J 被标记为第一个，G 被标记为第二个，以此类推。在这种顺序表征机制下，判断探测顺序的反应时不应该受两个项目在记忆集中距离的影响。

第三种可能性是，我们基于熟悉性编码顺序信息：当被问到 G 是否先于 L 时，被试可能仅仅需要确定两个项目的熟悉性；有可能相对不熟的表征比其他表征的衰退更严重，强度更小，因而可能出现得更早（例如，Cavanaugh，1976）。以这种顺序编码方式，信息持续地得到表征，而没有被表征为离散的联系或顺序标签。当我们以熟悉性确定编码顺序时，可以预期当两个项目在记忆集中离的距离越远，判断所需时间应该越短，因为两者之间熟悉性强度的差异越大（E. E. Smith et al.，2002）。

这三种机制都有行为结果的支持。白吉斯和希契（Burgess & Hitch，1999）的模型关注无关词语的系列回忆，例如，被试可能看到 *table*、*lemon*、*rock*、*sheet*、*pen*、*lunch* 这些单词，短暂的延迟之后，给出一个信号要求他们按顺序回忆这些词，被试报告在延迟阶段他们会默默复述这些词。该模型假定相邻元素之间是直接联系的，能够解释系列回忆的行为结果。举一个日常生活中两个项目直接联系的例子：人们经常被问到社保卡的最后四位数字，这时，很多人会发现他们是先回忆出整个号码，然后再从中提取出最后四位的。人们很有可能是把这些数字当作多个直接联系的一个序列来记忆的。试一下，你是这样做的吗？

另一些研究支持了顺序标签。其中一个实验给被试呈现一小组单词，短暂的延迟之后，要求他们完成两个工作记忆任务中的一个：按呈现顺序回忆单词，或按字母顺序回忆单词。因为第二个任务需要把原来的顺序转换成字母顺序，完成这个任务的机制可能是给工作记忆中的项目重新分配字母顺序标签，然后再利用这些标签引导回忆。字母顺序任务中正确率很高，这为直接的标记机制提供了一些间接证据。有趣的是，扫描被试进行这些任务时的脑激活，发现只有字母顺序任务激活了背外侧前额叶；简单的输入顺序任务虽然需要表征顺序信息，却没有出现这种激活（Collette et al.，1999）。

此外，也有其他研究为熟悉性表征顺序信息的假设提供了证据。在一项具有代表性的研究中，给被试呈现五个特定顺序的字母，短暂延迟之后出现总是包含两个字母的探测项［图 7-17（a）］。有两种任务：一种是项

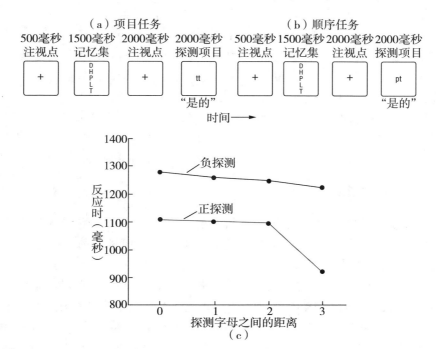

图 7-17　顺序判断中的距离效应

（a）项目任务。（b）顺序任务。这两个任务中，两个试次之间都呈现注视点（+）。在正探测项条件下，探针或顺序与记忆集中一致；在负探测项条件下，探测项目或顺序与记忆集不一致。同样，探测项目与记忆集中项目的大小写形式不同，以避免被试使用视觉匹配策略。（c）顺序任务中的距离效应：两个探测字母在记忆集中距离越远，反应速度越快。

[Marshuetz, C., Smith, E. E., Jonides, J., DeGutis, J. & Chenevert, T. L. (2000). Order information in working memory：fMRI evidence for parietal and prefrontal mechanisms. *Journal of Cognitive Neuroscience*，12，130-144. © 2000 by the Massachusetts Institute of Technology. 经允许重印]

目任务——两个字母相同，被试只需要判断这个字母是否在记忆集中出现过；另一个是顺序任务——探测时出现的两个字母不同，但都来源于记忆集，被试需要判断两个字母的顺序是否与它们在记忆集中的顺序一致（两个字母不一定相邻）。在顺序任务中，当以两个探测字母在记忆集中的距离为横轴，以"是"／"否"反应的反应时为纵轴画图时，发现了反应时随距离增加而减小的"距离效应"，这一结果与利用相对熟悉性或强度来表征顺序信息的实验预期一致（Marshuetz et al.，2000）。

被试进行这些任务时，用 fMRI 扫描仪扫描他们的脑成像，比较项目任务和顺序任务的脑激活，结果发现有两个脑区在顺序任务中比在项目任务中有更强的激活。一个是背外侧前额叶，这显然与额叶-执行功能假说一致。但另一个激活脑区在顶叶，再一次说明顶叶的特定脑区参与了某些执行过程。更有意思的是，一些顶叶激活位于顶内皮质，而这一区域通常被认为参与了对连续数量的判断，例如对数量大小的比较（Chochon et al.，1999）。这一结果与"距离效应"的行为结果一致。简而言之，神经成像的结果说明人们利用了两种不同的顺序表征：一是基于熟悉性的表征，神经基础位于顶内皮质；二是直接的时间编码表征，由背外侧前额叶负责（Marshuetz et al.，2000）。

6.2 关联项目的排序

我们对于独立项目顺序编码的机制已经有了一定的了解，接下来我们要考虑在日常生活中经常发生的相关联的项目是如何排序的。这里的一个关键问题在于熟悉项目和新奇项目排序之间的差异。

生活中像"去饭店吃饭"这样的事件就包含了对熟悉项目的排序。大多数成年人，如图 7-18 中的用餐者，都记得去吃饭的步骤。比如在美国，大概就是这些步骤：走进饭店，坐下，拿起菜单，浏览菜单并做出选择，点单，食物上桌，吃饭，要求结账，付账单（以及小费），离开饭店。这个序列如此熟悉，因此尚克和埃布尔森（Schank & Abelson，1977）把它称为一个**脚本**（script），并且列举了很多其他的脚本（其中有"去看电影""洗衣服"，以及"发动车子"）。而且，有证据表明我们对脚本的表征包含了项目之间的直接联系。当你听到一个去饭店吃饭的故事，但其中间漏掉了一些重要步骤（"海迪坐下吃牛排"），你会感到困惑。漏掉的步骤越多，理解这个故事需要的时间越长，就好像你在理解下一个步骤之前必须在心里将这些漏掉的步骤一个个填补上一样（Abbott et al.，1985）。

图 7-18 运行中的餐馆脚本

这些用餐者，无论其用餐经验如何，他们都知道接下来会怎样，也知道应该怎么做。但额叶损伤病人就不能顺利完成这些事。

(Photograph by Spencer Grant. Courtesy of PhotoEdit Inc.)

当你要制定一个新的顺序，例如，想开一个美容院需要进行的活动之间的排序，这时情况就不同了。你需要解决一些问题，而不仅仅依赖于以往经验形成的联系（Schank & Abelson，1977）。开美容店的目标必须被分成若干子目标，制订出计划和子计划。正常人制定这些新顺序时基本没有困难，但对于额叶损伤，尤其是背外侧前额叶损伤的病人来说则是一件非常困难的事，我们通过接下来的实验可以看到这点。

三组不同的被试均接受事件排序任务的测试。一组是前额叶损伤，尤其是背外侧前额叶损伤的病人；一组是后部皮质区受损的病人；还有一个正常对照组。测试的排序类型包括脚本，比如发动车子，以及新的排序，如开一家美容店。在一项研究中，首先让被试做出与相关主题有关的各种动作（例如，徒手模拟发动车子），然后让他们对这些动作进行排序。不管是熟悉场景还是不熟悉的主题，这三组被试做出的动作从数量和类型上都没有差异。

与之相反，对这些动作进行排序时，三组被试之间表现出显著的差异。对照组和后部皮质受损组在进行脚本排序（例如，发动汽车）时均没有人出错，而额叶损伤病人的排序则出现一些错误。这种差异在进行不熟悉的排序（例如，开一家美容店）时更明显。额叶损伤病人比后部皮质受损病人以及正常人在排序时犯的错误明显更多（后两者之间无差异）。这些结果说明前额叶不仅参与了动作排序，也参与了动作生成。第二个研究得到了完全一样的结果，实验将完成不同的主题需要用到的动作写在卡片上，要求被试对这些卡片排序。结果发现额叶损伤病人出错很多，而后部脑损伤病人和正常人几乎全对（Sirigu et al.，1995）。

简单地认为不熟悉的排序比熟悉的排序更难，以及脑损伤病人在完成困难的任务时会表现出障碍，并不能解释这些研究结果。因为后部皮质损伤的病人也和额叶损伤病人一样具有严重的脑损伤，但他们在进行不熟悉的排序时也相对正常。所以问题的关键在于损伤在哪个脑区，如果损伤正好在前额叶，排序加工就会出问题。该研究为前额叶（尤其是背外侧前额叶）参与排序提供了很好的证据。此外该实验的另一个优点是贴近现实生活，该研究使用的排序任务抓住了额叶损伤病人在求职或日常生活中面临的很多困难。

理解测验

1. 顺序信息有哪些不同的表征方式？
2. 前额叶参与排序加工的证据是什么？

7. 监控

在执行过程中，**监控**（monitoring）是对一个人**正在进行的任务**表现做出的评估。这种能力与任务完成**之后**对自己表现进行评估（并提高）的能力不同，这种事后评估的依据是接收到的外部反馈，或自己对事情进展的看法。

实时监控在很多人类活动中都存在——当你解决各种认知或社会性问题时，只要你评价自己做得怎么样，或者当你读一句话时检查自己是否理解，这些都是监控。监控可能是比我们谈到的其他执行过程更高一级的"元过程"。你可以想象这样一些情况，对自己注意某事的程度进行评价，或对自己注意转换的结果进行评价。

7.1　监控工作记忆

我们已经看到工作记忆和很多执行过程之间都存在紧密联系，这方面最有影响力的研究之一是如图 7–19 所示的自我排序任务（Petrides et al.，1993a）。该任务的一个实例是，每次测试包括六个物体。第一次测试呈现六个物体，被试指出其中的一个。第二次测试仍然呈现这六个物体，但位置不同，被试的任务是指出与第一次所指的不同的一个物体。第三次测试还是呈现这六个物体，物体位置再次发生改变，被试的任务是指出一个前两次均未指过的物体。按照佩特里迪斯（M. E. Petrides）等（1993a）的观点，被试以以下方式完成该任务：将第一个选择存储在工作记忆中；然后，在做第二次选择之前，先检查（即监控）工作记忆的内容，以确保不会重复；再将第二个选择存储在工作记忆中……如此以往。该任务包括了对工作记忆的持续更新和监控，一般我们认为监控部分对能否成功完成任务起决定性作用。

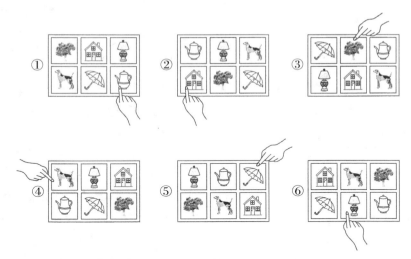

图 7–19　六项目自我排序指示任务的一个正确反应的例子

被试需要在每一页指出一个不同的物体；每一页上六个物体的排列位置都会发生变化。

正常人在这个任务上基本没有困难，因为这个任务的工作记忆负担是六个单位，没有超出工作记忆的容量。但对额叶损伤病人来说，这却是一件难事。即使与颞叶损伤病人相比，额叶损伤病人在这个任务上也存在明显障碍；但在只需要报告呈现的六个物体是什么的工作记忆任务中，额叶损伤病人的表现正常。很可能对工作记忆内容的监控是由前额叶尤其是左侧前额叶调节的（Petrides & Milner，1982）。这一结果具有较大的可推广性，言语刺激或空间刺激都能得到同样的结果，而且背外侧前额叶损伤的猴子实际上也表现出同样的功能障碍（Petrides，1986）。此外，扫描正常人完成该任务时的脑激活状态（PET），发现的一个主要激活区——如你所料——就是背外侧前额叶。

与之类似的一个任务是生成随机数任务。这个任务听起来非常简单，只要求被试生成一组随机数字，例如 8 个数字。现在，大多数人都会认为一串随机的数字应该没有或者只有少数重复，并且没有什么规律（顺便说一句，这两种看法都是错误的）。要想生成满足这两个条件的"随机"数字，唯一的办法就是将每一个生成的数字保存在工作记忆中，在生成下一个数字前监控工作记忆，以确保不会生成重复的数字，不会生成有规律的数字。一项 PET 实验比较了生成随机数字和生成顺序数字（例如，按顺序说出 1 到 8）两种任务，结果发现只有生成随机数字的任务激活了背外侧前额叶（Petrides et al.，1993b）。这些结果似乎说明监控是一种执行过程，至少部分是由背外侧前额叶调节的。

7.2 错误监控

关于监控是一种执行过程的另一个证据来自有关错误加工的一些研究。首先，大量的行为研究证明被试知道自己在选择-反应时任务中犯错，例如在"看到圆形按左键，看到方形按右键，出错则按中间键"这样的任务中。从这些行为数据来看，错误监控非常慢，一些研究显示大约需要 700 毫秒（Rabbitt，1998）。这个反应时太长了，很难作为实时加工的测量指标。

但是，ERP 研究提供了更有说服力的证据，证明被试在出错后很短的时间内就能探测到错误。格林（W. J. Gehring）等（1993）发现，错误反应之后的 ERP 波形存在一个波动。这个成分被称为**错误相关负波**（ERN），是 ERP 波形上的一个负向偏移，大约开始于错误发生时，通常在这之前已有轻微偏转，在错误反应后约 100 毫秒达到峰值。考虑到 ERN 出现得如此迅速，它很可能反映了某种内在的监控加工。一种解释认为，ERN 反映了一种发出错误信号的加工，每当它探测到实际反应与正确反应之间不匹配时，就会发送错误信号，然后根据最初的反应抉择之后的信息积累来确定正确的反应（例如，Gehring et al.，1993；另参见 Botvinick et al.，2001）。而且，虽然 ERP 空间分辨率不高，但大体能够看出，ERN 的发生源可能位于额叶中部，很可能是前扣带回。

在之前讨论执行注意模型时，我们讨论了一种假设，受监控的并非错误本身，而是反应水平的冲突。一项神经成像研究支持了这种假设。该研究显示在存在明显冲突但反应正确的试次中，前扣带回的激活增强，这与卡特等（Carter et al., 1998）的 ERP 研究中的激活区域基本一致。至于实时监控究竟是如何完成的，目前仍是一个研究热点，但 ERP 和 fMRI 研究都证明这种执行过程的存在毋庸置疑。

本章反复出现的一个问题是：到底存在多少种执行过程？作为本章的结束，我们将在**争论**专栏里说明这个问题。

争论

究竟有多少种执行过程？

贯串本章，我们认为有多种执行过程，但这个数目相对较小——不到十种。尽管很多研究者都认同这种观点（见 Stuss & Knight, 2002），也有一些不同意见。有的研究者认为只有一种执行过程，另一些则坚持有数百种。

1986 年，巴德利（Alan Baddeley）发表了他的工作记忆模型，在提出中央执行器这个词时，他的模型里有一个注意-抑制系统，与我们在标题"执行注意"下讨论的内容相似。其基本思想（根据 Norman & Shallice, 1986）是：如果刺激没有歧义，或者要求的反应是直接的，则不需要注意；但如果存在任何一种冲突，那么执行注意（中央执行器）就必须发挥作用。之后，在科恩及其同事（Cohen et al., 1990）首次提出的神经网络模型中，只将注意装置视为执行过程（冲突监控的概念是后来被添加到模型中的）。因为科恩等的模型合理地加入了抑制，所以它能够解释我们讨论过的很多执行注意和注意转换的结果。这种模型固然精简，但也存在一些实质性的问题。首先，它难以解释为什么执行注意任务和注意转换任务的激活脑区存在一些显著差异；其次，该模型不能很好地解释我们前面提到的排序任务的结果。

另一种观点也认为执行过程只有一种（Duncan et al., 2000）。邓肯（J. Duncan）等发现被试完成一系列涉及不同执行过程的任务时激活了相同的前额叶脑区：背外侧前额叶。于是他们得出结论：只有一种执行过程，类似于一般智力（或叫**流体智力**，即一种对新的情境进行推理的能力）。通过本章的内容，我们也能发现，在我们谈论的每种执行过程中都能看到背外侧前额叶的身影。但我们所回顾的相关研究比邓肯及其同事回顾的要多得多，我们找到了证据来支持其他脑区也参与了不同的执行过程。例如，顶叶参与了注意转换，眶额皮质参与了反应抑制，顶内皮质参与了顺序判断。

认为存在多种执行过程的观点大部分来自计算模型的视角，尽管这些观点是以"方框加箭头"表示法来表示信息加工的（例如，Meyer & Kieras，1997a，1997b）。让我们来看看任务转换的近亲，即同时完成两个任务。例如，要求被试同时辨别光（红色或蓝色）和声音（高频或低频），并先对光做出反应。为了一步一步地执行这个任务（即计算机程序式地），被试需要先执行少量元过程。如果声音先出现，就"锁定"对声音的反应，等到对光的反应完成后再对其"解锁"。如果这些必须安置的"少许执行过程"过多，这种观点就可能遇到单一执行过程模型所面临的相反的问题。这种多重执行过程模型通常将多种执行过程添加进来，使之能够解释更多的实验结果，但可能很难获得支持这些执行过程独立存在的证据。因此，尽管这种模型能够解释很多数据，但可能以假设过多为代价。

理解测验

1. 在需要对工作记忆进行监控的任务中，通常什么脑区会被激活？
2. "我们很快就'意识到'出错了"，这种说法有何证据？

☆复习与思考

1. 执行过程是由额叶调节的吗？

早期研究显示，额叶损伤尤其是前额叶损伤影响多种执行过程。研究者发展出一系列假定依赖于执行过程的测验——包括 Stroop 任务、威斯康星卡片分类任务、汉诺塔任务等，发现前额叶损伤的病人在这些任务上存在选择性障碍。这些结果进一步证实了额叶-执行功能假说，认为每种执行过程主要都是由前额叶调节的。但我们的综述表明这一假说可能过于严格：尽管前额叶在执行过程中起到重要作用，但顶叶在很多执行过程中的作用也同样重要，例如注意转换和日程安排。

批判性思考

- 额叶具有什么解剖学特性，使其非常适合调节执行过程？这是否意味着执行过程不存在其他的神经基础？
- 额叶损伤的病人能够正常完成什么样的工作？不能正常完成什么样的工作？

2. 什么是执行注意？存在什么样的执行注意模型？

执行注意可能是大家都认为控制其他认知所必需的一种元加工。大量行为实验证明了执行注意在选择信息中的作用。有两方面的研究取得了进展：一是建立执行注意的模型——包括注意控制器和冲突监控器的神经网络模型；二是确定执行注意的神经基础——背外侧前额叶和前扣带回。但目前关于前扣带回的具体作用尚存争议。

批判性思考

- 软件开发人员应该怎样利用刺激-反应一致性来开发新软件，比如开发一个新的电子邮件系统？
- 执行注意的神经网络模型怎样解释额叶损伤病人在 Stroop 任务上表现出的障碍？

3. 注意转换的机制是什么？

注意转换使更多的认知过程可以发挥作用。行为实验表明不管什么任务，注意转换几乎总是会耗时，这种耗时可能是因为注意转换需要额外的认知过程；大部分关于注意转换的神经成像研究也显示，注意转换的过程中有额外的脑区被激活。这些额外的脑区中有一部分与执行注意相关的脑区相同——背外侧前额叶和前扣带回。在注意转换的相关研究中，这两个脑区在整个区组只完成一种任务的条件下没有被激活。另一个与注意转换相关的脑区是顶叶。

批判性思考

- 正如第 3 章所提到的，一些研究者提出注意某个事物就相当于将聚光灯打在这个事物上；如果是这样的话，那么注意转换就像是移动聚光灯。根据这个类比，你能否预测某种关于任务转换的行为结果？
- 想象有这样一个实验，要求被试交替完成 Stroop 任务（"命名油墨的颜色"）和读字任务（"读出单词"）。信息加工模型会怎样描述这一任务的内在加工？神经网络模型又会怎样描述？

4. 什么是反应抑制，反应抑制有什么特点？

反应抑制是对一个部分准备好的反应的抑制，在实验中可以由 go/no-go 任务和停止信号任务分离出来。这些任务显示被试容易受 go 刺激所占的比例或停止反应延迟时间的影响。在神经水平上，这些任务激活了背外侧前额叶和前扣带回。此外，被试的反应抑制能力与前额叶的发展之间存在显著的正相关。

批判性思考

- 你能否想出一种现实生活情境，在这种情境下，你可以冲动行事，**无须进行反应抑制**。
- 假设前额叶在两岁时已经发育成熟，这对于抚养婴儿来说意味着什么？

5. 对信息进行排序的机制是什么？

对无关项目进行排序可能用到三种不同的机制：相邻项目之间的直接联系、时间顺序的直接编码和利用相对熟悉性进行顺序编码。神经成像研究为这三种机制提供了证据：背外侧前额叶可能调节对顺序的直接编码，而顶叶可能调节对连续性信息的利用，例如利用相对强度或熟悉性来编码顺序。在对相关项目的排序中，建立熟悉的排序和建立不熟悉的排序之间存在重要的差别，前额叶的激活受这种差异的影响。具体而言，额叶损伤病人在建立一个不熟悉的排序比建立一个熟悉的排序时，表现出的障碍要严重得多。

批判性思考

- 在什么情况下，利用信息的相对熟悉性进行顺序编码可能占有优势？
- 排序和顺序编码有何不同？

6. 我们对行为的"实时"监控的机制是什么？

将监控看作执行过程的研究有两类：一类关注对工作记忆内容的监控，这个过程主要有前额叶的参与；另一类关注对错误的监控，这方面的行为研究取得了重要进展。此外，ERP 和 fMRI 研究也表明这种错误监控非常迅速，可以在反应之后的 100 毫秒以内出现，这个过程主要由前扣带回调节。

批判性思考

- 对工作记忆的内容进行监控与**注意**工作记忆的内容，两者之间有区别吗？
- 能够实时监控错误有什么好处？

第 8 章　情绪与认知

学习目标

2001 年 9 月 11 日，两架飞机撞上了纽约世贸中心的两栋大楼。那一天，你在电视上一遍又一遍地看到这个场景，你可能清楚地记得看到了两栋大楼被袭击的画面。**但实际上你看到的并非如此：直到第二天才出现了第一架飞机撞上大楼的录像。**情绪与记忆发生了交互作用。

你驾车行驶在高速公路上，突然发现前方所有车的刹车灯都亮了起来，交通变得缓慢。一辆救险车从路肩上开过，你意识到前方发生了交通事故。你鄙视那些伸着脖子张望的人，正是他们残忍的好奇心导致了交通堵塞。半个小时后，你开到了出事地点。**可是，尽管前方道路通畅，你还是和别人一样，踩下刹车盯着事故现场看了一会，才继续上路。**情绪与注意发生了交互作用。

你知道从概率上讲，不赌博更稳妥，但得到一笔巨大收益的可能性所带来的强烈兴奋感盖过了你的常识。**结果你赌上了全部家当。**情绪与决策发生了交互作用。

这些常见的情节突出了情绪对于我们理解一系列认知过程所起的重要作用。本章我们讨论已知的情绪与认知的交互作用。重点考察以下五个问题。

1. 研究者如何定义情绪，以便我们能够科学地考察情绪与认知的交互作用？
2. 在实验室里通常采用什么技术来操控和测量情绪？
3. 刺激通过什么方式获得情绪属性，这种情绪学习又是如何表达的？
4. 情绪如何改变我们的记忆力？
5. 情绪如何影响我们的注意和知觉？

1. 两者的联系

情绪和认知过程之间有着紧密的联系，对这一点我们通常有清醒的体会，比如有时我们会说："我**愤怒**得不能正常思考问题"。尽管如此，长久以来，情绪都不属于认知研究领域探讨的问题，直到最近情况才有所改变。为什么我们花费了这么长的时间才认识到在认知研究中包含情绪研究的重要性？

将情绪和认知作为截然不同的、可分离的心理活动的观点（现在已站不住脚），可以追溯到早期的哲学思想。比如，柏拉图认为人类有三个"灵魂"，分别对应人类的三种天性：智慧（intellect）、意志（will）和情感（emotion）。几个世纪以来，这些早期的哲学思想一直是认知以及认知与情绪关系问题的基础。

到了现代，认知研究受到计算机发展的深刻影响，我们用"认知革命"来描述建立在计算机模型基础上的关于认知过程的新的思维方式（见第 1 章）。计算机提供了一个有用的工具，但它仅仅通过模拟技术装置来研究人类的信息加工，基本没有考虑到情绪的作用。因此，无论历史上还是当代研究中流行的模型，几乎都没有为研究情绪与认知之间的关联留出空间。然而，情绪与认知之间的联系是不可否认的，一些心理学家已经着手探讨它的本质。一次近期的争论（20 世纪 80 年代）打开了进一步探索认知与情绪交互作用的大门，争论的问题是"情绪是否可以不经过**认知评价**（cognitive appraisal）（即对引发情绪的原因的解释）而被体验到"。一方面，有研究显示，阈下呈现的情绪刺激，尽管被试意识不到，但它们仍会影响被试对随后呈现的中性刺激的评价（Zajonc，1980，1984）。因此，研究者罗伯特·扎伊翁茨（Robert Zajonc）认为，情感的 ["情感"（affect）是对"情绪"（emotion）和"偏好"（preference）的统称] 判断（比如，判断你在多大程度上喜欢某一幅画）是发生在认知之前，并独立于认知的。另一方面，以理查德·拉扎勒斯（Richard Lazarus，1981，1984）为代表的研究者认为，情绪不可能不经过认知评价而产生。出汗和心率加快都是唤醒的信号，它们可能出现在你看恐怖电影时，或与心仪的对象谈话时，或在健身房锻炼时。但在每一种情况下，你对自己情绪反应的评价很可能不一样。因此，你的情绪反应，比如厌恶或喜悦，依赖于你体验到的唤醒的原因，而对原因的判断是认知的一部分（Schacter & Singer，1962）。所以，扎伊翁茨主张情绪可以独立于认知产生，而拉扎勒斯认为情绪依赖于一组认知过程的子集。他们的著述将研究者的注意引到情绪和认知的交互作用上来。

关于这个新的研究焦点，最重要的一个影响因素是我们对情绪背后的神经机制日渐深入的了解。我们通过神经影像学和其他基于脑的研究得知，有些脑结构在不同程度上专门负责对情绪刺激进行加工。其中一个脑结构是杏仁核，它是位于内侧颞叶、海马前面的一个形状像杏仁的很小的结构（LeDoux，1996）（图 8-1）。这项研究结果与情绪包含多个独立系统的观点一致。然而，这些专门负责情绪的神经结构与那些已知与认知行为密切相关的神经系统之间存在相互作用（Dolan，2002；Oschner et al.，2002）。因此，我们可以推论：情绪和认知是相互依赖的。

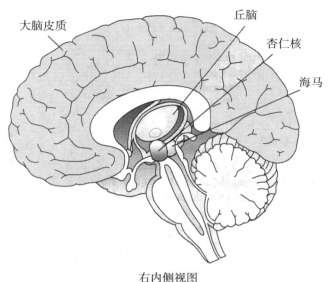

右内侧视图

图 8-1　杏仁核

杏仁核是情绪刺激加工的核心结构。尽管古希腊人和希伯来人（以及伊丽莎白女王时代的人）相信肝脏是情绪产生的中心，现代的观点与其迥然不同。

单独地研究情绪或认知而不考虑两者之间的交互作用，这已不再是理想的研究思路。在很多情况下，情绪和认知的神经系统及行为表现都是相互依赖的。如果不探讨情绪的作用，对认知的理解将是不完整的。

理解测验

1. 情绪和认知的关系从什么意义上讲是一个古老的问题？从什么意义上讲是一个新问题？
2. 拉扎勒斯和扎伊翁茨的观点的主要差别是什么？

2. 情绪的定义

很多人认为，艺术本质的吸引力在于艺术家微妙而有力地表达情感使观众感同身受——这就是亚里士多德悲剧概念的本质。莎士比亚熟知充满复杂情感的生命之间的钩心斗角，他写作的目的，用他自己的话来说，就是"拿一面镜子照一照人性"[①]，他的戏剧中描绘了这些复杂的情感。一场伟大的歌剧融合了跌宕的剧情和优秀的音乐，从而强化了观众的情绪体验。一首好的摇滚乐不仅让你按捺不住地用脚打拍子，同时也强烈带动你的情感。我们所有人，不单单是艺术家，都能用丰富的词汇来描述自己的情感生活：**喜悦的、兴高采烈的、满足的、欣喜的、雀跃的、愉快的、快活的、欢腾的、高兴的、极乐的**。所有这些词都是对"快乐"这种主观体验的不同表达。艺术和语言强调了情绪的复杂性和微妙性。但我们要如何定义情绪，才能既涵盖它所包含的各种体验，又足够客观以便对其进行科学研究呢？

研究者和哲学家不懈地寻求这个问题的答案。对于我们大多数人来说，描述自己的情感很容易，但要对情绪下一个统一的定义则很难（Russell，2003）。**情绪**（emotion）一词指的是包含了如下成分的心理和生理过程：主观体验、评估、动机，以及躯体反应，如唤醒、面部表情。鉴于本章（改编自 Scherer，2000）的目的，我们用**情绪**（emotion）一词来表示标志着生物体将内外部刺激评价为显著性刺激的持续时间较短的同步反应，包括躯体反应、面部表情和主观评价。情绪是指对一定时间内发生的事件的一系列反应，例如听到某些新闻时体验到喜悦、恐惧或悲伤。另一方面，**心境**（mood）通常用来表示一种弥散性的情感状态，最常用于表示主观感受的改变。心境一般是指强度较低但持续时间更长的情感状态，有时没有任何明显的诱因，如自发的忧伤或喜悦的感受。态度和动机是两个相关的概念。**态度**（attitudes）是指对人或物持有的、相对持久的、带有情感色彩的信念、偏好和倾向，比如对人或物的喜欢、爱、恨或渴望。最后，**动机**（motivation）指的是行为倾向，是某些情绪反应的一种成分。当你观看一部恐怖电影时，在看到恐怖片段时你可能会捂住自己的眼睛，以躲避屏幕上的画面。情绪的一个主要功能就是激发行为（如果屏幕上的画面是真实的，你

---

① 原文是"to hold, as'twere, the mirror up to nature"，此处引用梁实秋的译文（梁实秋，1974：99）。——译者注

的动作反应幅度可能会更大，你可能因而逃过一劫）。

为了构建情绪研究的科学框架，研究者关注情感体验的各个方面（面部表情、唤醒感受、动机），试图记录各种情绪反应，如悲伤、恐惧和喜悦。目前对不同情绪状态分类的两种主要途径是定义基本情绪和探讨情绪的维度。哪种途径更有效，取决于要回答的问题。

2.1　基本情绪

查尔斯·达尔文（Charles Darwin）在其划时代的著作《物种起源》（*On the Origin Species*，1859）中，率先提出存在一定数量的基本的、普遍的人类情绪。他的这个观点部分源自他研究世界各地不同文化的同事。当达尔文询问同事那些远离西方文化的人群的情感生活时，同事告诉他那些人群有着相似的情绪面部表情。达尔文指出，这种情绪表达的普遍性暗示了情绪体验的普遍性。

大约 100 年后，保罗·艾克曼（Paul Ekman）和他的同事经过对情绪面部表情的研究，提出存在六种基本的情绪表情，分别对应于六种基本情绪——愤怒、厌恶、恐惧、高兴、悲伤和惊讶（Ekman & Friesen，1971）（图 8-2）。所有这些表情都是以一系列独特的面部肌肉运动为特征的，而且做出这些表情的能力似乎是天生的。婴儿能做出这些面部表情，那些生来就失明，因而没有机会从镜子中看到自己表情的人也能做出这些面部表情。无论你来自巴布亚岛、新几内亚岛，还是纽约的布法罗市，这些面部表情在变化幅度、外观以及主观解释上都表现出普遍性和相似性。最近，对测谎感兴趣的研究者利用与真正面部表情相对应的特征化肌肉运动的知识来帮助判断一个人是否说谎（Gladwell，2002）。

通过使用社会性的情绪面部表情作为实验中的刺激物，研究者开始探讨对基本情绪表情的知觉的神经机制。结果显示，对特定情绪表情的知觉似乎依赖于特定的神经系统。例如，有多例报告指出，双侧杏仁核损伤的病人伴有恐惧表情知觉的缺失（Adolphs et al.，1999）。近来，有研究发现，另外一些神经结构——脑岛和基底核与对厌恶的知觉有关（Calder et al.，2001）；一个神经递质系统（由多巴胺激活）和一个神经结构（腹侧纹状体）对愤怒表情的知觉很重要（Calder et al.，2003；Lawrence et al.，2002）。虽然我们对于艾克曼定义的六种基本情绪表情的知觉背后特定的神经基础还没有一个完整的了解，但现有的研究结果支持确实存在不同的**基本情绪**（basic emotions）的观点，并且这些情绪反应具有跨文化的一致性。不过，必须承认，艾克曼的六种基本情绪无法涵盖人类所有的情绪体验。

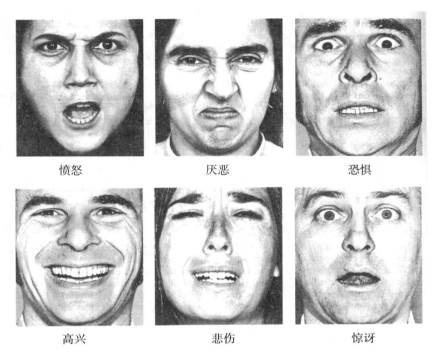

愤怒　　　　　　　厌恶　　　　　　　恐惧

高兴　　　　　　　悲伤　　　　　　　惊讶

图 8-2　情绪表情：独特的和普遍的

　　这六种情绪的面部表情实际上在所有文化中都存在。每一种表情表现为一系列独特的面部肌肉运动。

(Photograph by Paul Ekman Ph. D.)

一些更复杂的情绪，如内疚和爱，与特定面孔表情的联系要模糊得多。

2.2　情绪维度

　　情绪维度理论探讨情绪的思路，是在特定的坐标系内将各种情绪状态进行的分类。我们的情绪不能简单地被描述为"有"或"无"，而应该被感知为一种连续体。研究者使用的两种情绪维度的划分强调了情绪体验的不同方面，并试图对它们进行量化。

2.2.1　环形模型

　　一方面，**唤醒**（arousal）一词是对情绪导致的各种躯体变化的总称，比如刺激引起的心率、排汗、应激激素释放的变化，这些身体的变化可能在你观看恐怖电影或邀请心仪的对象约会时出现。情绪反应的强度可以通过这些反应的强度来测量。另一方面，**效价**（valence）是指对特定物体或事件的情绪反应的主观属性，即积极的或消极的。这两种维度都可以划分等级：你可以是熟睡的、放松的或高度兴奋的，可以是非常高兴的、无所谓的或相当反感的，你也可以是介于这些等级之间的任何状态的。

情绪的**环形模型**（circumplex model）把"唤醒"和"效价"作为两个坐标轴（Barrett & Russell，1999；Russell，1980）。"唤醒"指的是对刺激和激活的反应强度，即资源的动员力度。"效价"（或"评价"）反映了这种体验是愉快或不愉快的程度。环形模型利用情绪体验的这两个维度，生成了一个环形结构，在这个结构里各种情绪体验都可以被定位。例如，"悲伤""恐惧""兴奋"和"紧张"被看作是不同的情绪状态。它们之间的不同可以解释为效价和唤醒维度上的差异。"悲伤"和"恐惧"都是不愉快的情绪，但"悲伤"的唤醒度不如"恐惧"强烈。"兴奋"和"紧张"都是唤醒的状态，但"兴奋"是相对积极的，而"紧张"是相对消极的。随着更多的情绪反应在图中定位，这个模型名称的来历也越发明显——各种情绪状态都落到一个环形结构中（图 8-3）。

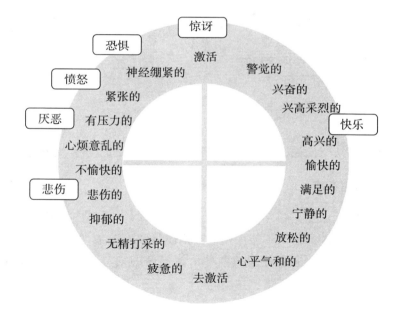

图 8-3 情绪的环形模型

图中以唤醒度为纵轴，以效价为横轴，对一系列情绪状态进行了定位。基本情绪被标上小框。

[Russell，J. A. & Barrett，L. F.（1999）. Core affect, prototypical emotional episodes and other things called emotion：Dissecting the elephant. *Jounal of Personality and Social Psychology*，76，pp. 805-819. © 1999 American Psychological Association. 经允许重印]

唤醒和效价两个维度在人脑中可能有不同的表征。例如，一个研究检测了嗅觉刺激引发的脑活动模式（A. K. Anderson et al.，2003）。结果发现，杏仁核主要对气味的强度做出反应，无论气味是令人愉快还是不愉快的。眶额皮质（OFC）的一些亚区对气味的愉悦度做出反应——当气味是令人愉快的，内侧眶额皮质被激活；当气味是令人不愉快的，外侧眶额皮质被激活。这些结果表明，杏仁核不仅对我们知觉他人的恐惧表情起着重要作用，同时还参与加工了情绪体验的其他方面。

2.2.2　趋近-回避维度

情绪可以按照**动机**的维度进行分类。动机可以定义为行为倾向，是一些情绪反应的成分之一。不同的情绪导向不同的行为目标。有些情绪，如高兴、惊讶和愤怒，属于"趋近情绪"，因为它们激发了趋近刺激物或情境的欲望。相反，另外一些情绪，如悲哀、厌恶和恐惧，被称为"回避情绪"，因为它们激发了回避与这些情绪相关联的刺激物或情境的欲望。**趋近-回避模型**（approach-withdrawal model）将情绪反应的行为倾向（即动机）成分描述为一种趋近或回避物体、事件或情境的趋势。戴维森（R. J. Davidson）等人（2000）提出证据，表明趋近和回避趋势的神经基础存在皮质不对称性。这些研究者使用 EEG 技术，发现被试在静息状态时，前部左侧半球和右侧半球的活动水平不同，研究者把这种不对称性与被试的个性联系起来。那些在一系列正性情绪特质（例如，热情、自尊、专注等"趋近"特质）上给自己打高分的被试，在静息状态时左侧前额叶的 EEG 活动更大；而那些在负性情绪特质（例如，易怒、内疚、恐惧等"回避"特质）上给自己打高分的被试，在静息状态时右侧前额叶的 EEG 活动相对更大（图 8-4）。

这种不对称性也与情绪反应有关。在一项有趣的婴儿研究中，研究者发现，那些静息状态下右半球 EEG 活动占优势的婴儿，相对于左半球 EEG 活动占优势的婴儿，在与母亲分离时表现出更多的哭闹和焦虑（Davidson et al.，2000）。尽管所有的健康个体都同时具有趋近和回避的倾向和情绪反应，但对于特定个体来说，这些情绪反应的相对频率和强度可能与其左右侧前额叶活动的基线不对称性有关。

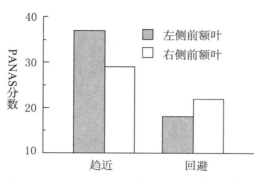

图 8-4 皮质活动的不对称性与个性差异

静息状态时，左半球前额叶活动更大（通过 EEG 测量）的被试，在"趋近"特质（如热情、自尊和专注）上给自己打的分更高。静息状态时右半球前额叶活动更大的被试，在"回避"特质（如易怒、内疚和恐惧）上给自己打的分更高。评定量表为正负性情绪量表（PANAS）；趋近（正性情感）或回避（负性情感）特质显示在横轴上。

[Adapted from Tomarken, A. J., Davidson, R. J., Wheeler, R. E. & Doss, R. C. (1992). Individual difference in anterior brain asymmetry and fundamental dimensions of emotion. *Journal of Personality and Society Psychology*, 62, pp. 676–682. Copyright © 1992 American Psychological Association. 经允许重印]

理解测验

1. 哪些证据支持存在跨文化的普遍的基本情绪？这些基本情绪是什么？

2. 描述一种导致趋近反应的情绪反应，以及一种与回避反应相联系的情绪反应。

3. 情绪的操纵和测量

作为社会性动物，我们常常试图操纵和度量我们周围的人的情绪、心境和态度，比如安慰悲伤的朋友或安抚受惊的孩子。尽管操纵和度量情感是人类经验的一部分，但以一种客观和可靠的方式来操纵和度量情感却很困难。情绪研究者使用了多种技术来应对这一挑战。

3.1 通过心境诱导操纵情绪

如前所述，心境是一种比情绪更加稳定并更具扩散性的情感状态，持续时间更长，且不一定与特定的事物相关联。研究中用到的一种操纵情感体验的方法是改变被试的心境。这种技术叫"**心境诱导**"（mood induction），它的核心是改变被试刚到实验室时报告的基线状态。改变被试心境的一般做法是给被试播放情感电影的片段（是欢快搞笑的还是阴森绝望的，取决于实验者想要取得的改变），或播放音乐（轻松的或严肃的），或要求被试专注于某种真实的或想象的情感情境之中，目的是让被试最终处于正性或负性的情绪状态中。如果被试报告自己的心境发生了与实验者预期方向一致的变化，那么心境诱导就成功了。

3.2 通过唤醒刺激操纵情绪

操纵情绪（而不是心境）最常用的实验室技术是呈现**情绪唤醒刺激**（emotionally evocative stimuli）。用来引发被试情绪反应的常见刺激是表达不同情绪的面孔图片；一些具有情绪色彩的图片，例如惹人喜爱的婴儿和让人反感的枪口（图 8-5）；效价和唤醒度不同的词汇；金钱；喧闹的噪声；以及轻微的电击。通过给被试呈现能够引发情绪体验的刺激，研究者可以研究这些情绪体验对心理和生理行为以及神经反应的影响。

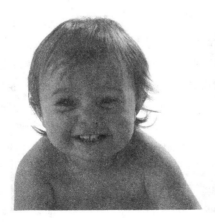

图 8-5　情绪诱发刺激

由彼得·J. 朗（Peter J. Lang）及其同事开发的国际情绪图片系统中正性情绪图片和负性情绪图片的例子。

(Left photograph courtesy of Jo Foord and Dorling Kindersley. Right photograph by John McGrail. Courtesy of The Stock Connection.)

3.3　情绪的直接测量

你如何知道自己安慰一位悲伤的朋友的努力是否成功？你可以简单地问："你现在感觉如何？"或者你可以观察朋友的情绪反应，比如微笑或停止哭泣。无论在实验室内还是实验室外，最常用的测量情感状态或反应的技术是自我报告。如果我们想知道一个人的感受如何，就直接问他。这是一种**直接评估**（direct assessment）的形式，因为被试明确地报告了他们的情绪反应、心境或态度。尽管这是评估情感状态的一种常用方法，但它依赖于被试的内省，并受到文化传统的影响。因此，有必要掌握一种通过**间接评估**（indirect assessment）的形式测量情绪反应的方法，换句话说，通过独立于主观报告和语言的方式来测量情绪反应。

3.4　情绪的间接测量

间接评估的第一种方式是要求被试在不同选项中进行选择，前提是假设选择部分取决于对选项所做的情绪评价。间接测量情绪的第二种方式是对某种行为（例如，反应时或眼动）的抑制或促进。例如，看到在教室外的院子里好友们愉快地重聚的场面所带来的愉悦感可能引起你长时间的凝视，因而对问题的反应会变慢。情绪能够通过抑制或促进行为，从而影响我们的行动以及我们反应的容易程度。

第三种间接测量的技术利用了**心理生理学**（psychophysiology）的知识，该学科研究心理状态与生理反应之间的关系。情绪和其他心理过程的主要区别之一在于情绪通常会引发大量生理状态上的变化。如第 1 章所述，自主神经系统（外围神经系统的一部分）与身体内环境的维持有关。它的交感神经分支（负责使躯体在面临特定情况，如危险事件时为行动做好准备）可能变得更活跃，并启动一系列生理反应，包括瞳孔放大、出汗、心跳加快、血压升高。相应地，当威胁过后身体放松时，副交感神经分支处于支配地位，副交感神经主要通过降低心率等方式保存能量，这种功能也是可以量化的。一种潜在的情绪还可以通过反射反应和面部肌肉运动体现出来。所有这些身体反应都可以通过心理生理学的方法进行测量。

情绪研究者测量的两个重要的心理生理学的反应是**皮电反应**和**增强眨眼惊恐反射**。

皮电反应（skin conductance response，SCR）是衡量自主神经系统唤醒度的一个指标。即使微弱的情感刺激也能使汗腺（受控于自主神经系统）

产生反应。汗液的增加会造成皮肤导电率的变化。皮电反应通过安置在被试手指上的电极进行测量；电极发出的微弱电流会通过皮肤。汗液分泌的细微变化导致的电阻改变被记录下来。你可能已经很熟悉皮电反应，因为它是测谎仪的一个常见组成部分。因为通常我们假设撒谎时会产生与紧张和负罪感有关的情绪反应，所以诚实的回答（例如，你的姓名和地址）应该比说谎的回答引发更小的皮电反应。

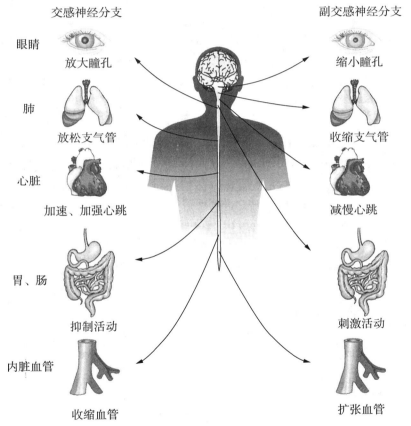

图 8-6 自主神经系统
  交感神经分支使躯体为行动做好准备；副交感神经分支与交感神经分支相对抗，维持躯体静息时的平衡。
（ Barry D. Smith, *Psychology, Science & Understanding*, p. 73. New York: McGraw-Hill, 1998. 经允许重印）

  惊恐反射是由一个突然出现的意料之外的刺激（例如，一个突然出现的巨大噪声）所引发的反应，这种反射的强度是可以测量的。假如你在午夜走过一条安静的街道，突然听到一声汽车逆火声，你可能会被吓到。如果你在夜晚荒废的街道上听到同样的声音，而你已经感到有些焦虑，你可能被吓得更惨。惊恐是一种当我们处于负性情绪状态时的**增强的**（potentiated）反射。增强的程度可以在实验室里通过记录眨眼反射（惊恐反射的一种）的强度来测量。眨眼反射的强度通过安置在眼部肌肉上的电极来记录。肌肉收缩量反映了惊恐反射的强度。惊恐程度越高，我们越使劲地眨眼，即**增强眨眼惊恐反射**（potentiated eyeblink star-tle）。研究者在考察被试对不同画面的情绪反应时，可能会依次呈现一幅幅画面，其间出其不意地插入一个很大的咔嚓声或爆裂声。声音引发的增强眨眼惊恐反射在强度上的差异提供了不同画面诱发的情绪状态的相关信息。负性的画面比中性或正性的画面引发了更强烈的惊恐反射（Lang et al.，1990）。

皮电反应与惊恐反射测量的一个有趣的差别在于：皮电反应体现的是负性刺激和正性刺激都可以引发的唤醒；而惊恐反射受到效价的调控，换句话说，当被试处于负性情绪状态时，惊恐反射增强，而当被试处于正性情绪状态时，惊恐反射减弱。两种测量方法都为情绪提供了一种间接的生理测量方式，但它们在测量的情绪信息的类型上不同。

理解测验

1. 描述一种在实验室内用于操纵情绪的技术。
2. 举出一个直接测量情绪反应和一个间接测量情绪反应的例子。

4. 情绪学习：习得评价

为什么我们会偏爱某些风格的电影、某些牌子的香皂、某种类型的人？在这类讨论中，一个似乎合理的回答（以电影为例）是"因为我喜欢它的特效"，其实这并不充分。这些偏好**背后的原因**是什么？另一个例子是：你是否有过这种经历——遇到一个根本不认识的人，却无缘无故地感到不自在，后来你意识到这个人让你想起了另一个曾经伤害过你的人？这种情绪反应**背后的原因**是什么？

上面这些例子都包含了**情绪学习**（emotion learning）——通过这样或那样的途径（并不总以事实为依据）来理解人物、地点和事件并非都是中性的，而往往带有某种价值：有些人物、地点或事件是更好的或更糟的，舒适的或恐怖的，或者仅仅是好的或坏的。这种价值部分决定了我们对这些人物、地点或事件的情绪反应。

有些情绪诱发刺激本身就是正性或负性的，它们的价值不需要学习。例如，对所有动物——无论是家养宠物还是诺贝尔奖获得者来说，轻微的电击都是负性刺激。这类刺激被称作**初级强化物**（primary reinforcers），因为它们的动机属性是自然而然发生的，无须学习。另外一些刺激我们必须经过学习，了解到它们所代表的正性或负性结果之后，才具有动机作用。一个装满百元钞票的浴缸不会让你感到温暖（至少不会非常温暖）、美味，或者为你提供安全感；然而，拥有一个装满百元钞票的浴缸却是令人愉快的。金钱之所以有价值，是因为我们已经学会把它与那些有内在促进作用的刺激联系在一起：有了钱，我们可以买到那些让我们温暖的、美味的、提供安全感的东西。金钱是典型的**次级强化物**（secondary reinforcers），这类刺激的动机属性是通过学习而获得的。

很多行业都希望了解刺激是如何获得情感价值的，比如广告业和驯兽业。对于心理学家来说，了解刺激如何与一种情绪发生关联，是研究情绪和认知的相互作用的关键。刺激可以通过几种途径获得情绪意义。

4.1 经典条件反射

伊万·巴甫洛夫（Ivan Pavlov，1849—1936）的名字与经典条件反射一同出现的频率最高，这个伟大的俄国生理学家发现了经典条件反射的原理。巴甫洛夫对消化功能感兴趣，他原本想要研究狗对食物的唾液分泌情况。但是，后来他的研究变得不那么简单了，因为狗在**提供食物之前**就开始分泌唾液：当研究人员推开狗安置处的大门时，唾液分泌立即发生。狗对**与食物相关的**事件产生了唾液分泌反应。巴甫洛夫意识到，不仅仅是恰当的刺激（在本例中是食物），那些与这些诱发反射的刺激相关的事件也可以诱发唾液分泌一类的反射。进一步研究表明，所有的反射和反应，包括情绪反应，都能通过条件作用引发。

在情绪研究中，本身与积极或消极事件相关的刺激附带了情感属性，进而引起情感反应。例如，如果你经历过一次车祸，那么当你再次处在事故发生的十字路口时，你会发现自己感到不安，这不足为奇。原先的中性地点与负性事故结果的联系导致了一个条件作用的唤醒反应，以及与那个地点相联系的紧张感。我们常有这样的经历：当我们处在那些与不愉快经历相关的人、物或地点周围时，会感到焦虑。这是**情绪经典条件反射**（emotional classical conditioning）的结果，我们通过学习获得了中性事件与情绪事件之间的联系。

情绪经典条件反射有不同的表现形式。一种形式是**自主条件反射**（autonomic conditioning），即表现为躯体反应，如唤醒反应。另一种形式是**评价性条件反射**（evaluative conditioning），即表现为偏好或态度，预示着消极情绪事件的刺激可能会得到更多的负面评价。大多数情绪经典条件反射的研究要么检测自主反应，要么检测评价性的主观报告，尽管这两种类型的条件反应通常是同时习得的。

在自主条件反射中，研究得较广泛的是厌恶条件反射，或**恐惧条件反射**（fear conditioning）。如果一个中性刺激与令人厌恶或恐惧的事件配对出现，结果这个中性刺激单独出现时也引发了恐惧反应，恐惧条件反射就发生了。在车祸地点发生的唤醒反应就是一种恐惧条件反射。这种经验是我们所熟悉的，大多数人都能在生活中找到"车祸"和"十字路口"的替代物。厌恶条件反射的学习已被视为一般恐惧学习的一个模型，有人认为，它与恐惧症可能有特定的相关（Ohman & Mineka，2001）。

恐惧条件反射在人类和非人类中得到了广泛的研究。研究发现，无论被试的种类，杏仁核在恐惧条件反射的习得和表现过程中都起着关键作用（LeDoux，1996）。杏仁核损伤的人类被试不能习得恐惧条件反射，但他们表现出报告中性刺激预示厌恶或恐惧事件的正常能力。例如，在一项实验中，一个叫 S. P. 的病人（双侧杏仁核持续性损伤）和对照组的正常被试，都在看到一个蓝色方块后在手腕处被施予轻度电击（图 8-7）。经过几次试验，正常被试对单独出现的蓝色方块表现出皮电反应，这标志着自主条件反射的产生。然而，S. P. 没有表现出对单独出现的蓝色方块的唤醒，尽管她对电击的唤醒反应是正常的。当给 S. P. 看其结果，并询问她对这些结果的看法时，她回答说：

> 我知道蓝色方块表示在随后的某个时间点会有一次电击。但即便我知道这一点，从一开始就知道，除了最开始的一次令我惊讶以外，那也是我的反应。我知道将会发生什么。我预期着它的发生。所以说，从一开始我就知道将会发生什么：蓝色和电击。它发生了，这证明我是对的，它确实发生了！（Phelps，2002）

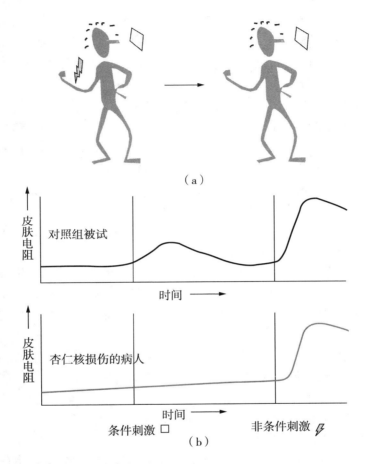

（a）

（b）

图 8-7 恐惧条件反射：何时发生

（a）正常被试的恐惧条件反射：将电击和蓝色方块配对呈现，然后单独呈现蓝色方，诱发了情绪的条件反射。（b）蓝色方块-电击实验中，杏仁核损伤的病人 S. P. 的反应（下图），和一个对照组被试的反应（上图）。两个被试对电击本身都表现出皮电反应（图的右部），但只有正常被试对条件刺激表现出皮电反应。（尽管 S. P. 没有表现出以皮电为指标的情绪的条件反射，但她关于恐惧条件反射程序的陈述性知识没有受到影响）

很明显，S. P. 理解恐惧条件反射，并对这个研究中的事件具有情景记忆。获得和报告这种明确的表征依赖于内侧颞叶结构，即所谓的海马复合体，其毗邻杏仁核（见第 5 章）。海马损伤但杏仁核完好的病人显示出相反的结果模式：他们表现出正常的自主条件反射（通过皮电反应测量），但他们不能报告蓝色方块预示电击（Bechara et al.，1995）。

情绪学习的直接指标（外显报告）与间接指标（皮电反应）之间的这种双重分离表明，至少有两种学习系统在独立起作用：一种系统（依赖于海马）调节伴随意识的学习，即第 5 章详细描述的陈述性记忆系统。另一种系统（依赖于杏仁核）调节自主条件反射。意识并不是厌恶条件反射所必需的，一些研究通过呈现与厌恶性事件相关联的阈下刺激（因此被试不能意识到呈现的刺激）为这一观点提供了进一步的证据：皮电反应记录显示，这种刺激程序引发了自主条件反射（Ohman & Soares，1998）。

一方面，对自主条件反射的研究揭示了习得的生理反应的重要性。另一方面，对评价性条件反射的研究更多关心的是习得的偏好或态度，即通过经典条件反射获得的主观情绪反应。评价性条件反射是大多数广告的目标。为什么广告商会认为，将新产品和有吸引力的刺激（例如，受欢迎的运动员或名人）同时呈现，将会改变我们的态度，尤其是我们的购买决定？我们并不认为使用明星认可的产品会让我们也成为明星。然而，广告起作用了。这是因为评价性条件反射在发挥作用。如果在一个中性刺激（例如，一种除臭剂）面前，我们感受到正面的情感（例如，对打广告的名人的赞赏，或对精巧广告文案中的幽默的欣赏），我们最终可能会喜欢这个中性刺激。评价性条件反射体现在随后的效价的变化上，即刺激被看作是愉快的（或不愉快的）程度的变化。

和厌恶条件反射一样，评价性条件反射也可以在无意识的情况下发生（例如，广告引起的评价性条件反射），即一种偏好被习得并被表现出来，而我们并没有意识到这种偏好是怎样形成的。例如，在一项研究中，研究者将一系列的中性图片与积极的、消极的或其他中性图片配对呈现（Baeyens et al.，1990），要求一些被试寻找每对图片间的联系，另一些被试只是观看图片。然后测量被试对中性图片和情感图片之间关系的意识程度。被试在以下情况下被看作是"有意识的"：正确指出与目标中性图片配对呈现的情绪图片；指出与目标中性图片配对的图片效价相同的另一张图片；或者，虽然不能指出一张特定的图片，但能正确描述与目标中性图片配对的图片的效价。无论被试对中性图片和情感图片之间关系的意识程度如何，他们都形成了相似的评价性条件反射。

当要求被试对中性图片进行喜爱程度的评分时，那些不能报告出目标中性图片与其配对呈现的图片之间的关系的被试，与那些清楚地"意识"到图片间关系的被试表现出相似水平的习得性偏好。这种态度的形成可以独立于意识。另外，两项对遗忘症患者（陈述性记忆缺陷）的研究得到了与此观点一致的结果。尽管这些病人不能报告任何与条件反射程序相关的记忆，但他们仍然形成了偏好（Johnson et al.，1985；Lieberman et al.，2001）。

情绪经典条件反射的两种类型——自主条件反射和评价性条件反射，很可能是同时发生的。例如，常见的厌恶条件反射的研究可能将抽象图案与轻微电击配对呈现。经过几次配对呈现后，抽象图案单独出现时也开始引发唤醒反应，这标志着自主条件反射的形成。与此同时，如果要求被试评价对该抽象图案，以及另一个类似的但从未与电击配对呈现过的图案的喜好程度，被试对与电击配对的图案给出更负面的评价，这标志着评价性条件反射的形成。

尽管自主条件反射和评价性条件反射可以同时发生，仍有一些证据表明，这两种类型的情绪经典条件反射也可能分离。这些证据来自对**消退**的研究。**消退**（extinction）指习得性情绪反应的减少，当一个刺激多次单独呈现而不伴随情绪事件时，被试就会明白这个已条件化的中性刺激不再预示着情绪事件的发生。再以不幸的车祸为例：事故发生后，你第一次开车经过事故发生的十字路口时，你可能会感到紧张——这是对这个特定地点的自主条件反射。然而，几个月后，在你无数次开车经过这里再没有事故发生后，你的紧张感可能会逐渐消失，它被消除了。这就是一个自主条件反射消退的例子。

对自主条件反射而言，消退通常是迅速的。经过几次消退试验（中性刺激之后不伴随厌恶性事件），自主条件反射可能就不再出现（例如，LaBar et al.，1995；Ohman & Soares，1998）。然而，评价性条件反射是很难消除的。一旦偏好和态度被习得后，这种偏好似乎就不会减弱，即便不伴随情绪事件的中性刺激增多到先前的两倍，并且被试充分意识到这个中性刺激的出现不再预示情绪事件的发生（de Houwer et al.，2001）。尽管当你经过曾经发生事故的十字路口时，你的自主条件反射可能已经消失，但你很可能还是不喜欢这个十字路口。这种评价性条件反射的消退阻力使条件性的偏好与其他类型的经典条件反射区别开来。

4.2 工具性条件反射：通过奖励或惩罚进行学习

当某些行为和刺激与奖励或惩罚配对呈现时，就可能会发生情感学习。以赌博为例，对于赌马者而言，如果结果赢了，他们的行为（例如，前往跑马场下注）和刺激（例如，赛事资料和晨报上对赛事的分析）就与奖赏配对。尽管赌徒可能会输（惩罚），赌博对一些人来说依然具有巨大的吸引力，部分原因是偶尔一次的大赢往往会比多次的小输引发更强的刺激和兴奋感。

因此，喜欢赌博可能是一种工具性条件反射。**工具性条件反射**［instrumental conditioning，**也称操作性条件反射**（operant conditioning）］的原则是：行为或反应频率的增减取决于行为的结果，即行为带来了奖励还是惩罚。如果我们的行为产生了好的结果（奖励），我们更可能重复这种行为；如果行为导致了坏的结果（惩罚），这种行为被重复的可能性就不大。工具性条件反射依赖于我们采取的能够得到奖赏的行动。

为了了解奖励的本质，研究人员探讨了奖励学习及惩罚学习的神经机制（例如，Bornhovd et al.，2002；Delgado et al.，2000）。奖励的神经系统包括神经递质多巴胺，以及神经解剖区域纹状体。"中脑边缘系统多巴胺通路"将位于中脑的内侧前脑束的腹侧被盖区与位于前脑的纹状体联结起来。当被试期待奖赏时，这个通路被激活（图8-8）。如果腹侧被盖区受到刺激，该通路的激活就将导致多巴胺被释放到纹状体（Wise & Rompre，1989）。多项神经影像学的研究一致表明，当被试期待被奖励时，纹状体被激活（例如，Delgado et al.，2000；Knutson et al.，2001），阻止多巴胺活动的药物能够引发奖励学习任务表现的受损（Stellar & Stellar，1984）。

有关奖励学习的神经基础的研究最有趣的发现之一是，与奖励相关的神经系统对所有类型的奖赏都发生反应，无论是让人成瘾的毒品（Breiter et al.，1997）、食物一类的一级强化物（Rolls et al.，1980），还是金钱一类的二级强化物（Delgado et al.，2000；Knutson et al.，2001）。一级强化物和二级强化物共享一条神经通道的事实表明，这个神经系统负责对被试感知到的奖励的价值进行编码。然而，一个人觉得有意义的东西另一个人可能并不认为有意义，另一个人可能认为它既不是健康和必需的，也没有内在价值。

工具性条件反射需要可以被强化的行为。正是这种行为，以及促进行

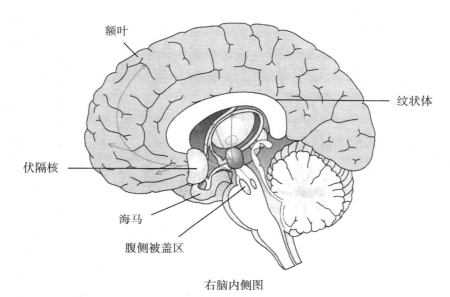

额叶

纹状体

伏隔核

海马

腹侧被盖区

右脑内侧图

图 8-8 中脑边缘多巴胺通路——大脑的奖赏回路

如果腹侧被盖区受到刺激，该通路的激活将导致多巴胺被释放到纹状体和其他区域，比如额叶。这一连串的反应发生在奖赏出现时。

[*Psychological Science：The Mind，Brain and Behavior* by Michael Cazzaniga and Todd F. Heatherton. Copyright © 2003 by W. W. Norton & Company，Inc. 经诺顿出版社（W. W. Norton & Company，Inc）允许使用]

为的刺激，获得了情感价值。然而，除了这种行为和刺激之外，许多其他相关刺激的情感价值也可以被改变。一个吸毒者可以通过学习，建立起吸毒与奖励之间的联系。同时吸毒行为还与很多别的刺激相联系：经常吸毒的地点、吸毒的工具、一起吸毒的人、卖毒品的人。所有这些刺激，仅仅因为它们同吸毒行为之间相关，就能够通过**经典条件反射**获得情感价值。工具性条件反射和经典条件反射之间紧密的共同作用，使得改变吸毒一类的行为非常困难。

4.3 指导和观察学习

经典和工具性条件反射的发生都取决于学习时的情绪体验——你必须得到一个你感觉是正面的（奖励）或负面的（惩罚）刺激。情绪学习还有其他不需要直接情感体验的途径，即通过指导和观察。举例来说，为什么有人会害怕细菌，而且大多数人都尽量避免接触细菌呢？除了研究者或学术机构之外，大多数人从未见过细菌。就我们独立的知觉系统而言，细菌只是一种想象中的概念。不过，我们都被告知了细菌的坏处（从童年开始我们就受到提醒，比如卫生间里"洗手消除细菌"的标记）。这是一个**指导性学习**（instructional learning）的例子（如果指导带有过多的威胁性，并且没有经过经验的调节，避免细菌的健康行为就会变成不健康的恐惧症）。

与其他物种不同，我们可以通过符号工具（例如，语言）学习事件或刺激的情感意义。我们不是必须通过直接体验消极或积极的后果才能知道刺激的好坏的。通过指导进行学习是人类情感学习的常用途径，并且很高效。对伴随厌恶性结果的中性刺激的情绪反应（条件反射）的学习，与通过言语交流（指导）进行的学习是类似的（Hugdahl & Ohman，1977）。

实际上，通过指导和经典条件反射习得的恐惧激活了一些共同的神经通路。尤其是杏仁核，它不仅对厌恶条件反射很重要，对指导性恐惧学习的生理反应也起着相应作用。这一发现来自一项研究，该研究的设计与前面提到的病人 S. P. 参与的恐惧条件反射研究非常类似。所不同的是，电击与蓝色方块配对出现的方式是口头指导。左侧或右侧杏仁核损伤的病人和正常人参加实验，他们被告知当蓝色方块出现时（"威胁"）自己可能会受到一个轻微的电击，而当黄色方块出现时（"安全"）不会受到电击。实际上在实验过程中没有实施一次电击，尽管如此，正常被试和**右侧**杏仁核损伤的病人在蓝色方块出现时，都表现出增强惊恐反射，这是对"蓝色方块-威胁"刺激的负性情绪反应。然而，**左侧**杏仁核损伤的病人对蓝色方块没有表现出增强惊恐反射（Funayama et al.，2001），这表明左侧杏仁核参与了恐惧的指导学习。虽然只有左侧杏仁核对恐惧的指导学习起作用（或许是因为指导学习的言语性质），这些结果仍然表明，杏仁核对那些从未真正体验的、想象和预期的恐惧的学习具有一定作用。费尔普斯等人（Phelps et al.，2001）报道过一个相关的针对正常被试的 fMRI 研究。这两项研究详见随后的**深度观察**专栏。

和指导学习一样，**观察学习**（observational learning）也不依赖于对积极或消极后果的直接经验。如果我们看到有人因某种行为受到奖励或惩罚，或者欣赏或回避某件事情，我们就可能领悟到那种行为或事件的价值。老师对一个捣乱学生进行"罚一儆百"，当着全班同学的面斥责这个学生，就是希望其他学生能进行一定的观察学习。

一些非人类的动物也会通过观察来学习。例如，在实验室养大的猴子从未见过蛇，但它们可以通过观察野生猴子对蛇的强烈恐惧而学会对蛇恐惧（Mmeka et al.，1984）（图 8-9）。观察学习的神经系统可能涉及 "镜像神经元"。在猴子体内所发现的镜像神经元，是一种对观察到的和亲自采取的行为都会反应的神经元（见第 11 章）。当猴子正在做一个动作，或者正在观察另一只猴子做这个动作时，位于猴子的前运动皮质的镜像神经元就会放电。一般情况下，我们不可能在人类身上研究单个神经元的反应，但借助神经影像学技术，有研究已经在人类身上观察到猴子具有的镜像反应（Gallese & Goldman，1998；Rizzolatti et al.，1996）。不仅如此，研究人员还发现了情绪的镜像反应：看到别人经受疼痛，会导致自身的疼痛回路被激活（Singer et al.，2004）。为了把这个发现推广到观察学习，研究者让被试观看一段录像，录像中研究者的助手正在进行经典条件反射实验，即先看到一个蓝色方块，然后手腕遭受一个轻微电击。之后，向被试呈现蓝色方块，但没有实施任何电击。当被试观看研究者的助手对电击的反应时，被试的杏仁核（对恐惧条件反射和恐惧的指导学习都很重要）同样产生了反应。被试观看录像时杏仁核激活的程度与他们自己看到蓝色方块并预期自己会遭到电击时是一样的（Olsson et al.，2004）。

图 8-9　观察学习的例子
　两组猴子都被要求伸出手臂越过蛇的上方去拿食物。实验室长大的猴子开始不怕蛇，伸手去拿食物。但是当它们看到野生的猴子不去拿食物，并表现出对蛇的恐惧时，实验室长大的猴子也产生了对蛇的恐惧反应，不敢去拿食物了。
（Courtesy of Susan Mineka, Northwestern University. ）

深度观察

想象性恐惧的表达

　　这里我们同时讨论两个以不同人群为被试、探讨想象性恐惧的神经机制的研究。这两个研究都发表于 2001 年：（1）伊丽莎白·A. 费尔普斯（Elizabeth A. Phelps）、凯文·J. 奥康纳（Kevin J. O'Connor）、J. 克里斯托弗·盖滕比（J. Christopher Gatenby）、约翰·C. 戈尔斯（John C. Gores）、克里斯琴·克里伦（Christian Crillon）和迈克尔·大卫（Michael David）的题为"恐惧的认知表征引发左侧杏仁核激活"的文章（Activation of the Left Amygdala to a Cognitive Representation of Fear, *Nature Neuroscience*, 4, 437-441）；（2）E. 澄江舟山（E. Sumie Funayama）、克里斯琴·克里伦（Christian Crillon）、迈克尔·戴维斯（Michael Davis）和伊丽莎白·A. 费尔普斯（Elizabeth A. Phelps）的题为"人类惊恐情绪调节的双分离：来自单边颞叶切除病人的证据"的文章（A Double Dissociation in the Affective Modulation of Startle in Humans：Effects of Unilateral Temporal Lobectomy, *Journal of Cognitive Neuroscience*, 13, 721-729）。

　　研究简介

　　通过符号传递的想象性恐惧与恐惧条件反射中通过直接厌恶经验获得的恐惧是否具有相同的神经机制？下面的两个研究将试图回答这一问题（Funayama et al., 2001；Phelps et al., 2001）。

　　这两组研究者共同感兴趣的问题是，通过言语交流的恐惧是怎样在脑中表征的，这种情绪学习的表达是否依赖杏仁核——这个在恐惧条件反射中极其重要的结构？

　　研究方法

　　研究使用了两种技术来评估人类的脑功能：对正常被试使用 fMRI（Phelps et al., 2001），对杏仁核损伤的病人记录其生理反应（Funayama et al., 2001）。这两项研究都告诉被试，一个彩色（例如，蓝色）方块的出现预示着可能会有一个轻微电击打在手腕上，这被称作"威胁"刺激。被试还会看到另一种颜色（例如，黄色）的方块，并被告知这个刺激表示没有电击，被称作"安全"刺激。在 fMRI 研究中，测量正常被试在看到威胁和安全刺激时其杏仁核的反应，同时也测查被试的皮电反应作为恐惧反应的生理指标。在对病人的研究中，有对照组以及左侧杏仁核损伤、右侧杏仁核损伤和双侧杏仁核损伤的病人组；采用与 fMRI 研究相似的实验设计，测量被试对威胁和安全刺激的眨眼惊恐反射，将其作为恐惧学习的指标。但实际上，这两个研究中的被试都没有受到任何电击。

研究结果

在两个研究中，正常被试在看到威胁刺激（相对安全刺激）时，表现出与恐惧一致的生理反应。fMRI 研究中的自主反应指标显示，被试对威胁刺激比安全刺激表现出更高的皮电反应。在病人研究中，正常被试对威胁刺激（相对安全刺激）表现出增强的惊恐反射。这些结果表明，仅仅告诉人们一个刺激可能具有的令人厌恶的属性，就可以诱发恐惧反应。这两个研究还共同发现，左侧杏仁核对由言语信号诱发的恐惧的表达十分重要。在 fMRI 研究中，相对于安全刺激，威胁性刺激激活了左侧杏仁核，并且其激活程度与皮电反应的程度相关。在病人研究中，左侧杏仁核损伤的病人对威胁刺激没有表现出增强的惊恐反射。

讨论

这些结果显示，左侧杏仁核会对言语信号诱发的恐惧做出反应，并对这种恐惧的表达起着关键作用。左侧杏仁核尤其重要，可能是因为这类恐惧需要言语的说明，而对大多数人而言，言语说明的加工主要依赖于左半球。恐惧学习神经机制的动物模型建立在恐惧条件反射的基础上，即通过直接的厌恶体验来进行学习。这些结果提示，人类所独有的恐惧（即通过语言交流和想象获得、从未实际经历过的恐惧）与通过直接的厌恶体验习得的恐惧可能依赖于相似的神经机制。

4.4 简单暴露

前面提到的所有类型的情绪学习都依赖于将刺激或行为与某种"好的"或"坏的"事物联系起来。如果一个偏好或态度是通过**简单暴露**（mere exposure）获得的，就不需要这种关联，只是简单重复一个刺激就能使这个刺激变得可爱起来。**简单暴露效应**（mere exposure effect）建立在熟悉度的基础之上，因此只有刺激的重复呈现是必需的。在关于简单暴露的研究中，实验者通常给被试呈现中性刺激，如抽象图案。有的图案呈现约 10 次，有的 5 次，有的仅仅 1 次，还有的图案根本没被呈现过。经过暴露程序后，要求被试评价对这些图案的喜好程度。结果发现，比起呈现次数少或者没有呈现过的图片，被试倾向于给那些呈现次数多的图案打更高的分。研究者已经在多种类型的刺激中观察到简单暴露效应，包括汉语象形文字、音乐旋律以及无意义音节（Zajonc，1980）。

尽管简单暴露效应源于熟悉度，但它不需要回忆与刺激有关的先前经验。一项研究检验了对新的音乐旋律的偏好，发现简单暴露效应对被试能够识别和不能识别的音乐同样显著（Wilson，1979）。研究者在其他类型的刺激中也发现了类似的现象。能够预测对音乐或其他类型刺激的偏好形成的因素是刺激暴露的量，而不是意识到了暴露（Zajonc，1980）。阈下呈现的刺激同样具有简单暴露效应，这进一步支持了简单暴露效应的获得并不依赖于意识的观点（Bornstein，1992）。下一次当你跟着收音机哼唱一首歌时，请记住：你听这首歌的次数越多，你可能会越喜欢它。

理解测验

1. 举出一个既包括评价性条件反射又包括自主条件反射的情绪学习的例子。

2. 在没有条件反射发生的情况下，你能通过哪些方式获得对某些事物的偏好？

5. 情绪与陈述性记忆

每一天，我们都在用我们的记忆回答"我把钥匙放哪儿了"这一类的问题。但就整个生命历程而言，能够持久保存的记忆并不是那些关于钥匙放在哪个口袋的记忆，带有情感意义的重要事件似乎更加持久、生动。对带情感色彩的公共事件（例如，世贸大厦的毁灭）的记忆，尽管不完整却能够持久地存在。对带情感色彩的私人事件（例如，婴儿的出生）的记忆，也富含特殊的性质。那么，情绪到底是如何影响记忆的？

如第 5 章所述，过去 40 年里记忆研究的一个重要进展在于，我们越来越多地意识到记忆不是一个单一概念：不同形式的记忆，以及有意识的记忆与无意识的记忆，都与不同的神经系统相关。陈述性记忆是长时记忆的一种，它可以被有意识地回忆并向他人描述。它包括情景记忆（对我们自己过去历史的"第一手"记忆）和语义记忆（关于客观世界的物体和事件的知识）。通过几种可能的途径，这两种形式的记忆都会受到情绪的多方面影响。

5.1 唤醒与记忆

对我们宁静的心灵来说，一个遗憾是，对尴尬情境的记忆可能不会消退。忘掉那些让我们感到无知和尴尬的时刻是件好事，但我们不会忘记这些事件，有时候其他人也不会忘记。为什么这些你宁愿忘掉的瞬间会选择持续且生动地留在你的记忆中？一个原因是尴尬——一种情绪反应，会导致唤醒，而唤醒提高了我们存储记忆的能力。

众所周知，情绪唤醒可以增强记忆。不论在实验室内还是实验室外，研究者使用多种不同类型的刺激和一系列的记忆任务共同证明了这一点（Christianson，1992）。在一个经典的研究中，于厄尔和赖斯贝格（Hueur，Reisberg，1992）给两组被试各看一组带文字叙述的幻灯片。两组幻灯片都描述了一个母亲和儿子去看望在上班的父亲。两组幻灯片和叙述文字在开始和结尾处是一样的，都描绘了一些中性事件，如母亲和儿子离开家，以及母亲打电话。其中一组幻灯片（情绪条件）在故事的中间部分讲述了父亲（一名医生）处理一个可怕事故。另一组幻灯片（中性条件）里父亲是一名汽车修理工。在看完幻灯片后，被试需要回忆幻灯片并叙述文字的细节。两组被试对开始和结束部分细节的回忆能力没有任何差别，这些部分描绘的是中性事件。然而，对于中间部分，情绪条件下的被试对细节的回忆远远好于中性条件下的被试。

唤醒的情绪刺激能引发更好的陈述性记忆，很多研究都发现了这一结果。为什么会这样呢？要了解这种现象的原因，我们来看一看情绪唤醒对记忆影响的神经机制。

很多研究已表明，杏仁核对厌恶条件反射的获得和表达起关键作用，同时对记忆也有间接作用。杏仁核损伤的患者没有表现出唤醒增强的记忆（arousal-enhanced memory）（Cahill et al.，1995；LaBar & Phelps，1998）。神经影像学研究显示，杏仁核在编码阶段对情绪刺激的反应强度与以后成功回忆起该刺激的可能性之间存在相关（Cahill et al.，1996；Hamman et al.，1999）。这些结果表明，杏仁核可以影响对情绪事件的陈述性记忆。但决定陈述性记忆获得的脑结构是邻近杏仁核的内侧颞叶结构（海马内或海马周围）——杏仁核通过与海马交互作用而对记忆产生影响。

　　海马巩固（hippocampal consolidation）是一个缓慢的过程，它使记忆在一定程度上变得更加稳定。一系列研究已经揭示了杏仁核如何通过唤醒影响海马加工，并对依赖海马的记忆的巩固进行调节（McGaugh，2000）。杏仁核通过唤醒加强海马巩固，从而改变了新信息在记忆中的存储（McGaugh et al.，1992）。

　　为了证明杏仁核能够调节存储功能，研究者在记忆编码**之后**扰乱或增强大鼠的杏仁核加工。在其中一项研究中，大鼠进行迷宫学习任务，这个任务主要依赖海马进行正常的学习。学习结束后，一些大鼠被注射导致杏仁核兴奋的药物；而另一些则注射（非活性的）生理盐水。学习后杏仁核受到药物刺激而兴奋的大鼠比那些注射生理盐水的大鼠对迷宫有更好的记忆（Packard & Teather，1998）。杏仁核调节巩固的机制依赖于杏仁核内部的 **β-肾上腺系统**（β-adrenergic system）。**β-阻断剂**（Beta-blockers）（通过阻断 β-肾上腺受体来阻止 β-肾上腺系统活动的药物）能够阻止唤醒对陈述性记忆的影响（Cahill et al.，1994；McGaugh et al.，1992）。有人认为，对陈述性记忆存储进行长时间巩固的一个适应性功能是给唤醒反应留出时间，以便提高个体对情绪性后果相关事件的记忆力。

　　如果唤醒通过杏仁核调节了陈述性记忆的存储，那么对于唤醒和非唤醒刺激就应该有不同的遗忘曲线。许多研究已证明了这一点。一个较早的实验给被试呈现单词-数字对（Kleinsmith & Kaplan，1963）。一半单词具有情绪色彩和一定的唤醒度，另一半单词是中性的。然后向被试单独呈现单词，要求他们回忆与其配对的数字。一些被试在编码之后立即完成这个记忆任务，另一些则过一天后完成。立即回忆数字的被试对与中性单词配对的数字的回忆成绩更好，但是这种差异不显著。24 小时之后再进行回忆的被试，对与高唤醒度的单词配对的数字表现出明显更好的记忆。组间比较发现，中性单词-数字对经过一段时间发生了遗忘，而唤醒单词-数字对经过一段时间个体对其的记忆并未减弱（图 8-10）。杏仁核损伤的病人表现出类似的对唤醒和中性词的遗忘模式（LaBar & Phelps，1998），这支持了杏仁核增强巩固或存储加工的观点。

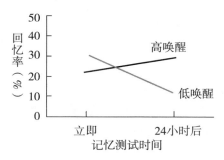

图 8-10 记忆与唤醒 I

测验被试对与高唤醒单词和低唤醒单词配对的数字的记忆效果，测验要么在编码后立即进行，要么在编码 24 小时以后进行。与低唤醒单词配对的数字经过一定时间被遗忘；而与高唤醒单词配对的数字经过一定时间没有被忘记。

[Adapted from Kleinsmith, L. J. & Kaplan, S. (1963). Paired-associated learning as a function of arousal and interpolated interval. *Journal of Experimental Psychology*, 65 (2): 190–193. © 1963 American Psychological Association. 经允许修订]

5.2 压力与记忆

唤醒对记忆存储的影响有助于理解为什么那些令人极度兴奋、尴尬或紧张的事件可能在记忆中保存得更好。然而，长期的压力和过度的唤醒却有着相反的效果，将使记忆变差。唤醒和压力对陈述性记忆的影响可以用一个倒 U 形曲线来表示（图 8-11）。轻微至中度的唤醒有助于增强记忆效果，但如果唤醒反应延长或过度，记忆效果就会下降。

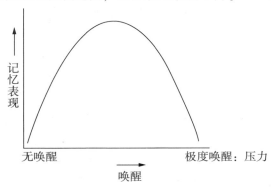

图 8-11 记忆与唤醒 II

一个倒 U 形曲线描述了陈述性记忆的表现与唤醒之间的关系。轻度或中度的唤醒能提高记忆，但压力（即长期和极度的唤醒）会损害记忆。

压力导致记忆力障碍的机制与长期压力引起的激素水平的改变有关。糖皮质激素——由肾上腺释放的一组应激激素是罪魁祸首。在大鼠研究中，研究者发现长期暴露在压力下会导致糖皮质激素水平升高，降低海马神经元的放电率，损害记忆力，如果暴露的时间足够长，还会导致海马萎缩（McEwen & Sapolsky，1995）。海马有两种糖皮质激素受体，它受到不同水平的糖皮质激素的影响。两种受体的存在可能有助于解释为什么不同水平的唤醒和应激激素会导致记忆的增强或减弱。

探讨压力对人类记忆影响的研究具有局限性：心理学研究的伦理道德不允许在人类身上施加足以损伤记忆的压力。但一些证据表明，患有压力诱导障碍（例如，抑郁症或创伤后应激障碍）的病人，表现出记忆力的下降，而且患有这些障碍多年的患者表现出海马萎缩的迹象（Bremner，2002；Nasrallah et al.，1989）。

虽然我们很难在有控制的实验室研究中检验压力对人类记忆的影响，但在大鼠身上观察到的糖皮质激素的影响已经可以在人类身上得到证实。例如，在一项研究中，实验者每天给被试服用可以人为增加糖皮质激素的药物，或者安慰剂。四天后，吃了增加糖皮质激素药物，糖皮质激素水平升高的被试，相对于那些吃了安慰剂的被试，表现出记忆能力的下降（Newcomer et al.，1994）。这些结果支持了长时间暴露在压力下，应激激素会影响记忆的结论。

5.3 心境与记忆

心境反映了一种持久和弥散的情感状态，它不一定与特定事件相关。你是否注意到，当你心情不好时，更可能回忆起消极和不幸的事情；而当你心情愉快时，则更容易想起幸福的事情？这种普遍的经验反映了情绪对记忆的影响，称为**心境一致性记忆效应**（mood-congruent memory effect）（Bower，1981）。

心境诱导（有意地改变被试的心境）被用来评估心境一致性记忆效应。在一个典型的研究中，研究者首先要求被试填写一份情绪问卷，评定自己当时开心、难过、积极或消极的程度，然后对其进行心境诱导的程序。例如，可能让被试观看一部影片，要求他们尽量体会影片蕴含的情绪。之后让被试再做一次问卷，以确定情绪诱导是否成功。如果情绪诱导成功，被试需要记住一些刺激，比如正性词［例如，*honor*（荣誉）］、中性词［例如，*cloth*（布料）］，或负性词［例如，*failure*（失

败）〕。测试被试对这些词的记忆情况，通常通过自由回忆的方式考察
（即不给被试提供任何线索，只是让他们尽可能回忆出更多的词）。这时
让被试第三次填写问卷，以确保测试时诱导的情绪还在。如果诱导情绪
确实还存在，被试会对与心境状态效价一致的词表现出更好的记忆（例
如，处于正性情绪时，被试记住更多的正性词），而对与心境状态效价
不一致的词表现出较差的记忆（例如，处于正性情绪时，被试记住较少
的负性词）。

不是所有实验都能观察到心境一致性记忆效应。比如，使用再认记忆
测试（"你见过这个单词吗？"）的实验，出现该效应的可能性就小于使用
回忆测试（"你刚才见到的单词是什么？"）的实验（Bower & Cohen，
1982）。此外，尽管在正性和负性情绪下都发现了心境一致性效应，但在正
性情绪下效应更强。这可能反映了人在积极情绪下倾向于拥有更多的创造
力和创造性行为（Fiedler et al.，2001）。

无论记忆编码发生在情绪诱导之前或之后，都可以观察到心境一致
性记忆效应。因此，心境一致性记忆效应是记忆的提取阶段发生改变，
而不是编码和存储阶段发生改变的结果。目前关于情绪如何影响记忆的
提取有两种假设。一种假设认为情绪产生了反应偏差：情绪一致和情绪
不一致刺激的记忆表征在可提取性上是相同的，但被试偏向于对情绪一
致性刺激做出反应（Schwarz & Clore，1988）。第二种假设认为情绪确
实改变了提取过程中记忆表征的可提取性，即一种特定的情绪会导致那
些效价与该情绪一致的刺激得到更强的激活。因此，对情绪一致性刺激
的记忆更容易被提取出来（Bower，1981）。由于大多数记忆测试使用的
是自由回忆的方式，因此很难辨别到底是对情绪一致性刺激的反应偏向
或趋势，还是对这些刺激提取的难度发生了变化导致了情绪对记忆的影
响。然而，一个设计精巧的研究通过使用改良的再认记忆测试，证明了
情绪改变记忆的主要机制是情绪一致性刺激更容易被提取（Fieldler et
al.，2001）。换句话说，情绪实际上决定了在某个特定的时刻，哪些记
忆最容易被准确地提取出来。

5.4 对情绪公共事件的记忆

前面介绍了以一种可控制的、符合伦理的方式来操纵情绪的为数
不多的实验。由于在实验室内可研究的情绪反应是温和的、受限制
的，一些研究人员选择在"自然实验"中研究情绪和记忆。一个用这

种方式探讨心理、历史、文化重要性的研究领域是对情绪公共事件的记忆。虽然这些研究不能像实验室研究一样精确地控制一些因素，但它们提供了一个窗口，使我们可以从另一种视角来看待人类记忆和情绪之间的关系。

第一个被心理学家研究的情绪公共事件是 1963 年的肯尼迪（John F. Kennedy）暗杀事件。这一事件震惊全美国，引发了强烈的情绪反应。两名心理学家，罗格·布朗和詹姆斯·库利克（Roger Brown & James Kulik，1977）研究了对这个事件的记忆的特点，他们让那些经历了这件事的人们仔细回忆当时的细节，例如，他们听说这件事时在哪里或和谁在一起。许多受访者的回忆都相当详细，他们深信自己的记忆非常准确，几乎像照片般记录了当时的每一个细节。布朗和库利克用**闪光灯记忆**（flashbulb memory）一词来描述对那些出人意料的重要事件的记忆；这个词体现了回忆报告的生动性和具体性。布朗和库利克认为，对这些充满情感事件的记忆，其形成有着特殊的机制，促使记忆系统做出"打印现在"（print now）的反应，以确保记忆的准确和持久。

这项开创性研究强调了情绪公共事件记忆的本质特征，它似乎暗示了这种记忆与其他类型的陈述性记忆不同，比其他陈述性记忆更具体。但这项研究并没有特别关注对这些闪光灯记忆的准确性的测试，而且，这个研究是在暗杀事件过去十几年之后才进行的。因此无论受访者的信心如何，这些闪光灯记忆的准确性都会受到质疑。自这一开创性研究以后，世界各地开展了许多情绪公众事件记忆的研究，包括 1981 年的企图暗杀里根（Ronald Reagan）事件（Pillemer，1984），**挑战者**号航天飞机遇难事件（Neisser & Harsch，1992），瑞典首相帕姆（Olaf Palme）暗杀事件（Christianson，1989），加利福尼亚州洛马普利塔地震事件（Neisser et al.，1996），英格兰希尔斯堡的足球灾难事件（Wright，1993），英国首相撒切尔夫人（Margaret Thatcher）辞职事件（Conway et al.，1994），以及比利时鲍德温（Baudouin）国王逝世事件（Finkenauer et al.，1998）。还有研究报告了对 2001 年纽约世贸中心受袭事件记忆的检测（Begley，2002；Talaricho & Robin，2003）。总的来说，这些研究表明，抛开受访者对自己记忆的自信程度，虽然情绪公共事件的记忆可能比一般记忆更准确，但它并不具有**闪光灯记忆**一词所暗示的照片一样的准确性。

最早证明对情绪公共事件的记忆存在明显错误和扭曲的一项研究，

测试了对 1986 年**挑战者**号航天飞机爆炸事件的记忆（Neisser et al.，1992）。在事件发生后的几天里，学生被要求回忆对事件的了解，以及听说事件的途径。三年后，他们被再次要求回忆这一事件。对比被试早期和后来的回忆，研究人员发现了明显的差异。例如，爆炸几天后，大部分受访者说，他们在看电视报道之前就听到了消息。然而，几年后，多数受访者表示，他们是在电视上目睹**挑战者**号航天飞机爆炸的。但是，尽管大部分人的第二次报告是扭曲的，所有的受访者对自己记忆的准确性都非常自信。最近公布的对"9·11 恐怖袭击事件"记忆的研究也报告了类似的结果（Talaricho & Rubin，2003）。似乎这些事件本身的重大意义不容许任何质疑。

为了了解哪些因素影响情绪公共事件记忆的准确性和个体对这些记忆准确性的信心，研究人员考察了对 1995 年辛普森（O. J. Simpson）谋杀案审判的记忆，这对很多人来说是一个"热门的"政治性、社会性事件（Shmolck et al.，2000）。审判一年多以后，受访者在回忆与事件相关的个人细节时回忆仍然相当准确（当时他们在哪里、和谁在一起）。然而，三年后，很多人的记忆显示出明显的扭曲。与对**挑战者**号航天飞机的研究一样，所有受访者（包括那些记忆有误的）都对他们的经历给出了详尽的细节，并对记忆的准确性深信不疑。在辛普森审判的研究中，能够预测三年后记忆准确性的唯一因素是审判时受访者情感的投入程度。那些报告对审判有高度情绪唤醒的受访者，三年后对事件有着更准确的记忆。这些结果说明，高水平的唤醒（至少高于某一程度）可能有助于防止一些记忆发生扭曲。

尽管对情绪公共事件的记忆常常在细节上不准确，却仍然是持久而生动的。**挑战者**号航天飞机研究中的受访者都记得这个事件的发生，但他们记忆的错误发生在事件与自身的联系上。同样，虽然很多人都相信在 2001 年 9 月 11 日，他们在电视上看到两架飞机撞击世贸中心的画面（Pedzek，2003），但这是不可能的，因为直到第二天才有第一架飞机撞击世贸中心的录像。（稍微想一下就能知道原因：那天早上在第一次袭击之前没有任何电视台、网络或其他媒体正在拍摄两个建筑物——人们没理由这么做，第一架飞机袭击的视频来自其他渠道，弄来这段视频花费了一定的时间。）同样，人们显然记得发生了什么，但却忘记了他们自己与此事件发生联系的细节。尽管如此，情绪公共事件中的标志性画面，例如，枪击发生前肯尼迪在敞篷车里微笑、**挑战者**号航天飞机坠毁

时划过长空的令人心碎的弧线、世
贸中心冒出滚滚浓烟（图 8-12）
的画面都给人留下了经久不衰的
印象。

一些研究正在对世贸中心灾难事
件的记忆进行大范围调查（Begley，
2002）。这些研究有助于澄清两种假
设：（1）由布朗和库利克（1977）
提出的情绪公共事件记忆的形成存在
特殊机制；（2）如辛普森审判研究
所提示的，这些记忆来源于一般性记
忆的机制，很可能与唤醒相互作用。
有关情绪是如何影响记忆的新的研究
进展能够帮助我们从认知机制和神经
机制两种角度来解释已有的研究
结果。

图 8-12　情绪公共事件
2001 年 9 月 11 日美国纽约世贸中心被
袭击。
(Photograph by Chris Collins. Courtesy of Corbis/
Stock Market.)

理解测验

1. 关于情绪对记忆影响的倒 U 形曲线说明了什么现象？
2. 心境影响记忆的证据有哪些？

6. 情绪、注意和知觉

情绪事件使人分心——尽管不久之前你还对前面那些因观看事故而堵
塞交通的司机颇有微词，但当你自己经过出事地点时，撞车的现场还是吸
引了你的注意，你忍不住也停下来观看一番才又重新集中精力上路。在某
些情况下，情感刺激可能会闯入意识。在聚会时，你可能很容易忽略周围
的谈话，但一旦有人提到一个唤起情感的话题或字眼，你立马就会注意到。

情绪通过不同的方式影响注意和知觉的加工。大多数关于情绪对注意
或知觉影响的研究都报告了负性的、唤醒的，或与威胁相关的（通常几种

属性混合在一起）刺激所引发的效应。研究指出，由于这些刺激对生存具有潜在的重要意义，因而它们可能会得到注意和知觉的优先加工（LeDoux，1996；Ohman et al.，2001a；Whalen，1998）。

6.1 情绪与注意的捕获

情绪能够捕获我们的注意力，并使我们对非情绪刺激的反应变得困难。这在情绪版本的 Stroop 测验（一个经典的注意测验）中得到了证实（见第 7 章）。Stroop 测验的原始版本，是向被试呈现不同颜色的墨水写出的单词，要求被试报告墨水的颜色而忽略单词。在这个修改后的版本里，呈现的单词不再是颜色的名称，它们要么是带有情绪色彩的单词［如 *rape*（强奸）、*cancer*（癌症）］，要么是中性词［如 *chair*（椅子）、*keep*（保持）］。当单词带有情绪色彩时，被试更难以忽略单词而只报告墨水的颜色（Pratto & John，1991）。当使用一些与特定的人密切相关的刺激时，这种效应更明显，比如对患有蛇恐惧症的人呈现单词 *snake*（蛇）（Williams et al.，1996）。

为了了解情绪捕获注意的确切机制，研究者（Fox et al.，2001）使用了波斯纳（M. I. Posner）创造的外源性线索技术（Posner，1980；见第 3 章）。研究人员提出情绪通过两种机制中的一种捕获注意：**引起**注意或者**维持**注意。被试被要求尽快对出现在注视点左侧或右侧的点做出相应的按键反应。探测点的位置以 150 毫秒之前出现的刺激作为线索。线索在多数情况下提示了正确的位置，但有时也提供错误信息。研究者采用了情绪词、中性词和面孔作为线索来区分注意的两种成分（图 8–13）。

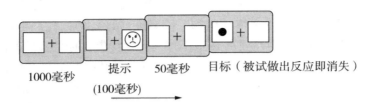

图 8–13 情绪吸引注意

对无效提示（没有正确预示目标出现的位置）而言，情绪性的提示（比如这里的愤怒面孔）比中性提示引发被试更长的反应时。这表明情绪能够吸引注意。

[Fox, E., Russo, R. Bowles, R. & Dutton, K. (2001). Do threatening stimuli draw or hold attention in visual attention in subclinical anxiety? *Journal of Experimental Psychology: General, 130*, 681–700. © 2001 American Psychological Association. 经允许重印]

　　研究者推断，一方面，如果情绪能够增强对线索位置的自动的注意定位或转向，那么相比有效的中性线索，被试对有效的情绪线索反应应该更快。这种表现模式支持情绪**引起**注意的假设。另一方面，如果情绪的作用是增加注意从一个不恰当的线索上转移的难度，那么被试应该对有效的情绪线索和中性线索的反应一样快，但对无效的情绪线索比对中性线索反应更慢。换句话说，被试把注意转换到情绪线索和中性线索所花的时间是相同的，但需要花更多的时间停止注视情绪线索，并把注意从无效的情绪线索转移到需要反应的正确位置上。这种模式支持情绪**维持**注意的假设，即情绪使得被试难以从情绪刺激上转移注意。研究结果支持了情绪维持注意的观点：情绪线索的主效应使被试对无效线索的反应更困难。这些结果表明，情绪对注意的捕获加大了转移注意以关注当前任务的非情绪方面的难度。

6.2　对注意和知觉的促进

　　情绪可以捕获注意，使任务表现变差。但在这一部分，我们将看到，情绪也能促进注意加工。情绪怎么能既妨碍（或"捕获"）注意又增强（或"促进"）注意呢？情绪对注意的影响取决于任务的特定要求。在前面提到的研究中，要成功完成任务需要被试关注和加工任务的非情绪方面。例如，在情绪 Stroop 任务中，被试需要忽略单词的含义而加工单词的颜色。而那些证明情绪起促进作用的注意任务，通常要求被试直接对情绪刺激进行反应或加工，或对一个受情绪刺激提示的刺激进行反应或加工。

　　"在人群中寻找一张脸"就是一例情绪提高表现的任务（Hansen & Hansen，1988；Ohman et al.，2001b）。这是一个视觉搜索任务，被试要在一堆分心物中尽快找出目标所在。在这个修改后的任务中，目标要么是中性面孔，要么是带有情绪表情（例如，愤怒或高兴）的面孔。当目标是愤怒面孔时，相比目标是中性或高兴面孔时，被试找出目标位置的时间更短。其他负性刺激也具有相似的效应，比如蜘蛛和蛇的图片相对于其他自然物体的图片（Ohman et al.，2001a）。这是一种"效价不对称"效应：促进只针对负性刺激，而不针对正性刺激。

　　此外，一系列研究表明，探测负性刺激所需的时间不受分心物数量的影响（Ohman et al.，2001a，2001b）。这些结果使人想起注意搜索任务的另外一些发现，任务中一些特定的视觉特征会"自动跳出"，因此在分心刺激中识别这些目标刺激是相对容易的，不需要检验任务中的每一个刺激物（见第 2 章）。有人指出，在搜索任务中自动跳出的视觉特征是基本特征，可以在没有注意的情况下轻松地被加工（Treisman & Souther，1985）。因此，有人指出负性面孔（以及其他自然的情绪刺激）之所以受到优先加工，并在视觉搜索任务中被更快地探测到，可能正是因为这些加工不需要注意的参与（Ohman et al.，2001a）。

人群中的面孔效应被认为是情绪面孔的早期加工得到增强的结果（Ohman et al.，2001a）。神经影像学研究表明，杏仁核对情绪面孔的早期加工发挥了作用。研究者发现，相比中性面部表情，杏仁核对恐惧面部表情表现出很强的激活，即便当面孔呈现时间非常短，以至于被试无法意识到面孔的出现时，这种效应依然存在（Whalen et al.，1998）。另外，许多研究还发现，注意调控并不影响杏仁核对"恐惧面孔"（带恐惧表情的面孔）的反应（A. K. Anderson et al.，2003；Vuilleumier et al.，2002；Williams et al.，2004）。大部分研究中，无论恐惧面孔是否被有意识地探测到，也无论它是否是注意的焦点，杏仁核都表现出相似的反应（关于这一问题的深入讨论见随后的**争论**专栏）。这些结果与面孔的情绪加工先于注意加工的观点是一致的。

另一项研究利用**注意瞬脱现象**（attentional blink，见第 3 章），试图确定杏仁核是否调控情绪对注意的促进功能。注意瞬脱指的是当第二个刺激在第一个刺激出现后非常短的时间内（比如几百毫秒内）出现时，所发生的注意的短暂缺失（Chun & Porter，1995）（校对人员必须要预防注意瞬脱现象，否则就会漏掉一个错误后面紧跟着的另一个错误）。注意瞬脱测试可能会非常快速地呈现一个由 15 个单词组成的单词串，大约每 100 毫秒呈现一个单词。如果实验者告诉被试他们只需要注意和报告其中的两个单词，这两个单词用不同于其他单词颜色的墨水写出，被试通常能顺利完成任务，但如果第二个目标单词在第一个目标单词呈现后马上出现，被试则不能完成任务。似乎对第一个目标单词的注意和编码造成了一个短暂的不应期，此时很难再注意和报告第二个目标单词，就好像注意眨了一下眼睛一样。

为了考察杏仁核在注意促进中的作用，研究者改变了第二个目标单词的情绪特性。当第二个词是情绪唤醒词时，被试更容易将它报告出来（Anderson et al.，2005）。换言之，情绪促进了词的加工，降低了注意瞬脱效应。与之前的"人群中的面孔"研究一样，这些结果同样表明当注意资源有限时，情绪刺激比非情绪刺激更容易被意识到。有研究者也在杏仁核受损的病人身上实施了这一研究（A. K. Anderson & Phelps，2001）。病人显示出对情绪词和中性词无差别的注意瞬脱效应，这为杏仁核增强对情绪刺激的意识提供了更进一步的证据。

特定的神经系统引发了对情绪刺激增强的注意和知觉加工，这种观点与 20 世纪早期的一个心理学模型是一致的（Wundt，1907）。**情感优先假说**（affective primacy hypothesis）认为情绪刺激的加工是相对自动化的，比其他类型的刺激更少依赖于有限的认知资源。注意瞬脱研究的结果，以及最近一些研究证实，注意力忽略症病人对忽略视野中的情绪刺激有更强的探测能力（Vuilleumier & Schwartz，2001；见第 3 章），皆为这个早期的心理学理论提供了证据。

尽管杏仁核似乎参与了情绪对注意的促进，但它必须与注意和知觉相关的神经网络相互作用才能执行这一功能。研究者提出了两种机制来解释杏仁核对注意和知觉过程的影响。第一种假设认为，通过学习，对情绪刺激的皮质表征发生了实际的变化，导致对情绪事件的知觉增强（Weinberger，1995）。这种效应的证据来自对大鼠的恐惧条件反射的研究，研究发现针对不同音频感受域的神经细胞的加工发生了改变，增强了对作为条件化的恐惧刺激的音频的知觉。对人类而言，神经影像学研究也报道了在恐惧条件反射过程中，作为条件刺激的声音会引起听觉皮质的激活增强（Morris et al.，2001a）。另外，有情绪意义的单词会诱发角回更强的激活（A. K. Anderson，2004），角回被认为与单词的表征相关（Booth et al.，2002）。尽管在人类身上进行的神经影像学研究并未证明情绪通过杏仁核，在刺激的皮质表征发生持续性改变的过程中扮演了重要角色，但这些研究与观察到这一效应的大鼠研究是一致的（Weinberger，1995）。

另一种关于情绪如何促进注意的假说认为其机制在于知觉加工发生了更快、更短暂的调节。杏仁核与感觉皮质加工区（例如，视皮质）之间是相互联系的（Amaral et al.，1992）（图 8-14）。该假说认为，杏仁核在加工早期接收关于刺激的有情感意义的输入信息，它为脑的感觉皮质区提供了快速的反馈，因而增强了进一步的知觉和注意加工。与这个模型一致，几个神经成像研究证实了情绪刺激会引发视皮质激活的增强（如 Kosslyn et al.，1996；Morris et al.，1998）。视皮质激活反应的强度与杏仁核对相同刺激的反应强度相关（Morris et al.，1998）。研究者试图探讨恐惧面孔引起的杏仁核的增强反应与视皮质的增强反应之间是否存在因果关系。神经成像技术证实，受损的杏仁核会使恐惧面孔不再引发视皮质的激活增强反应（Vuilleumier et al.，2004）。综合神经成像研究和对脑损伤病人的研究，研究结果有力地支持了如下结论：情绪对注意和知觉的影响部分源于杏仁核对视觉加工区的暂时调节。

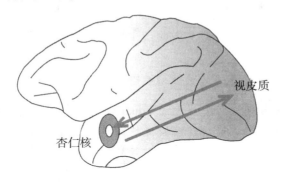

视皮质

杏仁核

图 8-14 杏仁核和感觉皮质区相互联系

杏仁核可能在视觉加工的早期就接收到关于事件的有情感意义的输入信息，并对感觉皮质区提供快速反馈，进一步调节知觉和注意加工。

通过这两种机制——情绪相关刺激的皮质表征的持续性改变，以及感觉皮质加工的暂时性增强，杏仁核能够改变对输入信息的加工，以提高个体对威胁的警惕性（Whalen，1998）。这两种机制都强调了情绪对知觉区域的影响，如视觉和听觉皮质，而没有突出情绪对参与注意分配的脑区的影响（Corhetta & Shulman，2002）。逐渐增多的证据表明，很多被观察到的注意效应都与知觉的增强（Carrasco，2004）和伴随注意出现的知觉皮质加工的增强（Polonsky et al.，2000）有关。情绪增强视觉加工区的激活，因而促进了对情绪刺激的意识和识别。与此观点一致，最近的一个研究发现，以恐惧面孔作为提示时，刺激的对比敏感度会增强（Phelps et al.，付印中）。对比敏感度即探测细微灰度变化（gradations of gray）的能力，被认为是初级视皮质的功能（Carrasco，2004）。这些结果表明，情绪实际上可以使我们看得更清楚。

这些表明情绪可以促进注意的研究说明，注意和知觉之间的界限可能是模糊的。情绪对注意的促进显然是情绪刺激受到知觉优先加工的结果。关于情绪、注意和知觉的神经机制的模型支持这种解释。

理解测验

1. 情绪通过哪两种方式影响注意？
2. 请描述杏仁核在情绪对注意和知觉的调节中发挥了怎样的作用。

争论

威胁探测是自动的吗？

情感优先假说最初由冯特（Wundt，1907）提出，后被扎伊翁茨（Zajonc，1984）再次提出，该假说认为情绪刺激的加工并不依赖于有限的认知资源。扎伊翁茨主张，情绪特性的探测发生在意识和评价之前，并独立于意识和评价。它可以不受注意资源的影响，以一种强制性的方式进行加工（即加工不能被终止），这样的刺激符合**自动性**（automaticity）的标准（见第7章）。自动性是许多知觉功能的特征：我们会情不自禁地去探测我们看到的边缘、物体和场景。阅读也是一种自动化的技能：一旦你熟练于阅读，你就不可能再看到一串字母而不把它知觉为一个词。

神经科学的证据显示，脑的特定系统可以确保某些情绪刺激，特别是威胁性刺激，被自动化地加工。从进化的角度看，这一点很容易解释：即使警报是假的，安全总比遗憾要好，如果潜在的后果是身体上的伤害甚至死亡，那就只能遗憾了。负责探测威胁的是特定的神经机制，关于这点的证据部分来自于对大鼠经典恐惧条件反射的研究。研究显示，关于条件刺激的情绪特性的信息可以通过两条通路到达杏仁核（LeDoux，1996）。其中皮质通路允许刺激经过知觉加工的所有阶段后到达杏仁核；而皮质下通路则跳过知觉加工的一些阶段，允许杏仁核对刺激的情绪特性做出快速而粗略的判断。正是皮质下通路针对潜在的危险提供了早期警报系统（LeDoux，1996）。

不同物种在情感体验的复杂性和范围上存在明显的差异，然而，就恐惧而言，在基本的"逃跑或攻击"反应及其相应的神经回路上，不同物种之间却存在明显的共同之处（Davis & Whalen，2001；LeDoux，1996）。一些以人类为被试的神经影像学研究表明，杏仁核对恐惧面孔的加工符合自动性原则：加工与注意焦点（A. K. Anderson et al.，2003；Vuilleumie et al.，2004）及意识（Whalen et al.，1998）无关，当恐惧刺激出现时，这种加工似乎是强制性的

（A. K. Anderson et al. , 2003；Williams et al. , 2004）。虽然这些结果并不一定意味着知觉存在皮质下通路，但神经影像学研究已经证明，杏仁核探测威胁刺激的皮质下通路是人类杏仁核对恐惧面孔进行自动反应的潜在基础。

具体来说，fMRI 研究发现，当恐惧面孔被无意识加工时，视觉皮质并没有被激活（Pasley et al. , 2004；Williams et al. , 2004）。即使在视觉皮质未做出反应的情况下，杏仁核会优先对恐惧面孔做出反应。另外，维约米耶（P. Vuilleumier）及其同事（2003）利用了这一事实：视觉的皮质下通路优先对原始的、整体的视觉信息做出反应，而视觉皮质则优先对高度细致的视觉信息做出反应。他们发现杏仁核、丘脑后结节和上丘（假定的皮质下通路成分）对缺乏细节的恐惧面孔比对缺乏细节的中性面孔有更强的激活，而视觉皮质对细节丰富的恐惧面孔有更强的激活。最后，还有两个研究表明，由于视皮质损伤而不能有意识地识别刺激的病人，仍会出现杏仁核的激活（Morris et al. , 2001b；Pegna et al. , 2005）。在出现无意识、缺乏高度细节化的信息，以及视皮质受损的情况下，杏仁核表现出对恐惧面孔的反应增强，这一发现支持存在一条杏仁核探测威胁刺激的皮质下通路的观点。

然而，另外一个研究（Pessoa et al. , 2002）得到了不同的结论。他们使用了一个需要注意资源的任务，被试的任务是注意周围视野中线条的方向，同时视野中央会有一个恐惧或中性的面孔。在缺乏注意的情况下，研究人员没有观察到恐惧面孔引起的杏仁核激活。在这个研究中，杏仁核对恐惧面孔的反应不是自动的。佩索阿（L. Pessoa）等人认为，如果存在一条杏仁核探测威胁刺激的皮质下通路，那么杏仁核对恐惧面孔的反应就应该是强制性的，无论注意任务的负荷有多大。换言之，杏仁核的反应应该**完全不**依赖于注意。而且，没有任何来自灵长类动物杏仁核自动激活的证据可以证明存在杏仁核探测视觉信息的皮质下通路（Pessoa & Ungerleidet, 2004）。迄今为止，表明存在皮质下通路的证据仅限于大鼠的研究（LeDoux, 1996；Romanski & LeDoux, 1992）。

注意能够调节杏仁核对恐惧面孔的反应，这一发现清楚地说明杏仁核的激活在**某些**情况下是依赖于注意的，并且不是**完全**自动化的。尽管这些结果表明杏仁核对恐惧面孔的自动化加工存在局限性，但并不能排除皮质下通路存在的可能性。我们在解释人类的 fMRI 结果时，一个局限是观察到的信号并不是对神经功能的绝对度量，而是反映两种实验条件间差异（例如，恐惧面孔相对中性面孔）的相对度量。因此我们不能下结论说杏仁核没有激活，而只能说观察到的杏仁核激活在两种条件之间没有显著差异。当然，利用正常被试视觉区域未激活的 fMRI 结果来支持皮质下通路存在的观点也具有同样的局限性（Pasley et al.，2004；Williams et al.，2004）。因此，我们并不清楚仅依靠 fMRI 技术，能否提供充分的证据来检验人类的杏仁核对视觉威胁性刺激的探测是否存在皮质下通路（来自神经影像学常见的否定性证据——激活没有明显差异，不如肯定性的证据有力）。

　　人类是否存在一个杏仁核探测威胁刺激的皮质下通路仍是一个有争议的问题。但是，无论杏仁核是通过皮质上还是皮质下通路来接收关于刺激的情绪特征的信息的，杏仁核对恐惧面孔的激活都符合了大部分自动性原则——它独立于注意，并且是强制性的，但在对注意资源有很大需求的任务中例外（Pessoa et al.，2002）。未来的研究需要确定这些例外情况的特征和范围。迄今为止，至少对威胁性刺激的加工而言，大部分（而不是所有的）研究支持了情感优先假说。在大部分情况下，杏仁核能够对带有情绪色彩和潜在威胁性的刺激进行优先加工，从而确保对有机体有重要意义的信息更可能影响行为。

☆复习与思考

1. 研究者如何定义情绪，以便对情绪和认知的相互作用进行科学的研究？

　　虽然我们对什么是情绪都有一种直观的感觉，但要找到一个情绪的确切定义却很困难。情绪通常被描述为对重大的内部或外部事件的较短时间内的反应（包括面部表情、躯体反应和主观评价）。根据这种描述，情绪不同于心境、态度和动机——所有这些都涉及情感反应，并能影响认知。致力于研究情绪对认知影响的研究者通常会关注基本情绪或情绪维度。基本情绪反映在不同的面部表情上——高兴、悲伤、厌恶、恐惧、愤怒和惊讶。维度划分要么反映事件引起的情绪反应的属性（效价和唤醒），要么反映事件引起的动机状态（趋近与回避）。

批判性思考

- ■ "基本情绪" 或情绪维度是否能够涵盖你在生活中体验到的情绪的复杂性？

- ■ 你如何能了解一种动物或昆虫是否正在体验某种情绪？什么样的行为线索能帮助你得出结论？

2. 实验室一般使用什么技术来操控和测量情绪？

　　研究者使用多种不同的技术来诱导和测量情绪。最常用的操纵情绪的方法是呈现情绪唤醒刺激。测量情绪的技术包括直接的和间接的测量。可以通过简单的询问直接获得被试的主观体验。间接测量情绪的两个常用的生理学指标是皮电反应和增强惊恐反射，前者用来测量自主神经系统唤醒时轻微的汗液分泌情况，后者体现了情绪引发的反射性反应。这些对情绪的不同评定反映了脑中不同的神经通路。虽然对一个情绪反应的直接测量和间接测量可能是相似的，但它们反映了（至少部分反映了）情绪的不同成分。

批判性思考

- ■ 仔细回想你过去一周的经历，你是如何试图调节或评估自己在某个社会情境中的情绪的？你做了些什么？

- ■ 你认为自己对情绪事件的躯体反应与主观情绪体验在多大程度上一致或者不一致？你为什么这样认为？

3. 刺激通过什么方式获得情感属性？这种情绪学习怎样表现出来？

　　虽然环境中的一些刺激能够自然地诱发情绪反应，比如电击，但大部分的刺激和事件都需要通过学习才能获得情绪属性。这些二级强化物是中性刺激，若要获得情绪属性需要与情绪事件发生联系（钱是二级强化物的典型例子）。这种联系可以通过多种方式建立。直接将中性刺激和情绪事件配对，不需要被试做出任何行为，这是经典条件反射。当一个中性刺激引发一种导致奖励或惩罚的行为，就发生了工具性条件反射。我们还可以通过社会手段，经过言语指导或观察他人的经历，在没有亲身体验积极或消极后果的情况下学到事件的情绪属性。情绪学习可以直接表现为对与情绪事件配对出现的刺激的主观评价（例如，你在多大程度上喜欢这个人？），或者间接表现为对刺激的自主反应（例如，你看到这个人时的心率是多少？）。对正常人和脑损伤病人的研究都显示，直接和间接的指标可能反映了部分独立的情绪学习机制。

批判性思考

- 如果你遇到一个人，目前这个人与你的关系十分糟糕，你预期自己会有哪些不同的情绪反应？如果你连续一周每天都遇到这个人，你预期这些不同的反应会发生怎样的变化？
- 有哪些文明符号（钱是其中之一）已经获得了情绪属性？这些符号是如何带上情绪色彩的？

4. 情绪如何改变我们的记忆力？

很早以前，人们就已经知道情绪能够影响记忆。最近，研究人员详细说明了情绪是如何影响记忆的。有关情绪对记忆的影响，研究得最多的可能是唤醒对记忆准确性的影响。通过杏仁核对海马的记忆巩固的调节，唤醒反应有助于确保情绪事件能被记起。但是，如果这种唤醒反应被延长（极度紧张），情绪可能产生相反的效果，即通过改变海马而损害记忆的表现。

另外，研究者还发现，记忆提取阶段的心境能够改变可能被提取的信息。对情绪公共事件记忆的研究表明，情绪对记忆的主观感受有独立的影响。受访者通常高度自信并能详细地回忆情绪事件，即便回忆的内容并不完全正确。这些研究说明，对情绪事件记忆的准确性，我们的感觉可能并不等同于真实情况，而对中性事件记忆的准确性，我们的感觉和真实情况是一致的。

批判性思考

- 回想对公众或你自己有重大意义的一天，这一天你在做什么？你对自己的记忆有多大把握？如果可能的话，通过在这天同样经历该重大事件的人验证你的记忆。你们两个的记忆是否相同？
- 最近一次你感到难过时，你想起了什么样的事情？这些事情和你开心时回想的事情是否不同？为什么会这样？

5. 情绪如何改变注意和知觉？

情绪通过两种不同但相关的方式影响注意。环境中的情绪事件比中性事件更容易进入意识。站在进化的角度很容易解释这一点：情绪事件可能是威胁性的信号，因此我们应该特别注意这些事件。然而，当环境中存在某种情绪刺激时，这种刺激可能捕获注意，使我们难以关注环境中的非情绪事件。这样，情绪有时候会损害注意任务的表现，特别是那些需要将注意分配到刺激的非情绪方面的任务。情绪影响记忆的脑机制强调了杏仁核对视皮质的调节加工。这种对脑知觉区加工的调节可能导致了对情绪刺激的知觉的增强。

批判性思考

- 斯波克（Spock）先生在电视连续剧《**星际迷航**》（*Star Trek*）里被认为一半是地球人，一半是祝融星人——他祝融星人的一半完全受控于理智和逻辑，不受情绪的影响。他与环境的交互作用和你与环境的作用有何不同？在紧急情况下，斯波克在哪些方面会比你表现得更好？在哪些方面他的反应可能不如你？

- 如果情绪影响了知觉和注意，你认为其他认知功能（例如，记忆和推理）会因而发生怎样的改变？

第9章 决策

学习目标

你独自一人在家，正犹豫不决，究竟打不打电话呢？实验室来了一个风趣、有吸引力的新同事，要不要打电话约新同事喝咖啡？也许吧。你的新同事喜欢你吗？好像有点。你的新同事有对象了吗？谁知道呢。你的新同事会接受你的邀约吗？好吧，不入虎穴，焉得虎子。但是还有别的问题……你明天有一场考试。考虑到你毕业之后的计划，明智之举是去图书馆复习选读材料，这很可能提高你的成绩。你不可能同时约会和考试。你该如何做决定呢？

本章我们会讨论以下几个关于决策的问题：

1. 决策包括哪些成分？

2. 人们的实际决策与决策的理想模型（即"期望效用"模型）有何异同？

3. 我们如何判定决策结果的价值？

4. 情绪在决策过程中发挥了什么作用？

5. 在估计不确定事件发生的可能性时，我们主要依靠何种启发式策略？

6. 当环境变得不确定、模棱两可，比简单的实验情境更加复杂时，人们的决策是如何随之变化的？

1. 决策的性质

决策（decision）本质上是在众多可能性中做出选择，它包括对可能采取的行动方式的评估，以及是否执行行动的决定。当人们的需求未得到满足，需要采取行动去满足自己的需求和愿望时，决策就产生了。从直觉上看，一个"好的"决策就是在面对结果的不确定性时，选择最佳的行动方式的决策。为什么会存在不确定性呢？这是因为在决策过程中人们不一定掌握了所有相关信息。你不能仅仅从逻辑上权衡约会和去图书馆复习哪个更好。约会会不会开启一段美好的关系？复习的内容与考试相关吗？当你决策时，你并不能确定地回答这些问题。

有些决策很容易，甚至感觉都不像"决策"，因为结果显而易见。根据对你重要的因素来判断，通常都存在一个明显优于其他选项的决策。当你在一个熟悉的餐馆点一道最喜欢的菜时，或者当你在一个薪水高又有趣的工作和一个薪水少又乏味的工作之间选择前者时，你不会花很多时间在决策上。像这样的决策很容易，因为我们清楚什么是我们想要的（我们的价值观），我们会得到什么（结果）。当然，许多决策要困难得多，风险也大得多。有一些重大决策事关我们基因的生存和繁衍，比如对疾病或伤害的反应，或者对配偶的选择。但无论困难还是容易的决策都包含两个关键要素：**每一个选择对于我们的价值**和**可能的结果**。

1.1　决策科学

本杰明·富兰克林（Benjamin Franklin）在 1772 年写给朋友约瑟夫·普利斯特列（Joseph Priestley）的信中，描述了这样一种实用的决策分析方法：

> 我的方法就是把一张纸分为两栏：一栏写下这个决策的优点，一栏写下它的缺点。然后……我在两栏里分别写下赞成或反对这种决策的各种动机。把所有观点信息综合起来后，我力图评估各种信息的权重，如果我发现有两项（两边各一项）看起来是相等的，我就把这两项一起划掉……这样我最终找到平衡点在哪里。如果两栏中都没有新的重要因素出现，我就据此决策。虽然各种理由的权重不能用代数数量精确表述，但每种理由经过这样的逐一思考并相互比较之后，整体情况就出现在我面前，我能更好地判断，更不会仓促行事。事实上，我发现这种平衡法在解决所谓的道德代数问题时很管用。

在现代，行为研究中最早的决策理论来源于 20 世纪中期发展起来的经济学和数学模型。这些模型旨在提供既定条件下的最佳决策框架（Edwards，1954）。作为决策的**标准理论**（normative theory）[或**规范理论**（prescriptive theory）]，或者说，作为告诉我们**应该**如何做出决策的理论，这些模型是人类提出的最成功的决策理论的一部分。这些模型也被看作描述人类实际行为的**初级**假设。我们祖先的成功进化可能部分依赖于他们与其他人类成员或物种相比更好的决策能力。如果是这样的话，那么我们的脑可能在自然选择的影响下变得善于做决策，即能够遵循最好的决策原则，通过权衡相关因素做出理性选择，至少研究者是这样假设的。

然而，理性决策实际上可能是一个无法达到的目标。正如富兰克林所说的，"……各种理由的权重不能用代数数量精确表述……"那么在实际生活中，面对不确定、不完全的信息和偏好时，我们是如何做出决策的呢？20世纪 70 年代以来出现的**描述性理论**（descriptive theory），即探讨**实际生活中**我们如何决策，而不是我们**应该**如何决策的理论，不断加深了我们对决策的理解。这些理论引发了许多研究，揭示了人类行为如何背离完全理性决策的法则。

在这些研究的基础上，研究者创建了描述心理学模型，它们有助于评估和解释人类的决策行为。决策同许多其他复杂的认知技能有很多共同之处，比如问题解决（见第 10 章）和推理，因此决策的心理学理论将理性机制和认知机制结合起来考虑。

为了对当今的决策过程进行科学研究，我们首先需要理解传统的规范性理论和建立在此基础上的心理模型。对于决策过程的神经机制的研究能进一步增进我们对决策的理解。行为学和神经科学的研究都主要采用赌博任务作为实验问题，因为这类实验任务很好定义，能吸引被试，并能提供非常类似于我们日常生活，但又高度抽象化的情境。与实验室外的重要决策一样，赌博（或选择）任务中的关键成分包括想要得到的结果（在赌博任务中往往是金钱），获得这些结果的多种行为方式，以及选择一种（或另一种）行为方式而导致期望结果出现的可能性。

决策过程中主要的认知活动是评估每一个可能的选择，并从中选出最有可能实现当前目标的一项。生活中，人们有许多目标，很多的选择；而在实验室条件下，被试只需要在提供金钱结果的可能性中进行选择。这样就把现实的决策问题简单化为两部分："我想要什么？"和"怎样平衡我所能得到的每种备择选项的优点和缺点？"实验者假设所有被试都喜欢赢钱，而且都希望赢得更多的钱，这个假设通常是成立的。尽管赌博的比方和赌博任务在某些方面有局限性，但迄今为止，这些任务在决策的行为学，尤其是在决策过程的神经基础研究中仍然占据着主导地位。

1.2　决策树

使用一种叫"**决策树**"（decision tree）的图示可以方便地总结决策所包含的成分。决策树展现了正在考虑的行动方式或选项，选择每种行动方式获得结果的可能性，以及每种选择的后果。我们用图 9-1 所示的决策树来表示喝咖啡约会-图书馆的两难问题。这个决策树展现了两种行动方式：邀请你的实验室新同事去喝咖啡，或者去图书馆学习。其中一个选择的结果基本是确定的：复习功课极大可能（虽然不能完全确定）会提高考试成绩；而"出去喝咖啡"的选择，其结果的不确定性则大得多：你的实验新搭档可能会愉快地接受你的邀请，也可能会拒绝你的邀请。如果你被拒绝，而且对话很尴尬，你可能会失去目前尚未稳固的友谊，并失去与一个可能的伴侣共度一个美好夜晚的机会。如果你的邀请被接受，决策树将进一步向未来延伸，表现出更多将来可能出现的结果：持久的恋爱关系、拒绝、持久的友情、尴尬、糟糕的实验室同事关系。因此在两种选择中，出去喝咖啡具有更大的不确定性，因而包含了更大的风险或潜在的损失。

结 果

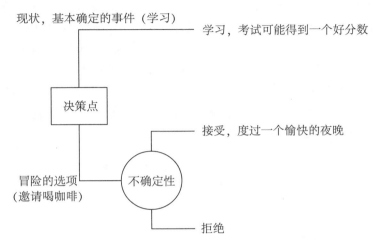

图 9-1 咖啡约会决策树
　　决策树通过总结最优的行动方式、行为后果，以及不确定性事件的偶然性，提供了一种直觉性的、有效的方法来展现决策过程。决策树可以用于分析个人和专业决策，也是记录实验中呈现给被试的决策的一种好方法。

　　决策树是用来表现决策的各个方面的实用工具。任何决策都包含三个要素——**备择选项**、**关于可能性的信念**和**结果**，我们将它们描述为决策的 ABC 要素。

　　备择选项（alternatives）是决策者可以采用的不同的行为方式、选项和策略，它们用决策树的树枝来表现。在举例的决策树中只有两个备择选项：复习功课与咖啡约会。当然这是一个对情境的简化，因为实际生活中你会面临大量其他可能的选择：你可以叫另一个人一起去看电影，你可以看电视打发晚上的时间，你也可以早早上床睡觉……发现和表达备择选项需要用到许多我们通常描述为"问题解决"的能力。这里有个例子可以说明决策与认知的其他方面之间的紧密联系。当我们有意识地做出一个决策时，我们常常只考虑能想到的多种行动中的几种。决策树尽管以极其简化的形式出现，却可能与决策者头脑中的认知状态非常接近。

　　我们在讨论决策时使用的**信念**（belief）这一概念指的是我们对某个备

择选项会带来某种特定结果的概率的一种估计。去图书馆学习这个备择选项实际上没有不确定的结果，你有信心——你**相信**——复习之后你的考试成绩会提高。成绩的提高实际上是一个"确定性事件"，而打电话邀请新同事喝咖啡的结果则不那么确定。这些信念在图9-2中被量化为数字概率。

尽管现实的描述性理论与概率理论在很多重要方面拥有不同的规则，多数决策理论仍然假设我们可以用类似数学理论计算概率的方法来推论不确定性事件的可能性（例如，Rottenstreich & Tversky，1997；Tversky & Koehler，1994）。这种正式的决策分析，其目的是为了让人类在决策时更加理性，因此在决策树中增加了关于信念的信息，即事件将会发生的数字概率。如果决策者相信备择选项会带来确定的结果（本例中即去图书馆复习的分支），那么概率就是1.00（图9-2）。

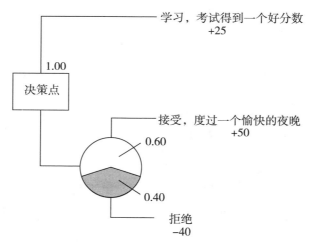

图9-2 带数字的咖啡约会决策树

决策树有助于我们了解决策过程中的各种细节，例如各个结果出现的概率（1.0，0.60，0.40）和价值大小（+25，+50，-40）。图中的决策树表明了决策者在约会和学习二者之间选择时，两个选项可能的概率和价值大小，这样我们就可以用期望效用模型进行计算了。

另外一个备择选项"咖啡约会"则带有不确定性。为了描述这种不确定性，图中插入一个圆，圆外延伸出可能性事件的分支：两种直接的可能性是接受或拒绝，但两者都不确定。根据决策者认为行为结果发生的可能性，每一个分支都被赋予一个数值。当你实际面对约会还是学习的抉择时，如果你发出邀请，你可能不会去估计接受-拒绝的数字概率；但在你拿起电话之前，你很可能会考虑将要发生的事情，包括粗略估计邀请成功或失败的概率。

结果（consequences）指的是你选择某个特定的备择选项后获得或经历的收益或损失，以及伴随该选项发生的一系列事件。在决策理论中，我们将其称为结果（outcome）、价值（value）或者效用（utility）。**结果**即结局；**价值**即它的净值；**效用**即那种价值对你的用处（好好记住这些概念，我们会在本章的后面部分反复用到它们）。最可能的出现情况是，如果你出去喝咖啡并和你的新同事度过一个愉快的夜晚，你的感觉会最好；如果你发出邀请后遭到拒绝，你感觉会最糟；如果去图书馆看书，你的感觉一般。显然，你的评价依赖于你的目标和个人价值观，因此决策的结果是主观的。如果你是个医学院预科学生，那么决策会很容易："我的目标是进医学院，不管什么情况我都以学习为重。"如果你上学仅仅是为了让父母满意，或者如果你讨厌学习，你的目标仅仅是考试及格，那么决策也很容易："与学习相比，我宁愿做其他任何事情。"

但如果你的目标不是上述两种极端情况，你就会处于两难之中：不确定的备择选项（发出邀请）有多种可能的结果，与确定的备择选项（复习考试）相比，其中一些结果的价值更高，另一些可能更低。当然，你的评价可能会发生变化：如果你确信不需要进一步复习就可以取得高分，或者如果你徘徊在不及格分数的边缘，你可能会对晚上去图书馆学习赋予不同的价值。

决策理论家用效用来表示决策者对结果的评估，效用的数值表示当你面临决策时，对可能发生的结果的喜恶程度。但生活并不总遵循数字。人们在不确定条件下的自然判断并不受数学概率理论规则的支配，描述价值与效用两者之间理想关系的形式理论也不能完全预测人们的实际判断。因此心理学的描述模型是必要的，我们在后面将会提到，已有研究者提出了这类模型。即便如此，评估过程还是非常神秘的，这也是为什么许多决策实验使用金钱作为结果的原因之一：人们对金钱的反应在很大程度上是可预期的（这也是关于决策的神经科学研究关注评估的原因）。尽管关于理性决策的传统的**期望效用模型**存在局限性，但它仍然不失为探讨人类决策的一个良好起点。

理解测验

1. 执行过程、知觉和注意、记忆、问题解决、推理等其他认知能力和技能在何种程度上参与了决策？

2. 请构建一个决策树，用来描述最近困扰你的一个决策：选择哪个工作？选择哪个专业？选择哪个假期？等等。你怎样推断这些个人决策的备择选项、信念（不确定性）和结果？构建决策树能否帮助你更清晰地思考决策问题？

2. 理性决策：期望效用模型

在分析咖啡约会-学习的两难问题时，我们已经考虑了各种可能结果的可能性（信念），并对这些结果进行了评估。期望效用是一个特定结果的效用，而它的权重是由这个结果发生的概率决定的。**期望效用模型**（expected utility model）为大多数决策模型提供了理论框架。这个模型假设，理性的决策行为是决策者在对各种备择选项进行可能性评价、结果评估、效用评定、效用权重赋值（或将效用与可能性相乘）的基础上，最终选择效用最大的备择选项的过程。效用值本质上是主观的，"什么对你是有价值的？"这个随意的问题概括了**主观效用**的观点。核心问题并不是价值本身，而是对特定**决策者**而言的价值。主观价值不同于一美元纸币上的票面金额，主观价值随不同的个体和情境而变化。

2.1　期望效用模型的工作方式

期望效用模型一类的正式决策理论将信息整合的过程分成三步：（1）评估每种行为方式（例如，"我要打电话"）：将行为的各种结果（接受；拒绝）的效用值**乘以**结果发生的概率（0.6；0.4）。而要获得效用值，你必须评估自己介意被接受或拒绝的程度。（2）将期望效用的权重值**相加**，从而产生对每个备择选项的总结性评估。（3）**选择**具有**最大期望效用值**的选项，即概率-权重效用之和最大的选项。面对同样的选择，不同人的期望效用值是不一样的：一个艺术专业的学生对结果的期望效用的赋值可能不同于你的赋值；一个人越自信，他/她认为理想的结果发生的概率更大。这实际上是一个**主观的**过程，并没有适合所有人的效用值。在这个模型中，你的决策就是选择对于你自己来说具有最大期望效用值的选项。

这种"效用最大化"的决策规则是理性行为的现代经济学理论的核心，可以用一个简洁的数学公式来表示，这个公式表现了对每种行为方式的评估。这个公式为：一个行为的（主观）期望效用值等于每一种可能结果（x_i，这里下标 i 代表每一种可能结果的变量）的发生概率（p）与其效用值（u）的乘积之和（$\sum$），即

$$期望效用值 = \sum p(x_i) u(x_i)$$

各种基本概率论课程在介绍期望价值的计算时，就使用了这个模型的多种版本。例如，你现在面临两个博彩选项，一个是以 0.45 的概率赢 200 美元，另一个是以 0.5 的概率赢 150 美元，用这个公式你就能计算出两种情况下的期望值分别是 90 美元（0.45×200）和 75 美元（0.5×150），这样你就会选择期望值更高的选项，也就是说，如果这个博弈进行多次，你会选择**平均收益**更高的选项。

我们前面提到过，研究者常常使用赌博任务来研究理性分析和期望效用。在这些情况下，价值不像享受一个愉快夜晚那样难以量化，价值的计算很简单（尽管此处同样需要考虑主观成分）：赢的概率×奖金数。如果输了有惩罚（即输的结果是损失金钱）的话，那么负面因素也需要被包括其中。这样一个简单赌博任务的期望价值即为：（赢的概率×奖金数）－（输的概率×罚金数）。要给成功的咖啡约会标上一个"收益"值不像赌博这么简单，但出于讨论（如果不是实用性）的目的，我们同样可以将这个原则应用到咖啡约会－学习的两难问题中。这样就能为这种情况下的事件和结果赋予概率和效用值（图9-2）。

假设学习的效用值是+25，新同事接受你的邀请并与你共度一个愉快夜晚的效用值是+50，被拒绝的效用值是-40。假设你相信复习了就一定会在考试中取得好成绩（好成绩的概率=1.00）。另外，假设你对于邀请是否被接受并不确定：你估计接受的概率是 0.60（60% 的机会），这当然意味着拒绝的概率是 0.40。这样，"学习"选项总的期望效用值为+25，即

好分数的概率×学习的效用值=1.00 ×（+25）= +25

另一方面，咖啡-约会选项总的期望效用值为+14，即

接受的可能性×愉快夜晚的效用值=0.60 ×（+50）= +30

拒绝的可能性×拒绝的效用值= 0.40 ×（-40）= -16

……因而不确定性事件咖啡-约会的**期望效用值**是：（+30）+（-16）=+14

由此得出两种选择的分数分别是 25 和 14。如果你理性地做出决策，就会穿上外套去图书馆，但这的确是一个困难的决定。

2.2 期望效用模型和行为研究

20 世纪 50 年代，最早关于决策的行为研究主要依靠赌博任务作为刺激材料，使用期望效用模型作为人们判断和决策的假设。在这些研究中决策的备择选项通常是金钱赌博。被试（对概率）的**信念**建立在实验者提供的获得各种收益的概率信息的基础上，**结果**是现金收益。

许多早期研究旨在将客观的刺激数字（例如，美元面额和数字概率）转换成主观价值——例如，把特定情境下一定数额的金钱对被试的价值计算在内。被试容易受赌博的期望价值（或期望效用）的影响，他们既关注概率也关注收益，会选择"更好的赌注"。图 9-3 展示了一项实验结果，该实验要求大学生被试评估各种赌局的价值，为每种赌局标一个卖价（Shan-

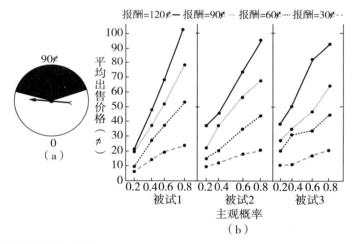

图 9-3 这些赌局值多少钱？

（a）呈现给被试的转轮赌局。实验者问被试愿意以多少钱"卖出"以不同的概率赢得 120、90、60 和 30 美分的机会。这里只呈现了赢 90 美分的一种情形，黑色与白色区域的比率表示赢的概率。

（b）点线图呈现了三个被试的结果。所有图都呈"扇形"模式，表明被试在反应时的确像期望效用模型规定的那样，将赢钱的概率和赢的数额相乘了。但值得注意的是被试为赌博机会设定的卖价并非就是期望**价值**：大多数被试的定价都少于相应的期望价值，这表明被试具有风险规避倾向，带有不确定性的赌博对于被试来说其价值是少于期望价值的。

[Shanteau, J. (1975). An information-integration analysis or risk decision making. In M. F. Kaplan and S. Schwartz (eds.) Human judgement and decision processes (pp. 109–137). New York: Academic Press. 经爱思唯尔出版社允许重印]

teau，1975；也见 Tversky，1969）。例如，要求被试对以不同概率（0.2、0.4、0.6、0.8）赢得 30 美分的赌博标价。这些曲线向外展开的模式表明随着赌博金额的增加，被试的标价升高，这说明被试根据期望价值的乘法法则（价值=概率×收益）来评估赌博的价值，而这一规则是期望效用理论的核心。在一项大学生评估可能发生的约会对自己的吸引力的实验中，研究者观察到了类似的乘法模式（Shanteau & Nagy，1976）。

许多实验室已经把金钱赌博的刺激用到脑成像实验中，这些实验中被试的行为判断反复支持了评估背后的期望价值乘法法则。使用单细胞记录技术对非人类灵长类动物的实验证据也支持了该法则。研究者利用单细胞记录技术发现，当猴子在评估类似赌博的简单选项以赢得果汁奖赏时，有一小群神经细胞充当了概率和价值的"计量器"（Glimcher，2003；Newsome，1997）。也就是说，当奖赏的概率增加时，一些神经元的活动会加强；而当奖赏的期望值增加时，另一些神经元的活动会增强。现在一些实验室正在寻找负责对概率和价值的乘积做出反应的神经细胞。

另外，经济学家和心理学家都预期并发现除了期望价值或效用以外，赌博的**变异性**（variance）也影响决策。赌博的变异性是描述可能收益幅度的公式化计算结果。变异偏好（有时又叫**风险态度**）存在个体差异：有的人偏爱收益幅度小的赌博；有的人喜欢收益幅度大的赌博，这时潜在的收益损失都更高。例如，有些人（**风险规避者**，risk-averse）会选择大约 100 美元的确定收益，而另一些人（**风险寻求者**，risk-seeking）则宁愿冒着一无所有的风险去追求赢得约 200 美元的机会。

对可能带来损失（即财产减少）的赌博的选择意愿也存在个体差异：有的人避免一切包含潜在损失结果的选择，而不管其期望价值和变异性如何。有这种倾向的人（程度有轻有重）的行为被描述为**损失规避**（loss aversion）。

在传统的经济理论中，风险情境下这些个体行为的特征被概括在**效用曲线**（utility curve）中。这个曲线把主观评估——效用（Y 轴表示）与客观尺度（比如金钱，X 轴表示）联系起来。效用曲线将**边际效用**（即效用的变化，无论向上还是向下变化）显示为相对收益变量的函数。

在图 9-4 中，我们可以从曲线在左下方和右上方渐趋平缓的弯曲模式看出，收益和损失的影响都是递减的。在主观上，损失 110 美元与损失 100 美元的差别比损失 20 美元和损失 10 美元的差别要小得多，尽管这两种情况下金钱的绝对差值是相同的（这清楚地说明了价值与效用的不同：10 美元的价值总是 10 美元）。同样，收益也存在这种递减的影响。大多数人都能感受到效用的这种特征。设想一下在某一天的赛马中，当你在第一轮赛马中赢得 10 美元时有多么高兴。接下来你的好运继续：在第五轮赛马结束时你已经总共赢了 100 美元。然后你又玩一轮，结果你手里的钱从 100 美元变为了 110 美元。现在你的幸福感增加了多少？大多数被试表示，在这个假设的情境中，第一次从 0 美元到 10 美元的变化要比后来从 100 美元到 110 美元的变化更令人高兴。或者考虑一下这种可能性，在小镇另一边的商店买一个 30 美元的便携式计算器可以省 10 美元，同样在小镇的另一边买一个 130 美元的便携式计算器也可以省 10 美元。你会为了节省 10 美元开车去买那个贵的计算器，而不去买那个便宜的吗？

　　获益和损失函数曲线的弯曲程度与人们的风险态度是一致的：获益部分的凸形曲线暗示了风险规避，损失部分的凹形曲线则提示了风险寻求①。图 9-4 的效用曲线告诉我们对于获益，人们偏爱确定性，但对于损失，人们偏爱不确定性，这准确地描述了人们实际的偏好。

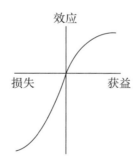

图 9-4　效用曲线

　　图中曲线把客观结果和主观效用或价值联系起来，总结了我们对结果赋予价值时的一些重要的特点。在获益的一边，曲线逐渐趋于平缓，提示我们对价值的知觉表现出"边际效用递减效应"：获益越多越好，但后面获益的价值小于早期同样数量的收益。在损失的一边，曲线同样逐渐趋于平缓：损失越大伤害越大，但"痛苦"随着损失的增加而减少。最后，效用曲线包含了"损失规避"的成分：损失部分的曲线不止两倍陡峭于获益部分，表明同样数量的损失对人们造成的"伤害"比获益带来的愉悦感大两倍以上。

[Based on Figure 3 in Kahneman, D. & Tversky, A.（1979）. Prospect theory：An analysis of decision under risk. *Econometrica*, 47, 263-291. 经允许重印]

①　原文为"获益部分的凹形曲线暗示了风险规避，损失部分的凹形曲线则提示了风险寻求"。为了便于理解，翻译时我们进行了修正。——译者注

为了理解获益和损失的这种不同，可以考虑下面两个赌局。如果让你从赌局 1 和赌局 2 之间选一个，你会选择哪一个？

赌局 1：抛掷硬币，掷出正面赢 10 美元，掷出反面赢 50 美元。

赌局 2：稳拿 30 美元。

多数被试都会选择稳拿 30 美元，这表明在获益时，他们选择风险规避。现在，让我们考虑损失的情况：

赌局 3：抛掷硬币，掷出正面损失 10 美元，掷出反面损失 50 美元。

赌局 4：确定损失 30 美元。

尽管钱币数额与赌局 1 和赌局 2 是相同的，但大多数被试会选择赌局 3。当人们面临损失时，会倾向于风险寻求，也就是说，与承受确定数额的损失相比，如果人们有机会得到更小的损失，他们会接受同时可能损失更多数额的这种机会。

如图 9-4 所示，损失部分的曲线比获益部分斜率更大，损失 10 美元的效用值与零点的距离远远大于获益 10 美元的效用值与零点的距离。如果钱币抛出正面赢得 200 美元，抛出反面损失 100 美元的话，多数人都不会参与这个赌局，尽管这个赌局的预期收益是 50 美元：（0.5×200）+（0.5×-100）= 50。对很多人来说，损失造成的"伤害"至少是获益得到的"愉快"的两倍；对大约 50% 的被试而言，获益 200 美元的可能性并不足以补偿损失 100 美元的可能性。

这种损失规避的倾向出现在我们许多日常的决策中。在最简单的"无风险选择"中，我们倾向于认为放弃某物品时产生的效用损失要大于原先我们获得这些物品时产生的效用增加，也就是说，在某种程度上物品仅仅因为属于我们而获得了额外价值。这种现象被称为**禀赋效应**（endowment effect），它最初是在一个课堂实验中被论证的（Kahneman et al.，1991）。研究者给班级里半数学生一个新物品（例如，一个咖啡杯或一支笔），要求他们给物品定价，以这个价格他们愿意把这个物品卖给其他学生。班级里另外一半学生作为买者，需要提出一个愿意购买这个物品的价格，从而建立起这个物品（例如，咖啡杯）的市场价值。所有的学生都被告知，在他们定价后，教室里会举办一次交易会，物品会在卖家和买家之间进行交换。如果买家提出的价格等于或高于卖家的价格，杯子就可以被换成货币。所有学生，无论买家还是卖家都面临同样一个问题：杯子到底值多少钱？交换完成之后，每一个学生要么得到杯子要么得到货币。

然而，请注意买家和卖家对这个问题持有不同的观点。卖家会评估损失：多少钱能补偿我失去杯子的价值？买家则会评估获益：我愿意花多少钱去买一个杯子？损失规避原则（同样数额的损失造成的影响大于获益）预期卖家评估杯子的价值要大于买家评估的价值，而事实正是如此。另外还有很多研究和课堂实验使用了许多别的商品，并采用几种不同的方法评估物品对其所有者的价值，也一致证实了该假设。通常卖家给出的价格是买家提出的两倍（很重要的一点是，在这个教室市场中没有讨价还价的行为，否则"禀赋效应"就可能被解释为策略上的讨价还价）。

损失规避还可以解释更大范围内的许多财务习惯。比如，经济学家一直很困惑投资现象中出现的"股权溢价悖论"（Mehra & Prescott，1985）：为什么众多投资者将大量资金投入到债券和其他低变化-低收益的投资项目上，而不投资那些更不稳定但收益更高的股票市场呢？研究者假设由于人们的风险规避倾向，投资中的高变化是被避免的（Benartzi & Thaler，1995）。因为损失给人造成的影响比获益更大，不断查看那些高变化的投资组合就像坐令人翻肠倒胃的翻滚过山车一样。当你经历惨痛损失时会带来非常难过的时刻，查看投资组合的频率越高，这样的时刻就越多。在受控制的实验室市场里进行的后续研究重复了真实的股票市场投资者的经历，为损失规避的解释提供了强有力的证据。仅仅增加对当前财产状况报告的频率，就可以使投资者从高变化的投资项目转向低变化的项目。

损失规避带来的一般效应是使投资者倾向于维持现状而不喜欢变化。比如在咖啡杯交易的课堂实验中，损失规避妨碍了市场的运行，使得对双方都有利的交易变得节奏变慢、效率低下。它对谈判也会产生影响，使谈判的双方都很可能认为某一方案会给自己一方带来损失（反过来是给对方带来获益）。有关谈判的课程力图教会谈判者如何去表征或重新表征当前情境，从而客观地评估谈判方案，避免受到单方面的获益-损失参照框架的影响。

2.3   期望效用模型的一般局限性

当然，就算我们增加了对决策的了解，还是可能做出"糟糕的决策"，即期望效用模型所谓的非理性决策。比如，如果你有45%的机会赢得200美元，或者50%的机会赢得150美元，期望价值的计算为（0.45×200）= 90，（0.50×150）= 75。计算的结果支持选择第一个赌局，多数被试的确是这样选择的。但如果你有90%的机会赢得200美元或有100%的机会赢得150美元，你会如何选择呢？尽管第一个赌局的预期价值更高：180对150，多数被试却选择第二个赌局。这种选择偏向既强调了个体忽视期望价值的计算结果而对确定性结果的偏爱，也凸现出了期望效用模型的一个局限：该模型预期如果你在第一对赌局中选择了期望价值更高的选项，那么你在第二对赌局中也应该选择期望价值更高的选项。但显然人们事实上并没有这样做。

其他实验结果显示，被试倾向于根据期望效用模型而不是结果出现的概率来估计价值。在分配**决策权重**（decision weight）（即对一个决策的各种结果的概率估计）时，我们显然具有这样一种一般倾向：赋予小概率过高权重、对中等至大概率不敏感、赋予确定性结果过高权重（比如，在上一个例子中）。例如，当让被试估计各种死亡原因的概率时，被试倾向于高估极端小概率事件（例如，飓风、地震），而低估普遍性事件（例如，心脏病）（Lichtenstein et al.，1978）。这反映了事件的实际发生概率与我们想象的主观概率之间的差异。这种对不确定结果的主观信念并不符合数学概率理论的一些基本法则，而反映了人们推理的非理性方面（图 9-5）。例如，抛掷钱币时，如果被试低估了正面出现的概率，也低估了反面出现的概率，那么被试选择通过掷硬币进行赌博时的偏好将偏离概率理论的基本原则。根据概率理论，一种事件出现的概率（比如钱币正面，p）与它的互补事件出现的概率（比如钱币反面，$1-p$）的总和应为 1。

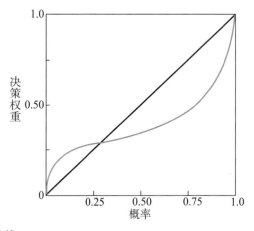

图 9-5 决策权重曲线

决策权重曲线表示出客观概率与主观概率（亦即决策权重）的关系。曲线在接近零概率（0）和确定性（1）时斜率较大，表明我们对于这些点附近的概率变化非常敏感："根本没有可能"和"确定可以"两种情况对于我们的决策影响巨大。在 0.15 到 0.75 区间曲线较为平缓，表明我们对于这个范围内的概率变化相对不敏感——我们会感觉概率 0.40 和 0.49 之间的差异不大，而概率 0.90 和 0.99 之间的差异很大。

[Based on Figure 1 in Tversky, A. & Kahneman, D.（1992）. Advances in Prospect Theory: Cumulative representation of uncertainty, *Journal of Risk and Uncertainty*，*5*，297-323.]

尽管期望效用模型并不是一个完美的心理学模型，但它最先为人类（和很多非人类动物）的决策行为提供了近似的描述（Bateson & Kacelnik，1998；Krebs & Kacelnik，1991）。如果一个有机体具有很高的动机水平（例如，饥饿的老鼠、猴子或者面临 10 万美元投资决策问题的人），情况不复杂，并且有机体掌握了充分的相关信息（例如，实验动物已经在附近寻食数天，或者投资者经验丰富），那么这个模型就很可能准确地预测行为。

理解测验

1. 假设在美式轮盘赌博中你用 5 美元赌红色出现，如果红色出现了，你的资金翻倍（获得 10 美元），否则你将损失 5 美元。红色出现的概率是 18/38。你的 5 美元赌注的**期望价值**是多少？

2. 现在，考虑一下轮盘赌博中你在红色上所下赌注的**期望效用**：期望效用和期望价值有何不同？怎样用期望效用解释人们参与这种轮盘赌博的原因？

3. 期望效用计算的神经基础

保罗·格里姆彻（Paul Glimcher）在《决策、不确定性和脑：神经经济学》（*Decisions，uncertainty and the Brain：The Science of Neuroeconomics*，2003）一书中，为期望效用模型提出了一个非常有力的论据（也见 Schall，2001）。格里姆彻和另外几个研究者已经发现了一些脑区，其神经细胞的活动与期望效用模型规定的效用计算相关。利用对猴脑的单细胞记录技术，这些研究者发现，顶下侧皮质神经元的活动与奖赏出现的概率和数额直接相关。在早期，这个研究关注的焦点是**经验效用**（experienced utility），即被试对获得奖赏的反应（以奖赏对被试的价值为根据），此后研究逐渐把焦点转移到对**决策效用**（decision utility）的调查上，即决策时被试对特定结果的期望价值的估计。对适应良好的有机体，预期的结果效用在一定程度上能够预测经验效用，且两种效用评估可能涉及一些共同的脑结构。

在 20 世纪 80 年代，威廉·纽森（William Newsome）发展了一个基本的实验任务，要求猴子辨别圆点移动的不同方向（上下移动，左右移动）（Newsome，1997）。研究者通过猴子的眼动来观察它的判断，如果猴子判断正确，则给以奖赏。这个任务同实验室研究中人类被试参与的赌博任务类似。每个试次中猴子都在两种不确定的移动方向之间做判断（判断通常很困难）。它们必须从以往的经验中习得获得奖赏（果汁）的概率，而获得奖赏是做出正确的（幸运的）决策的结果。

　　这些研究者在侧顶区和视上丘（参与视觉注意转移的皮质下结构）发现了可预测猴子判断行为的神经元活动；另一些研究者在背外侧前额叶发现了类似的神经元活动（Kim & Shadlen，1999）。在猴子做出判断（以眼动为标志）之前的数毫秒内，这些脑区的神经元更加频繁地放电。这些发现中有两点尤其重要。第一，实验结果来自一些测试试次，它们被安插在常规试次中间，在常规试次中圆点移动的方向是随机的。因此，在这些"随机圆点试次"中，刺激与猴子决策的结果无关。第二，相关的神经元最早并不是出现在神经回路的视知觉部分，也不在神经回路的动作控制部分，而是出现在两者中间，即联系知觉和运动系统的联合区。实际上，对这些脑区的神经细胞进行电刺激会使猴子的决策产生偏向（Salzman et al.，1990），这有力地证明了这些脑结构与决策之间存在因果关系。

　　其他研究者很快对纽森的实验进行了后续研究，进一步探讨了眼动的决策系统。格里姆彻及其同事（综述见 Glimcher，2003）研究了主观效用公式规定的效用计算的神经机制。在格里姆彻等人的实验中，一只猴子经过训练学会根据出现的颜色信号向左或向右移动眼睛，从而获得一杯果汁的奖励［图 9-6（a）］。获得果汁奖赏的概率（如果有奖赏的话）和果汁的量在实验中系统地变化。单细胞记录发现，顶内侧皮质的个别神经细胞在结果出现**之前被激活**，并随着奖赏概率［图 9-6（b）］和量［图 9-6（c）］的变化而变化。研究者在这一区域搜寻相关活动，是因为在视觉输入与对眼动的运动控制之间的庞大关联系中，这个脑区是其中的一个"神经瓶颈"（Platt & Glimcher，1999）。

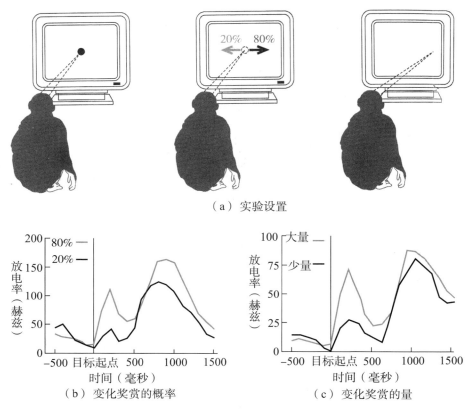

（a）实验设置

（b）变化奖赏的概率

（c）变化奖赏的量

图 9-6　猴子和果汁

（a）屏幕中心先呈现一个注视点。这个点可能变为另外两种颜色中的一种，两种颜色分别提示哪个注视方向（向左或者右）可能得到奖赏。奖赏的概率从 0.20 到 0.80 不等，因而研究者可以检测是否存在一些神经细胞对奖赏出现的概率进行"预期"。

[Cimcher, P. （2003）. Decisions, uncertainty and the brain: The science of neuroeconomics. Cambridge, MA: MIT Press. Figures 10.11, 10.12, 10.13; pp. 257-263. © 2003 by the Massachusetts Institute of Technology. 经允许重印]

（b）外侧顶下皮质单细胞记录的时间变化曲线显示，与神经视野范围一致的方向受到奖赏的概率低（20%）与概率高（80%）时相比，外侧顶下皮质神经细胞的活动有明显的不同。许多诸如此类的计算显示，猴子可能以一种理性的方式计算之前和随后的概率。

（c）研究者操纵果汁的量（即奖赏的效用或价值）时的结果。外侧顶下皮质的神经元再次成为预期的（及获得的）奖赏的计量器。

[Platt, M. L. & Climcher, P. W. （1999）. Neural correlates of decision variables in parietal cortex. *Nature, 400*, 233-238, Figure 1 and 2. 经允许重印]

除了研究负责计算和利用效用值的神经区域，研究者还试图探讨脑是如何对效用值进行编码的。有些研究者认为，多巴胺系统在编码中可能发挥着重要作用。一项采用经典条件反射任务的研究在猴子的中脑腹侧区域记录到了多巴胺神经细胞（即受多巴胺激活的神经细胞）的活动，该研究使用果汁作为非条件刺激的奖励。研究者向猴子呈现代表果汁奖励出现概率（和数量）的视觉信号（Fiorillo et al.，2003）。研究者从猴子中脑腹侧区域的多巴胺神经细胞进行取样，对其进行单细胞记录，结果发现这些神经细胞的活动与获得果汁奖赏的概率之间存在直接的系统性的相关。并且，这些神经细胞还表现出奖赏后反应，这种反应可以解释为"惊讶反应"——在低概率信号之后获得奖赏时这些神经细胞的反应率最高（图 9-7）。

还有一个重要的实验结果尚未被报告。研究者已经发现了测量奖赏数量和奖赏概率（可能还有更多有待发现的因素）的神经"计量器"。但是，如果能够找到对潜在结果的期望效用之和（即价值和概率的**乘积**，图 9-3）进行反应的神经结构，将具有尤其重大的意义。

人类的情况又是如何？研究者使用脑成像技术研究人类被试计算不确定性和效用的神经基础。一些研究发现伏隔核（一种多巴胺系统）的激活与对金钱收益的预期相关（Gehring & Willoughby，1999；Knutson et al.，2001）。其他研究者在被试预期金钱收益和损失时也观察到了伏隔核的激活，并观察到杏仁核和部分眶额皮质的激活（Breiter et al.，2001）。在所有这些结果中，神经激活的增强都与预期结果的数量相关。

布里特（H. C. Breiter）的研究中最有意思的结果是，脑对相对而不是绝对的输赢数量敏感。布里特等（Breiter et al.，2001）对三种彩票进行了比较，它们都具有三分之一的概率使被试获益 0 美元（至少表面看来是一个中性的零值）。0 美元（$p = 1/3$）分别与下面三种情况配合出现：两个都赢（+2 美元、+10 美元）、有输有赢（-1.5 美元、+2.5 美元）和两个都输（-2.5 美元、-6 美元）。最有趣的结果在于，当被试得到 0 美元时，杏仁核的反应是正性还是负性取决于"其他可能得到的结果"：如果其他结果比 0 美元更多，脑将其记录为"失望"（更少的神经激活）；如果 0 美元是三者之中最好的结果，脑则将其记录为"高兴"（更多的神经激活）。

因此，越来越多的证据显示脑的确进行了期望效用等式规定的效用计算，脑对获益和损失的加工并不完全相同，甚至可能存在不同的神经通路对不同的金钱结果进行评估。但是，布里特等研究结果的相对性是对期望效用模型的一个的挑战，我们在后面讨论"价值框架效应"时会提到这一点。

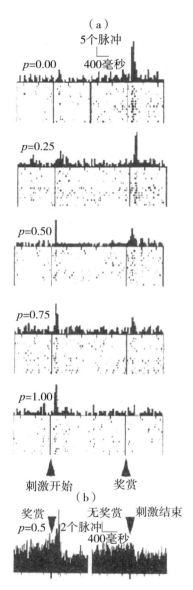

图 9-7　猴子、果汁与惊讶

（a）当猴子接收到一个提示果汁奖赏概率（在 0.0 到 1.0 之间变化）的信号时，以及猴子得到奖赏之后，猴子中脑腹侧的单个神经细胞的活动。紧随信号刺激产生的神经活动反映了信号提示的奖赏概率：概率越大，神经活动越强。（b）得到奖赏之后的神经活动与其早期的活动正好相反，这时的神经活动本质上反映了猴子在得到奖赏时的"惊讶"程度：低概率信号之后得到的奖赏引发的神经活动更强。

[Fiorillo, C. D., Tobler, P. N. & Schultz, W.（2003）. Discrete coding of reward probablity and uncertainty in dopamine neurons. *Science*, *299*, 1898-1902, Figure 1, parts A and B only.]

1. 经验效用和决策效用的区别是什么？你能举一个自身的例子，从中看到两种效用的巨大不同吗？这种差别为什么重要？

2. 脑会对期望效用进行计算，支持这个观点的核心实验结果是什么？

4. 人类决策与期望效用模型：多大程度上相符？

我们已经说过，期望效用模型最先为人类行为提供了一个良好的近似描述。但它并不是一个令人完全满意的心理学模型。在研究早期（1950—1970），个别同期望效用理论矛盾的研究结果被视为异常结果，并被当作为总体的理论框架问题而忽略（这些矛盾的结果被贴上"悖论"的标签，因为期望效用模型被认为是不证自明的，任何例外都被视为"明显的"矛盾异常）。但是在 20 世纪七八十年代，个别异常现象逐渐增多，最终导致期望效用模型无法解释的矛盾逐渐泛滥。

4.1 偏好、传递性和程序不变性：行为背离

在行为学研究中，与理性决策紧密相关的两个原则一直被人们所违背——传递性和程序不变性都是期望效用模型毋庸置疑的标志，却还是被我们所忽略。

4.1.1 传递性

如果红球比黄球大，黄球又比绿球大，那么可以得出红球比绿球大的结论。这就是**传递性**（transitivity）原则，即如果这种"更大"的关系存在于第一个和第二个因素间，也存在于第二个和第三个因素间，那么它也必将存在于第一个和第三个因素间（前面已经提到过这个原则）。

选择过程中表现出的偏好传递性可能是理性决策最基本的原则：如果我喜欢 X 多于 Y，喜欢 Y 多于 Z，那么我就喜欢 X 多于 Z。如果你喜欢鱼肉多于鸡肉，喜欢鸡肉多于牛肉，那么在鱼肉与牛肉中，你不会选择牛肉。如果在决策中人们确实存在这种典型的选择方式，那么人们可能被大胆的商家变成"摇钱树"，这些商家会提供一系列的选择，但每笔交易客户需要支付一笔额外的费用。你想去听滚石乐队的演唱会吗？好，这里是价值 50 美元的门票。噢，你更想去听麦当娜（Madonna）的演唱会？那好，把滚石

的门票给我，再加上 10 美元换票费，我就给你麦当娜演唱会的门票。等等，你想要艾米纳姆（Eminem）？那好，把麦当娜的门票还我，再加 10 美元。现在高兴了吗？好极了！什么？现在你又想去听滚石了？那好，我们把艾米纳姆换成滚石，还是一样的换票费……

但是，很多实验结果却证实了人们决策时偏好的非传递性。在其中一个研究中，被试在图 9-8 所示的成对赌局中进行选择（Tversky，1969）。在相邻的两个赌局中，获益的概率稍有不同（差 1/24 的概率）。被试在决策中通常忽视了这些概率差异，仅仅根据获益的数量进行选择，认为 A 优于 B，B 优于 C，C 优于 D，D 优于 E。但如果要被试在离得较远的两个赌局之间进行选择，概率上的差异增大，期望价值的差异也会变大。这时被试通常会选择是 E 而不是 A，这违背了传递性。被试是监狱里的囚犯，他们赢的欲望很强，因为赢的奖品是香烟和现金，这些都是监狱里很值钱的东西。这些被试似乎在理论上理解了传递性原则，但大多数人没有意识到他们在做选择时违背了这个原则，一些被试甚至激烈地否认他们违背了这个原则。

赌局	赢钱概率	收益	期望价值
A	7/24	5.00	1.46
B	8/24	4.75	1.58
C	9/24	4.50	1.69
D	10/24	4.25	1.77
E	11/24	4.00	1.83

（a）

$4.50

0

（b）

图 9-8　导致非传递性选择的赌局

（a）给被试呈现成对的轮盘赌博游戏，问被试他们更想要玩哪一个赌局。（b）因为收益金额很容易理解，因此收益金额主导了被试的选择，他们在任何两个**相邻的**赌局中总是偏爱收益更高的那一个。但是赌局设计得非常巧妙，当收益增加时（从 4 美元到 5 美元），赢钱的概率降低（从 11/24 到 7/24），因此 4 美元赌局和 5 美元赌局的期望价值之间的差异很明显（1.83 美元对 1.46 美元）。当被试需要在分别位于序列**两端**的两个赌局之间进行选择时，他们的选择逆转了成对选择暗含的偏好方向，即他们选择了可能赢 4 美元（11/24）而不是 5 美元（7/24）的赌局，并且表现出一致的、非理性的非传递性。

[Tversky, A.（1969）. The intransitvity of preferences. *Psychological Review*，76，31；48，Table 1 and Figure 1. © 1969 American Psychological Association. 经允许重印]

4.1.2 程序不变性

对同一偏好问题的两种不同提问方式应该得到相同的回答，这就是**程序不变性**（procedural invariance）原则。例如，要人们在两种赌博任务中进行选择，可以问："在这两种赌局中你更想玩哪一种？"或者问："你分别愿意花多少钱来玩这两个赌局？"如果人们认为一种赌局值得花更多的钱去玩，那么它应该就是两个选项中被偏爱的那一个。然而，在一些条件下人们总是违背程序不变性原则。例如，请在下面两个赌局中进行选择：

赌局 1（P 赌局）：8/9 的概率赢 4 美元；否则一无所获。

赌局 2（$\$$ 赌局）：1/9 的概率赢 40 美元；否则一无所获。

当询问被试选择哪个赌博任务时，多数被试选择 P 赌局；似乎被试更加关注获益的概率，因此选择获益概率更高的赌局。但是当要求被试给这两个赌局设定一个卖价（"假设你拥有玩这两个赌局的权利，你愿意以多少钱卖掉这两个赌局？"）时，多数被试给 $\$$ 赌局定的卖价高于 P 赌局。这时，被试认为获益的数额比获益的概率更重要。显然，让被试对赌局定价的指导语将被试的注意首先引向了两个赌局的结果（40 美元和 4 美元），然后他们才根据概率下调或上调他们的定价。通常这种调整不足以反映实际的数学计算的差异；他们很大程度上受最初设定的价值（即"固定"值）的影响，固定值主要考虑两个赌局获益数量的对比，而非概率的对比。因此，$\$$ 赌局从 40 美元固定值往下调整后的价格还是高于 P 赌局从 4 美元往上调整后的价格。

对于试图证明基于完全理性的评价方法的偏好一致性模型来说，这些偏好逆转现象是明显的反例。研究者在真实的赌场中让赌徒用自己的钱下注，也观察到了偏好逆转现象（Slovic & Plott，1979）。但是，一些经济学家肯定地认为这些逆转现象是虚假的，为了证明偏好逆转现象只存在于非自然的实验室条件下，他们对最初的实验方法做了 11 种变式（Grether & Plott，1997）。令他们吃惊的是，在他们的研究中也产生了偏好逆转，因此他们得出结论：这种现象对于人类决策是完全理性的观点是一个根本的障碍。后来的研究显示，在模拟市场的实验条件下（被试可以与他人买卖赌局）也出现了偏好逆转现象，研究甚至还发现，可以利用这种效应促使作为投资者的被试将钱抛出（Berg et al.，1985；Knez and Smith，1987）。

4.2 一定程度上的理性

看一下赌局选择的研究条件，我们就不难明白为什么在有些情况下期望效用模型并不管用：我们不是完美的计算器，而这些选择都涉及大量的计算。非传递性和偏好逆转可能源于我们有限的注意和工作记忆系统。只有在一些目标界定清楚的简单情境下，期望效用模型才能准确地描述人们的行为（Charter et al.，2003）。在考虑所有的选项时，被试需要动用必要的认知能力来计算各个选项的主观期望效用，然而期望效用模型并没有分析认知的能力。因为效用计算显然需要大量的信息来加工资源，因此一种常见的理论假定，如果任务要求在人们的注意、工作记忆和执行控制能力的范围**之内**，那么人们的决策将是理性的。

4.2.1 有限理性和满意算法

诺贝尔奖获得者、心理学家、经济学家赫伯特·西蒙（Herbert Simon）提出了**有限理性**的概念，认为受我们所能加工的信息数量具有认知局限性，决策过程的理性是有限的（Simon，1955）。西蒙认为人们的信息加工系统发展了适应性的策略，可以在搜寻、处理信息需要的认知资源和选择绝对的最优方案之间进行权衡。他提出的一种策略叫作**满意**（satisficing）法则：没有必要找出所有可能中最好的那个方案，只需找到一个足以满足决策者需要的方案即可（Simon，1955）。

满意策略是一种逐步推进，最终做出决策的算法。以寻找公寓为例，首先，你需要确定公寓的哪些条件对你来说是重要的（租金、离学校的距离、房间数量等）。然后，为每项重要条件设定一个你能接受的标准（不能超过三分之一的财政预算、步行距离之内、三个房间等）。最后，逐一考虑可得的选项，直到找到一个足以满足你设定的所有重要条件的选项，然后停止搜索。你的最终选择是最先出现的，各方面都让你满意（即达到最低标准）的选项。注意，你的这个选择过程并不能使你找到一个完美的公寓（除非你确实非常幸运），但它能满足你看重的条件，而且为你节省大量时间。

满意策略包含的认知加工与期望效用计算所需的认知加工很不一样，总体而言，满意策略耗费的认知资源要少得多。满意法则能产生良好的但往往不是最优的结果，而且它受到对可能选项的搜索顺序的影响。相当多的实验和现场研究都显示，相对于期望效用模型，满意策略更接近日常的决策行为。顾客在选择商品时常常运用满意策略。如果你在接下来的一个星期或一个月里继续搜索公寓，你很可能会找到一个更喜欢的公寓。然而，作为顾客，由于继续搜索会花费过多的时间和精力，我们通常在找到一个"足够好"的选项时就停止寻找。通常我们认为花费更多力气去获得一个差别不太大的结果是不值得的。事实上，如果一个人在现代商业环境中强迫性地寻找最优商品，就算不被看作完全不理性，也会被视为适应不良（见**争论**专栏）。

争论

人类是理性的动物吗?

大多数经济学家，一些哲学家和少数心理学家（例如，J. R. Anderson，1990）认为人类本质上是理性的；例如，期望效用模型就是有关人类在掌握足够信息时如何思考和行为的很好假设。争论的一个版本是将人类的行为表现与逻辑和概率理论模型计算的结果进行对比，后者是关于人类应该如何理性思考的最佳假设。毫无疑问，我们经常是远离理性标准的。特沃斯基和卡尼曼（Tversky & Kahneman，1974）提供的大量违反逻辑与概率理论的行为表现让大多数科学家相信，人类本质上不是理性的，至少不具有教科书上定义的"理论上的理性"（theoretical rationality）。

然而，争论远不止如此。当决策影响很大、人掌握的信息充足并且有足够的时间去了解周围环境的时候，理性往往是他们会如何行动的最好假设。经济学家长期以来一直支持这一观点，并指出当决策的重要性提高且问题解决者掌握了足够信息时，很多理性悖论现象［例如，艾勒（Allais）悖论，埃尔斯伯格（Ellsberg）悖论，特沃斯基（Tversky）悖论，卡尼曼（Kahneman）悖论等］都会减少。心理学家格尔德·吉仁泽（Gerd Gigerenzer）曾是一位"生态理性"的有力支持者，他认为人们在特定的重要环境中善于使用快捷的判断和启发式决策，这些策略花费的认知资源更少，而且有时比理性计算更管用。

关于理性争论的另一个复杂问题是，任何分析都必须对决策者的目标做出假设：决策者希望实现什么的最大化？相对于仅仅证明被试犯了逻辑或统计学错误，对理性进行评估要复杂得多。实际上人们希望实现更多目标的最大化，而不仅仅是个人获取目标（这恰恰是很多理性讨论中考虑的唯一目标），这使问题变得复杂。有研究已经证实，除了自身的贪欲外，还有很多价值对决策者来说是重要的：利他，公平，互惠，等等。研究者很容易设计出微型的实验环境，将非自我动机最小化，并给予决策者充分的时间去了解环境，然后再测试他们的行为是否是最优的。这样的研究曾经在非人类的动物身上进行过，得出的一般结论是很多非人类物种能非常出色地适应环境（Krebs & Davies，1997）。

目前，我们可以说从行为研究中得出的最佳结论是：人类常常难以达到逻辑、概率理论规定的"理论上的理性"的标准。然而，如果考虑"实用理性"（针对特定目标和情境的理性），上述结论则有待进一步研究。最佳的解释是进化和文化使人类在很多环境下（特别是涉及食物、聚居点的选择、与谁发生联系、信任谁等原始的、生存攸关的决策时）可以做出接近最优化的决策。但是，因为人类似乎常常彻底改造他们的环境（例如，互联网的使用引起的消费者和金融市场的变化），说我们具有完全的"实用理性"也不正确。对于现代一些人造的但极其重要的环境，可能我们还不具备适应这些环境所必需的学习能力。

4.2.2　认知工具箱：我们如何选择我们的方式

满意法则是一种实用的、可靠的、计算上可以实现的决策策略，但它似乎不是权衡认知资源和期望结果的唯一方法。比如还有一种方法是**逐步排除法**（elimination by aspects）策略，即根据多个属性逐一评估每一个备择选项，排除那些不能满足决策者对每个属性的要求标准的选项。例如，你想买一辆车，如果使用排除法，首先，决定可选择对象的哪个方面对你来说最为重要（价格、颜色、四轮驱动等）。然后，根据这个方面的标准考虑你所能得到的选项，排除在这一方面明显糟糕的选项。然后，考虑第二个你认为最重要的方面，再次排除不符合要求的选项，直到剩下最后一个选项，那么这个选项就是你的选择。

西蒙（Simon，1955）和一些研究者设想人们存在这样一个认知系统，该系统拥有一个"工具箱"，里面既装着各种策略也装着效用计算的方法，这些工具以各种方式被用于解决日常智力问题。一些"工具"是我们通过学习获得的计算法则，比如算术能力和社会决策策略（例如，模仿专家的决策方式）；另一些"工具"是根据决策者个人经验得到的特殊策略。当碰到一个智力问题时，我们会根据"认知工具箱"中的程序选择或创造一种算法去解决问题。我们可获得的另外一些"工具"是**启发式**（heuristics）策略，即简单且有效的经验规则，在多数情境下它们都非常有用。

适应性决策者模型就是建立在这些原则的基础之上的（Payne et al.，1993）。在这个模型中，决策运用的"认知工具箱"包含了满意法则和其他一些实用但并非最优的程序，也包含理论上最优的期望效用公式。这个模型的基本假设是个体具有适应性，他们的策略选择是建立在对认知努力、执行难易、所花时间和结果的合理的甚至理性的权衡之后做出的。对非常重要的选择（我是否应该买这辆车？我是否应该搬到芝加哥？）我们通常会使用"更加昂贵"（需要更多认知资源）的工具，它们将会产生接近最优化的解决方案；而对于不那么重要的选择［我今晚租《蝙蝠侠：**侠影之谜**》（*Batman Begins*）还是《第一滴血（4）》（*Rambo* Ⅳ）？我应该买戴尔还是捷威牌的电脑？］，我们会用更加"低廉"的启发式经验法则去解决。

我们对不同算法和启发式的选择具有适应性：采用哪种方法取决于它是否能满足我们当时的需要，并能利用当下环境中的一些具体结构（Gigerenze et al.，1999；Payne et al.，1993）。例如，格尔德·吉仁泽（Gerd Gigerenzer）指出，如果我们知道一条正确的信息，那么仅靠这一条信息，我们就能做出非常准确的判断。因此，一个很有趣的假设是，个人经验"调整"我们去注意环境中对我们最重要的线索，让我们根据简单但不一定最优的判断和选择策略做出判断。这些所谓的**快速节俭策略**（fast-and-frugal strategies）往往与需要更多认知资源的理性算法一样管用。并且，相对于预期效用模型来说，这种具有适应性的、快速节俭的策略为人类决策行为提供了更有效的描述。

正如我们所看到的，即使在实验条件下对两个赌博任务进行选择，被试也没有进行效用的计算，而是只关注赌博任务的一个（或少数几个）属性（获益概率或风险量），同时忽略其他属性。在某些实验条件下，这导致了非传递性和偏好逆转现象。许多研究显示，在许多以赌博任务作为刺激材料的实验室决策中，会出现基于具体信息加工策略（例如，满意策略和排除法）的非理性决策过程。

4.3 框架效应和前景理论

传统期望效用理论认为，描述选择的方式是无关紧要的。这一原则，即**描述不变性**原则，意味着一个决策问题如果用描述不同但逻辑相同的方式陈述，会导致同样的决策。请注意这种不变性在人类知觉中并不成立：同一个视觉对象可以从不同的角度来观察，引发不同的心理表征和行动。其实决策者面对的情况也是这样。考虑下面的问题（Kahneman & Tversky，1982），你会选哪个选项？

问题1 你刚赢了 200 美元。现在赌场让你在 A 或 B 中进行选择。A：稳赢 50 美元；B：0.25 的概率赢 200 美元，0.75 的概率无收获。

问题2 你刚赢了 400 美元。现在赌场让你在 C 或 D 中进行选择。C：确定损失 150 美元；D：0.75 的概率损失 200 美元，0.25 的概率不损失。

多数被试会在问题1中选择 A，而在问题2中选择 D。这显示当个体面对中等程度的可能收益时，表现出风险规避；但当面对中等程度的可能损失时，则表现为风险寻求，正如我们前面讨论过的一样。但是注意选项 A 和 C 中的收益是相等的（结果都能得到 250 美元），选项 B 和 D 中的收益也是相等的（结果都有 0.75 的概率得到 200 美元或 0.25 的概率得到 400 美元）。但是不同的问题描述影响了被试的选择，这违背了描述不变性原则。在问题1中，被试从"获益角度"来看待问题，而问题2中被试从"损失角度"来看待问题。这个例子表现了**框架效应**（framing effects）的重要性，即问题呈现的不同方式对决策行为造成影响。框架效应长期以来一直是民意调查专家所关心的问题，因为问卷调查的答案依赖于呈现给被调查者的具体问题表述形式。"你多大程度上支持总统的计划……?"与"你多大程度上反对总统的计划……?"（Tourangeau et al.，2000）通过这两种表达方式得到的对支持率的评估会有很大差别。人们对广告的反应也表现出框架效应：将汉堡包描述为含有 90% 的瘦肉和 10% 的脂肪时，其销售情况很不理想。

最著名的框架效应的例子是下面这个假设的医疗情境。

问题1 国家正准备应对一种疾病的爆发，预计该疾病的发作将导致 600 人死亡。现在公共卫生部门官员提出两种与疾病做斗争的方案。你会支持哪种方案？

方案 A：肯定能救 200 人。

方案 B：1/3 的概率救 600 人，2/3 的概率一个都救不了。

实际上，两个方案的期望价值相同（200 人获救），但由于对获益的风险规避倾向，多数被试都选择了方案 A。现在考虑另一个问题。

问题2 国家正准备应对一种疾病的爆发，预计该疾病的发作将导致 600 人死亡。现在公共卫生部门官员提出两种与疾病做斗争的方案。你会支持哪种方案？

　　方案 C：肯定死亡 400 人。

　　方案 D：1/3 的概率无人死亡，2/3 的概率死亡 600 人。

　　在问题 2 中，与人们面对损失时的风险寻求倾向一致，多数被试选择了方案 D。再看一下：方案 A 和 C 具有同样的结果——400 人死亡，200 人存活。同样，方案 B 和 D 也有同样的结果——尽管语言表达不同，但两者的概率和结果都是相同的。然而从问题 1 到问题 2，被试的选择却发生了很大变化。框架效应并不局限于人为的实验室条件，研究者让执业医生在两种疗法之间进行选择，一种根据病人的存活率（获益）进行描述，一种根据病人的死亡率（损失）进行描述，执业医生的选择结果也重复了框架效应（McNeil et al. , 1982）。

　　认知心理学的一个基本原则是我们的行为并不直接由情境本身决定，而由我们对情境的心理表征决定。对框架效应的研究暗含着决策同任何其他认知活动一样，取决于我们对所面临情境的看法的观点。我们对情境的认知是我们行为的主要决定因素（Hastie & Pennington，2000）。表征的认知原则是**前景理论**（prospect theory）的一个基本假设，前景理论是当前关于风险和不确定条件下决策的最有影响力的理论（Kahneman & Tversky，1979；Tversky & Kahneman，1992）。

　　前景理论提出，决策的第一步是通过构建决策相关条件的框架，提前理解将要发生的事。构建包括简化和结合一些量，评估与某个**参照点**（reference point）相比的预期收益和损失。这个参照点（或称锚）往往是根据决策前的当前情境设定的。前景理论一个新颖的假设是这个参照点不是固定不变的，而是不断更新的。前景理论用我们每获得一个新物品就会更新参照点来解释禀赋效应（endowment effect），即相对我们尚未获得的物品，我们会赋予已经拥有的物品额外价值的现象。或者试想一下要去拉斯维加斯旅行一周。当你第一天走进赌场，你的参照点是你打算拿来赌博的总金额。假设第一天你赢了 250 美元，那么第二天你再走进赌场时，你的新参照点可能多了 250 美元，即你最初的赌注加上 250 美元。当然，经过一周的起起落落，在拉斯维加斯的最后一天，你的参照点或许会回到你第一天原来的赌注上，可能你会打算冒险一试，在你离开前翻本或者至少打平。经过充满紧张气氛的一周，你做出赌博决策的参照点在不断改变着，并因而影响你预期和经历的结果。

　　根据前景理论，一旦我们对考虑中的前景的价值和决策权重（对概率的主观估计）进行了心理表征，我们就会计算每一种可能前景的期望价值，把价值和决策权重结合到总体评估中（图9-3，图9-4）。尽管前景理论提出的核心计算与对期望效用的计算有直接的可比性，但框架效应和决策权重都违背了数学和经济学上的理性原则。前景理论可以描述很多决策中的行为模式，但是不能对非传递性和偏好逆转现象做出明确解释。

4.4　情绪在评价中的作用：艾勒悖论

期望效用模型更多的局限性来源于另一个方面：情绪。毫无疑问，情绪会影响决策——大量逸事性的经验（或许其中也包括你们自己的）证明很多糟糕的决定都是人们在愤怒和极度兴奋时做出的。早期的决策理论中就已经提到了情绪的作用：经济学家的最初假设就是决策是为达到某些目标服务的，这些目标要么本身就是情绪性的（追求幸福），要么与情绪（尤其是内疚、后悔、高兴和失望）高度相关。一种常见的看法是，情绪往往干扰理性决策。或许你决定为退休存钱，但却因为购买冲动而把储蓄花费在毫无意义的娱乐上；你可能决定节食或抵制性诱惑，但随后却屈服于美食或激情。然而按照现代的观点，情绪在决策过程中既有阻碍作用，又有适应性的作用（DeSousa，1987；Frank，1988；Tottenstreich & Shu，2004）。一个早期的证据是**艾勒悖论**（Allais paradox），它揭示了预期的后悔对决策的影响。艾勒悖论是一个明显的矛盾：当我们为每一个备选方案增加相同的事件时，会导致决策者的偏好发生变化（Allais，1953；1979）。在下面两种情境中你会如何选择？

情境一 在下面两种任务中进行选择。

赌局1：稳赢50万美元。

赌局2：0.10的概率赢250万美元；0.89的概率赢50万美元；0.01的概率什么也得不到。

情境二 在下面两种任务中进行选择。

赌局3：0.11的概率赢50万美元；0.89的概率什么也得不到。

赌局4：0.10的概率赢250万美元；0.90的概率什么也得不到。

多数被试更喜欢赌局1而不是赌局2。尽管赌博2错过变成富翁或巨富的概率非常小（0.01），但害怕失去大笔金钱的潜在的后悔情绪很强烈，因此多数被试选择了稳获50万美元。但在情境二中，被试却更喜欢赌局4而不是赌局3。在情境二中，金钱结果的巨大差异（50万美元与250万美元）

盖过了赢钱概率之间的微小差异（0.11-0.10＝0.01），这与赌局 1 和赌局 2 赢钱的概率差异是相同的。

虽然 50 多年前诺贝尔奖获得者莫里斯·艾勒（Maurice Allais）提出艾勒悖论时，它只被视为决策习惯中的一个不重要的异常现象，但它却预示了当前决策研究中一些非常重要的新方向，即研究情绪在决策中的特殊作用。或许对于艾勒悖论的最好解释是，决策者在面临情境一的选择时忍不住去想与"稳得 50 万美元"的选项相比，一无所获会带来的毁灭性打击。这种预期的后悔会促使决策者偏向确定的收益。然而，在情境二中，两个选项都可能带来一无所获的结果，因此两种结果都不会令被试"感受"毁灭性的打击，决策者可以自行选择期望价值更大的选项。

被试对赌局 1 和赌局 4 的选择违背了期望效用模型的基本假设。赌局 1 的期望价值是 50 万美元（1×50 万），而赌局 2 的期望价值是 69.5 万美元 [（0.10×250 万）＋（0.89×50 万）]。因此，选择赌局 1 违背了期望效用模型，因为赌局 1 的期望价值更低。

随后的研究扩展了我们对决策过程中情绪作用的理解。研究者提出了**决策影响理论**（Mellers，2000；也参见 Bell，1982，1985；Loomes & Sugden，1982），指出预期情绪（尤其是后悔和失望情绪）取代效用成为价值的载体。研究者也对个体评估个人风险时表现出来的令人疑惑的决策习惯进行了大量研究。为什么同样长短的路程，我们更害怕坐飞机，而不害怕开车？我们都知道开车比坐飞机更危险。或许我们可以将这种对于自然和社会风险明显的非理性反应理解为"脑与心"的竞争——"情绪的心"常常胜出（Slovic et al.，2002）。

在一些设计巧妙的实验中，研究者证实了对情绪负荷和金钱结果的评估是不同的（如 Rottenstrein & Hsee，2001）。在一项研究中，被试要在两个选项中进行选择，一个选项是"同你最喜欢的电影明星见面并亲吻的机会"，另一个选项是获得 50 美元现金。当结果确定会发生时，有 30% 的被试选择了亲吻的机会。但是当结果只有 1% 的概率发生时，65% 的被试选择了亲吻的机会。在 1% 到 100% 两个概率之间，随着结果概率的变化，被试选择亲吻的百分比变化不大。研究者用去欧洲旅行和获得奖学金对比，以及用电击和损失金钱对比，也重复了这种模式。在每种情况下，情绪结果与实用性结果不同，情绪结果几乎不受概率变化的影响。似乎引发情绪的刺激减少了概率信息的影响，引发情绪的结果使个体的注意力转移到了结果上，而忽略了情境的其他方面（如第 8 章描述）。因此，结果的性质能够决定概率信息是否影响决策，这是价值和概率之间的交互作用，它与期望效用模型很不一致。

4.5　情绪在评价中的作用：时间折扣和动态不一致

与其他动物相比，人类有很强的延迟满足能力（Rachlin，1989）。我们可以刻意地阻止自己立即享受丰富的餐后甜点带来的愉悦（很多时候都是这样），因为我们知道明天再吃会更好；我们可以决定接受一个痛苦的治疗程序，因为我们知道它可以改善我们的身体状况、延长我们的寿命。但我们有时也会失去自我控制，表现出与我们的意志相反的行为。前一刻我们还表现得像童话故事里谨慎、辛勤工作的蚂蚁，下一刻我们就可能变成懒惰、自我放纵的蚱蜢。所以我们的结论是，尽管人们善于对未来进行谨慎的计划，但当我们面临即时的诱惑时，最好的计划也可能被我们的冲动和不理性行为所破坏。我们倾向于对更远的未来发生的结果赋予更低的价值，这种倾向我们称为**时间折扣**（temporal discounting）。

一种研究人们这些反常行为的控制方法是测量被试对即时结果和延迟满足各赋予了多少价值。在一个典型的时间折扣实验中，被试需要在即时结果和延迟结果之间进行选择。他们的选择模式揭示了个体对两种结果赋予的价值，比如选择今天得到 15 美元或者 6 周以后得到 15 美元。在这些研究中，被试表现出了明显的非理性行为。考虑下面的选项：马上得到 10 美元或者一周后得到 15 美元。多数被试会选择今天得到 10 美元——他们的反应几乎是本能反应，已经开始想象获得 10 美元后的消费。现在，考虑一下同样的金额，一个在 5 周后，一个在 6 周后——即 35 天后得到 10 美元，或者 42 天后得到 15 美元。对大多数被试来说，这是一个傻瓜都知道的问题，当然选 42 天后获得 15 美元。为什么结果反过来了呢？这种**动态不一致**（dynamic inconsistency）（即由于时间不同对相同的结果偏好逆转的现象）违反了理性分析，即标准经济学模型预期的一致性。在标准经济学模型中，尽管固定结果（10 美元）的预期价值会随时间的增加而减少，但并不存在"交叉点"，使最初偏爱的结果变成非偏爱的结果（即 10 美元相对 15 美元的例子）。

对动态不一致的一种解释是，当结果是即时的，情绪系统控制了我们的行为，让我们选择即时满足。然而，当满足并不能立即实现，理性系统占据主导地位，我们就可以做出明智的选择（Loewenstein，1996；Thaler & Shefrin，1981）。这个解释与我们的主观经验是一致的，比如我们面前放着丰富的甜点，或在健身过程中有一个放松的机会，或者有机会约会梦中情人或得到一笔快钱（就像上面的实验选项一样）。这个解释能够说明我们常有的两种想法相互斗争的经历，是选择诱惑还是选择谨慎行事？它也有助于理解为什么我们有时候会求助于各种给出提前承诺的策略，做对我们最有利的事（例如，为了省钱而加入无息存款）。

尽管这种"双系统"的解释很符合我们的直觉，但双系统理论很难用行为数据去验证。麦克卢尔等（McClure et al.，2005a）使用行为学和神经科学相结合的方法，对这一理论进行了创新性的验证。实验要求被试在即时奖赏和推迟奖赏之间做出选择，期间用 fMRI 扫描仪扫描被试的脑。研究假设，当两种选择的结果都要延迟时，只有皮质的推理系统被激活——为两难选择寻找某种程度上的理性方案。然而，如果两种结果中的一种或两种都是即时的，那么情绪系统会与皮质系统同时被激活。这些研究结果为"双系统"假说提供了强有力的支持（研究细节参见随后的**深度观察**专栏）。

这个脑成像研究最重要的结果是，脑在对比即时奖赏和延迟奖赏时，会分别激活四个区域：当选择即时奖赏时，腹侧纹状体、内侧眶额皮质、内侧前额叶和后扣带回有更强的激活。这些区域中的前三个显然与情绪相关。在考虑即时选项或延迟选项时，视觉和运动区都有激活（可能并未参与决策过程），同时伴随着双侧顶内皮质、右侧背外侧前额叶、右侧腹内侧前额叶和右外侧眶额皮质的激活。虽然关联不算完美，但总体来说，选择即时选项激活了与情绪反应相关的脑区，而与有意识推理相关的脑区在选择即时和延迟选项时都得到了激活。值得注意的是，道德决策和消费者决策也可以用"双系统"来解释，实验结果证明这两种决策存在类似的区别激活模式（Greene et al.，2001；McClure et al.，2005b）。当情绪在决策中扮演核心角色时，将激活不同的边缘系统和皮质区域。

深度观察

评估即时奖赏和延迟奖赏的两个独立系统

一个跨学科团队同时采用行为学和神经科学的技术进行了迄今为止关于决策过程最为复杂的一项研究，研究结果以"评估即时和延迟的金钱奖赏的分离的神经系统"为题发表在 2005 年的《科学》杂志上（S. M. McClure, D. I. Laibson, G. Loewenstein and J. D. Cohen. Separate Neural Systems Value Immediate and Delayed Monetary Rewards. *Science*, *306*, 503–507.）。

研究介绍

研究者旨在检验这样一个假设，被试在即时奖赏和延迟奖赏选择上的差异源于脑的两个独立的评估系统：本能的、情绪性的评估系统和有意识的、理性的评估系统。这个假设是在近50年来行为学研究的基础上提出的。

研究者企图找到评估即时奖赏和延迟奖赏时所激活的不同脑区，尤其是找到"情绪脑"的激活强度与偏好即时奖赏结果二者之间的关系。该研究假设，当被试考虑即时奖赏时，我们所熟知的与情绪反应相关的脑区将会被激活。

研究方法

被试为普林斯顿大学的学生，他们需要在两个关于金钱奖励的选项中进行选择：立即得到奖赏和延迟一段时间（最长时间为6周之后）再得到奖赏，同时对其脑部进行fMRI扫描。其中一些奖赏会在承诺的时间内兑现（以亚马逊网站礼品券的形式），因此被试乐意仔细考虑怎样做选择，这个过程反映出他们对结果的真实评估。被试会在屏幕上看到两个金钱奖励选项（例如，1周后得到25美元和1个月后得到34美元）；左侧呈现一个更早得到的较小奖赏，右侧呈现一个延迟获得的更大数额的奖赏。被试通过按键进行选择，短暂休息后接着呈现另一对选项。

用fMRI记录被试反应前4秒到反应后10秒的脑活动。时间序列图和关键脑区的活动总述见图9-9（彩插K），其中也包含了显示相关脑区激活情况的脑成像图。

研究结果

脑成像结果很清晰，图9-9（彩插K）显示了当两个选项中有一个包含即时奖赏时所激活的脑区。当即时选项与2周或1个月后的延迟选项相比较时，腹侧纹状体、内侧眶额皮质、内侧前额叶、后扣带回和海马左后侧的激活显著更强。这些区域都可能是支持假设的情绪加工的脑区。决策过程中还有另外6个脑区也表现出激活的增强，无论被试正在考虑即时选项还是延迟选项。这些脑区中的一些牵涉知觉和运动区域，它们本质上不太可能与决策过程相关。但是另外一些脑区，包括外侧眶额皮质、腹内侧前额叶和背外侧前额叶，可能参与了有意识的理性加工（见第7章）。这些脑区就是前面提到的与"情绪"脑区相对的"理性"脑区。

这个研究另一个值得注意的方面是行为和脑数据之间的关系。图9-10展示了被试在选择即时选项和延迟选项时，情绪脑区和理性脑区明显的差异性激活："理性"脑区更强的激活可以预测被试选择延迟选项的行为反应。

讨论

这个研究很好地说明了脑成像研究如何补充和增强行为分析的解释效力。并不是所有神经-行为结合的研究都能如此成功，该研究成功的关键因素包括：（1）对时间折扣进行全面行为学分析的可能性；（2）对潜在神经成分的事先说明，特别是情绪加工过程与本能-情绪系统之间的关联，以及理性加工过程与有意识的认知系统之间的关联。

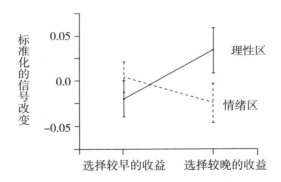

图 9-10　大脑激活程度能够预测跨期选择（较小较早奖赏 vs. 较大较晚奖赏）

上图总结了大脑激活程度与跨期选择之间的关系。该图表明跨期选择（是选择较早的收益还是选择较晚的收益）可以根据大脑的理性区和情绪区激活程度的相对大小进行预测。

（McClure et al., *Science，15*，October 2004，Vol. 306，p. 506. www. sciencemag. org. 经允许重印）

4.6　模糊条件下的判断

在期望效用模型被介绍为理性的终极描述后不久，有一个叫丹尼尔·埃尔斯伯格（Daniel Ellsberg）的研究生对该模型关于不确定条件下判断的假设提出了挑战，即**埃尔斯伯格悖论**（Ellsberg paradox）。埃尔斯伯格悖论是指人们倾向于选择确定的而非模糊的结果，即使在选择结果模式不一致的情况下也是如此。这一悖论通过被试对两对赌局的选择得到了证实，这些赌局通过从装有红球、黑球和黄球的坛子里随机抽取的彩球决定结果。坛子里一共装有 90 个球，已知 30 个是红球，剩下的 60 个是黑球和黄球，但各自的数量未知（图 9-11）。那么，红球被抽到的概率是 0.333，但抽到黑球和黄球的概率都是未知的，即模糊的；概率可能从 0.0111（60 个球中含有一个）到 0.659（60 个球中含有 59 个）不等。

图 9-11 埃尔斯伯格的模糊缸

埃尔斯伯格在实验中为被试描述了这样一个缸，缸里装着三种颜色的球。被试被告知抽到红球的准确概率（90 个球中有 30 个红球，或 $p_{红球} = 0.333$）（这里用浅灰色表示），但是抽到黄球（用白色表示）或黑球的概率则是模糊的。被试知道黄球和黑球的总数是 60 个（90 个球中有 60 个黄球或黑球，$p_{黄球或黑球} = 0.667$），但是不知道两种球的具体概率。

现在我们来看看从坛子里随机抽取球的赌局：

情境 1 从下面两个赌博中进行选择。

赌局 1：如果抽到红球，你可以赢得 100 美元，如果抽到黄球或者黑球则什么也得不到。

赌局 2：如果抽到红球，什么也得不到，如果抽到黑球赢得 100 美元，抽到黄球也什么也得不到。

情境 2 从下面两个赌局中进行选择。

赌局 3：如果抽到红球或者黄球，你可以赢得 100 美元，如果抽到黑球，什么也得不到。

赌局 4：如果抽到黑球或黄球，赢得 100 美元，如果抽到红球什么也得不到。

多数被试在情境 1 中会选择赌局 1，在情境 2 中会中选择赌局 4。对此的解释显而易见：即使对将要发生什么相当不确定，人们还是会选择尽量更确定的结果。在赌局 1 和赌局 4 中，被试能够知道赢钱的准确概率

（0.333 和 0.667），而在赌局 2 和赌局 3 中赢钱的概率却有很大的模糊性。但是显然这个例子违背了期望效用模型，图 9-12 更清楚地展示了这个例子。两对赌局分别有一个共同结果，即抽中黄球什么也得不到（情境 1）和抽中黄球赢得 100 美元（情境 2），这个共同结果应该被忽略掉。但因为表中的其他项目（左边一栏和中间一栏）在两种情境下是完全相同的，那么被试在情境 1 中选择赌局 1，而在情境 2 则选择赌局 4，就违背了期望效用理论。期望效用理论预期被试的选择是一致的，即要么选择赌局 1 和赌局 3，要么选择赌局 2 和赌局 4。

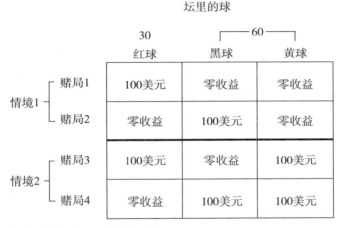

图 9-12　埃尔斯伯格悖论赌局的潜在结构

与艾勒悖论一样，对每一对赌局而言，两个赌局之间的差异反映在一些栏目上，但差异的模式是一致的，因此一个理性的人如果认为赌局 1 优于赌局 2，那么他没有理由认为赌局 4 优于赌局 3。在第一栏里，赌局 1 和赌局 2 之间的区别同赌局 3 和赌局 4 之间的区别是相同的；同样在第二栏和第三栏情况也一样。因此，尽管每对赌局中的两个选项有差异，但是每对任务在每一栏中的差异是相同的，因此，如果被试在情境 1 中选择了赌局 1 而非赌局 2，那么在情境 2 中就应该选择赌局 3 而非赌局 4。

　　研究者应用 PET 技术，发现了人们对模糊性做出反应的神经基础（K. Smith et al.，2002）。实验给被试呈现带模糊性的赌局（比如埃尔斯伯格赌局），以及一些包含一定损失概率的确定性赌局。研究者发现，当呈现带损失结果的确定性赌局时，被试的前额叶（背内侧）被激活。然而，当结果为赢钱时，无论是模糊性赌局还是确定性赌局，都没有激活背内侧前额叶，而是激活了眶额皮质（腹内侧）。另外对脑损伤病人的脑成像研究和行为研究也证实了背内侧区域在选择赌局时起到了关键作用（Rogers et al.，

1999a，1999b）。很多研究都发现这些腹内侧区域与决策中的情绪因素有重要关联，表明了这些区域在整合结果和价值方面的重要性。

有研究者单独呈现每一个埃尔斯伯格赌局，让被试对每一个赌局赋予金钱价值，这个实验的结果为我们理解人们对模糊性的反应提供了重要信息（Fox & Tversky，1995）。在这个实验中模糊性效应消失了，可见，只有在被试把两个赌局放在一起考虑（例如，埃尔斯伯格成对的赌局选择）时，模糊厌恶才会出现。真正起作用的是相对的不确定性，而不是绝对意义上的模糊感觉。

4.7　不确定条件下的可能性判断

早期对不确定条件下的判断研究主要关注的一个问题是：在没有明确给出准确概率的条件下，我们对事物发生的可能性的直觉判断是如何背离数学概率理论的？（概率理论公式是了解我们对可能性信念的最好方法）研究已经发现我们的概率判断违背概率法则的多种情况（Gilovich et al.，2002；Kahneman et al.，1981）。这些研究的实质意义在于，它们指出了人类天生并不具有遵循数学概率理论法则的直觉能力。在处理不确定性时，我们依靠认知能力从记忆中提取信息、评估相似性信息和理解事件原因（Tversky & Kahneman，1974）。通常这些**判断启发式**能产生有用的（即适合的）决策。但在某些条件下，我们存在判断偏差。我们对不确定事件概率的判断与我们知觉系统的表现是类似的（Tversky & Kahneman，1974）。在大多日常环境中，我们的视觉系统能对我们活动的几何空间产生准确的知觉，但并非总是如此，第 2 章中介绍的视错觉就证明视觉系统不是总能对环境进行完美准确的表征。与视错觉出现的情况一样，我们也容易出现判断错觉。

有一种判断错觉是由信息的**可得性**（availability）效应引起的。当我们试图评估某个特定事件的发生概率（例如，我们将患感冒的概率、与实验室新同事约会的概率、遭遇空难的概率）时，我们常常依赖于相关的典型事件被提取的容易程度。因此，我们用信息的**易回忆性**取代了对发生概率的系统评估。**如果**我们的记忆可以毫无偏差地记录我们环境中发生的事件，那么易回忆性可能就是一个有效的策略。但是事件发生的新近程度、生动性、与个人的相关性，以及许多其他因素经常导致人们出现记忆偏差，另外，大众传媒、日常闲话也会歪曲事件发生的实际频率。所以，我们会高估被过度报道的事件的发生概率，比如突如其来的危险、负面的社会行为和熟悉的事件（比如美国拥有大学学历的人口比例）。

下面介绍关于可得性的一些实验证据［基于特沃斯基和卡尼曼的最初研究（Tversky & Kahneman，1974）］。实验要求被试研究英语字母的出现频率。呈现一篇范文，研究者要求被试记录各种字母出现在单词中第一个和第三个位置的相对频率。少于三个字母的单词不进入记录范围。然后让被试考虑字母"K"：在这篇范文的单词中，这个字母更多地出现在第一个位置还是第三个位置？

如果你像绝大多数被试一样，判断"K"更多地出现在第一个位置而不是第三个位置，那么你就错了，实际上"K"出现在第三个位置的概率大约比出现在第一个位置的概率多出三倍。显然在这个判断中你依靠了信息的可得性，因为你更容易回忆出以字母"K"开头的单词，而不是"K"出现在第三个位置的单词。换句话说，你的判断显示出**可得性偏差**。

再举一个例子：请思考所有引发美国人死亡的因素，你认为哪种是引起死亡的更主要的原因：他杀还是自杀？

可得性偏差再一次影响我们的判断：多数人估计他杀更加常见，但实际上，自杀几乎是他杀的两倍。请注意，这里我们的判断出错是因为我们的经历（因而我们的记忆）存有偏差——媒体经常大量报道凶杀事件，凶杀事件在报刊或电视新闻中出现的次数是自杀的 20 倍以上。这显然是一种重要的偏差，当我们做一系列判断时都会受这种偏差的影响，比如：选择坐飞机还是开车出行；选择购买哪一种保险；在全民公决中是否投票支持投入更多资金完善法律实施、高速公路建设，或者医疗服务。

我们判断概率依靠的第二个启发式策略建立在迅速做出相似判断的能力，以及依据代表性事件做出判断的思维习惯的基础上。**代表性**是指通过原型进行判断，我们都会这么做。例如，我们根据一个人的外表与某类人的原型之间的相似性推断这个人的社会类别。简（Jane）常常衣着时尚、戴帽子、喜欢化妆、做美甲护理，因此我们猜测她是学校女生联谊会的一员；杰克（Jack）人高马大、沉默寡言、穿着带汗味的衣服，因此我们认为他应该是一个大学生运动员。**如果**原型是准确的，**并且**我们在做最终判断时还考虑了原型以外的其他相关信息，那么我们这种判断习惯有时是管用的。但是，正如我们过多地依靠记忆中的可得信息进行快速评估一样，我们也依靠原型相似性进行快速评估，结果可能导致对一个事件或个体属于某一类别的概率判断出现偏差。

考虑下面这种情形：琳达（Linda）31 岁、单身、坦率而开朗、主修哲学。作为一个学生，她非常关注歧视和社会公平问题，参加了反对核武器的示威游行。现在请判断以下描述的可能性，用数字 1—8 表示，1 表示最有可能，8 表示最不可能。

> 琳达是个小学老师。
> 琳达在书店工作，练瑜伽。
> 琳达积极参加女权运动。
> 琳达是精神病治疗的社会义工。
> 琳达是女选民联盟的成员。
> 琳达是个银行出纳。
> 琳达是保险销售人员。
> 琳达是个银行出纳，并积极参加女权运动。

如果你像绝大多数被试一样，对"琳达积极参加女权运动"的评分高，而给"琳达是个银行出纳"的评分低，那么你可能使用了"代表性"原则，或者依靠直觉迅速地评估了琳达是否与你记忆中的"女权主义者"和"银行出纳"的社会类别原型具有相似性：她看起来似乎是个"典型的女权主义者"而不像一个银行出纳。

但是像"琳达是个银行出纳，**并**积极参加女权运动"这种"联合"类别应该怎么处理呢？通常人们倾向于再次依靠相似性策略来处理，多数被试得出她是一个女权运动者和银行出纳的概率应该介于女权主义者的概率（高）和银行出纳的概率（低）之间。然而，这个判断违背了关系类别的逻辑：琳达属于一个上位范畴（所有的银行出纳）的可能性怎么可能小于其属于一个子范畴（女权主义的银行出纳）的可能性呢？别忘了，任何女权主义的银行出纳仍然是银行出纳！一些人会认为描述问题的措辞具有误导性，尤其是那些对自己明显非逻辑的判断感到尴尬的学究们。当看到"琳达是个银行出纳"时，他们认为自己是在判断"琳达是个银行出纳，**并且不热衷于女权运动**"。但当问题被重新表达得更加清楚时，大多数被试的判断仍然违背逻辑。

不过，当改用频率而不是更抽象的概率来提问时，违背逻辑的情况就减少了。例如，将问题变为"在 100 个像琳达一样的女性中，你认为有多少人……？"这种"频率形式"是对上位-下位类别关系（女权主义的银行出纳是银行出纳的一个子集）的一种有效提示，因而人们会更有逻辑性。实际上，用频率形式重新描述任何概率问题，无论在教室里还是大街上，都会有助于人们遵守概率理论的法则。但是，尽管改变提问方式可以使我们在琳达问题上减少这一类逻辑错误，但大多数人都会不好意思地承认，自己最初的判断是错的，而导致我们出错的因素是相似性，而不是问题的表述形式。

　　判断可能性的第三种启发式策略依靠的是因果关系和简单的因果模型，称为**模拟启发式**。考虑一下这个遗传学问题：以下哪种情况更有可能发生？（1）如果母亲的眼睛是蓝色，那么女儿的眼睛是蓝色；（2）如果女儿的眼睛是蓝色，那么母亲的眼睛是蓝色。我们的直觉可能认为如果母亲的眼睛是蓝色，那么女儿的眼睛也是蓝色的可能性更大。毕竟是母亲的基因**导致**了女儿的眼睛为蓝色。但是，我们的直觉又一次出现错误：对大多数人类而言，两种情况的概率是相同的。

　　最近一项关于因果故事的实证研究是这样的（改编自 Tversky & Kahneman，1984）：以下哪种情况更有可能发生？（1）在接下来的 12 个月里，加利福尼亚将发生巨大洪水，造成超过 1000 人溺亡；（2）在接下来的 12 个月里，加利福尼亚将发生地震，造成巨大洪水，使超过 1000 人溺亡。被试在判断这两种情况的可能性时，大多认为第二个事件发生的概率更大，而不是第一个由单独事件组成的情况。被试再一次判断联合事件（地震加上洪水）比只包含一个成分的单独事件（只有洪水）更有可能发生，这又违背了关系类别的逻辑。这次并不存在代表性判断问题，而是模拟启发式在起作用——因为地震是洪水暴发的一个合理原因，因此人们把这种因果效应联系起来，认为这种联合事件比不能解释的单独事件更有可能发生。

　　基于对可能性判断过程中出现的偏差的研究，研究者提出了**支持理论**（support theory），该理论详细说明了我们是如何把建立在多种信息来源基础上的关于可能性的信念，以及建立在几种不同认知能力基础上的关于可能性的信念整合成为一个总的"信念力量"，从而做出决策的。根据支持理论，"今早我的车将不能发动"和"因为机械故障，或者因为没油了，或者由于天气原因或其他原因，今早我的车将不能发动"这两种形式描述的可能事件所产生的信念力量（判断的可能性）是不同的。总的来说，像第二种描述一样详细列出了多种可能原因的"经过分析的"事件会得到更多的信念支持，在决策者看来更有可能发生，相对"未经分析的"事件对决策有更大的影响。因此，人们对 p（车将不能发动）比 p（由于打不着火或天气原因或没油了或其他原因，车将不能发动）的估计更低。

　　支持理论补充了前景理论，并与图 9-4 中的决策权重函数一致（Fox，1999）。这两种理论结合起来，为基于信念的决策提供了一种通用的行为理论（Tversky & Fox，1995）。前景理论是价值评估（价值函数）和可能性判断（决策权重函数）两者的总的框架；支持理论则为决策权重函数背后的一些认知加工提供了更为详细的描述。

与大量关于奖赏、惩罚和价值评估过程的行为研究相比，关于事件可能性判断的神经科学研究寥寥无几。然而，对心理计算能力的研究或许可以引领这一领域。相关的假设包括直觉判断可能与有意识的数学评价系统具有不同的神经机制。已有研究显示，数字计算涉及前额叶，而近似估计则涉及与视觉空间加工相关的顶叶双侧区域（Dehaene et al.，1999）。对频率的判断似乎在许多与概率相应的评价中都起到了特殊的作用（Cosmides & Tooby，1996；Gigerenzer，1994），对脑损伤病人的研究也表明前额叶参与了对频率的估计（M. L. Smith & Milner，1984，1988）。

有关可能性的判断可能是由认知启发式的"工具箱"完成的，也许正是被假设包含了多种选择策略的那个"工具箱"。这些启发式工具建立在多种记忆、相似性和推理能力的基础之上。因此也存在这样一种可能，即不确定条件下的决策是由多个不同的神经系统组合完成的，每个神经系统分别支持一种启发式策略的特定功能。

理解测验

1. 这一部分提到了大量在实验室判断任务中观察到的系统错误和偏差。你认为哪些系统错误和偏差会对实验室之外的日常生活的成功（或失败）产生重要影响？

2. 本节描述了两个常见的快速决策策略，即满意法则和排除法。你能想起自己最近采用这两种策略中的一种做出的一些个人决策吗（例如，租公寓、在网上购物或者租影碟）？

5. 复杂和不确定条件下的决策

当然，生活中我们有时并不能清晰地了解结果及其出现的概率，尽管它们能帮助我们做出有用的价值评估和合理的判断。然而，即便结果信息和事件概率不明确，我们只能依靠经验来判断，大体上我们做出的决策仍是适宜的。我们是怎样做到的呢？艾奥瓦大学的安东尼奥·达马西奥（Antomnio Damasio）及其同事对这个问题进行了研究。

他们是从前额叶受损病人的行为研究开始的。最有名的前额叶脑损伤病人是菲尼亚斯·盖奇（Phineas Gage），他在 1948 年的一次爆炸中被一铁棍刺穿了前额叶（第 7 章对执行过程的讨论提到了他的案例）。研究者对铁棍刺穿其头盖骨的位置进行仔细检查后，发现其眶额皮质（腹内侧）受损。盖奇受伤后的行为发生了变化，这在很大程度上可以被看作决策适应不良，在其他前额叶受损的病人身上也发现了类似的行为变化。

盖奇是第一个记录完整的脑损伤案例。虽然他的恢复情况令人不可思议，但进一步检查发现似乎还是缺了点什么，他在日常决策中的能力受到了影响。在事故发生前，他被认为是一个负责任的、值得信任的职员，而现在他的性格发生了明显的改变，变得不负责任、猥琐、无视有关时间的社会规范。用他的主治医生的话说："盖奇不再是盖奇。"总的来说，腹内侧前额叶受损的病人在标准记忆测验中表现出正常的认知能力、语言智力和一般智力。然而，就像盖奇的案例一样，这种病人通常不能进行正常决策，他们的家人和朋友常常抱怨，创伤后病人的性格中"失去了些什么"。这些病人常被描述为"情绪刻板""做出的决定违背自身利益""不能从自己的错误中学习""冲动"和"做出导致负性结果的决策"。

长期以来，关于腹内侧前额叶受损病人存在的决策方面的障碍，这些描述是仅有的证据。直到近期，达马西奥和他的研究团队设计的一种控制任务（现在被称为艾奥瓦赌博任务），才使情况得以改变。在这个任务中，被试需要在由 A、B、C、D 四组卡片构成的不确定情境中寻求货币收益（Bechara et al.，1994）。被试的目标是从四组卡片中挑选卡片来"挣钱"，每张卡片与一定的收益和损失关联。在每一个试次中，被试从任一组卡片中挑选一张，然后按照这张卡片背后规定的结果获益。每组卡片在产生高或低的获益或损失上都有一定倾向，被试需要通过从每组卡片中抽取几张来了解这种倾向。研究者把 A、B 设定为不利条件，因为这两组卡片的期望价值都为负：如果被试不断抽取 A、B 两组中的卡片，经过一段时间他会损失钱，并最终亏空；C、D 被设定为有利条件，因为这两组卡片的期望价值为正：如果被试不断抽取 C、D 两组中的卡片，经过一段时间他会赢钱。

但是，刚开始哪组卡片更好、哪组更差是完全不清楚的。具体来说，不利条件组（A、B）中的每张卡片持续提供 100 美元的获益；但是其中一些卡片（每 10 张里有 1 张或 5 张）**也**包含损失，并且损失大到每从中抽取 10 张卡片，净损失就达到 250 美元。有利条件组（C、D）中的每张卡片也持续提供获益，但收益数仅为 50 美元；这两组中随机包含的损失数额更小，因此每从中抽取 10 张卡片，净收益达到 250 美元。这个任务设计让人感到困惑：**输钱卡片组**每张卡片上的收益金额更大（100 美元）；而赢钱卡片组每张卡片上的收益金额（50 美元）更小（每组卡片的统计特征见图 9-13）。要玩好这个赌博游戏（即做出获利的决策），需要了解不可预测的损失模式。

	A 组	B 组	C 组	D 组
获益金额（每张卡片）	100 美元	100 美元	50 美元	50 美元
损失金额（部分卡片）	150—350 美元	1250 美元	25—75 美元	250 美元
损失概率	0.5	0.1	0.5	0.1
第×张牌开始损失	3	9	3	9
期望价值	−25 美元	−25 美元	+25 美元	+25 美元

图 9-13　艾奥瓦赌博任务

选择一张卡片，翻转卡片，其背面会显示你的获益金额（A、B 组卡片获益金额为 100 美元；C、D 组卡片获益金额为 50 美元）；但是有些卡片除了标注获益金额外还标注了损失金额（损失额从 25 美元到 1250 美元不等）。高收益组（A 和 B）的卡片同时包含了高损失，并且损失大于收益。所以 A 和 B 组卡片的期望价值是负的——不断选择 A 和 B 组的卡片结果会导致输钱。C 和 D 组的卡片虽然标注的获益金额更少，但损失也更小，这两组卡片的期望价值是正的。

实验包含两组被试，一组是腹内侧前额叶受损的被试，一组是正常对照组。所有被试最初都受 A、B 两组高收益的吸引。但是，之后（一般 20—40 个试次之后），对照组被试改变了策略，不再选择 A、B 两组的卡片，而转向选择代表有利条件的 C、D 两组卡片。然而，腹内侧前额叶受损的被试则坚持选择带来损失的卡片组。并且，在**预期**选择不利条件的卡片时，病人的皮电反应基本不变，而正常被试的皮电反应逐渐升高，与其情绪反应相关。正常被试似乎有一种情绪"警铃"在提醒他们避免选择不利的卡片。相反，腹内侧前额叶受损病人并没有预测性的情绪反应，他们无法学会避免选择不利条件下的卡片。

达马西奥和他的同事们（Damasio et al.，1994）从这些结果中得出了一个大胆的结论，认为在复杂、不确定的环境下，具有一般适应性的决策取决于人们的"躯体标志器"（somatic makers），即一种可以在重要事件即将发生时提出警告的情绪信号。躯体标志器可能通过原始的条件反射建立起来，它提醒我们注意特殊的危险或机会，或者至少打断其他事件的进行，以提醒我们某种重要的事件即将发生。在常规决策中，躯体标志器可以帮助我们把大决策集变为更小的易于处理的子集。极其糟糕的选项将被快速排除，因为躯体标志器信号迅速提醒我们避开这些选项，以便我们能够对合理的选项进行有意识的推理和考虑。

这一假设引发了随后活跃了十年的，有时也是批判性的后续研究（Bechara et al.，2000a，2000b；Krawczyk，2002；Leland & Grafman，2005；Maia & McClelland，2004；Rolls，2000；Tomb et al.，2002）。达马西奥最初的躯体标志器假设不可能完美无缺，因此还需要进一步的检验，并深入分析其内在的神经机制（比如 Sanfey et al.，2003a）。尤其是，在进行赌博任务时，腹内侧前额叶受损的被试的部分困难可能源于当奖赏发生改变时，他们并不能相应地改变选择。最初（最开始的几个试次中）不利条件的卡片组比有利条件的卡片提供了更大的收益（无损失），然而当这些曾经更好的卡片组开始导致更大的损失时，这些病人很难转变策略（例如，Fellow & Farah，2003）。

但是，达马西奥的基本观点可能还是有效的：许多决策都是基于高度不确定的、只被部分理解的情境做出的。当我们有意识的、受控制的认知策略不能帮助我们做出决定时，我们可能会寻求更自动化的、内隐的、"直觉的"系统的帮助。在艾奥瓦赌博任务中，有意识的和"直觉的"加工所共同依赖的认知系统"知道"获益的情况，因为每组卡片中的每一张总是带来 100 美元或 50 美元的获益。但每组卡片中损失的出现是零星的和不可预测的，学习这种损失出现的形式却在我们认知系统的能力之外。这意味着，要对获利和损失共同决定的底线做出有效反应需要依靠直觉系统习得的信息。由于腹内侧前额叶受损的被试在直觉系统的运行上出现了问题，因而他们不能根据情况变化做出适应性的选择。遗忘症被试存在类似的结果，研究强调了直觉系统在预测不确定事件出现的概率方面所起的重要作用（Knowlton et al.，1994）。

理解测验

1. 为什么对脑损伤病人的研究有时候比脑成像研究更能有力地支持脑与行为之间的**因果**联系？
2. 达马西奥和他的同事指出，腹内侧前额叶受损病人相对正常被试的行为表现源于脑损伤病人学习对特定情境（实验中的卡片组）做出情绪反应的能力存在缺陷。你还能想出其他能够解释病人行为表现的认知缺陷吗？

☆复习与思考

1. 决策的成分包括哪些？

　　决策是在可以获得的备择选项中选择一个特定的行动方式的行为。我们很难在外显、有意识的决策和内隐、自动的决策之间划出一条明确的界限，研究者把精力主要集中在有意识的决策上，即决策者有意识地权衡备择选项的价值的决策上。

　　一个"好的"决策能够导致最能满足决策者目标的结果。使用决策树作为工具，根据期望效用分析决策的方法通常被认为是达到理想决策的理性方法。构建决策树往往能够引发对信息的搜寻，从而降低即将发生的结果的不确定性，并促使决策者弄清这些信息与自己目标之间的关系，以及与决策相关的事件发生的可能性。

　　期望效用模型来源于经济学，它追求理性和最佳决策，建立在这个模型基础上的决策技术经常被用于医学、商业和政府管理的教学中。

批判性思考

- 你认为来自外星球的人会同意这种"好的"决策的定义吗？你能想出一个更好的定义吗？
- 假设你在进行一项个人决策分析，发现分析结果与你"直觉"想要做的事情不一致。你应该怎样协调这两个冲突的结论？

2. 人类决策与期望效用模型中的决策相比如何？

大多数情况下，尤其是当结果非常重要，并且有时间获知充分的信息时，人们可以做出适宜的、接近理性的决策。这就是为什么期望效用模型能够成功解释多种行为的原因。但是行为学家已经收集到很多"异常"行为，这些行为不能用期望效用模型来解释。

一些"异常"的例子违背了对结果和价值的常识性推理。例如，在某些情境下，人们表现出非传递性，认为 A 优于 B，B 优于 C，但是 C 优于 A———一种非理性的形式。另外，人们对价值的具体描述形式很敏感（即对框架效应敏感），这可能导致偏好的逆转。另一些异常行为包括违背概率理论的准则，以及我们对模糊的、不确定的行为方式天然的回避倾向，这些行为方式在某些情况下可能导致自相矛盾的选择。最后，另外一些异常（例如，艾勒悖论和埃尔斯伯格悖论）似乎违背了不确定性和结果两者之间联系的理性思考原则。

因此，有大量的证据显示，我们并非根据数学概率论和期望效用模型规定的决策法则做出完全理性的选择。然而，至今心理学家还没有找到强有力的证据证明非实验条件下的重要决策大多数都是非理性的。

批判性思考

- 仅仅是得到一个不想要的结果，是否足以证明决策过程有缺陷？怎样才能充分证明真实的、非实验条件下的决策是一个不好的决策？
- 你怎样评价决策者的目标？你认为可能存在"糟糕的目标"吗？

3. 我们怎样确定决策结果的价值？

对于科学家和决策者来说，对结果价值的评估是决策中最神秘的过程。研究者通过将实验中的结果设计得非常简单避开了这个困难的问题——人类被试得到的收益是金钱，非人类动物被试获得的收益是喷出的果汁。毫无疑问价值评估取决于决策者当前的目标。另外，情绪也肯定在大多数价值评估过程中发挥了重要作用，直接的证据就是，当我们在决策过程中预测结果，以及结果到来时，我们体验到的多种情绪。并且，当人类被试在评估结果（包括金钱收益）时，与情绪反应相关的脑区也被激活了。

在未来的结果评价研究中，神经科学研究的数据肯定会发挥重要作用。很明显，脑通过神经系统计算结果的相对价值，而这些神经系统最初可能被用于评估个体的基本体验（例如食物、冷热、疼痛、性）的价值。在这方面研究者已经得到了一些很有意思的结果，例如与延迟获得的金钱收益相比，个体对即时获得的金钱收益的评估激活了部分边缘系统（即使是对商标名称和道德判断的反应也是如此）。

批判性思考

- 当个体做决策时，他们是如何预测未来结果的价值的？你认为这些评估在多大程度上是准确的？
- 对于未来发生的结果，你将怎样提高自己对其价值评估的准确性？

4. 情绪在决策过程中发挥了怎样的作用？

当我们评估自己在多大程度上希望（或不希望）一个结果发生时，情绪在决策评估过程中的重要作用是毋庸置疑的。几乎所有的价值评估，甚至是像现金这样"冷冰冰"的结果，都包含了明显的情绪成分。当我们考虑更令人激动的结果，即那些包含了内心愉悦和痛苦，或明显影响到我们自尊的结果（例如，社会交往）时，情绪在价值评估中处于主导地位。

一些研究者认为，经过进化，情绪的作用是支持"战斗或逃跑"的迅速反应，或为了某个特殊的问题或机会打断正在进行的活动；然而在现代环境中，情绪常常干扰人们的理性决策。然而，对眶额皮质受损病人的研究发现，情绪在决策中可能发挥了重要的积极作用。情绪可能经常支持明智的决策，甚至导致比有意识的决策过程更深入的思考。当有意识的思考发挥作用时，情绪可能有助于促进深入分析，帮助决策者集中注意，从大量备择选项中找出最有前景的选项。现代环境中往往存在令人迷惑和沮丧的大量备选项，因此情绪的这一作用显得尤为重要。

批判性思考

- 总的来说，你认为情绪在决策过程中发挥了积极、适宜的作用，还是认为如果没有情绪，我们将能做出更好的决策？
- 你认为情绪在决策的所有阶段都发挥积极作用吗？为什么？

5. 在评估不确定事件发生的可能性时，我们主要依靠的启发式策略有哪些？

我们习得或自创了许多判断和选择的启发式策略，它们是快速、节省

认知资源、适宜的推理策略，它们使个体花费相对很少的精力就可以得到
接近最优的解决办法。许多启发式策略实际上是自动的，几乎无须意识就
可以判断结果的可能性并评估其价值。这些基本的启发式策略避免使用复
杂的（也许是不可能的）有意识的推理过程，转而使用记忆提取（可得性
启发式）、相似性（代表性启发式）和因果推理（模拟启发式）策略。更精
细的，因而也更受意识控制的启发式策略与简单的推论规则类似，包括锚
定–调整、满意策略和排除法。

批判性思考

- 现有的启发式策略或者决策习惯肯定还不完整，你能想到你做个人决
  策时，还依靠过什么其他的启发式策略吗？
- 怎样才能检测启发式判断的效果如何？

**6. 当情境变得不确定、模糊，比简单的实验室任务更加复杂时，决策将发生
怎样的变化？**

　　如果不能进一步在我们感兴趣的自然环境下进行实验，对于这个问题
就无法给出明确的答案。决策是应用性很强的研究领域（在医疗、政策研
究和商业中都有广泛应用），因此我们确实希望了解实验室结果在现场环境
下的效度。

　　第一，当复杂度增加时，人们主要依赖于能够简化决策过程的启发式
策略。但是，在决策重要性和投入的认知资源之间似乎存在一个很好的平
衡，因而对于重要的决策，人们会使用更周到、更加理性的策略。

　　第二，在实验室之外，学习变得更加重要。一些启发式方法有赖于先
前的广泛学习，因为应用启发式方法需要知道哪些线索对于预测结果最为
重要。评价过程通常会受到相似结果的先前经验的影响，并依赖于对这些
结果信息的学习和记忆。

　　第三，在实验室之外，情绪起着更大的作用：结果通常更重要并负载
更多的情绪，时间压力和环境复杂性增加了决策的难度。近期一些关于脑
损伤病人在复杂情绪性任务中的决策研究发现了一些非常有趣的结果。这
些病人似乎不能将情绪性的警告与他们的决策环境相联系，以致做出的选
择很不明智；而无损伤的对照组被试则可以通过快速的情绪条件反应做出
更好的决策。这一结果影响很大，也颇具争议，因为它暗示了情绪在决策
中的积极作用。

批判性思考

- 考虑一下大多数关于决策的基础研究所采用的成对赌局的选择问题，然后考虑一个重要的个人决策。对赌局的选择在多大程度上与你的个人决策情境类似？生活真的是一系列的赌局吗？

- 是什么造成了主观上的决策困难？又是什么使决策可能成为一个糟糕的决策？这两类困难之间有何联系？

第 10 章　问题解决和推理

学习目标

　　今天早上你的运气不错，从家到考试的心理学大楼，你享受了一段轻松愉悦的步行。走过跑道，穿过小公园，来到行政大楼附近，你的目的地就快到了。但是现在，当你已经穿过公园，心理学大楼就在眼前时，你却看到了路障、警车和警官——路被封住了。这是怎么回事呢？啊，你想起来了，今天州长要来学校，这情景肯定是为了防范可能爆发的抗议活动。你不得不另辟蹊径了。你想到可以先避开心理学大楼的方向，然后绕个弯到另一条路上，这样就能完全避开行政大楼了，而且还不会浪费很多时间。成功了！现在就差考试也成功了……

　　作为人类的一员，你刚刚进行了问题解决和推理。许多人都认为法国哲学家勒内·笛卡尔（René Descartes，1596—1650）的名言"我思故我在"极好地抓住了人类的本质所在。然而，"思"究竟指的是什么呢？哲学家们围绕这个深奥的问题苦苦思索了一千年。最近几十年，这个问题开始受到认知心理学家和神经科学家的审视。**思维**（thinking）通常被认为是对世界的某些方面（包括我们自己）进行心理表征，并对这些表征进行转换，从而产生有利于达到目标的新表征的过程。思维通常是（但不总是）有意识的过程。在这一过程中，我们能够意识到对心理表征进行的转换，并能够对思考本身进行反思。**问题解决**（problem solving）包含了我们在达到某个目标的过程中，为了克服重重障碍而运用的各种认知过程。**推理**（reasoning）则包含了我们对已有知识进行推论并得出结论的各种认知过程（推理可以被看作问题解决的一部分）。

　　上述概念并不是一个个孤立的子集，它们彼此相辅相成，并与其他认知过程相互联系，包括与分类（第4章）、想象（第11章）以及决策（第9章）有关的认知过程。不仅如此，问题解决和推理也建立在注意（第3章）、长时记忆（第5章）、工作记忆（第6章）、执行功能（第7章）和语言（第12章）等认知过程的基础上。尽管问题解决研究与推理研究经常是独立的，但它们之间有明显的关联，因此在本章中我们将同时涵盖这两个领域。本章的主旨是介绍我们如何应用各种问题解决和推理的方法来应对复杂情境。这些认知工具的成功运用有赖于脑内的多个神经网络，尤其是额叶和顶叶。我们重点关注以下六个问题：

1. 问题解决的本质是什么？
2. 我们如何使用启发式策略或"心理捷径"来解决问题？
3. 我们如何使用类比法解决新问题？
4. 归纳推理与演绎推理之间的区别是什么？

5. 我们的知识和信念会如何影响"逻辑"思维？

6. 我们的脑如何协调并参与问题解决和推理所涉及的大量的认知过程？

1. 问题解决的本质

在认知心理学里，**问题**（problem）指的是一种特定情境，在这个情境中不存在明显的、标准的或例行的方法可以达成目标。其中，达到目标的决心和面临的困难程度是两个重要因素：如果你并不在乎是否能按时到达心理学大楼参加考试，或者有一条显而易见的绕行之路通往目的地，那么对你来说就没有"问题"可言。有些问题，比如家长与孩子之间的相处问题，可能包含了情绪内容；其他问题，比如数学问题，包含的情绪内容较少，但在特定的情境中（例如，在考试时遇到数学问题）也会涉及情绪（例如，焦虑）。对问题解决的研究一般使用的是本质上较少涉及情绪的问题，但我们用来解决情绪问题和非情绪问题的策略类型是相似的。

问题解决需要的是克服障碍以达到目标。在有电时，怎样打开房间的灯对你来说不是一个问题；但在停电的时候，这就是个问题了。因此，有着常规答案的常规情境不被看作问题，问题解决者必须发现新的或者非常规的解决方案。由于问题解决在我们的生活中无所不在，它已经成为一个兼具理论意义和实践意义的重要研究领域。

关于问题解决的研究，首要目标是确定我们面对新情境并必须制定出行动方案时所使用的策略。问题解决者需要确定问题，以适当的方式进行表征，并选择有可能达到目标的行动方案。由于问题解决涉及多种不同类型的认知过程，包括记忆、注意和感知所依赖的过程，因此问题解决涉及脑的多个不同部位。

研究者使用基于行为和脑的多种研究方法来探究问题解决的各个方面。研究者曾研究过爱因斯坦（Albert Einstein，图 10-1）等科学家解决问题的过程（Wertheimer，1945）、分子生物学家进行探索活动的过程（Dunbar，2000）、毕加索（Picasso）等艺术家绘画的过程（Weisberg，1993），以及被试解决谜题和逻辑问题的过程（Greeno，1978；Klahr，2000）。

图 10-1　一位著名的问题解决者

格式塔心理学家马克斯·魏特海默（Max Wertheimer）在他的里程碑式的著作《创造性思维》（*Productive Thinking*，1945）中，记载了对科学家的问题解决所进行的一项开创性研究。魏特海默花了大量的时间与爱因斯坦进行交流，尝试探讨爱因斯坦是如何萌生相对论思想的。照片中的爱因斯坦正处于提出相对论的时期，距今大约一个世纪。

(Photograph by Science Photo Library. Courtesy of Photo Researchers，Inc.）

1.1　问题的结构

在最基本的水平上，一个问题可以被看作包含三个部分。第一个部分是**目标状态**（goal state）：即你想达到的、问题被解决的状态（例如，到达心理学大楼）。第二个部分是**起始状态**（initial state）［或**开始状态**（start state）］：即你在面对需要解决的问题时所处的状态。第三个部分是为了从起始状态到达目标状态（例如，计划一条可替代的路线），你所能采用的一系列操作，即你能够采取的活动（往往是心理上的）。在问题解决研究中经常使用的一个简单的范例是汉诺塔任务（图 10-2）。在第 7 章中对这个任务也有描述。在起始状态，所有的圆盘都位于柱子 1 上，从上往下圆盘按由小到大的顺序叠放。在目标状态，所有的圆盘按同样的排列顺序移到了柱子 3 上。任务唯一允许的操作是把圆盘从一个柱子移到另一个柱子。规则如下：

每次只能移动一个圆盘，而且不能将大圆盘放在小圆盘上面。为增加任务的挑战性，试一下在你的头脑中解决这个问题（标准实验正是这样要求的），并尽量使用最少的移动次数。

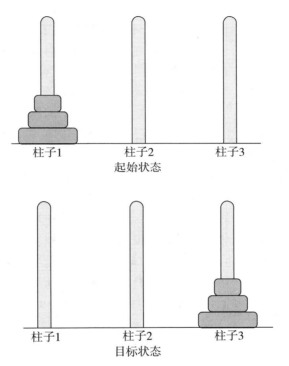

图 10-2　汉诺塔任务

这个著名的谜题是由法国数学家爱德华·卢卡斯（Edourad Lucas）于 1883 年发明的，经常被用于问题解决的研究中。在这个任务的三圆盘版本中，需要将圆盘从柱子 1（起始状态）移到柱子 3（目标状态），并遵守特定的限制条件：每次只能移动一个圆盘，而且大圆盘永远不能被放在小圆盘上。

　　你可以在能够记录移动次数的多个网站上尝试一下汉诺塔任务的电子版，你也可以使用纸笔。你需要移动多少次圆盘才能到达目标状态？能想出两种不同的解决方法吗？汉诺塔任务被看作多种类型问题的代表，因为其解决方法不是显而易见的，有多种不同的策略可用，其中不少策略也可用于解决真实生活中的问题（例如，寻找一条到达心理学大楼的替代路线）。

　　如果一个问题的起始状态与目标状态都有明确的定义，并且可能采取的中间步骤（以及限制性规则）也是已知的，这样的问题被称为"**定义良**

好的问题"（well-defined problems）（例如，汉诺塔任务）。很多游戏，无论其规则如何复杂、需要的操作数量如何巨大，都属于定义良好的问题，国际象棋就是一个很好的例子。

但在有些情况下，我们无法确定问题的规则、起始状态、操作，甚至问题的目标，这种问题被称为**"定义不良的问题"**（ill-defined problems）。一个想在明年获得奥斯卡奖的好莱坞制片人，所面对的就是一个庞大的定义不良的问题：在数千本剧本中选择哪一本？请明星还是无名新秀来主演？公众反应会怎样？为了使故事令人信服而花费的制作费会不会过于昂贵？现实世界中的许多情境都是定义不良的问题，这些问题没有定义明确的起始或目标状态，可用于达到目标的操作的类型也没有规则来严格限制。在解决定义不良的问题时，问题解决者面临的一个额外挑战是寻找在特定情境中起作用的**限制条件**（即对解决办法或其中的步骤的限制）。

顿悟问题（insight problem）是定义不良问题的一个特例。在顿悟问题中，尽管一切都是未知的，答案却好像从思维火花中瞬间迸发出来。许多科学家和艺术家都有过这样的经验：他们成年累月钻研某个问题却一无所获，然而当他们处于放松状态或将注意力转移到别处时，却突然想到了解决方法。在问题解决研究中经常用到顿悟问题，比如字谜和谜语。请尝试解决这个问题：只移动三个圆点，将下面这个三角形

转换成如下形状：

1.2　问题空间理论

目前，问题解决研究所依据的主要理论是**问题空间理论**（problem space theory）。该理论由埃伦·纽厄尔（Ellen Newell）和赫伯特·西蒙（Herbert Simon）创立，并在《**人类问题解决**》（*Human Problem Sloving*，1972）一书中进行了阐述。根据这个理论，问题解决的实质是在**问题空间**（problem space）内进行搜索。所谓问题空间是指问题解决者从起始状态走向目标状态的每一步所要面临的一系列状态或可能选择。问题解决者凭借各种操作，在问题空间中从一种状态移动到另一种状态。因此，问题空间包括了起始状态、目标状态，以及所有可能的中间状态。图 10-3 展示的是三圆盘汉诺塔任务的问题空间，它包含了 27 种可能的状态。从图中可以明显看出两点：（1）从起始状态到目标状态可以采取多种途径；（2）最便利的途径需要七步操作（即图中右侧的那条路径——和你的解法一样吗？）。如果增加两个圆盘，使之变成五圆盘问题，对应的问题空间将包含 64 种可能的状态。

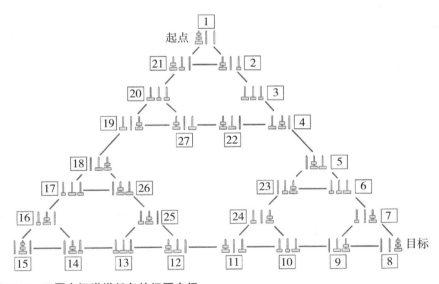

图 10-3　三圆盘汉诺塔任务的问题空间

这幅图描绘了三圆盘汉诺塔任务的所有可能状态。但实际上，从起始状态 1 到目标状态 8，只有七个步骤是真正必要的。图中标出的数字只是为了区分各种问题状态；它们并不一定代表一个操作序列，或者不同步骤之间的理想的空间布局。不过路径 1-8 的确给出了这个问题的最简单解法。这幅图基本上显示出了任意给定状态之间所需的操作的数量。

　　在图10-3中，各种状态被标上序号，便于区分不同状态，并提供总的状态数，但它们不代表操作的顺序。各种状态的空间布局并不重要，真正重要的是状态之间的距离。例如，状态5与状态6、23或4之间相差的都是一步操作。纽厄尔和西蒙关于问题解决的原创性工作还包括编写计算机程序，这些程序能够根据非空间标准（例如，选择的步骤与目标状态之间的相似性）计算出最佳解决方案，同时还能将这些程序计算出来的解决方案与人类被试针对同一问题使用的解决方案进行比较。

　　像汉诺塔和国际象棋一类的问题有严格的限制条件，它们具有特定的规则和定义明确的初始及目标状态。那么问题空间理论适用于限制性较小的问题吗？换句话说，解决更复杂的和定义更不明确的问题，其实质是否也可以表述为对问题空间的搜索？近来，许多问题解决研究都在探讨更复杂的问题领域，例如科学、建筑学和写作（Dunbar，2002；Klahr，2000）。研究结果表明，在复杂的问题领域（例如，分子生物学和癌症研究领域），问题解决者进行搜索的问题空间不止一个。举例来说，就解决科学问题而言，问题空间理论需要进行扩展，使之囊括一些新的空间，如形成理论的假设空间、设计实验的实验空间，以及解释结果的数据空间（Klahr，2000）。比起汉诺塔任务，限制性较小的问题领域更接近于现实世界中的情境，而问题解决研究的目标之一就是要探明我们在现实生活情境中用以解决不同任务的各类问题空间。

1.3　问题解决的策略

　　算法式策略（algorithm）（第9章介绍过）是万无一失的问题解决策略，它是用来解决一类特定问题的一系列程序，依靠这套程序迟早会得出正确答案。求平方根或做长除法（long division）的规则就是一种算法；一份巧克力蛋糕的食谱，或者一套标示出通往心理学大楼最短路径的详细行动指南也是一种算法。但算法式策略往往很耗费时间，而且对工作记忆和长时记忆的要求都很高。

　　使用汉诺塔任务这类问题进行的研究发现，被试在尝试解决问题时经常会采用特殊策略或启发式策略，而不采用算法式策略。**启发式策略**（heuristic）是一种凭感觉的方法，通常能够找到正确答案，但并不总是行得通（第9章也介绍了启发式策略）。问题解决过程中一种普遍使用的启发式策略是"不断向目标靠拢"。这种方法通常能解决问题，但有时你必须暂时离开目标的方向，迂回地解决问题，正如在去往心理学大楼的途中遇到临时路障时那样（谚语"绕道路反近，捷径常误人"也有这个意思）。而像魔方这种可旋转的智力玩具，则是不能用"持续接近目标状态"这种启发式策略来解决的。魔方的每个面上包含 9 个带颜色的方块（共 6 种颜色）。目标状态是每个面上的 9 个方块的颜色相同（网上有可操作的电子版魔方）。魔方是一个值得研究的问题，因为解决魔方问题需要多个步骤，而且在最终到达目标状态之前常常需要偏离目标状态。例如，在图 10-4 所示的起始状态中，你离目标还有 12 步，这时 6 个面中已经有 3 个面是同色的了，但是在这种情况下要达到目标，你必须将 6 个面再打乱，然后再完成 9 个步骤。

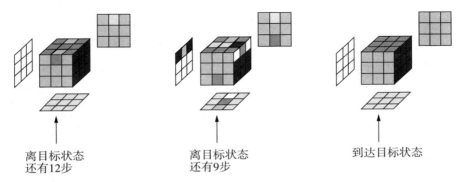

离目标状态　　　　　离目标状态　　　　　　　　　　　到达目标状态
还有12步　　　　　　还有9步

图 10-4　解决魔方问题
　　有时为了达到目标，你必须暂时绕开它。左边显示的魔方已经有三个面是同色的，但是在魔方达到六面同色的状态之前，你只能将这三个面都打乱。

　　问题解决中常用的启发式策略还包括**随机搜索、爬山法**，以及**手段-目标分析**。这三者中最简单、耗费认知资源最少的是**随机搜索**（random search）［也被称为**试误法**（generate and test）］。这种方法本质上是一个试误的过程：问题解决者随机采取一个步骤并检验是否达到目标状态。以桑代克（E. L. Thorndike，1874—1949）为代表的行为主义研究者认为，动物和人类都是通过尝试错误来解决问题的，他们随机地选择行动步骤，直到达到目标状态为止。虽然随机搜索似乎是一种缺乏效率且经常失败的策略，但当其他办法都宣告无效时，我们还是会频频求助于它。比如当我们的电脑死机，所有已知的方法都解决不了时，我们难免会随机地按键碰运气，**有的时候**这招还真管用。当其他启发式策略要么不见效，要么带来太大认知负荷的时候，随机搜索是我们可依靠的一种策略。

　　在更多的情况下，我们使用的是其他依赖于知识经验的启发式策略，如爬山法（hill climbing）。问题解决者每次往前计划一步，并选择最近似目标状态的一个步骤。就像在爬一座真正的山一样，每一步都会令你更接近目标。但如果你处在大雾中（以此比喻你在问题解决时只能看到最近的一步），你最后可能到达的是一座小山丘的山顶，而不是你本来要爬的那座大山。如果你在三圆盘汉诺塔任务中使用爬山法，结果又会如何？请再次观察图10-3，并想象自己正处于状态5。你仅有的两种选择是状态23和状态6。状态23比状态6更接近于目标状态——前者与后者相比，木桩3上的圆盘更多。因此，如果你使用的是爬山法，你就会选择移动到状态23。但实际上状态23与目标状态的距离比状态6更远。所以在这种情况下，爬山法并不是一种有效的问题解决策略。这两种启发式策略相比，爬山法往往比随机搜索更可靠，但有时它也会使问题解决者误入歧途。

问题解决者采用爬山法策略的经典问题是"水罐问题"（Atwood & Polson, 1976; Colvin et al., 2001）。你有三个不同容量的水罐，分别是8盎司、5盎司和3盎司。在起始状态，8盎司的水罐是满的，另外两个水罐是空的。你的任务是将大水罐里的水倒进另外两个水罐中，最终的目标状态是使大水罐和中水罐中都有4盎司水，而小水罐中没有水。当你把水倒进另一个水罐时，你必须将这个水罐倒满。这个任务及其所有可能步骤的问题空间如图10-5所示。

如果你使用的是爬山法策略，你可能会选择这样的步骤：尽可能让大水罐和中水罐里的水量接近于目标状态。于是你把水从大水罐倒进中水罐，使大水罐有3盎司水，中水罐有5盎司水［图10-5中标为状态R（3，5，0）］。这当然比起始状态更接近目标，但从这里开始爬山法只会使你的任务失败。接下来不论你采取什么步骤，都会使你"下山"，即比当前状态更远离目标状态。在这种情况下被试往往会选择重新开始任务，这次先远离目标状态：将水从大水罐倒进小水罐。所以说，在解决问题时，爬山法和随机选择策略一样，都是简单却经常无效的方法。

另一种要求更高，但也更成功的策略是**手段-目标分析**（means-ends analysis），即将当前问题分割成若干子问题。如果第一步分析产生的子问题仍然是无法解决的，那么就将问题进一步细分，直到找到能够解决的子问题为止。在三圆盘版汉诺塔任务中应用手段-目标分析，应先将主要目标定为将三个圆盘都移到木桩3上（再次查看图10-2）。为了完成这个目标，你必须正确地将大圆盘安放在木桩3上，但在起始状态中你却无法移动它，因为有中号圆盘挡在上面。尝试进一步的子目标：将挡住大圆盘的中号圆盘移开，但这个步骤还是行不通，因为小圆盘挡在上面。下一个子目标？移

8盎司容量
8盎司水
起始状态

5盎司容量
0盎司水

3盎司容量
0盎司水

8盎司容量
4盎司水

5盎司容量
4盎司水
目标状态

3盎司容量
0盎司水

（a）

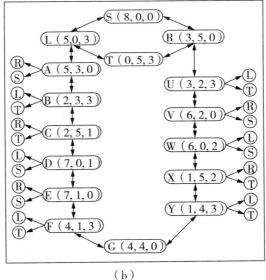

（b）

图 10-5　水罐任务

（a）水罐任务的起始状态和目标状态。（b）问题空间：起始状态与目标状态之间的各种可能步骤。图中的记号标示出从左到右排列的每个容器的盛水量：这样起始状态就被标示为 S（8，0，0），而目标状态是 G（4，4，0）。括号左边的字母标识的是当前状态；而从当前状态延伸出的箭头所指的字母代表着可能的后续状态，例如，从当前状态 B（2，3，3）开始，可能的步骤是到 L（5，0，3）或 T（0，5，3）。

[Mary Kathryn Colvin，Kevin Dunbar & Jordan Crafman，The Effects of Frontal Lobe Lesions on Goal Achievement in the Water Jug Task，*Journal of Cognitive Neuroscience*，13：8.（November 15，2001），pp. 1129–1147. ⓒ2001 by the Massachusetts Institute of Technology. 经允许重印]

开小圆盘。这是可行的，因为没有任何东西挡在小圆盘上。但是小圆盘应该移到哪里——木桩 2 还是木桩 3? 你必须预想每个步骤引起的结果。如果你把小圆盘移到木桩 3（图 10-3，状态 2），那么中号圆盘就可以移到柱子2 上（状态 3），以此类推。在这个过程中，你所做的就是设立目标和子目标，直到整个问题被解决为止。

神经成像技术在 20 世纪 80 年代后期开始为研究所用，在此之前，研究者主要使用三种方法来探讨我们如何解决问题。第一种，也是最显而易见的一种方法是记录问题解决的行为（只要你的解题步骤不是完全在头脑中完成的）。研究者可以按顺序记录问题解决者在得出答案的过程中所采取的每个步骤。用这种方法，研究者可以记录到解决每种特定问题所需的时间，以及问题解决者所采取的不同类型的解决步骤。

第二种行为学方法是**口语报告分析**（verbal protocol analysis），这种方法在 20 世纪 70 年代发展起来，即对问题解决者在解决问题的过程中大声报告出的思维过程进行分析（Ericsson & Simon，1984）。问题解决者的报告以视频或音频形式（或两者都用）记录。研究者继而将报告整理成文本并对文本进行分析，从而确定问题解决者表征问题的方式及其所使用的一系列解题步骤，进而推断出被试的问题空间。

第三种方法需要借助于计算机，编写包含人们在解决问题时可能用到的策略的电脑程序，然后将程序的输出结果与真实被试采取的行动进行比较。计算机模型要求被试明确地表述问题解决过程中的每个步骤，并被用来模拟三种问题解决的启发式策略：随机搜索、爬山法和手段-目标分析。许多研究者，尤其是晚年的赫伯特·西蒙（Herbert Simon，诺 贝 尔 奖 获 得 者）以 及 他 在 卡 内 基 梅 隆 大 学（Carnegie Mellon University）的同事，使用了上述三种研究方法来研究问题解决。他们探讨的问题范围极广，从汉诺塔问题一直到尿素循环的发现［这项研究通过分析另一位诺贝尔奖获得者、生物化学家、尿素循环的发现者汉斯·克雷布斯（Hans Krebs）的实验笔记而进行］（Kulkarni & Simon，1988；Newell & Simon，1972）。

1.4 工作记忆与执行过程的作用

问题解决可能涉及哪些特殊的表征和加工? 通过使用 PET、ERP 和fMRI 技术（见第 1 章）来研究脑损伤患者及正常被试，研究者尝试探索在问题解决的工作记忆中涉及的认知过程的特点。考虑一下在汉诺塔这类任务中可能运用到的不同认知过程。问题解决者必须确定达到目标状态需要什么操作，这需要他们记住目标和子目标。这类任务对工作记忆提出了很高的要求，因此我们预期会显著激活那些与工作记忆密切相关的脑区（如背外侧前额叶，见第 6 章）。这一预期已得到脑成像研究的证实：研究者要求健康被试完成汉诺塔任务的一个修订版，结果发现任务越复杂，被试的右侧背外侧前额叶、双侧顶叶，以及双侧前运动皮质的激活就越强（Fincham et al.，2002）（图 10-6）。上述脑区与工作记忆和执行过程有密切的关联（见第 7 章），研究结果强调了这些神经系统与问题解决之间的紧密相关。

　　还有几项研究探讨了局部脑损伤患者的问题解决过程。额叶损伤患者在使用手段 - 目标分析策略解决汉诺塔问题时有很大困难（Goel & Grafman，1995）。额叶损伤患者使用爬山法解决水罐问题时也有困难：他们发现很难记住自己已经执行的步骤，也很难学会哪些步骤是必须避免的（Colvin et al.，2001）。由于这些患者无法学会避开某些步骤，他们会不断地重复同样的解决套路，永远找不到解决办法。从这些研究来看，很显然额叶与问题解决过程中的长时记忆、工作记忆，以及对问题解决计划的执行有关。

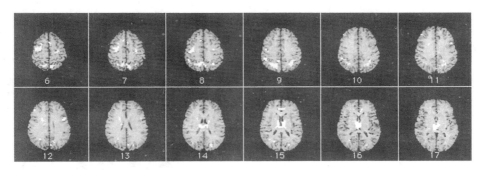

图 10-6　目标导向加工的 fMRI 数据

　　与目标导向加工有关的脑区分布在前额叶、顶叶、扣带回，以及皮质下结构（右侧尾状核与丘脑）。图中的脑成像切片自上（#6）而下（#17）排列；每幅图像的左侧对应大脑的右侧，图像右侧对应大脑左侧。随着问题复杂程度的提高，脑区激活越来越强。

[Fincham, J. M., Carter, C. S., van Veen, V., Stenger, V. A. & Anderson, J. R. (2002). Neural mechanisms of planning: A computational analysis using event-related fMRI. *Proceedings of the National Academy of Sciences*, *99*, 3346–3351. 经允许重印]

1.5　专家如何解决问题

通过比较专家与新手，我们对问题解决也获得了相当的认识。专家在他们专长的领域中比新手懂得更多，这可能对他们在该领域解决问题有很大帮助。一个有趣的问题是：除了具备更多的专业知识，专家和新手相比是否还有别的优势？换句话说，专家是否拥有新手所不具备的特殊的问题解决策略？答案是肯定的。

除专业知识外，专家的第一种额外优势在于在对本领域知识的组织上与新手不同。一个领域的新手往往根据问题的表面特征来组织概念，而专家则根据更内在的抽象原则来组织他们的知识。在对专家技能的一项经典研究中（Chi et al.，1981），研究者向物理学的本科生和研究生呈现一系列物理问题，要求他们对问题进行分类（图10-7）。物理学本科生根据物理属性对问题进行分类：将包含方木块的任务归为一类，包含弹簧的任务归入另一类。而物理学研究生的表现则非常不同：他们根据物理概念，比如能量守恒来对问题进行分类。

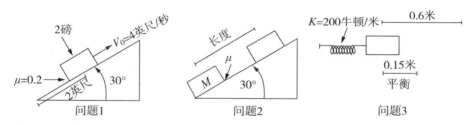

图 10-7　哪个问题是另类？

"新手"（物理系本科生）将问题1与问题2分为一组，他们的根据是两幅图表面的视觉相似性——都是一个"方块"位于"斜面"上。而物理系研究生则能抓住关键，把问题1和问题3分为一组——两者都与能量守恒有关。

[Chi, M. T. H., Feltovich, P. J. & Glaser, R.（1981）. Categorization of physics problems by experts and novices. *Cognitive Science*, 5, 121–152. 经允许重印]

专家级问题解决者的另一额外优势在于编码：专家与新手对信息的编码方式不同。在一项关于专家技能的重要研究中，研究者向各种不同水平的国际象棋棋手呈现不同的棋局，为时5秒；然后棋盘被收起，棋手需要在另一个棋盘上复盘棋局（Chase & Simon，1973）。研究者发现只有当开始呈现的棋局取自一盘真实的棋局时，专家的复盘能力才会好于新手；而当开始呈现的棋局为随机摆放时，专家和新手的表现没有差异。而且，专家回忆一个真实棋局中棋子位置的能力比回忆随机摆放的棋位要强得多。与之相对，新棋手回忆真实棋局和回忆随机棋局的能力没有任何差异。研究者认为，国际象棋专家在任务中表现更好的原因是他们能够将多个棋子的位置组合成一个单元或"组块"来编码。而且，他们之所以能做到这点，是因为一个真实的棋局对于象棋规则来说是有意义的，而随机摆放的棋局则没有意义。这种将信息组块化的能力是各种专家（从建筑师到动物学家）的标志。专家将信息组块化，并能够从长时记忆中提取相关的知识组块，从而使他们的问题解决更有效。

　　专家与新手在问题解决上的另一个区别与对问题空间的搜索方向有关。专家倾向于**正向搜索**（forward search），也就是说，他们从起始状态向目标状态进行搜索。例如，一位专家医生从症状走向诊断。而一位医学院学生通常会使用**反向搜索**（backward search），从诊断目标走向构成初始状态的症状（Arocha & Patel, 1995）。无论人还是计算机，都有可能同时从目标状态（后向搜索）和起始状态（正向搜索）开始寻找解决方法。许多计算机程序，比如 IBM 公司的国际象棋程序"深蓝"就综合使用了这两种搜索策略来决定棋局的下一步。

理解测验

1. 爬山法与手段−目标分析的问题解决策略区别在哪里？
2. 什么是问题空间？

2. 类比推理

　　人们并不总使用上面介绍的启发式策略来解决问题。与此相对，人们有时通过回忆一个类似问题的答案来解答当前问题。如果你想使用自己一台有物理锁的笔记本电脑，而你把钥匙弄丢了，你会怎么做？你会使用随机搜索策略吗，或者你会注意到电脑锁与自行车锁之间的相似之处吗？接着你想起来了，自行车盗贼使用圆珠笔芯来开锁。"啊哈，"你想，"我要找支笔来试一下。"——转眼间，你的电脑锁就开了。这就是**类比推理**（analogical reasoning）。在类比推理过程中，你试图在曾经解决过的问题中找到与当前问题有类似性质的例子，尝试将曾经用过的解决方法直接套用或稍做变化来解决当前问题，而不是使用手段–目标分析一类的启发式策略从头开始解决问题。这里的问题在于：在一个问题中适用的方法，也适于解决另一个问题吗？所以，类比推理通常是一个比较的过程，把一个相对熟悉领域中的知识（"源"，比如早前提到的自行车盗贼）应用到另一个领域（"靶"，比如你上了锁的电脑）中去（Clement & Gentner，1991；Spellman & Holyoak，1996）。图 10-8 展示了科学界一个著名的类比，尽管它的某些方面已经过时了。

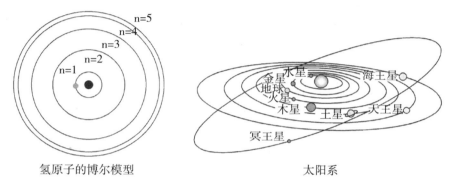

氢原子的博尔模型　　　　　　　　　太阳系

图 10-8　原子与太阳系

将原子与太阳系相比较或许是最著名的科学类比之一。这个类比最早由丹麦物理学家尼尔斯·博尔（Niels Bohr，1885—1962）提出。他通过将氢原子描绘成太阳系来诠释氢发射光谱。他把原子核，即一个单独的质子比作太阳，把电子比作以各种固定距离和能量绕原子核运行的行星；电子从外层轨道跃迁到内层轨道时会向外发射能量（虽然现代量子理论将这个类比中的"轨道"替换成了能量级的概念，但博尔的类比改变了科学界对原子的思考方式）。

2.1　类比法的使用

让我们借用计算机世界的一个例子来帮助理解类比推理的运作过程。设想以下问题：请找到一种保护计算机使其远离病毒的方法。我们使用疫苗来保护人类免受病毒的感染，我们是否也能找到用于计算机的疫苗？答案是肯定的：基于对生物疫苗作用的类比推理，计算机科学家已经发明了计算机疫苗。当然计算机疫苗与生物疫苗之间是有差别的：病毒不会使计算机流鼻涕或发烧。但是在根本特征，或者说结构性特征上，计算机病毒与生物病毒有着重要的共同点：它们都具有传染性，都会在宿主身上进行自我复制，而且都会对宿主造成损害（结构性信息一般是确定不同实体间关系的，例如病毒与其寄生宿主间的关系）。因此，类比推理需要辨识一个已知系统（该例子中指生物病毒）的结构性信息，并将其转换到一个新系统（该例子中指计算机病毒）中去。许多研究者认为这种结构相似性是类比法的根本特征之一（Gentner & Markman，1997）。

一般认为，类比推理包含了以下五个子过程。

1. **提取**（retrieval）：将"靶"（例如，计算机病毒）保持在工作记忆中，同时在长时记忆中寻找与其类似的、自己更熟悉的例子（例如，生物病毒）。

2. **映射**（mapping）：将"源"和"靶"同时保持在工作记忆中，调整源和靶，将源的特征（例如，"传染性""复制性"和"有害性"）映射到靶上。

3. **评价**（evaluation）：确定当前的类比是否有用。

4. **抽取**（abstraction）：将源和靶的共同结构抽取出来。

5. **预期**（predictions）：根据对源的已知信息，提出关于靶的行为或特征的假设（例如，可以根据生物病毒的行为来预期计算机病毒的行为，即改变表面特质以躲避监测）。

在过去的 25 年中，类比推理的这五个成分得到了广泛的研究，许多重要的实验和计算模型相继问世。最早对类比推理进行的一项认知研究是由玛丽·吉克（Mary Gick）和凯斯·霍利约克（Keith Holyoak）在 1980 年主持的。这些研究者以故事的形式向被试呈现问题及其解决方案。在接下来的几分钟里让被试做一项无关的干扰性任务。然后向被试呈现第二个以故事形式呈现的问题，但这次没有解决方案。第一个故事讲的是一位将军计划带领军队去攻打一个住在森林里的独裁者。有多条道路都通向森林，但独裁者在每条路上都埋了地雷，这样大军从任何一条路进军都会被炸飞。将军于是把军队分解成若干小分队，使其规模不足以触发地雷，然后命令每个小分队各从一条道路进军。士兵们平安抵达森林后会师，重新组成大军，从而擒获了独裁者。

第二个问题故事是关于一个胃部长肿瘤的病人。医生有一种很强的激光束可以将肿瘤消灭，但这种激光威力太大，会对健康组织也造成损害。研究者要求被试帮医生想出一种治疗方案，既能消除肿瘤又能保护健康组织（你的建议是什么？当然，前文对类比推理的讨论已经为你提供了一条重要线索，但实验中的被试是没有这条线索的）。吉克与霍利约克（Gick &

Holyoak，1980）希望被试发现与第一个问题故事的解决办法类似的会聚方案：正如将军为了进军而把部队分散成小分队，然后又重新会聚成强大的军队一样，激光也可以被分割成威力较小的射线，它们从各个方向对准患病部位，然后会聚起来消灭肿瘤。在读过军队-独裁者问题的被试中，只有20%的人判定射线-肿瘤问题是与其类似的，并想出会聚的解决方法。从表面上看，独裁者和肿瘤似乎不太相像。在源故事和靶问题的表面特质更为相似的情况下，90%的被试能够想出会聚的解决方法（Holyoak & Thagard，1995）。这样看来，如果源问题和靶问题只有结构上的相似性（例如，问题各部分之间联系的相似性），只有很少的被试能够意识到相似性的存在；而当源问题和靶问题的表面特征也相似的时候，就会有更多被试能够提取出相关的相似性。

戴德·金特纳（Dedre Gentner）和她的同事使用了另一种研究类比的方法——研究从记忆中提取源的影响因素。例如，要求被试阅读一系列故事（Gentner et al.，1993）。其中一个故事讲的是一只老鹰被猎人捕捉，但是在它把自己的一些羽毛送给猎人之后，他们成了朋友。在老鹰做出这种慷慨的举动之后，猎人释放了它。一周之后，安排被试阅读另外的故事，其中一些新故事与第一个故事内在结构相同，而另一些新故事与第一个故事只有表面特征相同。其中一个结构相似的故事是关于一个叫作"泽地亚"（Zerdia）的国家的，这个国家受到"加格拉契"（Gagrach）国的侵略。泽地亚国提议将自己的计算机资源与加格拉契国共享，于是两国就成了盟国。而另一个与老鹰-猎人故事表面相似但结构不同的故事讲的是一个喜欢捕鱼和吃野猪的猎人的故事。研究者询问被试，哪些故事使他们想起早先看过的第一个故事，结果大多数被试选择了表面特征相似的那类故事，而不是内在结构相似的故事。但是当研究者询问同一组被试，哪些故事与第一个故事具有类比相似性时，他们都选择了内在结构相似的那类故事。

邓巴与布兰切特（Dunbar & Blanchette，2001）发现，科学家、政治家和学生能够同时利用问题的结构特征和表面特征。但当他们生成自己的类比时更可能利用结构特征，而接受现成的类比时则更可能利用表面特征。布兰切特和邓巴（Blanchette & Dunbar，2002）进一步发现，学生能够自动和无意识地使用类比。

2.2　类比推理的理论

研究者已提出了不少有影响力的类比推理理论，它们都可以转化为计算机模型来探究相关的机制。其中两种最重要的理论是结构映射理论（structure mapping theory, SMT）（Falkenhainer et al., 1989; Gentner, 1983）和"使用图式与类比进行学习和推理"的理论（learning and inference with schemas and analogies, LISA）（Hummel & Holyoak, 1997, 2003）。这两种理论都把类比推理看作从源问题到靶问题的元素映射过程，且类比推理需要在长时记忆中搜索与"靶"有相似内在结构的"源"。

SMT 模型包括两个阶段。在第一个阶段，人们搜索长时记忆，寻找与"靶"有共同表面特征的可能的"源"。例如，在计算机病毒–生物病毒的类比中，人们可能会在记忆中搜索**键盘、鼠标、死机、电子、传染**等词汇。第二个阶段是评价：第一阶段中提取的内容与靶之间的匹配程度如何？计算机模拟的 SMT 模型与人类被试的表现非常相似，都会找到很多表面特征相似的匹配，其中大多数都与正常或异常工作的计算机有关，或许会有一些有用的匹配（例如，**传染**）。SMT 模型的主要假设是：虽然结构相似性是类比推理的核心部分，但人类认知系统在记忆中搜索可能的源时寻找的是表面特征相似的匹配，要我们在记忆中提取真正的相关类比是非常困难的。

LISA 模型解释的是同一类型的信息，但使用了与 SMT 非常不同的计算途径，类似于前面章节中提到的神经网络，在该模型中源和靶的特征都可以被看作网络中的节点。因此，"靶"被表征为"源"的特征的激活。例如，**计算机病毒**会激活**故障、有害和自我复制**等特征。工作记忆中一系列特征的同时激活，引发了长时记忆中与其相似的特征群的激活，最后提取出**流感病毒**之类的源类比。

类比推理还有许多其他的理论模型。我们很难确定哪些模型最准确地把握了类比推理，但基于脑科学的研究或许能够提供答案。

2.3　超越工作记忆

从行为分析中我们知道，类比推理对注意和记忆有很高的要求。首先，我们必须注意到源和靶之间适当的表面相似性和结构相似性，然后我们必须在工作记忆中保持靶的表征，并在长时记忆中搜索适合的类比。与注意、工作记忆和长时记忆搜索有关的脑区，尤其是前额叶，也与类比推理有密切关系吗？研究者设计了一项 PET 扫描研究来探究这个问题（Wharton et al., 2000）。

每次测试时，实验者先向被试呈现一张源图片，然后是一张靶图片。

实验分为两种条件：**类比**（analogy）和**内容比较**（literal comparison）。在类比条件下，被试判断靶图片是否与源图片形成类比。在这种条件下，如果源图片和靶图片确实是可类比的，那么它们虽然包含的物体不同，但物体间的关系是相似的。而在内容比较条件下，被试只需判断源图片与靶图片是否完全相同。研究者将类比条件和内容比较条件下激活的脑区进行对比，发现内侧额叶和额下回（两者都是前额叶的一部分），以及前脑岛和顶叶下部出现的激活差异显著。我们知道，前额叶和顶叶与注意和工作记忆任务密切相关。

但类比推理仅仅是注意和工作记忆的产物吗？我们怎样才能回答这个问题？一种方法是寻找一个特定的相关脑区，能够分离类比推理和工作记忆的相关成分。一项 fMRI 研究通过控制"工作记忆负荷"和"类比结构复杂性"两个独立变量来实现这一目的（Kroger et al., 2002）。不出所料，工作记忆负荷的增加引发了背外侧前额叶和顶叶的激活增强。不仅如此，类比结构复杂性增加而工作记忆负荷保持不变时，只有左侧前额叶前部被激活。这些数据表明，类比推理的相关认知能力所涉及的脑区超出了注意和工作记忆的范围。以上研究很好地说明了脑成像技术是怎样为认知研究提供新的重要证据的。通过验证与类比推理的子成分加工（即发现结构性关系所需要的工作记忆和抽取过程）有关的神经解剖学区域，我们可以将推理完成的过程进行分解。

理解测验

1. 类比推理的五个子过程是什么？
2. 工作记忆在类比推理中扮演了什么角色？

3. 归纳推理

运用我们对特定的已知实例的知识来得出对未知实例的推论，这样的思维过程属于**归纳推理**（inductive reasoning）的范畴。常见类型的归纳推理往往是以**基于类别的归纳**（category-based induction）为基础的：要么是从已知实例推广到**所有**实例［**一般归纳**（general induction）］，或者是将一类事物中某些具有特定属性的成员推广到这一类事物的其他成员［**特殊归纳**

（specific induction）]。如果你观看了三场暴力的足球比赛之后得出结论：所有的足球比赛都很暴力，你进行的就是**一般归纳**。如果你在本周末看到大学母校的球队打了一场暴力的比赛，于是认为格里戴恩大学（College of Gridiron）下周六的比赛同样会是场肉搏战，你进行的就是**特殊归纳**。

没有一个归纳过程是百分百正确的：我们无法知晓所有可能存在的实例，任何一个未知的潜在实例都可能推翻我们的归纳。在以上两类归纳中，我们都是利用推理为已有的知识增加新内容，**尽管这些貌似合理的新知识可能是错误的**。

3.1　一般归纳

20 世纪 80 年代早期，医学研究者试图确认一种神秘的新疾病的起因，这种疾病后来被称为艾滋病（AIDS）。它感染了大量不同的人群：年轻的男同性恋、静脉吸毒者、血友病患者、海地人、婴儿，以及接受输血者。这些病人唯一的共同特点是 T 淋巴细胞（一种白细胞）的数量急剧下降（Prusiner，2002）。根据这些病例，研究者预测所有的艾滋病人的 T 淋巴细胞都会减少，并提出该病的病源是攻击 T 淋巴细胞的一种传染性病原体。研究者回答艾滋病起因问题的方法就是从一系列病例中进行一般归纳。从总结一个朋友是否诚实（在不可避免的情况下——虽然你不可能了解所有的情况）到科学探索，在解决诸多不同类型的问题时人们都可能用到一般归纳。对我们在进行归纳时使用的策略以及我们可能会陷入的错误，认知心理学家都进行了研究。

对一般归纳的研究最早始于 20 世纪 50 年代。在一项奠基性的研究中，研究者设计了一种与益智棋盘游戏（Mastermind）非常相似的任务：被试需要根据实验者提供的反馈发现游戏的规则，从而做出一般归纳（Bruner et al.，1956）。（你也许有兴趣玩几回合益智棋盘游戏来体验一下这个任务，网上有可供游戏的版本）

任务使用一套在四个属性上变化的卡片，每个属性有三种可能的情况：颜色（白色、黑色、灰色）；卡片上图形的数目（1、2、3）；图形的形状（圆形、十字形、正方形）；以及卡片边线的数目（1、2、3）。这样，各种属性之间就有 3×3×3×3 种可能组合，因此这套卡片共有 81 张牌，或者说 81 个实例（图 10-9）。

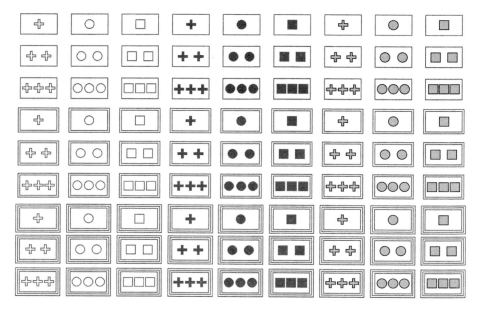

图 10-9 通过选卡片发现规则

这里呈现的是一项探讨人们如何进行一般归纳的开创性研究中使用的一套 81 张卡片。卡片上图案的形状、颜色、图形数目，以及卡片边线的数目各不相同。被试每次选择一张卡片，或者主试向被试呈现一张卡片。决定每张卡片是肯定实例或否定实例的规则只有主试知道。每次测试时，被试报告他们关于规则的假设，主试只告诉他们其假设是对是错，而不告知其规则是什么。然后被试进入下一次测试。任务的目标是被试得出正确的规则。

[Bruner, J. S. , Goodnow, J. J. & Austin, G. A. （1956）. A study of thinking. New York, NY. Science Editions. 经允许重印]

在该任务的一个版本中，实验者将所有的卡片都向上摊开，并随意确定一个规则，例如"红色和正方形"。实验者不是直接把规则告诉被试，而是指着一张图案为红色正方形的卡片告诉被试这是符合规则的一个实例。然后在每个回合中，被试自行选择一张卡片，实验者则告诉他这张卡片是否符合规则。每次选择卡片时，被试必须报告自己对规则的猜测。实验者在实验中应用了各种（秘而不宣的）规则，发现被试很容易就能猜出单一规则（例如"红色"），合取规则（例如"红色和正方形"）则稍难一些，析取规则（例如，"红色或正方形"）的难度更大。负规则（例如，"不是红色"）很难被猜测出来，而最难的是析取负规则（例如，"不是红色或正方形"）。

为什么有些一般规则对被试来说很简单，有些又很难呢？布鲁纳

（J. S. Bruner）及其同事（1956）对这个问题进行了研究，他们根据被试使用的不同归纳策略来解释这一现象。第一种是**继时扫描**（successive scanning）策略：被试选择卡片的原则是从主试提供的范例卡片（"红色和正方形"）出发，每次只改变其中一个属性。举例来说，范例卡片可能包含三个红色正方形和一条边线；在第一个回合中，被试会选择一张有三个红色正方形和**两条**边线的卡片。如果这张卡片符合规则，被试就会明白卡片边线的数目与规则无关，可以将这个属性排除在外；如果卡片不符合规则，被试在选择下一张卡片时就必须继续将四个属性都考虑在内。另一种策略是**聚焦冒险**（focus gambling）策略：保持一个属性不变，而改变其他所有属性。当被试得知一张有三个红色正方形和一条边线的卡片符合规则，可能接下来会选择一张有两个绿色正方形和一条边线的卡片。如果实验者说"正确"，那么被试就知道主试的规则是以边线的数目为基础的；但如果主试说"错误"，那么被试就没有获得任何与规则有关的新信息。由于这两种策略都是首先对单个属性进行检验，因此被试猜测单一规则（例如，"红色"）比合取规则（例如，"红色和正方形"）更容易也就不足为怪了。

布鲁纳及其同事（Bruner et al.，1956）的工作促进了认知心理学的两大进步。第一个进步与类别的本质相关，布鲁纳的工作集中关注的是规则，由此促使研究者仔细考察与我们在实际生活中使用的分类有关的类别形成（E. E. Smith & Medin，1981）。其次，布鲁纳的成果还促使研究者们探讨假设检验。一个假设就是一个观点或命题，我们可以通过搜集证据来评价或检验，从而支持或否定它。通过一般归纳对规则做出假设的被试如何检验自己的假设正确与否呢？我们使用什么策略来检验一个假设？这些问题成为研究的主要焦点（Tweney et al.，1981）。

英国心理学家彼得·沃森（Peter Wason，1924—2003）设计的沃森2-4-6任务是探讨假设检验的著名任务。任务结构简单，容易执行，你可以找几个朋友尝试一下。实验者声明，数列2-4-6是符合一组特定规则的数字。被试的目标是通过对规则做出假设，以及用新的数组检验假设，从而找出真正的规则。对于被试提出的每个新数组，实验者都要告知这个数组是否符合规则。被试可以在任何时候宣布自己猜测的规则，由实验者告知这个假设是否正确。如果假设正确，则实验结束。如果假设错误，被试就需要继续提出新的数组。这个程序会一直延续下去，直到被试说出正确规则或主动弃权为止。

通常情况下，被试首先会假设规则是"以2为单位递增的偶数"，并经常提出与其相符的新数组来检验这个假设，例如数组 8-10-12。被试一般会提出三到四组这样的数组并被告知这些都是对的；于是被试就宣布任务的规则是"以 2 为单位递增的偶数"，但被告知这个假设是错的。接下来，大多数被试会推导出更一般化的假设："任何以 2 为单位递增的数列"，并举出数组"1-3-5"或"6-8-10"。但当他们宣布这个新假设时再次被告知这个假设也不正确。这时候会发生一些有趣的事情：大多数被试本来是在尝试**证实**（confirm）自己的假设，现在他们转而对假设进行**证伪**（disconfirm）（即从提出符合自己假设的数组，改为提出不符合假设的数组）（Gorman et al.，1987）。他们可能会提出数组 2-6-4；然后被告知这个数组不符合规则。一旦被试得到负性反馈，他们通常就会发现正确的规则其实仅仅是"递增的数列"。

被试有时会拒绝考虑那些不符合自己假设规则的信息。例如，当被试得知自己接受的反馈存在一定的错误率时，他们就认为与自己推导出的规则不符合的反馈都是错误的（Gorman，1989）。进一步研究发现，即使鼓励被试在做 2-4-6 任务时寻找证伪的证据，他们的表现也没有得到显著的提高（Tweney et al.，1981）。

在现实世界中，我们经常需要根据一系列实例做出一般归纳，就这些情况而言，2-4-6 任务有多大的代表性？当要求被试去发现一种主观设定的规则时，被试常常在任务中表现出**一种证真偏向**（confirmation bias）——倾向于重视与已有信念相符合的信息（图 10-10）（Dunbar，1993）。但在有些情况下人们能够克服这一倾向。有关科学家推理过程的研究发现，没有证据能证明科学家在试图验证自己的假设时不考虑其他的可能性，或忽略不符合其假设的数据（Dunbar，1997，1999）。

3.2　特殊归纳

如果某类事物的一个成员具有一种特殊的属性，你就假定另一个同类成员也具有这种属性，这就是基于类别的特殊归纳。当然，这里存在着一个明显的陷阱：这个属性可能并不是同一类别的全体成员所共有的。尽管如此，基于类别的特殊归纳还是使我们对新的、未知的类别成员能够做出有用的推论。我们可以通过这种方法更新自己的知识，而不必通过逐一检验同类的所有成员来证明某一属性是否适用于全体成员。如果你听说美国东北部的乌鸦正受到西尼罗河病毒的致命威胁，你可能会推测知更鸟也会死于这种病毒，这就是基于类别的特殊归纳［起点的事实通常被称为**前提**

（premise），在这个例子中是关于乌鸦的传闻，类似于论据的前提，而你得出的推论被称为**结论**（conclusion），在这里是与知更鸟有关的信息]。你认为火烈鸟、野鸡、野鸭也会死于这种病毒吗？鸟类学家的确这么认为，而且 1999 年 8 月在布朗克斯公园这种现象也确实发生了。西尼罗河病毒夺走了多种鸟类的生命。

图 10-10　月圆之夜……
　　证真偏向是一种几乎无处不在的现象：我们更喜欢寻找证据支持自己已经相信的观点。有些人相信月圆之夜犯罪率会上升，于是他们更容易注意到那些在月圆之夜发生的犯罪新闻报道，而不太注意在其他时间发生的犯罪事件。结果就出现了这种现象："我跟你说过什么来着？这周末发生了三宗抢劫案——我知道是为什么！"

　　从 20 世纪 70 年代中期开始，认知心理学家一直在研究基于类别的特殊归纳（例如 Rips，1975）。研究表明我们按照一系列启发式策略来执行基于类别的归纳。首先，作为前提的实例与作为结论的实例越相似，前提中包含的属性被推导到结论身上的可能性就越大。其次，前提实例在自己所属类别中的代表性越强，结论实例就越有可能被判断为具有我们感兴趣的属性。最后，如果在归纳中涉及的类别被认为是同质性相对较强的（例如，猫），我们就会倾向于做出强推论，将该类别中一个实例的特征（例如，尾巴）投射到另一个实例身上（不过在这个例子中，我们的推论是错误的——英国曼岛猫是没有尾巴的）。不过，如果某类别的异质性较强（例如，动物），我们就不会倾向于对该类别中的其他实例做出强推论（Nisbett et al.，1983）。类别（包括前提实例和结论实例）内的变异性对我们的判断可能产生很大的影响（参见 Heit，2000）。

　　一个基于类别的归纳模型被称为**相似性覆盖模型**（similarity-coverage model）（Osherson et al.，1990），它对一般归纳和特殊归纳同样适用。根据这一观点，类别成员的相似性不足以解释我们在基于类别的归纳中观察到的所有现象。该模型进一步指出，归纳推理中出现典型性效应（即前提实例的典型性越强，其特征越容易被推论到结论中）的根本原因来源于所谓的"覆盖范围"（coverage）。"覆盖范围"是指前提中的实例与结论中类别的每一个成员之间的最大相似度的**平均值**。要理解这一点，请考虑下面两个例子：

前提：狗有一个肝	**前提**：狗有一个肝
前提：猫有一个肝	**前提**：鲸有一个肝
结论：哺乳动物有一个肝	**结论**：哺乳动物有一个肝

　　你认为以上哪个论证更有力？如果你和原实验中大部分被试一样，你就会选择右边的论证。研究者这样解释这种效应：虽然左边论证过程包含的概念（"狗"和"猫"）对于非动物学家来说，是"哺乳动物"类中更具典型性的成员，但右边论证过程中概念的类别覆盖范围更大。换句话说，"狗"和"鲸"中至少有一种动物与哺乳动物类别中**任何一种**别的动物都比较相似（两个相似性的**最大值**决定了归纳的效力）。

　　显而易见，归纳需要工作记忆的参与：我们必须将归纳过程中产生的信息保持在记忆中。对归纳的过程进行控制还需要执行功能的参与，比如控制注意力在不同实例之间的转换。这些都会促使研究者们假设额叶在归纳推理的过程中扮演主要角色，在接下来的部分我们将讨论这一假设。

3.3　重要的神经网络

　　对各类脑损伤病人和正常被试的脑成像研究都已指出额叶在归纳推理中所起的作用。威斯康星卡片分类任务（WCST）（第 7 章中介绍过的检测额叶损伤的标准测试）是一种针对归纳推理的测验，其目标是归纳出一种规则。测验要求被试根据颜色、形状或卡片上的刺激数目将测试卡片与参照卡片进行匹配。每次测试后研究者都给予被试反馈，从而使被试能够习得（或归纳出）卡片分类的正确规则（例如，根据颜色来分类）。当被试做出 10 次左右的正确分类之后，分类的规则被改变。脑部无损伤的正常被试很容易就能注意到规则被改变了。但是额叶损伤患者，尤其是左侧背外侧前额叶损伤者，则很难在规则间进行转换，即使他们已经得到大量关于自己继续使用的规则不正确的反馈（Dunbar & Sussman，1995）。

　　蒙奇等人（Monchi et al.，2001）关于健康正常被试的 fMRI 研究数据与上述结果一致。该研究要求被试完成与传统版本类似的计算机版的 WCST 任务。他们发现，当被试在执行这个卡片分类任务期间接收到正性或负性反馈时，背外侧前额叶的内侧会被显著激活。研究者认为这些前额叶区域被激活是因为被试需要选择性地注意（卡片的）某一特定属性，并将当前反馈的信息与保留在工作记忆中的前一次测试的信息相比较。这些结果表明，一般归纳需要在工作记忆中对事件进行主动监控（至少在威斯康星卡片分类测验中的归纳过程是这样的）。除此之外，研究者发现一个皮质/皮质下的联合网络（包括腹外侧前额叶、尾状核和丘脑）只有在被试接收到负性反馈时才会被激活。以往研究表明，这些脑区在一系列需要根据负性反馈对行为进行更正和调整的任务中被激活。

　　采用 PET 和 fMRI 的一些研究探讨了类别归纳的神经机制。其中一项研究与我们之前介绍过的研究类似，即要求被试根据给定的一系列前提，对某个结论成立的可能性做出判断（Parson & Osherson，2001）。研究者发现被试左半球的一些部位被激活，包括内侧颞叶、海马旁区域，以及额叶的大部分区域。这些数据扩展了对脑损伤患者的研究，表明额叶是广泛分布的脑网络的组成部分，该网络的各部分共同负责归纳推理的过程。如我们在第 5 章所讨论的，人们普遍认为内侧颞叶与记忆有关，包括记忆的存储和提取。据此，我们可以假设，基于类别的归纳需要从长时记忆中主动提取相关信息，并将这些信息保持在工作记忆中，这些过程需要额叶和颞叶的共同参与。

　　更进一步的问题涉及经验的影响：归纳推理的一个关键特征是其内在的认知过程会随经验而发生变化。例如在 2-4-6 任务中，被试一开始对规则一无所知。随着任务的深入，他们提出数列和规则并得到反馈，开始生成特定的假设，一些被试进而习得真正的规则。在这一类学习的过程中，脑是怎样变化的呢？

　　为了回答这一问题，研究者要求脑部无损伤的正常被试完成一个简单的任务：将抽象的图画分成两类，分类的依据是两幅原型图画（被试看不到这两幅图，但它们之间关系密切）（Seger et al.，2000）（第4章介绍过，原型就是一个类别的"核心"成员）。研究者发现在测试开始时，脑区激活仅限于右半球的额叶和顶叶。随着学习的深入，左半球区域开始出现激活，尤其是左侧顶叶和左侧背外侧前额叶［图10-11（彩插 L）］。这说明什么？这似乎表明当被试刚开始对图片进行分类时，通过加工刺激的视觉模式来分类。然而随着学习的进行，他们可能建立起一条抽象的规则。根据抽象规则进行推理一般被认为是左半球的专属功能。与我们在类比推理一节中讨论过的神经科学研究一样，这项实验很好地说明了脑成像技术的应用能够帮助我们了解复杂的认知过程。

利用脑成像技术，近来研究者得以更加深入科学地探索假设检验的内在机制。例如，福格桑和邓巴（Fugelsang & Dunbar，2005）采用 fMRI 研究来探讨我们在检验特定假设时整合信息的内在机制。实验对各种影响情绪的药物效果做出了特定假设，被试的任务是检验这些假设。其中一些假设貌似合理，另一些则貌似不合理。例如，貌似合理的假设包含了对已知能影响情绪的药物的描述（例如，抗抑郁药），而貌似不合理的假设包含了对我们熟知的对情绪几乎没有影响的药物的描述（例如，抗生素）。研究者继而通过逐个试次向被试提供与这些假设有关的数据（对于每种药物，被试都要阅读多个试次的证据）。这些证据与被检验的假设可能相符，也可能不符。研究者发现，当被试分析与貌似合理的假设有关的证据时，位于尾状核与海马旁回的区域激活更强烈；而当被试分析与貌似不合理的假设有关的证据时，位于前扣带回、楔前叶和左侧前额叶的区域被选择性地激活。

这些不同神经网络的激活为我们提供了哪些与假设检验有关的信息呢？我们首先来考虑在检验貌似合理的假设时出现的尾状核与海马旁回的激活。我们一般认为这些脑区与学习、长时记忆以及对整合信息的加工有关。据此，这些结果表明，当新信息与貌似合理的假设一致时，我们可能更倾向于学习和整合新信息。而当被试检验与貌似不合理的假设有关的证据时，激活了前扣带回，这与错误和冲突的探测紧密相关（第7章讨论过）。这是否意味着被试将那些貌似不合理假设的证据当作错误信息来加工呢？很可能是这样的！综上所述，福格桑和邓巴（Fugelsang & Dunbar，2005）的发现表明：人类的脑在归纳推理的过程中，评价与预先存在的假设相符的数据时会进行特殊调整，转入学习机制；而在评价与假设不符的数据时则会转入错误探测机制。

上述例子体现了如何利用脑成像技术帮助我们对推理的认知过程提出假设。通过探讨各种复杂任务所涉及的神经网络，我们得以开始了解归纳推理中的各种子成分（例如，注意、错误加工、冲突监控和工作记忆）是如何相互作用的。

1. 基于类别的一般归纳和特殊归纳的差别在哪里？
2. 额叶和颞叶在基于类别的归纳中起什么作用？

4. 演绎推理

假设你决定搬家，由于你不能再走路去学校了，于是你来到车市要买一辆新车。幸运的是，对你来说钱不是问题，车速才是你所关心的。你到了最近的保时捷专卖店，发现保时捷推出了一款名叫"Boxster"的新车。根据你对汽车的了解，你得出结论——所有的保时捷汽车都是可信赖的。既然 Boxster 是一款保时捷汽车，你设想新 Boxster 也是可信赖的。于是你开着新保时捷 Boxster 到外面去试驾，结果仅 10 分钟后车就在路上抛锚了。你能得出的唯一符合逻辑的结论，就是你的前提中肯定有一个是错误的：要么是前提 1 "所有的保时捷汽车都是可信赖的"错了（这或许是事实），要么是前提 2 "Boxster 是一款保时捷汽车"错了（这不大可能）。这样，你就成功地完成了一次演绎推理。在演绎论证的过程中（与归纳论证不同），如果前提都是正确的，结论就**不可能**是错误的。

从亚里士多德（Aristotle）开始，许多理论家都认为演绎推理代表了理性思维的最高成就之一。所以，对于致力于探索人类理性的认知心理学家来说，演绎推理任务是他们的基本研究工具之一。

研究演绎推理的一个工具是**三段论**（syllogism），即包含两个前提与一个结论的论证过程。结论可以是对的也可以是错的。从给定的前提出发，根据演绎逻辑的规则得出的结论就是**有效**的结论。你得出的结论"Boxster 是一款可信赖的车"是一个有效的结论，但事实又证明它是一个错误的结论，因此你的前提中至少有一个是错的。在关于演绎推理的研究中，研究者会向被试提供两个前提和一个结论，要求被试判断从这两个前提是否必然能导出这个结论，换句话说，这个结论是不是有效的。演绎推理的基本思想是：从前提推导出的有效结论是逻辑必然性的结果（归纳推理的情况则有所不同，归纳得出的结论并不是**必然**正确的）。

4.1　直言三段论

两个类别的事物间的关系可以用**直言三段论**（categorical syllogism）来表示。按照正规的格式，你在保时捷专卖店那里进行的推理可以表达成以下形式。

前提 1：所有的保时捷汽车都是可信赖的。
前提 2：Boxster 是一款保时捷汽车。
结论：Boxster 是可信赖的。

在逻辑语言中，前提 1 被称为大前提，前提 2 被称为小前提。直言三段论可以被概括为以下形式。

前提 1：所有 A 是 B。
前提 2：C 是 A。
结论：C 是 B。

直言三段论中两个子项的关系可以分为以下四种类型。
全称肯定（universal affirmative，UA）：所有 A 是 B。
全称否定（universal negative，UN）：没有 A 是 B。
特称肯定（particular affirmative，PA）：有些 A 是 B。
特称否定（particular negative，PN）：有些 A 不是 B。

两个子项间的关系通常用文氏图来表示，它得名于英国的数学家和逻辑学家约翰·文尼（John Venn，1834—1923）。文氏图使用相互重叠的圆来表达两个或多个子项间的关系。子项用圆来表示，子项间的类别关系以圆之间的重叠程度来表示。图 10-12 用文氏图表示了直言三段论的四种类型。

请注意，全称肯定判断"所有 A 都是 B"有两种可能的表现方式。A 可以是 B 的子集：断言所有豆豆糖（jellybeans）都是红色的，并不必然意味着世界上没有任何其他东西是红色的。另一种情况是：A 和 B 是等同的，即所有红色的东西都是豆豆糖。类似地，特称肯定或特称否定判断也存在多种表现方式。由量词"所有""有些"和"没有"，两个前提，以及一个结论组成的所有可能的组合一共可以建构出 512 个三段论。而在这 512 种可能的三段论中，只有 27 种被证明是有效的（Johnson-Laird & Steedman，1978）。

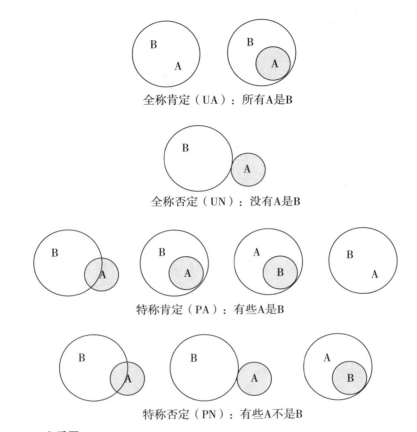

图 10-12 文氏图

这里用文氏图表示变量 A 和 B 之间各种可能的类别关系。全称否定判断只有一种表现形式，但是请注意其他判断的表现形式不止一种。图中的多种可能性清楚地表明，为什么对包含特称命题前提的推理要比对包含全称命题前提的推理难得多。

4.2 条件三段论

一件事件的出现可能以另一件事件的出现为条件，这种事件间的关系可以用**条件三段论**（conditional syllogism）来表示。和直言三段论一样，条件三段论包括两个前提和一个结论。条件三段论的第一个前提是以"如果 p，那么 q"的形式呈现的陈述，其中 p 是先行条件（前件），q 是后果条件（后件）。第二个前提可以是以下四种形式之一。

肯定前件（affirmation of the antecedent，AA）：p 是真实的。

否定前件（denial of the antecedent，DA）：p 是不真实的。
肯定后件（affirmation of the consequent，AC）：q 是真实的。
否定后件（denial of the consequent，DC）：q 是不真实的。
你买车的理由可以用条件三段论的形式呈现如下。

前提 1：如果一辆车是保时捷的，那么它就是可信赖的。
前提 2：Boxster 是一辆保时捷车。
结论：Boxster 是可信赖的。

前提 1 的形式是"如果 p，那么 q"，"保时捷"是前件，而"可信赖的"是后件；在这个例子中前提 2 是符合前件的；结论"可信赖的"是符合逻辑的结果。

研究条件推理的一个最常用的任务是沃森选择任务（Wason selection task）。它表面看上去简单，但能够做出逻辑正确反应的被试一般不到 10%。图 10-13 显示了该任务中的一个问题。在被试面前放置四张卡片，上面分别写着字母 A、D 和数字 4、7。告诉被试如下的条件规则："如果卡片的一面是一个元音字母，那么它的另一面就是一个偶数。"被试的任务是通过翻看最少的卡片以检验这条规则是否正确。好了，你自己来试试吧：你认为要判断规则的正误至少需要翻看哪几张卡片？思考一下这个问题。你可以翻看卡片"A"，检查它背面的数字是否为偶数；如果背面的数字是奇数，那么任务的规则就被证伪了。但如果你发现卡片背面确实是偶数，就证实了任务规则，至少暂时如此。

现在我们完成任务了吗？接下来，你可能会把卡片"4"翻过来，查看背面是否有元音字母。如果你选择这么做，以下信息或许会使你感到安慰：在原实验中，有 46% 的被试也是这么做的。这样做错在哪里？任务的规则并没有说明一面是偶数的卡片其背面会是什么——**无论它背面是什么，都无关紧要**，因此你翻看这张卡片是徒劳的。类似地，翻看卡片"D"也不会得出有用的信息，因为规则没有提到一面为辅音字母的卡片其背面应该是什么，因此卡片"D"背面是什么也无关紧要。正确的推理是选择卡片"A"和卡片"7"。为什么是卡片"7"？因为翻看卡片"7"能够从反面检验任务规则中的"如果-那么"陈述。如果你发现卡片"7"背后是元音字母，这时你才可以断定规则是真还是假。

通常只有不到 10% 的被试能够符合逻辑地解决沃森选择任务，这一事实使人类的逻辑推理能力显得不那么乐观。不过，这里介绍的沃森选择任

规则：如果一张卡片的一面是元音字母，
那么它的另一面就是偶数

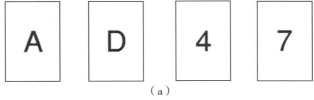

（a）

规则：如果一个信封盖了印章，那么它贴的就是50里拉的邮票。

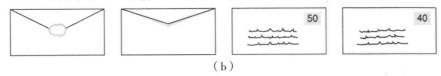

（b）

图 10-13 沃森选择任务

（a）一个抽象的任务版本；（b）一个更接近日常生活的任务版本。两个版本的问题都是一样的：要验证规则是否正确必须翻看的最少卡片（或信封）数是多少？哪些卡片必须被翻看？尝试一下这两个版本的任务，哪一个更简单？

务的版本是非常抽象的，要求人们对写有偶数和元音字母的卡片做出判断并不涉及任何真实世界的相关知识。当把任务换成结合"真实世界"情境的其他版本（"如果你借了我的车，那么就必须把油箱加满油"），被试的表现就有了明显的进步（见图 10-13 的第二行）。

4.3 演绎思维中的错误

演绎推理并不总是一件简单的事情。实际上，我们中的大多数人在直言推理或条件推理的过程中都会做出错误判断。我们犯下的各类错误为致力于发展演绎推理理论的研究者提供了宝贵的信息。

我们在演绎推理中主要会犯两类错误：**形式错误**和**内容错误**。形式错误（form errors）源于结构形式上或前提－结论关系的格式上出现的错误。**内容错误**（content errors）源于三段论影响力过大的内容。

4.3.1 形式错误

在直言推理中常见的一种形式错误在于，只要结论中包含了与前提中相同的量词——"有些""所有"或"没有"，就判定它是正确的。这种错误被称为**"气氛效应"**（atmosphere effect）：在两个前提中被使用的量词会营造出一种总体上的语境或者说气氛，从而令被试接受那些含有相同量词的结论

（Woodworth & Sells，1935）。例如，我们很容易从两个前提"所有 A 都是 B"和"所有 B 都是 C"中推导出必然的结论"所有 A 都是 C"。现在设想我们将以上三段论中的量词"全部"替换成"没有"或"一些"会怎么样。

前提 1：没有 A 是 B。
前提 2：没有 B 是 C。
结论：没有 A 是 C。

从直观上难以看出这个结论是无效的。让我们将这些抽象的 A、B 和 C 替换成一些具体的名词，再来看这个三段论会变成什么样子。

前提 1：没有人类是汽车。
前提 2：没有汽车是医生。
结论：没有人类是医生。

现在这个结论的错误就显而易见了。

条件推理中另一个与"气氛效应"相关的形式错误被称为**匹配偏向**（matching bias），即当结论的句法结构或某些措辞与前提相同时，就判定结论是有效的。例如在沃森选择任务中（图 10-13），被试错误地翻看卡片"4"就属于匹配偏向错误，被试这样做是因为给定的规则提及了卡片"4"（"如果卡片的一面是一个元音字母，那么它的另一面就是一个**偶数**"）。无论是直言三段论中的气氛效应，还是条件三段论中的匹配偏向，都体现出了句法结构的重要影响。在这两种情况下，我们都受到前提中量词的显著影响。为什么会这样呢？

一种可能性是，在直言陈述和条件陈述中有一些特定的对象吸引了我们的注意力，例如形式量词。有研究者提出，因为我们简单地预期自己接受的信息是彼此相关的（Evans，1989），所以我们把量词看得很重要。我们倾向于注意前提中出现的量词，当结论中出现这些量词时就接受结论，这是因为实际上，在多数情况下我们得到的重要信息**都是**相关的。我们在对复杂的直言陈述或条件陈述进行推理时可能感到困难的另一个原因与否定量词的复杂特性（troublesome nature）有关。我们往往不能自动地将否定陈述（例如，"不是偶数"）转换为肯定陈述（例如，"是奇数"）。最后，我们在演绎推理中犯下的许多错误都可能源于工作记忆的有限容量。事实上，当代所有诠释演绎推理的理论都认识到了工作记忆在演绎推理中所起的重要作用。

4.3.2　内容错误

逻辑演绎应当只受到前提结构的影响：逻辑的规则是抽象的，独立于三段论的内容。但在我们人类所处的世界里，内容（被传递的信息）往往是不可忽视的。一种常见的内容错误即专注于三段论中的个别陈述正确与否（而忽略了陈述之间的逻辑联系）。一项研究证明了这种错误的存在，研究者给被试呈现一系列无效的三段论，但其中一些结论包含着正确的陈述（Markovits & Nantel，1989）。请思考下面的两个例子。

前提 1：所有带发动机的东西（A）都需要油（B）。
前提 2：汽车（C）需要油（B）。
结论：汽车（C）带发动机（A）。

以及

前提 1：所有带发动机的东西（A）都需要油（B）。
前提 2："欧巴车"（C）需要油（B）。
结论："欧巴车"（C）带发动机。

这两个结论有效吗？哪一个更像是有效的？大多数被试说第一个结论是有效的；实际上，两个都是无效的。前两个前提并没有限定 C 与 A 之间的关系，而结论却是关于 C 和 A 之间关系的。尽管这样，接受第一个结论的被试是接受第二个结论的被试的两倍以上。显然，当前提与结论均为真实陈述时，我们更倾向于将无效的结论判定为逻辑上有效。

信念偏见效应（belief-bias effect），即更倾向于接受三段论得出的"可信的"结论而非"不可信"的结论，或许也是演绎推理研究中探讨最多的内容错误（综述见 Klauer et al.，2000）。请思考下面的推理。

前提 1：没有香烟（A）是廉价品（B）。
前提 2：有些成瘾物（C）是廉价品（B）。
结论：有些成瘾物（C）不是香烟（A）。

约 90% 的被试判断这个结论是有效的。这个结论既符合逻辑（它是前提推导的必然结果）又很可信（确实有很多成瘾物不是香烟）。如果我们将上述三段论的内容重新编排会怎样？

前提1：没有成瘾物（A）是廉价品（B）。

前提2：有些香烟（C）是廉价品（B）。

结论：有些香烟（C）不是成瘾物（A）。

只有约50%的被试认为这个结论是有效的。事实上这个结论当然是有效的：它是合乎逻辑地从前提中推导出来的。但这个结论是不可信的。问题中不可信的内容影响了许多被试做出有效逻辑推理的能力。

许多研究发现，信念和逻辑有效性相互作用，影响我们对有效性的判断。伊万（J. St. B. T. Evans）等人（1983）向被试呈现包含直言三段论的短文段落（其有效性和可信度不同），结果发现逻辑对不可信结论比对可信结论的影响更大。换句话说，如果结论是可信的，被试更容易忽略三段论的逻辑结构（见随后的**深度观察**专栏）。在演绎推理中，逻辑结构与内容之间的这种交互作用是被探讨得最多的现象之一，当代关于演绎推理的理论非常关注这个问题。

深度观察

逻辑与信念

埃文斯（Jonathan Evans）、巴斯顿（J. L. Barston）与波拉德（P. Pollard）曾进行过一项很有影响力的研究，检验逻辑加工、信念和期望之间的关系；研究结果于1983年发表在一篇题为"三段论推理中的逻辑与信念间的矛盾"（On the Conflict between Logic and Belief in Syllogistic Reasoning）的论文中，刊载于《记忆与认知》（*Memory and Cognition*，*11*，295-306）。

研究简介

研究者感兴趣的问题是人的信念与期望如何影响我们对逻辑规则的遵从。我们真的能"理性"地进行推理，忽略给定问题的内容而只关注论证的逻辑结构吗？

研究方法

该实验向24名被试呈现由80个单词组成的直言三段论短文，这些直言三段论分为四种类型：（1）逻辑上有效且结论可信；（2）逻辑上有效但结论不可信；（3）逻辑上无效但结论可信；（4）逻辑上无效且结论不可信。其中有效论证的逻辑结构的形式如下。

前提 1：没有 A 是 B。
前提 2：有些 C 是 B。
结论：有些 C 不是 A。

无效论证的形式如下。

前提 1：没有 A 是 B。
前提 2：有些 C 是 B。
结论：有些 A 不是 C。

论证的内容包含可信的结论（例如，"有些信教者不是牧师"），或不可信的内容（例如，"有些深海潜水员不是游泳好手"）。每个被试对分别对应于上述四种类型的四篇短文进行逻辑判断。

研究结果

结果数据如下图。首先，对结论是否有效的判断明显受直言三段论的逻辑有效性的影响——当结论具有逻辑必然性的时候，判断结论有效的被试比例更大。第二，对结论有效性的判断也受其可信度的影响——如果结论是可信的，认为结论有效的被试比例也更大。然而必须注意逻辑有效性和信念之间存在交互作用：逻辑有效性在结论不可信条件下的影响（46%比 8%），比在可信条件下的影响（92%比 92%）更大；事实上，本实验中当被试认为结论可信时，他们几乎完全忽视了论证本身的逻辑结构。

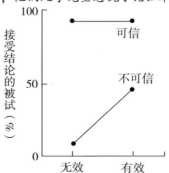

当被试认为结论可信时，他们是否接受结论似乎不受结论的逻辑有效性的影响。
[Evans, J. St B. T., Barston, J. L. & Pollard, P.（1983）. On the conflict between logic and belief in syllogistic reasoning. *Memory & Cognition*, 11, 295-306.]

讨论

这些实验数据反映了信念在很大程度上影响演绎推理，这对人类推理纯粹建立在抽象的、与内容无关的逻辑规则基础上的传统观点提出了挑战。

4.4 演绎推理的理论

目前，已有一些关于演绎推理的重要理论。其中影响力很大的一类理论认为，演绎推理与逻辑运算相似，建立在形式规则的基础之上（Braine & O'Brian，1991；Rips，1994）。这类理论主张人类天生就拥有一套逻辑系统，使我们能够进行演绎推理。根据这一观点，我们是通过在工作记忆中建构并验证"心理证据"来检验演绎三段论的。换言之，我们解决演绎推理问题的途径是：生成把前提和结论联系在一起的语句，然后判断结论是否是前提的必然结果。也就是说，我们凭借天生掌握的逻辑规则，将前提和结论在工作记忆中的表征联系起来，进而对其有效性做出评价。这种基于规则的理论能够很好地解释逻辑形式在推理过程中的特定影响。例如，被试使用演绎推理解决条件问题和直言问题所需的时间与必要的推理步骤的数目以及解决问题的规则的复杂程度成正比。

基于规则的理论也承认演绎推理中的内容效应。知识或期望怎样影响我们内化的逻辑规则的应用？一种可能性是，工作记忆的有限性导致了忽视逻辑规则的推理（Rip，1994）。如前文所述，我们通常使用启发式策略来解决问题。在演绎推理中，当工作记忆的负荷太重时，我们就会（不论效果好坏）使用各种启发式策略来补救自己的逻辑推理。其中一种策略可能是引起信念偏差效应的原因：可信的结论比不可信的结论更可能是有效的（Rips，1994）。之所以会发展出这种策略，是因为我们曾经历过很多既有效又可信的实例。

另一种观点是**心理模型**（mental models）理论（Johnson-Laird，1983；Johnson-Laird & Byrne，1991）。心理模型是基于各种信息（例如，三段论中的信息）而建立的对真实或想象情境的内在表征。根据这种观点，演绎推理的过程分为三个阶段。第一步，建构一个能最佳表征前提信息的心理模型。这需要我们理解前提中包含的概念，以及概念间的关系。例如，当你得到"所有 A 是 B"以及"所有 B 是 C"的信息时，你可能会在心里建构这样一个模型，它包含三个可称为"C"的心理对象，其中两个同时可称为"B"，这两个中的一个又可称为"A"。第二步，得出一个尝试性的结论，并评价它是否与第一阶段得出的模型一致。在上面的例子中，这个尝试性的结论可以是"所有 A 是 C"。第三步，验证结论，这是该理论中最受争议的部分。这一步要求搜索所有符合前提但与结论不同的替代模型（在上面的例子中，所有替代模型都符合前提和结论）。如果我们能够建立这样的一个替代模型，那么结论就是无效的，我们必须继续生成新的替代结论并评价它，如此往复，直到再也找不出能够否定结论的替代模型，该结论才是有效的。

心理模型理论能很好地解释演绎推理中的形式错误和内容错误。例如，有研究发现，评判条件三段论和直言三段论的难度与三段论所需模型的数量直接相关（所需模型数量是一个逻辑形式问题）（Johnson-Laird，1983）。

这种理论也对知识或期望如何影响推理提供了一种解释：结论的可信度可能决定了替代模型的生成与验证过程，而结论可信度本身则是知识经验的产物。如果一开始的结论是可信的，我们或许就不会继续搜索替代模型，因而可能犯接受可信但无效结论的错误。

争论

演绎推理的错误与人类进化

为什么我们在演绎推理中会犯错误？大多数演绎推理的理论都建立在如下假设的基础上：错误的原因在于认知系统中某些核心成分的局限性，例如有限的工作记忆。另一种理论则主张，有些演绎推理的错误是由社会和进化的因素导致的（Cosmide & Tobby，1992）。这种观点的出发点是，人类之所以对社会推理的规则（即对社会情境的解释）敏感，是因为我们在进化中逐渐习得对社会环境的特定方面保持敏感。该理论特别指出，人类的脑拥有一个专门化的"模块"（即独立的系统），用于探测在社会交往中有欺骗行为的同类（Stone et al.，2002）。

进化适应的假设可以解释被试在某些演绎推理任务中的表现。例如，研究者曾研究过一个基底神经节和颞极严重损伤的病人 R. M.（基底神经节和颞极是杏仁核的输入源之一，而杏仁核是加工情绪和社会信息的关键部位，见第 8 章）。由于颞极丧失了正常功能，杏仁核在很大程度上与这类信息相隔绝，无法进行信息加工。研究者用沃森选择任务的变式版测试 R. M.，发现他在判断一个人是否违反了预防规则（例如，"如果你要进行危险行动 X，就必须采取预防措施 Y"）的任务中表现正常；但在判断一个人是否在社会契约（例如，

"如果你得到了好处 X，就必须完成要求 Y"）中有欺诈行为的任务中表现糟糕（前后两个任务在逻辑上是等同的）。研究者指出，如果探测欺骗行为仅仅应用到一般逻辑规则，R. M. 在推理任务上的表现就不会是这样。他的选择性缺陷恰好表明探测社会欺骗行为需要特殊的神经回路的参与。

如前文所述，大多数理论认为我们通过应用逻辑规则来解决不同类型的演绎推理问题（例如，预防规则和社会契约）；演绎推理的进化理论则持相反的观点。这些理论认为不存在特殊的探测欺骗行为的神经回路，探测欺骗行为涉及的神经机制并没有超出其他推理领域之外。关于这个问题，目前的研究数据尚不能给出准确答案。

4.5　语言基础说与空间基础说

对脑损伤患者以及正常健康被试的脑成像研究能够帮助我们探索演绎推理的神经机制。这些研究为一些困扰了几代认知心理学家的基本问题提供了新的启示。其中一个广受关注的问题是：演绎推理和归纳推理是基于语言的还是基于空间的？语言模型认为，由于演绎推理涉及心理表征中的类语言（language-like）属性，我们应当能观察到左半球语言神经网络的激活（例如，额叶和颞叶后部，见第 12 章）。与此相对，演绎推理的空间模型则认为，推理时必须建立与语言信息对应的空间表征（即特定类型的心理模型）。因此，可以假设视–空间知觉网络将被激活（例如，顶叶和枕叶的脑区，尤其是右半球）。

目前的研究结果是两面的。一方面存在支持语言模型的证据。例如有研究发现，左半球脑损伤患者在简单演绎推理任务中的表现非常糟糕，而右半球相应脑区受损的患者只比无损伤的健康对照组表现略差（Read，1981）。右半球损伤的患者有时表现得比左半球损伤患者以及对照组更好（Golding，1981）。这些脑损伤研究为演绎推理的语言模型提供了一些证据。此外，一项对无损伤健康被试的脑成像研究发现，演绎推理的过程中左侧额下回（及左侧枕上回）出现了显著激活（Goel et al.，1998）。这些结果都证明演绎推理是以语言为中介的。另一方面，其他研究者在类似的演绎推理任务中却发现**右侧**颞中叶和右侧额下回被显著激活（Parsons & Osherson，2001），这些结果更符合空间模型。为什么会出现这样的差异呢？

　　首先需要说明：这两项脑成像研究中使用的三段论的类型和内容都不相同。戈埃尔（V. Goel）等人（1998）的研究（发现左半球激活，支持语言模型）使用的是直言三段论，内容涉及军事背景，并使用了被试不一定熟悉的术语（例如，**军官、将军、士兵**）。而帕森斯与阿赫尔森（Parsons & Osherson，2001）的研究（发现右半球的激活，支持空间模型假说）使用的是条件三段论，内容包含更为人们所熟知的材料（例如，**医生、消防员、教师**）。这些材料上的差异是导致不同脑区激活的原因吗？答案是肯定的：已有研究指出，当演绎推理包含被试高度熟悉的材料时，相对会激活更多右半球的神经组织，而不依赖于内容（content-free）的演绎推理则主要激活左半球的神经组织（Wharton & Grafman，1998）。这个事实本身可以部分地解释研究结果的分歧。但关于推理的脑成像研究仍处于起步阶段，还有很多工作等着我们去做。

理解测验

　1. 演绎推理中的形式错误和内容错误有何不同？
　2. 关于演绎推理的基于规则的理论和心理模型理论有什么相似和不同之处？

☆复习与思考

1. 问题解决的本质是什么？

　　问题解决是一个战胜困难，达到特定目标的过程。要实现这一过程，我们必须正确识别问题，并选择一系列可能达到目标的行动。从根本上说，一个问题可以被看作由三个部分组成。第一是目标状态：当问题解决的时候你想要达到的状态。第二是初始（或起始）状态：面对有待解决的问题时你目前所处的状态。第三是你从起始状态向目标状态前进的过程中能够使用的一系列操作（即你能采取的各种行动）。这三个部分听上去简单明了，然而有些问题（称为定义不良的问题）却难以被定义或表征，因为它们的操作和限制条件不明确。另一方面，定义良好的问题（无论复杂程度如何，操作和限制条件是明确的）一般很容易界定。起始状态、目标状态和中间操作都被包含在一个被定义的问题空间中，问题空间指问题解决者在从起始状态走向目标状态过程中的每一步所要面临的一系列状态或可能选择。

批判性思考

- 定义良好的问题总是比定义不良的问题更容易解决吗？为什么？
- 所有问题的解决方法都可以被描述成问题空间的搜索吗？这样的诠释是否遗漏了问题解决的某些关键方面？例如，在我们开始解决问题的时候，起始状态和操作是否就已经完全明确了？

2. 我们如何使用启发式策略或"心理捷径"来解决问题？

启发式策略是一种"大拇指定律"，它可能提供解决问题的捷径。一般来说，与算法策略（保证能得出正确答案的解决某类问题的一系列程序，比如算平方根或做长除法的步骤）相比，启发式策略能够帮助推理者更快到达目标状态。**随机搜索**是启发式策略中的一种，它是一个试误的过程，比如在电脑死机时随意敲打键盘上的按键。使用**爬山法策略**的问题解决者展望接下来的一步，并选择与目标状态最接近的做法。在解决汉诺塔问题时，使用爬山法的问题解决者试图使每一步都最接近于目标状态（三个圆盘都位于第三根柱子上）。使用**手段-目标分析**策略的问题解决者将问题分解成一系列子问题，例如在解决魔方问题时先尝试将某一面调成同色。

批判性思考

- 你能设想出某些启发式策略把问题解决者带入歧途的情况吗？
- 哪些启发式策略更有利于解决定义良好的问题？哪些启发式策略更有利于解决定义不良的问题？

3. 我们如何使用类比法解决新问题？

在解决一个新问题时，我们常常会试图回忆一个类似问题的解决方法，也就是说我们使用了类比法进行推理。确切地说，**类比推理**指的是将一个相对熟悉的领域（源）的知识应用到另一个不太熟悉的领域（靶）中去的过程。一般认为类比推理包含了五个子过程：（1）**提取**相关（源）信息；（2）把源的特征**映射**到目标上；（3）**评价**类比是否有效；（4）把源与目标共有的相关特征**抽象化**；（5）根据源的已知信息，**预期**目标的行为或特征。

批判性思考

- 你能想出一个自己使用类比法解决新问题的例子吗？
- 类比法有时会使我们得出关于对象或事件本质的错误假设吗？

4. 归纳推理与演绎推理之间的区别是什么？

推理可以被不太严格地定义为根据可用信息推导结论的能力。我们在推理时所依赖的过程可以划分为两种主要的推理过程——归纳推理和演绎推理。归纳推理涉及根据已知的信息推导出可能正确的新结论。归纳推理常常涉及类别，将已知的实例推广到所有实例，或者从一些实例推广到另一个实例。另一方面，**演绎推理**涉及从已知信息中推导出**必然正确**的结论。直言推理（对两种类别事物之间的关系做出推理）和条件推理（判断一个事件的出现在多大程度上以另一个事件的出现为条件）是演绎推理的不同形式。

批判性思考

- 你能设想出同时需要归纳推理和演绎推理的特定情境吗？
- 你能否想象出这样一种情境：演绎逻辑使你得出一个有效的结论，但你的常识却告诉你这个结论是不对的？产生这种分歧的原因是什么？

5. 我们的知识和信念如何影响"逻辑的"推理？

从沃森的 2-4-6 归纳推理任务（沃森选择任务）中得出的证据表明，当被要求去发现一个规则时，我们常常表现出一种证真偏向。在一系列任务中推理者把主要精力用于证明他们相信是对的的规则是正确的，而不是去证明该规则可能不正确。关于演绎推理的许多研究发现，我们通常把注意力集中在三段论的个别陈述的真实或虚假上，而忽略了陈述之间的逻辑联系。

批判性思考

- 我们的信念会影响我们的逻辑推理过程，这一发现必定是一个令人沮丧的结果吗？
- 大量认知加工的过程——注意、执行过程、工作记忆是怎样影响信念与逻辑加工之间的相互作用的？

6. 我们的脑是如何协调问题解决和推理过程中包含的大量加工过程的？

与注意和记忆相关的很多脑区在推理和问题解决中也有很强的激活。这种现象很容易理解，因为推理和问题解决通常对注意和记忆的需求都很高。你必须确定当前问题的目标并保持目标的积极性；你必须注意能够帮助你达到目标的当前刺激的相关特性；并且，在把当前目标积极地保持在工作记忆中的同时，你必须确定刺激的当前特征与当前目标之间有怎样的关系，以及下一步应该采用哪些操作。在上面提到的第三步的基础上，你可能需要修改你的短期目标来满足你所要达到的最终目标。这些加工涉及注意和工作记忆，因此需要背外侧前额叶、顶叶和前扣带回（还有其他脑区）的认知资源。对视觉特征的必要的初步分析、客体识别，以及物体位置分析分别需要利用枕叶、颞叶和顶叶的资源。对问题的当前特征以及对问题解决者的当前目标状态的分析之间的相互作用，需要与注意/工作记忆相关的脑结构（尤其是前额叶和前扣带回）之间的一个反馈环路，以及与知觉/客体识别/位置相关的脑结构（尤其是枕叶/颞叶/顶叶）的资源。

批判性思考

- 神经成像怎样为问题解决和推理的理论提供证据？
- 关于脑和问题解决的一个最有意思的发现是：很多与注意和记忆相关的脑区也与思维和推理有关。怎样解释这一发现？

第11章　运动认知和心理模拟

已是深夜。你暂时放下手中沉重的阅读任务，拿起一本侦探小说……

在沿着小路飞奔前进的时候，我们听到了前面亨利爵士发出的一声接连一声的喊叫和猎狗发出的深沉的吼声。当我赶到的时候，正好看到那野兽蹿起来，把男爵扑倒在地上，向着他的咽喉咬去。在这万分危急的时刻，福尔摩斯一口气就把左轮手枪里的五颗子弹都打进了那家伙的侧腹。猎狗发出了最后一声痛苦的呼叫并向空中凶狠地咬了一口，随后就四脚朝天地躺了下去，疯狂地乱蹬了一阵，瘫倒下去不动了。我喘着气弯下身去，用手枪顶着那可怕的淡淡发光的狗头，可是再扣扳机也没有什么用了，大猎狗已经死了。

听到可怕叫声的是华生，和福尔摩斯一起穿过沼泽地的是华生，气喘吁吁的也是华生，而你正安全地待在房间里，那只巴斯科维尔猎犬对你并没有任何威胁。但当你读到故事的高潮时会发现自己的脉搏加速、心脏怦怦直跳。存在于想象中的刺激引发了躯体的运动反应。这是怎么回事呢？

事实上，想象另一个人（哪怕只是一个虚构的角色）的动作并尝试从他人的角度看问题，会像你亲身体验想象中的情境一样引发类似的心理加工，激活类似的神经网络。在上一章里，我们讨论了很大程度上依赖于概念分析的问题解决和推理；在本章我们将讨论另一种思维方式，即对可能的动作或事件进行的心理模拟。长期以来，人们认为年幼儿童在获得概念性思维之前会使用到这种模拟，因此本章讨论的大部分相关研究将围绕发展而展开。

如果你是华生，会怎么做呢？要回答这个问题，你可能会换位思考，想象如果处在他的境遇里自己会如何反应。这种思维依赖于运动认知，**运动认知**（motor cognition）是指运动系统利用已存储的信息来计划和产生我们自己的动作，或对他人的动作做出期待、预测和解释的心理加工过程。在本章我们将探讨并为以下观点提供证据：某些类型的推理和问题解决有赖于运动认知，运动认知常常利用心理表象来构建"心理情景"，从而让你看见"如果……将会发生的情景"。我们将着重阐述下列问题。

1. 运动认知的本质是什么？
2. 什么是动作的心理模拟？
3. 为什么我们要重复他人的动作？这一过程是怎样发生的？
4. 运动认知在知觉中起什么作用？

1. 运动认知的机制

你可能从来没有仔细思考过自己是如何计划和控制自己的动作的，但只要你稍加思考就会意识到，你的行动通常不是由外界刺激引发的生理反射（例如，将手从发烫的炉子上猛地缩回），而是一系列心理加工过程的外露。一个核心的问题是，即使这些心理加工不会引发特定的动作，它们同样可能会出现在认知过程中。要了解这些用来计划和指导动作的加工是如何被用来进行推理和问题解决的，我们必须首先思考运动加工的本质。

很多当代的研究者认为运动的计划和执行是一个连续体。以这种观点来看，一个**动作**（movement）是身体某一部分在物理空间里自发的一个位移，而一个**行动**（action）是指为达到某个特定目标而必须完成的一系列动作。实际上，动作是根据特定的目标来设定的。例如，如果你感到渴了想喝一小口咖啡，你可能会盯着咖啡杯，对它伸出手，将手指握在杯柄上，举起杯子，送到嘴边。运动认知包含了计划、准备和产生行动在内的所有心理过程，同时也包含对他人的行动做出期待、预测和解释在内的心理过程。

1.1　感知–动作循环

感知–动作循环（perception-action cycle）是理解运动认知机制的关键，该循环实现了动作从知觉模式到协同模式的转变。例如，你无意中注意到楼梯的每个台阶有多高，从而相应地抬高你的脚（Gibson，1966）。我们将看到，即使对看起来如此简单的动作进行计划——下意识地觉察出何时迈出你的脚、迈多高——也需要借助于一系列复杂的神经加工。从进化的角度讲，感知的存在不仅仅是为了识别物体和事件，同时（如第 2 章中所指出的）也为动物做出的各种不同动作提供指导和反馈，从而确保该动作的有效和成功。此外，感知的存在也有助于对动作进行计划：有了运动我们才可以去感知，进而才可以对随后要发生的动作做出计划。动物需要运动才能获得食物，吃掉食物从而可以继续运动；它们需要运动才能感知，有了感知才能继续运动。感知和行动是相互交织、相互依赖的，而运动认知则是两者交互的核心。我们制订计划以达到一个行动目标，而感知告诉我们自己是否正在接近目标，或者走错了道。

那么，是什么使感知和行动相互联系起来的呢？来自神经生理学和行为方面的证据表明，是表征把两者联系起来的。这就是说，在脑中存在感知和行动的共享编码，其中，无论感知还是**意向**（intentions）（即通过行动来达到目标的心理计划）的内容均建立在感知和运动两方面的神经加工的基础上（见 Haggard，2005）。

1.2　脑中运动加工的本质

前面已经强调过，运动认知的基础是动作控制系统。一个重要的事实是，不同的脑区支持不同的运动加工。我们着重探讨三个运动脑区。有关它们在信息加工过程中作用的证据，大部分来自动物脑损伤实验的结果（Passingham，1993），以及对脑损伤病人的临床观察。初级运动皮质（M1，第 1 章中已有介绍）是"最低级"的运动区，该区内的神经元掌控精细运动的动作，通过直接投射神经纤维从脑输出后到达肌肉。前运动皮质（PM）参与对特定的行动序列进行编码（并将该神经冲动输入初级运动皮质）。辅助运动皮质（SMA）参与行动计划的制订和执行。因此，通常将这些运动区域按照等级排列起来，其中初级运动皮质位于最底层，而辅助运动皮质位于最顶层。对于这些运动区域的信息加工是如何从具体到抽象逐级上升的［从对特定动作的精确加工（初级运动皮质）到对运动序列较为抽象的加工（前运动皮质），再到对行动的统筹规划（辅助运动皮质）］，出于对本文目的的考虑，对此不做赘述。这三个运动区域的分布见图 11-1。

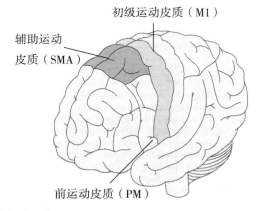

图 11-1　核心运动皮质区域

参与运动控制和运动认知的三个脑区。

［http：//www. brainconnection. com/med. medart/1/motor-cortex. jpg. 仅显示初级运动皮质（M1）、前运动皮质（PM）、辅助运动皮质（SMA）.］

接下来我们看看这三个区域各自所担当的角色。为了研究外部诱发任务（例如，伸手关掉闹铃）和内部自发任务（例如，设置闹铃）在加工过程上的不同，有研究对运动反应准备过程中初级运动皮质、前运动皮质和辅助运动皮质的神经元活动做了比较。在完成内部自发的任务时，你需要提前计划，而在完成外部诱发的任务时，你并不需要提前计划。虫明（H. Mushiake）及其同事（1991）在猴子执行序列运动任务之前和执行过程中记录了猴脑初级运动皮质、前运动皮质和辅助运动皮质的单细胞活动。这个实验的关键在于，动作序列要么由外部视觉信号诱发（VT），要么由内部因素启动（IT）。在 VT 条件下，猴子需要在操作板按键亮起的时候按下按键，按键亮起的顺序是随机的。在 IT 条件下，猴子需要记住事先设定好的顺序并依次按键，在按键过程中无视觉提示。

结果显示，在 VT 和 IT 两种条件下，大多数初级运动皮质神经元在运动前和运动中所产生的活动模式相似。这个结果可以理解，因为两种条件下最终产生的动作是相同的。然而，与 VT 条件相比，IT 条件下辅助运动皮质中更多神经元被激活，在运动前和运动过程中均是如此。这说明运动计划的形成需要辅助运动皮质的参与。与此相反，与 IT 条件相比，前运动皮质神经元在 VT 条件下激活的神经元更多，在运动前和运动中均如此。这说明该区域参与了对特定动作序列的设置。这些结果表明，运动的产生是作为一个整体（包括运动前和运动中）存在于不同加工水平中的；此外，当你事先有行动计划和当你只是按照环境提示做出反应时，其神经加工的机制是不同的。

这三个脑区加工信息的抽象程度逐级上升的事实可能说明，这些区域的激活总是按照严格的顺序进行的。具体来讲，我们很容易假设辅助运动皮质加工结束后才引发前运动皮质的激活，而前运动皮质加工结束后才引发初级运动皮质的激活。然而这明显与事实不符。相反，来自其他神经研究的证据提示，这三个脑区并非总是按照这个顺序激活的，而是以一种复杂的方式相互作用的。当然，不同脑区在对运动的计划、启动和控制中的确起到了不同的作用。我们已经知道辅助运动皮质参与了基于计划对运动序列的组织，而辅助运动皮质参与了对特定行动的准备。但这并不是全部：前额叶参与了启动和对行动的时间安排（如第 7 章所述），小脑参与了对运动序列的时间控制，所有这些脑区都表现出与即将发生的行动相关的提前激活。事实上，从一个区域到另一区域之间的联结通常是从"接受"区到"发出"区的反馈联结的映射，信息的双向传递可能是不同区域内的加工得以相互协调的原因。

简而言之，运动认知基于一个多成分的系统，在该系统内，多种不同的加工同时进行，这些加工发生在支持不同神经网络的多个脑区。

1.3　共享表征的作用

在运动认知领域，**共享运动表征**（shared motor representation）的概念是我们能够对他人的行动进行心理表征的能力。后面我们会了解到，当我们观察他人的运动和我们自己在做相同的运动时，所形成的运动表征具有相同的特征。因此，通过观察，我们可以获得表征，以便于我们日后对行动进行思考。这些共享表征在运动认知中非常重要，因为它使我们能够通过观察他人的经验来进行学习（正如在第 8 章中讨论过的，我们能够通过观察他人来学习情感反应）。共享表征的概念在社会心理学中被广泛使用，尤其是在人际交流领域。要进行一次成功的谈话，说者和听者必须对谈话时使用的词汇有相似的理解，并对交流的主题有一致的看法（Krauss & Fussell，1991）。当你说"我说那个的意思是……"时，你是想明确听者和你拥有共同的表征，从而使你的反应对你和听者都是有意义的，并使谈话能够进行下去。这种对词汇和社交内涵的共享表征被内化了，也就是说，即使在缺乏社交情境的背景下，这种表征也可以被用于心理加工。同样地，语言的共享表征使得我们可以交谈，运动的共享表征使得我们可以诠释他人行动的含义并做出正确的反应。在进化的过程中，通过物理环境和社会环境的相互作用，共享运动表征可能很早就出现了。至于你对华生遭遇巴斯科维尔猎犬的反应，你认同故事主角的能力部分是建立在故事人物的行为对于作为读者的你从内部激发的生理和运动反应的基础之上的。

理解测验

1. 什么是运动认知？
2. 脑的主要运动区有哪些？它们的功能分别是什么？

2. 心理模拟和运动系统

福尔摩斯将他枪里的子弹全部射出的那一刻，正是他见证这一戏剧性事件后所做出运动反应计划的最后一个加工阶段。你认为他的推理过程是基于我们在第 10 章讨论的逻辑演绎和归纳吗？事实上，有证据表明，行动过程中的推理是基于另一种不同的认知的。确切来说，这种推理的方式是通过形成和转化可能的行动的心理表象，并"观察"这些行动的结果。这种思考方式之所以有效，是因为想象和感知的神经机制基本相同（Ganis et al.，2004；Kosslyn et al.，1997；Kosslyn et al.，2006）。因此，在心里"观察"事件可以改变我们的行为，就像观察别人的行为那样。事实上，很多运动员相信，在运动场上执行动作之前在内心预演动作有助于他们提高成绩，这一点已被研究所证实。有证据显示，**运动表象**（motor imagery）（对想要发出的行动进行心理模拟而不实际发出行动）对随后的行动水平具有积极的影响（Feltz & Landers，1983）。

运动表象能够引导我们的运动认知，反过来运动认知也能影响运动表象。来自多个领域的趋同证据表明，运动表象中包含了对实际行动进行计划和准备的加工。其根本的差别在于，在运动表象中没有实际的动作产生，但运动认知加工能够影响心理表象转化的方式。在这一节你会了解到，产生行动的机制同样能使我们对实施行动可能带来的结果做出预期。

2.1　运动启动和心理表征

心理模拟必须在特定类型的心理表征的引导下才能完成。为了了解这种表征的本质，我们先来讨论一种启动。如前所述，启动是指前一个加工过程对随后的加工过程的促进作用。在对运动认知的研究中，**运动启动**（motor priming）是指观察一个动作或行动对做出类似运动反应所起的促进作用。当我们观察一个动作或一个行动时，与我们亲自做出相应的动作或行动时所产生的表征是相同的，运动启动为这种共享表征提供了证据。这些共享表征的存在说明心理模拟尤其有助于对自己或他人可能采取的行动进行推测。下面我们介绍三个关于感知-动作循环的研究结果。

为了研究感知对运动生成的影响，研究者设计了一个基于重复观察到的运动的实验（Kerzel et al.，2000）。实验者指导被试在计算机屏幕上观看一个"发射事件"——一个飞盘（物体 A）与另一个飞盘（物体 B）相撞，并使物体 B 开始运动。研究者操纵物体 A 和物体 B 的运动速度，要求被试在看到飞盘发射后，立即通过在一块板上从左向右移动一支尖笔来重复物体 A 的速度。研究者发现，即便被试被要求**仅**对物体 A 的速度进行重复，被试重复的速度也会不仅受感知到的物体 A 的速度的影响，还受到物体 B 的速度的影响。对物体 B 的感知对被试产生了启动，影响了被试随后对物体 A 的速度的模仿。

　　为了研究对他人运动的感知与自己运动的生成之间的关系，研究者使用了一项模仿了 Stroop 效应但更加复杂的实验任务。研究者给被试呈现两种手势的图片——摊开的手和抓握的手（Sturmer et al.，2000），如图 11-2 所示。被试需要根据刺激中手的**颜色**，而不是姿势来摊开或握紧自己的手：红色代表"抓握"，蓝色代表"摊开"。研究者发现，当刺激中呈现的手势与所需要做出的反应一致时（例如，当刺激为红色，**同时**是抓握的手势时），被试的反应速度更快；而当刺激为红色，而手势为摊开时，被试做出抓握动作的速度更慢。对刺激中手势的感知虽然与实验任务无关，却明显影响了运动的产生。我们无法忽略他人的动作，这些动作促使我们自身做出相应的动作。

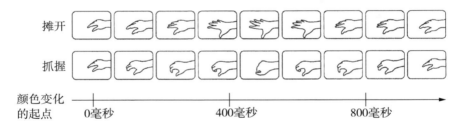

摊开

抓握

颜色变化
的起点　　　0毫秒　　　　　　　400毫秒　　　　　　800毫秒

图 11-2　手势研究

　施图默尔，阿舍斯莱本和普林茨（Stummer，Aschersleben & Prinz，2000）给被试呈现这些手姿势。当刺激的颜色变为红色或蓝色时，提示被试抓握或摊开自己的手。当刺激中呈现手的姿势与需要做出的反应一致时，被试的反应速度更快。

［Stummer, B., Aschersleben, G. & Prinz, W. (2000). Correspondence effects with manual gestures and postures: A study of imitation. *Journal of Experimental Psychology: Human Perception and Performance, 26,* 1746-1759.］

　　此外，卡洛蒂耶洛（U. Castiello）及同事（2002）通过研究被试对机器人手臂运动和真人手臂动作的行为反应，探讨了运动启动的本质和特征。与我们在前一节中得出的结论一致，研究者在四个独立的实验中，发现了真人手臂相对机器人手臂的启动优势：当模型是真人时，被试的反应更快。相对机器人手臂，真人模型引发了被试更加精细的运动反应。例如，观察真人模型的动作后，被试会根据模型抓握动作的幅度来调整自己抓握的幅度，而当被试观察的是机器人模型时则无此效应发生。

　　综上所述，这些研究结果说明仅仅观察一个动作或行动就可以在观察者身上启动一个类似的运动反应。这些结果还支持以下推论：观察一个动作或行动与执行相同的行动共享一个表征系统。这些表征可以通过多种途径被引发，包括阅读大作家的文字在内。因此，当你阅读《巴斯科维尔猎犬》（*The Hound of the Baskervilles*）时，你的身体对华生的可怕经历做出反应就不足为奇了。

2.2　运动程序

你驾驶着一辆汽车，在等候交通信号灯变绿。如果你预测到交通信号的变化，那么当交通灯变绿时你的反应会更快一些。这是因为在做预测时，你就（有时候是下意识地）设定了一个**运动程序**（motor program），即对一系列动作的表征，这些动作在完成真实的动作之前就已经得到了准备和计划，这是你能够完成松开刹车、踩油门动作所必需的。运动程序是运动认知的基础，你不仅可以利用它来生成运动，还可以用它来推测特定运动的结果。

对运动程序的研究多采用反应时（RT）实验。一种研究运动程序机制的方法是观察被试在执行一个行动的前一瞬间发生的情况。根据信息加工模型理论，**运动预期**（motor anticipation）是指准备运动程序所必需的一系列加工操作。这些加工发生在刺激识别之后、运动执行之前。在准备过程的最初阶段，肌肉收缩的电活动并不明显，到准备过程的晚期阶段，肌肉被激活，但此时运动尚未发生。肌肉的这种收缩特征有力地证明了建立运动程序所需的心理加工过程确实存在。该发现说明运动预期存在两个不同的阶段：一个是计划加工阶段，该阶段也可用于建立心理模拟；另一个是发动运动反应的阶段。此外，有证据表明，随着行动复杂程度的增高，对提示线索进行反应的时间延长，这种关系说明复杂的行动需要更多的时间来计划。

在运动预期的过程中脑内到底发生了些什么？人类的脑电活动可以用脑电图（EEG）来记录和测量。负性电活动与皮质活动有关，大脑皮质的中央区域在运动发生前会出现一个负性慢波积累的过程，被称为**准备电位**，可能源于辅助运动皮质。另一种在随意运动之前出现的电信号，源于前额叶，比准备电位出现更早。此外，fMRI 研究显示运动预期并不局限于辅助运动皮质电活动的增强，还涉及顶叶、丘脑及小脑（Decety et al.，1992）。这些研究结果提示，运动预期并非只针对需要做出的动作本身（系统的输出），还涉及动作的背景和意义。这样的表征不仅有助于对动作的控制，也有助于各种形式的推理和问题解决。

前面我们提到，在推理和问题解决中使用运动表征需要抑制实际运动的发生（至少在准备好运动之前如此）。运动预期对脊椎水平的反射活动存在抑制作用，这些脊神经反射活动的发生必须非常迅速，要比刺激信息到达脑内进行加工并做出反应这一过程的时间更短。已有证据表明，在对动作的准备过程中，抑制作用发生在与相关肌肉群相对应的脊椎水平的位置。例如，准备踢足球时，抑制作用会发生在脊椎较低水平的位置；而当准备扔棒球时，抑制作用会发生在脊椎较高水平的位置。该机制通过对脊椎水平活动的大量抑制来阻止动作的发生，从而阻止运动神经元过早激活。由于这种抑制机制的存在，你才不会在滚烫的热水溅到手上时才将这杯水扔掉。

有趣的是，运动认知不仅被用于对我们自己行动的推理上，那些有助于我们对自己的行动制定程序的表征也可以用于预期他人的行动上。一项神经影像学研究证明了这一点，被试在屏幕上看见一个黑色圆点，这个黑色圆点的移动看起来要么像是在书写一个字母，要么像是开始指向一个大的或小的目标（Chaminade et al.，2001）。在这两种条件下，被试对黑色圆点最初运动方式的感知都会影响对其后续运动的预期。例如，被试在看到圆点的运动像是在书写字母时，其用于产生书写运动的皮质区域就会被激活。同样地，已有研究显示人们可以通过视觉来预期行动的结果。费拉纳根和约翰松（Flanagan & Johansson，2003）在被试观看他人完成任务时记录了观察者的眼动活动，发现观察者的眼动活动与被试真正执行任务时的眼动活动非常相似。

前面我们对运动程序的讨论很大程度上是围绕其对行动的指导展开的，然而人类还可以使用运动程序来预期和计划将来的行动。要做到这一点，一种方法是想象我们在各种情境中会有哪些行为。

2.3　行动的心理模拟

我们现在已经初步了解了人们如何对行动建立"心理模拟"。我们建立起能够控制行动的运动程序，但这些运动程序不会激活实际产生动作的神经结构。相反，我们使用运动程序来指导心理表象中的动作，从而使我们能够"看到"特定行动的结果。例如，你能够意识到你的手以哪个精确的角度握枪才能击中那只巨犬的致命器官。与运动程序不同的是，我们能够意识到自己的心理模拟。

如果指导心理表象中动作的运动程序可以同样指导实际发生的动作，

那么我们可以预期，心理表象的训练有助于人们学会相应的活动。事实上，大量行为学和神经生理学研究证明，运动表象对运动技能的学习具有显著的积极作用，比如掌握像击打高尔夫球一样复杂的动作序列。研究者确实已经证明，由心理训练所致的运动程序的变化能够使人实际变得更加强壮。例如，于和科尔（Yue & Cole，1992）比较了两组被试的手指力量，其中一组被试进行反复的肌肉等长收缩运动，另一组只接受运动表象的训练，学习在想象中做动作而实际不做出动作。两组被试的手指力量均得到了提高，等长收缩组提高了 30%，表象组提高了 22%。因此，不进行重复的肌肉运动也可以提高肌肉的力量。

　　运动表象之所以能够使我们对实际的行动做出计划，一个原因就在于来自现实世界的局限以相似的方式塑造了我们的表象和行动。例如，当要求被试在想象中走向两个远近不同的目的地时，完成这项任务需要花费的时间随着与目标的距离不同而不同。被试真实地走向目的地花费的时间与在想象中做这件事花费的时间高度相关。当要求被试想象自己带着一个沉重或轻便的物体走向目的地时，被试报告他们在前一种条件下到达目的地需要的时间更长（Decety，1996）。此外，当要求帕金森氏症患者（症状之一是动作迟缓）分别执行和想象手指的序列动作时，他们在**两**种条件下的运动反应均很迟缓（Dominey et al.，1995）。综上所述，这些结果提示运动表象和运动生成运用了相同的表征，想象的运动和实际执行的运动均受到事物物理属性的影响。

　　运动执行和运动表象在神经基础上的差异从根本上说似乎不是一个质的问题，而是一个量的问题。脑的运动区在实际执行运动和想象运动时均被激活，只不过在后一种情况下激活程度较弱。一项 fMRI 研究要求被试完成实际的或想象的手指-拇指对指任务，发现两种条件下均有对侧运动皮质的激活（想象任务的结果见图 11-3）。然而，想象任务中皮质的激活程度从未超过实际执行任务中皮质激活强度的 30%（Roth et al.，1996）。

　　本章开头部分引用的《巴斯科维尔猎犬》中的场景——华生穿过黑暗的沼泽地去营救朋友，使之免受巨犬的袭击，是相当戏剧性的场面，许多悬疑小说读者的经验表明，故事人物艰难的呼吸和加速的心跳可以引发读者相同的反应。为了给这种关系寻找确切的证据，研究者探讨了（在更缓和的情境中）心理模拟与实际经验是否基于相同的神经机制，这种神经机制反映在自主神经功能的水平上，如心跳和呼吸（不完全受自主控制）。在一项已经得到几个研究小组重复的研究中，健康被试做时速 5、8、10 公里的跑步机训练，期间记录他们的心跳和呼吸（Decety et al.，1991）。此外，被试还需要对在跑步机上行走或奔跑进行心理模拟，被试听到真实训练中跑步机发出的声音的录音，要求他们让自己想象的步调与跑步机声音的录音保持一致。结果发现，被试的心跳和呼吸虽然没有达到与实际训练时一致的水平，但都伴随想象运动的剧烈程度而变化。想象以时速 12 公里的速度跑步和实际以时速 5 公里的速度行走所引起的自主神经系统的活动水平相当。尽管如此，单是想象就能改变心跳和呼吸节律，这有力地证明了想象能够激发自主神经系统的活动。

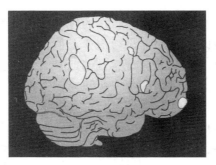

图 11-3　运动表象的神经基础

实际执行和有意识地想象一个行动（该研究中的行动是使拇指和其余四个指头反复触碰）激活了相似的皮质区域：前运动皮质、运动皮质、顶叶和小脑。

[Roth, M.，Decety, J.，Raybaudi, M.，Massarelli, R.，Delon, C.，Segebarth, C.，Morand, S.，Decorps, M. & Jeannerod, M.（1996）. Possible involvement of primary motor cortex in mentally stimulated movement：an fMRI study. *NeuroReport*，7：1280-1284. 经利平科特、威廉斯与威尔金斯出版社（Lippincott, Williams & Wilkins）允许重印]

通过心理模拟想象自己的行动和预期他人的行动，这两者之间有什么关系？为了研究这个问题，鲁比和德茨蒂（Ruby & Decety，2001）要求被试想象一系列熟悉的行动，如刷牙和装订纸张，或者想象另一个人来完成这些事情。这个研究的详细内容参见随后的**深度观察**专栏。结果提示，无论想象自己还是想象他人完成既定行动都激活了前运动皮质、辅助运动皮质和楔前叶。这些脑区可能正是对自我和他人的共享的运动表征的基础。然而，两种条件下激活的脑区并不完全重合。当被试想象自己的行动时，左半球的顶叶下皮质和躯体感觉皮质被单独激活；当被试想象他人的行动时，右半球顶叶下部、扣带回后部和额极皮质被单独激活。这些区域起到了**区分**共享运动表征中的自我和他人的作用。

深度观察

采用不同的视角

珀赖因·鲁比（Perrine Ruby）和让·德茨蒂（Jean Decety）研究了采用他人视角（即想象他人正在完成一个行动）的神经机制。他们的研究发表在 2001 年的《自然神经科学》（*Nature Neuroscience*）上，题为"主观视角对动作模拟过程的影响：一项 PET 研究"。（Effect of Subjective Perspective Taking during Simulation of Action：A PET Investigation of Ageucy. *Nature Neuroscience*，4：546-550.）

研究简介

研究者已经发现产生一个行动和想象自己执行这个行动这两者涉及的神经网络惊人地相似。对于右利手的人来说，该神经网络包括了顶叶下部、前运动皮质和左侧辅助运动皮质（SMA）以及右侧小脑。本研究提出的问题是"当我们想象他人执行行动，而不是自己执行行动时，其神经机制是怎样的？"

研究方法

研究者要求被试在想象中模拟各种日常生活中熟悉的动作（例如，给手表上发条），同时对被试的脑进行扫描。要求被试要么从自己的角度模拟这些动作（想象自己执行这些动作），要么采用观察另一个人的角度来模拟这些动作（想象他人执行这些动作）。研究中所选的动作均需要使用右利手完成。在进行神经影像扫描前，先对被试（右利手）就任务进行训练。进行扫描时，引发自我和他人两种视角的可能是熟悉物体的照片，也可能是描述熟悉运动的语句。实验者记录两种基线条件（看照片和听语句）的脑激活水平。每个刺激都呈现 5 秒。

研究结果

自我视角的心理表象和他人视角的心理表象两种条件都引起了辅助运动皮质、前运动皮质和枕颞区的激活。但这两种条件下的激活区域没有完全重叠。采用他人视角来模拟他人的动作选择性地激活了额极皮质和右侧顶叶的下部。

讨论

该研究证明想象自己行动和想象他人行动具有共同的神经基础。这一发现与行动产生、想象和知觉利用了相同神经编码的观点一致（Decety & Sommerville，2003）。研究者还指出，当想象他人行动时右侧顶叶下部和额极皮质的特异性激活是判断一个行动的施动者是自己还是他人的神经基础。

最后，你可能想知道是不是所有的心理模拟都依赖于运动认知。答案是否定的。首先，我们来看看图 11-4 所示的谢泼德和梅茨勒（Shepard & Metzler，1971）的经典实验。该实验任务要求被试判断成对出现的物体是相同的还是互为镜像的（你自己尝试一下）。被试报告说，他们在想象中对其中的一个物体进行了"旋转"，直至它与另一个物体处在同一方向上，只有进行**心理旋转**之后被试才开始对比两个物体。实际上，如果为了使右边的物体和左边的物体处于同一方向，其旋转的角度越大，被试做出回答需要的时间越长。从这个结果可以看出，人们不仅能够在二维空间里对物体进行旋转，就像观看一张 CD 旋转一样，也能进行纵深的心理旋转。

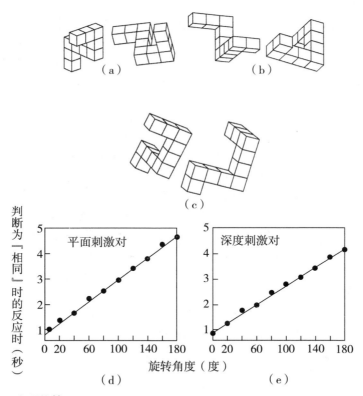

图 11-4 心理旋转

当被试判断每对物体是相同还是互为镜像时，他们对其中一个物体进行了心理旋转，直到它与另一个物体处于同一方向。实际上，需要进行的旋转角度越大，被试做出反应的时间越长（如图所示）。无论是平面旋转（只存在两个维度，比如一张 CD 在桌面上旋转）还是深度旋转（存在第三个维度），都会出现以上效应。

(From "Mental Rotation of Three-Dimensional Objects," by R. N. Shepard & J. Metzler, 1971, *Science, 171*, pp. 701-703. 经允许重印)

心理旋转是如何实现的呢？研究结果显示，不止一种途径可以用来完成这项任务。例如，科斯林（S. M. Kosslyn）及同事（2001）在要求被试完成谢泼德和梅茨勒实验任务的同时对被试脑部进行扫描，并告诉被试如何想象物体的旋转。在一种条件下，他们要求被试想象用手旋转物体，这种情况下初级运动皮质和其他运动区被激活，这很好地证明了运动认知的参与。而在另一种条件下，研究者则要求被试想象物体在电力的驱动下进行旋转，这种情况下脑的运动区并没有被激活（但前额叶和顶叶被激活），这表明运动认知并没有参与其中。

综合更多的研究结果，我们发现，尽管一些类型的心理模拟受到运动信息的引导，另一些类型的心理模拟则是在感知觉信息的引导下完成的。这些感知觉信息告诉我们物体在运动或相互作用时看起来是怎样的（Steven，2005）。我们在第 4 章中已讨论过，心理模拟可以建立在感知觉表征的基础上。但是，大量的证据表明，运动认知也可以引导我们的心理模拟（这也是为什么我们将两种类型的模拟放在本书同一章中的原因）。

理解测验

1. 运动启动对运动认知有何启示？
2. 什么是运动程序，运动程序如何被用于认知？

3. 模仿

我们如何知道哪些动作可以达到某一特定目标？没有这些知识心理模拟就无法进行。一种基本的观点是：我们通过观察他人来获得此类信息。事实上，我们的认知系统恰好可以满足我们的这种要求，使我们可以通过观察他人来获得有关行动结果的信息。

确切地说，我们得益于观察他人和模仿他人。与**仿效**（mimicry）不同〔仿效指无意识、无目的地采纳他人的行为、姿态或习性的倾向性（Chartrand & Bargh，1999）〕，**模仿**（imitation）是指理解观察到的行动的意图，然后对其进行重复的能力。仿效在自然界中广泛存在，而模仿主要限于人类。模仿的意义重大，甚至有报道称文化习得也离不开模仿（Toma-sello，1999）。

3.1　模仿的发展

发展心理学家对模仿能力的关注已持续了数十年。起初，研究者认为模仿是一种复杂的、较晚形成的能力。著名的发展心理学家让·皮亚杰（Jean Piaget，1953）称婴儿的模仿能力大概在8—12个月时才形成。他认为更小的婴儿缺乏将观察到的动作与自发的动作进行对比的能力。

近30年的研究对此观点提出了挑战。在一项里程碑式的研究中，梅杰夫和莫勒（Meltzoff & Moore，1997）证明，模仿甚至可以发生在新生儿身上。新生儿已表现出模仿简单面部表情的能力，如噘嘴唇、张嘴和伸舌头（图11-5）。而且，即使刺激与反应之间存在时间间隔，研究者同样观察到了婴儿的模仿行为，这排除了婴儿对面部表情的模仿是一种反射的可能性。

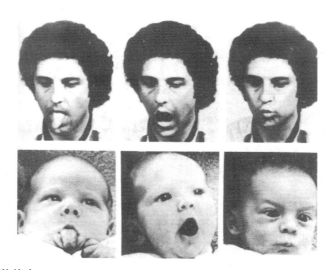

图 11-5　模仿能力

新生儿就能模仿面部表情。

(A. N. Meltzoff & M. K. Moore, "Imitation of facial and manual gestures by human neonates." *Science*，1977，75-78.)

虽然最初婴儿只能模仿身体的动作，比如伸出舌头，但到6个月大时他们就能模仿对物体施加的行动了，比如摇晃拨浪鼓（Butterworth，1999）。并且，随着婴儿年龄的增长，他们能够进行间隔时间越来越长的模仿（Barr et al.，1996）。此外，即便是早期的模仿也不局限于肢体动作，还包括对情绪性面部表情的模仿（Field et al.，1982）。

梅杰夫和高普尼克（Meltzoff & Gopnik，1993）提出，婴儿对情绪性面部表情的模仿使婴儿在内部建立起一种与同伴一致的情感状态。勒杰斯蒂（Legerstee，1991）的研究结果显示，婴儿只模仿人的行动而不模仿物体的运动，这为正常婴儿的自我-他人的联结理论提供了很有说服力的证据。梅杰夫（1995）使用重现范式进一步探讨了这一结果，该范式利用了蹒跚学步幼儿的天性，即模仿成人行为、重现或模仿他们的所见。例如，在一个研究中，两组 18 个月大的儿童观看试图拆开一个哑铃的场景，一个场景由人来表演，另一个场景由机械装置来进行（图 11-6）。真人表演者没有成功，他的一只手总是从哑铃的一端滑落。机械装置以类似的方式失败，它的钳子从哑铃一端滑落。所有儿童均凝神观看了两种场景，但只有观看真人示范的儿童才试图亲自拆卸哑铃。显然，儿童不是对单纯的身体动作或运动进行心理表征，而是根据目标和意图对他人的行为进行心理表征。另一种可能性是相对于机器，儿童对人类有更紧密的认同，他们下意识地认识到自己拥有与其他人类相似的能力。

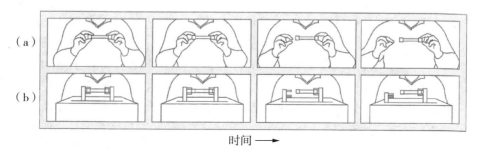

时间 ⟶

图 11-6　我们模仿什么？模仿谁？

18 个月大的儿童观看（a）真人演示和（b）机械装置演示试图拆卸一个哑铃的过程。所有幼儿均怀着兴趣观看，但只有观看真人演示的婴儿才表现出模仿行为。

（Andrew N. Meltzoff, Understanding the Intentions of Others: Re-Enactment of Intended Actsby 18-month-old Children. *Developmental Psychology*, 1995, vol. 31, no. 5, fig. 2, p. 844. Copyright © 1995 American Psychological Association. 经允许重印）

此外，婴儿对他们能够理解的事情进行模仿。例如，15 个月大的婴儿很乐意模仿成人将一只小鸟放在床上，而不太愿意模仿成人将一辆轿车放在床上（Mendler & McDonough，2000）。他们不仅能够表征有目标导向的动作，似乎还能够理解什么是合理的目标。

综上所述，这些研究结果进一步证明了感知–动作循环是推理和问题解决的内在机制的一部分，即使年幼婴儿也会对自己或他人的行动进行一定的心理表征。而且，这些结果完全符合以下观点：我们以自己的行动系统为模型去理解他人的行动，这使我们能通过他人获得运动表征，然后这些运动表征可以被用来指导我们自己的行为。

3.2 模仿的认知成分

如果模仿跟仿效一样仅仅是一种自动的反应，那它对我们就没有多大的用处了。毕竟，人类和鹦鹉是不一样的。我们的需求更加具有多样性，复杂的模仿不能被简化为单纯的感知，或者感知和动作之间的简单联结。相反，模仿包含有计划的观察、重复观察到的动作、达到行动目标，以及重复达到动作目标的方法。

我们在前面的章节中已经了解到，我们的目标和意图影响我们加工环境刺激的方式。事实上，一系列神经影像学研究（Decety et al.，1997；Grèzes et al.，1998，1999）已经证明，模仿行动的**意图**（intention）对于参与**观察**（observation）运动的脑区具有自上而下的作用（图 11-7）。这些研究要求成年人被试仔细观看真人演示的动作，随后进行再认或模仿。随后进行模仿的被试，观察过程中激活的脑区包括辅助运动皮质、额中回、前运动皮质、前扣带回以及双侧半球的顶叶的上部和下部。而对于被动进行观察再认活动的被试而言，观察过程中激活的脑模式则不同（在这种条件下，颞叶内的海马旁回是主要的激活区）。因此，模仿的目的对行动观察所涉及的信息加工具有自上而下的影响。当观察他人的目的是为了进行模仿时，与行动生成相关的脑区被激活。以上研究有力地支持了以下观点：具有模仿意图的观察过程所激活的脑区与那些参与产生实际行动的脑区是相似的。

此外，模仿的机制依赖于我们观察到的行动是否具有意义。尽管正常成年人和儿童能够对上述两种类型的行动进行模仿，但来自对运动不能症患者的研究显示，对有意义和无意义动作的重复基于不同的神经系统。**运动不能症**（apraxia）是一种神经系统障碍，患者的随意运动能力，特别是操作物体的能力受损。对大多数人而言，左侧半球负责对行动和语言的控制，其损伤会导致个体模仿能力受损，同时运动不能症患者通常也表现出语言和运动功能失常。研究者发现，运动不能症患者模仿有意义手势的能力相对完好，而模仿无意义手势的能力受到了损害（Goldenberg &

Hagmann，1997）。基于临床观察的数据，罗蒂（L. J. G. Rothi）和同事（1991）提出，至少存在两条部分独立的加工途径。一条是对熟悉（因而有意义）手势的长时记忆表征；另一条则可用于对有意义的和无意义的手势进行模仿，为从感知到动作产生提供了一条直接通路。

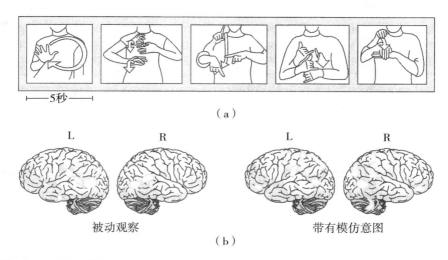

（a）

L　　R　　　　　　L　　R

被动观察　　　　　　带有模仿意图

（b）

图 11-7　意图的影响

（a）被试观看人类模特演示这些动作，每个动作呈现 5 秒。（b）与被动观察相比，如果被试观察的目的是随后模仿动作，额外激活的脑区则包括双侧半球的辅助运动皮质、额中回、前运动皮质、前扣带回和顶叶的上部和下部（"L"和"R"分别代表左、右半球）。因此，模仿意图对观察动作过程中的信息加工具有自上而下的作用。

［Decety, J., Crezes, J., Costes, N., Perani, D., Jeannerod, M., Procyk, E., Grassi, F. & Fazio, F. (1997). Brain activity during observation of actions. Influence of action content and subjects' strategy. *Brain, 120*：1763-1777. 经牛津大学出版社允许重印］

　　研究显示，正常人也更善于对有意义的行动进行模仿，他们在工作记忆中能够存储更多有意义的行动（Rumiati & Tessari，2002）。对正常被试而言，模仿两种不同类型的行动激活的脑区是不同的。实际上，当被试只是对两种类型的行动进行观察时激活的脑区就不相同。例如，一项 PET 研究显示，被试在观察有意义行动时左半球额叶和颞叶的激活很强，而在观察无意义行动时主要激活的是右半球的枕顶通路（Decety et al.，1997）。这些结果支持了有意义行动和无意义行动具有不同加工通路的观点。

我们通过模仿获得了什么呢？我们获得的不仅仅是行为本身，还获得了产生运动程序并达到目标的方法。人类能够复制一个行动（例如，拿起一只咖啡杯）的目标状态，即使需要以不同于观察到的方式来达到目标，并且需要调整达到目标的方法（例如，小心翼翼地将咖啡杯下的餐巾纸拉到自己可以拿到咖啡杯的范围内）。即使我们最初观察的模型不在眼前，我们仍然可以做到这一切（Tomasello，1999）。在一项研究中，14个月大的婴儿观看一个真人演示者用头，而不是用她的手将发光板弄亮。当婴儿明白了演示者为什么不用手去操作发光板时（例如，她的双手正拉着一条毯子裹在身上），婴儿只对事件的结果进行模仿，他们使用一切可能的方法将发光板弄亮。相反，当婴儿不清楚演示者为何使用头部将发光板弄亮时，他们同时重现了方法和目标，和演示者一样使用头部将灯弄亮（Gergely et al.，2002）。

查米纳德（T. Chaminade）和同事（2002）使用神经影像学技术，试图确定个体对目标和手段的神经加工是否存在差异，如果有，差异的程度又如何（在问题解决一章中，这种差异被称为"目标状态"与一系列"算子"之间的差异）。在这个实验中，被试观看真人演示乐高（Lego）拼装玩具。行动目标是将一块积木放置在指定位置上，这个过程就是用于达到目标的运动程序，即特定的动作序列。被试观看了手段+目标（真人演示整个运动过程，最后将积木放置在指定位置上），或仅有目标（将积木放在指定位置上），或仅有手段（动作序列）的演示。研究人员要求所有被试对观察到的演示进行模仿。当被试模仿的是目标或手段时，激活的脑区在右侧背外侧前额叶和小脑区域部分重合，提示这些区域参与了有模仿意图的行动目标和手段的加工。此外，在对手段的模仿过程中，内侧前额叶有特异性激活，而在模仿目标时左侧前运动皮质的激活增强。很明显，目标和手段的加工机制并不完全相同。模仿似乎包含了两个成分（目标和手段），这两个成分至少是部分分离的。

有趣的是，只有模仿手段才会使右脑的内侧前额叶被激活［图11-8（彩插M）］。我们已经知道，该区域在推断他人意图时起关键作用，并在需要理解他人心理状态的任务中起作用（Blackmore & Decety，2001）。该区域在模仿过程中的激活说明，模仿包含了对行动意图的推断或识别。

3.3　运动理解的模拟理论

想象你自己是福尔摩斯，看到你的朋友遭受袭击，你或许会产生和福尔摩斯相似的意图并接着做出一项行动计划——以最快的方式制伏野兽。当我们通过观察或者想象使自己处于他人的立场时，我们就能够理解他人的行动计划（并在以后亲自执行这些计划）。如果我们必须考虑无法观察到的、私密的、内在的心理状态，那么我们到底是如何理解他人的行动计划的呢？

争论

我们如何知道计划是谁做出的？

已有证据显示，我们对他人行动计划的表征与我们对自己行动计划的表征非常相似。从表面上看，证明自我行动和他人行动之间存在共享表征系统的证据似乎是自相矛盾的——如果两者的表征的确可以共享，那么又将如何区分自我和他人呢？乍一看答案似乎很简单：我们拥有一个"自我"的表征并知道何时这个表征是和计划相关的。然而，对于自我本质的思考却由来已久。有的理论将自我看作一个真实存在的统一的精神实体（Descartes，1641/1985），有的理论将自我看作各种感知觉产生的幻觉（Hume，1739；James，1890），还有的理论将自我看作一个虚构的实体（Kenny，1988）。21世纪的研究结果可以为这个经典的争论提供线索。

有时候我们的确会错将他人的行动当作自己的行动，或者反过来（Frith et al.，2000）。然而，神经影像学研究并没能在脑中找到"自我加工中心"（尽管已有一些证据表明右侧前额叶在自我加工中发挥了作用；见 Keenan et al.，2000）；与之相对，研究发现包括顶叶下部、脑岛、后扣带回和前额叶在内的一系列脑区，在发挥其他作用的同时，也在区别自己的行动和他人的行动中发挥了作用（Blackmore et al.，1998；Decety et al.，2002；Farrer & Frith，2002；Farrer et al.，2003；Ruby & Decety，2001）。通常我们都能轻易地识别一项行动的发起者，我们拥有一种"所有权感"，而且我们也都拥有自我感的主观经验。这一切是如何实现的呢？

　　越来越多的证据表明，脑里存在表征自己的身体及其与环境的交互作用的内部"模型"（例如，Frith et al.，2000）。这种交互作用可以用德茨蒂和萨默维尔（Decety & Sommerville，2003）提出的一般前馈模型（feed-forward model）来描述，这个模型使得我们能够识别自我产生行动的感觉性结果。每当发出一项运动指令去完成某个动作时，对该运动指令的复制（称为**传出复制**）就产生了。传出复制随后被用来预测该动作的感觉性结果（Greenwald，1970）。然后脑将这种感觉性预期与对行动的实际感觉性结果进行比较，比较的结果被用于确定感觉事件的来源。这就是为什么你不能有效地胳肢自己：这个行动的感觉性结果被预测到并被取消。我们能够存储与各种行动相关的感觉性预期，以便在需要时从数据库中抽取相应的信息。

　　该模型被用于解释为什么我们能够把自己的想法、愿望和信念归于自身（例如，Frith，1992）。研究者还考察了如何使用这种前馈模型来预测他人的行为（Blackmore & Decety，2001）。当看到别人执行一项行动时，前馈模型被逆转。你从自己的模型中获得他人行动的感觉性结果，并利用这些感觉性结果来"评估"就该行动而言你自己可能怀有怎样的意图，然后将这些意图赋予他人。顶叶和脑岛在比较自己和他人的意图中发挥了关键作用。

　　另一种关于共享表征网络中自我和他人的区分机制的理论没有用到传出复制的概念，而是围绕多个脑区在激活时间上的不同展开。格雷兹等（Grèzes et al.，2004）让被试观看他们自己或其他不熟悉的人抬起不同重量箱子的视频片段，要求被试判断观看的演示者是否对箱子的重量做出了正确的预期。当被试做出这个判断时，额叶和顶叶的运动相关区被激活。而且，与做出关于他人的判断相比，当被试做出关于自身行动的判断时，神经激活发生得更早一些。这个结果说明，在共享的皮质网络中，神经活动发生的时间进程可以用来区分自我和他人的行动。但这些结果还不足以解释所有问题，只有通过进一步的研究才能深入地理解我们如何知道一项行动计划是由我们自身做出的，还是基于我们对他人正在做什么或想要做什么的理解而做出的。

几个世纪以来，围绕这个问题产生了大量假设（见随后的**争论**专栏）。很多研究者假设，我们自己的行动以及与之相伴的心理状态，为我们理解他人的行动提供了丰富的信息资源。在近代，至少可以追溯到詹姆斯·马克·鲍德温（James Mark Baldwin，1861—1934），这位实验心理学的早期代表人物，那时的理论家就开始认为我们作为施动者的经验有助于我们理解作为施动者的他人。鲍德温认为模仿是儿童理解他人的手段。

儿童在模仿他人的过程中，通过做出与他人相同的行动，发现了他人的感受、动机和行为准则，因而发现自己逐渐能够理解他人了。（Baldwin，1897，p. 88）

在 20 世纪早期，社会理论家查尔斯·霍顿·库利（Charles Horton Cooley）和乔治·谢贝尔·米德（George Herbert Mead）均认为我们对他人的理解建立在自我类比的基础上。这一观点被心灵哲学家和心理学家采纳并形成了**模拟理论**，该理论认为，我们内隐地模拟他人的行动而不实际执行行动，从而理解他人行动背后的计划、信念和愿望（例如，Goldman，2002；Gordon，1986；Harris，1989；Heal，1998）。有趣的是，这一观点与生理学领域的模拟理论也是一致的，后者由赫斯洛夫（Hesslow，2002）基于脑功能的三个假设发展而来的：（1）对行为的模拟可以通过激活与产生实际行动相同的运动脑区，并抑制行动的执行来完成；（2）对感知的模拟可以通过感觉皮质的内部激活来完成，而不需要外部刺激；（3）无论外显还是内隐的行动，都能引发对正常结果的感知模拟。例如，通过想象转动一件物体，你能够在心理表象中看到该物体在旋转时的模样（Kosslyn et al.，2001，2006）。

模拟理论的支持者认为，对他人行为的理解可以通过在自己脑中模拟该行为并思考伴随这种模拟的心理或内部状态来实现。对他人的行动也可以通过下述方式来预测：你可以将自己置身于他人的立场上，模拟他人可能会产生的心理状态，然后推断出一种可能的行动。只有借助这些模拟，才能帮助我们通达存储在内隐表征中的信息。

3.4　镜像神经元和自我–他人映射

关于对他人行动的理解是基于自我类比的假设的，迄今为止，支持性的实验证据还很缺乏。如我们前面所讨论的，目前的大量研究支持行动的感知和产生具有共同的表征（例如，Prinz，1997）。对成人的研究结果证明存在一种**感知−行动迁移**（perception-to-action transfer），这种转化是感知−动作循环的一部分，即观察一个行动使随后对该行动的计划和执行变得更容易（启动效应影响行为，如 Hecht et al.，2001）。此外，已有研究显示，当行动和感知享有共同的表征，且这些相似的表征相互混淆时，感知就会干扰行动计划（例如，Müssler & Hommel，1997）。

研究发现，对人类和非人类灵长类动物而言，对行动的观察和对行动的执行享有共同的神经基础。此外，电生理记录结果显示，在执行手和嘴部运动的过程中，猴脑腹侧前运动皮质的特定神经元会放电。不仅如此，该研究还发现，这些神经元中的大部分不仅在猴子执行行动时放电，在猴子观察实验人员做出相似的行动时也会放电（Rizzolatti et al.，1996）。这种神经元被称为**镜像神经元**（mirror neurons）（见第 8 章）。如果将被观察动作的结尾部分（这部分对引发反应起到了关键作用）隐藏起来，此时猴子只能推测这部分的情况，这时镜像神经元中的一部分仍会发生放电反应（Umilta et al.，2001）。镜像神经元可能在你看到的和你可以计划去做的行动之间架起一座桥梁。

采用不同技术的多个研究都证明人类的确存在镜像神经元。首先，法迪加（L. Fadiga）和同事（1995）采用 TMS 技术进行的一项研究发现，当感知他人执行行动时，观察者运动系统的兴奋性增强。这种增强具有选择性：只有用于产生观察到的行动的肌肉才出现了活动增强（见 Fadiga et al.，2005）。类似的结果在 EEG 研究中也有报道，该研究要求被试观看物体运动、动物运动和他人完成体操动作的影片，并观看上述事件的静态画面（Cochin et al.，1999）。结果显示，感觉运动皮质在观看人类运动的过程中具有特异性激活。MEG 研究也报告了初级运动皮质在对行动的观察过程中的激活（Hari et al.，1998）。这些研究结果表明自我和他人的行动在脑中编码方式类似。因此，我们不仅能够根据自身行动的产生来理解他人的行动，也能够根据他人的行动来指导我们自身的行动。

此外，一些研究者还提出，这种自我和他人行动的共享表征可能在个体的发展过程中起到了有力的促进作用（Frye，1991；Tomasello，1999）。如果婴儿使用从他们自身的行动中得到的信息来理解他人的行动，那么我们可以预期婴儿是能够理解或诠释他们能力范围内的行动的。为了验证这一假设，萨默维尔和伍德沃德（Sommerville & Woodward，2005）观察了 10 个月大的婴儿如何对一个简单的拖动布料的行动序列做出反应，即演示者通过拖动一块布料来获取用手够不到的一个玩具。研究者感兴趣的是，婴儿自己能够完成拖拽布料行动序列的能力与观看他人执行这一行动序列时理解该行动序列（即确定行动目标）的能力之间的关系。研究结果显示，在自己拖拽布料时善于利用目标导向策略的婴儿正是那些认识到演示者的系列动作是冲着玩具这个最终目标而去的婴儿。与之相对，那些在自己拖拽布料时很少利用目标导向策略的婴儿，他们似乎误解了演示者的动作序列的目标。追踪研究的结果显示，年龄（代表发展水平）和信息加工能力（代表智力）都不能解释两组婴儿在理解行动方面存在的差异。

在后续的研究中，当婴儿获得了自己获取物体的经验后，3 个半月大的婴儿能够更好地探测他人行动的目标（Sommerville et al.，2005）。这些研究结果说明，对行动的计划与对他人行动的感知是密切联系在一起的，这两种能力在婴儿时期就开始形成，婴儿自身发展的行动能力可能为他们理解他人的行动提供了重要信息。

然而，我们不得不在本节的最后告诫读者：正如并非所有的心理模拟都依赖于运动加工一样，并非所有关于他人的认知都依赖于运动加工。无论对我们自己或是他人而言，激发人类信念和愿望的机制都是一个复杂难解的网络，运动认知并不能解释这个网络的每个方面（见 Jacob & Jeannerod，2005）。

理解测验

1. 我们用于模仿的两条"加工途径"是什么？它们与计划、先前存储的信息和新近获得的信息之间有什么关系？
2. 什么是镜像神经元？为什么它们对理解运动认知很重要？

4. 生物性运动

镜像神经元在模仿中的作用说明我们的感知受到运动能力的影响。如果是这样，我们的运动认知系统就可以帮助我们观察到细微的动作模式，尤其是那些提示准备实施特定行动的生命或有机体存在的信号。这一概念基于这样一个事实：所有的动物，包括人类和非人类，都具有独特的运动模式。不管这些模式之间的差异有多大，它们与无生命客体的运动之间都存在本质的区别，因此被统称为**生物性运动**（biological motion）。如本章开始部分引用的虚构的但也可能实际发生的描述所展示的，我们从少量视觉线索中感知生物性运动的能力可能正是生命和非生命的区别所在，而我们人类非常善于使用这种能力。

在这一节里，你会了解到人类对生物性运动很敏感，我们能够轻易地区分那些表面上非常相似的各类运动，而且关键的一点是，当我们感知到的行动也可以被我们执行时，我们的运动认知系统就会发挥作用。这些发现与我们从前面几节中得出的结论是一致的，即无论对我们自己还是他人的行动而言，我们都在同一个系统内对行动的生成和感知进行编码。所以，我们能够观察他人的行动，并在随后我们自己进行的运动认知加工和心理模拟过程中用到这些信息。

这些就是我们这一节中要得到的结论，下面让我们来看看这些结论是如何被证明的。

4.1 生物性运动的感知

和其他动物一样，我们的生存有赖于我们对其他生物的行动做出识别、解释和预测的能力。尤其是对他人运动的感知，在适应环境方面发挥了主要作用，对我们的祖先区分猎物和捕食者、朋友和敌人具有重要意义。为了达到这样的目的，对生物性运动的觉察必须是迅速、准确且自动发生的。

很多行为学研究证据显示，人类的视觉系统非常适合感知生物性运动。瑞典心理学家贡纳尔·约翰森（Gunnar Johansson，1973）发展了"点-光技术"（point-light technique），将小光源固定在演示者的手腕、膝盖、脚踝、肩膀和头部，要求演示者在黑暗中完成各种动作，例如行走、跳舞和跑步（观察者能看到的只有黑暗中运动的光点）。当要求被试描述他们看到的内容时，被试很容易地识别出演示者在运动中的体型，并辨认出各种动作。其他研究组采用该技术证实了这种从运动着的光点中显现出的**运动模式**（kinematic pattern）已经足以传递出生动、明确的人类动作的印象，尽管当演示者站立不动时，被试只能感知到一堆无意义的杂乱光点（图11-9）。

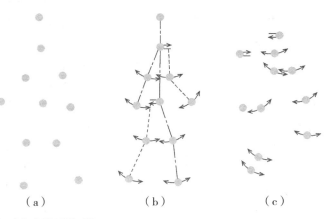

（a）　　　　　　　　　（b）　　　　　　　　　（c）

图 11-9　我们对光点陈列的感知

（a）静止的光点陈列通常不会被看作一个人形。（b）当相同的光点陈列进行连贯的运动时，可以很容易看出是一个人在行走。（c）如果光点陈列做杂乱无章的运动，常常被看作一群蜜蜂。

[Bertenthal, B.I.（1993）. Perception of biomechanical motion in infants：Intrinsic image and knowledge-based constraints. In Carnegie symposium on cognition：Visual perception and cognition in infancy. C. Granrud（ed.），pp. 174-214. Mahwah, NJ：Lawrence Erlbaum Associates. 经允许重印]

　　例如，科兹洛夫斯基和卡廷（Kozlowski & Cutting，1977）的研究显示，观察者在观看光点演示时能够做出非常准确的分辨，包括判断演示者的性别。更值得注意的是，当观察者自己也被作为演示者录制在影像中时，观察者甚至能够依靠这些视觉信息将他们自己和其他熟悉的人区分开来。然而，如果将录像上下颠倒过来播放，观察者不能报告看到了颠倒的人形。此外，我们觉察和识别生物性运动的能力还受到特定行动类型的影响。迪特里奇（Dittrich，1993）给被试呈现运动性行动（行走、上楼梯）、工具性行动（用锤子敲、用搅拌器搅拌）以及社会性行动（打招呼、拳击）。被试对运动性行动的辨别比对社会性和工具性行动的辨别更准确、更迅速。

　　甚至婴儿也对生物性运动很敏感。研究者发现，3 个月大的婴儿更喜欢看一个正立行走的人身上正常的光点运动，而不喜欢看上下颠倒过来行走的人身上的光点运动。这提示婴儿能够觉察光点运动的结构（Bertenthal et al.，1984）。婴儿怎么可能做到这一点呢？一些生理局限性使我们对人类的生物性运动和对物体运动的感知存在不同。例如，手腕可以相对于手肘做向前、向后、向上、向下的移动，但它与手肘之间的距离总是固定不变的。贝尔滕索（Bertenthal，1993）提出婴儿对这类生理局限性的内隐知识可能反映了视觉系统一些固有的特征。

婴儿觉察生物性运动能力的发展为研究人类如何对行动做计划提供了非常有趣的线索。如前面所提到的，3 个月大的婴儿就能像更大的婴儿一样区分正立和上下颠倒行走的人形光点。同时，3 个月大的婴儿还能区分上下颠倒行走的人形光点和随机呈现的光点排列，而 5—7 个月大的婴儿却不能。贝尔滕索对这一变化做出的解释是：婴儿在 5 个月大时只对他们感知到的熟悉的事物做出反应，也就是说，经验和知识积累使 5 个月大的婴儿能够将正立的光点排列识别为行走的人，但他们将上下颠倒的和随机排列的光点视为等同，因为这两种刺激就他们的经验而言是同样陌生的。到 5 个月大时，因为先前的知识与感知发生了交互作用，婴儿会通过更为复杂的加工方式来对这类刺激做出反应。

观测经验似乎塑造了婴儿对生物性运动的感知能力的发展，由此引发的一个有趣的问题是：观察者自己的运动能力是否会限制对生物性运动的感知？有一项很有意义的个案研究，被研究者是一个叫 A. Z. 的人，她生来就没有四肢（Brugger et al.，2000）。研究者要求 A. Z. 判断她所看到的以不同角度旋转过的手或脚是左侧的还是右侧的肢体。对于对照组中的正常被试来说，当他们需要将自己的手或脚做更大角度的旋转，以便和刺激处于同一方向（利用了一种心理旋转）时，他们需要更长的时间做出反应。尽管 A. Z. 生来就没有四肢，她的感知判断却表现出与对照组被试同样的生理局限性。因此，对生物性运动（至少是位移运动）的感知似乎本质上并不依赖于运动经验，它主要的神经机制是与生俱来的。

4.2　生物性运动的加工

将一些运动着的光点迅速识别为人形，意味着对光点进行正确的组合是由一个特定的神经网络完成的。事实上，研究者已经报道了一些脑损伤患者的案例，他们觉察生物性运动的能力受损，却几乎没有其他方面的功能障碍（Schenk & Zihl，1997）。也有一些研究报道了反向分离的现象：对生物性运动的感知能力完好，而其他类型的感知能力受损（Vaina et al.，1990）。这个研究中的患者区分不同运动速度的功能受损，需要高出正常水平数量的有组织的信息才能觉察出生物性运动，然而除了难以识别光点代表的人形的运动以外，该患者在辨别其他人类活动上并没有困难。

此外，帕夫洛娃（M. Pavlova）和同事（2003）考察了出生时早产并患有脑室旁白质软化（periventricular leukomalacia，PVL）的青少年对生物性运动的视觉敏感度。这类患者的脑室周围的白质发生软化（可能是由于在出生前或出生时脑部的供血不足所致），导致了早期的运动障碍。研究者发现，这类患者顶-枕区的 PVL 损伤程度越严重，他们对生物性运动的敏感性越低。这些结果提示顶枕区在生物性运动的觉察过程中起到了作用。

更为具体的证据来自几项神经影像学（fMRI）研究，这些研究发现，当呈现给被试与约翰森实验中的光点类似的刺激时，颞上沟（superior temporal sulcus，STS）的后部区域出现了激活［图 11 - 10（彩插 N）］（Grèzes et al.，2001；Grossman & Blake，2001；Howard，1996）。该区域位于视觉区 V5（也称 MT 区）的前方和上方，视觉区 V5 与对动作的感知相关。另一个脑区位于左侧半球顶内沟（顶叶的一部分）前部，研究发现其参与了对真人行动的感知（Grafton et al.，1996；Grèzes et al.，1998；Perani et al.，2001）。与我们前面对心理模拟的讨论一致，仅对生物性运动的想象就足以激活颞上沟区域，尽管这种激活较实际感知到光点运动时的激活要弱一些（Grossman & Blake，2001）。当你读到巨犬扑向它的既定目标时，那些文字演变成了对视觉运动的表征，而加工这些表征的皮质区域正是加工观察到的运动的那些区域。

4.3　运动感知中的运动认知

当读着华生的可怕经历时，你并没有把华生的动作与巨犬的动作弄混。我们感知生物性运动的能力不仅在于能够将人和动物的运动区别于汽车和球的运动。一项针对 29—94 个月大孩子的研究结果显示，感知人类动作、动物动作和虚拟人类动作所涉及的脑区不同（Martineau & Cochin，2003）。此外，神经影像学的实验已经找到针对人类行动（例如，抓住一只咖啡杯）的特异性神经网络，这些网络不会被具有类似视觉特征的动作激活，如虚拟现实中呈现的行动或机器人完成的行动（Decety et al.，1994；Perani et al.，2001；Tai et al.，2004）。现在，让我们来思考这个关键的问题：为什么我们对运动的感知具有如此高的特异性？

人类动作是唯一一种我们既能产生又能感知的动作类型。我们的解剖结构限制了我们能完成的行动，并且反过来限制了我们对行动的想象和感知的方式，而我们想象行动的方式对我们计划自己动作的能力起到了至关重要的作用。因此，除非我们具有有关马的特定知识，否则我们无法立即发现图 11-11 画中存在的"错误"。已有观点认为，我们对他人动作的感知是以关于自己身体的运行机制的内隐知识为中介的；这类知识的确是无意识的，我们通常并不知道自己拥有这些知识。这些知识在指引我们进行心理模拟的过程中起到了关键作用——使得心理模拟过程非常逼真。

（a）　　　　　　　　　　　　　（b）

图 11-11　赛马会上

（a）画家泰奥多尔·热里科（Théodore Géricault）的作品《埃普瑟姆赛的赛马会》（1821）。这是一幅美丽的作品，但从生理学的角度看却是不可能的。实际上，在马的四条腿都离地的奔跑瞬间，马的四条腿并不是向外展开，而是在躯体下向内收拢的，如图（b）所示，这是 2003 年匹里克尼斯马赛上获胜者的一张照片。

（a）［"The Derby at Epsom", Théodore Géricault（1821）. Musee du Louvre, Paris.］
（b）（Photograph by Gary Hershom Courtesy of Corbis/Reuters America LLC.）

一些研究利用**似动现象**（apparent motion），即当位置紧邻的视觉刺激快速连续呈现时发生的一种错觉，有力地证明了内隐运动知识参与了生物性运动的觉察。似动现象使得剧院招牌上闪烁的灯光看起来像是在围绕招牌的四周移动，而维修警示牌上的两个灯看起来则像一个灯在前后运动。正是似动现象使得动画书和电影成为可能。

在一系列精巧的研究中，希夫瑞尔和弗雷（Shiffrar & Freyd，1990）为被试呈现两套不同姿势的人体照片。其中一套照片中，任意两张相邻照片之间的直接转换都对应着可能的动作。另一套照片中相邻两张照片之间的直接转换则违反了"固态限制"（solidity constraint）（即一个固体无法穿过另一个固体），因而是不可能的动作。当被试观看两套照片时，他们看到的连续两张照片产生的似动现象随着两张照片呈现的时间间隔而变化。两个刺激开始呈现的时间点之间的间隔称为**刺激起点异步性**（stimulus onset asynchrony），或称为 SOA。在短 SOA 的条件下，被试报告看到了最短的（然而是不可能的）运动轨迹，随着 SOA 的延长，他们报告看到的运动轨迹与人类的实际动作一致（图 11-12）。当 SOA 与生物性运动的实际完成时间相匹配时，被试更容易感知到生物性运动的轨迹。相反，当刺激换成无生

命物体的照片时，无论 SOA 的长短，被试感知到的始终是最短运动轨迹的
似动（Shiffrar & Pinto，2002）。

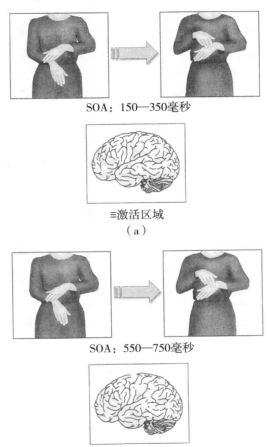

SOA：150—350毫秒

≡激活区域

（a）

SOA：550—750毫秒

≡激活区域

（b）

图 11-12　似动现象

（a）当刺激呈现间隔（SOA）较短时，被试感知到的是一个直接的（但在生理上是不可能发生的）运动轨迹：照片上的两只手看起来只是交换了位置。此时额叶、颞中回和顶叶后部发生了激活。（b）在长 SOA 条件下，被试感知到一个非直接（可能的）的运动轨迹，与人类的动作相同。此时运动皮质、颞上沟和顶叶下部发生了激活。

["The Visual Analysis of Bodily Motion"（pp. 381-399），by M. Shiffrar and J. Pinto, in *Common Mechanisms in Perception and Action*，edited by W. Prinz and B. Hommel,（2002），New York：Oxford University Press，Copyright 2002 by Oxford Universtiy Press. 经允许重印]

神经影像学研究显示，感知人类运动和物体运动的区别就在于，前者有运动脑区的直接参与，而感知物体运动的过程则没有。在一项研究中，被试观看一个人类模特呈现不同姿势和物体呈现不同空间形态的静态照片（Steven et al.，2001）。成对的照片被依次呈现，使它们看起来像是从一种姿势（形态）移动到下一种姿势（形态）。被试的任务是评估感知到的运动轨迹的真实性。对人类模特而言，被试感知到的运动要么是可能的要么是不可能的。研究结果显示，当被试感知到可能发生的人类动作轨迹时，左侧初级运动皮质、双侧顶叶和小脑有特异性激活。与之相对，当被试感知到不可能的人类动作轨迹时，则未发现这些区域的特异性激活，取而代之的是腹内侧前额叶的激活的明显增强，该区域在先前的研究中被认为参与了人们对前后不一致的句子的理解（Ferstl & von Cramon，2002），以及对社会冲突的加工（Bechara et al.，2000a）。

以上研究结果证明，对人类似动的感知不只依赖于视觉加工，还依赖于运动加工，同时也证明了物体运动的感知和人类运动的感知基于不同的神经网络。另外，以上研究结果还与前面我们讨论过的一个观点一致：我们可以通过自身的运动系统和计划自身行动的方式来理解他人的行动（Shiffrar & Pinto，2002；Viviani，2002）。

不过，基于光点技术的神经影像学研究结果和基于似动的研究结果之间似乎存在矛盾。对光点提示的人类动作的识别并不受产生运动的脑区损伤的影响，神经影像学研究一致地报告，该任务激活的脑区仅限于颞-枕-顶联合区和顶内沟，而非运动脑区本身。然而，似动研究显示，被试对生物性运动的感知受到被试运动能力的制约，神经影像学研究显示，参与产生行动的脑区也参与了对可能发生的动作的视觉加工（Grèzes & Decety，2001；Stevens et al.，2000）。我们该如何解释这种明显的分歧？

出现这种不一致的原因可能部分源于这样一个事实：使用光点排列技术来考察生物性运动的研究通常基于对**移动**（locomotion）的探测。一方面，移动具有重要的进化意义和功能意义，其神经加工是快速且自动进行的，因此，仅是颞上沟的后部可能就足以完成探测功能，而不需要特定运动脑区的参与。另一方面，似动研究通常使用比光点排列更复杂的刺激来描绘人体的外形，而且刺激描绘的动作并不局限于移动。因此，对这类刺激的加工比对光点排列的加工要复杂得多。

理解测验

1. 为什么人类对生物性运动的敏感性与我们解释行动的方式是相关的？
2. 我们对于生物性运动的感知有什么独特性？

☆复习与思考

1. 运动认知的本质是什么？

运动认知有赖于内部表征，内部表征被用于计划和预测我们自己的行动，以及期待和理解他人的行动。这些表征本身在生命的早期就已存在，通过自我和他人的交互作用不断完善，并且能为不同个体共享。

批判性思考

- 运动认知对长期的计划有何作用（例如，计划 3 个月之后的假期）？
- 运动认知和计划表现出与人体结构局限相应的局限性。然而，研究结果提示，即使身体残疾的人也能在他们的行动知觉中弱化这些限制。如果这是事实，那么学习和经验在运动认知中起什么作用？

2. 什么是对行动的心理模拟？

我们可以建立和运行运动程序，然后"观察"它们如何影响心理表象。我们可以为了取得一个目标或理解他人的行动而运行心理模拟。然而，在一些情况下，心理模拟不受运动信息的引导，而是在知觉和概念信息的引导下完成的。

批判性思考

- 哪些问题最适宜用心理模拟来解决？哪些问题使用心理模拟来解决比较困难？
- 所有的运动认知都包含心理模拟吗？（提示：我们能够意识到心理表象，但我们能够意识到所有的运动认知吗？）

3. 我们为什么要复制他人的运动？我们是如何做到的？

用于运动认知的心理表征部分地建立在我们对他人的观察的基础之上。模仿能力在生命早期就出现了，在理解他人方面发挥了重要作用。大量证据表明，模仿不只是对观察到的行为进行简单的复制，我们还对他人的意图和目标做出推断。当随后需要取得同样的目标时，我们可以利用一系列可能的行动。

批判性思考

- 人类能够模仿的事实是否意味着我们从不进行仿效？运动启动与仿效之间有何关系？
- 什么类型的计划中不包含行动成分？理论上是否存在不会导致行动的计划？

4. 运动认知在感知中的作用如何？

运动认知不仅部分依赖于感知过程中建立起来的表征，也对某些形式的感知过程产生影响。人脑已经演化出用于检测和加工其他动物（包括其他人）的特定神经机制。而且，对人类行动的加工不同于对其他类型的生物性运动的加工。重要的是，运动系统在我们感知自身能够产生的运动时发生了激活，这使我们更易于利用对以往观察到的行动的记忆，以便在将来产生我们自身的行动。

批判性思考

- 如果一种能力是与生俱来的，这是否意味着学习不起作用？如果学习对探测和加工生物性运动发挥了作用，可能是怎样的作用？
- 如果你暂时瘫痪了，你认为在自己无法生成行动的情况下还能感知行动吗？如果可以的话，这是否否定了运动认知参与了感知行动的观点？

第 12 章　语言

学习目标

午后的街头车水马龙，人头涌动。在人群中，你认出一个久未谋面的朋友，你急忙朝她挥手，并追上了她。她身穿一件与平日风格不符的 T 恤，T 恤上印着"快乐的猪"，以及一只系着围裙、端着一盘食物的卡通猪。你问她为什么穿成这种风格。"哦，这是因为我现在工作的地方，"她说，"它是，呃，一家……嗯，偏亚洲风味的熟食店。店里有非常美味的芝麻面，非常棒。"话音未落，一辆公共汽车呼啸而过，你没有听清朋友说的最后一句话，但基本上已经理解她的意思了。"熟食店在哪里呢？"你大喊着问，这时又一辆公共汽车来了。"在……的拐角处。"你又一次没听清她的回答，不过这次你猜不出她说的什么。你的朋友从背包里掏出一张外卖菜单，把地址指给你看。"太好了，我会去试试的！"你一边喊着，一边被人群挤走了。

从你最初接受教育的那些日子开始，读到或听到一个句子，并理解它的含义通常都是毫不费力的事情，而且基本上是瞬间完成的（当然，要完全体会其内在的含义可能更难一些！）。现在作为一个熟练的阅读者和听众，你可能很难重新体验到童年理解语言时挣扎的感觉。事实上，说话和理解别人的话语是两项非常复杂的活动。本章我们将讨论以下问题：

1. 语言表征有哪些不同的水平，这些不同水平是如何整合的？
2. 语言理解是如何在这些不同水平上进行的？
3. 口语和书面语的理解过程有何异同？词语和句子的理解过程有何异同？
4. 人们如何计划和生成语言？
5. 语言和思维的关系是怎样的？

1. 语言的特性

当听到或读到一句话时，你总是把注意力集中在它的含义上，并将其与存储在长时记忆中的信息联系起来。尽管你现在能轻易地完成这件事，但提取句子含义的认知过程实际上是很复杂的。探究语言理解及其心理机制的学科叫**心理语言学**（psycholinguistics），它主要的研究对象是语言的理解、生成和习得。从这个学科的名字可以看出，它既依赖于心理学又依赖于语言学，既研究语言又研究语言结构。

1.1　语言表征的水平

我们所听所读的每一个句子都包含着各种类型的信息：声音的、字母的、音节的、词语的以及短语的。这些语言成分像一个连环谜语一样组合在一起，构成一个意义完整的句子。语言研究者把这些成分称为语言表征的不同**水平**（levels），它们共同构成一种语言的语法。**语法**（grammar）通常是指基于**词性**（parts of speech）等概念的使用规则。语言学家和心理语言学家对语法这个术语的理解有所不同，他们用**语法**这一术语来表示人们对自己语言的结构所掌握的知识的总和。大部分语法知识是无意识的，但这些语法知识却是我们能够轻易说出和理解一种语言的能力的基础。我们能够理解"The chef burned the noodles.（厨师把面条煮煳了）"这句话。图12-1 对这种理解能力背后的不同语言表征水平进行了图解。

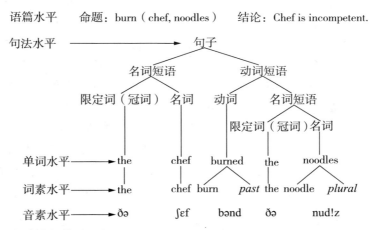

图 12-1　语言表征的不同水平

这里表示的是句子"The chef burned the noodles."表征的各个水平，以及各水平之间的关系，这种表示方法称为短语结构树。

图的顶端是**语篇**（discourse）水平，指的是一组连贯的书面或口语句子。这个水平表征的是整个句子的意义，而不是单个词语的含义。在句子"The chef burned the noodles."中，语篇表征的一个重要部分"chef"是动作的施动者，而"noodles"是动作的对象。表征这种关系的一种方式是通过从句中的**命题**（propositions）来表征，在图 12-1 中被图解为"*burn（chef，noodles）*"。一个命题表征（又见图 1-4）简明扼要地把动作、施动者和受动者关联起来。语言理解的一个核心部分就是对"谁对谁做了什么"的基本理解。语篇表征也会将句子的意义与它出现的语境（完整的对话或阅读文本），以及长时记忆中的信息关联起来。这种关联使你将句子包含的信息与先前知识（"我们上次在这儿吃的面也被煮烂了！"）联系起来，并做出推论（"我们也许该换一家餐厅了。"）。

语篇水平之下是**句法**（syntax）水平，它指定了句子中不同词性的词之间的关系（例如，名词与动词间的关系）。句法是表征句子结构的一种方式，很多心理学家和语言学家认为，句法也是我们对句子的心理表征的一部分。这里的例句由一个充当主语的名词短语（"the chef"，对应语篇水平的施动者）、一个动词（"burned"，描述动作），以及另一个名词短语（"the noodles"，作为直接宾语，对应语篇水平的受动者）组成。表征句子句法的一种标准方式是**短语结构树**（phrase structure tree），即用图解表示一个句子的线性和等级结构（图 12-1）。短语结构树是分析句子成分的一种简便方法，但它的功能不仅限于此。很多语言学家和心理语言学家相信，在理解句子的过程中，我们建立了对词语之间关系的树形等级的心理表征，而这个过程是决定句子意义的关键步骤。正是在句法水平上，听众或读者领悟到词语顺序与语篇信息（例如施动者）之间的联系。例如，"*The chef burned the noodles.*"和"*The noodles were burned by the chef.*"这两个句子，在语篇水平上的施动者都是 chef，但两者的句法却不相同。

对脑损伤病人的研究为句法水平在语言理解中的重要性提供了一个绝佳的例子。大脑左半球部分中风或受损的病人可能出现**失语症**（aphasia）——一种语言或说话障碍（aphasia 一词源于希腊语，意思是"失去言语"）。失语症有多种表现形式，其中一种表现为表征句法水平的障碍，被称作**非流畅型失语症**（nonfluent aphasia），或**布洛卡失语症**（Broca's aphasia）。后者是以法国内科医生保罗·布洛卡（Paul Broca，1824—1880）的姓氏命名的，他最早对左侧额叶的一部分（现被称作"布洛卡区"）受损的失语症病人进行了描述。图 12-2 显示了布洛卡区，以及其他与语言有关的关键脑区。布洛卡假设布洛卡区是语言表征的脑区。虽然我们现在已经知道很多其他脑区也与语言密切相关，而且被称为布洛卡失语症的行为综合征也并不总是由布洛卡区的损伤造成的，但"布洛卡区"和"布洛卡失语症"的说法仍延续至今，某种程度上是为了纪念这位致力于将语言和脑联系起来的先驱。

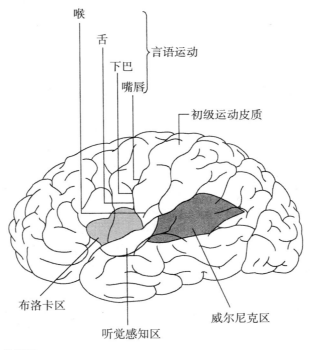

图 12-2　语言关键区

　　布洛卡区和威尔尼克区得名于 19 世纪的两位神经学家，他们各自记录了特定脑区损伤的病人出现的语言障碍。图中还显示了初级运动皮质，它们把信息输送到与语言生成高度相关的脑区，即听觉感知区（知觉语言的区域）。

　　布洛卡失语症的病人在语篇水平和句法水平的表征上存在困难。因此，他们可能很难区分以下几句话的含义：" *The chef burned the noodles.* "（厨师把面条煮煳了）、" *The noodles burned the chef.* "（面条把厨师煮煳了），以及" *The noodles were burned by the chef.* "（面条被厨师煮煳了）。他们的困难不是出现在理解单个词的含义上，这些病人一般仍能理解像 " *chef* " 和 " *noodles* " 一类的单词的含义，他们的困难在于不能理解单个单词在句中的关系。因为他们关于外部世界如何运作的知识并未受损，他们倾向于根据单词 " *chef* " " *noodles* " 和 " *burned* " 最有可能的组合形式来解释以上三个句子的含义。因此，他们倾向于把三个句子的含义都解释为 "厨师把面条煮煳了"。这些脑损伤病人经历的语言障碍凸显了句法的一个重要特征：词语的重新组合可以使句子产生不同的含义，有时甚至是意料之外的含义，比如 **"面条把厨师煮煳了"**。

现在我们转向图 12-1 中句法以下的水平，句法水平之下是**单词水平**（word level）和**语素水平**（morpheme level）。这些水平对单词的含义进行编码，例如，"*chef*" 指的是 "擅长烹调食物的人"。**语素**（morphemes）是单词的构成单元，是语言中最小的意义单位。一些单词由单一的语素构成，例如 "*the*" 和 "*chef*"；而另一些单词则由多个语素构成，例如 "*noodles*"由两个语素构成：语素 "*noodle*"，加上通常写作 "-*s*" 的复数语素；单词"*burned*" 也由两个语素构成：语素 "*burn*" 和通常写作 "-*ed*" 的过去时态语素。

与其他语言相比，英语的形态系统非常简单，语素的数量很少，例如附着在其他语素上的复数和过去时形式［它们被称为 "**黏着语素**"（bound morhpemes）］。一个比英语的形态学丰富得多的语言例子是美国手语（American Sign Language，ASL），它是美国聋人通常使用的语言。图 12-3显示了意为 "**给**"（give）的动词在 ASL 中的基本形式（相当于英语中的动词不定式 *to give*），以及附加了不同的黏着语素后的形式。黏着语素改变了表达动词的手势的路径，从图 12-3 中最右边的一个例子你可以看出，在动词的生成过程中多个黏着语素是可以组合在一起的。

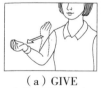   

（a）GIVE
（非变形形式）

（b）GIVE
［延续性］
（连续给予）

（c）GIVE
［彻底全面］
（给予每个人）

（d）GIVE［延续性，
彻底全面］
（连续地依次
给予每个人）

图 12-3　美式手语包含大量语素

（a）动词 "给予"（give）的非变形形式，不带任何黏着语素。（b）增加一个代表"延续性" 的语素，表示 "连续给予" 的含义。（c）增加一个代表 "彻底全面"（exhaustive）的语素，表示 "依次给予每个人"。（d）同时增加这两个语素，代表 "连续地依次给予每个人"。

（Based on *What the Hands Reveal About the Brain* by H. Poivner, E. S. Kilma and U. Bellugi, MIT Press, 1987. ⓒ 1987 by the Massachusetts Institute of Technology. 经允许重印）

除了将语素分为黏着语素和自由语素两类以外，另一种有用的划分是分为含义丰富的语素和含义相对较少但传递了较多与句子结构相关信息的语素。像 "*chef*" 和 "*burn*" 一类的语素表达了含义，但能提供的关于句子结构的信息不多，这类语素被称作**内容语素**（content morphemes）。另一方面，像英语中的"*the*"和过去时结尾"*-ed*"一类的语素表达了较少的含义，但提供了较多关于单词间关系和句子句法结构的信息，这类语素被称作**功能词**（function words）或**功能语素**（function morphemes）。例如，"*the*"表示后面将会出现一个名词，过去时态语素"*-ed*"表示"*burn*"在这个句子中是一个动词。功能语素（有的是黏着语素，有的是自由语素）将单词水平和句法水平联系起来。有趣的是，在句法上有困难的布洛卡失语症病人，在感知和生成功能语素上也存在障碍。他们讲话经常是断断续续的，一般很少包含功能词或语素。例如，当他们描述图 12-4 所示的情境时，一个布洛卡失语症病人说道："Boy... cookie... down... taking... cookie."（男孩……饼干……往下……拿……饼干）（Goodglass & Geschwind，1976）。这句话里唯一的功能语素是动词的后缀"*-ing*"，而其他的功能词，例如"*a*"或"*the*"，统统都被忽略掉了。

与此相对，患有**威尔尼克失语症**（Wernicke's aphasia），又被称为**流畅型失语症**（fluent aphasia）的病人则表现出完全不同的一系列障碍，他们的障碍出现在单词和语素水平上。这类失语症的病因通常是威尔尼克区受损（见图 12-2），该区以波兰-德国的神经学和精神病学家卡尔·威尔尼克（Carl Wernicke）的姓氏命名，威尔尼克最早报道了这一脑区损伤的病例。

威尔尼克失语症的病人一般能够较好地使用功能语素，他们所说的话往往相当符合语法规则——名词、动词和其他词性的词通常都位于句子中正确的位置上。但是这些病人却不能正确生成内容语素，因此他们所说的话往往没有意义。例如，一个威尔尼克失语症病人尝试描述图 12-4 中的情境时说道："Well this is ...mother is away here working her work out o'here to get her better，but when she's looking in the other part. One their small tile into her time here. She's working another time because she's getting，too." （Coodglass & Geschwind，1976）。威尔尼克失语症病人在理解内容语素上也存在很大的障碍，因此他们通常很难听懂别人对他们说的话。

图 12-4　"饼干失窃图"

　　这张图片经常被呈现给失语症病人，让他们进行描述，因为图片中包含了丰富的内容：包括人、物体、动作以及各种糟糕的情况，可以进行多种不同的描述。

　　布洛卡和威尔尼克失语症的区别告诉我们关于语言组织的两点重要信息。第一，两类病人表现出的障碍之间的差异，强调了语言在心理和脑中的表征存在不同水平，而且各个水平上出现困难的程度是可变化的。第二，病人障碍的性质，表明了不同表征水平之间相互联系的程度——一个水平上的困难可能造成其他水平上的困难。例如，布洛卡失语症病人表现出的功能语素障碍可能导致句法理解上的困难，进而导致病人难以理解句子的意义。

　　让我们再次回到图 12-1，图中最下面一个水平是**音素**（phonemes）水平。音素是语音能够区分出的最小单元，对特定语言的语素进行补充。就表征语音而言，拼写是一个不够精确的系统，其原因有以下几点。第一，不同语言的书写系统差别很大（想想同样的文本分别用俄语、汉语、英语、印地语和阿拉伯语来写）。第二，很多语言的拼写规则都存在这样一种例外情况：拼写规则不影响发音（例如，"*bear*"和"*bare*"，"*feet*"和"*feat*"）。第三，对同一种语言来说，即便是以该语言为母语的人群，其发音也可能存在差异。解决这个问题的办法是使用字母符号，即**音标字母**（phonetic alphabet）来标记语音，它可以标记所有语言的语音，而不用在意它们的书写形式如何。图 12-1 中列出了用来标记例句中音素的符号，如果你学习过外语或戏剧（很多教方言的老师会用音标字母来帮助演员掌握方言的发音），或者留意过标准字典的发音表，你可能会对这些符号感到熟悉。

和短语结构树一样，音素也为我们提供了有用的标记法，音素还引发了关于语言如何进行心理表征的另一种观点。很多语言研究者相信，我们关于词语的知识包含了对词语语音的表征。也就是说，当我们有意识地用一个个字母拼写单词时，我们也在无意识地用音素对词语进行表征。

布洛卡失语症的病例进一步证明了这些不同的语言水平中有多少是相互联系的。我们已经知道布洛卡失语症能引起句法理解和生成方面的障碍，以及功能语素的理解和生成方面的障碍。一些研究者把这些障碍与音素水平联系起来，认为布洛卡失语症可能也包含对功能语素的**感知**（perceiving）障碍。伯德（H. Bird）等（2003）给布洛卡失语症病人播放一些成对的单词。其中一些词对（例如，"*pray*" 和 "*prayed*"）除了第二个单词包含过去时的功能语素 "-ed" 外，两个单词是完全相同的。在音标字母里，两个单词分别被标记为［pɹey］和［pɹeyd］。另一些词对，比如 "*tray*" 和 "*trade*"（音标分别为［tɹey］和［tɹeyd］），其发音很相似，但却是意义不相关的两个单词。每播放一对单词后，被试都需要回答他们听到的是两个不同的单词，还是同一个单词被念了两遍。这些患者被试很难区分 "*pray*" 和 "*prayed*"，在听到这类词对时，他们往往认为是同一个单词重复了两遍。他们同样很难区分 "*tray*" 和 "*trade*"。布洛卡失语症病人的困难似乎与他们在某些语音序列的感知和理解方面的障碍有关。语音序列的感知和理解方面的障碍反过来可能引发对功能语素的理解困难，进而造成他们不能解释句法，最终难以理解句子的含义。这里我们要强调的，不仅仅是布洛卡失语症病人具有感知语言的困难，更重要的是，不同的语言表征水平是相互联系的，一个水平出了问题可能会影响到整个语言系统。

1.2　语言与动物的交流

世界上有 5000 多种人类语言，表现为大量的音素、语素、单词和句法。这些多变的语言之间有什么共同的成分，是动物的交流系统所不具备的呢？回答这个问题是对人类本质的探索过程中的关键一步。很多群居动物，包括鸣禽、多种类别的猴子以及蜜蜂，都拥有复杂的交流系统。美国语言学家查尔斯·霍克特（Charles Hockett，1916—2000）比较了动物的沟通系统和人类语言，鉴别出人类语言的多个核心的、独有的特征（Hockett，

1960）。其中一个特征是**双重模式**（duality of patterning），**即有意义的**单元（例如，语素）是由**无意义的**单元（例如，音素）构成的，这些无意义的音素可以不断重新组合生成不同的单词。例如，音素 [t]、[k] 和 [æ]（æ 发短的 a 音）可以按不同方式组合出三个英语单词：[kæt]、[ækt] 和 [tæk]（拼写分别为 cat、act 和 tack）。动物的沟通系统（如长尾黑颚猴用于报警的叫声）就不具备这种模式的双重性：它们用一种叫声表示豹的出现，用另一种叫声表示鹰的出现，但它们不能把这些叫声重新组合生成新的信号。

语言的另一个重要特征是**主观性**（arbitrariness）：一般来说，一个单词的发音（或拼写）与其含义之间的关系是不可预测的。语音 [kæt]（cat）不是从一开始就表示一种猫科动物，这个单词的发音和拼写都不会让人自动联想到一只猫。我们使用语音 [kæt] 来表示一种长着胡须、"喵喵"叫的小型哺乳动物，这只是英语历史中的一个偶然事件。

或许人类语言最重要的特征应该是它的**生成能力**（generative capacity）：我们可以重新组合语素、单词和句子，用以表达无穷无尽的想法。例如，你用单词"*cartoony*"（卡通的）来描述女服务员朋友衣服上的图画，这个词是由语素 *cartoon* 和语素 *y*（通常放在词尾表示"……样的"）组合而成。即使你以前从未听过或看过这样的组合，你具备的语言生成能力使你能够创造出这个组合。如果你把这次的遭遇写下来，用"cartoony"来描述那个图画，读者也能运用他们的语言生成能力，理解这个语素的新组合，并明白它的含义。

同样，词语也可以反复地组合，产生无限多的句子。句法的生成能力的重要组成部分是**递归**（recursion），即把句子成分（或整个句子）嵌套在另外的句子成分或句子里。图 12-5 显示了一个递归的句子的句法结构。在这个句子里，关系从句 "*whom the manager hired yesterday*" 嵌套在简单句 "*the chef burned the noodles*" 里。尽管我们通常喜欢用短句，递归的使用使我们能够生成包含许多嵌套结构的句子，因而原则上可以让我们的句子无限长。比如，你可以毫不费力地在句子末尾不断地增加从句："*The chef burned the noodles that were made from the wheat that was grown on the farm that sat on the hill that was near the forest that….*"

递归的功能不仅在心理语言学中扮演了重要角色，从更一般的意义上讲，它在认知心理学的发展过程中也发挥了重要作用。行为主义者［如最著名的斯金纳（B. F. Skinner）］曾将句子的句法描述为相邻的词与词之间的联结链。斯金纳认为，用行为主义的原则（例如，操作性条件反射）

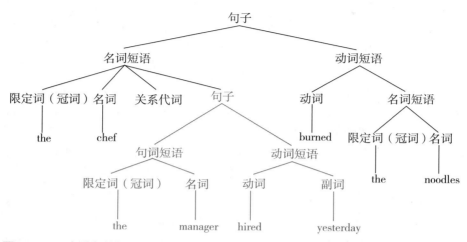

图 12-5　一个递归的例子

这是句子"The chef whom the manager hired yesterday burned the noodles."的句法结构。这个句子展示了递归（recursion），即把句子的一些成分嵌套在另一些句子成分或句子里面。本例中嵌套部分用蓝色标出。

可以解释孩子是如何通过强化而学会成人式的语言的。语言学家诺姆·乔姆斯基（Noam Chomsky，1959）则激烈地批评了行为主义对语言的解释，他指出，递归的功能不能通过任何一种联结链获得。例如，在句子"*Any chef who burns the noodles gets fired.*"（任何一个把面条煮煳的厨师都会被解雇）中，动词"*gets*"和它的主语（"*chef*"）是不相邻的，因为两者之间嵌套了一个关于"*burning noodles*"的从句。邻近词语或短语之间的简单联结链会错误地把名词"*noodles*"与"*gets*"联结在一起，而不是把动词与其真正的主语"*chef*"联结在一起。乔姆斯基提出行为主义的观点本质上不能解释人类的语言能力，这一主张为我们否定行为主义对人类能力的其他方面所做的解释起到了关键的推动作用（尽管如此，操作性条件反射的确能够解释情绪学习的某些方面，详见第 8 章）。

　　尽管高智商的非人类动物的沟通系统不具备霍克特所总结的特点，很多研究者还是提出了这样的问题：经过训练，黑猩猩能否掌握一种语言系统？因为黑猩猩的**声道**（vocal tract）（发声器官：包括声带、嘴和鼻子）不能发出大部分人类的语音，因此研究人员教它们使用一种手语（Gardner & Gardner，1969；Terrace，1979），或一种通过键盘上的图形符号进行交流的系统（Savage-Rumbaugh et al.，1986）。研究人员发现，黑猩猩能很好地利用符号或手势来表达自己对食物的需求或其他要求（例如，"草莓""给我挠痒痒"）。但是，很多研究者也指出，这些动物的语言能力仅限于此，它们语言的复杂程度比不上一个两岁大的人类儿童。

图 12-6 清楚地显示了以下几种被试说话能力之间的对比：学习手语的黑猩猩尼姆（Nim），几个学习英语的正常儿童，以及几个懂美式手语的聋童。从图 12-6 可以看出，对所有人类儿童而言，其说出的话语长度随年龄增长而不断增加；而对黑猩猩尼姆而言，其手语在长度和复杂性上都没有明显的增长。黑猩猩在某些方面如此聪明，但在使用语言方面却与人类相去甚远，这究竟是什么原因导致的呢？这是一个值得深入研究和探讨的问题。

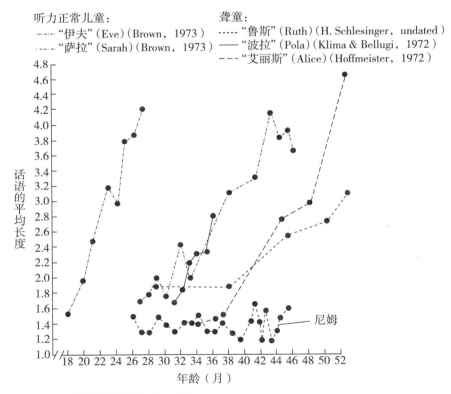

图 12-6　儿童和黑猩猩话语的长度

尼姆是一只受过手语训练的黑猩猩，一开始它的话语长度与一个 18 个月大的儿童大致相等；然而，使用口语和使用手语的儿童的话语长度都会随年龄增长而快速增加，而尼姆的话语长度则没有什么变化。

[*NIM* Herbert S. Terrace. Copyright © 1979 by Herbert S. Terrace. 经兰登书屋旗下诺普夫（Alfred A. Knopf）出版社允许重印]

一些语言研究者认为，语法递归是区分人类的语言能力与其他交流系统的核心功能（Hauser et al.，2002）。这种观点将人类与类人猿的本质差异置于表征的语法水平上，但也有研究者提出了不同的看法。例如，赛登贝格和佩蒂托（Seidenberg & Petitto，1987）认为人类与黑猩猩之间的差异位于单词水平上。他们指出，黑猩猩显然能够将符号的使用跟获得奖赏联系在一起，但却没有把符号理解为物体的**名称**。例如，一个黑猩猩知道按下键盘上的"草莓"标记通常能吃到草莓，但它并未意识到"草莓"只是这种好吃的红色水果的名称，而不是指吃的行为、草莓放的位置，或者与得到草莓有关的其他事物。黑猩猩的行为明显是一种交流的形式，但却不符合霍克特和其他人所定义的人类语言的标准。

理解测验

1. 人类语言的表征有哪些水平，它们之间是如何相互作用的？
2. 哪些特征能够区分人类语言与动物的交流系统？

2. 语言理解过程

图 12-1 图解的语言表征的不同水平反映了我们关于语言的内隐知识。我们是如何运用这些知识去理解我们所听所读的句子，并生成自己的语句的呢？我们是如何将字母"*C*""*A*"和"*T*"看成一个整体，并知道这串字母代表了一种小型猫科哺乳动物？我们对单词的心理表征是言语理解、阅读、写作、打字和说话等一系列加工的核心成分。这里首先需要探讨的问题是：在语言理解和生成的过程中，单词表征是如何被维持和提取的？

2.1 词汇表的三角模型

语言研究者使用**词汇表**（lexicon）这个术语来表示单词的心理表征的整体（该词源于拉丁语"*legere*"的一种形式，意指"阅读"，与其含义有明显的联系）。词汇表也常被描述为心理词典，它是我们词语知识的贮藏库，包括了词语的意义和用法。这种比喻尽管有用，却不完全恰当，因为我们对词语的心理表征并不是一系列关于词语的发音、词性和意义的清单，而且，心理表征也不是按照字母顺序排列的，而这正是词典的关键特征！实际上，语言研究者已经指出，这种清单式结构的词语表征的观点无法描述词语含义的相似性程度，例如，知更鸟和北美红雀之间的相似性要大于它们任意一个与鸭子之间的相似性（Colline & Quillian，1969）。因此，这些研究者提出使用网络概念来描述词语的心理表征的观点。研究阅读的学者则更进一步，他们认为阅读可以被看作联系拼写和发音、拼写和意义的过程。该观点的重点同样在词汇知识上，即各个表征水平之间的**映射**（mappings）上（Seicenberg & Mc-Clelland，1989）。综合以上及其他考虑，许多研究者提出设想：词语表征是一个至少包含三个主要成分——拼写、语音和意义的网络。

在这个**三角模型**（triangle model，图 12-7）中，言语知觉需要将一个单词的语音表征（即语音体系，位于三角模型的右下角）与其意义表征（位于三角模型的顶端）联系起来。类似地，阅读需要将一个单词的拼写（即正字法，位于三角模型的左下角）与其意义表征联系起来。语言的生成需要将一个单词的意义表征与语音表征相关联以说出该单词；或者将单词的意义表征与拼写表征相关联以写出该单词。

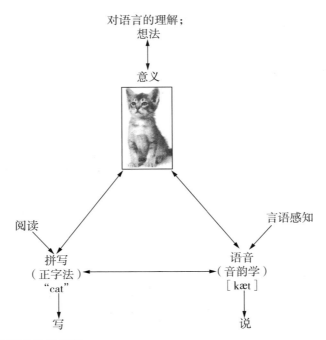

图 12-7　词汇表的三角模型

这个模型反映了研究者当前的观点：单词的相关信息是在意义、语音和拼写构成的三角形的网络中被表征的。

这个三角模型展示了研究者关于词语知识的不同方面如何发生联系的假设，但它并没有详细说明语言的理解和生成实际包含的加工过程。尽管如此，这个模型依旧为我们提供了一个框架，使我们能够根据三角形中两个部分（例如，语音表征和意义表征）之间的关联来探讨不同类型的语言理解过程。

2.2 歧义：无处不在的理解障碍

理解不是一件简单的事情。部分原因在于，语音、语义和拼写之间的关系大部分都带有主观任意性，比如单词"cat"的拼写和发音都不必然意味着猫科动物。造成语言表征的不同水平之间联系困难的另一个原因是**歧义**（ambiguity），在语言领域，歧义指人们可以对一个发音、单词、短语或句子做出不止一种解释的现象。

语言在每一个水平上都存在很大的歧义（表 12-1），我们要理解别人说的话，就必须先解决各个水平上的歧义。让我们先来考虑单一水平（词义）上的歧义。现在看一看你周围的物体：你肯定会看到这本书，或许还有一把椅子、一盏灯和一支钢笔。所有这四个单词（"*book*""*chair*""*light*""*pen*"）都可以用作名词或动词，因此每次当你听到或读到这些词时，你都必须确定说话人指的是一个物体（名词）还是一个动作（动词）。而一些词甚至有更多的含义，例如单词"*pen*"作名词时有两个意思——写字用的一种工具/关动物的围栏；作动词时也有两个意思——写作/将动物关入围栏。现在再次看看四周，你可能会发现更多的物体名称是多义而不是单义的（例如，"*table*""*floor*""*page*"①）。

表 12-1 语言中的歧义

类型	感知	歧义
单词边界	你听到"αɪ **skrim**"	"Ice cream"？
		"I scream"？
拼写/发音和词义	你读到"wind"	清风？
		上发条？
拼写和单词重音	你读到"permit"	执照？（重音在前）
		允许？（重音在后）

---

① "table"作名词：桌子、表格等；作动词：搁置、提交等；作形容词：桌子的。"floor"作名词：地板、楼层、底部等；作动词：铺地板、击败等。"page"作名词：页、面等；作动词：翻页、呼叫等。——译者注

续表

类型	感知	歧义
词义	你听到或读到"bark"	树木的表层？
		狗叫声？
句子结构	你听到或读到"Mary read the book on the *Titanic*."	玛丽在看一本关于泰坦尼克号的书？
		玛丽在泰坦尼克号上看书？
代词	你听到或看到"Susan told Mary that she was going to win."	苏珊认为玛丽会赢？
		苏珊认为自己会赢？

上面的练习揭示了词语的一个基本性质：在语言的常用词汇中，歧义现象是普遍存在的。那些不具有多重含义的单词［例如，"*ozone*"（臭氧）、"*comma*"（逗号）和"*femur*"（股骨）］大都是专业术语和其他不太常用的词。这与三角模型有什么联系呢？这意味着：一个拼写或发音对应三角形顶端的多个词义。因此，在大部分情况下，我们必须从多个可选择的词义中进行挑选，虽然我们通常只清楚地意识到其中的一种含义（但双关语和类似的笑话是少见的例外：幽默必须让我们清楚地意识到一个歧义词的另一种含义）。

我们如何解决语言的歧义性？对这一问题的研究很重要，原因有以下几点。第一，歧义现象存在的普遍性超出了我们一般的认识。弄清人在什么情况下容易解决歧义，在什么情况下不容易解决歧义，可能有助于我们在沟通不畅的情况下更好地交流，例如使用无线电话、手机或其他易受静电干扰的设备时。第二，更好地了解人们如何高效地解决歧义，可能有助于计算机语言程序的开发，例如言语识别系统。第三，也是最重要的一点，研究我们如何处理歧义，为我们理解语言的心理表征和加工过程提供了一个很好的试验场。语言理解迅速而准确，即使对最简单的语言形式，我们也很难通过直接观察来了解语言理解的过程。如果能够设计一些实验条件，使被试对歧义产生错误的解释，我们就能更好地了解语言理解过程中不同水平之间整合的一般途径。

一个贯串所有歧义解决研究的主题是自下而上和自上而下信息的整合（见第2章的论述）。**自下而上的信息**（bottom-up information）直接来源于知觉。此时此刻，在你阅读的过程中，印在书上的字就是一种自下而上的信息源。在三角模型里面，自下而上的信息从三角形底部的两个点——拼写和语音表征，向顶端的意义表征移动。**自上而下的信息**（top-down information）来源于长时记忆中的信息（帮助我们解释知觉的对象），以及自下而上的信息出现时的背景信息。在三角模型中，自上而下的信息也包括阅读过程中意义表征对拼写表征的影响。由于自下而上的信息（例如，书上的印刷文本）与自上而下的意义表征、背景信息以及其他长时记忆中的信息有很大差别，我们并不完全了解两种不同类型的信息是如何整合起来，以帮助我们进行言语知觉的。事实上，关于这些信息如何整合的各种理论正是当今语言研究中一些重要争论的内容。下面，我们来看看在言语知觉中，自下而上的信息和自上而下的信息的作用。

2.3　言语知觉

当有人跟你说话时，你的耳朵会感觉到周围气压的变化，并且你能将这些声波转化为对说话内容的理解。要做到这一点，很重要的一步是识别出话语中各个单词间的界线。这是阅读和言语知觉之间存在巨大差异的一个领域：在英语和其他大部分语言的书写系统中，印刷的单词之间都有明显的空白；而在言语信号中，单词之间的界线并没有停顿标记出来。也许你清楚地感知到自己听到了话语中的每个单词，但实际上你听到的话却是这样的："thewordsareallconnectedinacontinuousspeechsignal"——把单词间所有的空格都去掉，你在一定程度上更能体会这种效应。图 12-8 显示了用声谱图来表示的一段言语。**声谱图**（spectrogram）是一个关于言语的二维图形，横轴是时间，纵轴是音频（与音高一致），每个时间点的声音强度和频率用图形区的暗度表示（空白代表沉默）。图 12-8 的声谱图对应的句子是"We were away a year ago."（一年前我们不在）。这个句子的大部分单词之间都没有被空白分开，而一些单词内部恰恰出现了一定空白，比如"ago"。

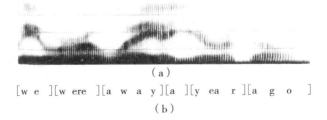

（a）

[we][w ere][a w a y][a][y ea r][a g o]

（b）

图 12-8　"We were away a year ago"

（a）是这个句子的声谱图，（b）是与声谱图对应的每个单词的大致位置。在声谱图中，言语信号中的沉默（停顿）用垂直的空白条纹表示，需要注意的是，这个句子中的单词之间并无停顿，唯一的停顿实际上出现在一个单词内部，即单词"ago"中的字母"g"处。

在没有停顿作为提示的情况下，我们是怎样发现单词的界线的呢？我们可能在听到话语时，会无意识地根据自下而上和自上而下的信息做出熟练的推测（Altmann，1990）。自下而上的信息包括语音信号直接带来的提示，比如说话者停下来思考时偶尔出现的一段沉默。自上而下的信息包括关于一般音素模式的知识，例如英语单词中［b］和［k］一般不会出现在一起（因此如果你听到［bk］的音，［b］可能是前一个单词的尾音，而［k］可能是后一个单词的首音）（McQuee，1998）。我们对自己的母语（或其他熟练的语言）中的这类知识非常熟悉，但如果有人用我们不熟悉的模式来说话时，我们已有的经验就无法起作用。在我们听来，说外语的人似乎总是说得很快，一连串杂乱的语音，词和词之间没有明显的界线［古希腊人把外国人称为"*barbaroi*"，即"*barbarians*"（原始人），不是因为他们野蛮——他们不一定都是野蛮的，而是因为他们说的话听起来就是"barbar-bar"，而不是希腊语］。相反，当我们听一种熟悉的语言时，我们并没有将语音信号知觉为一段连续的语流，这是因为我们的言语知觉系统能够很好地猜出单词的界限，从而使我们产生这样的错觉：词语的界限是以停顿的形式实实在在地存在于物理信号中的。

关于言语知觉的另一个重要问题是识别语言信号中的音素。音素生成的方式存在巨大的可变性：每个人的嗓音不同，口音也存在或多或少的差别；并且**发音**（articulation）的清晰程度取决于语速、说话者的心情以及很多其他因素。一个音素的发音还受到之前或之后发过音的音素的影响。想想我们是如何发"*key*"和"*coo*"里的［k］音的。试试轮流说出这两个词，然后在你即将要发出［k］这个音的时候停下。当你正要发出［k］音时，你的唇形是怎样的？你会发现发这两个［k］时的唇形完全不同，因为在你还没有发出［k］这个音以前，你的嘴唇已经为发下一个元音做好准备了：当元音是"ee"（"*key*"）时，你的嘴唇会变扁；当元音是"oo"（"*coo*"）时，你的嘴形会变圆。这种音素之间的重叠现象叫作**协同构音**（coarticulation），它对每个音素的发音造成了很大的影响。如果你只发"*key*"和"*coo*"中的［k］音而不发它们的元音，但把嘴型摆成将要说这些词时的样子（扁或圆），你可能会发现"*key*"中的［k］音听起来更高，与"*coo*"中的［k］音听起来不同。协同构音的现象表明，每个音素的发音方式都取决于它前面或后面的音素。

受协同构音、说话者的个体差异、语速差异，以及人们说话方式上的其他差异的共同影响，每个音素的发音方式都可能永远不会被完全重复。

这种巨大的可变性意味着，我们很难区分哪个音素是语音信号。然而，我们通常是可以完成这个任务的。为什么？一部分原因似乎再次回到对自上而下的信息的利用，尤其是关于一个音素发音的语境的知识上。这样，即使某个音素发音很不清晰，甚至缺失，我们仍然可以通过**音素复原效应**（phoneme restoration effect）把这个音素补上（Warren，1970）。

一些关于这种效应的研究（表面上这些研究很简单）让被试听录音带中的句子，要求他们报告听到了什么。被试并不知道，录音磁带上对应某些单词中单个音素的一小部分已被抹去，取而代之的是相同持续时长的咳嗽声，例如，在句子"The state governors met with their respective leg * slatures convening in the capital city."（州长们会见了聚集在其州府城市的州议会成员）里，星号表示一个音素被咳嗽声取代。被试理解这些句子完全没有问题。大部分人没有意识到句子有任何缺失。被试一个普遍的感觉是，在录音的过程中房间里有人咳嗽了。这种错觉在下面的句子里更为强烈（同样，*表示一个单音素被一个咳嗽声取代）：

It was found that the * eel was on the orange.

It was found that the * eel was on the axle.

It was found that the * eel was on the shoe.

在这些句子中，"* eel"的发音是含糊不清的，它可能是"peel""wheel""heel"或者其他。但被试在理解这些句子时没有任何困难。他们根据不同的语境，将"* eel"知觉为不同的词——他们听到的是"peel was on the orange"（皮在橙子上）、"wheel was on the axle"（轮子在轮轴上），以及"heel was on the shoe"（鞋后跟在鞋上）。

这些研究结果有力地支持了自上而下的信息在音素知觉中的作用。句子末尾的单词（"*orange*""*axle*"或"*shoe*"）能够影响对"* eel"的知觉，但前提必须是人们已经在一定程度上认出这些单词、在一定程度上提取出这些单词的含义，并考虑到这些单词与各个以类似"* eel"的音结尾的单词之间的关系。这些句子的开头一模一样，只有当"* eel"之后第四个单词作为自上而下的语境信息出现时，听者的言语知觉才产生了差别。这个结果和其他很多研究一样证明了一点：尽管我们有意识的知觉认为自己是在听到词语的同时识别它们的，但实际上，所有与单词相关的信息往往是在我们听过单词之后才出现的（Grosjean，1985）。尽管言语知觉非常迅速，但它并不像我们感觉的那样，与单词的呈现同时发生（参考**"深度观察"**专栏）。

关于口语词汇识别的多重假设

我们来看理查德·希尔库克（Richard Shillcock）的一个实验，该实验探讨了我们怎样知觉流利口语中的单词，研究结果发表在题为"连续言语中的词汇假设"的章节中［Shillcock，R.（1990）. Lexical hypotheses in continuous speech. In G. T. M. Altmann（Ed.），*Cognitive models of speech processing*（pp. 24 – 29）. Cambridge，MA：The MIT Press］.

研究简介

言语信号中单词之间并没有停顿作为界限，因此听者面临确定单词界限的问题。确定言语中单词界限的一种方法是同时尝试多种假设。例如，有人听到"rek-uh-men-day-shun"这串语音时，可能简单地假设它所对应的是五个单词："*wreck*""*a*""*men*""*day*""*shun*"，或者三个单词："*recommend*""*day*""*shun*"，但最后这些无意义的组合都会被否决，只剩下一种假设——一个单词"*recommendation*"（推荐）。然而，除了偶尔的错误知觉外，我们一般不会意识到自己考虑了那些错误的假设。因此，通过实验来验证言语知觉中存在这些无意识加工就显得非常重要。

研究方法

被试同时进行两个任务：一方面他们听播放的句子；另一方面在每个句子放到某个点时，在电脑屏幕上会出现一个字母串，被试需要通过按键来判断这个字母串是否是一个真正的单词（一个**词汇判断**任务）。被试并不知道，他们听到的句子和看到的单词之间存在某种特定的关系，这种关系可以检验被试在言语知觉的过程中是否考虑到几种假设。关键实验测试中的句子含有一个双音节单词，它的第二个音节本身构成一个真词。例如，在句子"*He carefully placed the trombone on the table.*"（他小心翼翼地把长号放在桌子上）中，单词"*trombone*"的第二个音节就是一个真词"*bone*"。对这些句子而言，有一半的情况下，词汇判断任务的单词（比如，"*rib*"）与句子包含的双音节单词的第二个音节构成的单词有关［"*rib*"（肋骨）与"*bone*"（骨头）有关］；另一半的情况下，词汇判断任务的单词［比如，"*bun*"（小圆面包）] 与第二个音节构成的单词无关。如果被试在寻找词语边界和识别单词时，曾暂时将"bone"看作句子中可能存在的一个词，那么被激活的"bone"将可能启动相关的词语，比如"rib"。"bone"对"rib"的启动效应将导致被试在词汇判断任务中，对"rib"比对无关的单词"bun"的反应更快。由于"rib"和"bun"都与"trombone"无关，因此，如果被试在言语知觉的过程中直接识别出"trombone"，而没有考虑过"bone"，那么就不会出现对"rib"的启动效应，因而对"bun"和"rib"的反应时不会存在差异。

研究结果

在词汇判断任务中，被试对与第二个音节构成的单词相关的词（如"rib"与"bone"相关）的判断快于对无关单词（"bun"）的判断。

讨论

这个结果揭示出，尽管我们没有意识到自己考虑了几种不同的词语界限及几个不同的单词，事实上我们的确激活了一些可能的假设（例如，在识别"trombone"时激活了"bone"），然后又迅速地将其否决。这些结果支持了如下观点：在言语识别中，人们总是无意识地对多种可能情况进行尝试，并迅速锁定其中最恰当的一种。

言语知觉中另一种语境信息来源于我们所看到的，而不是听到的。一些听力不好的人可能会说："当我看着你的脸时，我能更清楚地听见你说话。"而听力没有问题的人可能也会这么说。这说明无论我们的听力是否正常，我们的理解总有一部分来自于读唇。能看到说话者的脸，为我们判断听到的是哪些音素提供了额外的信息，因为很多音素的发音都伴随着独特的唇形。如果你听到的语音和你看到的发音线索不一致，你就会感到困惑——想想观看一部品质低下的动画片，或者一部配音为英文的外语片时的情境。

这种所看和所听不一致造成的困惑被称作麦格克效应（McGurk effect），因偶然发现该现象的研究者哈里·麦格克（Harry McGurk）而得名（Massaro & Stork，1998；McGurk & MacDonald，1976）。麦格克和他的研究助理约翰·麦克唐纳（John MacDonald）使用母亲说话的视频和录音带来研究婴儿的言语知觉。他们用母亲发"ba"音的录音带为一段母亲发"ga"音的无声视频进行配音，然后重新播放伴随"ba"音的视频。令他们惊讶的是，磁带上的录音突然变成了第三种发音"da"。最终他们意识到问题并不是出在配音上，如果他们闭上眼睛聆听录音带，能够清楚地听到"ba"音。当他们同时观看视频和听磁带时，知觉到的"da"音是一种错觉，错觉产生的原因在于，知觉系统将视频和音频的信息糅合在一起了。视频传递的信息是"ga"，其中的辅音［g］是由嘴后部的舌头移动发出的；而音频传递的信息是"ba"，其中的辅音［b］是由嘴前部的嘴唇发出的。言语知觉加工融合了这两种互相冲突的信号，从而产生了介于两者之间的"da"的知觉，其中的辅音［d］是由嘴的中部发出的。

这些信息整合的例子可以解释为什么你在嘈杂的交通噪声掩盖了句子最后两个单词的情况下，仍能理解你的朋友说的是"快乐猪"餐馆的芝麻面"非常棒"。因为你能整合各种来源的自上而下的信息，所以你能够弥补非常糟糕的语言信号（自下而上的信息）。通过观看朋友说话时的嘴形，你可以获得额外信息——例如"*awesome*"（非常棒）中的［m］是由嘴的前部发出，很容易读懂；你也可以通过语境获得帮助（当时她很可能正要向你描述一些关于面条的评价，因此她很可能说出"*awesome*"或另一个形容词）；又或者你还可以从长时记忆获得帮助（或许"*awesome*"是你朋友的口头禅）。综合了这些不同来源的信息，你的语言知觉系统就能够对听到的内容进行很好的猜测。但后来，当你的朋友试图为你描述餐厅的位置时，自上而下的信息就没有多少了。唇形可能有一点儿帮助，但语境信息几乎没有——她可能提到任何街道或标志性建筑。结果，当她的声音再次被嘈杂的车流声掩盖时，你就猜不到她说的是什么了。

上面我们讨论的结果，表明了整合自上而下和自下而上的信息在言语知觉过程中的重要性，但并未说明这些信息是如何整合的。整合过程中很多的识别成分，都被认为是通过一个无意识的排除过程工作的，即我们先考虑了大量符合听觉语音信号的可能单词（称为**词群**，cohort），然后逐步将那些不符合自下而上或自上而下信息的词排除掉（Marslen-Wilson，1984a）。因此，当你识别单词"*awesome*"时，你可能一开始激活了一系列可能的单词，它们都以相同的元音开头："*awe*""*awesome*""*awful*""*author*""*audition*""*awkward*""*authentic*""*Australia*""*Austin*"……一旦你听到"*awesome*"中的［s］音，词群中的一些词就不再与语音信号（自下而上的信息）相符合，从而被排除掉，剩下"*awesome*""*Australia*""*Austin*"……同时，你也可能对词语的边界进行猜测，所以你的词群中也可能包含这样一对单词："*awe*"和"*some*"（Shillcoke，1990）。随着更多的言语信号被知觉，同时自上而下的信息告诉我们，余下的词群中的一些词也不成立（例如，"*Austin*" 不是一个形容词），剩余的不正确的词很快被排除掉，最后词群中只剩下一个单词："*awesome*"。

以上观点认为，语言知觉是包含一个考虑多种可能性，并从其中排除错误项的过程，有两个关键证据支持这种观点。第一个证据是，由相似词组成的词群有如下特点：随着我们听到更多的语音信号，词群中的一些词能很快被鉴别出来，但另一些词却在听过大部分语音信号后仍无法相互区分。在 "*awesome*" 的例子里，当你听到元音 "*aw*" 和辅音 "*s*" 后，在词群中就只剩下很少几个可能的单词了——"*awesome*" "*Australia*" "*Austin*" "*awe*"，加上一个以 "*s*" 开头的新单词的前半部分。然而，就单词 "*totally*" 而言，其前面的两个音——辅音 "*t*" 和元音 "*o*"，却使词群中保留了更多的可能性——"*totally*" "*toast*" "*tone*" "*toe*" "*told*" "*Tolkien*" "*toll*" "*taupe*" "*Toby*" "*token*" "*toad*" 等。语言研究者用**邻里密度**（neighborhood density）来描述这种差异，即言语中听起来相似的单词的数量。"*awesome*" 的 "邻近词" 很稀少；而 "*totally*" 的邻里密度则较大，因为与它听起来类似的词很多。

如果识别词语时首先需要考虑可能的词群，然后再去除不正确项目的看法是正确的，那么我们有理由相信，一个词拥有的邻近词越多，要排除类似词、识别出真正听到的目标词所需的时间就越长。这一点已有实验证据：许多研究证明，被试识别拥有较少邻近词的单词（例如，"*awesome*"）比识别有较多邻近词的单词（例如，"*totally*"）更快——从而证实了邻里密度效应（Luce & Pisoni，1998）。

关于词群和排除过程的第二个证据，来自研究中观察到的自发反应。虽然我们意识不到自己在言语知觉的过程中同时考虑了多种可能性，但根据词群模型，词群内候选词的激活强度必定大于词群以外的词。如果真是这样，我们应该能够观察到这种激活强度的差异，这一点确实已获得了实验证据。例如，在一项研究中，被试观看桌上的物品，并根据听到的指示行动，比如 "拿起烧杯"（Allopen et al.，1998）。在一种情况下，桌上的物品包括一只烧杯、一个玩具甲虫（"*beaker*" 和 "*beetle*" 的第一个音相同）、一个玩具喇叭（stereo speaker）（"*speaker*" 和 "*beaker*" 押韵但第一个音不同），以及很多其他物品，其发音与 "*beaker*" 没有共同点。研究者监测被试在观看这些物品时的眼动，发现当需要识别 "*beaker*" 时，被试同时考虑（扫视）了甲虫和喇叭，但没有扫视其他发音与 "*beaker*" 没有共同点的东西。类似的其他研究发现，当被试听一些包含另一个单词的单词（例如，

"trombone"包含"bone"）时，被试同时考虑了两个单词（"bone"和
"trombone"）（Shillcock，1990）。这些研究结果也证实：尽管我们没有意
识到自己在言语知觉的过程中考虑了其他可能性，我们的确在识别单词的
过程中激活了一个可能的词群。

一些可能的单词从一开始就与语音不匹配，比如，"speaker"作为语音
"beaker"的选项，"bone"作为"trombone"的选项，为什么我们会忽视这
种不匹配呢？一个可能的原因是我们不能很好地识别单词的界限。我们必
须在生成候选词的同时猜测单词的界限。如果我们不能确定单词的界限，
就不能肯定哪些音是某个单词的开始。因此，将部分重叠的词纳入词群是
有意义的，即便是那些开始发音不同的单词。言语识别的过程与做填字游
戏时同时思考一个个交叉答案的过程类似——你要同时进行多件事：猜测
词的边界在哪里、考虑听到的是什么词、考虑听到的是什么音。如果你能
在其中一件事上做出了准确的判断，你在其他几件事上的判断就会迅速变
得容易得多。

2.4　语义表征

识别单词仅仅是理解的第一步，知道说话者的真正意思才是理解的最
终目标。在三角模型中（图12-7），把握单个单词的意义被表示为语音水
平与意义表征之间的映射。研究者常常将词义的心理表征看作一个各种特
征联结的网络。

这种关于词义的非"词典"式表征的观点得到一些颞叶永久损伤病人
研究的支持。这些病人原本语言能力正常，但颞叶的损伤（通常是双侧损
伤或主要是左半球损伤）使他们关于词义的知识受损（图12-9）。其中一
些病人表现出**特定类别障碍**（category-specific impairments），也就是说，他
们激活某些特定类别的词的语义表征更困难（见第4章）。研究者要求这些
病人解释图片的含义，方式是对图片中的物体命名，或者要求病人根据指
导语（如"指向香蕉"）从一系列图片中挑选出内容与之对应的图片。这
些研究使用的图片内容多样，包括一系列有生命和无生命的物体——动物、
鸟、植物、工具、乐器、交通工具等。研究结果非常显著：一些病人在特
定类别图片的理解上表现出更大的困难；就整体病人被试而言，没有特定
的图片或类型让所有被试都感到困难。这些脑损伤病人大致可以分为两类：
一类在有生命物体（动物、水果、鸟）的识别上障碍更大；另一类在无生
命物体（工具、交通工具、乐器）的识别上障碍更大。在少数情况下，一

些病人只在识别范围更小的类别（例如，水果和蔬菜）时表现出困难，而识别其他类别的有生命物体时却表现得更好（见图 4–16 及讨论）。

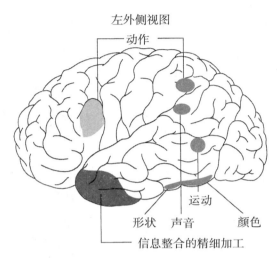

图 12–9　词义表征涉及的脑区

这些区域的损伤会影响对某些词语词义的理解，有时表现为特殊类别障碍。病人障碍的模式表明，单词被表征在包含不同类型信息（包括知觉方面的信息）的语义网络中，这些信息中的一些也在右半球的相似区域中进行表征。

一些研究者认为，这些障碍的模式揭示了语义表征（意义的心理表征）的基础是知觉信息（尤其是视觉信息）与功能信息（关于这个事物用作什么的信息）的不同组合（Warrington & McCarthy，1987；Warrington & Shallice，1984）。根据这一观点，有生命物体和人造物品在这两个维度上有很大的差别。对于动物学家以外的人来说，生物之间的主要区别表现在知觉特征上——斑马有黑白条纹，羚羊和鹿的角形状不同。而人造物品，例如工具、书写工具和家具，尽管在知觉属性上有一些重要差别，但通常它们在功能上的差别更重要。一支铅笔、一把锤子或一辆车，无论它们的颜色和款式如何改变，它们还是铅笔、锤子或车，但如果你把图片中斑马的条纹去掉了，大部分人会认为它是某种马而不再是斑马。因此，如果主要损伤位于负责知觉信息加工的脑区，病人识别有生命物体的困难将会大于识别人造物品；如果主要损伤位于负责功能信息加工的脑区，病人识别人造物品的困难将会大于识别有生命物体。这种模式的一个例外是乐器——识别有生命物体有困难的病人常常也难以识别乐器。但或许这个例外并不是那么"例外"：乐器的确是人造物品，但细微的知觉信息对乐器的识别很重要（想想我们是如何判断图片上的乐器是吉他还是小提琴的）。

　　这些障碍模式挑战了关于语义表征的一种观点——每个单词在语义表征时有独立的语义词条，或不同类别的词分别存储于不同脑区。如果语义表征是这样组织的，我们很难解释特定的语义群同时受损的现象，例如，识别乐器的困难往往伴随识别动物的困难。相反，这些障碍模式表明，词义的表征是对知觉信息、功能信息，或许还有其他类型信息的组合。上面提到的病人表现出的困难提示，知觉信息和功能信息的网络可能在脑的不同区域进行表征。也就是说，我们可以预期：识别有生命物体更困难的病人，其负责整合知觉特征（例如，颜色和形状）的脑区损伤更严重；而识别人造物品更困难的病人，其负责整合功能信息的脑区（尤其是运动区）损伤更严重，因为功能信息的整合常常受我们操控物品的方式的影响。

　　关于正常人语义表征提取的脑成像研究也支持上述观点。其中一项研究给被试呈现单词，要求被试在心里默想与呈现单词对应的颜色单词（例如，"**黄色**"对应"**香蕉**"，这样就激活了知觉信息），或动作单词（例如，"**吃**"对应"**香蕉**"，这样就激活了功能信息）（Martin et al.，1995）。研究发现：默想颜色单词时激活的脑区靠近颜色知觉区，默想动作单词时激活的脑区靠近运动控制区。这些结果与其他研究结果一起，揭示了意义表征分布在组成网络结构的多个脑区，各个脑区分别对意义的不同方面进行编码，例如，知觉特征、运动特征和情绪意义（一项类似的研究见第4章）。

　　如果词语是通过特征网络进行表征的，那么多义词又是如何表征的呢？实际上，几乎所有的英语单词都是多义词。对意义表征的"心理词典"理论而言，这个问题不算太大，一个词典的条目列出了一个多义词的所有可能含义。但是，如果我们认为词义来自特征网络，那么一个单词的不同词义是如何表征的？当我们面临一个意义含糊的词时我们又是如何激活其正确含义的？

　　一项研究试图回答以上问题，实验者向被试呈现一些名词意义和动词意义使用频率相等的单词，例如"*watch*"和"*tire*"（Tanhaus et al.，1979）。在这些歧义词出现的语境中，句子的句法迫使被试对歧义词做出名词性解释［例如，"*I bought a watch.*"（我买了一块手表）］或动词性解释［例如，"*I will watch.*"（我会观看）］，歧义词总是出现在句尾。被试听这种类型的句子，听过每个句子后，屏幕上会出现一个单词，被试需要大声读出这个词。有时屏幕上出现的词与歧义词的名词性词义相关［比如

"clock"（时钟），与"watch"的名词性词义相关］；有时屏幕词与歧义词的动词性词义相关［比如"look"（看），与"watch"的动词性词义相关］。研究者比较这三种条件下被试对屏幕词的阅读时间：（1）屏幕词与句中歧义词的含义一致（比如，句子"I bought a watch."后出现屏幕词"clock"）；（2）屏幕词与句中歧义词的另一种含义一致（比如，句子"I will watch."后出现屏幕词"clock"）；（3）控制条件——屏幕词与歧义词的**所有**含义都不相关。同时，研究者还把从被试听到句子结尾处的歧义词到出现需要朗读的（有关或无关的）屏幕词之间的时间间隔作为另一个操作变量。

如果被试听到歧义词后，屏幕上立即出现需要朗读的词，实验结果令人意外：前两种条件下屏幕词（上述例子中为"clock"和"look"）的阅读时间**都**比第三种条件下屏幕词的阅读时间更短，即使相关的两个词中有一个在句子的语境中没有意义；但是，当时间间隔变为 200 毫秒时，第一种条件下屏幕词的阅读时间比第二种条件下屏幕词的阅读时间更短。比如，被试阅读跟在句子"I bought the watch."后的"clock"的时间比阅读出现在句子"I will watch."后的"clock"的时间短。

这些研究为词语歧义的解决过程中自下而上和自上而下信息加工的时间进程提供了宝贵信息。似乎被试在听到一个歧义词后，就会立即激活它的多种含义，但在 200 毫秒以内，来自语境的自上而下的信息抑制了与语境匹配的含义以外的其他所有含义。一些研究者认为，这些结果提示歧义的解决包含两个阶段：第一个阶段是自下而上的阶段，这时歧义词的所有词义被全部激活，无论它们是否符合语境；第二阶段是自上而下的阶段，这时自上而下的语境信息被利用，以选出正确的词义（可参考 Swinney，1979）。

一些后续研究操纵了另一些变量，比如语境强度、歧义词其他含义的相对使用频率（例如，"bank"意为"银行"的频率比意为"河岸"的频率更高）。结果发现，这些变量及其他因素也会影响歧义词的多重含义激活的程度。

为了解释这些发现，研究者提出了神经网络模型，在这个模型中，歧义词每一种含义的激活取决于该含义与单词拼写或发音之间的联结强度（Kawamoto，1983）。例如，"watch"有两种含义从一开始就被激活，因为从"watch"的拼写和音韵到这两种含义的联结很强。因此，激活三角模型中的拼写或音韵，都能迅速激活单词的两种含义。然而，对那些一种意义常用，而另一种意义不常用的词（例如，"*bank*"）来说，常用的词义因经常被知觉到和生成，而与拼写和音韵之间的联结更强，结果导致高频含义的激活比低频含义的激活更快。

另外，当语境信息与词义的联系不是非常紧密时，自上而下的语境的作用要比自下而上的作用慢。在句子"*I bought the watch.*"中，作为语境的"*I bought the*"与时钟没有任何特定的联系；而只有在单词"*watch*"出现后，句子语境才能为解释这个歧义词的含义起到作用。而在句子"*I thought the alarm clock was running fast，so I checked my watch.*"（我认为闹钟走快了，于是核对了我的表）中，句子语境在"*watch*"一词出现之前就与时间联系紧密，因此语境效应在这些句子中更快地被观察到。

这些对歧义解决中语境效应的讨论，强调了自上而下加工和自下而上加工的不同种类信息激活的时程。但这些讨论也认为，词语是通过相互重叠的网络进行表征的，这些网络对词义的不同方面进行编码，例如一个名词（如"*banana*"）的知觉特征和功能特征。"*banana*"不像"*watch*"和"*bank*"那样有多种词义，但研究却发现，当要求被试分别考虑其词义的知觉特征和功能特征时，完全不同的脑区被激活了。因此，每个单词的词义都有不同的方面，这些方面在不同的语境中会得到不同程度的激活或抑制，而且各种词义之间的联系程度也会发生变化。处于连续分布的一端的是如"watch"一类的词，它们包含多个不同的词义；而处于另一端的是如"ozone（臭氧）"一类的特殊专业术语。由于语境能够显著地突出词义的不同方面，大多数的词都介于这两端之间。即使是那些只具有单一含义的词，例如"banana"，每次它们被使用时强调的词义特征（功能特征或知觉特征）可能也不相同。而那些多义词，例如"watch"，尽管在加工早期就显示出对不同词义的激活，但在几百毫秒之后，句子语境将会极大地影响我们理解过程中激活的词义特征。

2.5　句子理解

句子的语境会使句中单个词的词义发生细微变化，而句子本身当然也有其自身的意义。句子的意义一部分来自构成句子的单词的意义，另一部分来自句子的句法——句中词与词之间的关系。"Man bites dog."（人咬狗）和"Dog bites man."（狗咬人）的意思是不一样的。但事情并不简单：无论是作为有结构的整体的句子，还是句中的单词，都可能包含歧义，例如"The spy saw the cop with binoculars."这句话。根据两种可能的句子结构，这个句子可以有两种解释。每种可能的结构［用"（）"表示］会引发不同的句子含义：如果句子结构是"The spy saw（the cop with the binoculars）."，那么介词短语"with the binoculars"是对"cop"的描述，也就是说，这是一个带着望远镜的警察；如果句子结构是"The spy saw（the cop）with binoculars."，那么"with the binoculars"是对观察方式的描述，也就是说，那个间谍使用了望远镜作为观察的工具。

　　这是一个**结构歧义**（structural ambiguity）的例子，即我们听到或读到的单词串拥有一个以上的句法结构和句子含义。说话者或作者的初衷只是其中的一种结构和意义，而听众或读者必须从单词串中重新建构说话者或作者的初衷。结构歧义在说话和写作中极为普遍，但一般我们总能做出正确的解释。我们是如何做到的？一些偶尔出现的错误理解可以很好地帮助我们了解句子理解的过程。笑话通常就是建立在这些错误理解的基础上的，笑话中的幽默来源于先将听众（或读者）引到句子的一种含义中，然后让他们突然明白另一种含义，即作者想要表达的含义。杰出的喜剧演员格劳乔·马克思（Groucho Marx）是使用这种手法的大师。在电影《疯狂的动物》（Animal Crackers）里，他使用这种手法创造了一个著名笑话，其台词是这样的："One morning I shot an elephant in my pajamas. How he got in my pajamas，I don't know."这个笑话在于第一句话的结构歧义，与前面提到的"binoculars"句子的结构歧义一样。观众刚开始会将第一句话解释为"I shot（an elephant）in my pajamas."［我穿着睡衣开枪打了（一头大象）］，但听到下文后才明白第一句话的结构应该是"I shot（an elephant in my pajamas）."［我开枪打了（一头穿着我的睡衣的大象）］。这种模棱两可的语句被称为**花园路径句子**（garden path sentence），因为听者或读者一开始会被带进"花园小径"从而得出对句子的错误解释，然后通过重新分析句子而做出正确解释。

　　花园路径句子揭示了句子理解的一种根本特性——**即时性**（immediacy），即我们一接触到词语就会立即对它们做出解释（Just & Carpenter，1980）。原则上，你可以通过听完整个句子甚至更多的句子，再决定句中单词的含义和句子的结构，从而避免处理大量的歧义。这样的话，不论歧义最终的解释是什么，你都不会觉得惊讶，因为你一直等到听到足够多的信息，上下文已能帮助解决歧义时才对句子做出解释。花园路径句子令我们感到惊讶的事实说明，我们一旦能对所知觉到的信息做出一个比较合理的（无意识的）猜测，就会展开对句子的理解。这意味着我们常常不得不运用不完整的信息来对句子的正确含义进行猜测。多数时候我们也许根本没有意识到其他可能解释的存在，就得到了正确的解释。这是因为早期的猜测通常都是正确的，或者在我们能清楚地意识到其他可能解释之前就被迅速地校正为正确解释了。前面我们在音素复原效应中也观察到了相同的现象：人们意识不到单词中的一个音素被咳嗽声替代（例如，"the ＊eel on the orange"）。来自"orange"的语境被非常迅速地整合，以致听者认为自己清楚地听到了单词"peel"，同样的快速整合也被用于解决句法歧义。

言语信号中的歧义必须通过听觉刺激进行研究；另一方面，研究者一般通过测量阅读时间来检验人们如何解决句法歧义。通过呈现书面句子，研究者可以测量每个单词的阅读时间（例如，通过使用一种测量读者眼球运动的仪器），从而找出在句中哪一点上理解变得困难（眼球运动暂停）。对句子中每一点的理解难度进行测量，对于我们了解歧义很重要，因为阅读模式可以揭示读者在**什么时候**错误地解释了有歧义的句子。正如我们刚看到的，结构歧义是暂时的，歧义随着句子的下文使正确含义变得明朗而不复存在。这在语言理解中十分常见。例如，看看下面这些句子：

（1）Trish knows Susan…（结构：有歧义）

（2）Trish knows Susan from summer camp.（结构：主语-动词-直接宾语-介词短语）

（3）Trish knows Susan is lying. ｛结构：主语-动词-［句子（主语-动词）］｝

句子（1）包含了一个暂时的结构歧义，涉及"know"及其后可能出现的任何单词的解释。"know"的一个意思是"认识"，我们可以采用这个解释，因而后面的句子成分仅仅是表示"认识的对象"的一个名词。句子（2）采取了这样的解释："Susan"是"know"的直接宾语，而这个句子意味着 Trish 认识 Susan。除了"认识"以外，"know"的另一个意思是"知道"，因此"know"后面的句子成分通常是说明"知道的情况"的一个完整的嵌套句。句子（3）就是这种情况，"Susan"是嵌套句"Susan is lying"的主语。

句中有歧义的结构及含义被澄清的位置叫作**消歧区**（disambiguation region），句子（2）的消歧区是"from summer camp"；句子（3）的消歧区是"is lying"。对消歧区的阅读时间的测量，可以揭示歧义所造成的理解困难。

被试在阅读带歧义句子的过程中，当他们读到与自己最初的解释不符的消歧区时，阅读速度就会变慢（眼睛在该区域的注视时间延长）。在这里他们意识到自己误入了花园小径，必须重新分析句子，这需要花费更多的时间（Rayner & Pllatsek，1989）。

对于我们如何对含有暂时性歧义的句子做出早期猜测，研究者提出了两种一般性的假设。与之前我们讨论过的关于理解的其他问题一样，这两种假设包含了不同数量的自下而上和自上而下的信息。一种假设认为：人们最初对句法结构的选择只基于自下而上的信息，只有到后期才会根据自上而下的信息进行检验（Frazier，1987）。根据这一假设，语言理解系统的某一成分——分析器（parser），就利用文字或声音输入，为正在输入的句子建立一个如图 12-1 中句法水平的树状图那样的句法结构。当我们面临句法歧义时，这个结构树可以被建成两种或以上的形式，分析器会选择其中最简单的一种，即包含节点和分支最少的形式。在关于 Trish 和 Susan 的歧义句［句子（1）］中，最初的解释是如句子（2）一样的直接宾语结构，因为这种结构比句子（3）中的嵌套句结构更简单。因此，当"Susan"出现时，这个词被直接解释为直接宾语。这个选择是人们一开始就做出的，不需要考虑任何上下文，甚至句中单词的含义。在理解的第二阶段，如果按照分析器选择的结构，句子的含义不通，我们就知道自己误入了花园小径，就会开始匆忙撤退。

这种分析器假设认为，解决句子结构歧义的策略与解决词汇歧义的策略是非常不同的。解决结构歧义时，我们每次只能考虑一种句法结构；而解决词汇歧义时，前面我们已经看到，有力的证据已证明多义词的几种词义是同时被激活的。这种差别源于词汇和句法的概念不同——单词的含义被存储在词汇库里，而句法结构在每次听到一个句子时都会重新生成。因此，同时激活一个词的多个词义并不费劲，但要在理解句子的时间里同时建立几种句法结构则被认为过于困难而无法实现。

另一种假设认为，我们处理句子的结构歧义采用的方式，本质上与处理词汇歧义的方式相同（MacDonald et al.，1994；Truewell & Tanehaus，1994）。这种假设认为，句法歧义的解决是一个同时利用自下而上和自上而下信息的猜测游戏。这种假设的提倡者指出，结构歧义也包含了词汇歧义，比如句子（1）—（3）中"know"的两种可能含义："认识"和"知道"。这类词汇歧义和其他词汇歧义一样，会引起单词的不同含义的激活，但这种激活在一定程度上依赖于各种词义的相对频率以及上下文。与词汇歧义一样，通常语境效应对结构歧义解决过程的影响要弱于自下而上的信息的影响。这种观点引人注意的地方在于，它强调了语言表征中词语水平和句法水平交互作用的本质，允许我们在多个不同的水平上对歧义解决进行一致的描述：无论歧义属于言语信号水平、词义水平，或句子结构水平，或几种水平的组合，理解系统都能自动而迅速地整合已有的信息，对当前输入的信息做出最为合适的解释。

目前研究者正致力于对这两种假设进行验证，但到目前为止尚未得出结论。

2.6　形象语言

形象（figurative）语言的定义是模糊的，它是指通过暗喻或明喻的方式，用一个词表达另一个词的含义的表达方式。例如，你的朋友从背包中"fished（掏出）"一张外卖菜单，在这里，"fish"并不是说她制作了一根鱼竿，钩好了鱼饵，在拥挤的人行道上做出精彩的抛竿动作，而是简明扼要地勾勒出了一幅在某个容器中翻找某种东西的画面。形象语言带来了另一种理解上的困难：我们必须确定作者想要表达的是本意还是喻义。与其他歧义现象一样，形象语言在日常交流中十分常见；一些研究者统计出我们每分钟会使用形象语言约六次（Pollio et al.，1977），在描述情绪和抽象概念时，形象语言尤其常见（Gibbs，1994）。

通常我们都没有意识到自己的语言是形象性的。假设有人对你说："注册处简直是个动物园——我花了两个小时排队，结果他们告诉我的表格不对。"这个句子里的形象语言是什么？当然是"动物园"，它被用来比喻注册处拥挤而混乱不堪的状况。但这个句子中还有另一个不太明显的比喻：在短语"花了两个小时"（spent two hours）中，作者把时间描述得和金钱一样。这类比喻渗透在我们的思维中，在大量不同的表达中出现。在时间和金钱的例子中，我们使用暗喻的表达来描述"浪费时间""花时间""节约时间"和"投入时间"。

形象语言在我们的言语中如此常见，以致我们很容易将它看作单词和句子的多重含义中的一种，尽管它是一个特殊的例子。但来自神经心理学的证据表明，情况有时候会更复杂。虽然左半球的几个脑区对语言理解的大部分环节起着关键作用，但对形象语言的解释似乎更多地依赖于右半球的加工。右半球损伤的病人在形象语言的理解上存在特定困难，神经成像研究还发现，相对于理解本意语言，正常人在理解比喻时更多地激活了右半球（Bottini et al.，1994）。

右半球在理解形象语言时所起的确切作用尚未明确，但它可能与对句子**语调**（intonation）（句子的"旋律"——音高的升降、重音的变化）的解释有关。例如句子"Jim's really a nice guy."（Jim 真是一个好人），如果用不同的语调说出这句话来，可以使句子成为一个事实陈述、一个问题或者一个带讽刺的评论（表明你认为 Jim 根本不是一个好人）。右半球的激活与语调的理解高度相关（Buchanan et al.，2000）。右半球与形象语言的加工有何联系？讽刺、反语、笑话，以及一些其他类型的形象语言往往依赖于语调。但是，右半球在理解形象语言时所起的作用并不局限于对语调的细致分析，因为右半球在理解口语和书面语时所起的作用类似（书面语没有语调）。

2.7　阅读

当你没听清朋友的话时，她给了你一张外卖菜单，上面印有她工作的餐馆的地址。菜单的顶端印有餐馆的名字——"快乐猪"（The Happy Pig）和一张猪的图片。你很快认出这是一张猪的图片，也很快认出"The Happy Pig"这几个词。识别猪的过程，即客体识别的过程（见第 2 章）包含对图片中知觉信息的整合，比如明暗区域、角的位置等，从而可以使个体识别出物体。也就是说，你利用图片中的视觉信息来激活语义信息——在这个例子中，语义信息是"一只腰系围裙，端着一盘食物的猪"。在解释图片的同时，阅读的目的是将视觉信息（菜单上的字）转化为关于单词和文本的含义的语义信息。

2.7.1　阅读通路

在思考将印刷物转化为有意义内容的任务时，我们不妨再次提及图12-7 中的词汇表三角模型。注意从印刷字到其意义的转化有两条可能的通路：第一条是拼写→意义，即从三角形左下角的印刷字的拼写到顶端的意义，这一通路与客体识别很相似。在这种情况下，我们利用了与纸页上的明暗、转角（angles）及其他特征模式有关的信息，并将这些视觉输入与存储的意义表征联系起来。另一条通路是拼写→语音→意义：印刷物首先与语音表征关联（即三角形的两个底角之间发生映射），然后语音编码与意义关联，就像言语知觉一样。在阅读时，你可能会有这种感觉：脑子里有个声音在为你读词，这种感觉可能是我们在阅读时印刷物激活了语音编码的结果。显然，当我们读出一个不熟悉的单词时，使用的正是这条通路——将拼写转化为语音。语音通路是教授阅读时看字读音教学法的基础，如果你还记得过去学习阅读时曾被要求大声读出所看到的单词，这种教学法就是这样教我们的。现在既然你已经是一个熟练的阅读者了，还会大声读出单词吗？或者说，你会跳过语音直接使用拼写→意义的通路吗？有多少信息是分别通过这两条通路进入我们的认知加工的呢？

仅靠思考是很难回答这些问题的，因为大多数读者成年之后，其阅读都是快速自动完成的。这些问题成了研究的课题，在过去的几十年里对这些问题的回答发生了极大的变化（Rayner et al.，2001）。一开始，很多研究者认为熟练的读者仅使用（至少应该仅使用）拼写→意义的通路。他们认为，一旦读者达到足够的熟练程度，就不需要再读出单词，使用拼写→语音→意义的通路进行阅读会增加不必要的步骤，从而降低阅读速度。

另一些研究者对阅读过程持非常不同的看法。他们认为，虽然拼写→意义通路在三角形模型里似乎方便快捷，但实际上拼写和意义之间的关联是很主观的。例如以下这个例子：字母"C、A、T"看起来和猫毫无联系。要进行这种主观的映射是相对困难的，但要进行拼写和发音之间的映射却容易一些，因为拼写和发音的映射有许多常规模式，例如，字母"C"通常发［k］音，如在单词"cat"里。一旦拼写和发音的映射建立了，我们就只需要建立语音和意义之间的映射。虽然语音和意义的映射也具有主观性，但这条通路却是我们高度熟悉的，从童年开始学习阅读时，我们的言语知觉就开始使用这条通路了。

因此，根据这个观点，没理由认为阅读时经过了语音的通路会比直接从拼写到意义的通路更慢。另外需要记住的一点是，这里的"通路"并不是相互排斥的，根据神经网络模型（它扩展了三角模型背后的观点），意义表征既可以直接被拼写激活，也可以同时被拼写→语音通路激活（Seidenberg & McClelland，1989）。因此，我们有可能将两种观点整合起来，认为两种通路以不固定的程度同时发挥作用，至于在某个时间哪一条通路起主导作用，可能取决于多种因素，包括读者的阅读技能、单词的特性等。

当然，没有数据的支持，我们很难对不同通路之间的争论做出评判。在一项研究中，实验者让被试判断单词的词义，目的是了解人们阅读时使用语音的程度（van Orden，1987）。在该任务中，最快、最准确的加工方式是忽略语音，使用拼写→意义通路。该实验假设，如果在不能促进被试加工，甚至阻碍被试完成任务的条件下，语音效应依然出现，那么就很好地说明了读者在很大程度上习惯依赖拼写→语音→意义通路。具体来说，被试先在屏幕上读到一个一般类别的名称，如"FOOD"（食物）或"ANIMAL"（动物）。然后类别名词从屏幕上消失，一个新词出现。被试需要尽快按键，判断新出现的词是否属于先前呈现的类别。例如，如果前面出现的类别是"FOOD"，被试在看到单词"meat"（肉）时就需要按贴了"Yes"标签的键，而看到单词"heat"（热）时就应该按贴了"No"标签的键。在一些情况下，同音词［例如，"meet"（相遇）］也会出现（这些单词与另一个词发音相同而拼写不同）。当被试看到类别词"FOOD"和新词"meet"时，应该按"No"键，然而一部分被试却按了"Yes"键，而且大多数被试在这种情况下，花了更长的时间来做出判断。这个结果证明被试使用了拼写→语音→意义通路："meet"的拼写激活了它的语音，而语音又激活了它的意义。由于这个语音可与两个不同的意义对应，其中一个是一种食物，而另一种不是，因此被试更难做出正确的判断。

　　这个结果表明了拼写→语音→意义通路在阅读中的重要作用，但并不能排除拼写→意义通路被同时使用的可能性。通路的使用可能随不同被试和不同单词发生一定程度的变化。一项研究检验了这一假设，使用的是与上面的任务类似的意义判断任务（Jared & Seidenberg, 1991）。研究者发现，同音词的干扰（例如，"meet"）仅限于低频词，而对高频词的影响较小。他们认为，拼写→意义通路的使用程度取决于读者对这条通路的熟悉程度。对高频词而言，读者非常熟悉它们，因而经常使用拼写→意义通路；对低频词而言，读者并不太熟悉，因此更多地依赖拼写→语音的映射，再从语音提取意义。

　　对这个关于人们如何使用不同阅读通路的理论，脑成像研究已经提供了一些支持性的证据。研究者使用 fMRI 测量不同年龄和不同阅读水平的被试在阅读不同种类的单词时脑的活动情况（Pugh et al., 2001）。这些研究发现，左半球的两个区域对流畅的阅读起关键作用：一个是接近词义和语音加工区域的颞顶区，另一个是枕颞系统（图 12-10）。研究者认为，当我们学习阅读时，颞顶系统起初占据主导地位，并负责拼写→语音→意义通路上各种关系的学习。而枕颞系统的发展相对较晚，但随着我们阅读技巧的提高变得越来越重要。这个系统可能将视觉信息（即拼写）与意义信息直接联结起来。究竟这些脑区与三角模型中的拼写→语音→意义和拼写→意义通路之间有怎样的联系，现在还无法说清，但 fMRI 研究为我们了解阅读背后的信息加工的本质开辟了一条令人振奋的途径。

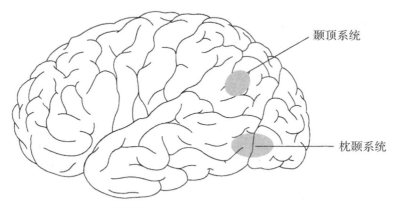

图 12-10　与阅读相关的重要脑区

　　阅读（即将拼写映射到语音和意义的过程）依赖于一个颞顶系统，负责学习拼写→语音→意义的关系；以及一个枕颞系统，这个系统随阅读技能的提高而发展，负责把视觉信息（拼写）与意义联系起来。

（Shaywitz, B. A., Shaywitz, S. E., Pugh, K. R. et al., Disruption of posterior brain systems for reading in children with development dyslexia. *Biol Psychiatry*, 2002；*52*, 101-110. 经爱思唯尔出版社允许重印）

2.7.2　连续的文本

　　阅读的一个主要部分是识别单词和句子的含义，但要读懂这段或另外任何一段连续的文本，阅读并不仅限于此。这之前你读到的不是一个句子，而是很多相关的句子。我们是怎样理解大量的文本的呢？

　　首先必须指出，阅读行为有运动的方面：你的目光会在页面上移动，从而看到所有的单词。这种眼动是跳跃式的，称为**扫视**（saccades）。扫视和注视（目光静止在文本中的某个点上）交替出现，大约90%的阅读时间里我们在注视，而每秒钟我们也会对新文本进行2—3次的扫视。

　　当你注视一个词时，词的映像就会落到中央窝处，这是视网膜上视觉最为敏锐的地方。映像落在离中央窝越远的地方，视敏度越小。下面的句子中有个单词是粗体字，当你直接注视这个单词时，它的映像就会落到你的中央窝上。现在，继续保持你的眼睛只注视这个单词，试着去识别这个句子中的其他字母：

Tyc amksp birxu roz ulvdp **walk** gehd pqzy gvlwn ckg.

如果你小心地使自己的目光盯在 "**walk**" 上，而没有注视句中别的地方，你可能会发现，自己能够识别或很好地猜测这个单词前面或后面的字母，但离这个单词较远的字母则很模糊。这个例子中一个明显的问题是：为什么除了 "**walk**" 之外，其他字母的组合都没有意义呢？原因在于，在这种情况下，大多数被试在寻找粗体词的时候，都倾向于对整个句子匆匆一瞥。如果你这样做了，并且句子是有意义的，那么你就能运用自上而下的加工来猜测 "**walk**" 前后字母的含义。实际上 "**walk**" 前后的词都是没有意义的，这不仅降低了你利用自上而下信息的机会，也会让你明白，中央窝以外区域的视敏度是很低的。

很多研究指出熟练的阅读者在阅读和这本教材差不多难度的材料时，注视了大部分但不是所有的单词。一些较长的词可能会被注视多次，而较短的词可能不需要直接注视就被感知到了。定冠词 "the" 通常都不被注视，这个单词足够短（足够常用），因而当注视点在它附近时它就被感知到了。而且，当我们注视一个单词时，我们的眼球运动通常是经过精确计划的，从而使视线落在词的中央，这样只要注视一下，整个词或词的大部分就能被清楚地看到。这带出一个有趣的问题：我们在没有读过文本，不知道后面会出现什么的情况下，怎么能够计划自己的眼球运动，跳过一些单词，并把视线准确地落到另一些单词的中间呢？换句话说，我们怎么能够在还没有见到 "the" 的情况下就决定把它跳过呢？

这个问题的答案是，在有些情况下，我们利用日常积累的关于英语词汇和句子结构的一般知识等自上而下的信息，来帮助自己计划眼球的运动。此外，我们也从文本中获得相当多的自下而上的信息。有数据表明，尽管读者只能清楚地看到注视点周围大约 6 个字符的字母，但却可以获得离注视点 7—12 个字符远的字母的粗略的视觉特征。再来看看上面的无意义句子，在注视 "**walk**" 时，试着去看右边第二个 "单词" 的形状。你可能会发现自己能够确认出一些信息，如果不是它包含的每个字母，至少能感受到这是一个较短的 "单词"，并且开头是一些比较高的字母。这种不完整的信息不足以使你精确地识别正在出现的单词，但却足以使我们眼动程序的加工猜出后面可能有个单词 "the"，并在一些情况下跳过它。

2.7.3 快速阅读

作为一个熟练的读者，你的阅读速度很快，每秒钟能加工几个单词。

很多必须大量阅读的人常常希望自己能读得更快，他们花时间参加各类"速读"课程。速读的训练有效吗？实际上，没有什么效果。

每种速读训练课程都有一些特别之处，但大多数课程都对阅读怎样进行，或者应该怎样进行有着类似的假设。一种常见的（过时的）假设与三角模型有关：速读课程往往认为，高效的阅读应该直接走从拼写到词义的通路，避免语音环节。这些课程指出，人们在阅读时形成了激活语音的懒惰习惯，如果去掉这个"多余的"步骤，直接使用拼写→意义的通路进行阅读，我们的阅读速度就能大大提高。这个理论曾广泛流行于儿童阅读的教学中，但现在有很好的证据证明，实际上，语音的激活是熟练阅读过程的一个自然组成部分。

大多数速读教学还鼓励读者更快地浏览页面。因为我们不可能用比正常速度更快的速度计划和执行扫视，所以要更快浏览页面的唯一方法就是扩大扫视范围。但这个方法实际上不管用，因为落在中央窝区域以外的单词只能被模糊地知觉到，扩大扫视范围的结果是使一些单词永远不会被注视到，甚至永远不会进入注视点的周边区域，因而我们根本看不到这些单词。换句话说，速读就好像略读：你飞速穿过文本的一些部分，而遗漏了其他部分。

研究者比较了受过训练的速读者与没受过速读训练的大学生在阅读模式和理解能力上的差异（Just & Carpentar，1987）。大学生用两种方式阅读文本。一种条件下，他们需要正常阅读文本；另一种条件下，他们需要进行略读。结果发现，速读者的眼动情况与进行略读的大学生很相似。

这项研究还探讨了略读对被试理解材料的影响（速读训练的一个重要主张是在不影响理解程度的前提下，使用技术可以提高阅读速度）。对简单的文本而言，所有三个组——速读组、略读组和正常阅读组的理解都很准确。但是，对更难的文本而言，略读组和速读组理解的准确性差于正常阅读组。这些结果支持了我们前面讨论过的阅读的各个方面：从本质上说，阅读是一个多方面的过程，在这个过程中，不同层次的信息相互整合。在阅读时，不论你按照一般的略读方式，或是根据速读技巧略过部分材料，你都不可避免地会丢失一些重要的上下文信息，以及另外一些影响到材料意义表征的准确性的关键信息。

1. 为什么研究者认为我们在听人说话时，会先考虑多个可能的词（一个词群），然后排除那些不合适的词？

2. 词汇和语音的三角模型与全字阅读法（whole-word methods of reading instruction）之间有什么关系？

3. 语言生成过程

假如你正在考试，你的笔不慎掉了，滚到前排座位下。你轻拍坐在你前面的同学，说："能帮我捡下笔吗？就在你椅子下面。"你又一次毫不费力地完成了一项复杂的任务。首先你产生一个拿回笔的目标，这是一个原本与语言没有关系的抽象概念，然后你将这个目标转化为语言表征，再进一步转化为说出那句话的一系列肌肉运动（这与第11章讨论的怎样将一个运动目标——举起笔转化为一系列动作很相似）。要把这个想法诉诸语言，可以有很多别的表达方式。例如，"我的笔掉到你座位下了，能麻烦你帮忙捡一下吗？"或者"能帮我捡一下掉到你座位下的笔吗？"——但出于某种原因，你选择了说出上面那句话。研究语言生成，就是研究将非语言的想法转化成语言，再决定实际怎样措辞的过程。

与我们对语言理解过程的了解相比，我们对语言生成的了解可谓少之又少，这主要是因为存在几个方法学上的挑战。在语言理解的研究中，研究者通常呈现语言刺激，然后测量各种变量，如理解时间、反应正确率，以及脑激活模式。我们对这些变量的测量能够达到非常精确的水平，部分原因是我们能够准确控制刺激开始呈现的时间，从这个时间开始对各种指标进行计时。而就语言生成的加工而言，其起点是一系列非语言的内部表征的产生，例如你想拿回笔的愿望背后的内部表征。这种不同类型的起点，对于研究者来说是一个真正的挑战，因为它使准确控制实验变得困难得多。实际上，很多关于语言生成的早期研究都不是实验研究，而是记录被试说话过程中的口误的观察研究。或者，研究者也可以记录手语产生和书面语产生（手写或打字）过程中的错误。然而，绝大多数研究都是关于口误的，这部分是因为被试的口误很容易被观察到。

使用这种方法的早期研究者之一是语言学家维多利亚·弗罗姆金（Victoria Fromkin，1923—2000），她认为说话者的错误模式反映了语言生成的内在过程（Fromkin，1971）。她随身携带一个小笔记本，每当听到一个口误，就迅速拿出笔记本，记下口误以及说话者的本意。弗罗姆金和其他研究者收集的记录表明，我们的口误模式不是随机的，而是以特定的方式分为几种的。这些错误模式成为我们了解语言生成过程的最早的研究数据。

交换错误（exchange errors）表示句子中两个成分的顺序颠倒了。其中一种是**词语交换错误**（word-exchange errors），表示一个短语或句子中的词语交换了位置，例如"I wrote a mother to my letter"和"tune to tend out"。被交换的词通常属于同一词性，比如名词和名词互换，动词和动词互换，等等。句子中互换的词之间通常距离较远。与之相对，另一种是**语音交换错误**（sound exchange errors），即语音交换了位置，通常发生在距离较近的两个词之间，而且两个音在两个词中的位置相似。这类错误常被称为**斯普纳现象**①（spoonerisms），是根据牛津大学新学院的院长（1903—1924 年在任）威廉·阿奇博尔德·斯普纳（William Archibald Spooner）教士的姓氏命名的，他的讲话中常常出现这类错误。例如，以下这些可能是被人杜撰的他训斥学生的话："You have hissed all my mystery lectures!"和"You have tasted the whole worm！"。②

词语交换错误和语音交换错误迥异的特征，为语言生成模型的发展提供了重要的早期证据。图 12-11 呈现了一个语言生成模型（Garrett，1975；Levelt，1989）。在这个模型中，话说出口之前，语言生成的加工经历了三个不同的水平：首先是**信息水平**（message level），在该水平说话者（或作者）构想要传递的信息。这时信息仍然是非语言的，没有词或句子结构与之相联，比如你想要拿回笔的愿望。下一个阶段是**语法编码**（grammatical encoding），它又包括两个不同的过程：一个是选择传递信息的词语，另一个是生成相应的句法结构。然后，所有这些信息被送入第三个阶段：**语音编码**（phonological encoding），即产生将要说的话的语音表征阶段。最后，信息被说出口。接下来我们来仔细了解其中的一些阶段。

---

① 又可译为"首音交换"。——译者注
② 这两句话的原意分别为"You have missed all my history lectures!"和"You have wasted the whole term！"。——译者注

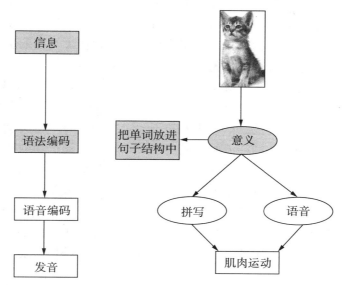

图 12-11 语言生成的阶段

左边是四个阶段的名称。右边是各个阶段所表征的信息以及相应的行为。需要注意的是，词汇表的三角模型（箭头只表示语言生成的过程）包含在语法和语音编码两个阶段中。

3.1 语法编码

语法编码的一个方面是在语言生成的过程中选择词语，这个过程涉及将信息水平的语义信息与词汇表中的单个词相联系。关于语言生成的研究，研究者主要关注的问题是语义表征如何影响单词的选择。例如，当你想拿回你的笔时，你可以把它描述为在你前面的"seat（座位）"或"chair（椅子）"底下，这两种说法都符合实际情况，以及你想要传递的信息。这意味着，你的信息的含义同时激活了这两个词，而通常被选中的是激活程度更大的那个词。在一些偶然的情况下，两个词同时被选中，结果导致了把两个词混合起来的错误，例如，"My pen is under your cheat-I mean seat."[弗洛伊德认为这类口误反映了说话者被压抑的想法和欲望，在这个例子中，可能反映了潜意识中你认为面前的人或你自己可能想要在考试中作弊。这种令人尴尬的错误被称为**弗洛伊德口误**（Freudian slips）。这些错误中的一些可能的确反映了说话者不愿说出来的想法，但大部分则反映了语言生成系统基本的加工过程，而不是隐藏的动机。]

　　语法编码的另一方面是生成口语或书面语的句法结构。与单词选择一样，这一过程也有大量不同的句子结构可供选择。那么我们是怎样选定其中一种的呢？研究发现，许多决定句法结构的无意识决策都取决于单词的选择，尤其取决于你选择组成句子的各个单词的速度。单词选择的过程是为多个单词同时启动的，也就是说，当"chair"和"seat"同时被激活时，"pen"也被激活了，或许还有"get"和"give"同时在进行相互竞争。

　　但即使很多词同时被激活，我们却不一定在同一时间对所有可能的词做出抉择。在不同的时间，或对不同的单词而言，单词选择的速度可能会发生变化，导致这种现象的原因有很多。例如，部分信息可能比其他信息更重要，因而相关的表征会受到更强的激活。另外，低频词需要更长的时间才能被激活。这种**词汇可通达性**（lexical accessibility）（一个词被提取出来以备语言生成的容易程度）对句法结构的选择有着重要影响。那些首先被选择的词会被放入句子的开头部分，被选择的句法结构需要与这些单词一致。

　　一系列设计精巧的研究证实了词汇可通达性对于结构选择的影响，这些关于语言生成的实验被伪装成记忆实验（Bock，1982）。在其中一项研究中，被试的任务是描述简单图片；他们被告知，用一句话描述每幅图片能够帮助他们更好地记住图片的内容。这个研究真正感兴趣的，是被试在描述图片时使用的句法结构。图 12-12 给出了一张图片的例子，它可以用一个主动句描述为"The lightning is striking the church."（闪电击中了教堂），也可以用一个被动句描述为"The church is being struck by lightning."（教堂被闪电击中了）。博克（J. K. Bock）假设，"lighting"和"church"这两个单词相对的可通达性会影响主动或被动句法的选择，因此她操纵两个单词的可通达性来检验这一假设。她在图片呈现之前先呈现一个启动词，并要求被试大声读出来（被试并不知道读词任务与说出句子的任务之间的联系）。启动词分为两种条件，一种条件下启动词如"worship（崇拜）"，另一种条件下启动词如"storm（暴风雨）"。相比后者，启动词是"worship"的条件下，被试更多采用被动句来描述图片，比如"The church is being struck by lightning."。这些启动词会预先激活一些意义信息，因此，当被试看到图片，开始计划用什么句子时，选择一个与启动的概念接近的词就比选择一个未启动的概念要快。于是这个首先被选中的词被放置在正在构思的句子的开头部分，从而决定了对主动和被动句子结构的选择。

图 12-12　为什么我们会用自己的方式描述事物

这是在句子产生实验中常用的图片。这幅图片既可以用主动语态来描述（Lightning is striking the church.），也可以用被动语态来描述（The church is being struck by lightning.）。被试对句子第一个名词的选择，以及句子相应地采用主动还是被动语态，取决于前面呈现的启动词是"storm"还是"worship"。

［Bock，J. K.（1982）. Toward a cognitive psychology of syntax：Information processing contributions to sentence formulation. *Psychological Review*，*89*（1），1-47. Copyright ⓒ 1982 American Psychological Association. 经允许重印］

　　在谈话中，选择可通达性更高的词，能带来实在的好处，可以让说话的人在确定所有要用的词之前，更早地规划自己要说的话。当我们选好了句子开头的词，句子的结构也开始被建立时，这些早期选择的词就进入了语言生成的下一个阶段——语音编码。这时说话者能够同时计划句子的多个部分。因为句子开头的部分对句子产生的计划起着主导作用，当说话者还在组织句子后面的部分时，这些开头部分已经可以脱口而出了。这为谈话带来的好处，是加快了轮流对话的速度：你不必等到一个句子最后面的细节都计划好以后才能开口说话。

　　词汇选择与句子结构计划之间复杂的交互作用有时会出现失误。失误导致的一种错误是词语交换错误，例如"I wrote a mother to my letter."。这类错误的起因可能是我们把单词插入句子结构时出了问题，因此这种错误的分配不是完全随机的，而是通常发生在某个特定的词性中。例如，名词和名词互换（如"mother"和"letter"），动词和动词互换，等等。

另一种错误出现在个体已将句子所有计划好的部分说出，而句子后面的部分还没有完全准备好时。因此，人们可能突然发现自己没词了（一种常见的经历），这时他们往往放慢说话的速度，或者插入一些填充词和感叹词，比如我们常说的"嗯"。还记得你朋友的话吗？——"它是，呃，一家……嗯，偏亚洲风味的熟食店。"她在选择准确描述那家新开餐馆的词时遇到了一些困难。她在单词选择和完成句子计划前用"它是"做了开头，然后在计划句子的剩余部分，并准备把它们说出来时插入了停顿和填充词。

3.2 语音编码

当我们选好了词汇，计划好了句子结构，这些话语的片段就被送入语言生成的下一个阶段——语音编码。在这个阶段，被试提取清晰的发音所必需的语音表征。请记住，语音表征不同于意义（重温词汇表的三角模型）。

事实上，大量证据表明，语言生成的过程中，选择单词和提取其发音是两个不同的阶段。通常这两个过程发生得很快，以致很难将它们区分开来，但有时候还是能够区分出这两个阶段的。区分两个阶段的一种方法，是研究说话者出现"舌尖现象"时，是什么原因使人们想不起一个名字或一个词。我们都曾经历过这种状态，如果我们稍微思考一下这种情况发生的过程，就会发现，"想不起某个词"的说法不太准确，因为你实际上提取不出来的是单词的"发音"。当你想不起某人名字时，你非常清楚自己说的是谁。你已经很好地提取出了这个词的语义，但因为某种原因，你在将语义表征转化为语音的过程中出了问题。

因此，这种舌尖现象（tip-of-the-tongue，TOT）减慢了本来过于快速而难以观察的过程，从而为研究者了解语音编码如何进行提供了宝贵的证据。当然，一直跟着被试，等他们出现舌尖现象从而收集这方面的信息是很低效的，因此研究者设计了一种程序来诱发这种现象（如果你想让自己或朋友试试这个程序的一个简单版本，你可以使用图 12-13 中的指导语和定义）。在这些研究中，被试读到或听到一些罕见的词的定义，然后尝试说出被定义的词。有时候他们能立即说出一些词，有时候他们完全不知道被定义的词是什么。但有时实验者会比较幸运：当被试说"哦，那个是……嗯……"的时候，很明显，他们出现了舌尖现象。这时，主试会问被试一些问题，比如，"你能告诉我这个词的第一个音是什么吗？"或者"你觉得这个词有多少个音节？"出现舌尖现象的被试往往能答出有关这个词发音的一些要素，比如单词的首音或尾音，或者单词的音节数，或者能说出另外一些发音相似的词来。这种掌握词的不完整信息的情况并不仅限于口语，聋人的手语有时也会出现一种"指尖现象"（tip-of-the fingers）。和说话的人一样，在这种状态下，使用手语的人也想不起该用什么手势来表达一个意思，而只能够报告出与这个手势有关的一些信息（例如，这个手语的基本手形），但不能完成这个手势所需的动作（Thompson，Emmorey & Gollen，2005）。这些结果表明，出现舌尖现象（或指尖现象）的个体肯定知道这个单词，并激活了其一小部分语音表征；这些结果还表明，对单词的选择和对它的语音形式（不论是口语还是手语）的激活是两个不同的过程。

定　　义	你建议的答案
1. 有腰带的日式长袍	
2. 一种幻觉，在沙漠里看到并不存在的一泓碧水	
3. 一种在音乐中使用的控制时间的仪器	
4. 一种能捕食蛇的哺乳动物，是基普林（Kipling）的小说《瑞奇–提奇–嗒喂》（*Rikki Tikki Tavi*）的主角	
5. 一种带软垫的长脚凳	
6. 北加州地区生长的一种大型红色木质的树	
7. 在一只眼睛外放置的用来提高视力的单个镜片	
8. 一种单细胞生物，通过临时的伪足活动	

图 12–13　舌尖现象

这些定义可能使你产生舌尖现象，试试说出符合每个定义的单词。如果你觉得自己知道答案，但是又想不出那个具体的词，就写下你知道的这个单词的所有信息，比如它的第一个音是什么，有几个音节，或者一个和这个词发音相似的词（答案见 580 页）。

对大多数人来说，舌尖现象只是偶尔出现的烦恼，某些类型的脑损伤可以引发更严重的情况。与前面提到的那些有语义障碍的病人不同，另一些脑损伤的病人可能拥有正常的语义信息，但在提取想说的词的语音表征时却出现了严重的障碍（Kay & Ellis，1987）。这种在事物命名上的缺陷被称为**命名障碍**（anomia），来源于两个分别表示"没有"和"名称"的希腊语。命名障碍是多个与语言相关的脑区损伤之后出现的结果。有命名障碍的病人可能看着图片，却不能提取其语音表征，但可以用其他方式来证明他们对图片内容的理解。例如，一个病人看到"锤子"的图片而不能提取这个词的发音，但却能轻易地做出用锤子钉钉子的动作。这种缺陷对低频词而言更常见，表明使用意义→语音通路来加工某个词的频率会影响对该词的语音提取的难易程度。与对正常被试的舌尖现象的研究一样，这些对脑损伤病人的命名障碍的研究同样支持了词语选择和语音编码是两个不同阶段的观点。

毫无疑问，语音编码正是斯普纳现象和其他语音交换错误发生的阶段。发生交换的语音通常存在于距离较近的两个词中，并且交换的语音在两个词中的位置也差不多（例如，两个词的第一个音），因此这些错误似乎代表了我们在同时计划多个词时出现的小差错。

3.3　语法与语音阶段的整合

我们知道，信息从语法编码流向语音编码，那么有没有证据表明语音编码会影响语法编码呢？最初研究者认为这种反馈不存在。原因之一是研究者观察到了人们讲话中的错误模式的特点。词语交换似乎发生在相距较远，并且词性相同的词之间，而语音交换则发生在距离较近的两个词之间，而不论这两个词是名词、动词或别的词性的词。这些模式表明，词语交换发生在语音编码之前，而语音交换则发生在语音编码的过程中，不受语法编码的影响。

但近年来，有证据表明，语言生成是一个在更大程度上相互影响的系统。现在我们明白，尽管语言生成的一些步骤在一开始有明确的先后顺序，比如说话者、使用美式手语者，以及写作者，都会先组装句子和选择词语，然后再计划说话、打手势、写作或打字的动作，但早期步骤和晚期步骤之间也存在一些相互作用。这方面最早的证据也源于对口误的研究。研究者对收集到的大量词语交换错误进行考察，记录被交换的词语之间是否包含相似的音素（Dell & Reich，1981）。例如，在"writing a mother to my letter"中，被交换的单词"mother"和"letter"两个词的读音非常接近；而在"The shirts fall off his buttons."中，被交换的单词"shirts"和"buttons"在读音上没有相似之处。研究结果表明，发音相似的词之间更容易被交换，这或许是因为相似的发音更容易被混淆，从而导致说话者错误地安排句中的词语。这个结果说明：第一，当我们把词语安排到句子中时，语音编码的加工也已经开始进行；第二，语音编码对句法结构中单词的安排产生了影响。因此，这项研究表明了语法和语音编码之间存在一定的交互作用。

如果语法编码与语音编码是完全独立的两个过程，那么就不会存在语音编码对词语交换错误的影响。

一些诱导说话者出现交换错误的研究，也得到了类似的证据。在其中的一项研究中，被试看到屏幕上呈现的一些较短的词组，例如"darn bore"（Baars et al.，1975）。几秒钟后，如果屏幕上的词组被"GO"的符号所代替，那么被试就要说出这个词组。而如果词组被另外一个短语代替（例如，"dole bean"），那么被试就要忽略前一个词组而说出新出现的词组。有时候被试在连续看到多个词组后，屏幕上才出现一个"GO"的信号。

在"GO"信号之前出现的词组都以相同的字母对开头（例如，"da_ bo_"），然后出现"GO"符号。紧接着出现的词组中，两个词同样以之前的字母对开头，只是位置互换（例如，之前是第一个词的首字母对，现在是第二个词的首字母对，而之前是第二个词的首字母对，现在是第一个词的首字母对）。当被试习惯了基于前面的词组模式进行反应后，他们很难适应变化后的词组模式，这时就会发生语音交换错误。有时语音的交换产生了另外一个词组，例如"darn bore"变成了"barn door"。有时语音的交换产生无意义的词组，例如"dart board"变成了"bart doard"。一个有趣的现象是：语音交换错误有 30%出现在"darn bore"一类的词组上，而只有 10%出现在"dart board"一类的词组上，后者经过语音交换后产生的词组无意义。这个结果为语言生成过程的交互作用的特性提供了更多的证据：如果语音编码是独立于其他水平单独进行的，那么口误出现的概率不应该受口误产生的词语是否有意义的影响。因为口误产生真词的情况比产生无意义词的情况更普遍，因而，研究者推断语音编码水平和单词选择的过程是相互作用的。

语言生成的过程（与第 11 章中讨论的一般运动产生的过程一样）是复杂且多层次的。早期关于生成过程的研究大多基于对口误的分析，近年来实验方法取得了进展，研究者开始在实验室条件下研究语言的生成。口误分析和实验研究的结果都清楚地表明，说话者和手语使用者在开口说话或打手语之前进行了大量的计划，而在开口之后，他们一边说着前面部分的话，一边还在计划后面的话。这种在多个水平上同时进行的计划引起了语言生成不同水平之间的交互作用。

理解测验

1. 语言生成包含哪几个阶段？
2. 为什么早期在实验室条件下研究语言生成比研究语言理解更困难？

4. 语言、思维与双语

想象一下你面前坐着三个学生：一个来自美国，一个来自墨西哥，一个来自韩国。你认为他们看待这个世界的方式和你完全一样吗？当然不会。这种差异有多少是来自语言（他们的母语分别是英语、西班牙语和韩语），有多少又是来自经验的其他差别呢？另外，对于后两个把英语作为第二语言来学习的学生而言，学习第二语言的经历对他们产生了怎样的影响呢？

4.1 语言与思维

就怎样描述世界而言，不同语言之间的差异极大。由于语言是表达思维的主要工具，从亚里士多德时代开始，学者们就试图了解语言在多大程度上影响我们的思维方式。这个问题与本杰明·李·沃尔夫（Benjamin Lee Whorf）的著作联系最紧密，他认为语言对我们的知觉和思考世界的方式有着极大的影响（Whorf，1964）。尽管并非所有语言上的差异都导致了思维方式的差异，但研究者还是发现，说不同语言的人在很多认知功能（例如，空间航行、空间推理、颜色知觉，以及对客体、物质、事件、时间、数字及他人的推理等）上都存在显著的差异（可参考 Gentner & Goldin-Meadow，2003；Levinson，2003）。很多研究还发现，即便在一些非常基本的加工（例如，空间定向、判断时距或对颜色深浅差异的知觉等）上，也存在跨语言的差异。在证明不同语言的人思维方式不同之前，这些研究已经发现语言加工遍布思维的多个基本领域。换句话说，"思维"可能是语言的表征和加工与非语言的表征和加工之间复杂的共同协作的结果（Papafragou，Massey & Gleitman，2006）。

4.2 双语

探讨语言和思维之间关系的实验面临很多难题。例如，说不同语言的人来自不同的文化背景，因此他们思维方式上的差异很难被单独归结为语言的差异。一种"自然实验"是对双语者，即说两种语言的人（尽管称"双语者"，有时也指说两种以上语言的人）的实验。研究的问题是：个体使用一种语言进行思维的过程，是否因为他们具有使用另一种语言进行理解、表达和思维的能力而受影响。关于双语者语言表征的问题实际上远远超出了语言与思维之间关系的问题。对于本章所讨论的每一种语言加工——言语知觉、阅读、歧义消解、语言生成及所有其他方面，研究者都想知道，双语者和单语者在这些加工上是否有差异。例如，双语者拥有单一的词汇表，还是两种语言各有一个词汇表？有些情况下，双语者的两种语言似乎彼此独立；而有些情况下，它们又互相影响甚至发生冲突。找出导致两种语言发生冲突的主要因素，以及它们互不干扰的主要因素，不仅有助于语言研究者了解双语现象，也有助于我们了解脑中语言表征的方方面面。

　　在美国，很多人对于他们母语之外的语言知之甚少，尽管这种情况正在发生改变。而在世界上其他一些地方，多数有读写能力的人都能基本流利地说两种或更多的语言。能够运用和理解两种语言带来的结果是什么呢？这个问题的答案取决于两种语言习得时间的早晚（见随后的**争论**专栏）以及每种语言的使用频率——儿童需要用 25%的时间来听说一种语言，才能真正熟练地掌握这门语言（Pearson et al.，1997）。

　　我们来看看那些在成长过程中基本同样多地听说两种语言的儿童，将他们的情况同单语者进行对比。双语儿童必须学会把一个概念（例如，"dog""run""yellow"）映射到两种不同的语音形式上，必须学习两种语言不同的语法结构，而单语儿童只学习一种。如果单独考虑两种语言的话，额外的学习负担一开始会导致双语儿童两种语言的词汇都发展得更慢一些。以常见的英语-西班牙语的双语儿童和只说西班牙语的单语儿童为例，如果测试两种儿童的词汇量，双语儿童的词汇量倾向于更小——他们掌握的英语单词比只说英语的单语儿童少，掌握的西班牙语单词也比只说西班牙语的单语儿童少。但是，如果我们把双语儿童掌握的两种语言的语音-意义映射加起来，那么他们的词汇量至少与单语儿童一样多（Pearson et al.，1993）。关于语法的学习也发现了类似的结果：学习两种不同句子结构的负担一开始会导致双语者学习两种语言语法的速度都变慢（Muller & Hulk，2001）。因此，与只学习一种语言的儿童相比，要理解和使用两种语言的儿童至少在一开始会付出一定的代价。

　　尽管双语者最终都很好地掌握了两种语言，一个有趣的问题是：对成年人而言，双语对他们有什么影响呢？对同时使用两种语言的双语者来说，他们使用和理解每种语言的机会，平均起来是单语者的一半。这种分半使用两种语言的效应，在词汇的产生中可以看到，并且双语者有更多舌尖现象的体验（Gollan & Acenas，2004），即使对他们使用较多的那种语言也是如此。

　　双语者与单语者的另一个区别是，每次说或写的时候，双语者都必须（有意识或无意识地）选择使用某一种语言，而单语者则不必做出这种选择。每当双语者使用一种语言时，另一种语言必须被抑制，否则他们就会说出夹杂着两种不同语言的词汇和两种句子结构的语无伦次的话。一些研究提出，这种抑制一种语言、专注于另一种语言的持续性要求提高了双语者执行过程的效率（见第7章）。双语的儿童和成人在那些对记忆和认知控制资源有较大依赖的非语言任务中表现得更优异，比如在一个需要记住并复制一个光和声组成的序列的游戏中（Bialystok et al.，2004；Bialystok & Martin，2004）。因此，使用双语的经验对语言使用本身，以及语言使用以外的方面，都产生了很多影响。

争论

语言习得存在敏感期吗？

　　与其他技能的学习不一样，学习第二语言从小开始更容易。这是为什么呢？答案可能就在于语言学习的**敏感期**（sensitive period），即儿童在发展过程中很容易习得某种能力的一段时期；在这段有限的时期之前或之后，习得这种能力要困难得多。敏感期的提出，引出了很多目前还没有确切答案的问题。例如，我们不清楚为什么习得能力的机会之窗会关闭：是因为像青春期一样存在生物学上的改变，还是因为环境的影响——投入地学习一种语言的行为是否会对学习另一种语言产生干扰？

　　我们还想知道，语言敏感期有多长时间——应该从何时开始学习一门外语，才能和一出生就开始学习该语言的人一样流利？研究者提出了不同的答案，有人认为等到13岁再开始学习一门外语，这门外语同样能够达到和母语一样流利（且发音标准）的程度。尽管不太可能存在任何神奇的年龄捷径，但大部分研究认为，想要完全流利、不带任何外语口音的痕迹，在儿童期尽早开始学习外语是非常重要的。例如有研究表明，6 个月大的婴儿可以知觉到多种自己从未听过的语言的音素，到 10 个月大时，这种能力就逐渐消失了（Werker & Tees，1984）。

然而，要把那些有敏感期的知觉能力与实际的语言掌握情况联系起来是很复杂的。一种可行的实验是比较那些从不同年龄开始学习外语的人，众多的移民为这类研究提供了潜在的被试群体。例如，我们可以选取一组从 10 岁开始学英语的人，把他们与另一组从 20 岁开始学英语的人进行比较，然后在两组被试移民到美国，并经过相同的年限之后测试他们。目前已做过一些这样的研究，实际上所有这类研究都表明，较早开始学习英语的一组被试对英语发音和语法的掌握程度更好（Flege et al.，1999；Johnson & Newport，1989）。然而，我们很难对这些数据做出解释，因为两组被试很可能在语言经验和使用程度上存在很大差异：10 岁时来到美国的人一般会到英语学校上学，与讲英语的同学交朋友，他们使用英语的机会比那些 20 岁才到美国的人要多。与儿童移民相比，成年移民在总体上花时间讲英语和听英语的可能性更小，所以，即使两组被试在美国住的时间一样长，他们对英语的经验在数量和质量上都存在差别。

一些关于移民群体语言技能的研究考虑到了这些差异（Flege et al.，1999），这些研究发现，相比开始学习语言的年龄，纯粹的语言使用量是预测语法知识的更好指标。因此，上面提到的研究可能并没有明确地证明语法学习存在敏感期。与此相对，语音知识（以口音为衡量指标）似乎的确有敏感期。较早开始学习第二语言的人比晚学习的人口音更纯正，即使控制了两组被试的练习量之后也是如此。

如果语音的习得的确有敏感期，我们还想问：这个敏感期的界限是否是固定不变的？研究者研究了如下问题：是否只要有一点早期的外语经验，就能让双语者与说母语的人一样，延缓对音素的感知能力和发声能力的衰退（Au et al.，2002；Oh et al.，2003）？一项研究测试了一些在完全转为说英语之前曾说过几年韩语的人，另一项研究测试了一些从未说过英语以外的其他语言，但曾在幼年时经常听到身边的成人说西班牙语的人。结果是什么呢？与那些从未有过相应语言经验的人相比，早年讲韩语的经验，甚至是早年无意中听西班牙语的经验，都使他们对这些语言具有更好的听说能力。

然而，另一项研究得出了截然不同的结果（Pallier et al.，2003）。该研究调查了生于韩国，但在 3—8 岁时被法国家庭收养的成年人。所有被收养者都报告说他们已经完全忘掉了韩语，而他们的法语被评定为非常优秀。他们在感知或记忆韩语方面并不比那些只说法语的单语者更好，并且他们在听韩语时，由 fMRI 所记录下的脑活动，与只说法语的单语者相比没有差别。

有的研究认为，所有关于韩语的早期经验都完全丧失，而奥（T. K. F. Au）及其同事（2002）的研究却发现，早期经验对成年期的学习有影响，如何解释这些结果之间的明显矛盾呢？答案的关键可能在于早期的语言经历被另一种语言取代的程度。帕利耶（C. Pallier）及其同事（2003）研究的被收养到法国的韩国小孩，可能再也没有听到过韩语；相反，奥及其同事测试的那些早期学过西班牙语和韩语的被试，则生活在加利福尼亚州南部一个多文化背景的社区里，在那里韩语和西班牙语都能经常被听到。对另一种语言的持续性接触可能对早期经验起到了补充作用，因此加利福尼亚组的被试保留了对早期语言的一定程度的精通，这是法国收养者的经验所不具备的。这些研究反映了研究者对双语和外语习得研究浓厚的兴趣，也反映了这类研究的复杂性。这些研究表明，开始学习语言的时机，与语言使用经验的质和量一起，共同决定了较晚习得的语言在何种程度上能达到较早习得的语言的熟练水平。

理解测验

1. 萨丕尔-沃尔夫（Sapir-Whorf）是怎样看待语言对思维的影响的？更为折中的观点怎样看待这个问题？
2. 双语者与单语者在语言习得的速度上有何差异？

☆复习与思考

1. 语言表征有哪些不同的水平，它们是怎样组成一个整体的？

我们讨论的语言心理表征的水平包括语篇、句法、单词、语素和音素等水平。由于不同水平之间差异很大（音素显然不是语篇水平的一个命题），而各水平之间又不是完全独立的，所以它们是以复杂的方式组合在一起的。例如，语篇中使用特定的句子结构（句法）来表达特定种类的命题，特定的语素伴随特定类型的句子结构，等等。不仅如此，所有的语言要素可以不断地重新组合。例如，音素和语素可以被重新组合而产生新的单词和句子。

批判性思考

- 布洛卡失语症病人在理解和生成功能语素方面存在障碍。很多欧洲语言（例如，意大利语和俄语）相对英语而言，其一般句子中含有的黏着功能语素（以单词后缀的形式出现）更多。这种功能语素的比率的差异可能影响到不同语言中布洛卡失语症的特点吗？
- 语言的生成能力意味着我们原则上可以创造出无穷的句子，并且每一个句子原则上可以无限长。然而，实际上，即便是长句也不会超过二三十个词的长度。为什么我们似乎只使用到一小部分的语言生成能力？这种局限性存在于我们的语言生成能力、语言理解能力，或者其他认知过程中，还是普遍存在于所有的认知过程中？

2. 不同水平的语言理解是怎样加工的？

语言理解是第 2 章讨论的知觉过程的一个特例，因此第 2 章中出现的一些原理也适用于语言。例如，语言理解既有自下而上的加工，也有自上而下的加工。语言理解的一个关键要素是歧义消解，因为歧义在语言中随处可见——例如在单词、句子、单词界限和音素中。不同类型的歧义可能相互作用，因此确定单词的边界在哪里，可能会影响我们对自己听到了哪些音素的解释，反之亦然。我们解决这些多重歧义的方式似乎是：无意识地从所有已知信息中选出最可能的解释。

批判性思考

- 语言理解中的歧义问题与我们在第 2 章中讨论的其他知觉加工中的歧义问题有何异同？
- 我们似乎能够激活有歧义的单词的多重含义。这个发现是否是词群的另一个例子（激活与语音信号部分匹配的多个可能单词）？如果是这样，在解释有歧义的单词时，是否存在邻里密度效应（或许由歧义的数量引起）？

3. 说和读在语言理解加工中有何异同？词语和句子在语言理解加工中有何异同？

口语和书面语的一个明显区别在于，听者必须分辨出词的边界；相反，包括英语在内的很多书写系统中，词的边界已由空格标记。听和读的另一个重要区别是，语音信号速度很快，而阅读者可以根据需要重读文本。最后一个重要区别在于，阅读是通过学习获得的一种技能，而口语的理解在人们很小的时候，在没有明确指导的情况下就已获得。尽管如此，阅读和口语理解也有重要的相似点，因为无论是理解口语还是书面语，我们都要整合自上而下的信息和自下而上的信息，由此获得对材料最合理的解释。

对单词和句子的理解，似乎依赖于很多相同的加工过程，因为句子本身就是由单词构成的，这一点并不奇怪。单词和句子都包含了大量的歧义，大量研究指出，对单词和句子的歧义消解都需要整合自上而下的信息和自下而上的信息，从而在某个时间点上，对听到或阅读到的内容做出最合理的解释。

批判性思考

- 在一些书写系统（包括中文）中，词和词之间没有空格。你认为读中文与听中文的相似性比读英文与听英文的相似性更高吗？
- 在格劳乔·马克斯（Groucho Marx）的笑话"I shot an elephant in my pajamas."中，要么开枪的人穿着睡衣，要么大象穿着睡衣，但不可能两者都穿着睡衣。这与第 2 章中讨论过的鸭–兔双关图相似吗？

4. 人们怎样组织和生成语言？

语言生成需要把非语言信息（尚未伴有任何语言的想法或目标）转化为言语。言语的计划始于语法编码，该过程选择单词表征来编码信息，同时选择一个语法结构，使最容易提取的单词（使用该语言的人最容易使用的词）首先被用上。接下来是语音编码，该过程提取单词的发音，并制订发音的计划。基本的信息流程是从非语言信息到语法编码，再到语音编码，但也有证据表明，这些加工水平之间存在相互作用，因此一些情况下，计划发音的过程也会影响语法编码。

批判性思考

- 单词的可通达性与舌尖现象有何联系？
- 列举一些由 "and" 或 "or" 连接两个名词构成的短语或标题，比如 "salt and pepper"① "*The Pit and the Pendulum*"② "*Pride and Prejudice*"③。看看其中第二个名词比第一个名词长的概率有多大？单词的长度是否会影响它的可通达性，以及对它在短语中位置的安排？

5. 语言和思维的关系如何？

研究者长期以来一直在争论：语言究竟在多大程度上塑造人的思维。最极端的观点（参考萨丕尔和沃尔夫的著作）认为，语言在很大程度上影响着思维。一个更温和的观点是，语言主要影响那些以语言为基础的思维，而对早期的知觉或认知过程并没有很大的影响，因为这些过程对语言的依赖性不强。

从小使用双语的儿童，最初在两种语言的发展上都比单语儿童慢。这是因为，双语儿童使用一门语言的时间只相当于单语儿童的一半，这种语言使用机会上的差异会延续到成年。双语既有积极作用也有消极作用，这些作用可归结于双语者和单语者在语言理解和语言生成经验上的差异。

批判性思考

- 目击者对事件的记忆很容易受引导性问题的影响，如果这样问问题："那辆绿色的车撞树时的速度有多快？"我们倾向于把蓝色的车"记"成绿色的（见第 5 章）。这里所说的目击者记忆的不可靠性，与语言对思维的影响有何联系？
- 双语者常常需要进行**编码转换**（code switching），即正在说某种语言时使用另一种语言的单词。例如，西班牙语–英语的双语者用西班牙语进行交流时，可能偶尔会说出一个英语单词。这种方式的编码转换是否与言语计划中单词的可通达性有关？

---

① 意为"盐和胡椒"，西方人餐桌上最常见的两种调味品，通常被装在两个成对的小瓶中。——译者注

② 意为《陷阱与钟摆》，19 世纪美国作家埃德加·爱伦·坡（Edgar Allan Poe）一篇短篇小说的名称。——译者注

③ 意为《傲慢与偏见》，英国小说家简·奥斯汀（Jane Austen）的代表作。——译者注

舌尖现象定义的答案
1. 和服（kimono）
2. 海市蜃楼（mirage）
3. 节拍器（metronome）
4. 猫鼬（mongoose）
5. 长软椅（ottoman）
6. 红杉（sequoia）
7. 单片眼镜（monocle）
8. 变形虫（amoeba）

术 语 表

N-back 任务（N-back task）：用于研究工作记忆载荷增加的效应的任务，要求被试判断每一个呈现的项目是否与前面第 N 个项目匹配。

Stroop 任务（Stroop task）：一种注意功能测验，颜色名称用不同颜色的墨水写出，被试的任务是命名墨水的颜色。

阿特金森–谢夫林模型（模态模型）［Atkinson-Shiffrin model（modal model）］：最初于 20 世纪 60 年代提出，基于信息加工的记忆模型，该模型强调短时记忆是信息进入长时记忆之前必须经过的通道入口。

埃斯伯格悖论（Ellsberg paradox）：即使结果是一个不一致的选择模式，决策者依旧偏向于选择确定的，而非模棱两可的选项。

艾勒悖论（Allais paradox）：在决策过程中，当同样的事件附加到各选项上时，决策者改变选择偏向的自相矛盾的现象。

巴德利–希契模型（Baddeley-Hitch model）：目前有影响力的工作记忆模型之一，该模型强调需要短时存储信息才能保障复杂认知活动的进行，包括两个短时存储缓冲器和一个控制系统。

保持间隔（retention interval）：事件的编码和提取之间的时间间隔。

备择选项（alternatives）：决策过程中可供选择的不同行为。

背侧通路（dorsal pathway）：从枕叶到顶叶的视觉通路，负责加工空间信息，如物体在哪里。

背景依赖效应（context-dependent effect）：当提取记忆时的外部或物理环境（背景）与编码时的情境匹配时，回忆的效果更好。

背景知识（background knowledge）：有关事物的由来、重要性以及它们如何相互联系的知识。

本体类型（ontological types）：世界上一般事物的种类。

闭合性脑损伤（closed head injury）：外力撞击头部但未穿破颅骨导致的大脑损伤。

编码（encoding）：信息或感知到的事件被转化为记忆表征的过程。

编码可变性（encoding variability）：当再次遇到某个刺激时，因为选择了不同的特征进行编码，因而对刺激的不同方面进行编码的特性。

编码特异性原则（encoding specificity principle）：我们依靠信息加工中编码和提取方式的类似性进行记忆的能力。

变化盲（change blindness）：无法检测出场景物理特征的变化，被认为是由于不能一次性选择场景中的所有信息所致。

表征（representation）：用于传递信息的物理状态，以明确物体、事件、类别或类别特征及其关系。

禀赋效应（endowment effect）：我们通过对事物进行加工，而使得该事物获得额外价值的倾向；这种效应被用于解释为什么卖家总是比买家标出的商品价格更高。

布朗-彼得森任务（Brown-Peterson task）：用于检查短时记忆持续时间的一种测验。

布洛卡失语症（非流畅型失语）［Broca's aphasia（nonfluent aphasia）］：以言语不流畅为特征的失语症，患者通常理解能力较好，但是在加工复杂句子上存在缺陷。

参考点（reference point）：我们看待决策后果的心理立场。

长时记忆（long-term memory）：从经历中获得的信息，该信息可以保持相当长的时间，即使经历已过去很久仍能被提取出来。

陈述性记忆（外显记忆）［declarative memory（explicit memory）］：长时记忆的一种，能够有意识地回忆并描述（"说明"）给他人；包括对事实和事件的记忆。

程序不变性（procedural invariance）：是决策的一种原则，在选项之间表现出的一致性偏好，即使选项以其他形式呈现，这种偏好也不改变。

冲突监控器（conflict monitor）：关于冲突现象的神经网络模型的组成部分之一，在加工过程中监控冲突的数量。

重复抑制（repetition suppression）：在非人类灵长动物和老鼠中观察到的现象，即再次遇到同一个刺激时，神经元的放电率小于初次遇到该刺激时的放电率。

重复知盲（repetition blindness）：当刺激序列被快速呈现时，无法检测到一个刺激的连续出现。

重构记忆（reconstructive memory）：通过重新建构过去，而不是复制过去而产生的记忆。

重演（recapitulation）：在提取编码过程中的激活模式时出现的复原现象。

初级记忆（primary memory）：威廉·詹姆斯用于描述一个独立记忆系统的术语，该系统为存储信息提供场所，使信息能够进入意识。

初级强化物（primary reinforcer）：那些本身具有积极或消极性质的情绪唤醒刺激，如食物或惊吓；对这些刺激而言，强化属性是自然发生的，不需要学习。也见次级强化物（secondary reinforcer）。

传递性（transitivity）：该决策的原则是：如果 A 优于 B，B 优于 C，那么 A 一定优于 C。

词长效应（word-length effect）：当存储那些需要花较长时间才能说出来的项目时，工作记忆的表现下降。

词汇表（lexicon）：个体已知词汇的心理表征集。

词汇可通达性（lexical accessibility）：提取词汇的容易程度。

词语交换错误（word-exchange error）：两个词调换位置导致的口误。

词语优先效应（word superiority effect）：即在单词背景中的字母比单独呈现时更容易被看出来的现象；周围的字母可能提示了一个单词，由此影响对中间字母的知觉。

次级强化物（secondary reinforcer）：本身不能唤起正性或负性情绪，但是可以通过学习获得相应的强化属性的情绪唤醒刺激（钱就是一个典型的例子）。参见初级强化物（primary reinforcer）。

刺激–反应习惯（stimulus-response habits）：随着对刺激与反应之间可预期关系的知识的缓慢积累而形成的习惯。

刺激–反应一致性（stimulus-response compatibility）：测量对刺激的正确反应符合人们的自然行为方式的程度。在刺激–反应一致性任务中，刺激与反应之间配对关系的"自然性"是变化的。

错觉结合（illusory conjunctions）：错误地将不同特征结合在一起，例如在视觉搜索任务中，当显示的内容是有阴影的方块和没有阴影的圆时，被试报告目标为有阴影的圆。

错认（misattribution）：把回忆起来的信息归于错误的时间、地点、人物或来源。

倒摄干扰（retroactive interference）：新学习的内容阻碍了回忆先前学过的信息的能力。

递归（recursion）：将符合语法的短语不断嵌入句子中，使人类语言具有无穷的创造性。

定义不良的问题（ill-defined problems）：指开始时初始状态和目标状态均不明确的问题。

定义良好的问题（well-defined problems）：问题的初始状态和目标状态有清晰界定，可能的步骤（和限制规则）已知。

动机（motivation）：行为的倾向。

动力感（sense of agency）：对成为动作、行为或想法的发起人或源头的意识。

动态表征（dynamic representation）：指认知系统具有建构和（有必要时）召集一个范畴的多种不同表征的能力，每种表征都强调与当前情境关系最密切的知识。

动态不一致性（dynamic inconsistency）：在决策过程中，随着马上就能得到回报还是将来才能兑现报酬的情况的变化，而出现的对结果的偏好发生逆转的倾向。

动作（movement）：身体的一部分在物理空间中的随意移动。

短时记忆（short-term memory）：是工作记忆的存储器的另一个说法，强调该存储系统的存储时间有限，与更持久的长时记忆相区别。

短语结构树（phrase structure tree）：图解句子分层句法结构的图形。

顿悟问题（insight problem）：这种问题的答案是突然出现的。

额叶执行假说（frontal executive hypothesis）：该理论认为，所有的执行过程主要都由前额叶负责。

发音（articulation）：发出言语声音。

发音复述（articulatory rehearsal）：工作记忆语音环的次级成分，负责语音存储装置中信息的主动更新。

发音抑制（articulatory suppression）：维持信息时，过度生成的无关言语导致工作记忆语音环，尤其是发音复述系统产生障碍的现象。

反响环（reverberatory loop）：工作记忆短时存储的假设，认为神经元回路中的兴奋川流不息，其中每个神经元都发出和接收信息被存储的信号。

反向搜索（backward search）：从目标状态出发，向初始状态接近的问题解决策略。

反应瓶颈（response bottleneck）：克服其他可能反应（如踩踏板）的竞争，选择一种反应（如按键）并执行的加工阶段。

反应抑制（response inhibition）：对准备不充分的反应的抑制。

范例（exemplars）：某范畴内单个的成员。

范例变异（exemplar variation）：同一个类别多个可能的范例之间的差异。

仿效（mimicry）：无意识或非故意地采用别人的行为、姿态或习惯的倾向。

非陈述性记忆（内隐记忆）［nondeclarative memory（implicit memory）］：长时记忆的无意识形式，表现为行为的改变，而不是有意识的回忆。

非流畅型失语症（布洛卡失语症）［nonfluent aphasia（Broca's aphasia）］：失语症的一种，表现为言语不流畅，理解力正常，但对复杂句子的加工有缺陷。

分类系统（taxonomy）：一组抽象程度不同的嵌套的类别，每一个嵌套的类别都是它的上一级分类的子集。

分离（dissociation）：即一个活动或变量影响一项任务或任务一个方面的表现，而不影响其他任务或任务其他方面的表现的现象。分离现象是一种特定加工过程存在的证据。也见关联（association）。

分离（或特征）搜索［disjunctive（or feature）search］：视觉搜索的一种类型，其中目标和分心物只有一个特征不相同。

分散练习（distributed practice）：中间用其他刺激分隔开的学习试次。

分散注意（divided attention）：在同一个时刻将注意集中在不止一个输入信息上。

分析水平（levels of analysis）：我们用于描述物体或事件的多种抽象水平。

分心物（distractors）：在实验（如视觉搜索任务）中出现，但并不是搜索目标的那些项目。

分组原则（grouping principles）：使视觉系统产生知觉单元的条件，如接近性和相似性。

风险规避（risk averse）：选择收获较小但确定的收益，而放弃收获更大但不确定收益的机会的倾向。

风险寻求（risk seeking）：选择收获更大但不确定的收益，而放弃收获较小但确定的收益的机会的倾向。

弗洛伊德口误（Freudian slip）：一种言语错误，说话者的用词恰好与其想要表达的意思相反。

复合搜索（conjunctive search）：视觉搜索的一种类型，呈现的目标物与分心物至少在两种特征上有差别。例如，如果目标物是一个有阴影的圆形，分心物就有可能是有阴影的正方形，或无阴影的圆形。

腹侧通路（ventral pathway）：从枕叶到颞叶底部的视觉通路，负责识别物体的信息加工。

概念启动（conceptual priming）：对相关刺激的加工会促进对刺激的意义的加工（启动是一种非陈述性记忆）。

（遗忘的）干扰理论［interference theories（of forgetting）］：该理论假设记忆在提取时相互竞争，遗忘的发生是因为与线索相关的其他记忆内容干扰了对想要内容的提取。

（细胞的）感受野［receptive field（of a cell）］：刺激能影响细胞活动性的视野区。

感知–动作循环（perception-action cycle）：将知觉到的模式转化为运动的协同模式；外部世界中知觉和行为之间功能上的相互依赖。

感知–行动迁移（perception-to-action transfer）：观察一个动作会促进随后完成这个动作的能力。

（表征的）格式［format（of a representation）］：用于表征编码的形式，是传达信息的一种方式。

工具性条件反射（操作性条件反射）［instrumental conditioning（operant conditioning）］：学习的一种方式，行为或反应频率的增减依赖于该行为的结果——行为带来奖励还是惩罚。

工作记忆（working memory）：负责信息短时存储和心理操作的系统。

工作记忆容量（工作记忆广度）［working memory capacity（working memory span）］：代表个体工作记忆最大信息存储量的指标。

功能词（function words）：句子中传递句法结构信息的词汇，例如冠词、助动词和连词。

功能语素（function morpheme）：传递句法信息的语素，例如"-s"是复数语素。

共享运动表征（shared motor representations）：既控制我们自己的动作，又明确他人行为的表征；共享运动表征在计划中非常重要，因为它们是观察学习的基础。

固化（consolidation）：修饰记忆表征使其更加难忘的过程。

关键期（critical periods）：由生物学决定的一段时期，通常在生命的早期，在此期间动物能够发展出特定的能力或反应；一旦错过关键期，就不能学会或很难学会该能力或反应。

关联（association）：行为或变量对某一任务的效应，也伴随在另一个任务中出现。参见分离（dissociation）。

归纳推理（inductive reasoning）：利用特殊例子的知识进行进一步推理（这种推理未必正确）的思维过程。

规范性理论（经验性理论）［normative theories（prescriptive theories）］：描述我们应该如何做出理性选择的决策理论。

规则（rule）：对分类标准的准确定义。

后果（consequences）：决策者选择某一选项之后带来的最终获利或损失。

花园路径句子（garden path sentence）：一种歧义句，起初看上去是一个意思，歧义消除后成为另一个意思。

唤醒（arousal）：生理反应（如心率、排汗、应激激素分泌），是对紧张的主观评价，是情绪刺激引起的能量调动。

（情绪的）环形模型［circumplex model（of emotion）］：将不同的情绪反应按唤醒和效价两个维度来描述的模型。

会聚区（联合区）［convergence zone（association area）］：将特征信息结合起来的一群相互联结的神经元。

鸡尾酒会效应（cocktail party effect）：在嘈杂的噪声背景中，听到你的名字或某些特别的或相关的信息。

基本情绪（basic emotion）：六种具有跨文化普遍性的基本情绪反应类型，即高兴、悲伤、愤怒、恐惧、厌恶和惊讶。

基础水平（basic level）：最常用、最容易学习、加工最有效的分类水平。

基于激活的记忆（activity-based memory）：记忆存储的一种形式，通过特定神经细胞群持续增强的活动实现记忆存储。

基于加工的组织（process-based organization）：该观点认为不同的工作记忆加工（存储和执行控制）由不同的前额叶区域完成。

基于类别的归纳（category-based induction）：依赖相关事物的类别进行的归纳推理形式。

基于内容的组织（content-based organization）：一种理论解释，认为工作记忆的存储发生在与存储信息的类型相关的不同前额叶区域。

基于权重的记忆（weight-based memory）：通过增加神经群之间的联系或权重，而产生的一种记忆存储形式。

即时性（immediacy）：在我们遇到词汇时立即解释词汇的原则。

集中练习（massed practice）：反复学习相同的信息，学习试次中间不间隔其他信息。

集中注意（focused attention）：注意集中在一个输入信息来源上（如电话铃声），而排除其他信息来源（如电视）。

几何离子（geons）：由 24 个相对简单的三维几何形状组成，可以组合出很多常见物体的形象。

计算机模拟模型（computer simulation models）：用于模拟特定心理过程的计算机程序。

记忆（memory）：对信息进行表征、编码、固化和提取的一系列表征和加工。

加工（process）：在信息转化时，遵循定义明确的原则将特定的输入生成特定的输出。

加工模型（process models）：将输入转化为输出的一系列加工过程的模型，每个加工过程通常都被看作一个"黑匣子"。

加工水平理论（levels-of-processing theory）：该理论假设，对同一个刺激不同特征（知觉特征、语音特征、语义特征等）的加工对应于逐渐加深的加工水平，和逐渐提高的编码效率。

加工系统（processing system）：为完成某一任务而共同工作的，使用并生成适当表征的一系列加工。

间隔效应（spacing effect）：分散学习的记忆效果优于集中学习。

监控（monitoring）：被试正在做任务时，对其任务表现的评估。

简单暴露（mere exposure）：仅通过增加熟悉性就获得的偏好或态度。

交互模仿（reciprocal imitation）：就像母亲和婴儿的交流那样轮流模仿。

结构歧义（structural ambiguity）：包含有一个以上语法结构和意义的单词串。

经典条件反射（classical conditioning）：由初始刺激（非条件刺激）诱发的反应，经学习之后可以由预示非条件刺激开端的第二个刺激（条件刺激）诱发。

经验效用（experienced utility）：特定结果发生时该结果所具有的价值。

经验性理论（规范性理论）［prescriptive theories（normative theories）］：描述我们应该怎样做出理性的选择的决策理论。

精细加工（elaboration）：思考刺激的含义，并将它与记忆中存储的其他信息相关联的加工。

镜像神经元（mirror neurons）：位于前运动皮质的一种神经元，当个体执行某一动作或看到他人做该动作时都会放电。

句法（syntax）：句子中各类词语（如名词和动词）之间的关系；该结构规定了用词语命名的实体的作用（如主语、宾语）。

决策权重（decision weights）：决策者对于一项决定可能引起的各种后果的估计。

决策树（decision tree）：决策的图形化工具，能够显示各种可能的行动方案、最可能的结果和每一种可能选择的潜在后果。

决策效用（decision utility）：做出决策时对某一特定结果的主观期望值的预期。

开始状态（也称起始状态）［start state（also known as initial state）］：问题解决者最初面对问题的状态。

空间复述（spatial rehearsal）：对存储于工作记忆视觉空间部分的空间位置的心理更新过程，可能通过眼睛或身体不明显地向存储过的位置运动而实现。

口语报告分析（verbal protocol analysis）：问题解决者在解决问题的过程中大声说出自己的思维过程，以及对该过程进行记录和分析的程序。

快速节俭策略（fast-and-frugal strategy）：决策者根据每个选项的特定方面进行选择的策略。

框架（frame）：确定环境中联系客体的一系列关系的结构。又见语义网络（semantic network）。

框架效应（frame effects）：呈现问题的不同方式产生的影响，可能改变决策者的选择。

捆绑问题（binding problem）：关于我们如何将物体的形状、颜色和方位等不同特征联系在一起，使我们能够感知到单一物体的问题。

类比推理（analogical reasoning）：将已知领域（源）的知识应用于另一个领域（靶）的推理过程。

联合区（会聚区）［association area（convergence zone）］：将特征信息联系起来的一组相互联结的神经元。

邻里密度（neighborhood density）：在既定语言中，发音相似的单词数量。

流畅型失语症（威尔尼克失语症）［fluent aphasia（Wernicke's aphasia）］：失语症的一种，其特征是语言流畅但无意义，充斥着虚构的词汇、语言错误和令人费解的意义。

满意（satisficing）：决策者认为不一定要选最佳的选择，而选一个在一些维度上"足够好"的选项；是一种常见的消费策略。

面孔优势效应（face superiority effect）：当两个面孔特征（如宽鼻子和窄鼻子）与面孔上的其他器官一同出现时，比起把它们单独呈现时，人们能更好地区分这两个特征。

描述性理论（descriptive theories）：决策理论之一，关注人们实际上是如何决策的，而不是所做决策与理性原则符合的程度。

命名障碍（anomia）：大脑损伤引起的不能提取物体或人的名称的障碍。

命题（propositions）：可以使用句子的从句表述的主张。

模板（template）：用于将个别条目与标准进行比较的模式。

模仿（imitation）：理解观察到的行为的意图，并复制该行为的能力。

模拟（simulation）：在知觉中，在最初的场景已经消失时，在统计模式中再次激活图像和特征信息；在推理和计划过程中，模拟指物体或情境心理模型的建构和"运转"，用于预期行为或转化的结果。

模式完善（pattern completion）：记忆提取的线索作为已存储信息的一部分，会再次激活该记忆的其他方面，由此造成事件编码的同时对其他信息的提取。

模态模型（阿特金森-谢夫林模型）［modal model（Atkinson-Shiffrin model）］：基于信息加工的记忆模型，首先于20世纪60年代提出，强调短时记忆是信息进入长时记忆之前必须经过的通道入口。

目标维持模型（goal-maintenance model）：工作记忆的一种理论解释，认为前额叶积极地保持目标相关信息，使得该信息能起到自上而下的影响，协调知觉、注意和行为，为达到目标服务。

内容错误（content errors）：三段论推理中，脚本的内容替代了逻辑形式所导致的演绎推理的错误。

内容语素（content morphemes）：传达意义但不传达句子结构信息的语素。

内省（introspection）：是一种审视自己的内在，从而获得个人心理事件的内在知觉的过程。

内隐记忆测验（implicit memory tests）：间接（即内隐地）涉及记忆的记忆任务；通过行为的改变，而不是通过记忆内容的回忆或再认从而内隐地反映出记忆的存在。

内源性注意（endogenous attention）：注意的一种形式，自上而下的信息驱动对输入信息进行的选择。

逆行性遗忘（retrograde amnesia）：忘记大脑受损之前发生的事情。

爬山法（hill climbing）：一种启发式解决问题的方法，每次选择最接近目标的一步，逐步解决问题。

排序（sequencing）：对信息或行为进行排序，以达到目的的能力。

皮电反应（skin conductance response）：是自主神经系统唤醒程度的指标之一，用很小的电流经过皮肤，测量汗腺的细微变化引起的皮肤电阻的变化，通常作为情绪反应的间接指标。

匹配偏向（matching bias）：人们在推理时，倾向于接受一个与前提的句法结构相同的结论。

偏侧空间忽视症（hemispatial neglect）：一种注意缺陷，表现为患者忽视呈现在受损大脑对侧的信息。

瓶颈（bottleneck）：一次信息加工能够处理的信息量的极限，迫使个体对通过瓶颈的信息进行选择。

期望效用（expected utility）：根据结果发生的可能性，估计该结果的价值。

期望效用模型（expected utility model）：一种决策理论，假设决策者的行为是理性的，即以效用最大化为标准评估选项的可能性、评价结果、估计效用和做出抉择。

歧义（ambiguity）：语言中一个语音、词语、短语或句子具有多种解释的特性。

气氛效应（atmosphere effect）：在推理时，如果某一结论和前提中包含了相同的量词——"一些""所有"或"没有"，人们倾向于接受该结论。

启动（priming）：通过先行刺激或任务，易化对刺激或任务的加工。

启发式策略（heuristics）：运用简单、高效、快捷的经验规则做出决策和判断的策略，虽不能保证一定能够解决问题，但是解决的可能性很高；这些规则在大多数情况下很管用，但在某些情况下可能导致系统偏见。

起始状态（开始状态）［initial state（start state）］：问题解决者最初面对问题时的问题状态。

前景理论（prospect theory）：一种更新了标准的经济学模型——期望效用理论的现代决策理论，该理论假设对于同样数量的损失和获利而言，我们对损失的体验更敏感；我们对获利有回避风险倾向，而对损失有寻求风险倾向；我们使用决策权重代替客观概率；我们通常从一个参考点的角度做出决策。

前摄干扰（proactive interference）：过去的学习结果导致了新学习信息的记忆困难。

倾斜后效（tilt aftereffect）：当左倾神经元或右倾神经元疲劳时出现的一种方位感知偏向。

情感优先假说（affective primacy hypothesis）：冯特（Wundt，1907）首先提出，后经扎乔克（Zajonc，1984）阐述，该假说认为情绪刺激的加工是相对自动化的，所需要的认知资源比加工其他类型的刺激要少。

情景缓冲器（episodic buffer）：近来被加入巴德利-希契模型的第三种存储缓冲器，作为复杂和多通道信息（比如短时间延续的事件或情景）存储和整合的地点。

情景记忆（episodic memory）：个体对事件的记忆，与特定的时间和空间背景相联系。

情绪（emotion）：一系列相对短暂的同步反应（包括身体反应、表情和主观评价），这些反应提示个体重视引发这些反应的内在或外在的事件。

情绪经典条件反射（emotional classical conditioning）：只需要将中性事件和情绪事件的体验在时间上连接，中性刺激就能具有情绪特性，因而中性事件能够预测情绪事件。

情绪学习（emotional learning）：使人和物与一种情绪相联系的学习。

趋近–回避模型（approach-withdrawal model）：该维度模型的特征是情绪反应的方向既倾向于接近客体、事件或环境又倾向于回避它们。

趋同证据（converging evidence）：不同类型的结果提示相同的结论。

全色盲（习得性）［achromatopsia（acquired）］：由于大脑损伤（通常在视觉 V4 区）导致的色盲；色觉和颜色记忆丧失。

认知（心理活动）［cognition（mental activity）］：被存储的信息在内部的分析和转化。

三段论（syllogism）：包含两个陈述句（主要前提和次要前提）和一个结论的演绎推理的论断。

三角模型（triangle model）：用于描述单词表征的词汇表理论，包括三个主要成分：拼写（正字法）、发音（音韵学）和意义。

扫视（saccade）：阅读时的快速眼动。

闪光灯记忆（flashbulb memories）：指对令人震惊的或充满情绪色彩的事件的记忆，这类记忆常常被描述为一种高度确信和具有生动细节的回忆，就像用闪光灯拍下的照片一样。

神经网络模型（neural-network models）：基于多组相互联结的单元的模型，每个单元对应一个或一小组神经元。

（语言）生成能力［generative capacity（in language）］：是人类所独有的能力，通过重组语素、词语、句子，以表达无穷的想法。

生成效应（generation effect）：从记忆中提取或生成的信息比外部呈现的信息更容易被记住的现象。

生物学运动（biological motion）：活的有机体产生的独特运动模式。

声道（vocal tract）：参与语言生成的一组解剖结构，主要包括喉（包括声带）、嘴和鼻子。

声谱图（spectrogram）：由声谱仪（听觉发音学中用于语音分析的仪器）产生的可视图形，该图形的两个坐标轴分别是时间和发音频率。

失认症（agnosia）：无法识别熟悉的事物，但无感觉缺陷。

失语症（aphasia）：大脑损伤导致的语言或言语障碍。

时间折扣（temporal discounting）：低估发生在将来的结果的倾向，无论该结果是获利或损失，是令人愉快的还是不快的。

事件相关电位（ERP）［event-related potential（ERP）］①：与特定刺激（或反应）相关联的脑电活动。

试误法（随机搜索）［generate and test（random search）］：通过尝试错误的方法解决问题。

视点依赖（viewpoint dependence）：对从特定位置上出现的物体的知觉的敏感性。

视空画板（visuospatial scratchpad）：巴德利–希契模型中的存储缓冲器，负责维持空间视觉信息。

视野（visual field）：当前时刻世界的可视部分。

适宜加工迁移（transfer appropriate processing）：当编码的过程与提取的过程一致时，编码更有效的原则。

手段–目标分析（means-ends analysis）问题解决的一种策略，将问题分解为子问题，如果子问题在第一阶段的分析中没有解决，那么将该子问题进一步分解为子问题，直到发现一个可解决的子问题。

输出干扰（output interference）：最初被提取的记忆增强阻碍了对其他记忆的提取，从而导致遗忘的干扰。

属性列表（property list）：属于同一类别的不同客体的特征列表。

（再认的）双重加工理论［dual-process theories（of recognition）］：该理论假设，回忆和熟悉性都能使我们再认出以前见过的事物。

双任务干扰（dual-task interference）：相对于完成一项任务而言，如果做该任务的同时还要完成第二项任务，那么该任务的表现就会受到干扰。

双任务协调（dual-task coordination）：同时完成两个不同的任务的过程，两个任务都要求将信息存储在工作记忆中。

双稳态知觉（bistable perception）：对模棱两可的刺激交互诠释的知觉。

双眼竞争（binocular rivalry）：个体的两只眼睛所生成的图像之间的竞争。

双重分离（double dissociation）：一个活动或变量只影响某一加工过程，而不影响其他加工过程，另一个活动或变量具有相反的效应。

双重模式（duality of patterning）：沟通系统的特性之一，可以使少量无意义单元组合到大量有意义的单元中。

顺行性遗忘症（anterograde amnesia）：无法有意识地回忆起大脑内侧颞叶损伤之后遇到的信息。

思维（thinking）：心理表征信息并转化这些表征，由此产生有利于达成目标的新表征的过程。

---

① 原著该词条为 "event-related brain potentials"，简称 "ERPs"。"event-related brain potentials" "event-related potentials" "event-related potential" 三个术语，以及 "ERP" "ERPs" 两个简称含义相同，都是指 "事件相关电位"，为使全书术语统一特做此修改。——译者注

似动（apparent motion）：视觉刺激以短时间间隔相继出现在不同位置所产生的一种错觉。

算法（algorithm）：一种循序渐进解决问题的程序，一步接一步地处理问题确保特定的输入能得到特定的结果。

随机搜索（试误法）[random search（generate and test）]：通过不断尝试错误来解决问题的方法。

损失规避（loss aversion）：避免损失的决策行为，即使结果不如最佳选择。

态度（attitudes）：对于人或物所持有的、相对持久的、具有情感色彩的信念、偏好和倾向，比如喜欢、爱、恨，或对人或物的渴望。

特定类别障碍（category-specific impairments）：失认症的一种，表现为选择性地丧失提取某一类别词汇的能力，例如水果或蔬菜，但保留了识别其他类别词汇的能力。

（知觉）特征 [feature（in perception）]：知觉到的刺激所具有的有意义的、感觉上的特性。

特征排除（elimination by aspects）：一种选择策略，决策者为选项的某一特征设定临界线，排除未达到该线的所有选项；然后选择另一特征，设定临界线，排除更多的选项，直到只剩下一个选项为止。

提取诱导性遗忘（retrieval-induced forgetting）：在提取另一个记忆的过程中，一个记忆被抑制而导致的遗忘。

条件三段论（conditional syllogism）：表征变量间条件关系的三段论，第一个前提的形式是"如果 p，那么 q"。

通道转换（modality switching）：注意从一种通道转换到另一种通道的过程，比如从视觉通道转到听觉通道。

图式（schema）：抓住了真实反映情境或事件的信息的结构性表征。

推理（reasoning）：我们通过知识进行推论的认知过程。

外显记忆测验（explicit memory tests）：直接（即外显地）涉及过去记忆的记忆测验，如回忆和再认。

外源性注意（exogenous attention）：注意的一种形式，输入信息引起注意，以自下而上的方式选择信息。

威尔尼克失语症（流畅型失语症）[Wernicke's aphasia（fluent aphasia）]：失语症的一种，其特征是言语流畅但无意义，充斥着虚构的词汇、言语错误和令人费解的意义。

问题解决（problem solving）：使用一系列认知过程达到一个路径并不清楚的目标。

问题空间（problem space）：指问题解决者在初始状态到目标状态过程中的每一步面临的一系列状态或可能的选择。

无意学习（incidental learning）：学习结果并非故意为之，而是完成特定任务的副产品。

误传效应（misinformation effect）：根据后来呈现的错误信息而对原始事件产生的错误记忆。

线索依赖（cue dependent）：依赖于来自内、外部环境的线索或提示。

消歧区（disambiguation region）：句子中能够澄清结构和句子含义的点。

消退（extinction）：先前通过经典条件反射获得属性的中性刺激不断出现，但是不再伴随非条件刺激的出现，被试明白条件化的中性刺激将不能再预测非条件刺激的出现，由此导致这个已经学会的反应的减弱。

消退理论（decay theory）：关于遗忘发生原因的假说，认为记忆表征随着时间的推移而自发地减弱。

效价（valence）：对特定物体或事件产生的情绪反应的主观属性，包含正性的和负性的。

协同构音（coarticulation）：时间上重叠的发音。

心境（mood）：一种低强度、弥散性的、持续性的情感状态。

心境一致性记忆效应（mood-congruent memory effect）：提取的信息类型受到心境的影响：提取的信息类型与当前的情绪状态一致。消极心境下更可能提取出消极的信息；积极心境下更可能提取出积极的信息。

心理活动（认知）［mental activity（cognition）］：对已存储信息的内部解释或转化。

心理生理学（psychophysiology）：该学科研究心理状态，尤其是情感状态与生理反应之间的关系。

心理语言学（psycholinguistics）：该学科研究语言的理解、生成和获得。

信念偏见（belief bias）：有关世界和个人信念的背景知识影响记忆，并以一种符合期望的方式重塑记忆而产生的偏见。

信念偏见效应（belief-bias effect）：推理时人们倾向于接受"可信的"三段论结论而不是"不可信的"结论。

信息加工（information processing）：存储、处理和改变信息的过程。

信息水平（message level）：语言生成加工模型的第一个水平，说话者（或写作者）在这一水平上形成要传递的非言语信息。

行动（action）：为达到目标而实施的一系列有组织的活动。

行为学方法（behavioral method）：测量可直接观察的行为的技术，如反应时或正确率。

形式错误（form errors）：由于前提–结论关系的结构形式或格式导致的演绎推理错误。

延迟反应任务（delayed response task）：用于研究简单形式的工作记忆的任务，短暂地呈现一个线索之后接着呈现一个短的延迟期，在这期间线索信息必须被存储在短时记忆中，这样被试才能保证在后面的信号出现时做出正确的反应。

一致性偏见（consistency bias）：认为人的态度会持续不变（通常是错误的）而引发的决策偏向。记忆因而被无意识地调节，使过去与现在保持一致。

遗忘（forgetting）：不能回忆或再认曾经编码过的信息。

抑制（suppression）：对记忆的主动削弱。

意图（intentions）：通过行动实现目标的心理计划。

音标字母（phonetic alphabet）：可以表征所有语言的发音的字母符号。

音素（phoneme）：任何一门语言中可以区分词汇的最小发音单位。

音素复原效应（phoneme restoration effect）：听者补充遗漏或被扭曲的语音的知觉现象。

有意学习（intentional learning）：有目的地进行的学习。

有意义的客体（meaningful entity）：在有机体生存和追求目标的过程中，起到重要作用的物体或事件。

语调（intonation）：重读时升降音调变化产生的说话"旋律"。

语法（grammar）：人们有关语言的结构的内隐知识。

语法编码（grammatical encoding）：言语生成加工模型的第二个水平；在该水平说话者（或写作者）选择词汇传达意义，并选择要表达的句法结构。

语篇（discourse）：一组连贯的书面或口语句子。

语素（morpheme）：语言的最小单位，如 cats 含有两个语素：cat 和-s。

语义记忆（semantic memory）：关于世界的一般知识，包括词汇、概念以及它们的属性和内在联系。

语义网络（semantic network）：用图表表示的结构，由带方向的箭头连接表示事物间关系。也见框架（frame）。

语音编码（phonological encoding）：语言生成加工模型的第三个水平。在这一水平，话语的语音表征在发音之前形成。

语音存储器（phonological store）：语音环的次级成分，负责以基于语音编码的形式将言语信息进行短时存储。

语音环（phonological loop）：巴德利-希契模型中的存储缓冲器，负责语音信息的存储。

语音交换错误（sound exchange error）：两个发音交换位置导致的言语错误。

语音近似效应（phonological similarity effect）：连续回忆被同时存储的具有相似发音的言语项目时，工作记忆的表现受损。

原型（prototype）：某范畴内各成员具有的特征的集合。

运动表象（motor imagery）：想象出一个想要实施的行动而不用实际做出来。

运动不能症（apraxia）：身体无法做出随意运动的一种神经性障碍。

运动程序（motor program）：实际开展行为之前计划的一系列动作的表征。

运动模式（kinematic pattern）：与一个特定的或一系列动作有关的运动的模式。

运动启动（motor priming）：通过观看一个动作而自动产生的对自身完成相似动作的促进效应。

运动认知（motor cognition）：运动系统利用已存储信息促进我们自身行为的准备和产生的心理加工过程，如期望、预测和解释他人的行为。

运动失认症（akinetopsia）：运动盲视，即无法看到运动中的物体。

运动预期（motor anticipation）：在做出反应之前，运动反应受到调整的现象。

再认（recognition）：将有组织的感觉输入与记忆中存储的表征进行匹配的过程。

增强眨眼惊恐反射（potentiated eyeblink startle）：负性刺激存在时眨眼反射增强或增加；

正性刺激存在时眨眼反射减弱。

正向搜索（forward search）：从问题的初始状态向目标状态靠近的解决问题策略。

证真偏向（confirmation bias）：在推理过程中，搜索、解释和加权与既往经验和信念一致的信息的倾向。

知觉启动（perceptual priming）：由于加工过一个先行刺激，使得对刺激的某些知觉特征的加工易化。

知识（knowledge）：在认知心理学中，广义的知识指记忆里有关世界的信息，从日常生活信息到正式信息；通常进一步定义为有关世界的信息，它们可能是真实的，也可能是人们认为可信的。

执行过程（executive processes）：调节其他加工的操作过程，负责心理活动的协调。

执行注意（executive attention）：注意的一种类型，作用于工作记忆的内容并指导随后的加工。

直言三段论（categorical syllogism）：前提和结论分属于不同范畴的三段论。

中枢执行器（central executive）：巴德利-希契模型中的控制系统成分，负责管理两个存储缓冲器中的信息操作。

中央凹（fovea）：视网膜的中央区，该部位的视敏度最高。

主观（或错觉）轮廓［subjective (or illusory) contour］：刺激的轮廓并不实际存在，而是由视觉系统产生。

主观性（arbitrariness）：语言中词语与其所指代的对象之间没有直接的相似之处。

注意（attention）：在特定的时刻增强某些信息，同时抑制其他信息的过程。

注意控制器（attentional controller）：冲突现象的神经网络模型的组成部分之一，可以增加与当前目标相关的表征的活动性。

注意瞬脱（attention blink）：如果第二个信息在第一个信息之后的一个特定时间内出现，人们对第二个信息的报告会减少。

注意转换（switching attention）：将注意的焦点从一个客体转移到另一个客体。

转换成本（switching cost）：相对于将注意保持在同一个任务或属性上而言，必要时将注意转移到另一个任务或属性时所需的额外时间。

状态依赖效应（state-dependent effect）：当我们提取信息时的内在状态与编码时的内在状态相匹配时，提取的效果通常更好。

自动加工（automatic process）：无须意图启动，也无须注意参与的加工过程。

组块（chunks）：即工作记忆中成组的信息，将多个比特的信息作为一个单元来处理，以提高存储效率。

组群（cohort）：再认已经说过的词汇时，对词汇的理解会激活最初确定的候选词汇，这些词汇的集合就是组群。

（记忆的）阻塞［blocking (of memory)］：因其他信息与提取线索之间的联系更加紧密，而产生的对目标信息的提取的阻碍。

参 考 文 献

Abbot, V., Black, J., & Smith, E. E. (1985). The representation of scripts in memory. *Journal of Memory and Language, 24,* 179–199.

Adolphs, R., Tranel, D., Hamann, S., Young, A. W., Calder, A. J., Phelps, E. A., et al. (1999). Recognition of facial emotion in nine individuals with bilateral amygdala damage. *Neuropsychologia, 37,* 1111–1117.

Ahn, W., & Luhmann, C. C. (2005). Demystifying theory-based categorization. In L. Gershkoff-Stowe & D. H. Rakison (Eds). *Building object categories in developmental time.* (pp. 277–300). Mahwah, NJ, US: Lawrence Erlbaum Associates, Publishers.

Allais, M. (1953/1979). Le comportement de l'homme rationnel devant le risqué: Critique des postulate et axioms de l'école américaine. *Econometrica, 21,* 503–546. [In M. Allais & O. Hagen (Eds. and Trans.). (1979). *Expected utility hypotheses and the Allais paradox.* Hingham, MA: Reidel.]

Allen, S. W., & Brooks, L. R. (1991). Specializing the operation of an explicit rule. *Journal of Experimental Psychology: General, 120,* 3–19.

Allison, T., Puce, A., & McCarty, G. (2000). Social perception from visual cues: Role of the STS region. *Trends Cognitive Science, 4,* 267–278.

Allopena, P. D., Magnuson, J. S., & Tanenhaus, M. K. (1998). Tracking the time course of spoken word recognition using eye movements: Evidence for continuous mapping models. *Journal of Memory and Language, 38,* 419–439.

Allport, A., Styles, E., & Hsieh, S. (1994). Shifting attentional set: Exploring the dynamic control of tasks. In C. Umilta & M. Moscovitch (Eds.), *Attention and performance XV* (pp. 421–452). Cambridge, MA: The MIT Press.

Altmann, G. T. M. (Ed.). (1990). *Cognitive models of speech processing.* Cambridge, MA: The MIT Press.

Amaral, D. G., Price, J. L., Pitkanen, A., & Carmichael, S. T. (1992). Anatomical organization of the primate amygdaloid complex. In J. P. Aggleton (Ed.) *The amygdala: Neurobiological aspects of emotion, memory and mental dysfunction* (pp. 1–65). New York: Wiley-Liss.

Anderson, A. K. (2004). *Pay attention! Psychological and neural explorations of emotion and attention.* Paper presented at 16th Annual Meeting of the American Psychological Society, Chicago, IL.

Anderson, A. K. (2005). Affective influences on the attentional dynamics supporting awareness. *Journal of Experimental Psychology: General, 134,* 258–281.

Anderson, A. K., Christoff, K., Stappen, I., Panitz, D., Ghahremani, D. G., Glover, G., et al. (2003). Dissociated neural representations of intensity and valence in human olfaction. *Nature Neuroscience, 6,* 196–202.

Anderson, A. K., & Phelps, E. A. (2001). The human amygdala supports affective modulatory influences on visual awareness. *Nature, 411,* 305–309.

Anderson, J. A., Silverstein, J. W., Ritz, S. A., & Jones, R. S. (1977). Distinctive features, categorical perception, and probability learning: Some applications of a neural model. *Psychological Review, 84,* 413–451.

Anderson, J. R. (1976). *Language, memory, and thought.* Hillsdale, NJ: Erlbaum.

Anderson, J. R. (1978). Arguments concerning representations for mental imagery. *Psychological Review, 85,* 249–277.

Anderson, J. R. (1983). *The architecture of cognition*. Cambridge, MA: Harvard University Press.

Anderson, J. R. (1990). *The adaptive character of thought*. Hillsdale, NJ: Erlbaum.

Anderson, J. R., Bothell, D., Byrne M. D., & Lebiere, C. (2005). An integrated theory of the mind. *Psychological Review, 111*, 1036–1060.

Anderson, M. C., & Green, C. (2001). Suppressing unwanted memories by executive control. *Nature, 410*, 366–369.

Anderson, M. C., & Spellman, B. A. (1995). On the status of inhibitory mechanisms in cognition: Memory retrieval as a model case. *Psychological Review, 102*, 68–100.

Andrews, T. J., Sengpiel, F., & Blakemore, C. (2005). From contour to object-face rivalry: Multiple neural mechanisms resolve perceptual ambiguity. In D. Alais & R. Blake (Eds). *Binocular rivalry.* (pp. 187–211). Cambridge, MA, US: MIT Press.

Armstrong, S. L., Gleitman, L. R., & Gleitman, H. (1983). On what some concepts might not be. *Cognition, 13*, 263–308.

Arocha, J. F., & Patel, V. L. (1995). Novice diagnostic reasoning in medicine: Accounting for clinical evidence. *Journal of the Learning Sciences, 4*, 355–384.

Ashbridge, E., Walsh, V., & Cowey, A. (1997). Temporal aspects of visual search studies by transcranial magnetic stimulation. *Neuropsychologia, 35*, 1121–1131.

Ashby, F. G., & Ell, S. W. (2001). The neurobiology of human category learning. *Trends in Cognitive Sciences, 5*, 204–210.

Ashby, F. G., & Maddox, W. T. (1992). Complex decision rules in categorization: Contrasting novice and experienced performance. *Journal of Experimental Psychology: Human Perception and Performance, 18*, 50–71.

Atkinson, R. C., & Shiffrin, R. M. (1968). Human memory: A proposed system and its control processes. In K. W. Spence (Ed.), *The psychology of learning and motivation: Advances in research and theory* (pp. 89–195). New York: Academic Press.

Atwood, M. E., & Polson, P. G. (1976). A process model for water jug problems. *Cognitive Psychology, 8*, 191–216.

Au, T. K. F., Knightly, L. M., Jun, S. A., & Oh, J. S. (2002). Overhearing a language during childhood. *Psychological Science, 13*, 238–243.

Awh, E., & Jonides, J. (2001). Overlapping mechanisms of attention and spatial working memory. *Trends in Cognitive Sciences, 5*, 119–126.

Awh, E., Jonides, J., & Reuter-Lorenz, P. A. (1998). Rehearsal in spatial working memory. *Journal of Experimental Psychology: Human Perception and Performance, 24*, 780–790.

Baars, B. J., Motley M. T., & MacKay, D. G. (1975). Output editing for lexical status in artificially elicited slips of the tongue. *Journal of Verbal Learning and Verbal Behavior, 14*, 382–391.

Baddeley, A. (1986). *Working memory*. New York: Clarendon Press/Oxford University Press.

Baddeley, A. D. (2000). The episodic buffer: A new component of working memory? *Trends in Cognitive Sciences, 4*, 417–423.

Baddeley, A. D. (2003). Working memory: Looking back and looking forward. *Nature Reviews Neuroscience, 4*, 829–839.

Baddeley, A. D., Bressi, S., Della Sala, S., Logie, R., & Spinnler, H. (1991). The decline of working memory in Alzheimer's disease. *Brain, 114*, 2521–2542.

Baddeley, A. D., Gathercole, S., & Papagno, C. (1998). The phonological loop as a language learning device. *Psychological Review, 105*, 158–173.

Baddeley, A. D., Grant, S., Wight, E., & Thomson, N. (1973). Imagery and visual working memory. In P. M. A. Rabbitt & S. Dornic (Eds.), *Attention and performance* (Vol. 5, pp. 205–217). London: Academic Press.

Baddeley, A. D., & Hitch, G. J. (1974). Working memory. In G. Bower (Ed.), *The psychology of learning and motivation,* (Vol. 8, pp. 47–89). New York: Academic Press.

Baddeley, A. D., Lewis, V. J., & Vallar, G. (1984). Exploring the articulatory loop. *Quarterly Journal of Experimental Psychology, 36*, 233–252.

Baddeley, A. D., & Lieberman, K. (1980). Spatial working memory. In R. S. Nickerson (Ed.), *Attention and performance* (Vol. 8, pp. 521–539). Hillsdale, NJ: Lawrence Erlbaum Associates.

Baddeley, A. D., Papagno, C., & Vallar, G. (1988). When long–term learning depends on short-term storage. *Journal of Memory and Language, 27*, 586–595.

Baddeley, A. D., Thomson, N., & Buchanan, M. (1975). Word length and the structure of short-term memory. *Journal of Verbal Learning and Verbal Behavior, 14*, 575–589.

Baddeley, A. D., & Warrington, E. K. (1970). Amnesia and the distinction between long- and short-term memory. *Journal of Verbal Learning and Verbal Behaviour, 9*, 176–189.

Baeyens, F., Elen, P., Vand Den Bergh, O., & Crombez, G. (1990). Flavor-flavor and color-flavor conditioning in humans. *Learning and Motivation, 21*, 434–455.

Baird, J. A., & Baldwin, D. A. (2001). Making sense of human behavior: action parsing and intentional inferences. In B. F. Malle, L. J. Moses, & D. A. Baldwin (Eds.), *Intentions and intentionality* (pp. 193–206). Cambridge, MA: The MIT Press.

Bakin, J. S., Nakayama, K., & Gilbert, C. D. (2000). Visual responses in monkey areas V1 and V2 to three-dimensional surface configurations. *Journal of Neuroscience, 20*, 8188–8198.

Baldwin, D. A., Baird, J. A., Saylor, M. M., & Clark, M. A. (2001). Infants parse dynamic action. *Child Development, 72*, 708–717.

Baldwin, J. M. (1897). *Social and ethical interpretations in mental development: A study in social psychology*. New York: Macmillan.

Banich, M. T. (1997). *Neuropsychology: The neural bases of mental function*. Boston: Houghton Mifflin.

Barclay, J. R., Bransford, J. D., Franks, J. J., McCarrell, N. S., & Nitsch, K. E. (1974). Comprehension and semantic flexibility. *Journal of Verbal Learning and Verbal Behavior, 13*, 471–481.

Barnes, J. M., & Underwood, B. J. (1959). "Fate" of first-list associations in transfer theory. *Journal of Experimental Psychology, 58*, 97–105.

Barr, R., Dowden, A., & Hayne, H. (1996). Developmental changes in deferred imitation by 6- to 24-month-old infants. *Infant Behavior & Development, 19*, 159–170.

Barr, R. F., & McConaghy, N. (1972). A general factor of conditionability: A study of Galvanic skin responses and penile responses. *Behaviour Research and Therapy, 10*, 215–227.

Barrett, L. F., & Russell, J. A. (1999). Structure of current affect. *Current Directions in Psychological Science, 8*, 10–14.

Barsalou, L. W. (1983). Ad hoc categories. *Memory & Cognition, 11*, 211–227.

Barsalou, L. W. (1985). Ideals, central tendency, and frequency of instantiation as determinants of graded structure in categories. *Journal of Experimental Psychology: Learning, Memory, and Cognition, 11*, 629–654.

Barsalou, L. W. (1987). The instability of graded structure: Implications for the nature of concepts. In U. Neisser (Ed.), *Concepts and conceptual development: Ecological and intellectual factors in categorization* (pp. 101–140). Cambridge, UK: Cambridge University Press.

Barsalou, L. W. (1989). Intraconcept similarity and its implications for interconcept similarity. In S. Vosniadou & A. Ortony (Eds.), *Similarity and analogical reasoning* (pp. 76–121). Cambridge, UK: Cambridge University Press.

Barsalou, L. W. (1990). On the indistinguishability of exemplar memory and abstraction in category representation. In T. K. Srull & R. S. Wyer (Eds.), *Advances in social cognition, Volume III: Content and process specificity in the effects of prior experiences* (pp. 61–88). Hillsdale, NJ: Lawrence Erlbaum Associates.

Barsalou, L. W. (1992). Frames, concepts, and conceptual fields. In E. Kittay & A. Lehrer (Eds.), *Frames, fields, and contrasts: New essays in semantic and lexical organization* (pp. 21–74). Hillsdale, NJ: Lawrence Erlbaum Associates.

Barsalou, L. W. (1999). Perceptual symbol systems. *Behavioral and Brain Sciences, 22*, 577–609.

Barsalou, L. W. (2003a). Abstraction in perceptual symbol systems. *Philosophical Transactions of the Royal Society of London: Biological Sciences, 358*, 1177–1187.

Barsalou, L. W. (2003b). Situated simulation in the human conceptual system. *Language and Cognitive Processes, 18*, 513–562.

Barsalou, L. W., & Hale, C. R. (1993). Components of conceptual representation: From feature lists to recursive frames. In I. Van Mechelen, J. Hampton, R. Michalski, & P. Theuns (Eds.), *Categories and concepts: Theoretical views and inductive data analysis* (pp. 97–144). San Diego: Academic Press.

Barsalou, L. W., Niedenthal, P. M., Barbey, A., & Ruppert, J. (2003). Social embodiment. In B. Ross (Ed.), *The psychology of learning and motivation* (Vol. 43, pp. 43–92). San Diego: Academic Press.

Bartlett, F. C. (1932). *Remembering: A study in experimental and social psychology*. Cambridge, UK: Cambridge University Press.

Bartolomeo, P., & Chokron, S. (2001). Levels of impairment in unilateral neglect. In F. Boller & J. Grafman (Eds.), *Handbook of neuropsychology* (Vol. 4, pp. 67–98). North-Holland: Elsevier Science.

Basso, A., Spinnler, H., Vallar, G., & Zanobio, M. E. (1982). Left hemisphere damage and selective impairment of auditory-verbal short-term memory: A case study. *Neuropsychologia, 20,* 263–274.

Bateson, M., & Kacelnik, A. (1998). Risk-sensitive foraging: Decision making in variable environments. In R. Dukas (Ed.), *Cognitive ecology: The evolutionary ecology of information processing and decision making* (pp. 297–341). Chicago: University of Chicago Press.

Bauer, R. H., & Fuster, J. M. (1976). Delayed-matching and delayed-response deficit from cooling dorsolateral prefrontal cortex in monkeys. *Journal of Comparative and Physiological Psychology, 90,* 293–302.

Bear, M. F., Connors, B. W., & Paradiso, M. A. (2002). *Neuroscience: Exploring the brain* (2nd ed.). Baltimore: Lippincott Williams & Wilkins.

Bechara, A., & Damasio, A. R. (2005). The somatic marker hypothesis: A neural theory of economic behavior. *Games and Economic Behavior, 52,* 336–372.

Bechara, A., Damasio, A. R., Damasio, H., & Anderson, S. W. (1994). Insensitivity to future consequences following damage to human prefrontal cortex. *Cognition, 50,* 7–15.

Bechara, A., Damasio, H., & Damasio, A. R. (2000a). Emotion, decision making and the orbitofrontal cortex. *Cerebral Cortex, 10,* 295–307.

Bechara, A., Tranel, D., & Damasio, H. (2000b). Characterization of the decision-making deficit of patients with ventromedial prefrontal cortex lesions. *Brain, 123,* 2189–2202.

Bechara, A., Tranel, D., Damasio, H., Adolphs, R., Rockland, C., & Damasio, A. R. (1995). Double dissociation of conditioning and declarative knowledge relative to the amygdala and hippocampus in human. *Science, 269,* 1115–1118.

Bechtel, W., & Abrahamsen, A. (2001). *Connectionism and the mind: Parallel processing, dynamics and evolution in networks.* Cambridge, MA: Blackwell.

Beckers, G., & Homberg, V. (1992). Cerebral visual motion blindness: transitory akinetopsia induced by transcranial magnetic stimulation of human area V5. *Proceedings of the Royal Society London B: Biological Science, 249,* 173–178.

Beckers, G., & Zeki, S. (1995). The consequences of inactivating areas V1 and V5 on visual motion perception. *Brain, 118*(Pt 1), 49–60.

Begley, S. (2002, September 13). Are your memories of September 11 really true? *Wall Street Journal.*

Behn, R. D., & Vaupel, J. W. (1982). *Quick analysis for busy decision makers.* New York: Basic Books.

Behrmann, M. (2000). The mind's eye mapped onto the brain's matter. *Current Directions in Psychological Science, 9,* 50–54.

Behrmann, M., Ebert, P., & Black, S. E. (2003). Hemispatial neglect and visual search: A large scale analysis from the Sunnybrook Stroke Study. *Cortex, 40,* 247–263.

Behrmann, M., & Tipper, S. P. (1994). Object-based visual attention: Evidence from unilateral neglect. In C. Umilta & M. Moscovitch (Eds.), *Attention and performance XV: Conscious and nonconscious processing and cognitive functions* (pp. 351–375). Cambridge, MA: The MIT Press.

Bekkerring, H., & Wohlschlager, A. (2002). Action perception and imitation: A tutorial. In W. Prinz & B. Hommel (Eds.), *Attention and performance XIX: Common mechanisms in perception and action* (pp. 294–314). Oxford: Oxford University Press.

Bell, D. E. (1982). Regret in decision making under uncertainty. *Operations Research, 30,* 961–981.

Bell, D. E. (1985). Disappointment in decision making under uncertainty. *Operations Research, 33,* 1–27.

Benartzi, S., & Thaler, R. H. (1995). Myopic loss aversion and the equity premium puzzle. *Quarterly Journal of Economics, 110,* 73–92.

Berg, J., Dickhaut, J., & O'Brien, J. (1985). Preference reversal and arbitrage. In V. Smith (Ed.), *Research in experimental economics* (Vol. 3, pp. 31–72). Greenwich, CT: JAI Press.

Berlin, B., Breedlove, D. E., & Raven, P. H. (1973). General principles of classification and nomenclature in folk biology. *American Anthropologist, 75,* 214–242.

Bertenthal, B. I. (1993). Perception of biomechanical motion in infants: Intrinsic image and knowledge-based constraints. In C. Granrud (Ed.), *Carnegie symposium on cognition: Visual perception and cognition in infancy* (pp. 175–214). Hillsdale, NJ: Lawrence Erlbaum Associates.

Bertenthal, B. I., Proffit, D. R., & Cutting, J. E. (1984). Infant sensitivity to figural coherence in biome-chanical motions. *Journal of Experimental Child Psychology, 37*, 213–230.

Beyer, L., Weiss, T., Hansen, E., Wolf, A., & Seidel, A. (1990). Dynamics of central nervous activation during motor imagination. *International Journal of Psychophysiology, 9*, 75–80.

Bialystok, E., Craik, F. I. M., & Klein, R. (2004). Bilingualism, aging, and cognitive control: Evidence from the Simon task. *Psychology & Aging, 19*, 290–303.

Bialystok, E., & Martin, M. M. (2004). Attention and inhibition in bilingual children: Evidence from the dimensional change card sort task. *Developmental Science, 7*, 325–339.

Biederman, I. (1981). On the semantics of a glance at a scene. In M. Kubovy & J. R. Pomerantz (Eds.), *Perceptual Organization* (pp. 213–253). Hillsdale, NJ: Lawrence Erlbaum Associates.

Biederman, I. (1987). Recognition-by-components: A theory of human image understanding. *Psychological Review, 94*, 115–147.

Biederman, I. (1995). Visual object recognition. In S. M. Kosslyn & D. N. Osherson (Eds.), *An invitation to cognitive science: Vol. 2, Visual cognition* (pp. 41–72). Cambridge, MA: The MIT Press.

Biederman, I., Mezzanotte, R. J., & Rabinowitz, J. C. (1982). Scene perception: Detecting and judging objects undergoing relational violations. *Cognitive Psychology, 14*, 143–177.

Binkofski, F., Buccino, G., Posse, S., Seitz, R. J., Rizzolatti, G., & Freund, H. (1999). A fronto-parietal circuit for object manipulation in man: Evidence from an fMRI study. *European Journal of Neuroscience, 11*, 3276–3286.

Bird, H., Lambon-Ralph, M. A., Seidenberg, M. S., McClelland, J. L., & Patterson, K. (2003). Deficits in phonology and past-tense morphology: What's the connection? *Journal of Memory and Language, 48*, 502–526.

Bisiach, E., & Luzzatti, C. (1978). Unilateral neglect of representational space. *Cortex, 14*, 129–133.

Bjork, R. A. (1989). Retrieval inhibition as an adaptive mechanism in human memory. In H. L. Roediger & F. I. M. Craik (Eds.), *Varieties of memory and consciousness: Essays in honour of Endel Tulving* (pp. 309–330). Hillsdale, NJ: Lawrence Erlbaum Associates.

Black, J. B., & Bower, G. H. (1980). Story understanding as problem solving. *Poetics, 9*, 223–250.

Blakemore, C., & Tobin, E. A. (1972). Lateral inhibition between orientation detectors in the cat's visual cortex. *Experimental Brain Research, 15*, 439–440.

Blakemore, S.-J., & Decety, J. (2001). From the perception of action to the understanding of intention. *Nature Reviews Neuroscience, 2*, 561–567.

Blakemore, S.-J., Rees, G., & Frith, C. D. (1998). How do we predict the consequences of our actions? A functional imaging study. *Neuropsychologia, 36*, 521–529.

Blakemore, S.-J., Wolpert, D. M., & Frith, D. D. (2002). Abnormalities in the awareness of action. *Trends in Cognitive Sciences, 6*, 237–242.

Blanchette, I., & Dunbar, K. (2002). Representational change and analogy: How analogical inferences alter target representations. *Journal of Experimental Psychology: Learning, Memory, and Cognition, 28*, 672–685.

Block, N., Flanagan, O., & Güzeldere, G. (Eds.). (1997). *The nature of consciousness: Philosophical debates*. Cambridge, MA: The MIT Press.

Blok, S., Newman, G., & Rips, L. J. (2005). Individuals and their concepts. In W-K Ahn, R. L. Goldstone, B. C. Love, A. B. Markman, & P. Wolff (Eds). *Categorization inside and outside the laboratory: Essays in honor of Douglas L. Medin.* (pp. 127–149). Washington, DC, US: American Psychological Association.

Bock, J. K. (1982). Toward a cognitive psychology of syntax: Information processing contributions to sentence formulation. *Psychological Review, 89*, 1–47.

Boltz, M. (1992). Temporal accent structure and the remembering of filmed narratives. *Perception and Psychophysics, 57*, 1080–1096.

Bonda, E., Petrides, M., Ostry, D., & Evans, A. (1996). Specific involvement of human parietal systems and the amygdala in the perception of biological motion. *Journal of Neuroscience, 16*, 3737–3744.

Bonnet, M., & Requin, J. (1982). Long loop and spinal reflexes in man during preparation for intended directional hand movements. *Journal of Neuroscience, 2*, 90–96.

Booth, J. R., Burman, D. D., Meyes, J. R., Gitelman, D. R., Parish, T. B., & Mesulam, M. M. (2002). Modality independence of word comprehension. *Human Brain Mapping, 6*, 251–261.

Boring, E. G. (1964). Size constancy in a picture. *American Journal of Psychology, 77*, 494–498.

Bornhovd, K., Quante, M., Glauche, V., Bromm, B., Weiller, C., & Buchel, C. (2002). Painful stimuli evoke different stimulus-response functions in the amygdala, prefrontal, insula, and somatosensory cortex: A single-trial fMRI study. *Brain, 125*, 1326–1336.

Bornstein, R. F. (1992). Subliminal mere exposure effects. In R. F. Bornstein & T. S. Pittman (Eds.), *Perception without awareness: Cognitive, clinical and social perspectives.* New York: Guilford Press.

Bottini, G., Corcoran, R., Sterzi, R., Paulesu, E., Schenone, P., Scarpa, P., et al. (1994). The role of the right hemisphere in the interpretation of figurative aspects of language. A positron emission tomography activation study. *Brain, 117*, 1241–1253.

Botvinick, M. M., Braver, T. S., Barch, D. M., Carter, C. S., & Cohen, J. D. (2001). Conflict monitoring and cognitive control. *Psychological Review, 108*, 624–652.

Bower, G. H. (1981). Mood and memory. *American Psychologist, 36*, 129–148.

Bower, G. H., & Cohen, P. R. (1982). Emotional influences in memory and thinking: Data and theory. In M. S. Clark & S. T. Fiske (Eds.), *Affect and cognition* (pp. 291–332). Hillsdale, NJ: Lawrence Erlbaum Associates.

Brainard, D. H., & Freeman, W. T. (1997). Baysian color constancy. *Journal of the Optical Society of America A, 14*, 1393–1411.

Braine, M. D. S., & O'Brien, D. P. (1991). A theory of if: A lexical entry, reasoning program, and pragmatic principles. *Psychological Review, 98*, 182–203.

Brase, G. L., Cosmides, L., & Tooby, J. (1998). Individuation, counting, and statistical inference: The role of frequency and whole-object representations in judgment under uncertainty. *Journal of Experimental Psychology: General, 127*, 3–21.

Brass, M., Bekkering, H., Wohlschlager, A., & Prinz, W. (2000). Compatibility between observed and executed finger movements: Comparing symbolic, spatial and imitative cues. *Brain and Cognition, 44*, 124–143.

Brass, M., Zysset, S., & von Cramon, D. Y. (2001, March). *The inhibition of imitative response tendencies: A functional MRI study.* Poster presented at the annual meeting of the Cognitive Neuroscience Society, New York.

Braver, T. S., & Cohen, J. D. (2000). On the control of control: The role of dopamine in regulating prefrontal function and working memory. In S. Monsell & J. Driver (Eds.), *Attention and performance XVIII* (pp. 713–738). Cambridge, MA: The MIT Press.

Braver, T. S., Cohen, J. D., & Barch, D. M. (2002). The role of the prefrontal cortex in normal and disordered cognitive control: A cognitive neuroscience perspective. In D. T. Stuss & R. T. Knight (Eds.), *Principles of frontal lobe function* (pp. 428–448). Oxford: Oxford University Press.

Braver, T. S., Cohen, J. D., Nystrom, L. E., Jonides, J., Smith, E. E., & Noll, D. C. (1997). A parametric study of prefrontal cortex involvement in human working memory. *Neuroimage, 5*, 49–62.

Brefczynski, J. A., & DeYoe, E. A. (1999). A physiological correlate of the "spotlight" of visual attention. *Nature Reviews Neuroscience, 2*, 370–374.

Bregman, A. S. (1981). Asking the "what for" question in auditory perception. In M. Kubovy & J. R. Pomerantz (Eds.), *Perceptual organization* (pp. 99–118). Hillsdale, NJ: Lawrence Erlbaum Associates.

Breiter, H. C., Aharon, I., Kahneman, D., Dale, A., & Shizgal, P. (2001). Functional imaging of neural responses to expectancy and experience of monetary gains and losses. *Neuron, 30*, 619–639.

Breiter, H. C., Gollub, R. L., Weisskoff, R. M., Kennedy, D. N., Makris, N., Berke, J. D., et al. (1997). Acute effects of cocaine on human brain activity and emotion. *Neuron, 19*, 591–611.

Bremner, J. D. (2002). Neuroimaging studies of post-traumatic stress disorder. *Current Psychiatry Reports, 4*, 254–263.

Brewer, J. B., Zhao, Z., Desmond, J. E., Glover, G. H., & Gabrieli, J. D. (1998). Making memories: Brain activity that predicts how well visual experience will be remembered. *Science, 281*, 1185–1187.

Brewer, W. F., & Treyens, J. C. (1981). Role of schemata in memory for places. *Cognitive Psychology, 13*, 207–230.

Broadbent, D. E. (1958). *Perception and communication.* London: Pergamon Press.

Brooks, L. R. (1968). Spatial and verbal components of the act of recall. *Canadian Journal of Psychology, 22*, 349–368.

Brooks, L. R. (1978). Nonanalytic concept formation and memory for instances. In E. Rosch & B. B. Lloyd (Eds.), *Cognition and categorization* (pp. 169–211). Hillsdale, NJ: Lawrence Erlbaum Associates.

Brown, J. (1958). Some tests of the decay theory of immediate memory. *Quarterly Journal of Experimental Psychology, 10*, 12–21.

Brown, M. W., & Aggleton, J. P. (2001). Recognition memory: What are the roles of the perirhinal cortex and hippocampus? *Nature Reviews Neuroscience, 2*, 51–61.

Brown, M. W., Wilson, F. A., & Riches, I. P. (1987). Neuronal evidence that inferomedial temporal cortex is more important than hippocampus in certain processes underlying recognition memory. *Brain Research, 409*, 158–162.

Brown, R., & Kulik, J. (1977). Flashbulb memories. *Cognition, 5*, 73–79.

Brugger, P., Kollias, S. S., Müri, R. M., Crelier, G., Hepp-Reymond, M. C., & Regard, M. (2000). Beyond re-membering: Phantom sensations of congenitally absent limbs. *Proceedings of the National Academy of Sciences USA, 97*, 6167–6172.

Brunel, N., & Wang, X.-J. (2001). Effects of neuromodulation in a cortical network model of object working memory dominated by recurrent inhibition. *Journal of Computational Neuroscience, 11*, 63–85.

Bruner, J. S. (1957). Going beyond the information given. In J. S. Bruner, E. Brunswik, L. Festinger, F. Heider, K. F. Muenzinger, C. E. Osgood, & D. Rapaport (Eds.), *Contemporary approaches to cognition* (pp. 41–69). Cambridge, MA: Harvard University Press.

Bruner, J. (1990). *Acts of meaning*. Cambridge, MA: Harvard University Press.

Bruner, J. S., Goodnow, J. J., & Austin, G. A. (1956). *A study of thinking*. New York: New York Science Editions.

Buccino, G., Binkofski, F., Fink, G. R., Fadiga, L., Fogassi, L., Gallese, V., et al. (2001). Action observation activated premotor and parietal areas in a somatotopic manner: An fMRI study. *European Journal of Neuroscience, 13*, 400–404.

Buchanan, T., Lutz, K., Mirzazade, S., Specht, K., Shah, N., Zilles, K., & Jancke, L. (2000). Recognition of emotional prosody and verbal components of spoken language: An fMRI study. *Cognitive Brain Research, 9*, 227–238.

Buckner, R. L., & Schacter, D. L. (2005). Neural correlates of memory's successes and sins. In M. S. Gazzaniga (Ed.), *The cognitive neuroscience III* (pp. 739–752). Cambridge, MA: MIT Press.

Buckner, R. L., & Wheeler, M. E. (2001). The cognitive neuroscience of remembering. *Nature Reviews Neuroscience, 2*, 624–634.

Burgess, A. E. (1985). Visual signal detection. III. On Bayesian use of prior knowledge and cross correlation. *Journal of the Optical Society of America A, 2*, 1498–1507.

Burgess, N., & Hitch, G. J. (1999). Memory for serial order: A network model of the phonological loop and its timing. *Psychological Review, 106*, 551–581.

Butterworth, G. (1999). Neonatal imitation: Existence, mechanisms and motives. In J. Nadel & G. Butterworth (Eds.), *Imitation in infancy* (pp. 63–67). Cambridge, MA: Cambridge University Press.

Cabeza, R., Rao, S. M., Wagner, A. D., Mayer, A. R., & Schacter, D. L. (2001). Can medial temporal lobe regions distinguish true from false? An event-related functional MRI study of veridical and illusory recognition memory. *Proceedings of the National Academy of Sciences USA, 8*, 4805–4810.

Cahill, L., Babinsky, R., Markowitsch, H. J., & McGaugh, J. L. (1995). The amygdala and emotional memory. *Science, 377*, 295–296.

Cahill, L., Haier, R. J., Fallon, J., Alkire, M. T., Tang, C., Keator, D., Wu, J., & McGaugh, J. L. (1996). Amygdala activity at encoding correlated with long-term, free recall of emotional information. *Proceedings of the National Academy of Sciences USA, 93*, 8016–8021.

Cahill, L., Prins, B., Weber, M., & McGaugh, J. L. (1994). β-Adrenergic activation and memory for emotional events. *Nature, 371*, 702–704.

Calder, A. J., Keane, J., & Lawrence, A. D. (2003). Impaired recognition of human signals of anger following damage to the striatum. Abstract presented at the 10th Annual Meeting of the Cognitive Neuroscience Society, San Francisco, CA.

Calder, A. J., Lawrence, A. D., & Young, A. W. (2001). Neuropsychology of fear and loathing. *Neuroscience, 2*, 352–363.

Capitani, E., Laiacona, M., Mahon, B., & Caramazza, A. (2003). What are the facts of semantic category-specific deficits? A critical review of the clinical evidence. *Cognitive Neuropsychology, 20*, 213–261.

Caramazza, A. (1984). The logic of neuropsychological research and the problem of patient classification in aphasia. *Brain and Language, 21*, 9–20.

Caramazza, A. (1986). On drawing inferences about the structure of normal cognitive systems from the analysis of patterns of impaired performance: The case for single-patient studies. *Brain and Cognition, 5,* 41–66.

Caramazza, A., & Shelton, J. R. (1998). Domain-specific knowledge systems in the brain: The animate-inanimate distinction. *Journal of Cognitive Neuroscience, 10,* 1–34.

Carlson-Radvansky, L. A., Covey, E. S., & Lattanzi, K. M. (1999). "What" effects on "where": Functional influences on spatial relations. *Psychological Science, 10,* 516–521.

Carrasco, M. (2004). Covert transient attention increases contrast sensitivity and spatial resolution: Support for signal enhancement. In L. Itti, G. Rees, & J. Tsotsos (Eds.), *Neurobiology of attention* (pp. 442–447). San Diego, CA: Elsevier.

Carruthers, P. (1992). *Human knowledge and human nature.* Oxford: Oxford University Press.

Carter, C. S., Braver, T. S., Barch, D. M., Botvinick, M. M., Noll, D., & Cohen, J. D. (1998). Anterior cingulate cortex, error detection, and the online monitoring of performance. *Science, 280,* 747–749.

Casey, B. J., Trainor, R. J., Orendi, J. L., Schubert, A. B., Nystrom, L. E., Giedd, J. N., et al. (1997). A developmental functional MRI study of prefrontal activation during performance of a go-no-go task. *Journal of Cognitive Neuroscience, 9,* 835–847.

Castelli, F., Happé, F., Frith, U., & Frith, C. D. (2000). Movement in mind: A functional imaging study of perception and interpretation of complex intentional movement patterns. *Neuroimage, 12,* 314–325.

Castiello, U., Lusher, D., Mari, M., Edwards, M., & Humphreys, G. W. (2002). Observing a human or a robotic hand grasping an object: Differential motor priming effects. In W. Prinz & B. Hommel (Eds.), *Common mechanisms in perception and action* (pp. 315–333). New York: Oxford University Press.

Cate, A., & Behrmann, M. (2002). Spatial and temporal influences on extinction in parietal patients. *Neuropsychologia, 40,* 2206–2225.

Cavanaugh, J. P. (1976). Holographic and trace-strength models of rehearsal effects in the item-recognition task. *Memory and Cognition, 4,* 186–199.

Cave, C. B., & Kosslyn, S. M. (1993). The role of parts and spatial relations in object identification. *Perception, 22,* 229–248.

Chambers, D., & Reisberg, D. (1992). What an image depicts depends on what an image means. *Cognitive Psychology, 24,* 145–174.

Chaminade, T., & Decety, J. (2002). Leader or follower? Involvement of the inferior parietal lobule in agency. *NeuroReport, 13,* 1975–1978.

Chaminade, T., Meary, D., Orliaguet, J. P., & Decety, J. (2001). Is perceptual anticipation a motor simulation? *NeuroReport, 12,* 3669–3674.

Chaminade, T., Meltzoff, A. N., & Decety, J. (2002). Does the end justify the means? A PET exploration of the mechanisms involved in human imitation. *Neuroimage, 12,* 318–328.

Chao, L. L., Haxby, J. V., & Martin, A. (1999). Attribute-based neural substrates in temporal cortex for perceiving and knowing about objects. *Nature Neuroscience, 2,* 913–919.

Chao, L. L., & Martin, A. (2000). Representation of manipulable man-made objects in the dorsal stream. *Neuroimage, 12,* 478–484.

Chao, L. L., Weisberg, J., & Martin, A. (2002). Experience-dependent modulation of category-related cortical activity. *Cerebral Cortex, 12,* 545–551.

Charness, N., & Campbell, J. I. (1988). Acquiring skill at mental calculation in adulthood: A task decomposition. *Journal of Experimental Psychology: General, 117,* 115–129.

Chartrand, T. L., & Bargh, J. A. (1999). The chameleon effect: The perception-behavior link and social interaction. *Journal of Personality and Social Psychology, 76,* 893–910.

Chase, W., & Simon, H. (1973). Perception in chess. *Cognitive Psychology, 4,* 55–81.

Chater, N., Oaksford, M., Nakisa, R., & Redington, M. (2003). Fast, frugal, and rational: How rational norms explain behavior. *Organizational Behavior and Human Decision Processes, 90,* 63–86.

Chein, J. M., & Fiez, J. A. (2001). Dissociation of verbal working memory system components using a delayed serial recall task. *Cerebral Cortex, 11,* 1003–1014.

Chen, K., & Wang, D. (2002). A dynamically coupled neural oscillator network for image segmentation. *Neural Networks, 15,* 423–439.

Chen, Y., Zhang, W., & Shen, Z. (2002). Shape predominant effect in pattern recognition of geometric figures of rhesus monkey. *Vision Research, 42,* 865–871.

Cheng, P. W., & Holyoak, K. J. (1985). Pragmatic reasoning schemas. *Cognitive Psychology, 17*, 391–416.

Cherry, E. C. (1953). Some experiments on the recognition of speech, with one and two ears. *Journal of the Acoustical Society of America, 25*, 975–979.

Chi, M. T. H., Feltovitch, P. J., & Glaser, R. (1981). Categorization of physics problems by experts and novices. *Cognitive Science, 5*, 121–152.

Chiodo, L., & Berger, T. (1986). Interactions between dopamine and amino-acid induced excitation and inhibition in the striatum. *Brain Research, 375*, 198–203.

Chochon, F., Cohen, L., van de Moortele, P. F., & Dehaene, S. (1999). Differential contributions of the left and right inferior parietal lobules to number processing. *Journal of Cognitive Neuroscience, 11*, 617–630.

Chomsky, N. (1957). *Syntactic structures*. Mouton: The Hague.

Chomsky, N. (1959). A review of B. F. Skinner's "Verbal Behavior". *Language, 35*, 26–58.

Chomsky N. (1967). *Current issues in linguistic theory*. The Hague: Mouton.

Christianson, S. A. (1989). Flashbulb memories: Special, but not so special. *Memory and Cognition, 17*, 443.

Christianson, S. A. (1992). *The handbook of emotion and memory: Research and theory*. Hillsdale, NJ: Lawrence Erlbaum Associates.

Chun, M. M., & Potter, M. C. (1995). A two-stage model for multiple target detection in rapid serial visual presentation. *Journal of Experimental Psychology: Human Perception and Performance, 21*, 109–127.

Clemen, E. T., & Reilly, T. (2001). *Making hard decisions*. Pacific Grove, CA: Duxbury Press.

Clement, C. A., & Gentner, D. (1991). Systematicity as a selection constraint in analogical mapping. *Cognitive Science, 15*, 89–132.

Cochin, S. Barthelemy, C., Roux, S., & Martineau, J. (1999). Observation and execution of movement: Similarities demonstrated by quantified electroencephalography. *European Journal of Neuroscience, 11*, 1839–1842.

Cohen, J. D., Braver, T. S., & O'Reilly, R. (1996). A computational approach to prefrontal cortex, cognitive control and schizophrenia: Recent developments and current challenges. *Philosophical Transactions of the Royal Society of London, B351*, 1515–1527.

Cohen, J. D., Dunbar, K., & McClelland, J. L. (1990). On the control of automatic processes: A parallel distributed processing account of the Stroop effect. *Psychological Review, 97*, 332–361.

Cohen, J. D., Perstein, W. M., Braver, T. S., Nystrom, L. E., Noll, D. C., Jonides, J., & Smith, E. E. (1997). Temporal dynamics of brain activation during a working memory task. *Nature, 386*, 604–608.

Cohen, N. J., & Eichenbaum, H. E. (1993). *Memory, amnesia, and the hippocampal system*. Cambridge, MA: The MIT Press.

Collette, F., Salmon, E., Van der Linden, M., Chicherio, C., Belleville, S., Degueldre, C., et al. (1999). Regional brain activity during tasks devoted to the central executive of working memory. *Cognitive Brain Research, 7*, 411–417.

Collins, A. M., & Quillian, M. R. (1969). Retrieval time from semantic memory. *Journal of Verbal Learning and Verbal Behavior, 8*, 240–247.

Coltheart, M., Inglis, L., Cupples, L., Michie, P., Bates, A., & Budd, B. (1998). A semantic subsystem of visual attributes. *Neurocase, 4*, 353–370.

Coltheart, V. (Ed.). (1999). *Fleeting memories: Cognition of brief visual stimuli*. Cambridge, MA: The MIT Press.

Colvin, M. K., Dunbar, K., & Grafman, J. (2001). The effects of frontal lobe lesions on goal achievement in the water jug task. *Journal of Cognitive Neuroscience, 13*, 1129–1147.

Condillac, E. (1754a/1947). Traitè des sensations. In G. LeRoy (Ed.), *Oeuvres phiosophiques de Condillac, Volume 1*. Paris: Presses Universitaires.

Condillac, E. (1754b/1948). La Logique. In G. LeRoy (Ed.), *Oeuvres philosophiques de Condillac, Volume II*. Paris: Presses Universitaires.

Conrad, R., & Hull, A. J. (1964). Information, acoustic confusion, and memory span. *British Journal of Psychology, 55*, 429–432.

Constantinidis, C., & Steinmetz, M. A. (1996). Neuronal activity in posterior parietal area 7a during the delay periods of a spatial memory task. *Journal of Neurophysiology, 76*, 1352–1355.

Conway, A. R. A., Kane, M. J., Bunting, M. F., Hambrick, D. Z., Wilhelm, O., & Engle. R. W. (2005). Working memory span tasks: A methodological review and user's guide. *Psychonomic Bulletin and Review, 12*, 769–786.

Conway, M. A., Anderson, S. J., Larsen, S. F., Donnelly, C. M., McDaniel, M. S., & McClelland, A. G. R. (1994). The formation of flashbulb memories. *Memory and Cognition, 22*, 326–343.

Corbetta, M. (1998). Frontoparietal cortical networks for directing attention and the eye to visual locations: Identical, independent, or overlapping neural systems? *Proceedings of National Academy of Science, USA, 95*, 831–838.

Corbetta, M., Miezin, F. M., Dobmeyer, S., Shulman, G. L., & Petersen, S. E. (1990). Attentional modulation of neural processing of shape, color and velocity in humans. *Science, 248*, 1556–1559.

Corbetta, M., Miezin, F. M., Shulman, G. L., & Petersen, S. E. (1993). A PET study of visuospatial attention. *Journal of Neuroscience, 13*, 1202–1226.

Corbetta, M., & Shulman, G. L. (2002). Control of goal-directed and stimulus-driven attention in the brain. *Nature Reviews Neuroscience, 3*, 201–215.

Coren, S., & Enns, J. T. (1993). Size contrast as a function of conceptual similarity between test and inducers. *Perception and Psychophysics, 54*, 579–588.

Corkin, S. (1984). Lasting consequences of bilateral medial temporal lobectomy: Clinical course and experimental findings in H. M. *Seminars in Neurology, 4*, 24–259.

Corkin, S., Amaral, D. G., González, R. G., Johnson, K. A., & Hyman, B. T. (1997). H. M.'s medial temporal lobe lesion: Findings from magnetic resonance imaging. *Journal of Neuroscience, 17*, 3964–3979.

Cornsweet, T. N. (1970). *Visual perception.* New York: Academic Press.

Cosmides, L., & Tooby, J. (1992). Cognitive adaptations for social exchange. In J. Barkow, L. Cosmides, & J. Tooby (Eds.), *The adapted mind: Evolutionary psychology and the generation of culture* (pp. 163–228). New York: Oxford University Press.

Cosmides, L., & Tooby, J. (1996). Are humans good intuitive statisticians after all? Rethinking some conclusions from the literature on judgment under uncertainty. *Cognition, 58*, 1–73.

Coull, J. T., Frith, C. D., Buechel, C., & Nobre, A. C. (2000). Orienting attention in time: Behavioral and neuroanatomical distinction between exogenous and endogenous shifts. *Neuropsychologia, 38*, 808–819.

Courtney, S. M., Ungerleider, L. G., Keil, K., & Haxby, J. V. (1996). Object and spatial visual working memory activate separate neural systems in human cortex. *Cerebral Cortex, 6*, 39–49.

Courtney, S. M., Ungerleider, L. G., Keil, K., & Haxby, J. V. (1997). Transient and sustained activity in a distributed neural system for human working memory. *Nature, 386*, 608–612.

Cowan, N. (1995). *Attention and memory.* Oxford: Oxford University Press.

Cowan, N. (2001). The magical number 4 in short-term memory: A reconsideration of mental storage capacity. *Behavioral and Brain Sciences, 24*, 87–185.

Cowan, N., Day, L., Saults, J. S., Keller, T. A., Johnson, T., & Flores, L. (1992). The role of verbal output time in the effects of word length on immediate memory. *Journal of Memory and Language, 31*, 1–17.

Cowey, A., & Walsh, V. (2000). Magnetically induced phosphenes in sighted, blind and blindsighted observers. *NeuroReport, 11*, 3269–3273.

Craik, F. I. M., & Lockhart, R. S. (1972). Levels of processing: A framework for memory research. *Journal of Verbal Learning and Verbal Behavior, 11*, 671–684.

Craik, F. I., & Tulving, E. (1975). Depth of processing and the retention of words in episodic memory. *Journal of Experimental Psychology: General, 104*, 268–294.

Craik, F. I., Govoni, R., Naveh-Benjamin, M., & Anderson, N. D. (1996). The effects of divided attention on encoding and retrieval processes in human memory. *Journal of Experimental Psychology: General, 125*, 159–180.

Craik, K. J. W. (1940). Visual adaptation. Unpublished doctoral thesis, Cambridge University, Cambridge, UK.

Cree, G. S, & McRae, K. (2003). Analyzing the factors underlying the structure and computation of the meaning of chipmunk, cherry, chisel, cheese, and cello (and many other such concrete nouns). *Journal of Experimental Psychology: General, 132*, 163–201.

Crick, F., & Koch, C. (1995). Are we aware of neural activity in primary visual cortex? *Nature, 375*, 121–123.

Crist, R. E., Li, W., & Gilbert, C. D. (2001). Learning to see: Experience and attention in primary visual cortex. *Nature Neuroscience, 4*, 519–525.

Crozier, S., Sirigu, A., Lehericy, S., van de Moortele, P. F., Pillon, B., & Grafman, J. (1999). Distinct prefrontal activations in processing sequence at the sentence and script level: An fMRI study. *Neuropsychologia, 37*, 1469–1476.

Cruse, D. A. (1977). The pragmatics of lexical specificity. *Journal of Linguistics, 13*, 153–164.

Curtis, C. E. (2005). Prefrontal and parietal contributions to spatial working memory. *Neuroscience, Dec. 2.*

Cutting, J. E., & Kozlowski, L. T. (1977). Recognising friends by their walk: Gait perception without familiarity cues. *Bulletin of the Psychonomic Society, 9*, 353–356.

Cynader, M. (1979). Competitive interactions in the development of the kitten's visual system. In R. D. Freeman (Ed.), *Developmental neurobiology of vision* (pp. 109–120). New York: Plenum Press.

Damasio, A. R. (1989). Time-locked multiregional retroactivation: A systems-level proposal for the neural substrates of recall and recognition. *Cognition, 33*, 25–62.

Damasio, A. R. (1994). *Descartes' error: Emotion, reason, and the human brain.* New York: Grosset/Putnam.

Damasio, A. R., & Damasio, H. (1994). Cortical systems for retrieval of concrete knowledge: The convergence zone framework. In C. Koch & J. L. Davis (Eds.), *Large-scale neuronal theories of the brain: Computational neuroscience* (pp. 61–74). Cambridge, MA: The MIT Press.

Damasio, H., Grabowski, T., Frank, R., Galaburda, A. M., & Damasio, A. R. (1994). The return of Phineas Gage: Clues about the brain from the skull of a famous patient. *Science, 264*, 1102–1105.

Daneman, M., & Carpenter, P. A. (1980). Individual differences in working memory and reading. *Journal of Verbal Learning and Verbal Behavior, 19*, 450–466.

Daugman, J. (1993). High confidence visual recognition of persons by a test of statistical independence. *IEEE Transactions on Pattern Analysis and Machine Intelligence, 15*, 1148–1161.

Davachi, L., Mitchell, J., & Wagner, A. D. (2003). Multiple routes to memory: Distinct medial temporal lobe processes build item and source memories. *Proceedings of the National Academy of Sciences USA, 100*, 2157–2162.

Davidson, R. J. (1998). Affective style and affective disorders: Perspectives from affective neuroscience. *Cognition and Emotion, 12*, 307–330.

Davidson, R. J. (2000). The neuroscience of affective style. In R. D. Lane & L. Nadel (Eds.), *Cognitive neuroscience of emotion* (pp. 371–388). New York: Oxford.

Davidson, R. J. (2002). Anxiety and affective style: Role of prefrontal cortex and amygdala. *Biological Psychiatry, 51*, 68–80.

Davidson, R. J., Ekman, P., Saron, C., Senulis, J., & Friesen, W. V. (1990). Approach/withdrawal and cerebral asymmetry: Emotional expression and brain physiology. *Journal of Personality & Social Psychology, 38*, 330–341.

Davidson, R. J., Jackson, D. C., & Kalin, N. H. (2000). Emotion, plasticity, context, and regulation: Perspectives from affective neuroscience. *Psychological Bulletin, 126*, 890–909.

Davis, M., & Whalen, P. J. (2001). The amygdala: vigilance and emotion. *Molecular Psychiatry, 6*, 13–34.

De Gelder, B., Vroomen, J., Pourtois, G., & Weiskrantz, L. (1999). Non-conscious recognition of affect in the absence of striate cortex. *NeuroReport, 10*, 3759–3763.

De Houwer, J., Thomas S., & Baeyens, F. (2001). Associative learning of likes and dislikes: A review of 25 years of research on human evaluative conditioning. *Psychological Bulletin, 127*, 853–869.

de Jong, R., Coles, M. G. H., & Logan, G. D. (1995). Strategies and mechanisms in nonselective and selective inhibitory motor control. *Journal of Experimental Psychology: Human Perception and Performance, 21*, 498–511.

De Renzi, E., & Nichelli, P. (1975). Verbal and nonverbal short term memory impairment following hemispheric damage. *Cortex, 11*, 341–353.

Decety, J. (1996). Do executed and imagined movements share the same central structures? *Cognitive Brain Research, 3*, 87–93.

Decety, J. (2002). Neurophysiological evidence for simulation of action. In J. Dokic & J. Proust, (Eds.), *Simulation and knowledge of action* (pp. 53–72). Philadelphia: Benjamins Publishing Company.

Decety, J., Chaminade, T., Grèzes, J., & Meltzoff, A. N. (2002). A PET exploration of the neural mechanisms involved in reciprocal imitation. *Neuroimage, 15*, 265–272.

Decety, J., & Grèzes, J. (1999). Neural mechanisms subserving the perception of human actions. *Trends in Cognitive Sciences, 3*, 172–178.

Decety, J., Grèzes, J., Costes, N., Perani, D., Jeannerod, M., Procyk, E., et al. (1997). Brain activity during observation of action: Influence of action content and subject's strategy. *Brain, 120*, 1763–1777.

Decety, J., Jeannerod, M., Germain, M., & Pastène, J. (1991). Vegetative response during imagined movement is proportional to mental effort. *Behavioral Brain Research, 42*, 1–5.

Decety, J., Kawashima, R., Gulyas B., & Roland, P. (1992). Preparation for reaching: A PET study of the participating structures in the human brain. *NeuroReport, 3*, 761–764.

Decety, J., Perani, D., Jeannerod, M., Bettinardi, V., Woods, R., Maziotta, J. C., et al. (1994). Mapping motor representations with positron emission tomography. *Nature, 371*, 600–602.

Decety, J., & Sommerville, J. A. (2003). Shared representations between self and others: A social cognitive neuroscience view. *Trends in Cognitive Science, 7*, 527–533.

Deese, J. (1959). On the prediction of occurrence of particular verbal intrusions in immediate recall. *Journal of Experimental Psychology, 58*, 17–22.

Dehaene, S., Spelke, E., Pinel, P., Stanescu, R., & Tsivkin, S. (1999). Sources of mathematical thinking: Behavioral and brain-imaging evidence. *Science, 284*, 970–974.

Delgado, M. R., Nystrom, L. E., Fissell, K., Noll, D. C., & Fiez, J. A. (2000). Tracking the hemodynamic responses for reward and punishment in the striatum. *Journal of Neurophysiology, 84*, 3072–3077.

Dell, G. S., & Reich, P. A. (1981). Stages in sentence production: An analysis of speech error data. *Journal of Verbal Learning and Verbal Behavior, 20*, 611–629.

Denis, M., & Kosslyn, S. M. (1999). Scanning visual images: A window on the mind. *Cahiers de Psychologie Cognitive/Current Psychology of Cognition, 18*, 409–465.

Descartes, René. (1641/1985). *The philosophical writings of Descartes* (Vols. 1 and 2), translated by J. Cottingham. Cambridge, UK: Cambridge University Press.

Desimone, R. (1996). Neural mechanisms for visual memory and their role in attention. *Proceedings of the National Academy of Sciences USA, 93*, 13494–13499.

Desimone, R., Albright, T. D., Gross, C. G., & Bruce, C. (1984). Stimulus-selective properties of inferior temporal neurons in the macaque. *Journal of Neuroscience, 4*, 2051–2062.

Desimone, R., & Duncan, J. (1995). Neural mechanisms of selective visual attention. *Annual Review of Neuroscience, 18*, 193–222.

D'Esposito, M., Aguirre, G. K., Zarahn, E., Ballard, D., Shin, R. K., & Lease, J. (1998). Functional MRI studies of spatial and nonspatial working memory. *Cognitive Brain Research, 7*, 1–13.

D'Esposito, M., Postle, B. R., Ballard, D., & Lease, J. (1999). Maintenance versus manipulation of information held in working memory: An event-related fMRI study. *Brain and Cognition, 41*, 66–86.

DeSousa, R. (1987). *The rationality of emotions.* Cambridge, MA: The MIT Press.

Di Lollo, V., Enns, J. T., Rensink, R. A. (2000). Competition for consciousness among visual events: The psychophysics of reentrant visual processes. *Journal of Experimental Psychology: General, 129*, 481–507.

Diamond, A. (1985). Development of the ability to use recall to guide action, as indicated by infants' performance on A-not-B. *Child Development, 56*, 868–883.

Diamond, A. (2002). Normal development of prefrontal cortex from birth to young adulthood: Cognitive functions, anatomy, and biochemistry. In D. T. Stuss & R. T. Knight (Eds.), *Principles of frontal lobe function* (pp. 466–503). New York: Oxford University Press.

Diamond, R., & Carey, S. (1986). Why faces are and are not special: An effect of expertise. *Journal of Experimental Psychology: General, 115*, 107–117.

Dietrich, E., & Markman, A. (Eds.) (2000). *Cognitive dynamics: Conceptual change in humans and machines.* Cambridge, MA: The MIT Press.

Dittrich, W. H. (1993). Action categories and the perception of biological motion. *Perception, 22*, 15–22.

Dobbins, I. G., Foley, H., Schacter, D. L., & Wagner, A. D. (2002). Executive control during episodic retrieval: Multiple prefrontal processes subserve source memory. *Neuron, 35*, 989–996.

Dodson, C. S., & Johnson, M. K. (1996). Some problems with the process-dissociation approach to memory. *Journal of Experimental Psychology: General, 125*, 181–194.

Dolan, R. (2002). Emotion, cognition, and behavior. *Science, 298*, 1191–1194.

Dominey, P., Decety, J., Broussolle, E., Chazot, G., & Jeannerod, M. (1995). Motor imagery of a lateralized sequential task is asymmetrically slowed in hemi-Parkinson's patients. *Neuropsychologia, 33*, 727–741.

Dowling, J. E. (1992). *Neurons and networks: An introduction to neuroscience.* Cambridge, MA: The Belknap Press of Harvard University Press.

Dowling, J. E. (2000). *Creating mind: How the brain works.* New York: W. W. Norton.

Dretske, F. (1995). *Naturalizing the mind*. Cambridge, MA: The MIT Press.

Driver, J., & Spence, C. (1998). Crossmodal attention. *Current Opinions in Neurobiology, 8*, 245–253.

Dubner, R., & Zeki, S. M. (1971). Response properties and receptive fields of cells in an anatomically defined region of the superior temporal sulcus in the monkey. *Brain Research, 35*, 528–532.

Dunbar, K. (1993). Concept discovery in a scientific domain. *Cognitive Science, 17*, 397–434.

Dunbar, K. (1997). "On-line" inductive reasoning in scientific laboratories: What it reveals about the nature of induction and scientific discovery. In *Proceedings of the Nineteenth Annual Meeting of the Cognitive Science Society* (pp. 191–192). Mahwah, NJ: Lawrence Erlbaum Associates.

Dunbar, K. (1999). The scientist *in vivo:* How scientists think and reason in the laboratory. In L. Magnani, N. Nersessian, & P. Thagard (Eds.), *Model-based reasoning in scientific discovery* (pp. 89–98). New York: Plenum Press.

Dunbar, K. (2000). How scientists think in the real world: Implications for science education. *Journal of Applied Developmental Psychology, 21*, 49–58.

Dunbar, K. (2002). Science as category: Implications of *in vivo* science for theories of cognitive development, scientific discovery, and the nature of science. In P. Caruthers, S. Stich, & M. Siegel (Eds.), *Cognitive models of science* (pp. 154–170). Cambridge, UK: Cambridge University Press.

Dunbar, K., & Blanchette, I. (2001). The *in vivo/in vitro* approach to cognition: The case of analogy. *Trends in Cognitive Sciences, 5*, 334–339.

Dunbar, K., & Sussman, D. (1995). Toward a cognitive account of frontal lobe function: Simulating frontal lobe deficits in normal subjects. *Annals of the New York Academy of Sciences, 769*, 289–304.

Duncan, J. (1984). Selective attention and the organization of visual information. *Journal of Experimental Psychology: General, 113*, 501–517.

Duncan, J., & Humphreys, G. W. (1989). Visual search and stimulus similarity. *Psychological Review, 96*, 433–458.

Duncan, J., Humphreys, G. W., & Ward, R. (1997). Competitive brain activity in visual attention. *Current Opinion in Neurobiology, 7*, 255–261.

Duncan, J., Seitz, R. J., Kolodny, J., Bor, D., Herzog, H. Ahmed, A., et al. (2000). A neural basis for general intelligence. *Science, 289*, 457–460.

Durstewitz, D., Kelc, M., & Gunturkun, O. (1999). A neurocomputational theory of the dopaminergic modulation of working memory functions. *Journal of Neuroscience, 19*, 2807–2822.

Durstewitz, D., Seamans, J. K., & Sejnowski, T. J. (2000). Neurocomputational models of working memory. *Nature Neuroscience, 3*, 1184–1191.

Ebbinghaus, H. (1885/1964). *Memory: A contribution to experimental psychology*. New York: Dover.

Edwards, W. (1954). Theory of decision making. *Psychological Bulletin, 51*, 380–417.

Eich, J. E., Weingartner, H., Stillman, R. C., & Gillin, J. C. (1975). State-dependent accessibility of retrieval cues in the retention of a categorized list. *Journal of Verbal Learning and Verbal Behavior, 14*, 408–417.

Eigsti, I., Zayas, V., Mischel, W., Shoda, Y., Ayduk, O., Dadlani, M. B., Davidson, M. C., Aber, J. L., & Casey, B. J. (in press). Predictive cognitive control from preschool to late adolescence and young adulthood. *Psychological Science.*

Eimer, M., & Driver, J. (2001). Crossmodal links in endogenous and exogenous spatial attention: Evidence from event-related brain potential studies. *Neuroscience and Biobehavioral Reviews, 25*, 497–511.

Eimer, M., van Velzen, J., & Driver, J. (2002). Cross-modal interactions between audition, touch, and vision in endogenous spatial attention: ERP evidence on preparatory states and sensory modulations. *Journal of Cognitive Neuroscience, 14*, 254–271.

Einstein, A. (1945). A testimonial from Professor Einstein (Appendix II). In J. Hadamard (Ed.), *An essay on the psychology of invention in the mathematical field* (pp. 142–143). Princeton, NJ: Princeton University Press.

Ekman, P., & Friesen, W. (1971). Constants across cultures in the face and emotion. *Journal of Personality & Social Psychology, 17*, 124–129.

Eldridge, L. L., Knowlton, B. J., Furmanski, C. S., Bookheimer, S. Y., & Engel, S. A. (2000). Remembering episodes: A selective role for the hippocampus during retrieval. *Nature Neuroscience, 3*, 1149–1152.

Ellis, N. C., & Hennelly, R. C. (1980). A bilingual word length effect: Implications for intelligence testing and the relative ease of mental calculations in Welsh and English. *British Journal of Psychology, 71,* 43–52.

Ellsberg, D. (1961). Risk, ambiguity, and the Savage axioms. *Quarterly Journal of Economics, 75,* 643–669.

Engle, R. W. (2002). Working memory capacity as executive attention. *Current Directions in Psychological Science, 11,* 19–23.

Engle, R. W., Tuholski, S. W., Laughlin, J. E., & Conway, A. R. A. (1999). Working memory, short-term memory, and general fluid intelligence: A latent-variable approach. *Journal of Experimental Psychology: General, 128,* 309–331.

Enns, J. T., & Prinzmetal, W. (1984). The role of redundancy in the object-line effect. *Perception and Psychophysics, 35,* 22–32.

Epstein, R., & Kanwisher, N. (1998). A cortical representation of the local visual environment. *Nature, 392,* 598–601.

Ericsson, K. A., & Simon, H. A. (1984). *Protocol analysis: Verbal reports as data.* Cambridge, MA: The MIT Press.

Estes, W. K. (1972). An associative basis for coding and organization in memory. In A. W. Melton & E. Martin (Eds.), *Coding processes in human memory* (pp. 161–190). New York: Halstead Press.

Evans, J. St. B. T. (1989). *Bias in human reasoning.* Hillsdale, NJ: Lawrence Erlbaum Associates.

Evans, J. St. B. T., Barston, J. L., & Pollard, P. (1983). On the conflict between logic and belief in syllogistic reasoning. *Memory and Cognition, 11,* 295–306.

Fadiga, L., Craighero, L., Buccino, G., & Rizzolatti, G. (2002). Speech listening specifically modulates the excitability of tongue muscles: A TMS study. *European Journal of Neuroscience, 15,* 399–402.

Fadiga, L., Craighero, L., & Olivier, E. (2005). Human motor cortex excitability during the perception of others' action. *Current Opinion in Neurobiology, 15,* 213–218.

Fadiga, L., Fogassi, L., Pavesi, G., & Rizzolatti, G. (1995). Motor facilitation during action observation: A magnetic stimulation study. *Journal of Neurophysiology, 73,* 2608–2611.

Falkenhainer, B., Forbus, K. D., & Gentner, D. (1989). The structure-mapping engine: Algorithm and examples. *Artificial Intelligence, 41,* 1–63.

Farah, M. J. (2000). The neural bases of mental imagery. In M. S. Gazzaniga (Ed.), *The cognitive neurosciences* (2nd ed., pp. 965–974). Cambridge, MA: The MIT Press.

Farah, M. J., Hammond, K. M., Levine, D. L., & Calvanio, R. (1988). Visual and spatial imagery: Dissociable systems of representation. *Cognitive Psychology, 20,* 439–462.

Farah, M. J., & McClelland, J. L. (1991). A computational model of semantic memory impairment: Modality specificity and emergent category specificity. *Journal of Experimental Psychology: General, 120,* 339–357.

Farah, M. J., Soso, M. J., & Dasheiff, R. M. (1992). Visual angle of the mind's eye before and after unilateral occipital lobectomy. *Journal of Experimental Psychology: Human Performance and Perception, 18,* 241–246.

Farah, M. J., Wilson, K. D., Drain, H. M., & Tanaka, J. R. (1995). The inverted face inversion effect in prosopagnosia: Evidence for mandatory, face-specific perceptual mechanisms. *Vision Research, 35,* 2089–2093.

Farah, M. J., Wilson, K. D., Drain, M., & Tanaka, J. N. (1998). What is "special" about face perception? *Psychological Review, 105,* 482–498.

Farrer, C., Franck, N., Georgieff, N., Frith, C. D., Decety, J., & Jeannerod, M. (2003). Modulating agency: A PET study. *Neuroimage, 18,* 324–333.

Farrer, C., & Frith, C. D. (2002). Experiencing oneself vs. another person as being the cause of an action: The neural correlates of the experience of agency. *Neuroimage, 15,* 596–603.

Felleman, D. J., & Van Essen, D. C. (1991). Distributed hierarchical processing in the primate cerebral cortex. *Cerebral Cortex, 1,* 1–47.

Fellows, L. K., & Farah, M. J. (2003). Ventromedial frontal cortex mediates affective shifting in humans: Evidence from a reversal learning paradigm. *Brain, 126,* 1830–1837.

Fellows, L. K., Heberlein, A. S., Morales, D. A., Shivde, G., Waller, S., & Wu, D. H. (2005). Method matters: An empirical study of impact in cognitive meuroscience. *Journal of Cognitive Neuroscience, 17,* 850–858.

Feltz, D. L., & Landers, D. M. (1983). The effects of mental practice on motor skill learning and performance: A meta-analysis. *Journal of Sport Psychology, 5*, 25–57.

Ferster, D., & Miller, K. D. (2000). Neural mechanisms of orientation selectivity in the visual cortex. *Annual Review of Neuroscience, 23*, 441–471.

Ferstl, E. C., & von Cramon, D. Y. (2002). What does the frontomedian cortex contribute to language processing: Coherence of theory of mind? *Neuroimage, 17*, 1599–1612.

Field, T. M., Woodson, R. W., Greenberg, R., & Cohen, C. (1982). Discrimination and imitation of facial expressions by neonates. *Science, 218*, 179–181.

Fiedler, K., Nickel, S., Muehlfriedel, T., & Unkelbach, C. (2001). Is mood congruency an effect of genuine memory or response bias? *Journal of Experimental Social Psychology, 37*, 201–214.

Fincham, J. M., Carter, C. S., van Veen, V., Stenger, V. A., & Anderson, J. R. (2002). Neural mechanisms of planning: A computational analysis using event-related fMRI. *Proceedings of the National Academy of Science, USA, 99*, 3346–3351.

Fink, G. R., Marshall, J. C., Halligan, P. W., Frith, C. D., Driver, J., Frackowiak, R. S. J., et al. (1999). The neural consequences of conflict between intention and the senses. *Brain, 122*, 497–512.

Finke, R. A. (1989). *Principles of mental imagery.* Cambridge, MA: The MIT Press.

Finke, R. A., & Pinker, S. (1982). Spontaneous mental image scanning in mental extrapolation. *Journal of Experimental Psychology: Learning, Memory, and Cognition, 8*, 142–147.

Finke, R. A., & Pinker, S. (1983). Directional scanning of remembered visual patterns. *Journal of Experimental Psychology: Learning, Memory, and Cognition, 9*, 398–410.

Finkenauer, C., Luminet, O., Gisle, L., El-Ahmadi, A., Van Der Linden, M., & Philippot, P. (1998). Flashbulb memories and the underlying mechanisms of their formation: Toward an emotional-integrative model. *Memory and Cognition, 26*, 516–531.

Fiorillo, D. D., Tobler, P. N., & Schultz, W. (2003). Discrete coding of reward probability and uncertainty by dopamine neurons. *Science, 299*, 1898–1902.

Fiske, S. T., & Taylor, S. E. (1991). *Social cognition* (2nd ed.). New York: McGraw-Hill.

Fitts, P. M., & Deininger, R. L. (1954). S-R compatibility: Correspondence among paired elements within stimulus and response codes. *Journal of Experimental Psychology, 48*, 483–492.

Fitts, P. M., & Posner, M. I. (1967). *Human performance.* Oxford, UK: Brooks/Cole.

Flanagan, J. R., & Johansson, R. S. (2003). Action plans used in action observation. *Nature, 424*, 769–770.

Flege, J. E., Yeni-Komshian, G. H., & Liu, S. (1999). Age constraints on second-language acquisition. *Journal of Memory and Language, 41*, 78–104.

Fleming, K., Bigelow, L. E., Weinberger, D. R., & Goldberg, T. E. (1995). Neurophysiological effects of amphetamine may correlate with personality characteristics. *Psychopharmacology Bulletin, 31*, 357–362.

Fletcher, P. C., & Henson, R. N. (2001). Frontal lobes and human memory: Insights from functional neuroimaging. *Brain, 124*, 849–881.

Fodor, J. (1983). *Modularity of mind.* Cambridge, MA: The MIT Press.

Forster, K. I. (1970). Visual perception of rapidly presented word sequences of varying complexity. *Perception and Psychophysics, 8*, 215–221.

Fox, C. R. (1999). Strength of evidence, judged probability, and choice under uncertainty. *Cognitive Psychology, 38*, 167–189.

Fox, C. R., & Tversky, A. (1995). Ambiguity, aversion and comparative ignorance. *Quarterly Journal of Economics, 110*, 585–603.

Fox, C. R., & Tversky, A. (1998). A belief-based account of decision under uncertainty. *Management Science, 44*, 879–895.

Fox, E., Russo, R., Bowles, R., & Dutton, K. (2001). Do threatening stimuli draw or hold attention in visual attention in subclinical anxiety? *Journal of Experimental Psychology: General, 130*, 681–700.

Francis, G., & Grossberg, S. (1996). Cortical dynamics of form and motion integration: Persistence, apparent motion, and illusory contours. *Vision Research, 36*, 149–173.

Frank, R. H. (1988). *Passions within reason: The strategic role of the emotions.* New York: Norton.

Franklin, B. (1772/1956). Letter to Joseph Priestly (originally written on September 19, 1772). Reprinted in W. B. Willcox (Ed.), *The papers of Benjamin Franklin* (Vol. 19, pp. 299–300). New Haven, CT: Yale University Press.

Frazier, L. (1987). Sentence processing: A tutorial review. In *Attention and performance XII: The psychology of reading* (pp. 559–586). Hillsdale, NJ: Lawrence Erlbaum Associates.

Freedman, D. J., Riesenhuber, M., Poggio, T., & Miller, E. K. (2001). Categorical representation of visual stimuli in the primate prefrontal cortex. *Science, 291,* 312–316.

Freedman, D. J., Riesenhuber, M., Poggio, T., & Miller, E. K. (2002). Visual categorization and the primate prefrontal cortex: Neurophysiology and behavior. *Journal of Neurophysiology, 88,* 929–941.

Frith, C. D. (1992). *The cognitive neuropsychology of schizophrenia.* Hillsdale, NJ: Lawrence Erlbaum Associates.

Frith, C. D., Blakemore, S.-J., & Wolpert, M. M. (2000). Abnormalities in the awareness and control of action. *Philosophical Transactions of the Royal Society of London: Biological Sciences, 355,* 1771–1788.

Fromkin, V. (1971). The non-anomalous nature of anomalous utterances. *Language, 47,* 27–52.

Frye, D. (1991). The origins of intention in infancy. In D. Frye & C. Moore (Eds.), *Children's theories of mind: Mental states and social understanding* (pp. 15–38). Hillsdale, NJ: Lawrence Erlbaum Associates.

Fugelsang, J., & Dunbar, K. (2005). Brain-based mechanisms underlying complex causal thinking. *Neuropsychologia, 48,* 1204–1213.

Funahashi, S., Bruce, C. J., & Goldman-Rakic, P. S. (1989). Mnemonic coding of visual space in the monkey's dorsolateral prefrontal cortex. *Journal of Neurophysiology, 61,* 331–349.

Funahashi, S., Bruce, C. J., & Goldman-Rakic, P. S. (1993). Dorsolateral prefrontal lesions and oculomotor delayed-response performance: Evidence for mnemonic "scotomas". *Journal of Neuroscience, 13,* 1479–1497.

Funayama, E. S., Grillon, C. G., Davis, M., & Phelps, E. A. (2001). A double dissociation in the affective modulation of startle in humans: Effects of unilateral temporal lobectomy. *Journal of Cognitive Neuroscience, 13,* 721–729.

Fuster, J. M. (1989). *The prefrontal cortex* (2nd ed.). New York: Raven Press.

Fuster, J. M. (1995). *Memory in the cerebral cortex.* Cambridge, MA: The MIT Press.

Gabrieli, J. D., Cohen, N. J., & Corkin, S. (1988). The impaired learning of semantic knowledge following bilateral medial temporal-lobe resection. *Brain and Cognition, 7,* 157–177.

Gabrieli, J. D. E., Desmond, J. E., Demb, J. B., Wagner, A. D., Stone, M. V., Vaidya, C. J., et al. (1996). Functional magnetic resonance imaging of semantic memory processes in the frontal lobes. *Psychological Science, 7,* 278–283.

Gabrieli, J. D. E., Fleischman, D. A., Keane, M. A., Reminger, S. L., & Morrell, F. (1995). Double dissociation between memory systems underlying explicit and implicit memory in the human brain. *Psychological Science, 6,* 76–82.

Gainotti, G., Silveri, M. C., Daniele, A., & Giustolisi, L. (1995). Neuroanatomical correlates of category-specific semantic disorders: A critical survey. *Memory, 3,* 247–264.

Gallese, V., & Goldman, A. (1998). Mirror neurons and the simulation theory of mind-reading. *Trends in Cognitive Sciences, 2,* 493–501.

Gandhi, S. P., Heeger, D. J., & Boynton, G. M. (1999). Spatial attention affects brain activity in human primary visual cortex. *Proceedings of the National Academy of Sciences USA, 96,* 3314–3319.

Ganis, G., Thompson, W. L., & Kosslyn, S. M. (2004). Brain areas underlying visual imagery and visual perception: An fMRI study. *Cognitive Brain Research, 20,* 226–241.

Garavan, H. (1998). Serial attention within working memory. *Memory and Cognition, 26,* 263–276.

Gardener, R. A., & Gardener, B. T. (1969). Teaching sign language to an ape. *Science, 165,* 664–672.

Gardner, H. (1985). *The mind's new science: A history of the cognitive revolution.* New York: Basic Books.

Garrett, M. F. (1975). The analysis of sentence production. In G. H. Bower (Ed.), *Psychology of learning and motivation* (Vol. 9, pp. 133–177). New York: Academic Press.

Gathercole, S. E., & Baddeley, A. D. (1989). Evaluation of the role of phonological STM in the development of vocabulary in children: A longitudinal study. *Journal of Memory and Language, 28,* 200–213.

Gauthier, I., Skudlarski, P., Gore, J. C., & Anderson, A. W. (2000). Expertise for cars and birds recruits brain areas involved in face recognition. *Nature Neuroscience, 3,* 191–197.

Gauthier, I., Tarr, M. J., Anderson, A. W., Skudlarski, P., & Gore, J. C. (1999). Activation of the middle fusiform "face area" increases with expertise in recognizing novel objects. *Nature Neuroscience, 2,* 568–573.

Gazzaniga, M. S., Ivry, R. B., & Mangun, G. R. (1998). *Cognitive neuroscience: The biology of the mind.* New York: W. W. Norton & Company.

Gehring, W. J., Goss, B., Coles, M. G. H., Meyer, D. E., & Donchin, E. (1993). A neural system for error detection and compensation. *Psychological Science, 4*, 385–390.

Gehring, W. J., & Willoughby, A. R. (1999). The medial frontal cortex and the rapid processing of monetary gains and losses. *Science, 295*, 2279–2282.

Gennari, S. P., Sloman, S., Malt, B., & Fitch, T. (2002). Motion events in language and cognition. *Cognition, 83*, 49–79.

Gentner, D. (1983). Structure-mapping: A theoretical framework for analogy. *Cognitive Science, 7*, 155–170.

Gentner, D., & Markman, A. B. (1997). Structure mapping in analogy and similarity. *American Psychologist, 52*, 45–56.

Gentner, D., Rattermann, M. J., & Forbus, K. D. (1993). The roles of similarity in transfer: Separating retrievability from inferential soundness. *Cognitive Psychology, 25*, 524–575.

Gergely, G., Bekkering, H., & Kilary, I. (2002). Rational imitation in preverbal infants. *Nature, 415*, 755.

Gerlach, C., Marstrand, L., Habekost, T., & Gade, A. (2005). A case of impaired shape integration: Implications for models of visual object processing. *Visual Cognition, 12*, 1409–1443.

Gibbs, R. W. (1994). Figurative thought and language. In M. A. Gernsbacher (Ed.), *The handbook of psycholinguistics* (pp. 447–477). San Diego, CA: Academic Press.

Gibson, J. J. (1966). *The senses considered as perceptual systems.* Boston: Houghton Mifflin.

Gick, M. L., & Holyoak, K. J. (1980). Analogical problem solving. *Cognitive Psychology, 12*, 306–355.

Gigerenzer, G. (1994). Why the distinction between single-event probabilities and frequencies is important for psychology (and vice versa). In G. Wright & P. Ayton (Eds.), *Subjective probability* (pp. 129–161). New York: Wiley.

Gigerenzer, G., Todd, P. M., & the ABC Research Group. (1999). *Simple heuristics that make us smart.* New York: Oxford University Press.

Gilbert, D. T., & Wilson, T. D. (2000). Miswanting: Some problems in the forecasting of human affective states. In J. Forgas (Ed.), *Feeling and thinking: The role of affect in social cognition* (pp. 178–198). New York: Cambridge University Press.

Gilovich, T., Griffin, D., & Kahneman, D. (2002). *Heuristics and biases: The psychology of intuitive judgment.* New York: Cambridge University Press.

Gladwell, M. (2002, August 5). The naked face. *The New Yorker*, pp. 38–49.

Glenberg, A. M. (1997). What memory is for. *Behavioral and Brain Sciences, 20*, 1–55.

Glenberg, A. M., & Kaschak, M. P. (2002). Grounding language in action. *Psychonomic Bulletin & Review, 9*, 558–569.

Glimcher, P. W. (2003). *Decisions, uncertainty, and the brain: The science of neuroeconomics.* Cambridge, MA: The MIT Press.

Godden, D., & Baddeley, A. D. (1975). Context-dependent memory in two natural environments: On land and under water. *British Journal of Psychology, 66*, 325–331.

Goel, V., & Dolan, R. (2000). Anatomical segregation of component processes in an inductive inference task. *Journal of Cognitive Neuroscience, 12*, 110–119.

Goel, V., Gold, B., Kapur, S., & Houle, S. (1998). Neuroanatomical correlates of human reasoning. *Journal of Cognitive Neuroscience, 10*, 293–302.

Goel, V., & Grafman, J. (1995). Are the frontal lobes implicated in "planning" functions? Interpreting data from the Tower of Hanoi. *Neuropsychologia, 33*, 623–642.

Goldenberg, G., & Hagmann, S. (1997). The meaning of meaningless gestures: A study of visuo-motor apraxia. *Neuropsychologia, 35*, 333–341.

Goldenberg, G., Mullbacher, W., & Nowak, A. (1995). Imagery without perception—a case study of anosognosia for cortical blindness. *Neuropsychologia, 33*, 1373–1382.

Golding, E. (1981). The effect of unilateral brain lesion on reasoning. *Cortex, 17*, 3–40.

Goldman, A. I. (2002). Simulation theory and mental concepts. In J. Dokic & J. Proust (Eds.), *Simulation and knowledge of action* (pp. 2–19). Philadelphia: Benjamins Publishing Company.

Goldman-Rakic, P. S. (1987). Circuitry of primate prefrontal cortex and regulation of behavior by representational memory. In F. Plum & V. Mountcastle (Eds.), *Handbook of physiology: The nervous system* (Vol. 5, pp. 373–417). Bethesda, MD: American Physiological Society.

Gollan, T. H., & Acenas, L. R. (2004). What is a TOT? Cognate and translation effects on tip-of-the-tongue states in Spanish–English and Tagalog–English bilinguals. *Journal of Experimental Psychology: Learning, Memory, & Cognition, 30,* 246–269.

Gonsalves, B., & Paller, K. A. (2000). Neural events that underlie remembering something that never happened. *Nature Neuroscience, 3,* 1316–1321.

Gonzalez, R., & Wu, G. (1999). On the shape of the probability weighting function. *Cognitive Psychology, 38,* 129–166.

Goodale, M. A., & Humphrey, G. K. (1998). The objects of action and perception. *Cognition, 67,* 181–207.

Goodale, M. A., & Milner, A. D. (1992). Separate visual pathways for perception and action. *Trends in Neuroscience, 15,* 20–25.

Goodale, M. A., Milner, A. D., Jakobson, L. S., & Carey, D. P. (1990). Kinematic analysis of limb movements in neuropsychological research: Subtle deficits and recovery of function. *Canadian Journal of Psychology, 44,* 180–195.

Goodale, M. A., Milner, A. D., Jakobson, L. S., & Carey, D. P. (1991). A neurological dissociation between perceiving objects and grasping them. *Nature, 349,* 154–156.

Goodglass, H., & Geschwind, N. (1976). Language disorders (aphasia). In E. C. Catarette & M. P. Friedman (Eds.), *Handbook of perception (Vol. 7, pp. 389–428): Language.* New York: Academic Press.

Goodman, N. (1955). *Fact, fiction, and forecast.* Cambridge, MA: Harvard University Press.

Goodman, N. (1976). *Languages of art.* Indianapolis, IN: Hackett.

Goolkasian, P. (1987). Ambiguous figures: Role of context and critical features. *Journal of General Psychology, 114,* 217–228.

Gordon, R. M. (1986). Folk psychology as simulation. *Mind and Language, 1,* 158–171.

Gorman, M. E. (1989). Error, falsification and scientific inference: An experimental investigation. *Quarterly Journal of Experimental Psychology: Human Experimental Psychology, 41A,* 385–412.

Gorman, M. E., Stafford, A., & Gorman, M. E. (1987). Disconfirmation and dual hypotheses on a more difficult version of Wasonís 2–4–6 task. *Quarterly Journal of Experimental Psychology, 39A,* 1–28.

Gould, S. J. (1991). *Bully for brontosaurus: Reflections in natural history.* New York: Norton.

Graf, P., Squire, L. R., & Mandler, G. (1984). The information that amnesic patients do not forget. *Journal of Experimental Psychology: Learning, Memory, and Cognition, 10,* 164–178.

Grafen, A. (2002). A state-free optimization model for sequences of behaviour. *Animal Behaviour, 63,* 183–191.

Grafton, S. T., Arbib, M. A., Fadiga, L., & Rizzolatti, G. (1996). Localization of grasp representations in humans by positron emission tomography. *Experimental Brain Research, 112,* 103–111.

Grafton, S. T., Hazeltine, E., & Ivry, R. (1995). Functional mapping of sequence learning in normal humans. *Journal of Cognitive Neuroscience, 7,* 497–510.

Gratton, G., & Fabiani, M. (2001a). The event-related optical signal: A new tool for studying brain function. *International Journal of Psychophysiology, 42,* 109–121.

Gratton, G., & Fabiani, M. (2001b). Shedding light on brain function: The event-related optical signal. *Trends in Cognitive Sciences, 5,* 357–363.

Gray, J. R., Chabris, C. F., & Braver, T. S. (2003). Neural mechanisms of general fluid intelligence. *Nature Neuroscience, 6,* 316–322.

Greene, J. D., Sommerville, R. B., Nystrom, L. E., Darley, J. M., & Cohen, J. D. (2001). An fMRI investigation of emotional engagement in moral judgment. *Science, 293,* 2105–2108.

Greeno, J. G. (1978). Natures of problem-solving abilities. In W. K. Estes (Ed.), *Handbook of learning and cognitive processes: Vol. V: Human information* (pp. 239–270). Oxford, UK: Lawrence Erlbaum Associates.

Greenspan, S. L. (1986). Semantic flexibility and referential specificity of concrete nouns. *Journal of Memory and Language, 25,* 539–557.

Greenwald, A. G. (1970). Sensory feedback mechanisms in performance control: With special reference to the ideo-motor mechanism. *Psychological Review, 77,* 73–99.

Gregory, R. L. (1961). The brain as an engineering problem. In W. H. Thorpe & O. L. Zangwill (Eds.), *Current problems in animal behaviour* (pp. 547–565). Cambridge, UK: Cambridge University Press.

Grether, D. M., & Plott, C. R. (1979). Economic theory of choice and the preference reversal phenomenon. *American Economic Review, 69,* 623–638.

Grèzes, J., Costes, N., & Decety, J. (1998). Top-down effect of the perception of human biological motion: A PET investigation. *Cognitive Neuropsychology, 15,* 553–582.

Grèzes, J., Costes, N., & Decety, J. (1999). The effect of learning and intention on the neural network involved in the perception of meaningless actions. *Brain, 122,* 1875–1887.

Grèzes, J., & Decety, J. (2001). Functional anatomy of execution, mental simulation, observation, and verb generation of actions: A meta-analysis. *Human Brain Mapping, 12,* 1–19.

Grèzes, J., Fonlupt, P., Bertenthal, B., Delon, C., Segebarth, C., & Decety, J. (2001). Does perception of biological motion rely on specific brain regions? *Neuroimage, 13,* 775– 785.

Grèzes, J., Frith, C. D., & Passingham, R. E. (2004). Inferring false beliefs from the actions of oneself and others: An fMRI study. *Neuroimage, 21,* 744–750.

Griggs, R. A., & Cox, J. R. (1982). The elusive thematic-materials effect in Wasonís selection task. *British Journal of Psychology, 73,* 407–420.

Grosjean, F. (1985). The recognition of words after their acoustic offset: Evidence and implications. *Perception and Psychophysics, 38,* 299–310.

Grosof, D. H., Shapley, R. M., & Hawken, M. J. (1993). Macaque V1 neurons can signal "illusory" contours. *Nature, 365,* 550–552.

Gross, J. J. (1998). Antecedent and response focused emotion regulation: Divergent consequences for experience, expression and physiology. *Journal of Personality and Social Psychology, 74,* 224–237.

Gross, J. J. (2002). Emotion regulation: Affective, cognitive, and social consequences. *Psychophysiology, 39,* 281–291.

Grossberg, S. (1980). How does the brain build a cognitive code? *Psychological Review, 87,* 1–51.

Grossberg, S., & Gutowski, W. E. (1987). Neural dynamics of decision making under risk: Affective balance and cognitive-emotional interactions. *Psychological Review, 94,* 300–318.

Grossman, E. E., & Blake, R. (2001). Brain activity evoked by inverted and imagined biological motion. *Vision Research, 41,* 1475–1482.

Grossman, M., Smith, E. E., Koenig, P., Glosser, G., DeVita, L., Moore, P., et al. (2002). The neural basis for categorization in semantic memory. *Neuroimage, 17,* 1549–1561.

Grossman, M., Smith, E. E., Koenig, P., Glosser, G., Rhee, J., & Dennis, K. (2003). Categorization of object descriptions in Alzheimer's disease and frontotemporal dementia: Limitation in rule-based processing. *Cognitive, Affective, & Behavioral Neuroscience, 3,* 120–132.

Guajardo, J. J., & Woodward, A. L. (2004). Is agency skin-deep? Surface attributes influence infants' sensitivity to goal-directed action. *Infancy, 6,* 361–384.

Guildford, J. P., & Dallenbach, K. M. (1925). The determination of memory span by the method of constant stimuli. *Journal of Psychology, 36,* 621–628.

Gyllensten, L., Malmfors, T., & Norrlin, M. L. (1966). Growth alteration in the auditory cortex of visually deprived mice. *Journal of Comparative Neurology, 126,* 463–469.

Haggard, P. (2005). Conscious intention and motor cognition. *Trends in Cognitive Sciences, 9,* 290–295.

Hall, J., Parkinson, J. A., Connor, T. M., Dickinson, A., & Everitt, B. J. (2001). Involvement of the central nucleus of the amygdala and nucleus accumbens core in mediating Pavlovian influences on instrumental behaviour. *European Journal of Neuroscience, 13,* 1984–1992.

Halpern, A. R. (2001). Cerebral substrates of musical imagery. *Annals of the New York Academy of Sciences, 930,* 179–192.

Hamann, S. B., Ely, T. D., Grafton, S. T., & Kilts, C. D. (1999). Amygdala activity related to enhanced memory for pleasant and aversive stimuli. *Nature Neuroscience, 2,* 289–293.

Hamm, A. O., Weike, A. I., Schupp, H. T., Trieg, T., Dressel, A., & Kessler, C. (2003). Affective blindsight: Intact fear conditioning to a visual cue in a cortically blind patient. *Brain, 126,* 267–275.

Hammond, K. R. (1996). *Human judgment and social policy: Irreducible uncertainty, inevitable error, unavoidable injustice.* New York: Oxford University Press.

Hampton, J. A. (1979). Polymorphous concepts in semantic memory. *Journal of Verbal Learning and Verbal Behavior, 18,* 441–461.

Hanley, J. R., Young, A. W., & Pearson, N. A. (1991). Impairment of the visuo-spatial sketch pad. *Quarterly Journal of Experimental Psychology, 43A,* 101–125.

Hansen, C. H., & Hansen, R. D. (1988). Finding the face in the crowd: An anger superiority effect. *Journal of Personality and Social Psychology, 54*, 917–924.

Hari, R., Forss, N., Avikainen, S., Kirveskari, E., Salenius, S., & Rizzolatti, G. (1998). Activation of human primary motor cortex during action observation: A neuromagnetic study. *Proceedings National Academy of Science, USA, 95*, 15061–15065.

Harman, G. (1996). Rationality. In E. E. Smith & D. N. Osherson (Eds.), *An invitation to cognitive science: Thinking* (Vol. 3, pp. 175–211). Cambridge, MA: The MIT Press.

Harnad, S. (1990). The symbol grounding problem. *Physica D, 42*, 335–346.

Harris, P. L. (1989). *Children and emotion*. Oxford: Blackwell Publishers.

Hasher, L., & Zacks, R. T. (1979). Automatic and effortful processes in memory. *Journal of Experimental Psychology: General, 108*, 356–388.

Hastie, R., & Pennington, N. (2000). Explanation-based decision making. In T. Connolly, H. R. Arkes, & K. R. Hammond (Eds.), *Judgment and decision making: An interdisciplinary reader* (pp. 212–228). New York: Cambridge University Press.

Haugeland, J. (1991). Representational genera. In W. Ramsey, S. P. Stitch, & D. E. Rumelhart (Eds.), *Philosophy and connectionist theory* (pp. 61–89). Hillsdale, NJ: Lawrence Erlbaum Associates.

Hauser, M. D. (1996). *The evolution of communication*. Cambridge, MA: The MIT Press.

Hauser, M. D., Chomsky, N., & Fitch, W. T. (2002). The faculty of language: What is it, who has it, and how did it evolve? *Science, 298*, 1569–1579.

Haxby, J. V., Gobbini, M. I., Furey, M. L., Ishai, A., Schouten, J. L., & Pietrini P. (2001). Distributed and overlapping representations of faces and objects in ventral temporal cortex. *Science, 293*, 2425–2430.

Heal, J. (1998). Co-cognition and off-line simulation: Two ways of understanding the simulation approach. *Mind and Language, 13*, 477–498.

Hebb, D. O. (1949). *The organization of behavior*. New York: Wiley.

Hebb, D. O., & Pennfield, W. (1940). Human behavior after extensive bilateral removals from the frontal lobes. *Archives of Neurology and Psychiatry, 4*, 421–438.

Hecht, H., Vogt, S., & Prinz, W. (2001). Motor learning enhances perceptual judgement: A case for action-perception transfer. *Psychological Research, 65*, 3–14.

Heider, F., & Simmel, M. (1944). An experimental study of apparent behavior. *American Journal of Psychology, 57*, 243–259.

Heit, E. (2000). Properties of inductive reasoning. *Psychonomic Bulletin & Review, 7*, 569–592.

Hellige, J. B. (1993). *Hemispheric asymmetry: What's right and what's left*. Cambridge, MA: Harvard University Press.

Henderson, J. M., & Hollingworth, A. (2003). Eye movements and visual memory: Detecting changes to saccade targets in scenes. *Perception and Psychophysics, 65*, 58–71.

Hernandez-Garcia, L., Wager, T. D., & Jonides, J. (2003). Functional brain imaging. In J. Wixted & H. Pashler (Eds.), *Stevens handbook of experimental psychology, Vol. 4: Methodology in experimental psychology* (3rd ed., pp. 175–221). New York: Wiley.

Herrnstein, R. J. (1990). Behavior, reinforcement and utility. *Psychological Science, 1*, 217–224.

Hesse, M. B. (1963). *Models and analogies in science*. London: Sheed and Ward.

Hesslow, G. (2002). Conscious thought as simulation of behaviour and perception. *Trends in Cognitive Sciences, 6*, 242–247.

Heuer, F., & Reisberg, D. (1992). Emotion, arousal, and memory for detail. In S. Christianson (Ed.), *The handbook of emotion and memory* (pp. 151–164). Hillsdale, NJ: Lawrence Erlbaum Associates.

Higuchi, S. I., & Miyashita, Y. (1996). Formation of mnemonic neuronal responses to visual paired associates in inferotemporal cortex is impaired by perirhinal and entorhinal lesions. *Proceedings of the National Academy of Sciences USA, 93*, 739–743.

Hilgetag, C. C., Thâeoret, H., & Pascual-Leone, A. (2001). Enhanced visual spatial attention ipsilateral to rTMS-induced "virtual lesions" of human parietal cortex. *Nature Neuroscience, 4*, 953–957.

Hinson, J. M., Jameson, T. L., & Whitney, P. (2002). Somatic markers, working memory, and decision making. *Cognitive, Affective, & Behavioral Neuroscience, 2*, 341–353.

Hintzman, D. L. (1986). "Schema abstraction" in a multiple-trace memory model. *Psychological Review, 93*, 411–428.

Hintzman, D. L., & Curran, T. (1994). Retrieval dynamics of recognition and frequency judgments: Evidence for separate processes of familiarity and recall. *Journal of Memory and Language, 33,* 1–18.

Hobson, R. P. (1989). On sharing experiences. *Development and Psychopathology, 1,* 197–203.

Hobson, R. P., & Lee, A. (1999). Imitation and identification in autism. *Journal of Child Psychology and Psychiatry, 10,* 649–659.

Hochberg, J. (1998). Gestalt theory and its legacy: Organization in eye and brain, in attention and mental representation. In J. Hochberg (Ed.), *Perception and cognition at century's end: Handbook of perception and cognition* (2nd ed., pp. 253–306). San Diego, CA: Academic Press.

Hockett, C. F. (1959). Animal "languages" and human language. *Human Biology, 31,* 32–39.

Hockett, C. F. (1960). The origin of speech. *Scientific American, 203,* 88–96.

Hockett, C. F. (1966). The problem of universals in language. In J. H. Greenberg (Ed.), *Universals of language* (2nd ed., pp. 1–29). Cambridge, MA: The MIT Press.

Hoffman, J. E., & Nelson, B. (1981). Spatial selectivity in visual search. *Perception and Psychophysics, 30,* 283–290.

Hoffman, J., & Subramaniam, B. (1995). The role of visual attention in saccadic eye movements. *Perception and Psychophysics, 57,* 787–795.

Holdstock, J. S., Mayes, A. R., Roberts, N., Cezayirli, E., Isaac, C. L., O'Reilly, R. C., et al. (2002). Under what conditions is recognition spared relative to recall after selective hippocampal damage in humans? *Hippocampus, 12,* 341–351.

Hollingworth, A., & Henderson, J. M. (1998). Does consistent scene context facilitate object perception? *Journal of Experimental Psychology: General, 127,* 398–415.

Holyoak, K. J., & Thagard, P. (1989). Analogical mapping by constraint satisfaction. *Cognitive Science, 13,* 295–355.

Holyoak, K. J., & Thagard, P. (1995). *Mental leaps.* Cambridge, MA: The MIT Press.

Howard, R. J. (1996). A direct demonstration of functional specialization within motion-related visual and auditory cortex of the human brain. *Current Biology, 6,* 1015–1019.

Hubel, D. H., & Wiesel, T. N. (1959). Receptive fields of single neurons in the cat's striate cortex. *Journal of Physiology, 148,* 574–591.

Hugdahl, K., & Ohman, A. (1977). Effects of instruction on the acquisition and extinction of electrodermal responses to fear-relevant stimuli. *Journal of Experimental Psychology: Human Learning and Memory, 3,* 608–618.

Hume, D. (1739). *A treatise of human nature* (L. A. Selby-Bigge, Ed.). Oxford: Clarendon Press.

Hummel, J. E., & Biederman, I. (1992). Dynamic binding in a neural network for shape recognition. *Psychological Review, 99,* 480–517.

Hummel, J. E., & Holyoak, K. J. (1997). Distributed representations of structure: A theory of analogical access and mapping. *Psychological Review, 104,* 427–466.

Hummel, J. E., & Holyoak, K. J. (2003). A symbolic-connectionist theory of relational inference and generalization. *Psychological Review, 110,* 220–264.

Humphreys, G. W., & Forde, E. M. E. (2001). Hierarchies, similarity, and interactivity in object recognition: "Category-specific" neuropsychological deficits. *Behavioral & Brain Sciences, 24,* 453–509.

Humphreys, G. W., & Riddoch, M. J. (1987). To see but not to see: A case study of visual agnosia. London: Lawrence Erlbaum Associates.

Humphreys, G. W., & Riddoch, M. J. (1993). Interactions between space and object systems revealed through neuropsychology. In D. Meyer & S. Kornblum (Eds.), *Attention and performance XIV* (pp. 143–162). Cambridge, MA: The MIT Press.

Husain, M., Shapiro, K., Martin, J., & Kennard, C. (1997). Abnormal temporal dynamics of visual attention in spatial neglect patients. *Nature, 385,* 154–156.

Huttenlocher, P. R. (1990). Morphometric study of human cerebral cortex development. *Neuropsychologia, 28,* 517–527.

Huttenlocher, P. R. (1993). Morphometric study of human cerebral cortex development. In M. H. Johnson (Ed.), *Brain development and cognition* (pp. 112–124). Oxford: Basil Blackwell Ltd.

Huttenlocher, P. R. (2002). *Neural plasticity: The effects of environment on the development of the cerebral cortex.* Cambridge, MA: Harvard University Press.

Hyde, T. S., & Jenkins, J. J. (1969). Differential effects of incidental tasks on the organization of recall of a list of highly associated words. *Journal of Experimental Psychology, 82,* 472–481.

Hyman, I. E., Husband, T. H., & Billings, F. J. (1995). False memories of childhood experiences. *Applied Cognitive Psychology, 9,* 181–197.

Hyman, I. E., Jr., & Pentland, J. (1996). The role of mental imagery in the creation of false childhood memories. *Journal of Memory and Language, 35,* 101–117.

Intraub, H. (1980). Presentation rate and the representation of briefly glimpsed pictures in memory. *Journal of Experimental Psychology: Human Learning and Memory, 6,* 1–12.

Irwin, D. (1993). Perceiving an integrated visual world. In D. E. Meyer & S. Kornblum (Eds.), *Attention and performance XIV.* Cambridge, MA: The MIT Press.

Iversen, S. D., & Mishkin, M. (1970). Perseverative inference in monkeys following selective lesions of the inferior prefrontal convexity. *Experimental Brain Research, 11,* 376–386.

Jackson, P. L., Lafleur, M. F., Malouin, F., Richards, C., & Doyon, J. (2001). Potential role of mental practice using motor imagery in neurological rehabilitation. *Archives of Physical Medicine and Rehabilitation, 82,* 1133–1141.

Jacob, P., & Jeannerod, M. (2005). The motor theory of social cognition: A critique. *Trends in Cognitive Sciences, 9,* 21–25.

Jacobs, R. A. (1999). Computational studies of the development of functionally specialized neural modules. *Trends in Cognitive Sciences, 3,* 31–38.

Jacoby, L. L., & Dallas, M. (1981). On the relationship between autobiographical memory and perceptual learning. *Journal of Experimental Psychology: General, 110,* 306–340.

Jacoby, L. L., & Kelley, C. M. (1991). Unconscious influences of memory: Dissociations and automaticity. In D. Milner & M. Rugg (Eds.), *Consciousness and cognition: Neuropsychological perspectives* (pp. 201–234). New York: Academic Press.

James, W. (1890). *Principles of psychology.* New York: Holt, Rinehart and Winston.

Janowsky, J. S., Shimamura, A. P., & Squire, L. R. (1989). Source memory impairment in patients with frontal lobe lesions. *Neuropsychologia, 27,* 1043–1056.

Jared, D., & Seidenberg, M. S. (1991). Does word identification proceed from spelling to sound to meaning? *Journal of Experimental Psychology: General, 120,* 358–394.

Jarmasz, J., Herdman, C. M., & Johannsdottir, K. R. (2005). Object-based attention and cognitive tunneling. *Journal of Experimental Psychology: Applied, 11,* 3–12.

Jeannerod, M. (1995). Mental imagery in the motor context. *Neuropsychologia, 33,* 1419–1432.

Jeannerod, M. (1997). *The cognitive neuroscience of action.* Cambridge, MA: Blackwell Press.

Jenkins, W. M., Merzenich, M. M., Ochs, M. T., Allard, T. T., & Guic-Robles, E. (1990). Functional reorganization of primary somatosensory cortex in adult owl monkeys after behaviorally controlled tactile stimulation. *Journal of Neurophysiology, 63,* 82–104.

Jha, A. P., & McCarthy, G. (2000). The influence of memory load on delay-interval in a working-memory task: An event-related functional MRI study. *Journal of Cognitive Neuroscience, 12,* 90–105.

Jiang, Y., Haxby, J. V., Martin, A., Ungerleider, L. G., & Parasuraman, R. (2000). Complementary neural mechanisms for tracking items in human working memory. *Science, 287,* 643–646.

Johansson, G. (1973). Visual perception of biological motion and a model for its analysis *Perception and Psychophysics, 14,* 201–211.

Johansson, G. (1975). Visual motion perception. *Scientific American, 232,* 76–88.

Johnson, J., & Newport, E. (1989). Critical period effects in second language learning: The influence of maturational state on the acquisition of English as a second language. *Cognitive Psychology, 21,* 60–99.

Johnson, K. E., & Mervis, C. B. (1997). Effects of varying levels of expertise on the basic level of categorization. *Journal of Experimental Psychology: General, 126,* 248–277.

Johnson, M. K., Kim, J. K., & Risse, G. (1985). Do alcoholic Korsakoff's syndrome patients acquire affective reactions? *Journal of Experimental Psychology: Learning, Memory, and Cognition, 11,* 22–36.

Johnson, M. K., Kounios, J., & Nolde, S. F. (1997). Electrophysiological brain activity and memory source monitoring. *NeuroReport, 8,* 1317–1320.

Johnson-Laird, P. N. (1983). *Mental models: Towards a cognitive science of language, inference, and consciousness.* Cambridge, UK: Cambridge University Press.

Johnson-Laird, P. N., & Byrne, R. M. J. (1991). *Deduction*. Hillsdale, NJ: Lawrence Erlbaum Associates.

Johnson-Laird, P. N., Legrenzi, P., Girotto, V., Legrenzi, M. S., & Caverni, J.-P. (1999). Naive probability: A mental model theory of extensional reasoning. *Psychological Review, 106*, 62–88.

Johnson-Laird, P. N., Legrenzi, P., & Legrenzi, M. S. (1972). Reasoning and a sense of reality. *British Journal of Psychology, 63*, 395–400.

Johnson-Laird, P. N., & Steedman, M. (1978). The psychology of syllogisms. *Cognitive Psychology, 10*, 64–99.

Jolicoeur, P., Gluck, M., & Kosslyn, S. M. (1984). Pictures and names: Making the connection. *Cognitive Psychology, 16*, 243–275.

Jonides, J., Badre, D., Curtis, C., Thompson-Schill, S. L., & Smith, E. E. (2002). Mechanisms of conflict resolution in prefrontal cortex. In D. T. Stuss & R. T. Knight (Eds.), *The frontal lobes*. Oxford: Oxford University Press.

Just, M. A., & Carpenter, P. A. (1980). A theory of reading: From eye fixations to comprehension. *Psychological Review, 87*, 329–354.

Just, M. A., & Carpenter, P. A. (1987). *The psychology of reading and language comprehension*. Boston: Allyn & Bacon.

Kahneman, D., Knetsch, J. L., & Thaler, R. H. (1991). The endowment effect, loss aversion, and the status quo bias: Anomalies. *Journal of Economic Perspectives, 5*, 193–206.

Kahneman, D., Slovic, P., & Tversky, A. (1982). *Judgment under uncertainty: Heuristics and biases*. New York: Cambridge University Press.

Kahneman, D., & Tversky, A. (1979). Prospect theory: An analysis of decision under risk. *Econometrica, 47*, 263–291.

Kahneman, D., & Tversky, A. (1982). The psychology of preferences. *Scientific American, 246*, 160–173.

Kandel, S., Orliaguet, J. P., & Boe, L. J. (2000). Detecting anticipatory events in handwriting movements. *Perception, 29*, 953–964.

Kane, M. J., & Engle, R. W. (2002). The role of prefrontal cortex in working-memory capacity, executive attention and general fluid intelligence: An individual-differences perspective. *Psychonomic Bulletin and Review, 9*, 637–671.

Kanizsa, G. (1979). *Organization of vision*. New York: Praeger.

Kanwisher, N. (1987). Repetition blindness: Type recognition without token individuation. *Cognition, 27*, 117–143.

Kanwisher, N. (1991). Repetition blindness and illusory conjunctions: Errors in binding visual types with visual tokens. *Journal of Experimental Psychology: Human Perception and Performance, 17*, 404–421.

Kanwisher, N., McDermott, J., & Chun, M. M. (1997a).The fusiform face area: A module in human extrastriate cortex specialized for face perception. *Journal of Neuroscience, 17*, 4302–4311.

Kanwisher, N., Yin, C., & Wojciulik, E. (1997b).Repetition blindness for pictures: Evidence for the rapid computation of abstract visual descriptions. In V. Coltheart (Ed.), *Cognition of brief visual stimuli* (pp. 119–150). Cambridge, MA: The MIT Press.

Kapadia, M. K., Westheimer, G., & Gilbert, C. D. (2000). Spatial distribution of contextual interactions in primary visual cortex and in visual perception. *Journal of Neurophysiology, 84*, 2048–2062.

Kapp, B. S., Supple, W. F., & Whalen, P. J. (1994). Stimulation of the amygdaloid central nucleus produces EEG arousal. *Behavioral Neuroscience, 108*, 81–93.

Kapp, B. S., Wilson, A., Pascoe, J. P., Supple, W., & Whalen, P. J. (1990). A neuroanatomical systems analysis of conditioned bradycardia in the rabbit. In M. Gabriel & J. Moore (Eds.), *Learning and computational neuroscience: Foundations of adaptive networks* (pp. 53–90). Cambridge, MA: The MIT Press.

Kapur, S., Craik, F. I. M., Tulving, E., Wilson, A. A., Houle, S., & Brown, G. M. (1994). Neuroanatomical correlates of encoding in episodic memory: Levels of processing effect. *Proceedings of the National Academy of Sciences USA, 91*, 2008–2011.

Kastner, S., De Weerd, P., Desimone, R., & Ungerleider, L. G. (1998). Mechanisms of directed attention in the human extrastriate cortex as revealed by functional MRI. *Science, 282*, 108–111.

Kawamoto, A. H. (1993). Nonlinear dynamics in the resolution of lexical ambiguity: A parallel distributed processing account. *Journal of Memory and Language, 32*, 474–516.

Kay, J., & Ellis, A. (1987). A cognitive neuropsychological case study of anomia. Implications for psychological models of word retrieval. *Brain, 110*, 613–629.

Keane, M. (1987). On retrieving analogues when solving problems. *Quarterly Journal of Experimental Psychology: Human Experimental Psychology, 39A*, 29–41.

Keenan, J. P., Wheeler, M. A., Gallup, G. G., & Pascual-Leone, A. (2000). Self-recognition and the right prefrontal cortex. *Trends in Cognitive Science, 4*, 338–344.

Keil, F. C. (1979). *Semantic and conceptual development: An ontological perspective.* Cambridge, MA: Harvard University Press.

Kellenbach, M. L., Brett, M., & Patterson, K. (2001). Large, colorful, and noisy? Attribute- and modality-specific activations during retrieval of perceptual attribute knowledge. *Cognitive, Affective, & Behavioral Neuroscience, 1*, 207–221.

Kelley, W. M., Miezin, F. M., McDermott, K. B., Buckner, R. L., Raichle, M. E., Cohen, N. J., et al. (1998). Hemispheric specialization in human dorsal frontal cortex and medial temporal lobe for verbal and nonverbal memory encoding. *Neuron, 20*, 927–936.

Kellman, P. J., & Shipley, T. F. (1991). A theory of visual interpolation in object perception. *Cognitive Psychology, 23*, 141–221.

Kennett, S., Spence, C., & Driver, J. (2002). Visuo-tactile links in covert exogenous spatial attention remap across changes in unseen hand posture. *Perception and Psychophysics, 64*, 1083–1094.

Kenny, A. (1988). *The self.* Milwaukee, WI: Marquette University Press.

Kerzel, D., Bekkering, H., Wohlschlager, A., & Prinz, W. (2000). Launching the effect: Representations of causal movements are influenced by what they lead to. *Quarterly Journal of Experimental Psychology: Human Psychology, 53*, 1163–1185.

Kim, J.-M., & Shadlen, M. N. (1999). Neural correlates of a decision in the dorsolateral prefrontal cortex of the macaque. *Nature Neuroscience, 12*, 176–185.

Kim, K. S., Relkin, N. R., Lee, K. M., & Hirsch, J. (1997). Distinct cortical areas associated with native and second languages. *Nature, 388*, 171–174.

Kimberg, D. Y., D'Esposito, M., & Farah, M. J. (1997). Effects of bromocriptine on human subjects depend on working memory capacity. *NeuroReport, 8*, 381–385.

King, R., Barchas, J. D., & Huberman, B. A. (1984). Chaotic behavior in dopamine neurodynamics. *Proceedings of the National Academy of Science, USA, 81*, 1244–1247.

Kintsch, W. (1998). *Comprehension: A paradigm for cognition.* New York: Cambridge University Press.

Kirkpatrick, L. A., & Hazan, C. (1994). Attachment styles and close relationships: A four year prospective study. *Personal Relationships, 1*, 123–142.

Kirwan, C. B., & Stark, C. E. (2004). Medial temporal lobe activation during encoding and retrieval of novel face-name pairs *Hippocampus, 14*, 919–930.

Klahr, D. (2000). *Exploring science: The cognition and development of discovery processes.* Cambridge, MA: The MIT Press.

Klauer, K., Musch, J., & Naumer, B. (2000). On belief bias in syllogistic reasoning. *Psychological Review, 107*, 852–884.

Klayman, J., & Ha, Y. (1987). Confirmation, disconfirmation, and information in hypothesis testing. *Psychological Review, 94*, 211–228.

Klein, G. S. (1964). Semantic power measured through the interference of words with color-naming. *American Journal of Psychology, 77*, 576–588.

Klein, I., Dubois, J., Mangin, J., Kherif, F., Flandin, G., Poline, J., Denis, M., Kosslyn, S. M., & Le Bihan, D. (2004). Retinotopic organization of visual mental images as revealed by functional magnetic resonance imaging. *Cognitive Brain Research, 22*, 26–31.

Kleinschmidt, A., Buchel, C., Zeki, S., & Frackowiak, R. S. (1998). Human brain activity during spontaneously reversing perception of ambiguous figures. *Proceedings of the Royal Society of London B: Biological Science, 265*, 2427–2433.

Kleinsmith, L. J., & Kaplan, S. (1963). Paired-associate learning as a function of arousal and interpolated interval. *Journal of Experimental Psychology, 65*, 190–193.

Kleist, K. C., & Furedy, J. J. (1969). Appetitive classical autonomic conditioning with subject-selected cool-puff UCS. *Journal of Experimental Psychology, 81*, 598–600.

Kling, A. S., & Brothers, L. A. (1992). The amygdala and social behavior. In J. P. Aggleton (Ed.), *The amygdala: Neurobiological aspects of emotion, memory, and mental dysfunction* (pp. 353–377). New York: Wiley-Liss.

Knez, M., & Smith, V. L. (1987). Hypothetical valuations and preference reversals in the context of asset trading. In A. Roth (Ed.), *Laboratory experimentation in economics: Six points of view* (pp. 131–154). Cambridge, UK: Cambridge University Press.

Knill, D. C., & Richards, W. (1996). *Perception as Bayesian inference*. Cambridge, UK: Cambridge University Press.

Knowlton, B. J., Mangels, J. A., & Squire, L. R. (1996). A neostriatal habit learning system in humans. *Science, 273,* 1399–1402.

Knowlton, B. J., Squire, L. R., & Gluck, M. A. (1994). Probabilistic category learning in amnesia. *Learning and Memory, 1,* 106–120.

Knutson, B., Adams, C. M., Fong, G. W., & Hommer, D. (2001). Anticipation of increasing monetary reward selectively recruits nucleus accumbens. *Journal of Neuroscience, 21,* RC159.

Knutson, B., Westdorp, A., Kaiser, E., & Hommer, D. (2000). fMRI visualization of brain activity during a monetary incentive delay task. *Neuroimage, 12,* 20–27.

Kornblum, S., Hasbroucq, T., & Osman, A. (1990). Dimensional overlap: Cognitive basis for stimulus-response compatibility—a model and taxonomy. *Psychological Review, 97,* 253–270.

Kornblum, S., & Lee, J. W. (1995). Stimulus–response compatibility with relevant and irrelevant stimulus dimensions that do and do not overlap with the response. *Journal of Experimental Psychology, 21,* 855–875.

Koski, L., Iacoboni, M., & Mazziotta, J. C. (2002). Deconstructing apraxia: Understanding disorders of intentional movement after stroke. *Current Opinion in Neurology, 15,* 71–77.

Kosslyn, S. M. (1975). Information representation in visual images. *Cognitive Psychology, 7,* 341–370.

Kosslyn, S. M. (1978). Measuring the visual angle of the mind's eye. *Cognitive Psychology, 10,* 356–389.

Kosslyn, S. M. (1980). *Image and mind*. Cambridge, MA: Harvard University Press.

Kosslyn, S. M. (1994). *Image and brain: The resolution of the imagery debate*. Cambridge, MA: The MIT Press.

Kosslyn, S. M., & Chabris, C. F. (1990). Naming pictures. *Journal of Visual Languages and Computing, 1,* 77–96.

Kosslyn, S. M., Pascual-Leone, A., Felician, O., Camposano, S., Keenan, J. P., Thompson, W. L., et al. (1999). The role of area 17 in visual imagery: Convergent evidence from PET and rTMS. *Science, 284,* 167–170.

Kosslyn, S. M., & Pomerantz, J. R. (1977). Imagery, propositions, and the form of internal representations. *Cognitive Psychology, 9,* 52–76.

Kosslyn, S. M., Shin, L. M., Thompson, W. L., McNally, P. J., Rauch, S. L., Pitman, R. K., et al. (1996). Neural effects of visualizing and perceiving aversive stimuli: A PET investigation. *NeuroReport, 7,* 1569–1576.

Kosslyn, S. M., & Thompson, W. L. (2003). When does visual mental imagery activate early visual cortex? *Psychological Bulletin, 129,* 723–746.

Kosslyn, S. M., Thompson, W. L., & Alpert, N. M. (1997). Neural systems shared by visual imagery and visual perception: A positron emission tomography study. *NeuroImage, 6,* 320–324.

Kosslyn, S. M., Thompson, W. L., & Ganis, G. (2006). *The case for mental imagery*. New York: Oxford University Press.

Kosslyn, S. M., Thompson, W. L., Kim, I. J., & Alpert, N. M. (1995). Topographical representations of mental images in primary visual cortex. *Nature, 378,* 496–498.

Kosslyn, S. M., Thompson, W. L., Wraga, M., & Alpert, N. M. (2001). Imagining rotation by endogenous versus exogenous forces: Distinct neural mechanisms. *NeuroReport, 12,* 2519–2525.

Koutstaal, W., Schacter, D. L., Galluccio, L., & Stofer, K. A. (1999). Reducing gist-based false recognition in older adults: Encoding and retrieval manipulations. *Psychology and Aging, 14,* 220–237.

Koutstaal, W., Vertaellie, M., & Schacter, D. L. (2001). Recognizing identical versus similar categorically related common objects: Further evidence for degraded gist representations in amnesia. *Neuropsychology, 15,* 268–289.

Kozlowski, L. T., & Cutting, J. E. (1977). Recognizing the sex of a walker from point-lights display. *Perception and Psychophysics, 21,* 575–580.

Krakauer, J., & Ghez, C. (2000). Voluntary movement. In E. Kandel, J. H. Schwartz, & T. M. Jessel (Eds.), *Principles of neural science* (pp. 756–781). New York: McGraw-Hill.

Krauss, R. M., & Fussell, S. R. (1991). Perspective-taking in communication: Representations of others' knowledge in reference. *Social Cognition, 9,* 2–24.

Krawczyk, D. C. (2002). Contributions of the prefrontal cortex to the neural basis of human decision making. *Neuroscience and Biobehavioral Reviews, 26,* 631–664.

Krebs, J. R., & Davies, N. B. (1997). *Behavioural ecology: An evolutionary approach.* Malden, MA: Blackwell Science.

Krebs, J. R., & Kacelnik, A. (1991). Decision making. In J. R. Krebs & N. B. Davies (Eds.), *Behavioral ecology: An evolutionary approach* (pp. 105–136). Oxford: Blackwell Scientific Press.

Kroger, J. K., Sabb, F. W., Fales, C. L., Bookheimer, S. Y., Cohen, M. S., & Holyoak, K. J. (2002). Recruitment of anterior dorsolateral prefrontal cortex in human reasoning: A parametric study of relational complexity. *Cerebral Cortex, 12,* 477–485.

Kubovy, M., Holcombe, A. O., & Wagemans, J. (1998). On the lawfulness of grouping by proximity. *Cognitive Psychology, 35,* 71–98.

Kubovy, M., & Wagemans, J. (1995). Grouping by proximity and multistability in dot lattices: A quantitative gestalt theory. *Psychological Science, 6,* 225–234.

Kulkarni, D., & Simon, H. A. (1988). The processes of scientific discovery: The strategy of experimentation. *Cognitive Science, 12,* 139–176.

Külpe, O. (1895). *Outlines of psychology* (trans. by E. B. Titchener). New York: Macmillan and Company.

Kyllonen, P. C., & Christal, R. E. (1990). Reasoning ability is (little more than) working memory capacity? *Intelligence, 14,* 389–433.

Labar, K. S., Ledoux, J. E., Spencer, D. D., & Phelps, E. A. (1995). Impaired fear conditioning following unilateral temporal lobectomy in humans. *Journal of Neuroscience, 15,* 6846–6855.

LaBar, K. S., & Phelps, E. A. (1998). Role of the human amygdala in arousal mediated memory consolidation. *Psychological Science, 9,* 490–493.

Laeng, B., Chabris, C. F., & Kosslyn, S. M. (2002). Asymmetries in encoding spatial relations. In R. J. Davidson & K. Hugdahl (Eds.), *Brain asymmetry* (2nd edition). Cambridge, MA: The MIT Press.

Laeng, B., Shah, J., & Kosslyn, S. M. (1999). Identifying objects in conventional and contorted poses: Contributions of hemisphere-specific mechanisms. *Cognition, 70,* 53–85.

Lakoff, G. (1987). *Women, fire, and dangerous things: What categories reveal about the mind.* Chicago: University of Chicago Press.

Lamberts, K. (1998). The time course of categorization. *Journal of Experimental Psychology: Learning, Memory, and Cognition, 24,* 695–711.

Land, E. H., & McCann, J. J. (1971). Lightness and retinex theory. *Journal of the Optical Society of America, 61,* 1–11.

Lang, P. J., Bradley, M. M., & Cuthbert, B. N. (1990). Emotion, attention and the startle reflex. *Psychological Review, 97,* 377–395.

Lang, P. J., Bradley, M. M., & Cuthbert, B. N. (1992). A motivational analysis of emotion: Reflex-cortex connections. *Psychological Science, 3,* 44–49.

Lang, P. J., Bradley, M. M., & Cuthbert, B. N. (2005). International affective picture system (IAPS): Digitized photographs, instruction manual and affective ratings (Technical Report A-6). Gainesville: University of Florida.

Lang, W., Petit, L., Höllinger, P., Pietrzyk, U., Tzourio, N., Mazoyer, B., & Berthoz, A. (1994). A positron emission tomography study of oculomotor imagery. *NeuroReport, 5,* 921–924.

Lavenex, P., & Amaral, D. G. (2000). Hippocampal–neocortical interaction: A hierarchy of associativity. *Hippocampus, 10,* 420–430.

Lavie, N. (1995). Perceptual load as a necessary condition for selective attention. *Journal of Experimental Psychology: Human Perception and Performance, 21,* 451–468.

Lawrence, A. D., Clader, A. J., McGowan, S. W., & Grasby, M. (2002). Selective disruption of the recognition of facial expressions of anger. *NeuroReport, 13,* 881–884.

Lazarus, R. S. (1981). A cognitivist's reply to Zajonc on emotion and cognition. *American Psychologist, 36,* 222–223.

Lazarus, R. S. (1984). On the primacy of cognition. *American Psychologist, 39,* 124–129.

Lazarus, R. S. (1966). *Psychological stress and the coping process.* New York: McGraw-Hill.

Le, T. H., Pardo, J. V., & Hu, X. (1998). 4T-fMRI study of nonspatial shifting of selecting attention: cerebellar and parietal contributions. *Journal of Physiology, 79*, 1525–1548.

LeVay, S., Wiesel, T. N., & Hubel, D. H. (1980). The development of ocular dominance columns in normal and visually deprived monkeys. *Journal of Comparative Neurology, 191*, 1–51.

Ledoux, J. E. (1991). Emotion and the limbic system concept. *Concepts in Neuroscience 2*, 169–199.

Ledoux, J. E. (1992). Emotion and the amygdala. In J. P. Aggleton (Ed.), *The amygdala: Neurobiological aspects of emotion, memory, and mental dysfunction* (pp. 339–351). New York: Wiley-Liss.

LeDoux, J. E., Iwata, J., Chicchetti, P., & Reis, D. J. (1988). Different projections of the central amygdaloid nucleus mediate autonomic and behavioral correlates of conditioned fear. *Journal of Neuroscience, 8*, 2517–2529.

Legerstee, M. (1991). The role of person and object in eliciting early imitation. *Journal of Experimental Child Psychology, 51*, 423–433.

Lehrer, K. (1990). *Theory of knowledge.* Boulder, CO: Westview.

Leland, J. W., & Grafman, J. (2005). Experimental tests of the Somatic Marker Hypothesis. *Games and Economic Behavior, 52*, 386–409.

Leopold, D. A., & Logothetis, N. K. (1996). Activity changes in early visual cortex reflect monkeys' percepts during binocular rivalry. *Nature, 379*, 549–553.

Leopold, D. A., O'Toole, A. J., Vetter, T., & Blanz, V. (2001). Prototype-referenced shape encoding revealed by high-level aftereffects. *Nature Neuroscience, 4*, 89–94.

Lettvin, J. Y., Maturana, H. R., McCulloch, W. S., & Pitts, W. H. (1959). What the frog's eye tells the frog's brain. *Proceedings of the Institute of Radio Engineers, 47*, 1940–1951.

Levelt, W. J. M. (1965). *On binocular rivalry.* PhD thesis. Soesterberg, The Netherlands: Institute for Perception RVO-TNO.

Levelt, W. J. M. (1989). *Speaking: From intention to articulation.* Cambridge, MA: The MIT Press.

Leven, S. J., & Levine, D. S. (1996). Multiattribute decision making in context: A dynamic neural network methodology. *Cognitive Science, 20*, 271–299.

Lewandowsky, S., Duncan, M., & Brown, G. D. (2004). Time does not cause forgetting in short-term serial recall. *Psychon Bull Rev, 11*, 771–790.

Lezak, M. D. (1983). *Neuropsychological assessment* (2nd ed.). New York: Oxford University Press.

Lichtenstein, S., & Slovic, P. (1971). Reversals of preference between bids and choices in gambling decisions. *Journal of Experimental Psychology, 89*, 46–55.

Lichtenstein, S., & Slovic, P. (1973). Response-induced reversals of preference in gambling: An extended replication in Las Vegas. *Journal of Experimental Psychology, 101*, 16–20.

Lichtenstein, S., Slovic, P., Fischhoff, B., Layman, M., & Combs, B. (1978). Judged frequency of lethal events. *Journal of Experimental Psychology: Human Learning and Memory, 4*, 551–578.

Lickliter, R. (2000). The role of sensory stimulation in perinatal development: Insights from comparative research for care of the high-risk infant. *Journal of Developmental & Behavioral Pediatrics, 21*, 437–447.

Lieberman, M. D., Ochsner, K. N., Gilbert, D. T., & Schacter, D. L. (2001). Do amnesiacs exhibit cognitive dissonance reduction? The role explicit memory and attention in attitude change. *Psychological Science, 80*, 294–310.

Lindsay, D. S. (1990). Misleading suggestions can impair eyewitnesses' ability to remember event details. *Journal of Experimental Psychology: Learning, Memory, and Cognition, 16*, 1077–1083.

Lindsay, P. H., & Norman, D. A. (1977). *Human information processing: An introduction to psychology* (2nd ed.). New York: Academic Press.

Lisman, J. E., & Idiart, M. A. P. (1995). Storage of 7+2 short-term memories in oscillatory subcycles. *Science, 267*, 1512–1515.

Liu, T., Slotnick, S. D., Serences, J. T., & Yantis, S. (2003). Cortical mechanisms of feature-based attentional control. *Cerebral Cortex, 13*, 1334–1343.

Livingstone, M. S., & Hubel, D. H. (1984). Anatomy and physiology of a color system in the primate visual cortex. *Journal of Neuroscience, 4*, 309–356.

Loewenstein, G. (1996). Out of control: Visceral influences on behavior. *Organizational Behavior and Human Decision Processes, 65*, 272–292.

Loewenstein, G., & Lerner, J. S. (2003). The role of affect in decision making. In R. J. Davidson, K. R. Scherer, & H. H. Goldsmith (Eds.), *Handbook of affective sciences* (pp. 619–642). New York: Oxford University Press.

Loftus, E. F. (2005) A 30-year investigation of the malleability of memory. *Learning and Memory 12*, 361–366.

Loftus, E. F. & Bernstein, D. M. (2005). Rich False Memories. In A. F. Healy (Ed.) Experimental Cognitive Psychology and its Applications. Washington DC: *Amer Psych Assn Press,* 101–113.

Loftus, E. F., Miller, D. G., & Burns, H. J. (1978). Semantic integration of verbal information into a visual memory. *Journal of Experimental Psychology: Human Learning and Memory, 4,* 19–31.

Logan, G. D. (1983). On the ability to inhibit simple thoughts and actions: I. Stop-signal studies of decision and memory. *Journal of Experimental Psychology: Learning, Memory, and Cognition, 9,* 585–606.

Logie, R. H. (1995). *Visuo-spatial working memory.* Hove, UK: Lawrence Erlbaum Associates.

Logothetis, N. K., Pauls, J., & Poggio, T. (1995). Shape representation in the inferior temporal cortex of monkeys. *Current Biology, 5,* 552–563.

Longoni, A. M., Richardson, J. T. E., & Aiello, A. (1993). Articulatory rehearsal and phonological storage in working memory. *Memory and Cognition, 21,* 11–22.

Loomes, G., & Sugden, R. (1982). Regret theory: An alternative theory of rational choice under uncertainty. *Economic Journal, 92,* 805–824.

Luce, P. A., & Pisoni, D. B. (1998). Recognizing spoken words: The neighborhood activation model. *Ear and Hearing, 19,* 1–36.

Luce, R. D. (1986). *Response times: Their role in inferring elementary mental organization.* New York: Oxford University Press.

Luciana, M., Collins, P. F., & Depue, R. A. (1998). Opposing roles for dopamine and serotonin in the modulation of human spatial working memory functions. *Cerebral Cortex, 8,* 218–226.

Luck, S. J., & Hillyard, S. A. (2000). The operation of selective attention at multiple stages of processing: Evidence from human and monkey electrophysiology. In M. S. Gazzaniga (Ed.), *The new cognitive neurosciences* (2nd ed., pp. 687–700). Cambridge, MA: The MIT Press.

Luria, A. R. (1966). *Higher cortical functions in man.* New York: Basic Books.

MacDonald, A. W., Cohen, J. D., Stenger, V. A., & Carter, C. S. (2000). Dissociating the role of the dorsolateral prefrontal and anterior cingulate cortex in cognitive control. *Science, 288,* 1835–1838.

MacDonald, M. C., Pearlmutter, N. J., & Seidenberg, M. S. (1994). The lexical nature of syntactic ambiguity resolution. *Psychological Review, 89,* 483–506.

Mach, E. (1865). Über die Wirkung der raumlichen Vertheilung des Lichtreizes auf die Netzhaut. *I. S.-B. Akad. Wiss. Wein. math.-nat. Kl., 54,* 303–322 (trans. by Ratliff, 1965).

Mack, A., & Rock, I. (1998). *Inattentional blindness.* Cambridge, MA: The MIT Press.

Maia, T. V., & McClelland, J. L. (2004). A reexamination of evidence for the somatic marker hypothesis: What participants really know in the Iowa gambling task. *Proceedings of the National Academy of Sciences USA, 101,* 16075–16080.

Malle, B. F. (1999). How people explain behavior: A new empirical framework. *Personality and Social Psychology Review, 3,* 23–48.

Malloy, P., Bihrle, A., Duffy, J., & Cimino, C. (1993). The orbital frontal syndrome. *Archives of Clinical Neuropsychology, 8,* 185–201.

Malt, B. C. (1995). Category coherence in cross-cultural perspective. *Cognitive Psychology, 29,* 85–148.

Mandler, J. M., & McDonough, L. (1998). Studies in inductive inference in infancy. *Cognitive Psychology, 37,* 60–96.

Mandler, J. M., & McDonough, L. (2000). Advancing downward to the basic level. *Journal of Cognition and Development, 1,* 379–403.

Mangun, G. R., & Hillyard, S. A. (1991). Modulations of sensory-evoked brain potentials indicate changes in perceptual processing during visual-spatial priming. *Journal of Experimental Psychology: Human Perception & Performance, 17,* 1057–1074.

Manns, J. R., Hopkins, R. O., Reed, J. M., Kitchener, E. G., & Squire, L. R. (2003a). Recognition memory and the human hippocampus. *Neuron, 37,* 171–180.

Manns, J. R., Hopkins, R. O., & Squire, L. R. (2003b). Semantic memory and the human hippocampus. *Neuron, 38*, 127–133.

Markman, A. B., & Gentner, D. (2001). Thinking. *Annual Review of Psychology, 52*, 223–247.

Markman, A. B., & Medin, D. L. (1995). Similarity and alignment in choice. *Organizational Behavior & Human Decision Processes, 63*, 117–130.

Markovits, H., & Nantel, G. (1989). The belief–bias effect in the production and evaluation of logical conclusions. *Memory & Cognition, 17*, 11–17.

Markus, G. B. (1986). Stability and change in political attitudes: Observed, recalled, and "explained". *Political Behavior, 8*, 21–44.

Marr, D. (1982). *Vision: A computational investigation into the human representation and processing of visual information.* New York: Freeman.

Marshuetz, C., Smith, E. E., Jonides, J., DeGutis, J., & Chenevert, T. L. (2000). Order information in working memory: fMRI evidence for parietal and prefrontal mechanisms. *Journal of Cognitive Neuroscience, 12*, 130–144.

Marslen-Wilson, W. D. (1984a). Function and process in spoken word-recognition. In H. Bouma & D. Bouwhuis (Eds.), *Attention and performance X: Control of language processes.* Hillsdale, NJ: Lawrence Erlbaum Associates.

Marslen-Wilson, W. D. (1984b). Perceiving speech and perceiving words. In M. P. R. van de Broecke & A. Cohen (Eds.), *Proceedings of the Tenth International Congress of the Phonetic Sciences.* Dordrecht, Holland: Foris.

Marslen-Wilson, W. D., & Warren, P. (1994). Levels of perceptual representation and process in lexical access: Words, phonemes, and features. *Psychological Review, 101*, 653– 675.

Martin, A. (2001). Functional neuroimaging of semantic memory. In R. Cabeza & A. Kingstone (Eds.), *Handbook of functional neuroimaging of cognition* (pp. 153–186). Cambridge, MA: The MIT Press.

Martin, A., & Chao, L. L. (2001). Semantic memory and the brain: Structure and process. *Current Opinion in Neurobiology, 11*, 194–201.

Martin, A., Haxby, J. V., Lalonde, F. M., Wiggs, C. L., & Ungerleider, L. G. (1995). Discrete cortical regions associated with knowledge of color and knowledge of action. *Science, 270*, 102–105.

Martin, A., Ungerleider, L. G., & Haxby, J. V. (2000). Category-specificity and the brain: The sensory-motor model of semantic representations of objects. In M. S. Gazzaniga (Ed.), *The new cognitive neurosciences* (2nd ed., 1023–1036). Cambridge, MA: The MIT Press.

Martin, A., Wiggs, C. L., Ungerleider, L. G., & Haxby, J. V. (1996). Nerual correlates of category-specific knowledge. *Nature, 379*, 649–652.

Martineau, J., & Cochin, S. (2003). Visual perception in children: Human, animal and virtual movement activates different cortical areas. *International Journal of Psychophysiology, 51*, 37–44.

Massaro, D. W., & Stork, D. G. (1998). Sensory integration and speechreading by humans and machines. *American Scientist, 86*, 236–244.

Mattay, V. S., Goldberg, T. E., Fera, F., Hariri, A. R., Tessitore, A., Egan, M. F., et al. (2003). COMT genotype and individual variation in the brain response to amphetamine. *Proceedings of the National Academy of Sciences USA, 100*, 6186–6191.

McCarthy, G., Puce, A., Gore, J. C., & Allison, T. (1997). Face-specific processing in the human fusiform gyrus. *Journal of Cognitive Neuroscience, 9*, 605–610.

McClelland, J. L., McNaughton, B. L., & O'Reilly, R. C. (1995). Why there are complementary learning systems in the hippocampus and neocortex: Insights from the successes and failures of connectionist models of learning and memory. *Psychological Review, 102*, 419–457.

McClelland, J. L., & Rumelhart, D. E. (1981). An interactive activation model of context effects in letter perception: Part 1. An account of basic findings. *Psychological Review, 88*, 375–407.

McClelland, J. L., Rumelhart, D. E., & the PDP Research Group. (1986). *Parallel distributed processing: Explorations in the microstructure of cognition: Vol. 2. Psychological and biological models.* Cambridge, MA: The MIT Press.

McCloskey, M., & Zaragoza, M. (1985). Misleading postevent information and memory for events: Arguments and evidence against memory impairment hypothesis. *Journal of Experimental Psychology: General, 114*, 1–16.

McClure, S. M., Laibson, D. I., Loewenstein, G., & Cohen, J. D. (2005a). Separate neural systems value immediate and delayed monetary rewards. *Science, 306*, 503–507.

McClure, S. M., Li, J., Tomlin, D., Cypert, K. S., Montague, L. M., & Montague, P. R. (2005b). Neural correlates of behavioral preference for culturally familiar drinks. *Neuron, 44*, 379–387.

McElree, B., & Dosher, B. A. (1989). Serial position and set size in short-term memory: The time course of recognition. *Journal of Experimental Psychology: General, 118*, 346–373.

McEwen, B. S., & Sapolsky, R. M. (1995). Stress and cognitive function. *Current Opinion in Neurobiology, 5*, 205–216.

McFarland, C., & Ross, M. (1987). The relation between current impressions and memories of self and dating partners. *Personality and Social Psychology Bulletin, 13*, 228–238.

McGaugh, J. L. (2000). Memory—A century of consolidation. *Science, 287*, 248–251.

McGaugh, J. L., Introini-Collision, I. B., Cahill, L., Munsoo, K., & Liang, K. C. (1992). Involvement of the amygdala in neuromodulatory influences on memory storage. In J. P. Aggleton (Ed.), *The amygdala: Neurobiological aspects of emotion, memory, and mental dysfunction* (pp. 431–451). New York: Wiley-Liss.

McGeogh, J. A. (1942). *The psychology of human learning.* New York: Longmans, Green.

McGeogh, J. A., & McDonald, W. T. (1931). Meaningful relation and retroactive inhibition. *American Journal of Psychology, 43*, 579–588.

McGurk, H., & MacDonald, J. (1976). Hearing lips and seeing voices. *Nature, 264*, 746–748.

McNeil, B. J., Pauker, S. G., Sox, H. C., & Tversky, A. (1982). On the elicitation of preferences for alternative therapies. *New England Journal of Medicine, 306*, 1259–1262.

McQueen, J. M. (1998). Segmentation of continuous speech using phonotactics. *Journal of Memory and Language, 39*, 21–46.

Meadows, J. C. (1974). The anatomical basis of prosopagnosia. *Journal of Neurology, Neurosurgery and Psychiatry, 37*, 489–501.

Medin, D. L., & Schaffer, M. (1978). A context theory of classification learning. *Psychological Review, 85*, 207–238.

Mehra, R., & Prescott, E. C. (1985). The equity premium: A puzzle. *Journal of Monetary Economics, 15*, 145–161.

Mellers, B. A. (2000). Choice and the relative pleasure of consequences. *Psychological Bulletin, 126*, 910–924.

Melton, A. W., & Irwin, J. M. (1940). The influence of degree of interpolated learning on retroactive inhibition and the overt transfer of specific responses. *American Journal of Psychology, 53*, 173–203.

Meltzoff, A. N. (1995). Understanding the intentions of others: Re-enactment of intended acts by 18-month-old children. *Developmental Psychology, 31*, 838–850.

Meltzoff, A. N., & Gopnik, A. (1993). The role of imitation in understanding persons and developing a theory of mind. In S. Baron-Cohen, H. Tage-Flushberg, & D. J. Cohen (Eds.), *Understanding other minds* (pp. 9–35). Cambridge, UK: Cambridge University Press.

Meltzoff, A. N., & Moore, M. K. (1977). Imitation of facial and manual gestures by human neonates. *Science, 198*, 75–78.

Meltzoff, A. N., & Moore, M. K. (1995). Infants' understanding of people and things: From body imitation to folk psychology. In J. Bermúdez, A. J. Marcel, & N. Eilan (Eds.), *Body and the self* (pp. 43–69). Cambridge, MA: The MIT Press.

Mervis, C. B., & Pani, J. R. (1980). Acquisition of basic object categories. *Cognitive Psychology, 12*, 496–522.

Merzenich, M. M., & Kaas, J. H. (1982). Reorganization of mammalian somatosensory cortex following peripheral nerve injury. *Trends in Neurosciences, 5*, 434–436.

Mesulam, M. M. (1998). From sensation to cognition. *Brain, 121*(Pt 6), 1013–1052.

Metcalfe, J., & Shiamura, A. P. (1994). *Metacognition: Knowing about knowing.* Cambridge, MA: The MIT Press.

Meyer, D. E., Evans, J. E., Lauber, E. J., Rubinstein, J., Gmeindl, L., Junck, L., et al. (1998). *The role of dorsolateral prefrontal cortex for executive cognitive processes in task switching.* Paper presented at the Cognitive Neuroscience Society, San Francisco.

Meyer, D. E., & Kieras, D. E. (1997a). A computational theory of executive cognitive processes and multiple-task performance: Part 1. Basic mechanisms. *Psychological Review, 104,* 3–65.

Meyer, D. E., & Kieras, D. E. (1997b). A computational theory of executive cognitive processes and multiple-task performance: Part 2. Accounts of psychological refractory-period phenomena. *Psychological Review, 104,* 749–791.

Milham, M. P., Banich, M. T., Webb, A., Barad, V., Cohen, N. J., Wszalek, T., et al. (2001). The relative involvement of anterior cingulate and prefrontal cortex in attentional control depends on nature of conflict. *Cognitive Brain Research, 12,* 467–473.

Miller, E. K. (2000). The prefrontal cortex and cognitive control. *Nature Reviews Neuroscience, 1,* 59–65.

Miller, E. K., & Cohen, J. D. (2001). An integrative theory of prefrontal cortex function. *Annual Review of Neuroscience, 21,* 167–202.

Miller, E. K., & Desimone, R. (1994). Parallel neuronal mechanisms for short-term memory. *Science, 263,* 520–522.

Miller, E. K., Erickson, C. A., & Desimone, R. (1996). Neural mechanisms of visual working memory in prefrontal cortex of the macaque. *Journal of Neuroscience, 16,* 5154–5167.

Miller, E. K., Freedman, D. J., & Wallis, J. D. (2002). The prefrontal cortex: Categories, concepts and cognition. *Philosophical Transactions of the Royal Society of London: Biological Sciences, 357,* 1123–1136.

Miller, G. A. (1956). The magical number seven, plus or minus two: Some limits on our capacity for processing information. *Psychological Review, 63,* 81–97.

Mills, B., & Levine, D. S. (2002). A neural theory of choice in the Iowa gambling task. Unpublished paper, University of Texas, Arlington.

Milner, A. D., Perrett, D. I., Johnston, R. S., Benson, P. J., Jordan, T. R., Heeley, D. W., et al. (1991). Perception and action in "visual form agnosia". *Brain, 114*(Pt 1B), 405–428.

Milner, B. (1962). Les troubles de la mémoire accompagnant des lésions hippocampiques bilatérales. In P. Passouant (Ed.), *Physiologie de l'hippocampe* (pp. 257–272). Paris: Centre de la Recherche Scientifique.

Milner, B. (1964). Some effects of frontal lobectomy on man. In J. M. Warren & K. Akerts (Eds.), *The frontal granular cortex and behaviour* (pp. 313–334). New York: McGraw-Hill.

Milner, B. (1966). Amnesia following operation on the temporal lobes. In C. W. M. Whitty & O. L. Zangwill (Eds.), *Amnesia* (pp. 109–133). London: Butterworths.

Milner, B. (1971). Interhemispheric differences in the localization of psychological processes in man. *British Medical Bulletin, 27,* 272–277.

Milner, B. (1972). Disorders of learning and memory after temporal lobe lesions in man. *Clinical Neurosurgery, 19,* 421–446.

Milner, B., Corsi, P., & Leonard, G. (1991). Frontal lobe contribution to recency judgments. *Neuropsychologia, 29,* 601–618.

Mineka, S., Davidson, M., Cook, M., & Keir, R. (1984). Observational conditioning of snake fear in rhesus monkeys. *Journal of Abnormal Psychology, 93,* 355–372.

Minsky, M. (1986). *The society of mind.* New York: Simon and Schuster.

Minsky, M., & Pappert, S. (1969). *Perceptrons.* Cambridge, MA: The MIT Press.

Miyake, A., & Shah, P. (Eds.). (1999). *Models of working memory: Mechanisms of active maintenance and executive control.* New York: Cambridge University Press.

Miyake, A., Friedman, N. P., Emerson, M. J., Witzki, A. H., Howerter, A., & Wager, T. D. (2000). Fractionating the central executive: Evidence for separability of executive functions. *Cognitive Psychology, 41,* 49–100.

Monchi, O., Petrides, M., Petre, V., Worsley, K., & Dagher, A. (2001). Wisconsin card sorting revisited: Distinct neural circuits participating in different stages of the task identified by event-related functional magnetic resonance imaging. *Journal of Neuroscience, 21,* 7733–7741.

Monsell, S. (1978). Recency, immediate recognition memory, and reaction time. *Cognitive Psychology, 10,* 465–501.

Montague, P. R., & Berns, G. S. (2002). Neural economics and biological substrates of valuation. *Neuron, 36,* 265–284.

Moran, J., & Desimone, R. (1985). Selective attention gates visual processing in the extrastriate cortex. *Science, 229*, 782–784.

Moray, N. (1959). Attention in dichotic listening: Affective cues and the influence of instructions. *Quarterly Journal of Experimental Psychology, 11*, 56–60.

Moray, N. (1970). Attention: Selective processes in vision and audition. New York: Academic Press.

Morris, C. D., Bransford, J. D., & Franks, J. J. (1977). Levels of processing versus transfer appropriate processing. *Journal of Verbal Learning and Verbal Behavior, 16*, 519–533.

Morris, J. S., Buchel, C., & Dolan, R. J. (2001a). Parallel neural responses in amygdala subregions and sensory cortex during implicit fear conditioning. *Neuroimage, 13*, 1044–1052.

Morris, J. S., Degelder, B., Weiskrantz, L., & Dolan, R. J. (2001b). Differential extrageniculostriate and amygdala responses to presentation of emotional faces in a cortically blind field. *Brain, 124*, 1241–1252.

Morris, J. S., Friston, K. J., Buchel, C., Frith, C. D., Young, A. W., Calder, A. J., et al. (1998). A neuro-modulatory role for the human amygdala in processing emotional facial expressions. *Brain, 121*(Pt. 1), 47–57.

Moscovitch, M., & Craik, F. I. M. (1976). Depth of processing, retrieval cues, and uniqueness of encoding as factors in recall. *Journal of Verbal Learning and Verbal Behavior, 15*, 447–458.

Moscovitch, M., Winocur, G., & Behrmann, M. (1997). What is special about face recognition? Nineteen experiments on a person with visual object agnosia and dyslexia but normal face recognition. *Journal of Cognitive Neuroscience, 9*, 555–604.

Motter, B. C. (1993). Focal attention produces spatially selective processing in visual cortical areas V1, V2, and V4 in the presence of competing stimuli. *Journal of Neurophysiology 70*, 909–919.

Mountcastle, V. B., Motter, B. C., Steinmetz, M. A., & Sestokas, A. K. (1987). Common and differential effects of attentive fixation on the excitability of parietal and prestriate (V4) cortical visual neurons in the macaque monkey. *Neuroscience, 7*, 2239–2255.

Muller, M. M., & Hillyard, S. (2000). Concurrent recording of steady-state and transient event-related potentials as indices of visual-spatial selective attention. *Clinical Neurophysiology, 111*, 1544–1552.

Muller, N., & Hulk, A. (2001). Crosslinguistic influence in bilingual language acquisition: Italian and French as recipient languages. *Bilingualism: Language and Cognition, 4*, 1–53.

Münte, T. F., Altenmüller, E., & Jäncke, L. (2002). The musician's brain as a model of neuroplasticity. *Nature Reviews Neuroscience, 3*, 473–478.

Murphy, G. L. (2000). Explanatory concepts. In F. C. Keil & R. A. Wilson (Eds.), *Explanation and cognition* (pp. 361–392). Cambridge, MA: The MIT Press.

Murphy, G. L. (2002). *The big book of concepts*. Cambridge, MA: The MIT Press.

Murphy, G. L., & Brownell, H. H. (1985). Category differentiation in object recognition: Typicality constraints on the basic category advantage. *Journal of Experimental Psychology: Learning, Memory, and Cognition, 11*, 70–84.

Murphy, G. L., & Lassaline, M. E. (1997). Hierarchical structure in concepts and the basic level of categorization. In K. Lamberts & D. R. Shanks (Eds.), *Knowledge, concepts and categories*. (pp. 93–131). Cambridge, MA: The MIT Press.

Murphy, G. L., & Medin, D. L. (1985). The role of theories in conceptual coherence. *Psychological Review, 92*, 289–316.

Murray, E. A., & Mishkin, M. (1986). Visual recognition in monkeys following rhinal cortical ablations combined with either amygdalectomy or hippocampectomy. *Journal of Neuroscience, 6*, 1991–2003.

Mushiake, H., Inase, M., & Tanji, J. (1991). Neuronal activity in the primate premotor, supplementary and precentral motor cortex during visually guided and internally determined sequential movements. *Journal of Neurophysiology, 66*, 705–718.

Müssler, J., & Hommel, B. (1997). Blindness to response-compatible stimuli. *Journal of Experimental Psychology: Human Perception and Performance, 23*, 861–872.

Nadel, J., & Butterworth, G. (1999). *Imitation in infancy*. Cambridge, UK: Cambridge University Press.

Nadel, J., Guérini, C., Pezé, A., & Rivet, A. (1999). The evolving nature of imitation as a format for communication. In J. Nadel & G. Butterworth (Eds.), *Imitation in infancy* (pp. 209–234). Cambridge, UK: Cambridge University Press.

Nadel-Brufert, J., & Baudonnière, P. M. (1982). The social function of reciprocal imitation in 2-year-old peers. *International Journal of Behavioral Development, 5*, 95–109.

Nairne, J. S. (2002). Remembering over the short-term: The case against the standard model. *Annual Review of Psychology, 53*, 53–81.

Naito, E., Roland, P. E., & Ehrsson, H. H. (2000). I feel my hand moving: A new role of the primary motor cortex in somatic perception of limb movement. *Neuron, 36*, 979–988.

Nakayama, K., & Silverman, G. H. (1986). Serial and parallel processing of visual feature conjunctions. *Nature, 320*, 264–265.

Nakazawa, K., Quirk, M. C., Chitwood, R. A., Watanabe, M., Yeckel, M. F., Sun, L. D., et al. (2002). Requirement for hippocampal CA3 NMDA receptors in associative memory recall. *Science, 297*, 211–218.

Nasrallah, H., Coffman, J., & Olsen, S. (1989). Structural brain-imaging findings in affective disorders: An overview. *Journal of Neuropsychiatry and Clinical Neuroscience, 1*, 21–32.

Naya, Y., Yoshida, M., & Miyashita, Y. (2001). Backward spreading of memory-retrieval signals in the primate temporal cortex. *Science, 291*, 661–664.

Neisser, U. (1967). *Cognitive psychology*. New York: Appleton-Century-Crofts.

Neisser, U., & Becklen, R. (1975). Selective looking: Attending to visually specified events. *Cognitive Psychology, 7*, 480–494.

Neisser, U., & Harsch, N. (1992). Phantom flashbulbs: False recollections of hearing news about the *Challenger*. In E. Winograd & U. Neisser (Eds.), *Affect and accuracy in recall: Studies of "flashbulb" memories* (pp. 9–31). Cambridge, UK: Cambridge University Press.

Neisser, U., Winograd, E., Bergman, E. T., Schreiber, C. A., Palmer, S. E., & Weldon, M. S. (1996). Remembering the earthquake: Direct experience vs. hearing the news. *Memory, 4*, 337–357.

Neri, P., Morrone, M. C., & Burr, D. C. (1998). Seeing biological motion. *Nature, 395*, 894–896.

Neville, H. J., & Bavelier, D. (1998). Neural organization and plasticity of language. *Current Opinion in Neurobiology, 8*, 254–258.

Newcomer, J. S., Craft, S., Hershey, T., Askins, K., & Bardgett, M. E. (1994). Glucocorticoid-induced impairment in declarative memory performance in adult humans. *Journal of Neuroscience, 14*, 2047–2053.

Newell, A. (1990). *Unified theories of cognition*. Cambridge, MA: Harvard University Press.

Newell, A., & Simon, H. A. (1972). *Human problem solving*. Upper Saddle River, NJ: Prentice Hall.

Newman, E. A., & Zahs, K. R. (1998). Modulation of neuronal activity by glial cells in the retina. *Journal of Neuroscience, 18*, 4022–4028.

Newsome, W. T. (1997). Deciding about motion: Linking perception to action. *Journal of Comparative Physiology, Series A, 181*, 5–12.

Newton, N. (1996). *Foundations of understanding*. Philadelphia: John Benjamins.

Newtson, D. (1976). Foundations of attribution: The perception of ongoing behavior. In J. Harvey, W. J. Ickes, & R. F. Kidd (Eds.), *New directions in attribution research* (pp. 223–247). Hillsdale, NJ: Lawrence Erlbaum Associates.

Nisbett, R. E., Kratnz, D. H., Jepson, D., & Kunda, Z. (1983). The use of statistical heuristics in everyday inductive reasoning. *Psychological Review, 90*, 339–363.

Noesselt, T., Hillyard, S. A., Woldorff, M. G., Schoenfeld, A., Hagner, T., et al. (2002). Delayed striate cortical activation during spatial attention. *Neuron, 35*, 575–587.

Nolde, S. F., Johnson, M. K., & D'Esposito, M. (1998). Left prefrontal activation during episodic remembering: An event-related fMRI study. *NeuroReport, 9*, 3509–3514.

Norman, D. A., & Shallice, T. (1986). Attention to action: Willed and automatic control of behavior. In R. J. Davidson, G. E. Schwartz, & D. Shapiro (Eds.), *Consciousness and self-regulation: Advances in research and theory* (Vol. 4, pp. 1–18). New York: Plenum Press.

Nosofsky, R. M. (1984). Choice, similarity, and the context theory of classification. *Journal of Experimental Psychology: Learning, Memory, and Cognition, 10*, 104–114.

Nosofsky, R. M., Palmeri, T. J., & McKinley, S. C. (1994). Rule-plus-exception model of classification learning. *Psychological Review, 101*, 53–79.

Nyberg, L., Cabeza, R., & Tulving, E. (1996). PET studies of encoding and retrieval: The HERA model. *Psychonomic Bulletin & Review, 3*, 135–148.

Nyberg, L., Habib, R., & McIntosh, A. R. (2000). Reactivation of encoding-related brain activity during memory retrieval. *Proceedings of the National Academy of Sciences USA, 97*, 11120–11124.

Nystrom, L. E., Braver, T. S., Sabb, F. W., Delgado, M. R., Noll, D. C., & Cohen, J. D. (2000). Working memory for letters, shapes, and locations: fMRI evidence against stimulus-based regional organization of human prefrontal cortex. *NeuroImage, 11*, 424–446.

O'Brien, V. (1958). Contour perception, illusion and reality. *Journal of the Optical Society of America, 48*, 112–119.

Obrig, H., & Villringer, A. (2003). Beyond the visible—imaging the human brain with light. *Journal of Cerebral Blood Flow and Metabolism, 23*, 1–18.

Ochsner, K. N., Bunge, S. A., Gross, J. J., & Gabrieli, J. D. E. (2002). Rethinking feelings: An fMRI study of the cognitive regulation of emotion. *Journal of Cognitive Neuroscience, 14*, 1215–1229.

O'Connor, D. H., Fukui, M. M., Pinsk, M. A., & Kastner, S. (2002). Attention modulates responses in the human lateral geniculate nucleus. *Nature Neuroscience, 5*, 1203–1209.

O'Craven, K. M., Downing, P. E., & Kanwisher, N. (1999). fMRI evidence for objects as the units of attentional selection. *Nature, 401*, 584–587.

O'Doherty, J., Kringelbach, M. L., Rolls, E. T., Hornak, J., & Andrews, C. (2001). Abstract reward and punishment representations in the human orbitofrontal cortex. *Nature Neuroscience, 4*, 95–102.

Oh, J. S., Jun, S. A., Knightly, L. M., & Au, T. K. F. (2003). Holding on to childhood language memory. *Cognition, 86*, B53–B54.

Ohman, A., Flykt, A., & Esteves, F. (2001a). Emotion drives attention: Detecting the snake in the grass. *Journal of Experimental Psychology: General, 130*, 466–478.

Ohman, A., Lundqvist, D., & Esteves, F. (2001b). The face in the crowd revisited: A threat advantage with schematic stimuli. *Journal of Personality and Social Psychology, 80*, 381–396.

Ohman, A., & Mineka, S. (2001). Fear, phobias, and preparedness: Toward an evolved module of fear and fear learning. *Psychological Review, 108*, 483–522.

Ohman, A., & Soares, J. J. F. (1998). Emotional conditioning to masked stimuli: Expectancies for aversive outcomes following nonrecognized fear-relevant stimuli. *Journal of Experimental Psychology: General, 127*, 69–82.

O'Kane, G., Kensinger, E. A., & Corkin, S. (2004). Evidence for semantic learning in profound amnesia. An investigation with patient H. M. *Hippocampus, 14*, 417–425.

Olsson, A., Nearing, K., Zheng, J., & Phelps, E. A. (2004). *Learning by observing: Neural correlates of fear learning through social observation.* Paper presented at 34th Annual Meeting of the Society for Neuroscience, San Diego, CA.

Oram, M., & Perrett, D. (1994). Response of the anterior superior polysensory (STPa) neurons to "biological motion" stimuli. *Journal of Cognitive Neuroscience, 6*, 99–116.

O'Reilly, R. C., Braver, T. S., & Cohen, J. D. (1999). A biologically based computational model of working memory. In A. Miyake & P. Shah (Eds.), *Models of working memory: Mechanisms of active maintenance and executive control* (pp. 375–411). New York: Cambridge University Press.

O'Reilly, R. C., & Munakata, Y. (2000). *Computational explorations in cognitive neuroscience.* Cambridge, MA: The MIT Press.

O'Reilly, R. C., Noelle, D. C., Braver, T. S., & Cohen, J. D. (2002). Prefrontal cortex and dynamic categorization tasks: Representational organization and neuromodulatory control. *Cerebral Cortex, 12*, 246–257.

Osherson, D. N., Perani, D., Cappa, S., Schnur, T., Grassi, F., & Fazio, F. (1998). Distinct brain loci in deductive versus probabilistic reasoning. *Neuropsychologia, 36*, 369–376.

Osherson, D. N., Smith, E. E., Wilkie, O., Lopez, A., & Shafir, E. (1990). Category-based induction. *Psychological Review, 97*, 185–200.

Owen, A. M. (1997). The functional organization of working memory processes within human lateral frontal cortex: The contribution of functional neuroimaging. *European Journal of Neuroscience, 9*, 1329–1339.

Packard, M. G., & Teather, L. A. (1998). Amygdala modulation of multiple memory systems: Hippocampus and caudate-putamen. *Neurobiology of Learning and Memory, 69*, 163–203.

Pagnoni, G., Zink, C. F., Montague, P. R., & Berns, G. S. (2002). Activity in human ventral striatum locked to errors of reward prediction. *Nature Neuroscience, 5*, 97–98.

Paller, K. A., & Wagner, A. D. (2002). Observing the transformation of experience into memory. *Trends in Cognitive Science, 6*, 93–102.

Pallier, C., Dehaene, S., Poline, J.-B., LeBihan, D., Argenti, A.-M., Dupoux, E., et al. (2003). Brain imaging of language plasticity in adopted adults: Can a second language replace the first? *Cerebral Cortex, 13*, 155–161.

Palmer, S. E. (1975). The effects of contextual scenes on the identification of objects. *Memory & Cognition, 3*, 519–526.

Palmer, S. E. (1978). Fundamental aspects of cognitive representation. In E. Rosch & B. B. Lloyd (Eds.), *Cognition and categorization* (pp. 259–303). Hillsdale, NJ: Lawrence Erlbaum Associates.

Palmer, S. E. (1999). *Vision science: Photons to phenomenology.* Cambridge, MA: The MIT Press.

Papafragou, A., Massey, C., & Gleitman, L. (2006). When English proposes what Greek presupposes: The cross-linguistic encoding of motion events. *Cognition, 98*, B75–B87.

Parsons, L. M. (1994). Temporal and kinematic properties of motor behavior reflected in mentally simulated action. *Journal of Experimental Psychology: Human Perception and Performance, 20*, 709–730.

Parsons, L. M., & Fox, P. T. (1998). The neural basis of implicit movement used in recognizing hand shape. *Cognitive Neuropsychology, 15*, 583–615.

Parsons, L. M., & Osherson, D. N. (2001). New evidence for distinct right and left brain systems for deductive versus probabilistic reasoning. *Cerebral Cortex, 11*, 954–965.

Pascual-Leone, A., & Walsh, V. (2001). Fast backprojections from the motion to the primary visual area necessary for visual awareness. *Science, 292*, 510–512.

Pashler, H. E. (1998). *The psychology of attention.* Cambridge, MA: The MIT Press.

Pashler, H., & Johnston, J. C. (1998). Attentional limitations in dual-task performance. In H. Pashler (Ed.), *Attention* (pp. 155–190). Hove, East Sussex, UK: Psychology Press.

Pasley, B. N., Mayes, L. C., & Schultz, R. T. (2004). Subcortical discrimination of unperceived objects during binocular rivalry. *Neuron, 42*, 163–172.

Passingham, R. E. (1993). *The frontal lobes and voluntary action.* New York: Oxford University Press.

Patalano, A. L., Smith, E. E., Jonides, J., & Koeppe, R. A. (2001). PET evidence for multiple strategies of categorization. *Cognitive, Affective & Behavioral Neuroscience, 1*, 360–370.

Patel, V. L., Arocha, J. F., & Kaufman, D. R. (1994). Diagnostic reasoning and medical expertise. In D. Medin (Ed.), *The psychology of learning and motivation: Advances in research and theory* (Vol. 31, pp. 187–252). San Diego, CA: Academic Press.

Paulesu, E., Frith, C. D., & Frackowiak, R. S. J. (1993). The neural correlates of the verbal component of working memory. *Nature, 362*, 342–345.

Pavlova, M., Staudt, M., Sokolov, A., Birbaumer, N., & Krägeloh-Mann, I. (2003). Perception and production of biological movement in patients with early periventricular brain lesions. *Brain, 126*, 692–701.

Payne, J. W., Bettman, J. R., & Johnson, E. J. (1993). *The adaptive decision maker.* New York: Cambridge University Press.

Pearson, B. Z., Fernandez, S. C., Lewedeg, V., & Oller, D. K. (1997). The relation of input factors to lexical learning by bilingual infants. *Applied Psycholinguistics, 18*, 41–58.

Pearson, B. Z., Fernandez, S. C., & Oller, D. K. (1993). Cross-language synonyms in the lexicons of bilingual infants: One language or two? *Journal of Child Language, 22*, 345–368.

Pecher, D., Zeelenberg, R., & Barsalou, L. W. (2003). Verifying properties from different modalities for concepts produces switching costs. *Psychological Science, 14*, 119–124.

Pegna, A. J., Khateb, A., Lazeyas, F., & Seghier, M. L. (2005). Discriminating emotional faces without primary visual cortices involves the right amygdala. *Nature Neuroscience, 8*, 24–25.

Penev, P. S., & Atick, J. J. (1996). Local feature analysis: A general statistical theory for object representation. *Network: Computation in Neural Systems, 7*, 477–500.

Perani, D., Fazio, F., Borghese, N. A., Tettamanti, M., Ferrari, S., Decety, J., et al. (2001). Different brain correlates for watching real and virtual hand actions. *NeuroImage, 14*, 749–758.

Perrett, D. I., Harries, M. H., Bevan, R., Thomas, S., Benson, P. J., et al. (1989). Frameworks of analysis for the neural representation of animate objects and action. *Journal of Experimental Biology, 146*, 87–114.

Perrett, D. I., Oram, M. W., Harries, M. H., Bevan, R., Hietanen, J. K., Benson, P. J., et al. (1991). Viewer-centred and object-centred coding of heads in the macaque temporal cortex. *Experimental Brain Research, 86*, 159–173.

Perrett, D. I., Rolls, E. T., & Caan, W. (1982). Visual neurones responsive to faces in the monkey temporal cortex. *Experimental Brain Research, 47*, 329–342.

Pessoa, L., McKenna, M., Gutierrez, E., & Ungerleider, L. G. (2002). Neural processing of emotional faces requires attention. *Proceedings of the National Academy of Sciences USA, 99*, 11458–11463.

Pessoa, L., & Ungerleider, L. G. (2004). Neuroimaging studies of attention and the processing of emotion-laden stimuli. *Progress in Brain Research, 144*, 171–182.

Petersen, S. E., Fox, P. T., Mintun, M. I., Posner, M. I., & Raichle, M. E. (1988). Positron emission tomography studies of the cortical anatomy of single-word processing. *Nature, 331*, 585–589.

Peterson, L. R., & Peterson, M. J. (1959). Short-term retention of individual items. *Journal of Experimental Psychology, 61*, 12–21.

Petrides, M. (1986). The effect of periarcuate lesions in the monkey on the performance of symmetrically and asymmetrically reinforced visual and auditory go, no-go tasks. *Journal of Neuroscience, 6*, 2054–2063.

Petrides, M. E., Alivisatos, B., Evans, A. C., & Meyer, E. (1993a). Dissociation of human mid-dorsolateral from posterior dorsolateral frontal cortex in memory processing. *Proceedings of the National Academy of Sciences USA, 90*, 873–877.

Petrides, M. E., Alivisatos, B., Meyer, E., & Evans, A. C. (1993b). Functional activation of the human frontal cortex during the performance of verbal working memory tasks. *Proceedings of the National Academy of Sciences USA, 90*, 878–882.

Petrides, M. E., & Milner, B. (1982). Deficits on subject-ordered tasks after frontal- and temporal-lobe lesions in man. *Neuropsychologia, 20*, 249–269.

Pezdek, K. (2003). Event memory and autobiographical memory for the events of September 11, 2001. *Applied Cognitive Psychology, 17*, 1033–1045.

Phelps, E. A. (2002). Emotions. In M. S. Gazzaniga, R. B. Ivry, & G. R. Mangun (Eds.), *Cognitive neuroscience: The biology of mind* (2nd ed., pp. 537–576). New York: W. W. Norton & Company.

Phelps, E. A., Ling S., & Carrasco, M. (in press). Emotion facilitates perception and potentiates the perceptual benefit of attention. *Psychological Science.*

Phelps, E. A., O'Connor, K. J., Gatenby, J. C., Gores, J. C., Grillon, C., & Davis, M. (2001). Activation of the left amygdala to a cognitive representation of fear. *Nature Neuroscience, 4*, 437–441.

Piaget, J. (1953). *The origins of intelligence in the child.* London: Routledge.

Piaget, J. (1954/1936). *The construction of reality in the child* (trans. by M. Cook). New York: Basic Books.

Pillemer, D. B. (1984). Flashbulb memories of the assassination attempt on President Reagan. *Cognition, 16*, 63–80.

Pinker, S. (1997). *How the mind works.* New York: Norton.

Pinker, S. (2002). *The blank slate: The modern denial of human nature.* New York: Viking Penguin.

Platt, M. L. (2002). Neural correlates of decisions. *Current Opinion in Neuroscience, 12*, 141–148.

Platt, M. L., & Glimcher, P. W. (1999). Neural correlates of decision variables in parietal cortex. *Nature, 400*, 233–238.

Plaut, D. C., McClelland, J. L., Seidenberg, M. S., & Patternson, K. E. (1996). Understanding normal and impaired word reading: Computational principles in quasi-regular domains. *Psychological Review, 103*, 56–115.

Pochon, J. B., Levy, R., Poline, J. B., Crozier, S., Lehericy, S., Pillon, B., et al. (2001). The role of dorsolateral prefrontal cortex in the preparation of forthcoming actions: An fMRI study. *Cerebral Cortex, 11*, 260–266.

Poldrack, R. A., Clark, J., Paré-Blagoev, E. J., Shohamy, D., Moyano, J. C., Myers, C., et al. (2001). Interactive memory systems in the human brain. *Nature, 414*, 546–550.

Poldrack, R. A., Prabakharan, V., Seger, C., & Gabrieli, J. D. E. (1999). Striatal activation during cognitive skill learning. *Neuropsychology, 13*, 564–574.

Polk, T. A., Simen, P., Lewis, R., & Freedman, E. (2002). A computational approach to control in complex cognition. *Cognitive Brain Research, 15*, 71–83.

Pollio, H. R., Barlow, J. M., Fine, H. J., & Pollio, M. R. (1977). *Psychology and the poetics of growth: Figurative language in psychology, psychotherapy and education.* New York: Lawrence Erlbaum Associates.

Polonsky, A., Blake, R., Braun, J., & Heeger, D. J. (2000). Neuronal activity in human primary visual cortex correlates with perception during binocular rivalry. *Nature Neuroscience, 3*, 1153–1159.

Posner, M. I. (1980). Orienting of attention. *Quarterly Journal of Experimental Psychology, 32,* 3–25.

Posner, M. I. (1990). Hierarchical distributed networks in the neuropsychology of selective attention. In A. Caramazza (Ed.), *Cognitive neuropsychology and neurolinguistics* (pp. 187–210). Hillsdale, NJ: Lawrence Erlbaum Associates.

Posner, M. I., & Boies, S. J. (1971). Components of attention. *Psychological Review, 78,* 391–408.

Posner, M. I., Choate, L. S., Rafal, R. D., & Vaughn, J. (1985). Inhibition of return: Neural mechanisms and function. *Cognitive Neuropsychology, 2,* 211–228.

Posner, M. I., & Cohen, Y. (1984). Components of performance. In H. Bouma & D. Bouwhuis (Eds.), *Attention and performance X* (pp. 531–556). Hillsdale, NJ: Lawrence Erlbaum Associates.

Posner, M. I., Cohen, Y., & Rafal, R. D. (1982). Neural systems control of spatial orienting. *Proceedings of the Royal Society of London, Series B, 298,* 187–198.

Posner, M. I., & Keele, S. W. (1968). On the genesis of abstract ideas. *Journal of Experimental Psychology, 77,* 353–363.

Posner, M. I., & Snyder, C. R. R. (1974). Attention and cognitive control. In R. L. Solso (Ed.), *Information processing and cognition: The Loyola Symposium* (pp. 55–85). Hillsdale, NJ: Lawrence Erlbaum Associates.

Posner, M. I., Snyder, C. R. R., & Davidson, B. J. (1980). Attention and the detection of signals. *Journal of Experimental Psychology: General, 109,* 160–174.

Posner, M. I., Walker, J. A., Friedrich, F. J., & Rafal, R. D. (1984). Effects of parietal injury on covert orienting of visual attention. *Journal of Neuroscience, 4,* 1863–1874.

Posner, M. I., Walker, J. A., Friedrich, F. J., & Rafal, R. D. (1987). How do the parietal lobes direct covert attention? *Neuropsychologia, 25*(1A), 135–145.

Postle, B. R., Awh, E., Jonides, J., Smith, E. E., & D'Esposito, M. (2004). The where and how of attention-based rehearsal in spatial working memory. *Cognitive Brain Research, 20,* 194–205.

Postle, B. R., & D'Esposito, M. (2000). Evaluating models of the topographical organization of working memory function in frontal cortex with event-related fMRI. *Psychobiology, 28,* 132–145.

Potter, M. C., & Levy, E. I. (1969). Recognition memory for a rapid sequence of pictures. *Journal of Experimental Psychology, 81,* 10–15.

Powell, H. W., Koepp, M. I., Symms, M. R., Boulby, P. A., Salek-Haddadi, A., Thompson, P. J., Duncan, J. S., & Richardson, M. P. (2005). Material-specific lateralization of memory encoding in the medial temporal lobe: blocked versus event-related design. *Neuroimage, 27,* 231–239.

Pratto, F., & John, O. P. (1991). Automatic vigilance: The attention grabbing power of negative social information. *Journal of Personality and Social Psychology, 61,* 380–391.

Prinz, W. (1997). Perception and action planning. *European Journal of Cognitive Psychology, 9,* 129–154.

Prusiner, S. B. (2002). Historical essay: Discovering the cause of AIDS. *Science, 298,* 1726.

Pugh, K. R., Mencl, W. E., Jenner, A. R., Lee, J. R., Katz, L., Frost, S. J., et al. (2001). Neurobiological studies of reading and reading disability. *Journal of Communication Disorders, 34,* 479–492.

Pulvermüller, F. (1999). Words in the brain's language. *Behavioral and Brain Sciences, 22,* 253–336.

Pylyshyn, Z. W. (1973). What the mind's eye tells the mind's brain: A critique of mental imagery. *Psychological Bulletin, 80,* 1–24.

Pylyshyn, Z. W. (1981). The imagery debate: Analogue media versus tacit knowledge. *Psychological Review, 87,* 16–45.

Pylyshyn, Z. W. (2002). Mental imagery: In search of a theory. *Behavioral & Brain Sciences, 25,* 157–238.

Pylyshyn, Z. (2003). Return of the mental image: Are there pictures in the brain? *Trends in Cognitive Sciences, 7,* 113–118.

Quinn, P. C. (2002). Early categorization: A new synthesis. In U. Goswami (Ed.), *Blackwell handbook of childhood cognitive development* (pp. 84–101). Oxford, UK: Blackwell Publishers.

Rabbitt, P. (1998). *Methodology of frontal and executive function.* Hove: Psychology Press.

Rachlin, H. (1989). *Judgment, decision, and choice: A cognitive/behavioral synthesis.* New York: Freeman.

Rafal, R. (2001). Bálint's syndrome. In F. Boller & J. Grafman (Eds.), *Handbook of Neuropsychology* (pp. 121–142). Amsterdam: Elsevier Science.

Rafal, R. D., & Posner, M. I. (1987). Deficits in visual spatial attention following thalamic lesions. *Proceedings of the National Academy of Sciences USA, 84,* 7349–7353.

Ranganath, C., Yonelinas, A. P., Cohen, M. X., Dy, C. J., Tom, S. M., & D'Esposito, M. (2004). Dissociable correlates of recollection and familiarity within the medial temporal lobes. *Neuropsychologia, 42,* 2–13.

Ratliff, F. (1965). *Mach bands*. San Francisco: Holden-Day Publishers.

Raymond, J. E. (2003). New objects, not new features, trigger the attentional blink. *Psychological Science, 14*, 54–59.

Rayner, K. (1975). Parafoveal identification during a fixation in reading. *Acta Psychologica, 39*, 271–281.

Rayner, K., Foorman, B. R., Perfetti, E., Pesetsky, D., & Seidenberg, M. S. (2001). How psychological science informs the teaching of reading. *Psychological Science in the Public Interest Monograph, 2*, 31–74.

Rayner, K., & Pollatsek, A. (1989). *The psychology of reading*. Hillsdale, NJ: Lawrence Erlbaum Associates.

Read, D. E. (1981). Solving deductive-reasoning problems after unilateral temporal lobectomy. *Brain and Language, 12*, 116–127.

Redelmeier, D. A., & Tibshirani, R. J. (1997). Association between cellular-telephone calls and motor vehicle collisions. *New England Journal of Medicine, 336*, 453–458.

Reicher, G. M. (1969). Perceptual recognition as a function of the meaningfulness of stimulus material. *Journal of Experimental Psychology, 81*, 275–281.

Reingold, E. M., & Jolicoeur, P. (1993). Perceptual versus postperceptual mediation of visual context effects: Evidence from the letter-superiority effect. *Perception & Psychophysics, 53*, 166–178.

Rensink, R., O'Regan, K., & Clark, J. J. (1997). To see or not to see: The need for attention to perceive changes in scenes. *Psychological Science, 8*, 368–373.

Reynolds, J. H., Chelazzi, L., & Desimone, R. (1999). Competitive mechanisms subserve attention in macaque areas V2 and V4. *Journal of Neuroscience, 9*, 1736–1753.

Rhodes, G., Brennan, S., & Carey, S. (1987). Identification and ratings of caricatures: Implications for mental representations of faces. *Cognitive Psychology, 19*, 473–497.

Riehle A., & Requin, J. (1989). Monkey primary motor and premotor cortex: Single-cell activity related to prior information about direction and extent of an intended movement. *Journal of Neurophysiology, 61*, 534–549.

Rips, L. J. (1975). Inductive judgments about natural categories. *Journal of Verbal Learning & Verbal Behavior, 14*, 665–681.

Rips, L. J. (1989). Similarity, typicality, and categorization. In S. Vosniadou & A. Ortony (Eds.), *Similarity and analogical reasoning*. Cambridge, UK: Cambridge University Press.

Rips, L. J. (1994). *The psychology of proof: Deductive reasoning in human thinking*. Cambridge, MA: The MIT Press.

Rips, L. J. (1995). Deduction and cognition. In E. E. Smith & D. N. Osherson (Eds.), *Thinking: An invitation to cognitive science* (Vol. 3, 2nd ed.). (pp. 297–344). Cambridge, MA: The MIT Press.

Rizzolati, G., Fadiga, L., Gallese, V., & Fogassi, L. (1996). Premotor cortex and the recognition of motor actions. *Cognitive Brain Research, 3*, 131–141.

Rizzolatti, G., Fadiga, L., Fogassi, L., & Gallese, V. (2002). From mirror neurons to imitation: Facts and speculations. In A. N. Meltzoff & W. Prinz (Eds.), *The imitative mind: Development, evolution, and brain bases*. (pp. 247–266). New York: Cambridge University Press.

Robertson, L. C., & Rafal, R. (2000). Disorders of visual attention. In M. S. Gazzaniga (Ed.), *The new cognitive neurosciences* (2nd ed., pp. 633–650). Cambridge, MA: The MIT Press.

Robinson, J. (1999). *The psychology of visual illusions*. New York: Dover Publications. Republication of the work published by Hutchinson & Co., London, 1972.

Rochat, P. (1999). *Early social cognition: Understanding others in the first months of life*. Mahawah, NJ: Lawrence Erlbaum Associates.

Rochat, P., & Hespos, S. J. (1997). Differential rooting response by neonates: Evidence for an early sense of self. *Early Development and Parenting, 6*, 105–112.

Rockland, K. S. (2002). Visual cortical organization at the single axon level: A beginning. *Neuroscience Research, 42*, 155–166.

Roediger, H. L. (1973). Inhibition in recall from cueing with recall targets. *Journal of Verbal Learning and Verbal Behavior, 12*, 644–657.

Roediger, H. L., & McDermott, K. (1993). Implicit memory in normal human subjects. In F. Boller & J. Grafman (Eds.), *Handbook of neuropsychology* (Vol. 8, pp. 63–131). New York: Elsevier.

Roediger, H. L., & McDermott, K. B. (1995). Creating false memories: Remembering words not presented in lists. *Journal of Experimental Psychology: Learning, Memory, and Cognition, 21*, 803–814.

Rogers, R. D., Everitt, B. J., Baldacchino, A., Blackshaw, A. J., Swainson, R., Wynne, K., et al. (1999a). Dissociable deficits in the decision-making cognition of chronic amphetamine abusers, opiate abusers, patients with focal damage to prefrontal cortex, and tryptophan-depleted normal volunteers: Evidence for monoaminergic mechanisms. *Neuropsychopharmacology, 20*, 322–339.

Rogers, R. D., Owen, A. M., Middleton, H. C., Pickard, J. D., Sahakian, B. J., & Robbins, T. W. (1999b). Choosing between small and likely reward and large and unlikely rewards activates inferior and orbital prefrontal cortex. *Journal of Neuroscience, 20*, 9029–9038.

Rogers, R. D., & Monsell, S. (1995). Costs of a predictable switch between simple cognitive tasks. *Journal of Experimental Psychology: General, 124*, 207–231.

Rogers, S. J. (1999). An examination of the imitation deficit in autism. In J. Nadel & G. Butterworth (Eds.)., *Imitation in infancy* (pp. 254–283). Cambridge, UK: Cambridge University Press.

Rolls, E. T. (2000). The orbitofrontal cortex and reward. *Cerebral Cortex, 10*, 284–294.

Rolls, E. T., Burton, M. J., & Mora, F. (1980). Neurophysiological analysis of brain stimulation reward in the monkey. *Brain Research, 194*, 339–357.

Romanski, L. M., & Ledoux, J. E. (1993). Information cascade from auditory cortex to the amygdala: Corticocortical and corticoamygdaloid projections of the temporal cortex in rat. *Cerebral Cortex, 3*, 515–532.

Rosch, E. (1973). On the internal structure of perceptual and semantic categories. In T. Moore (Ed.), *Cognitive development and the acquisition of language* (pp. 111–144). San Diego, CA: Academic Press.

Rosch, E. (1975). Cognitive representations of semantic categories. *Journal of Experimental Psychology: General, 104*, 192–233.

Rosch, E., & Mervis, C. B. (1975). Family resemblances: Studies in the internal structure of categories. *Cognitive Psychology, 7*, 573–605.

Rosch, E., Mervis, C. B., Gray, W. D., Johnson, D. M., & Boyes-Braem, P. (1976). Basic objects in natural categories. *Cognitive Psychology, 8*, 382–439.

Rosenbaum, D. A. (1983). The movement precuing technique: Assumptions, applications and extensions. In R. A. Magill (Ed.), *Memory and control in motor behavior* (pp. 231–274). Amsterdam: North-Holland.

Ross, B. H. (1996). Category learning as problem solving. In D. L. Medin (Ed.), *The psychology of learning and motivation: Advances in research and theory, 35*, 165–192.

Ross, M. (1989). Relation of implicit theories to the construction of personal histories. *Psychological Review, 96*, 341–357.

Roth, M., Decety, J., Raybaudi, M., Massarelli, R., Delon, C., Segebarth, C., et al. (1996). Possible involvement of primary motor cortex in mentally simulated movement: An fMRI study. *NeuroReport, 7*, 1280–1284.

Rothi, L. J. G., Ochipa, C., & Heilman, K. M. (1991). A cognitive neuropsychological model of limb praxis. *Cognitive Neuropsychology, 8*, 443–458.

Rottenstreich, Y., & Hsee, C. K. (2001). Money, kisses, and electric shocks: On the affective psychology of risk. *Psychological Science, 12*, 185–190.

Rottenstreich, Y., & Shu, S. (2004). The connections between affect and decision making: Nine resulting phenomena. In D. J. Koehler & N. Harvey (Eds.), *Blackwell handbook of judgment and decision* (pp. 444–463). Malden, MA: Blackwell.

Rottenstreich, Y., & Tversky, A. (1997). Unpacking, repacking, and anchoring: Advances in support theory. *Psychological Review, 104*, 406–415.

Rougier, N. P., Noelle, D. C., Braver, T. S., Cohen, J. D., & O'Reilly, R. C. (2005). Prefrontal cortex and flexible cognitive control: Rules without symbols. *Proceedings of the National Academy of Sciences, 102*, 7338–7343.

Rubinstein, J. S., Meyer, D. E., & Evans, J. E. (2001). Executive control of cognitive processes in task switching. *Journal of Experimental Psychology: Human Perception & Performance, 27*, 763–97.

Ruby, P., & Decety, J. (2001). Effect of subjective perspective taking during simulation of action: A PET investigation of agency. *Nature Neuroscience, 4*, 546–550.

Ruby, P., & Decety, J. (2003). What do you believe versus what do you think they believe? A neuroimaging study of perspective taking at the conceptual level. *European Journal of Neuroscience, 17*, 2475–2480.

Ruby, P., Sirigu, A., & Decety, J. (2002). Distinct areas in parietal cortex involved in long-term and short-term action planning. A PET investigation. *Cortex, 38*, 321–339.

Rueckl, J. G., Cave, K. R., & Kosslyn, S. M. (1989). Why are "what" and "where" processed by separate cortical visual systems? A computational investigation. *Journal of Cognitive Neuroscience, 1*, 171–186.

Rugg, M. D., & Wilding, E. L. (2000). Retrieval processes and episodic memory. *Trends in Cognitive Science, 4*, 108–115.

Rumelhart, D. E., McClelland, J. L., & the PDP Research Group (1986). *Parallel distributed processing: Explorations in the microstructure of cognition: Vol. 1. Foundations.* Cambridge, MA: The MIT Press.

Rumelhart, D. E., & Norman, D. A. (1988). Representation in memory. In R. C. Atkinson, R. J. Herrnstein, G. Lindzey, & R. D. Luce (Eds.), *Stevens' handbook of experimental psychology: Vol. 2. Learning and cognition* (pp. 511–587). New York: Wiley.

Rumiati, R. I., & Tessari, A. (2002). Imitation of novel and well-known actions. *Experimental Brain Research, 142*, 425–433.

Russell, J. A. (1980). A circumplex model of affect. *Journal of Personality and Social Psychology, 39*, 1161–1178.

Russell, J. A., & Barrett, L. F. (1999). Core affect, prototypical emotional episodes, and other things called emotion: Dissecting the elephant. *Journal of Personality and Social Psychology, 76*, 805–819.

Rypma, B., & D'Esposito, M. (1999). The roles of prefrontal brain regions in components of working memory: Effects of memory load and individual differences. *Proceedings of the National Academy of Sciences USA, 96*, 6558–6563.

Sakurai, S., & Sugimoto, S. (1985). Effect of lesions of prefrontal cortex and dorsomedial thalamus on delayed go/no-go alternation in rats. *Behavioral Brain Research, 17*, 295–301.

Salin, P. A., & Bullier, J. (1995). Corticocortical connections in the visual system: structure and function. *Physiological Review, 75*, 107–154.

Salzman, C. D., Britten, K. H., & Newsome, W. T. (1990). Cortical microstimulation influences perceptual judgments of motion direction. *Nature, 346*, 174–177.

Sanfey, A. G., Hastie, R., Colvin, M. K., & Grafman, J. (2003a). Phineas gauged: Decision making and the human prefrontal cortex. *Neuropsychologica, 41*, 1218–1229.

Sanfey, A. G., Rilling, J. K., Aronson, J. A., Nystrom, L. E., & Cohen, J. D. (2003b). The neural basis of economic decision making in the ultimatum game. *Science, 300*, 1755–1758.

Savage, L. J. (1954). *The foundations of statistics.* New York: Wiley.

Savage-Rumbaugh, E. S., McDonald, K., Sevcik, R. A., Hopkins, W. D., & Rupert, E. (1986). Spontaneous symbol acquisition and communicative use by pygmy chimpanzees (*Pan paniscus*). *Journal of Experimental Psychology: General, 115*, 211–235.

Sawaguchi, T. (2001). The effects of dopamine and its agonists on directional delay period activity of prefrontal neurons in monkeys during an oculomotor delayed-response task. *Neuroscience Research, 41*, 115–128.

Sawaguchi, T., & Goldman-Rakic, P. S. (1994). The role of D1-dopamine receptor in working memory: Local injections of dopamine antagonists into the prefrontal cortex of rhesus monkeys performing an oculomotor delayed-response task. *Journal of Neurophysiology, 71*, 515–528.

Schachter, S., & Singer, J. (1962). Cognitive, social and physiological determinants of emotional state. *Psychological Review, 69*, 379–399.

Schacter, D. L. (1987). Implicit memory: History and current status. *Journal of Experimental Psychology: Learning, Memory, and Cognition, 13*, 501–518.

Schacter, D. L. (2001). *The seven sins of memory: How the mind forgets and remembers.* Boston: Houghton Mifflin.

Schacter, D. L., Dobbins, I. G., & Schnyer, D. M. (2004). Specificity of priming a cognitive neuroscience perspective. *Nat Rev Neurosci, 5*, 853–862.

Schacter, D. L., Harbluk, J. L., & McLachlan, D. R. (1984). Retrieval without recollection: An experimental analysis of source amnesia. *Journal of Verbal Learning and Verbal Behavior, 23*, 593–611.

Schall, J. D. (2001). Neural basis of deciding, choosing and acting. *Nature Neuroscience, 2*, 33–42.

Schank, R. C., & Abelson, R. P. (1977). *Scripts, plans, goals and understanding: An inquiry into human knowledge structures.* Hillsdale, NJ: Lawrence Erlbaum Associates.

Schenk, T., & Zihl, J. (1997). Visual motion perception after brain damage: II. Deficits in form-from-motion perception. *Neuropsychologia, 35*, 1299–1310.

Scherer, K. R. (2000). Psychological models of emotion. In J. C. Borod (Ed.), *The neuropsychology of emotion* (pp. 137–162). New York: Oxford University Press.

Schmidtke, V., & Heuer, H. (1997). Task integration as a factor in secondary-task effects on sequence learning. *Psychological Research, 60*, 53–71.

Schmolck, H., Buffalo, E. A., & Squire, L. R. (2000). Memory for distortions develop over time: Recollections of the O. J. Simpson trial verdict after 15 and 32 months. *Psychological Science, 11*, 39–45.

Schmolesky, M. T., Wang, Y., Hanes, D. P., Thompson, K. G., Leutgeb, S., Schall, J. D., & Leventhal, A. G. (1998). Signal timing across the macaque visual system. *Journal of Neurophysiology, 79*, 3272–3278.

Schneider, W., & Shiffrin, R. M. (1977). Controlled and automatic human information processing: I. Detection, search, and attention. *Psychological Review, 84*, 1–66.

Schooler, J. W., Fiore, S. M., & Brandimonte, M. A. (1997). At a loss from words: Verbal overshadowing of perceptual memories. *The Psychology of Learning and Motivation, 37*, 291–340.

Schooler, J. W., Ohlsson, S., & Brooks, K. (1993). Thoughts beyond words: When language overshadows insight. *Journal of Experimental Psychology: General, 122*, 166–183.

Schultz, W. (2002). Getting formal with dopamine and reward. *Neuron, 36*, 241–263.

Schwarz, N., & Ciore, G. L. (1988). How do I feel about it? The informative function of affective states. In K. Fieldler & J. P. Forgas (Eds.), *Affect, cognition and social behavior* (pp. 44–62). Toronto: Hogrefe.

Scoville, W. B., & Milner, B. (1957). Loss of recent memory after bilateral hippocampal lesions. *Journal of Neurological and Neurosurgical Psychiatry, 20*, 11–21.

Searcy, J. H., & Bartlett, J. C. (1996). Inversion and processing of component and spatial-relational information in faces. *Journal of Experimental Psychology: Human Perception and Performance, 22*, 904–915.

Searle, J. R. (1980). Minds, brains, and programs. *Behavioral and Brain Sciences, 3*, 417–424.

Sebanz, N., Knoblich, G., & Prinz, W. (2003). Representing others' actions: Just like one's own? *Cognition, 88*, B11–B21.

Seger, C., Poldrack, R., Prabhakaran, V., Zhao, M., Glover, G., & Gabrieli, J. (2000). Hemispheric asymmetries and individual differences in visual concept learning as measured by functional MRI. *Neuropsychologia, 38*, 1316–1324.

Seidenberg, M. S., & McClelland, J. L. (1989). A distributed, developmental model of word recognition and naming. *Psychological Review, 96*, 523–568.

Seidenberg, M. S., & Petitto, L. A. (1987). Communication, symbolic communication, and language. *Journal of Experimental Psychology: General, 116*, 279–287.

Selfridge, O. (1955). Pattern recognition and modern computers. In *Proceedings of the Western Joint Computer Conference,* Los Angeles, CA (pp. 91–93). New York: Institute of Electrical and Electronics Engineers.

Selfridge, O. (1959). Pandemonium: A paradigm for learning. In *Symposium on the mechanisation of thought processes* (pp. 513–526). London: H. M. Stationery Office.

Sereno, M. I., Dale, A. M., Reppas, J. B., & Kwong, K. K. (1995). Borders of multiple visual areas in humans revealed by functional magnetic resonance imaging. *Science, 268*, 889–893.

Servan-Schreiber, D., Printz, H., & Cohen, J. D. (1990). A network model of catecholamine effects: Gain, signal-to-noise ratio, and behavior. *Science, 249*, 892–895.

Shadlen, M. N., Britten, K. H., Newsome, W. T., & Movshon, J. A. (1996). A computational analysis of the relationship between neuronal and behavioral responses to visual motion. *Journal of Neuroscience, 16*, 1486–1510.

Shallice, T. (1982). Specific impairments of planning. *Philosophical Transactions of the Royal Society of London, B298*, 199–209.

Shallice, T. (1988). *From neuropsychology to mental structure* (2nd ed.). Cambridge, UK: Cambridge University Press.

Shallice, T., Fletcher, P., Frith, C. D., Grasby, P., Frackowiak, R. S., & Dolan, R. J. (1994). Brain regions associated with acquisition and retrieval of verbal episodic memory. *Nature, 368,* 633–635.

Shallice, T., & Warrington, E. K. (1970). Independent functioning of verbal memory stores: A neuropsychological study. *Quarterly Journal of Experimental Psychology, 22,* 261– 273.

Shanteau, J. (1975). An information-integration analysis of risky decision making. In M. F. Kaplan & S. Schwartz (Eds.), *Human judgment and decision processes* (pp. 109–137). New York: Academic Press.

Shanteau, J., & Nagy, G. F. (1976). Decisions made about other people: A human judgment analysis of dating choice. In J. S. Carroll & J. W. Payne (Eds.), *Cognition and social behavior* (pp. 128–141). New York: Academic Press.

Shanteau, J., & Nagy, G. F. (1979). Probability of acceptance in dating choice. *Journal of Personality and Social Psychology, 37,* 522–533.

Shapiro, K. L., Raymond, J. E., & Arnell, K. M. (1984). Attention to visual pattern information produces the attentional blink in rapid serial visual presentation. *Journal of Experimental Psychology: Human Perception and Performance, 20,* 357–371.

Shepard, R. N. (1984). Ecological constraints on internal representation: Resonant kinematics of perceiving, imagining, thinking, and dreaming. *Psychological Review, 91,* 417–447.

Shepard, R. N., & Cooper, L. A. (1982). *Mental images and their transformations.* New York: Cambridge University Press.

Shepard, R. N., & Metzler, J. (1971). Mental rotation of three-dimensional objects. *Science, 171,* 701–703.

Shiffrar, M., & Freyd, J. J. (1990). Apparent motion of the human body. *Psychological Science, 1,* 257–264.

Shiffrar, M., & Pinto, J. (2002). The visual analysis of bodily motion. In W. Prinz & B. Hommel (Eds.), *Common mechanisms in perception and action* (pp. 381–399). New York: Oxford University Press.

Shiffrin, R. M., & Schneider, W. (1977). Controlled and automatic human information processing: II. Perceptual learning, automatic attending, and a general theory. *Psychological Review, 84,* 127–190.

Shillock, R. (1990). Lexical hypotheses in continuous speech. In G. T. M. Altmann (Ed.), *Cognitive models of speech processing* (pp. 24–49). Cambridge, MA: The MIT Press.

Shimamura, A. P. (1995). Memory and frontal lobe function. In M. S. Gazzaniga (Ed.), *The cognitive neurosciences* (pp. 803–813). Cambridge, MA: The MIT Press.

Shimojo, S., Silverman, G. H., & Nakayama, K. (1988). An occlusion-related mechanism of depth perception based on motion and interocular sequence. *Nature, 333,* 265–268.

Shulman, G. L. (1992). Attentional modulation of size contrast. *Quarterly Journal of Experimental Psychology A, 45,* 529–546.

Shwarz, N., & Clore, G. L. (1988). How do I feel about it? The informative function of affective states. In K. Fiedler & J. P. Forgas (Eds.), *Affect, cognition and social behavior* (pp. 44–62). Toronto: Hogrefe.

Simmons, W. K., & Barsalou, L. W. (2003). The similarity-in-topography principle: Reconciling theories of conceptual deficits. *Cognitive Neuropsychology, 20,* 451–486.

Simmons, W. K., Martin, A., & Barsalou, L. W. (2005). Pictures of appetizing foods activate gustatory cortices for taste and reward. *Cerebral Cortex, 15,* 1602–1608.

Simon, H. A. (1955). A behavioral model of rational choice. *Quarterly Journal of Economics, 69,* 99–118.

Simon, H. A. (1981). *Sciences of the artificial.* Cambridge, MA: The MIT Press.

Simon, J. R. (1990). The effect of an irrelevant directional cue on human information processing. In R. W. Proctor & T. G. Reeve (Eds.), *Stimulus–response compatibility: An integrated perspective* (pp. 31–86). Amsterdam: North Holland.

Simons, D. J., & Levin, D. T. (1998). Failure to detect changes to people during a real-world interaction. *Psychonomic Bulletin & Review, 5,* 644–649.

Simons, D. J., & Rensink, R. A. (2005). Change blindness: Past, present, and future. *Trends in Cognitive Sciences, 9,* 16–20.

Singer, Y., Seymour, B., O'Doherty, J., Kaube, H., Dolan, R. J., & Frith C. D. (2004). Empathy for pain involves the affective but not sensory components of pain. *Science, 303,* 1157–1162.

Sirigu, A., Zalla, T., Pillon, B., Grafman, J., Dubois, B., & Agid, Y. (1995). Planning and script analysis following prefrontal lobe lesions. *Annals of the New York Academy of Sciences, 769,* 277–288.

Slackman, E. A., Hudson, J. A., & Fivush, R. (1986). Actions, actors, link and goals: The structure of children's event representations. In K. Nelson (Ed.), *Event knowledge: Structure and function in development* (pp. 47–69). Hillsdale, NJ: Lawrence Erlbaum Associates.

Slamecka, N. J., & Graf, P. (1978). The generation effect: Delineation of a phenomenon. *Journal of Experimental Psychology: Learning, Memory, and Cognition, 4,* 592–604.

Stotnick, S. D., & Schacter, D. L. (2004). A sensory signature that distinguishes true from false memories. *Nat Neurosci, 7,* 664–672.

Slovic, P., Finucane, M., Peters, E., & MacGregor, D. G. (2002). Rational actors or rational fools: Implications of the affect heuristic for behavioral economics. *Journal of Socio-Economics, 31,* 329–342.

Slovic, P., Fischhoff, B., & Lichtenstein, S. (1979). Rating the risks. *Environment, 21,* 14–20.

Slovic, P., & Lichtenstein, S. (1983). Preference reversals: A broader perspective. *American Economic Review, 73,* 596–605.

Slovic, P., & Tversky, A. (1974). Who accepts Savage's axiom? *Behavioral Science, 19,* 368–373.

Smith, E. E. (2000). Neural bases of human working memory. *Current Directions in Psychological Science, 9,* 45–49.

Smith, E. E., & Jonides, J. (1999). Storage and executive processes in the frontal lobes. *Science, 283,* 1657–1661.

Smith, E. E., Jonides, J., & Koeppe, R. A. (1996). Dissociating verbal and spatial working memory using PET. *Cerebral Cortex, 6,* 11–20.

Smith, E. E., Jonides, J., Koeppe, R. A., Awh, E., Schumacher, E. H., & Minoshima, S. (1995). Spatial vs. object working memory: PET investigations. *Journal of Cognitive Neuroscience, 7,* 337–356.

Smith, E. E., Marshuetz, C., & Geva, A. (2002). Working memory: Findings from neuroimaging and patient studies. In F. Boller & J. Grafman (Eds.), *Handbook of neuropsychology* (2nd ed., Vol. 7, pp. 55–72). New York: Elsevier.

Smith, E. E., & Medin, D. L. (1981). *Categories and concepts.* Cambridge, MA: Harvard University Press.

Smith, E. E., Patalano, A. L., & Jonides, J. (1998). Alternative strategies for categorization. *Cognition, 65,* 167–196.

Smith, E. E., Shoben, E. J., & Rips, L. J. (1974). Structure and process in semantic memory: A featural model for semantic decisions. *Psychological Review, 81,* 214–241.

Smith, E. E., & Sloman, S. A. (1994). Similarity- versus rule-based categorization. *Memory and Cognition, 22,* 377–386.

Smith, I. M., & Bryson, S. E. (1994). Imitation and action in autism: A critical review. *Psychological Bulletin, 116,* 259–273.

Smith, J. D., & Minda, J. P. (2002). Distinguishing prototype-based and exemplar-based processes in dot-pattern category learning. *Journal of Experimental Psychology: Learning, Memory, and Cognition, 28,* 800–811.

Smith, K., Dickhaut, J., McCabe, K., & Pardo, J. V. (2002). Neuronal substrates for choice under ambiguity, risk, gains, and losses. *Management Science, 48,* 711–718.

Smith, L. B., & Samuelson, L. K. (1997). Perceiving and remembering: Category stability, variability and development. In K. Lamberts & D. R. Shanks (Eds.), *Knowledge, concepts and categories.* (pp. 161–195). Cambridge, MA: The MIT Press.

Smith, M. L., & Milner, B. (1984). Differential effects of frontal-lobe lesions on cognitive estimation and spatial memory. *Neuropsychologica, 22,* 697–705.

Smith, M. L., & Milner, B. (1988). Estimation of frequency of occurrence of abstract designs after frontal or temporal lobectomy. *Neuropsychologica, 26,* 297–306.

Smolensky, P. (1988). On the proper treatment of connectionism. *The Behavioral and Brain Sciences, 11,* 1–74.

Sobotka, S., & Ringo, J. L. (1993). Investigations of long-term recognition and association memory in unit responses from inferotemporal cortex. *Experimental Brain Research, 96,* 28–38.

Solomon, K. O., & Barsalou, L. W. (2001). Representing properties locally. *Cognitive Psychology, 43,* 129–169.

Solomon, K. O., & Barsalou, L. W. (2004). Perceptual simulation in property verification. *Memory & Cognition, 32*, 244–259.

Solomon, P. R., Stowe, G. T., & Pendlbeury, W. W. (1989). Disrupted eyelid conditioning in a patient with damage to cerebellar afferents. *Behavioral Neuroscience, 103*, 898–902.

Somers, D. C., Dale, A. M., Seiffert, A. E., & Tootell, R. B. H. (1999). Functional MRI reveals spatially specific attentional modulation in human primary visual cortex. *Proceedings of the National Academy of Sciences USA, 96*, 1663–1668.

Sommers, F. (1963). Types and ontology. *Philosophical Review, 72*, 327–363.

Sommerville, J. A., & Woodward, A. L. (2005). Pulling out the structure of intentional action: The relation between action processing and action production in infancy. *Cognition, 95*, 1–30.

Sommerville, J. A., Woodward, A. L., & Needham, A. (2005). Action experience alters 3-month-old infants' perception of others' actions. *Cognition, 96*, B1–B11.

Spector, A., & Biederman, I. (1976). Mental set and mental shift revisited. *American Journal of Psychology, 89*, 669–679.

Spelke, E. S. (1998). Nativism, empiricism, and the origins of knowledge. *Infant Behavior and Development, 21*, 181–200.

Spelke, E., Hirst, W., & Neisser, U. (1976). Skills of divided attention. *Cognition, 4*, 215–230.

Spellman, B. A., & Holyoak, K. J. (1992). If Saddam is Hitler then who is George Bush? Analogical mapping between systems of social roles. *Journal of Personality and Social Psychology, 62*, 913–933.

Spellman, B. A., & Holyoak, K. J. (1996). Pragmatics in analogical mapping. *Cognitive Psychology, 31*, 307–346.

Spence, C., Nicholls, M. E. R., & Driver, J. (2000). The cost of expecting events in the wrong sensory modality. *Perception & Psychophysics, 63*, 330–336.

Sperling, G. (1960). The information available in brief visual presentations. *Psychological Monographs, 74*, 1–29.

Sperling, G., & Weichselgartner, E. (1995). Episodic theory of the dynamics of spatial attention. *Psychological Review, 102*, 503–532.

Sperry, R. W. (1952). Neurology and the mind–body problem. *American Scientist, 40*, 291–312.

Spitzer, H., Desimone, R., & Moran, J. (1988). Increased attention enhances both behavioral and neuronal performance. *Science, 240*, 338–340.

Spivey, M., Tyler, M., Richardson, D., & Young, E. (2000). Eye movements during comprehension of spoken scene descriptions. *Proceedings of the 22nd Annual Conference of the Cognitive Science Society* (pp. 487–492). Mahwah, NJ: Lawrence Erlbaum Associates.

Squire, L. R. (1992). Memory and the hippocampus: A synthesis from findings with rats, monkeys, and humans. *Psychological Review, 99*, 195–231.

Squire, L. R., Stark, C. E., & Clark, R. E. (2004). The medial temporal lobe. *Annual Review of Neuroscience, 27*, 279–306.

Stanfield, R. A., & Zwaan, R. A. (2001). The effect of implied orientation derived from verbal context on picture recognition. *Psychological Science, 12*, 153–156.

Stellar, J. R., & Stellar, E. (1984). *The neurobiology of motivation and reward*. New York: Springer-Verlag.

Stephan, K. M., Fink, G. R., Passingham, R. E., Silbersweig, D., Ceballos-Baumann, O., Frith, C. D., et al. (1995). Functional anatomy of the mental representation of upper extremity movements in healthy subjects. *Journal of Neurophysiology, 73*, 373–386.

Sternberg, S. (1966). High-speed scanning in human memory. *Science, 153*, 652–654.

Sternberg, S. (1967). Retrieval of contextual information from memory. *Psychonomic Science, 8*, 55–56.

Sternberg, S. (1969a). The discovery of processing stages: Extensions of Donders' method. In W. G. Koster (Ed.), *Attention and performance II* (pp. 276–315). Amsterdam: North-Holland.

Sternberg, S. (1969b). Memory-scanning: Mental processes revealed by reaction-time experiments. *American Scientist, 57*, 421–457.

Sternberg, S. (2003). Process decomposition from double dissociation of subprocesses. *Cortex, 39*, 180–182.

Stevens, J. A. (2005). Interference effects demonstrate distinct roles for visual and motor imagery during the mental representation of human action. *Cognition, 95*, 329–350.

Stevens, J. A., Fonlupt, P., Shiffrar, M. A., & Decety, J. (2000). New aspects of motion perception: Selective neural encoding of apparent human movements. *NeuroReport, 11*, 109–115.

Stone, V. E., Cosmides, L., Tooby, J., Kroll, N., & Knight, R. T. (2002). Selective impairment of reasoning about social exchange in a patient with bilateral limbic system damage. *Proceedings of the National Academy of Sciences USA, 99*, 11531–11536.

Strayer, D. L., & Johnston, W. A. (2001). Driven to distraction: Dual-task studies of simulated driving and conversing on a cellular telephone. *Psychological Science, 12*, 462–466.

Strayer, D. L., Drews, F. A., & Johnston, W. A. (2003). Cell-phone induced failures of visual attention during simulated driving. *Journal of Experimental Psychology: Applied, 9*, 23–32.

Stroop, J. R. (1935). Studies of interference in serial verbal reactions. *Journal of Experimental Psychology, 18*, 643–662.

Strotz, R. H. (1956). Myopia and inconsistency in dynamic utility maximization. *Review of Economic Studies, 23*, 165–180.

Sturmer, B., Aschersleben, G., & Prinz, W. (2000). Correspondence effects with manual gestures and postures: A study of imitation. *Journal of Experimental Psychology: Human Perception and Performance, 26*, 1746–1759.

Stuss, D. T., & Benson, D. F. (1986). *The frontal lobes.* New York: Raven Press.

Stuss, D. T., & Knight, R. T. (Eds.). (2002). *Principles of frontal lobe function.* New York: Oxford University Press.

Sugita, Y. (1999). Grouping of image fragments in primary visual cortex. *Nature, 401*, 269–272.

Sulin, R. A., & Dooling, D. J. (1974). Intrusion of a thematic idea in the retention of prose. *Journal of Experimental Psychology, 103*, 255–262.

Suzuki, W. A., & Amaral, D. G. (1994). Perirhinal and parahippocampal cortices of the macaque monkey: Cortical afferents. *Journal of Comparative Neurology, 350*, 497–533.

Swinney, D. A. (1979). Lexical access during sentence comprehension: (Re)consideration of context effects. *Journal of Verbal Learning and Verbal Behavior, 18*, 645–659.

Sylvester, C. Y., Wager, T. D., Lacey, S. C., Hernandez, L., Nichols, T. E., Smith, E. E., et al. (2003). Switching attention and resolving interference: fMRI measures of executive functions. *Neuropsychologia, 41*, 357–370.

Tabossi, P. (1988). Effects of context on the immediate interpretation of unambiguous nouns. *Journal of Experimental Psychology: Learning, Memory, and Cognition, 14*, 153–162.

Tai, Y. F., Scherfler, C., Brooks, D. J., Sawamoto, N., & Castiello, U. (2004). The human premotor cortex is "mirror" only for biological actions. *Current Biology, 14*, 117–120.

Talaricho, J. M., & Rubin, D. C. (2003). Confidence, not consistency, characterizes flashbulb memories. *Psychological Science, 14*, 455–461.

Tanaka, J. W., & Curran, T. (2001). A neural basis for expert object recognition. *Psychological Science, 12*, 43–47.

Tanaka, J. W., & Farah, M. J. (1993). Parts and wholes in face recognition. *Quarterly Journal of Experimental Psychology, 46*, 225–245.

Tanaka, J. W., & Gauthier, I. (1997). Expertise in object and face recognition. In R. L. Goldstone, P. G. Schyns, & D. L. Medin (Eds.), *Psychology of learning and motivation series, special volume: Perceptual mechanisms of learning* (Vol. 36, pp. 83–125). San Diego, CA: Academic Press.

Tanaka, J. W., & Sengco, J. A. (1997). Features and their configuration in face recognition. *Memory and Cognition, 25*, 583–592.

Tanaka, K. (1997). Inferotemporal cortex and object recognition. In J. W. Donahoe & V. P. Dorsel (Eds.), *Neural-network models of cognition: Biobehavioral foundations* (Vol. 121, pp. 160–188). Amsterdam: North-Holland/Elsevier Science Publishers.

Tanaka, K., Saito, H., Fukada, Y., & Moriya, M. (1991). Coding visual images of objects in the inferotemporal cortex of the macaque monkey. *Journal of Neurophysiology, 66*, 170–189.

Tanenhaus, M. K., Leiman, J. M., & Seidenberg, M. S. (1979). Evidence for multiple stages in the processing of ambiguous words in syntactic contexts. *Journal of Verbal Learning and Verbal Behavior, 18*, 427–440.

Tanji, J. (1994). The supplementary motor area in the cerebral cortex. *Neuroscience Research, 19*, 251–268.

Terrace, H. S. (1979). *Nim: A chimpanzee who learned sign language.* New York: Knopf.

Thaler, R. H., & Shefrin, H. M. 1981. An economic theory of self-control. *Journal of Political Economy, 89,* 392–406.

Thaler, R. H., Tversky, A., Kahneman, D., & Schwartz, A. (1997). The effect of myopia and loss aversion on risk taking: An experimental test. *Quarterly Journal of Economics, 112,* 647–661.

Thioux, M., Pillon, A., Samson, D., de Partz, M. P., & Noël, M. P. (1998). The isolation of numerals at the semantic level. *Neurocase, 4,* 371–389.

Thompson, P. (1980). Margaret Thatcher: A new illusion. *Perception, 9,* 483–484.

Thompson, R., Emmorey, K. & Gollan, T. H. (2005). "Tip of the fingers" experiences by Deaf signers: Insights into the organization of a sign-based lexicon, *Psychological Science, 16,* 856–860.

Thompson, R. F., & Kim, J. J. (1996). Memory systems in the brain and localization of a memory. *Proceedings of the National Academy of Sciences USA, 93,* 13438–13444.

Thompson, W. L., & Kosslyn, S. M. (2000). Neural systems activated during visual mental imagery: A review and meta-analysis. In A. W. Toga & J. C. Mazziotta (Eds.), *Brain mapping: The systems* (pp. 535–560). San Diego, CA: Academic Press.

Tipper, S. P., & Behrmann, M. (1996). Object-centred not scene-based visual neglect. *Journal of Experimental Psychology: Human Perception and Performance, 22,* 1261–1278.

Tomarken, A. J., Davidson, R. J., Wheeler, R. E., & Doss, R. C. (1992). Individual differences in anterior brain asymmetry and fundamental dimensions of emotion. *Journal of Personality and Social Psychology, 62,* 676–682.

Tomasello, M. (1999). *The cultural origins of human cognition.* Cambridge, MA: Harvard University Press.

Tomb, I., Hauser, M., Deldin, P., & Caramazza, A. (2002). Do somatic markers mediate decisions on the gambling task? *Nature Neuroscience, 5,* 1103–1104.

Tomita, H., Ohbayashi, M., Nakahara, K., Hasegawa, I., & Miyashita, Y. (1999). Top-down signal from prefrontal cortex in executive control of memory retrieval. *Nature, 401,* 699–703.

Tong, F., & Engel, S. A. (2001). Interocular rivalry revealed in the human cortical blind-spot representation. *Nature, 411,* 195–199.

Tong, F., Nakayama, K., Moscovitch, M., Weinrib, O., & Kanwisher, N. (2000). Response properties of the human fusiform face area. *Cognitive Neuropsychology, 17,* 257–279.

Tong, F., Nakayama, K., Vaughan, J. T., & Kanwisher, N. (1998). Binocular rivalry and visual awareness in human extrastriate cortex. *Neuron, 21,* 753–759.

Tootell, R. B. H., Silverman, M. S., Switkes, E., & DeValois, R. L. (1982). Deoxyglucose analysis of retinotopic organization in primates. *Science, 218,* 902–904.

Tourangeau, R., Rips, L. J., & Rasinski, K. R. (2000). *The psychology of survey response.* New York: Cambridge University Press.

Townsend, J. T. (1990). Serial vs parallel processing: Sometimes they look like tweedledum and tweedledee but they can (and should) be distinguished. *Psychological Science, 1,* 46–54.

Townsend, J. T., & Ashby, F. G. (1983). *The stochastic modeling of elementary psychological processes.* Cambridge, UK: Cambridge University Press.

Travis, L. L. (1997). Goal-based organization of event memory in toddlers. In P. W. van den Broek, P. J. Bauer, & T. Bovig (Eds.), *Developmental spans in event comprehension and representation: Bridging fictional and actual events* (pp. 111–138). Mahwah, NJ: Lawrence Erlbaum Associates.

Treisman, A. M. (1960). Contextual cues in selective listening. *Quarterly Journal of Experimental Psychology, 12,* 242–248.

Treisman, A. (1969). Strategies and models of selective attention. *Psychological Review, 76,* 282–299.

Treisman, A. (1990). Variations on the theme of feature integration: Reply to Navon. *Psychological Review, 97,* 460–463.

Treisman, A. (1996). The binding problem. *Current Opinion in Neurobiology, 6,* 171–178.

Treisman, A., & Gelade, G. (1980). A feature-integration theory of attention. *Cognitive Psychology, 12,* 97–136.

Treisman, A., & Sato, S. (1990). Conjunction search revisited. *Journal of Experimental Psychology: Human Perception and Performance, 16,* 459–478.

Treisman, A., & Schmidt, H. (1982). Illusory conjunctions in the perception of objects. *Cognitive Psychology, 14,* 107–141.

Treisman, A., & Souther, J. (1985). Search asymmetry: A diagnostic for preattentive processing of separable features. *Journal of Experimental Psychology: General, 114*, 285–310.

Treue, S., & Martinez Trujillo, J. C. (1999). Feature-based attention influences motion processing gain in macaque visual cortex. *Nature, 399*, 575–579.

Treue, S., & Maunsell, J. H. (1996). Attentional modulation of visual motion processing in cortical areas MT and MST. *Nature, 382*, 539–541.

Trueswell, J. C., & Tanenhaus, M. K. (1994). Toward a lexicalist framework for constraint-based syntactic ambiguity resolution. In C. Clifton, L. Frazier, & K. Rayner (Eds.), *Perspectives in sentence processing* (pp. 155–179). Hillsdale, NJ: Lawrence Erlbaum Associates.

Tulving, E. (1972). Episodic and semantic memory. In E. Tulving & W. Donaldson (Eds.), *Organization of memory* (pp. 382–403). New York: Academic Press.

Tulving, E. (1983). *Elements of episodic memory.* Cambridge, UK: Cambridge University Press.

Tulving, E. (1985). Memory and consciousness. *Canadian Psychologist, 26*, 1–12.

Tulving, E., & Markowitsch, H. J. (1998). Episodic and declarative memory: Role of the hippocampus. *Hippocampus, 8*, 198–204.

Tulving, E., & Schacter, D. L. (1990). Priming and human memory systems. *Science, 247*, 301–306.

Tulving, E., & Thompson, D. M. (1973). Encoding specificity and retrieval processes in episodic memory. *Psychological Review, 80*, 359–380.

Tversky, A. (1967). Utility theory and additivity analysis of risky choices. *Journal of Experimental Psychology, 75*, 27–36.

Tversky, A. (1969). Intransitivity of preferences. *Psychological Review, 76*, 31–48.

Tversky, A. (1972). Elimination by aspects: A theory of choice. *Psychological Review, 79*, 281–299.

Tversky, A., & Fox, C. R. (1995). Weighing risk and uncertainty. *Psychological Review, 102*, 269–283.

Tversky, A., & Kahneman, D. (1974). Judgment under uncertainty: Heuristics and biases. *Science, 185*, 1124–1131.

Tversky, A., & Kahneman, D. (1981). The framing of decisions and the psychology of choice. *Science, 211*, 453–458.

Tversky, A., & Kahneman, D. (1984). Extensional versus intuitive reasoning: The conjunction fallacy in probability judgment. *Psychological Review, 91*, 293–315.

Tversky, A., & Kahneman, D. (1992). Advances in prospect theory: Cumulative representation of uncertainty. *Journal of Risk and Uncertainty, 5*, 297–323.

Tversky, A., & Koehler, D. J. (1994). Support theory: A nonextensional representation of subjective probability. *Psychological Review, 101*, 547–567.

Tversky, B., & Hemenway, K. (1985). Objects, parts, and categories. *Journal of Experimental Psychology: General, 113*, 169–193.

Tweney, R. D., Doherty, M. E., & Mynatt, C. R. (1981). *On scientific thinking.* New York: Columbia University Press.

Tyler, L. K., & Moss, H. E. (1997). Imageability and category-specificity. *Cognitive Neuropsychology, 14*, 293–318.

Tyler, L. K., & Moss, H. E. (2001). Towards a distributed account of conceptual knowledge. *Trends in Cognitive Sciences, 5*, 244–252.

Tzschentke, T. M., & Schmidt, W. J. (2000). Functional relationship among medial prefrontal cortex, nucleus accumbens, and ventral tegmental area in locomotion and reward. *Critical Reviews in Neurobiology, 14*, 131–142.

Ullian, E. M., Sapperstein, S. K., Christopherson, K. S., & Barres, B. A. (2001). Control of synapse number by glia. *Science, 291*, 657–661.

Ulmità, M. A., Kohler, E., Gallese, V., Fogassi, L., Fadiga, L., Keysers, C., et al. (2001). I know what you are doing: A neurophysiological study. *Neuron, 31*, 155–165.

Uncapher, M. R., & Rugg, M. D. (2005). Effects of divided attention on fMRI correlates of memory encoding. *J Cogn Neurosci, 17*, 1923–1935.

Underwood, B. J. (1957). Interference and forgetting. *Psychological Review, 64*, 49–60.

Ungerleider, L. G., & Haxby, J. V. (1994). What and where in the human brain. *Current Opinion in Neurobiology, 4*, 157–165.

Ungerleider, L. G., & Mishkin, M. (1982). Two cortical visual systems. In D. J. Ingle, M. A. Goodale, & R. J. W. Mansfield (Eds.), *Analysis of visual behavior* (pp. 549–586). Cambridge, MA: The MIT Press.

Usher, M., & Cohen, J. D. (1999). Short term memory and selection processes in a frontal-lobe model. In D. Heinke, G. W. Humphries, & A. Olsen (Eds.), *Connectionist models in cognitive neuroscience.* Brighton, UK: Psychology Press.

Vaidya, C. J., Gabrieli, J. D. E., Keane, M. M., Monti, L. A., Gutierrez-Rivas, H., & Zarella, M. M. (1997). Evidence for multiple mechanisms of conceptual priming on implicit memory tests. *Journal of Experimental Psychology: Learning, Memory, and Cognition, 23,* 1324–1343.

Vaina, L. M., LeMay, M., Bienefang, D., Choi, A. Y., & Nakayama, K. (1990). Intact biological motion and structure from motion perception in a patient with impaired motion measurements. *Visual Neuroscience, 6,* 353–369.

Vakil, E., Galek, S., Soroker, N., Ring, H., & Gross, Y. (1991). Differential effect of right and left hemispheric lesions on two memory tasks: Free recall and frequency judgment. *Neuropsychologica, 29,* 981–992.

Vallar, G., & Baddeley, A. D. (1984). Fractionation of working memory: Neuropsychological evidence for a phonological short-term store. *Journal of Verbal Learning and Verbal Behavior, 23,* 151–161.

Vallar, G., & Papagno, C. (1986). Phonological short-term store and the nature of the recency effect: Evidence from neuropsychology. *Brain and Cognition, 5,* 428–432.

Vallar, G., & Papagno, C. (1995). Neuropsychological impairments of short-term memory. In A. D. Baddeley & B. A. Wilson (Eds.), *Handbook of memory disorders* (Vol. XVI, pp. 135–165). Oxford: Wiley.

Van Orden, G. C. (1987). A ROWS is a ROSE: Spelling, sound, and reading. *Memory and Cognition, 15,* 181–198.

Vandenberghe, R., Gitelman, D. R., Parrish, T. B., & Mesulam, M. M. (2001). Functional specificity of superior parietal mediation of spatial shifting. *NeuroImage, 14,* 661–673.

Veltman, D. J., Rombouts, S. A., & Dolan, R. J. (2003). Maintenance versus manipulation in verbal working memory revisited: An fMRI study. *NeuroImage, 18,* 247–256.

Vingerhoets, G., de Lange, F. P., Vandemaele, P., Deblaere, K., & Achten, E. (2002). Motor imagery in mental rotation: An fMRI study. *NeuroImage, 17,* 1623–1633.

Vitevitch, M. S. (2003). Change deafness: The inability to detect changes between two voices. *Journal of Experimental Psychology: Human Perception and Performance, 29,* 333–342.

Viviani, P. (2002). Motor competence in the perception of dynamic events: A tutorial. In W. Prinz & B. Hommel (Eds.), *Common mechanisms in perception and action, attention and performance XIX* (pp. 406–442). New York: Oxford University Press.

Vogels, R., Biederman, I., Bar, M., & Lorincz, A. (2001). Inferior temporal neurons show greater sensitivity to nonaccidental than to metric shape differences. *Journal of Cognitive Neuroscience, 13,* 444–453.

Vogels, T. P., Rajan, K., & Abbott, L. E. (2005). Neural network dynamics. *Annual Review of Neuroscience, 28,* 357–376.

Vuilleumier, P., Armony, J. L., Driver, J., & Dolan, R. J. (2001). Effects of attention and emotion on face processing in the human brain: An event-related fMRI study. *Neuron, 30,* 829–841.

Vuilleumier, P., Armony, J. L., Driver, J., & Dolan, R. J. (2003). Distinct spatial frequency sensitivities for processing faces and emotional expressions. *Nature Neuroscience, 6,* 624–631.

Vuilleumier, P., Richardson, M. P., Armony, J. L., Driver, J., & Dolam, R. J. (2004). Distant influences of amygdala lesion on visual cortical activation during emotional face processing. *Nature Neuroscience, 7,* 1271–1278.

Vuilleumier, P., & Schwartz, S. (2001). Beware and be aware: Capture of spatial attention by fear-related stimuli in neglect. *NeuroReport, 12,* 1119–1122.

Wade, N. J. (1998). *A natural history of vision.* Cambridge, MA: The MIT Press.

Wager, T. D., Jonides, J., & Smith, E. E. (in press). Individual differences in multiple types of shifting attention. *Memory & Cognition.*

Wager. T. D., Reading, S., & Jonides, J. (2004). Neuroimaging studies of shifting attention: A meta-analysis. *Neuroimage, 22,* 1679–1693.

Wagner, A. D. (2002). Cognitive control and episodic memory: Contributions from prefrontal cortex. In L. R. Squire & D. L. Schacter (Eds.), *Neuropsychology of memory* (3rd ed., pp. 174–192). New York: Guilford Press.

Wagner, A. D., Bunge, S. A., & Badre, D. (2005). Cognitive control, semantic memory, and priming: Contributions from prefrontal cortex. In M. S. Gazzaniga (Ed.), *The cognitive neurosciences III* (pp. 709–725). Cambridge, MA: MIT Press.

Wagner, A. D., & Koutstaal, W. (2002). Priming. In *Encyclopedia of the human brain* (Vol. 4, pp. 27–46). New York: Elsevier Science.

Wagner, A. D., Koutstaal, W., Maril, A., Schacter, D. L., & Buckner, R. L. (2000). Process-specific repetition priming in left inferior prefrontal cortex. *Cerebral Cortex, 10,* 1176–1184.

Wagner, A. D., Paré-Blagoev, E. J., Clark, J., & Poldrack, R. A. (2001). Recovering meaning: Left prefrontal cortex guides controlled semantic retrieval. *Neuron, 31,* 329–338.

Wagner, A. D., Schacter, D. L., Rotte, M., Koutstaal, W., Maril, A., Dale, A. M., et al. (1998). Building memories: Remembering and forgetting of verbal experiences as predicted by brain activity. *Science, 281,* 1188–1191.

Walsh, V., Ashbridge, E., & Cowey, A. (1998). Cortical plasticity in perceptual learning demonstrated by transcranial magnetic stimulation. *Neuropsychologia, 36,* 363–367.

Walsh, V., & Pascual-Leone, A. (2003). *Transcranial magnetic stimulation: A neurochronometrics of mind.* Cambridge, MA: The MIT Press.

Warren, R. M. (1970). Perceptual restoration of missing speech sounds. *Science, 167,* 392–393.

Warrington, E. K., & McCarthy, R. A. (1983). Category specific access dysphasia. *Brain, 106,* 859–878.

Warrington, E. K., & McCarthy, R. A. (1987). Categories of knowledge: Further fractionations and an attempted integration. *Brain, 110,* 1273–1296.

Warrington, E. K., & Shallice, T. (1984). Category specific semantic impairments. *Brain, 107,* 829–854.

Warrington, E. K., & Weiskrantz, L. (1968). A new method of testing long-term retention with special reference to amnesic patients. *Nature, 217,* 972–974.

Warrington, E. K., & Weiskrantz, L. (1974). The effect of prior learning on subsequent retention in amnesic patients. *Neuropsychologia, 12,* 419–428.

Wason, P. C. (1966). Reasoning. In B. Foss (Ed.), *New horizons in psychology* (pp. 135–151). Harmondsworth, UK: Penguin.

Webster, M. A., & MacLin, O. H. (1999). Figural aftereffects in the perception of faces. *Psychonomic Bulletin and Review, 6,* 647–653.

Webster, M. A., Kaping, D., Mizokami, Y., & Duhamel, P. (2004). Adaptation to natural face categories. *Nature, 428,* 557–561.

Weinberger, M. R. (1995). Retuning the brain by fear conditioning. In M. S. Gazzaniga (Ed.), *The cognitive neurosciences* (pp. 1071–1090). Cambridge, MA: The MIT Press.

Weisberg, R. W. (1993). *Creativity: Beyond the myth of genius.* New York: W. H. Freeman.

Weiss, Y., & Adelson, E. H. (1998). Slow and smooth: A Bayesian theory for the combination of local motion signals in human vision (CBCL Paper #158/AI Memo 1624). Cambridge, MA: Massachusetts Institute of Technology.

Weisstein, N., & Harris, C. S. (1974). Visual detection of line segments: An object-superiority effect. *Science, 186,* 752–755.

Werker, J. F., & Tees, R. C. (1984). Cross-language speech perception: Evidence for perceptual reorganization during the first year of life. *Infant Behavior and Development, 7,* 49–63.

Wertheimer, M. (1945). *Productive thinking.* New York: Harper.

Whalen, P. J. (1998). Fear, vigilance, and ambiguity: Initial neuroimaging studies of the human amygdala. *Current Directions in Psychological Science, 7,* 177–188.

Whalen, P. J., Rauch, S. L., Etcoff, N. L., McInerney, S. C., Lee, M. B., & Jenike, M. A. (1998). Masked presentations of emotional facial expressions modulate amygdala activity without explicit knowledge. *Journal of Neuroscience, 18,* 411–418.

Wharton, C. M., & Grafman, J. (1998). Deductive reasoning and the brain. *Trends in Neuroscience, 2,* 54–59.

Wharton, C. M., Grafman, J., Flitman, S. S., Hansen, E. K., Brauner, J., Marks, A., et al. (2000). Toward neuroanatomical models of analogy: A positron emission tomography study of analogical mapping. *Cognitive Psychology, 40,* 173–197.

Wheeler, D. D. (1970). Processes in word recognition. *Cognitive Psychology, 1,* 59–85.

Wheeler, M. E., Petersen, S. E., & Buckner, R. L. (2000). Memory's echo: Vivid remembering reactivates sensory-specific cortex. *Proceedings of the National Academy of Sciences USA, 97*, 11125–11129.

Whorf, B. (1956). *Language, thought & reality*. Cambridge, MA: The MIT Press.

Wickens, D. D., Dalezman, R. E., & Eggemeier, F. T. (1976). Multiple encoding of word attributes in memory. *Memory and Cognition, 4*, 307–310.

Wiesel, T. N., & Hubel, D. H. (1963). Single-cell responses in striate cortex of kittens deprived of vision in one eye. *Journal of Neurophysiology, 26*, 1003–1017.

Wiesel, T. N., & Hubel, D. H. (1965). Comparison of the effects of unilateral and bilateral eye closure on cortical unit responses in kittens. *Journal of Neurophysiology, 28*, 1029–1040.

Wiggs, C. L., & Martin, A. (1998). Properties and mechanisms of perceptual priming. *Current Opinion in Neurobiology, 8*, 227–233.

Wikman, A. S., Nieminen, T., & Summala, H. (1998). Driving experience and time-sharing during in-car tasks on roads of different widths. *Ergonomics, 41*, 358–372.

Williams, A., & Weisstein, N. (1978). Line segments are perceived better in a coherent context than alone: An object-line effect in visual perception. *Memory and Cognition, 6*, 85–90.

Williams, J. M. G., Matthews, A., & Macleod, C. (1996). The emotional Stroop task and psychopathology. *Psychological Bulletin, 120*, 3–24.

Williams, M. A., Morris, A. P., McGlone, F., Abbott, D. F., & Mattingly, J. B. (2004). Amygdala responses to fearful and happy facial expressions under conditions of binocular suppression. *Journal of Neuroscience, 24*, 2898–2904.

Wilson, F. A. W., Scalaidhe, S. P. O., & Goldman-Rakic, P. S. (1993). Dissociation of object and spatial processing domains in primate prefrontal cortex. *Science, 260*, 1955–1957.

Wilson, M. A., & McNaughton, B. L. (1994). Reactivation of hippocampal ensemble memories during sleep. *Science, 265*, 676–679.

Wilson, W. R. (1979). Feeling more than we can know: Exposure effects without learning. *Journal of Personality and Social Psychology, 37*, 811–821.

Wise, R. A., & Rompre, P. P. (1989). Brain dopamine and reward. *Annual Review of Psychology, 40*, 191–225.

Witelson, S. F., Kigar, D. L., & Harvey, T. (1999). The exceptional brain of Albert Einstein. *Lancet, 353*, 2149–2153.

Witkin, H. A., Oltman, P. K., Raskin, E., & Karp, S. A. (1971). *A manual for the Embedded Figures Test*. Palo Alto, CA: Consulting Psychologists Press.

Wixted, J. T., & Ebbesen, E. B. (1991). On the form of forgetting. *Psychological Science, 2*, 409–415.

Wixted, J. T., & Squire, L. R. (2004). Recall and recognition are equally impaired in patients with selective hippocampal damage. *Cognitive, Affective, & Behavioral Neuroscience, 4*, 58–66.

Wojciulik, E., & Kanwisher, N. (1999). The generality of parietal involvement in visual attention. *Neuron, 23*, 747–764.

Wolfe, J. M. (1999). Inattentional amnesia. In V. Coltheart (Ed.), *Fleeting memories: Cognition of brief visual stimuli* (pp. 71–94). Cambridge, MA: The MIT Press.

Wolfe, J. M. (2003). Moving towards solutions to some enduring controversies in visual search. *Trends in Cognitive Science, 7*, 70–76.

Wolfe, J. M., Cave, K. R., & Franzel, S. L. (1989). Guided search: An alternative to the modified feature integration model for visual search. *Journal of Experimental Psychology: Human Perception and Performance, 15*, 419–433.

Wolfe, J. M., Yu, K. P., Stewart, M. I., Shorter, A. D., Friedman-Hill, S. R., & Cave, K. R. (1990). Limitations on the parallel guidance of visual search: Color x color and orientation x orientation conjunctions. *Journal of Experimental Psychology: Human Perception and Performance, 16*, 879–892.

Wolff, P., Medin, D. L., & Pankratz, C. (1999). Evolution and devolution of folkbiological knowledge. *Cognition, 73*, 177–204.

Wood, N., & Cowan, N. (1995). The cocktail party phenomenon revisited: How frequent are attention shifts to one's name in an irrelevant auditory channel? *Journal of Experimental Psychology: Learning, Memory and Cognition, 21*, 255–260.

Woodward, A. L. (1998). Infants selectively encode the goal object of an actor's reach. *Cognition, 69*, 1–34.

Woodward, A. L. (2003). Infants' developing understanding of the link between looker and object. *Developmental Science, 6*, 297–311.

Woodward, A. L., & Guajardo, J. J. (2002). Infants' understanding of the point gesture as an object-directed action. *Cognitive Development, 83*, 1–24.

Woodworth, R. S., & Sells, S. B. (1935). An atmosphere effect in formal syllogistic reasoning. *Journal of Experimental Psychology, 18*, 451–460.

Wright, D. B. (1993). Recall of the Hillsborough disaster over time: Systematic biases of "flashbulb" memories. *Applied Cognitive Psychology, 7*, 129–138.

Wu, L., & Barsalou, L. W. (2004). Perceptual simulation in property generation. Manuscript under review.

Wundt, W. M. (1907). *Outlines of psychology.* Leipzig, Germany: Wilhelm Engelmann.

Yeh, W., & Barsalou, L. W. (2004). The situated character of concepts. Manuscript under review.

Yin, R. K. (1969). Looking at upside-down faces. *Journal of Experimental Psychology, 81*, 141–145.

Yonelinas, A. P. (2002). The nature of recollection and familiarity: A review of 30 years of research. *Journal of Memory and Language, 46*, 441–517.

Yonelinas, A. P., & Jacoby, L. L. (1994). Dissociations of processes in recognition memory: Effects of interference and of response speed. *Canadian Journal of Experimental Psychology, 48*, 516–534.

Yonelinas, A. P., Kroll, N. E., Quamme, J. R., Lazzara, M. M., Sauve, M. J., Widaman, K. F., et al. (2002). Effects of extensive temporal lobe damage or mild hypoxia on recollection and familiarity. *Nature Neuroscience, 5*, 1236–1241.

Yonelinas, A. P., Otten, L. J., Shaw, K. N., & Rugg, M. D. (2005). Separating the brain regions involved in recollection and familiarity in recognition memory. *Journal of Neuroscience, 25*, 3002–3008.

Young, A. W., Hellawell, D., & Hay, D. C. (1987). Configural information in face perception. *Perception, 16*, 747–759.

Young, M. P., & Yamane, S. (1992). Sparse population coding of faces in the inferotemporal cortex. *Science, 256*, 1327–1331.

Yue, G., & Cole, K. J. (1992). Strength increases from the motor program: Comparison of training with maximal voluntary and imagined muscle contractions. *Journal of Neurophysiology, 67*, 1114–1123.

Zacks, J., Braver, T. S., Sheridan, M. A., Donaldson, D. I., Snyder, A. Z., Ollinger, J. M., et al. (2001). Human brain activity time-locked to perceptual event boundaries. *Nature Neuroscience, 4*, 651–655.

Zacks, J. M., & Tversky, B. (2001). Event structure in perception and conception. *Psychological Bulletin, 127*, 3–21.

Zacks, J. M., Tversky B., & Iyer, G. (2001). Perceiving, remembering, and communicating structure in events. *Journal of Experimental Psychology General, 130*, 29–58.

Zajonc, R. B. (1980). Feeling and thinking: Preferences need no inferences. *American Psychologist, 35*, 151–175.

Zajonc, R. B. (1984). On the primacy of affect. *American Psychologist, 39*, 117–123.

Zeki, S. (1990). A century of cerebral achromatopsia. *Brain, 113*(Pt. 6), 1721–1777.

Zeki, S. (1993). *A vision of the brain.* Cambridge, MA: Blackwell.

Zhang, H., Zhang, J., & Kornblum, S. (1999). A parallel distributed processing model of stimulus–stimulus and stimulus–response compatibility. *Cognitive Psychology, 38*, 386–432.

Zhao, L., & Chubb, C. (2001). The size-tuning of the face-distortion after-effect. *Vision Research, 41*, 2979–2994.

Zihl, J., von Cramon, D., & Mai, N. (1983). Selective disturbance of movement vision after bilateral brain damage. *Brain, 106*(Pt. 2), 313–340.

Zipf, G. K. (1935). *The psycho-biology of language.* Boston: Houghton Mifflin.

Zola-Morgan, S., Squire, L. R., Amaral, D. G., & Suzuki, W. A. (1989). Lesions of perirhinal and parahippocampal cortex that spare the amygdala and hippocampal formation produce severe memory impairment. *Journal of Neuroscience, 9*, 4355–4370.

Zola-Morgan, S., Squire, L. R., Avarez-Royo, P., & Clower, R. P. (1991). Independence of memory functions and emotional behavior: Separate contributions of the hippocampal formation and the amygdala. *Hippocampus, 1*, 207–220.

Zwaan, R. A., Stanfield, R. A., & Yaxley, R. H. (2002). Language comprehenders mentally represent the shapes of objects, *Psychological Science, 13*, 168–171.

译 后 记

《认知心理学：心智与脑》2008 年 8 月出版，由著名的美国心理学家，哥伦比亚大学的爱德华·E. 史密斯教授和哈佛大学的斯蒂芬·M. 科斯林教授主编。当看到这部书时，我就深深喜欢上了它。这本书就像原著序言所说，最大的特点是作为第一本将神经科学充分融入认知研究的认知心理学教科书，充分利用神经成像、单细胞记录、电磁信号研究、脑损伤患者研究等先进技术手段，从全新的角度阐释了认知心理学领域的重要问题；在编排上独辟蹊径，例如，用了三个章节来介绍记忆，"执行过程""情绪与认知""运动控制"等章节也很有特色；本书的目标是帮助学生在掌握经典研究的同时了解最新的研究进展，因而兼顾基础知识和前沿问题。全书语言通俗易懂、深入浅出，充满日常生活中的例子和生动的类比；每章开头有学习目标，结尾有总结和复习思考问题；每章内设有一个"争论"专栏，以此突出该领域的热点问题持续不断的发展状况，另有一个"深度观察"专栏，以帮助读者弄清重要研究的细节，特别有利于启发读者在学习阅读中的思维。

本书在中国的翻译出版也一波三折，跌宕起伏，甚至可以用"起死回生"来形容。在本书刚刚出版的 2008 年，我就组织了课题组的博士、硕士研究生们承担了翻译工作，他们在几个月后陆续完成了翻译。但由于我对翻译质量不是太满意，加上本人的科研任务十分繁重，因此在 2010 年年初才完成了初步的校订工作，但因为当时签约出版社编辑的人事变动，本书的出版遇到一些困难。这时，王乃弋博士参加了本书的校订工作，她和另外几位青年教师以极大的热情又一次对各章节进行了仔细校正。这时候，已经到了 2012 年年初。

新联系的出版社要求我联系原作者以得到版权。我认识二位原作者中的科斯林教授，他告诉我一个令人震惊的消息，史密斯教授已经患脑癌离开了人世，科斯林本人也离开哈佛大学到了一个新的学校，无暇顾及此事。

事情似乎走到了尽头。此时，几经周折我找到了教育科学出版社的周益群编辑，经过重新申报选题，出版社负责了版权事宜，本书得以起死回生。周编辑还以非常认真的态度，邀请清华大学的傅世敏教授对全书进行了审读，提出了一些修改意见。我们在此基础上又进行了新一轮修改。

　　各章的翻译者和现单位如下：第 1 章崔芳（深圳大学）、第 2 章杨晓煦（北京师范大学）、第 3 章杜博琪（北京师范大学）、第 4 章顾媛媛（中国建设银行）、第 5 章周立明（深圳市明途科技有限公司）、第 6 章吴婷婷（美国纽约城市大学）、第 7 章孙世月（北京林业大学）、第 8 章李雪冰（中国科学院心理研究所）、第 9 章吴燕（成都医学院）、第 10 章古若雷（中国科学院心理研究所）、第 11 章牛亚南（中国科学院心理研究所）、第 12 章张慧君（暨南大学）、目录和术语表杨苏勇（上海体育学院）、前言王乃弋（北京师范大学）。校订者：第 2 章黄宇霞（北京师范大学）、第 3 章王妍（中国科学院心理研究所）、第 9 章李金珍（《心理学报》编辑部）、第 11 章王君（北京师范大学）、其余各章王乃弋（北京师范大学），最后全部章节再次由王乃弋统一校订。

　　好事多磨，尽管本书在中国的翻译出版历经 6 载；尽管我已经从北国的首都到了南端的改革之都，不管怎样，这本书终于和读者见面了。我非常感谢我的学生们对该书的翻译和校订，尽管他（她）们已经全部毕业离开，有的甚至已经转行。特别要感谢王乃弋博士的执着和周益群编辑的耐心。另外也要感谢刘明堂主任和赵琼英编辑在后期校订和出版工作中付出的辛勤工作。衷心希望《认知心理学：心智与脑》在中国的心理学、认知神经科学领域发挥其应有的作用。

2014 年炎夏于深圳荔园

彩 插 A

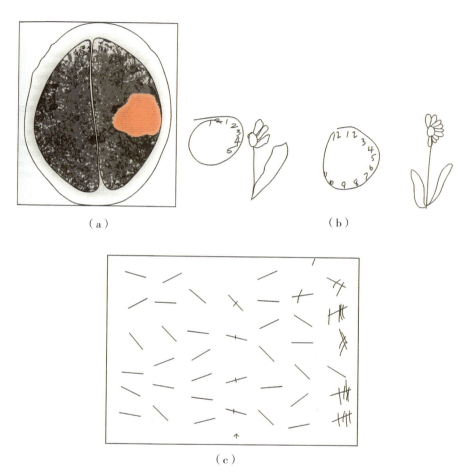

（a）   （b）

（c）

图 3-6 偏侧空间忽视症：病因和症状

（a）一个偏侧空间忽视症病人的脑成像扫描，显示其脑损伤在右脑（图中红色区域）。（b）两个偏侧空间忽视症病人所画的表和雏菊。（c）一个偏侧空间忽视症病人标出的线条。

彩 插 B

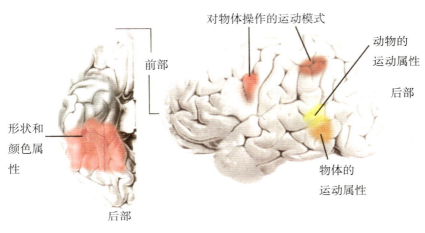

（a）左腹侧视角　　　　　　（b）左外侧视角

图 4-13　加工关于类别的各种属性信息时被激活的脑区

（a）从枕叶到颞叶的腹侧脑区在表征形状和颜色属性时被激活。（b）运动和顶叶区在表征对物体的可能操作的相关知识时被激活；后颞叶区在表征物体的运动属性时被激活。在所有情况下，表征类别的属性信息的区域都与实际知觉物体时表征相应属性的脑区重合。

［Martin，A.，& Chao，L.，（2001）. Semantic memory and the brain：structure and process. *Current Opinion in Neurobiology*，*11*，pp. 194-201.］

彩　插　C

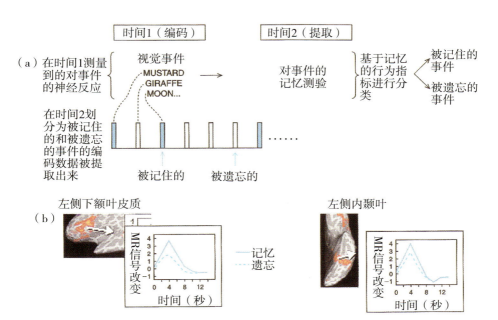

图 5-7　记忆行为与大脑活动之间的联系

（a）在事件加工（本例为单词的视觉呈现）的过程中记录神经反应，然后探测记忆，事件被划分为后来被记住的和后来被遗忘的。（b）基于随后的记忆对编码过程中的神经反应进行分析，揭示出编码的神经机制分布在各个脑区。数据显示后来被记住的事件（深蓝色）比后来被遗忘的事件（浅蓝色）在编码过程中引发了更大的神经反应。

［Paller，K. A. & Wagner，A. D. （2002）. Observing the transformation of experience into memory. *Trends in Cognitive Science*，*6*，93-102. Data are adapted from Wagner，A. D.，Schacter，D. L.，Rotte，M.，Koutstaal，W.，Maril，A.，Dale，A. M.，Rosen，B. R.，and Buckner，R. L. 1998. Building Memories：Remembering and Forgetting of Verbal Experiences as Predicted by Brain Activity. *Science*，*281*，1188-1191. 经允许重印］

彩 插 D

单词编码　　　　物体编码　　　　面孔编码

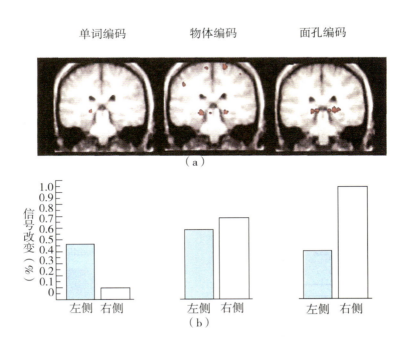

（a）

（b）

图 5-11　言语和非言语事件在左侧和右侧内侧颞叶的激活不同

（a）fMRI 显示的内侧颞叶在编码单词、物体和面孔时的激活。
（b）每种情况下的激活程度（以信号改变为指标）。注意在单词编码时左侧比右侧的内侧颞叶的信号强度明显更强，而面孔编码时右侧比左侧的内侧颞叶的信号强度明显更强。

[Kelley, W. M., Miezin, F. M., McDermott, K. B., Buckner, R. L., Raichle, M. E., Cohen, N. J. Ollinger, J. M., Akbudak, E., Conturo, T. E., Snyder, A. Z., & Petersen, S. E. (1998). Hemispheric Specialization in Human Dorsal Frontal Cortex and Medial Temporal lobe for Verbal and Nonverbal Memory Encoding. *Neuron*, *20*, 927-936. 经爱思唯尔出版社允许重印]

彩　插　E

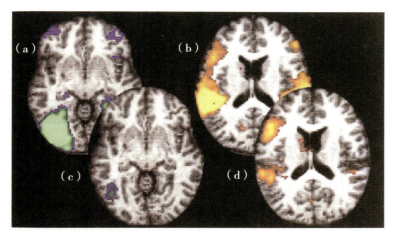

图5-12　情景提取过程中重演的 fMRI 证据

在编码阶段，被试学习与声音或图像成对呈现的单词；在提取阶段，要求被试回忆，一个单词之前是跟声音配对还是跟图片配对的。fMRI 图像显示了在对图片（a）和声音（b）的知觉过程中大脑的激活区域，以及在提取相同的图片（c）和声音（d）过程中大脑的激活区域。从记忆中提取图片需要重新激活视觉皮质区的一部分，即在知觉图片时被激活的那部分区域——比较（c）和（a）；声音的提取需要重新激活双侧的颞叶上部区域，这些区域在知觉声音时被激活——比较（d）和（b）。

[Buckner, R. L., & Wheeler, M. E. (2001). The Cognitive Neuroscience of Remembering. *Nature Reviews Neuroscience*, *2*, 624–634. Data are from Wheeler, Petersen and Buckner (2000). Memory's echo: Vivid remembering reactivates sensory-specific cortex. *Proceedings of the National Academy of Sciences*, USA, *97*, 11125–11129. 经爱思唯尔出版社允许重印]

彩 插 F

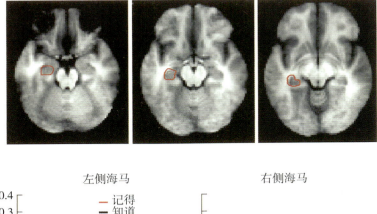

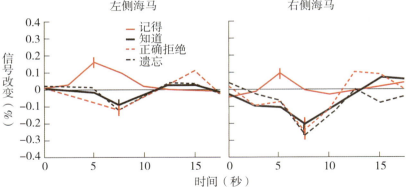

图 5-14　在基于回忆与基于刺激熟悉性的再认过程中海马的激活程度对比

　　MRI 扫描显示了海马的位置（左半球用红线勾勒的区域）。下图显示在伴随回忆的过程中脑的激活更强，而在基于刺激熟悉性（"知道"）的再认过程与遗忘过程中脑的激活程度相当。

[Eldridge, L. L., Knowlton, B. J., Furmanski, C. S., Bookheimer, S. Y., Engel, & S. A.（2000）. Remembering episodes：A selective role for the hippocampus during retrieval *Nature. Neuroscience, 3,* 1149-1152. 经允许重印]

彩 插 G

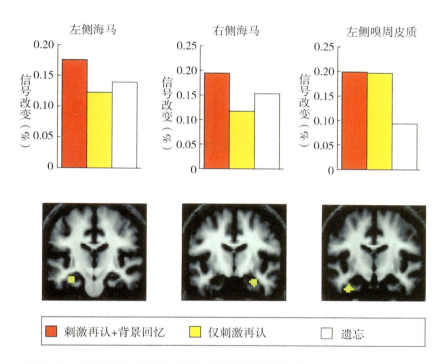

图 5-15　编码过程中海马和嗅周皮质不同的激活模式

当被试在某个背景中能够再认刺激时，左侧和右侧海马的激活能够预测被试后来对刺激背景的回忆，但不能预测再认和刺激遗忘之间的区别。相反，嗅周皮质的激活能够预测被试能够再认刺激还是遗忘刺激，但不能预测被试能否回忆刺激背景。在下面的 MRI 扫描图中，海马和嗅周皮质用黄色标出。

[Davachi，L.，Mitchell，J. P.，& Wagner，A. D.（2003）. Multiple routes to memory：Distinct medial temporal lobe processes build item and source memories. *PNAS*，*100*，2157-2162. 经允许重印]

彩 插 H

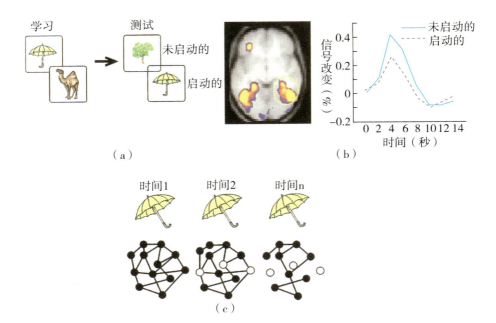

（a）

（b）

（c）

图 5-21　启动和神经调节

（a）学习和测试的项目：一些测试项目被启动，一些测试项目没有被启动。（b）对被试大脑的一次 fMRI 扫描显示，当一个启动对象被加工时，左侧和右侧纺锤体皮质的激活降低。右图显示了右侧纺锤体皮质（圆圈内）的平均 fMRI 信号。

［Wagner, A. D. , & Koutstaal, W. Priming. In *Encyclopedia of the Human Brain* , Vol. 4. Elsevier Science，2002, pp. 27-46, Fig. 2. 经爱思唯尔出版社允许重印］

（c）假设的表征视觉客体特征的神经网络的改变，这种改变被看作重复经历的函数。当一个对象被重复呈现时，那些对识别客体不必要的特征进行编码的神经元的活动降低（从黑色变为白色），从而减少了与网络中的其他神经元之间的联系（从黑色变为无连接线的开放圆）。因此，神经网络变得零散、更有选择性，从而增强了客体识别的能力。

［Wiggs, C. L. , & Martin, A. （1998）. Properties and mechanisms of perceptual priming. *Current Opinion in Neurobiology*，8，227-233. 经爱思唯尔出版社允许重印］

彩　插　I

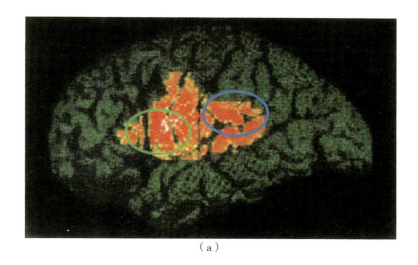

（a）

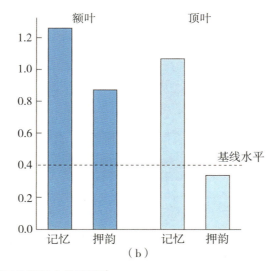

（b）

图 6-7　言语工作记忆中的脑活动

（a）当记忆英文字母时，下额叶，即布洛卡区（绿色椭圆），及顶叶下回（蓝色椭圆）的激活。（b）在言语记忆任务和押韵任务中，左侧额叶的激活都高于基线水平。而顶叶的激活只在记忆任务中高于基线水平，说明顶叶可能只在语音存储时有选择性的激活。

［Paulesu, E., Frith, C. D., & Frackowiak, R. S. J. (1993). The neural correlates of the verbal component of working memory. *Nature*, *362*, 342-345. 经允许重印］

彩 插 J

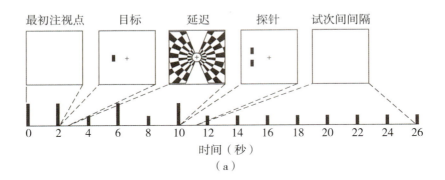

| 最初注视点 | 目标 | 延迟 | 探针 | 试次间间隔 |

时间（秒）

（a）

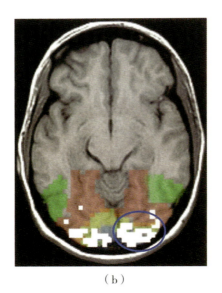

（b）

图 6-9 空间工作记忆任务中大脑视觉区活动增强

（a）被试完成的空间工作记忆任务，需要记住一个小竖条的位置，并在一段延迟期后判断它的位置与两个探针条相比是在左侧还是右侧。在延迟期间用闪烁的棋盘格刺激视觉系统。（b）在延迟期间活动增强的视觉敏感区（白色区域）。线索呈现（本例为右侧区域）对侧脑区的激活明显更强（蓝色椭圆内区域），反映了脑的对侧组织方式。

［Postle, B. R., Awh, E., Jonides, J., Smith, E. E., & D'Esposito, M. (2004). The where and how of attention-based rehersal in spatial working memory. *Brain Res Cogn Brain Res.*, 20（2），194-205.］

彩 插 K

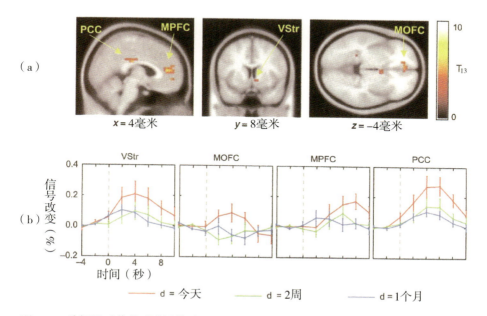

图 9-9 选择即时获益时激活的脑区

（a）在评估即时可得的金钱收益时，4 个脑区出现特异性激活：腹侧纹状体（VStr）、内侧眶额皮质（MOFC）、内侧前额叶（MPFC）、扣带后回（PCC）。这些区域被认为与即时奖赏评价过程中的情绪成分有关。（b）不同时间延迟（即时、2 周和 4 周）条件下 4 个区域的 fMRI 激活随时间变化的曲线，从选项第一次呈现开始（横坐标为 0）持续 8 秒。当大脑考虑结果时，即时结果引发的神经活动明显不同。

（McClure et al., *Science*, *15*, October 2004, Vol. 306, p. 504. www. sciencemag. org. 经允许重印）

彩 插 L

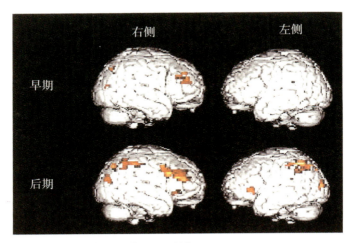

图 10-11　分类任务的 fMRI 数据

在早期试次中，分类任务（对抽象图画进行分类）相对基线任务的激活局限在右半球的额叶和顶叶。在后期试次中，左半球的背外侧前额叶和右顶叶区开始有激活。后期左半球的激活可能意味着被试在学习分类的言语规则。

[Seger, C., Poldrack, R., Prabhakaran, V., Zhao, M., Golver, G. & Gabrieli, J. (2000). Hemispheric asymmetries and individual differences in visual concept learning as measured by functional MRI. *Neuropsychologia*, *28*, 1316-1324. 经爱思唯尔出版社允许重印]

彩 插 M

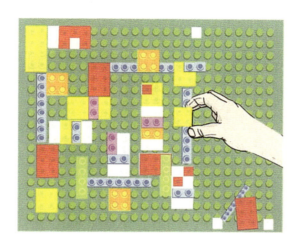

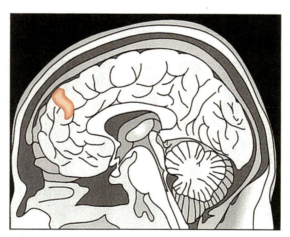

图 11-8 结果是否能够考证方法？

　　当被试以模仿观察到的行为为目的，观察某人搭建乐高（Lego）积木（上图），但对行动目标——积木的最终结构并不了解时，右内侧前额叶被激活，此区域一直被认为与需要理解他人心理状态（本实验中可能是堆积某物的目的，即使并不知道最终目标的特定含义）的任务相关。

［Chaminade, T., Meltzoff, A. N. & Decety, J. （2002）Dosed the end justify the means? A PET exploration of the mechanisms involved in human imitation. *Neuroimage*, *12*, 318-328. 经爱思唯尔出版社允许重印］

彩 插 N

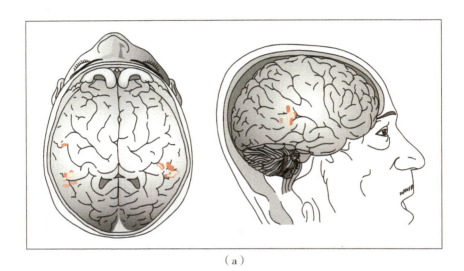

（a）

（b）

图 11-10 fMRI 证据：生物性运动与大脑

（a）如图，fMRI 图像所示，生物性动作的感知激活了颞上沟（STS）。（b）相对被试观看非生物性的随机运动时（黑色竖条），被试观看生物性运动时大脑激活更强（灰色竖条）。X 坐标代表从实验开始以秒计算的时间进程，坐标轴上标出的数字代表生物性运动序列出现的特定的时间点。

[Grossman, E. E. & Blake, R.（2001）. Brain activity evoked by inverted and imagined biological motion. *Vision Research*，*41*，1475-1482. 经爱思唯尔出版社允许重印]

出 版 人 李 东
责任编辑 刘明堂 赵琼英
版式设计 孙欢欢
责任校对 贾静芳
责任印制 叶小峰

图书在版编目（CIP）数据

认知心理学：心智与脑／（美）爱德华·E. 史密斯，
（美）斯蒂芬·M. 科斯林著；王乃弋等译. —北京：教
育科学出版社，2017.6（2024.11 重印）
书名原文：Cognitive Psychology：Mind and Brain
ISBN 978-7-5191-1034-5

Ⅰ.①认… Ⅱ.①爱… ②斯… ③王… Ⅲ.①认知心
理学 Ⅳ.①B842.1

中国版本图书馆 CIP 数据核字（2017）第 072008 号
北京市版权局著作权合同登记号 图字：01-2013-9278 号

认知心理学：心智与脑
RENZHI XINLIXUE：XINZHI YU NAO

出版发行	教育科学出版社			
社　　址	北京·朝阳区安慧北里安园甲9号	市场部电话	010-64989009
邮　　编	100101	编辑部电话	010-64981280
传　　真	010-64891796	网　　址	http://www.esph.com.cn
经　　销	各地新华书店			
制　　作	北京金奥都图文制作中心			
印　　刷	运河（唐山）印务有限公司			
开　　本	720 毫米×1020 毫米　1/16	版　　次	2017 年 6 月第 1 版
印　　张	41.5	印　　次	2024 年 11 月第 10 次印刷
字　　数	670 千	定　　价	118.00 元